现代数学基础丛书 155

三角范畴与导出范畴

Triangulated Categories and Derived Categories

章 璞 著

科学出版社

北京

内容简介

本书前 5 章讲述三角范畴和导出范畴的基本理论；第 6~11 章讨论了 Frobenius 范畴的稳定范畴、Gorenstein 同调代数、奇点范畴、Auslander-Reiten 三角与 Serre 对偶、三角范畴的 t-结构与粘合等专题. 附录提供了全书所要用到的范畴论方面的概念和结论. 每章均配有习题并包含提示. 本书强调三角范畴与 Abel 范畴之间的比较和转化研究.

本书可作为高等学校数学专业的研究生教材, 也可供相关专业的科研工作者参考.

图书在版编目(CIP)数据

三角范畴与导出范畴/章璞著. —北京：科学出版社, 2015.6
(现代数学基础丛书; 155)
ISBN 978-7-03-044509-4

Ⅰ. ①三… Ⅱ. ①章… Ⅲ. ①代数-研究 Ⅳ. ①O15

中国版本图书馆 CIP 数据核字(2015) 第 117892 号

责任编辑：李 欣／责任校对：邹慧卿
责任印制：赵 博／封面设计：陈 敬

科学出版社 出版
北京东黄城根北街 16 号
邮政编码：100717
http://www.sciencep.com
固安县铭成印刷有限公司印刷
科学出版社发行 各地新华书店经销

*

2015 年 6 月第 一 版 开本：720 × 1000 1/16
2025 年 5 月第十一次印刷 印张：32 1/4
字数：650 000

定价：168.00 元
(如有印装质量问题, 我社负责调换)

中国科学院科学出版基金资助出版

《现代数学基础丛书》编委会

主　编：杨　乐

副主编：姜伯驹　李大潜　马志明

编　委：（以姓氏笔画为序）

　　　　王启华　王诗宬　冯克勤　朱熹平

　　　　严加安　张伟平　张继平　陈木法

　　　　陈志明　陈叔平　洪家兴　袁亚湘

　　　　葛力明　程崇庆

《现代数学基础丛书》序

对于数学研究与培养青年数学人才而言，书籍与期刊起着特殊重要的作用．许多成就卓越的数学家在青年时代都曾钻研或参考过一些优秀书籍，从中汲取营养，获得教益．

20 世纪 70 年代后期，我国的数学研究与数学书刊的出版由于"文化大革命"的浩劫已经破坏与中断了 10 余年，而在这期间国际上数学研究却在迅猛地发展着．1978 年以后，我国青年学子重新获得了学习、钻研与深造的机会．当时他们的参考书籍大多还是 50 年代甚至更早期的著述．据此，科学出版社陆续推出了多套数学丛书，其中《纯粹数学与应用数学专著》丛书与《现代数学基础丛书》更为突出，前者出版约 40 卷，后者则逾 80 卷．它们质量甚高，影响颇大，对我国数学研究、交流与人才培养发挥了显著效用．

《现代数学基础丛书》的宗旨是面向大学数学专业的高年级学生、研究生以及青年学者，针对一些重要的数学领域与研究方向，作较系统的介绍．既注意该领域的基础知识，又反映其新发展，力求深入浅出，简明扼要，注重创新．

近年来，数学在各门科学、高新技术、经济、管理等方面取得了更加广泛与深入的应用，还形成了一些交叉学科．我们希望这套丛书的内容由基础数学拓展到应用数学、计算数学以及数学交叉学科的各个领域．

这套丛书得到了许多数学家长期的大力支持，编辑人员也为其付出了艰辛的劳动．它获得了广大读者的喜爱．我们诚挚地希望大家更加关心与支持它的发展，使它越办越好，为我国数学研究与教育水平的进一步提高做出贡献．

杨　乐

2003 年 8 月

前　　言

1. 若干历史注记. Abel 范畴源于 [Buc] 和 [Gro1] 对环的模范畴和代数簇的凝聚层范畴的抽象, 并在 [Fr] 和 [Mit] 中得到系统的阐述. 在 Abel 范畴中, 可以通过 "正合性分析" 产生各种代数和几何不变量, 即 (上) 同调群, 并通过分解、函子、谱序列等方法揭示它们之间的联系. 在数学中, (上) 同调群是我们所关心的本质的不变量. H. Cartan 和 S. Eilenberg 的名著 [CE] 奠定了同调代数的基础. 按 [GM] 的说法, 这是同调代数的第一个阶段, 其重要性延续至今.

复形之间的链映射诱导出上同调群之间的映射. 如果两个链映射是同伦的, 则它们诱导出的上同调群之间的映射是相同的. 因此, 我们当然希望同伦关系能够成为相等. 这就产生同伦范畴. 但是, 同伦范畴一般不再是 Abel 范畴. 拟同构是诱导出上同调群之间同构的链映射. 同理, 我们希望拟同构能够成为同构, 而这在同伦范畴中却未必成立. 因此, 导出范畴的引入自然而必要: 它是使拟同构变成同构的 "最小" 的加法范畴. 同样, 导出范畴一般也非 Abel 范畴. 受 Weil 猜想 ([Weil], [Del1, Del2]) 的推动, 层的上同调 (如 [Serre] 等)、导出范畴和导出函子在代数几何中的应用 (如 R. Hartshone [Har] 对 Grothendieck 对偶的阐述), 是同调代数第二阶段的主题 ([GM]). 根据 [Ill], 导出范畴源于 [Gro2] 和 [Gro3]; 而 [Har] 最早给出其明确的阐述.

更多重要的研究对象不构成 Abel 范畴, 例如 Frobenius 范畴的稳定范畴. 在非 Abel 范畴中, "正合性分析" 当然无从谈起. 然而, A. Grothendieck 和他的学生 J.-L. Verdier 的一个重要发现是: 在这些非 Abel 范畴中, 有所谓的好三角 (distinguished triangles), 起着 Abel 范畴中短正合列类似的作用. 基于 [Gro2] 和 [Gro3], Verdier 1967 年的博士论文 [V2] 从同伦范畴和导出范畴中抽象出三角范畴的公理. 1996 年 [V2] 由 L.Illusie 作序 G. Maltsiniotis 作注全文发表. Dold-Puppe [DO] 也得到类似的公理, 但不含重要的 (TR4). 在三角范畴中, "正合性分析" 又以更简洁的方式发挥作用.

自 20 世纪 80 年代, 导出范畴和三角范畴得以广泛应用, 这是现阶段同调代数的特征 (需强调: [GM] 的 "阶段" 论, 仅指新现象的出现). 从微局部分析到 D- 模理论 ([Sa], [Bj]); 从反常层的导出范畴 [BBD] 到 Kazhdan-Lusztig 猜想 ([KL], [Xinh]) 及其证明 ([BeiB], [BKashi]); 从 Langlands 纲领 [Lan] 到弦论中 B-model 的边界

条件 ([KO]); 从奇点范畴到范畴化奇点消解 ([Buch], [O2], [Kuz], [Van1]); 从导出 Morita 理论 ([Hap1], [Ric1]) 到群表示的 Broué 猜想 ([Bro], [Zjp]); 从同调镜对称到 Calabi-Yau 范畴 ([Kon1], [Kon2], [Cos]), 导出范畴和三角范畴成为描述科学中许多复杂研究对象的基本方法和分类依据. 从范畴论角度看, Abel 范畴和三角范畴是数学中两大主要结构, 它们之间的比较和转化研究近年来备受关注.

A.A.Beilinson, J.Bernstein, I.Gelfand 和 S.Gelfand [Bei, BGG] 建立了凝聚层和代数表示在导出范畴意义下的联系. D. Happel [Hap1] 将三角范畴首次引入代数表示论. 他证明了 Frobenius 范畴的稳定范畴具有三角结构, 从而三角范畴无处不在: 从 Gorenstein 投射模 [EJ2] 到有限维 Hopf 代数 [Mon]. 他建立了导出范畴与倾斜理论的联系. 这开创并推动了 J. Rickard [Ric1] 最终建立了导出 Morita 理论. 1990 年刘绍学先生邀请 Dieter Happel 来华讲解三角范畴. 此后他多次访华, 每次均涉及导出范畴和三角范畴在表示论中的应用.

2. 关于本书. 本书是在上海交通大学和中国科学技术大学的讲稿基础上修改而成. 有此基础便可阅读相关论文. 某些处理和结论似乎是新的. 前 5 章初稿 2004 年完成, 是基础部分, 未一一注明出处. 之后陆续写了若干专题和附录. 2013-2014 年杜先能教授邀请我在安徽大学周末讨论班讲授此课, 得以全面地修改书稿.

3. 致谢. 陈小伍教授仔细地看完了全书, 提出不少修改意见并改进交换图模块. 方明教授在讨论班讲过部分内容. 3.5 节使用了邓邦明教授未出版的译文 [V1]. 8.5 节取自朱士杰未发表的学位论文 [Zhu]. 李福安教授对编辑格式提出建议. 黄兆泳教授和张跃辉教授审阅了部分章节. 高楠、王占平、乐珏、熊保林、罗秀花、鲍炎红、赵志兵、孔繁、宋科研、尹幼奇、朱林、汪任帮忙校对. 指出打印错误的还有: 黄华林、叶郁、何济位、周国栋、吕家凤、王艳华、侯汝臣、程智、边宁、李志伟、吴德军、沈炳良、李换换、沈大伟、苏昊、焦鹏杰、杜磊、孙超、尤翰洋、冯建.

本书的出版得到中国科学院科学出版基金的资助. 写作得到国家自然科学基金 (10725104, 11271251, 11431010) 的资助; 并得到上海交通大学张杰校长的支持. 特此致谢!

感谢刘绍学教授和冯克勤教授的鼓励和支持. 部分内容曾在中国科技大学上海研究院、复旦大学、扬州大学、华东师范大学、浙江大学、南开大学、北京国际数学中心、中国科学院晨兴数学中心和卡弗里理论物理所、山东大学、上海大学、南京大学、东南大学、曲阜师范大学举行的活动上报告并加以修改. 感谢胡森教授、邰云教授、吴泉水教授、朱胜林教授、陈惠香教授、李立斌教授、胡乃红教授、芮和兵教授、时俭益教授、舒斌教授、谈胜利教授、王建磐教授、李方教授、卢涤明教授、白承铭教授、扶磊教授、孟道骥教授、张伟平院士、张继平教授、邓邦明教授、肖杰教授、朱彬教授、郭锂教授、林崇柱教授、黄劲松教授、刘建亚教授、张顺华教授、王卿文教授、郭秀云教授、丁南庆教授、秦厚荣教授、朱晓胜教授、陈建龙教授、王栓宏教授、王顶国教授的邀请和交流. 成书过程中得到樊恽教授、郭晋云教授、韩东教授、洪家兴院士、姜翠波教授、雷天刚教授、李安民院士、励建书院士、林亚南教授、刘应明院士、刘仲奎教授、彭联刚教授、C. M. Ringel 教授、苏育才教授、孙笑涛教授、万哲先院士、王宏玉教授、王昆扬教授、王维克教授、武同锁教授、席南华院士、许忠勤教授、杨乐院士、张文龄教授、张英伯教授、周青教授的各种支持和帮助. 特此致谢!

借以此书寄托我对妻子风华和朋友 Dieter Happel 教授永远的怀念. 作者虽全力以赴, 但书中可能仍有错误之处. 欢迎读者提出宝贵意见.

章 璞

pzhang@sjtu.edu.cn

2015 年 3 月 20 日于上海交通大学

目 录

《现代数学基础丛书》序
前言
第 1 章 三角范畴 · 1
  1.1 预三角范畴 · 1
  1.2 上同调函子 · 3
  1.3 预三角范畴的基本性质 · 6
  1.4 三角范畴 · 11
  1.5 三角函子 · 15
  1.6 伴随对中的三角函子 · 17
  1.7 基变换和余基变换 · 20
  1.8 4×4 引理 · 25
  习题 · 27
第 2 章 同伦范畴 · 31
  2.1 同伦与上同调 · 31
  2.2 映射锥 · 34
  2.3 作为同伦核的映射筒 · 40
  2.4 同伦范畴版同调代数基本定理 · 45
  2.5 链可裂短正合列 · 47
  2.6 复形的截断和极限 · 53
  2.7 Hom 复形 $\mathrm{Hom}^\bullet(-,-)$ · 56
  习题 · 58
第 3 章 商范畴 · 63
  3.1 乘法系 · 63
  3.2 商范畴的右分式构造 · 65
  3.3 商范畴的左分式构造 · 73
  3.4 相容乘法系和 Verdier 商 · 76
  3.5 饱和相容乘法系与厚子范畴的一一对应 · 80
  3.6 厚子范畴的一个充分条件 · 86
  习题 · 86

第 4 章　复形的分解 · · · · · · 89

- 4.1　拉回和推出 · · · · · · 89
- 4.2　上有界复形的上有界投射分解 · · · · · · 100
- 4.3　下有界复形的下有界内射分解 · · · · · · 105
- 4.4　同伦投射复形 · · · · · · 107
- 4.5　任意复形的同伦投射分解 · · · · · · 109
- 4.6　任意复形的同伦内射分解 · · · · · · 116
- 习题 · · · · · · 119

第 5 章　导出范畴 · · · · · · 121

- 5.1　作为 Verdier 商的导出范畴 · · · · · · 121
- 5.2　单边有界导出范畴实现为同伦范畴 · · · · · · 127
- 5.3　无界导出范畴实现为同伦范畴 · · · · · · 129
- 5.4　$D^b(\mathcal{A}) = K^b(\mathcal{P}(\mathcal{A}))$ 的充要条件 · · · · · · 131
- 5.5　半单环的导出范畴 · · · · · · 132
- 5.6　遗传环的上有界导出范畴 · · · · · · 133
- 5.7　对偶数代数的有界导出范畴 · · · · · · 133
- 5.8　导出函子 · · · · · · 137
- 5.9　函子 RHom 和 Ext · · · · · · 146
- 习题 · · · · · · 148

第 6 章　稳定三角范畴 · · · · · · 152

- 6.1　Frobenius 范畴的稳定范畴 · · · · · · 152
- 6.2　Happel 定理 · · · · · · 155
- 6.3　稳定三角范畴中好三角的另一解释 · · · · · · 168
- 6.4　同伦范畴是代数的三角范畴 · · · · · · 169
- 6.5　导出范畴是代数的三角范畴 · · · · · · 171
- 习题 · · · · · · 173

第 7 章　Gorenstein 投射对象 · · · · · · 175

- 7.1　Gorenstein 投射对象的基本性质 · · · · · · 175
- 7.2　Artin 代数 · · · · · · 181
- 7.3　真 Gorenstein 投射分解 · · · · · · 185
- 7.4　Gorenstein 投射维数 · · · · · · 190
- 7.5　带关系箭图的表示 · · · · · · 192
- 7.6　Gorenstein 环 · · · · · · 197
- 7.7　Gorenstein 环上的 Gorenstein 投射模 · · · · · · 202
- 7.8　Gorenstein 投射对象的稳定性 · · · · · · 208

7.9	CM 有限代数	214
7.10	由上三角扩张构造 Gorenstein 投射模	220
7.11	箭图在代数上的单态射表示	229
7.12	由单态射表示构造 Gorenstein 投射模	235
习题		245

第 8 章 奇点范畴 ... 250

8.1	奇点范畴	250
8.2	三角范畴的完备对象和紧对象	253
8.3	Rickard 型限制性引理	259
8.4	Buchweitz-Happel 定理	264
8.5	Buchweitz-Happel 定理的逆	270
8.6	有界导出范畴的 Gorenstein 投射描述	277
8.7	Gorenstein 亏范畴	281
8.8	CM 有限代数的 Gorenstein 亏范畴	284
习题		285

第 9 章 Auslander-Reiten 理论简介 ... 288

9.1	Auslander-Reiten 平移	288
9.2	几乎可裂序列	291
9.3	不可约映射	293
9.4	Auslander-Reiten 箭图	294
9.5	有限维代数的 Cartan 矩阵	298
9.6	有限箭图的整二次型	302
9.7	有限表示型路代数的 Gabriel 定理	307
9.8	相对 Auslander-Reiten 序列	308
9.9	单态射范畴的函子有限性	309
习题		314

第 10 章 Auslander-Reiten 三角与 Serre 对偶 ... 317

10.1	Hom 有限 Krull-Schmidt 范畴	317
10.2	有界导出范畴的 Hom 有限性	324
10.3	Auslander-Reiten 三角	326
10.4	Serre 函子	332
10.5	Bondal-Kapranov-Van den Bergh 定理	340
10.6	Auslander-Reiten 三角与 Serre 函子	348
10.7	Auslander-Reiten 三角存在的例子 I	351
10.8	Auslander-Reiten 三角存在的例子 II	352

10.9 Auslander-Reiten 三角存在的例子 III ································· 358
习题 ··· 360

第 11 章　三角范畴的 t-结构与粘合 ································· 363
11.1 t-结构的基本性质 ·· 363
11.2 t-结构的心：Beilinson-Bernstein-Deligne 定理 ···················· 369
11.3 稳定 t-结构 ·· 371
11.4 三角范畴的粘合 ··· 375
11.5 由粘合的一半到粘合 ··· 382
11.6 粘合间的比较函子组 ··· 388
11.7 稳定 t-结构和粘合的关系 ··· 395
11.8 可裂粘合与 Calabi-Yau 范畴 ·· 396
11.9 对称粘合 ··· 400
11.10 应用 1：有限维数和整体维数 ·· 402
11.11 应用 2：粘合诱导的 t-结构 ·· 407
11.12 导出范畴的粘合 ··· 409
11.13 奇点范畴的粘合 ··· 418
习题 ··· 422

第 12 章　附录：范畴论中若干基本概念和结论 ················· 426
12.1 范畴 ·· 426
12.2 核与余核 ··· 428
12.3 函子范畴 ··· 428
12.4 范畴的等价 ··· 430
12.5 直和、直积、加法范畴 ··· 431
12.6 加法函子 ··· 433
12.7 可表函子和 Yoneda 引理 ·· 434
12.8 伴随对 ··· 437
12.9 Abel 范畴 ·· 442
12.10 Abel 范畴中有关正合性的若干引理 ···································· 444
12.11 正合函子 ·· 446
12.12 投射对象与内射对象 ··· 449
12.13 生成子和余生成子 ··· 449
12.14 正向极限与逆向极限 ··· 450
12.15 Abel 范畴中的 Grothendieck 条件 ······································ 456
12.16 Grothendieck 范畴 ··· 457
习题 ··· 458

主要参考文献 ·· 460
其他参考文献 ·· 463
中英文名词索引 ·· 477
常用记号 ·· 488
《现代数学基础丛书》已出版书目 ································ 493

第 1 章　三角范畴

Abel 范畴是同调代数中的核心概念. 在 Abel 范畴中有可能通过 "正合性分析" 产生各种代数和几何不变量. 数学中有许多自然出现的研究对象构成 Abel 范畴, 也有许多自然出现的研究对象不构成 Abel 范畴. 对于后者, "正合性分析" 就无从做起. 而三角范畴中的好三角就是 Abel 范畴中短正合列的替代物, 从而在三角范畴中 "正合性分析" 又发挥作用. 这是 Alexander Grothendieck (1928-2014) 和 Jean-Louis Verdier (1935-1989) 的重要发明. 在最近的发展中, 三角范畴成为数学中的重要工具和研究对象, 是描述数学和数学物理中许多复杂研究对象的基本语言和分类新依据.

我们假设读者学过范畴论. 附录中可查到本书所要用到的范畴论基本知识.

1.1 预三角范畴

本书中将共变函子一律简称为函子. 加法范畴 $\mathcal{C}$ 的自同构 T 是指加法函子 $T: \mathcal{C} \longrightarrow \mathcal{C}$, 这个 T 有逆 $T^{-1}: \mathcal{C} \longrightarrow \mathcal{C}$. 即 $T^{-1}T = \mathrm{Id}_{\mathcal{C}} = TT^{-1}$, 其中 $\mathrm{Id}_{\mathcal{C}}$ 是 $\mathcal{C}$ 到自身的恒等函子. 通常又将 $\mathcal{C}$ 的自同构称为 $\mathcal{C}$ 的平移函子.

设 $\mathcal{C}$ 是加法范畴, $T: \mathcal{C} \longrightarrow \mathcal{C}$ 是 $\mathcal{C}$ 的自同构. 二元组 $(\mathcal{C}, T)$ 中的一个三角, 或 $\mathcal{C}$ 中的一个三角, 是指 $\mathcal{C}$ 中一个态射序列

$$X \xrightarrow{u} Y \xrightarrow{v} Z \xrightarrow{w} T(X).$$

以后也常将这个三角记为 6 元组 (X, Y, Z, u, v, w), 图示为

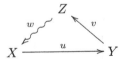

三角 $X \xrightarrow{u} Y \xrightarrow{v} Z \xrightarrow{w} T(X)$ 到三角 $X' \xrightarrow{u'} Y' \xrightarrow{v'} Z' \xrightarrow{w'} T(X')$ 的一个三角射是指一个态射的三元组 (f, g, h), 使得下图交换

$$\begin{array}{ccccccc}
X & \xrightarrow{u} & Y & \xrightarrow{v} & Z & \xrightarrow{w} & T(X) \\
{\scriptstyle f}\downarrow & & {\scriptstyle g}\downarrow & & {\scriptstyle h}\downarrow & & {\scriptstyle T(f)}\downarrow \\
X' & \xrightarrow{u'} & Y' & \xrightarrow{v'} & Z' & \xrightarrow{w'} & T(X')
\end{array}$$

若 f, g, h 均是 $\mathcal{C}$ 中同构，则称三角射 $(f, g, h) : (X, Y, Z, u, v, w) \longrightarrow (X', Y', Z', u', v', w')$ 是三角同构. 如果两个三角之间存在三角同构，则称这两个三角是同构的三角.

以下将 $T(X)$ 简写成 TX，将 $T(u)$ 简写成 Tu.

定义 1.1.1 设 $\mathcal{C}$ 是带有自同构 T 的加法范畴，$\mathcal{E}$ 是 $\mathcal{C}$ 中一些三角作成的类. 三元组 $(\mathcal{C}, T, \mathcal{E})$ 称为预三角范畴，或简称 $\mathcal{C}$ 为预三角范畴，如果 $\mathcal{E}$ 满足如下3条公理(TR1), (TR2), (TR3):

(TR1) (i) 与 $\mathcal{E}$ 中的三角同构的三角仍在 $\mathcal{E}$ 中;

(ii) $\mathcal{C}$ 中每个态射 $u : X \longrightarrow Y$ 可以嵌入到 $\mathcal{E}$ 中的一个三角 $X \xrightarrow{u} Y \xrightarrow{v} Z \xrightarrow{w} TX$ 中;

(iii) 对于任意对象 $X \in \mathcal{C}$，三角 $X \xrightarrow{\mathrm{Id}_X} X \longrightarrow 0 \longrightarrow TX$ 属于 $\mathcal{E}$.

(TR2) (顺时针旋转) 若三角 $X \xrightarrow{u} Y \xrightarrow{v} Z \xrightarrow{w} TX$ 属于 $\mathcal{E}$，则三角

$$Y \xrightarrow{v} Z \xrightarrow{w} TX \xrightarrow{-Tu} TY$$

也属于 $\mathcal{E}$.

(TR3) 若 $(X, Y, Z, u, v, w) \in \mathcal{E}$，$(X', Y', Z', u', v', w') \in \mathcal{E}$，并且有态射的交换图

$$\begin{array}{ccc} X & \xrightarrow{u} & Y \\ f \downarrow & & \downarrow g \\ X' & \xrightarrow{u'} & Y' \end{array}$$

则存在三角射 (f, g, h)，即存在 $h : Z \longrightarrow Z'$ 使得下图交换

$$\begin{array}{ccccccc} X & \xrightarrow{u} & Y & \xrightarrow{v} & Z & \xrightarrow{w} & TX \\ f \downarrow & & g \downarrow & & h \downarrow & & \downarrow Tf \\ X' & \xrightarrow{u'} & Y' & \xrightarrow{v'} & Z' & \xrightarrow{w'} & TX' \end{array}$$

设 $(\mathcal{C}, T, \mathcal{E})$ 是预三角范畴. 以后将 $\mathcal{E}$ 中的三角称为好三角 (distinguished triangle). 即，预三角范畴是一个带有好三角类的加法范畴.

读者可将预三角范畴中的好三角 "想成" Abel 范畴中短正合列，这将会使许多结论变得容易理解.

引理 1.1.2 设 $(\mathcal{C}, T, \mathcal{E})$ 是预三角范畴，$u: X \longrightarrow Y$ 是 $\mathcal{C}$ 中任意态射. 则可将 u 嵌入到 $\mathcal{C}$ 的好三角中，使得 u 在此好三角中位置是任意的. 即，存在 $\mathcal{C}$ 中好三角 $T^{-1}Y \longrightarrow Z \longrightarrow X \xrightarrow{u} Y$ 和好三角 $Z \longrightarrow X \xrightarrow{u} Y \longrightarrow TZ$.

证 由 (TR1)(ii) 知存在 $\mathcal{C}$ 中好三角 $T^{-1}X \xrightarrow{-T^{-1}u} T^{-1}Y \longrightarrow Z \longrightarrow X$，对此使用一次 (TR2) 即得到所要的第一个好三角. 再对第一个好三角使用一次 (TR2) 即得所要的第二个好三角. ∎

引理 1.1.3 设 $(\mathcal{C}, T, \mathcal{E})$ 是预三角范畴，$X \xrightarrow{u} Y \xrightarrow{v} Z \xrightarrow{w} TX$ 是好三角. 则 $vu = 0$, $wv = 0$, $(Tu)w = 0$.

证 由 (TR2) 只要证 $vu = 0$. 下图中上下两行均为好三角，且左边第一个方块交换：

$$\begin{array}{ccccccc} Y & \xrightarrow{v} & Z & \xrightarrow{w} & TX & \xrightarrow{-Tu} & TY \\ {\scriptstyle v}\downarrow & & \| & & \downarrow & & \downarrow{\scriptstyle Tv} \\ Z & \xrightarrow{\mathrm{Id}_Z} & Z & \xrightarrow{0} & 0 & \longrightarrow & TZ \end{array}$$

因此由 (TR3) 知 $(Tv)(Tu) = 0$，从而 $vu = 0$. ∎

注记 1.1.4 (TR3) 中的 h 不唯一. 例如在下面好三角的交换图中 h 可是任意态射

$$\begin{array}{ccccccc} X & \longrightarrow & 0 & \longrightarrow & TX & \xrightarrow{-\mathrm{Id}} & TX \\ {\scriptstyle 0}\downarrow & & {\scriptstyle 0}\downarrow & & {\scriptstyle h}\downarrow & & \downarrow{\scriptstyle 0} \\ 0 & \longrightarrow & TY & \xrightarrow{-\mathrm{Id}} & TY & \longrightarrow & 0 \end{array}$$

1.2 上同调函子

定义 1.2.1 设 $(\mathcal{C}, T, \mathcal{E})$ 是预三角范畴，$\mathcal{A}$ 是 Abel 范畴.

(1) 加法函子 $\mathrm{H}: \mathcal{C} \longrightarrow \mathcal{A}$ 称为上同调函子，如果对于 $\mathcal{C}$ 中的任意好三角 $X \xrightarrow{u} Y \xrightarrow{v} Z \xrightarrow{w} TX$，均有 $\mathcal{A}$ 中的正合列

$$\cdots \xrightarrow{\mathrm{H}(T^{i-1}w)} \mathrm{H}(T^i X) \xrightarrow{\mathrm{H}(T^i u)} \mathrm{H}(T^i Y) \xrightarrow{\mathrm{H}(T^i v)} \mathrm{H}(T^i Z) \xrightarrow{\mathrm{H}(T^i w)} \mathrm{H}(T^{i+1} X) \xrightarrow{\mathrm{H}(T^{i+1} u)} \cdots.$$

(2) 反变加法函子 $\mathrm{H}: \mathcal{C} \longrightarrow \mathcal{A}$ 称为上同调函子，如果对于 $\mathcal{C}$ 中的任意好三角 $X \xrightarrow{u} Y \xrightarrow{v} Z \xrightarrow{w} TX$，均有 $\mathcal{A}$ 中的正合列

$$\cdots \xrightarrow{\mathrm{H}(T^{i+1} u)} \mathrm{H}(T^{i+1} X) \xrightarrow{\mathrm{H}(T^i w)} \mathrm{H}(T^i Z) \xrightarrow{\mathrm{H}(T^i v)} \mathrm{H}(T^i Y) \xrightarrow{\mathrm{H}(T^i u)} \mathrm{H}(T^i X) \xrightarrow{\mathrm{H}(T^{i-1} w)} \cdots.$$

注 (i) 以后常将 H(T^iX) 记为 H$^i X$, 将 H(T^iu) 记为 H$^i u$, $\forall\, i \in \mathbb{Z}$.

(ii) 如果 H 是上同调函子, 则连接态射 H$^i w$ 自动是自然的, 参见习题 1.3. 如果读者记得 Abel 范畴中的同调代数基本定理, 那里的连接态射的自然性也是对的, 但需要论证; 而对于三角范畴的上同调函子, 连接态射的自然性是自动成立的.

下述结论是非常重要和常用的.

定理 1.2.2 设 M 是预三角范畴 $\mathcal{C}$ 的对象. 则 $\mathrm{Hom}_{\mathcal{C}}(M,-)$ 和 $\mathrm{Hom}_{\mathcal{C}}(-,M)$ 均是上同调函子. 即, 若 $X \xrightarrow{u} Y \xrightarrow{v} Z \xrightarrow{w} TX$ 是好三角, 则有Abel群的长正合列

$$\cdots \longrightarrow \mathrm{Hom}_{\mathcal{C}}(M, T^i X) \xrightarrow{(M, T^i u)} \mathrm{Hom}_{\mathcal{C}}(M, T^i Y) \xrightarrow{(M, T^i v)} \mathrm{Hom}_{\mathcal{C}}(M, T^i Z)$$
$$\xrightarrow{(M, T^i w)} \mathrm{Hom}_{\mathcal{C}}(M, T^{i+1} X) \longrightarrow \cdots$$

和Abel群的长正合列

$$\cdots \longrightarrow \mathrm{Hom}_{\mathcal{C}}(T^{i+1} X, M) \xrightarrow{(T^i w, M)} \mathrm{Hom}_{\mathcal{C}}(T^i Z, M) \xrightarrow{(T^i v, M)} \mathrm{Hom}_{\mathcal{C}}(T^i Y, M)$$
$$\xrightarrow{(T^i u, M)} \mathrm{Hom}_{\mathcal{C}}(T^i X, M) \longrightarrow \cdots.$$

证 只证 $\mathrm{Hom}_{\mathcal{C}}(M,-)$ 是上同调函子. 对偶地可证 $\mathrm{Hom}_{\mathcal{C}}(-,M)$ 是上同调函子.

设 $X \xrightarrow{u} Y \xrightarrow{v} Z \xrightarrow{w} TX$ 是好三角. 根据 (TR2) 只要证对于任意 i,

$$\mathrm{Hom}_{\mathcal{C}}(M, T^i X) \xrightarrow{(M, T^i u)} \mathrm{Hom}_{\mathcal{C}}(M, T^i Y) \xrightarrow{(M, T^i v)} \mathrm{Hom}_{\mathcal{C}}(M, T^i Z)$$

是正合列. 因为 $vu = 0$, 故上面序列中的两个映射的合成是 0. 设 $g \in \mathrm{Hom}_{\mathcal{C}}(M, T^i Y)$ 使得 $(T^i v)g = 0$. 从而 $v(T^{-i} g) = 0$. 下图的中间方块交换,

$$\begin{array}{ccccccc}
T^{-i}M & = & T^{-i}M & \longrightarrow & 0 & \longrightarrow & T^{1-i}M \\
\downarrow f & & \downarrow T^{-i}g & & \downarrow & & \downarrow Tf \\
X & \xrightarrow{u} & Y & \xrightarrow{v} & Z & \xrightarrow{w} & TX
\end{array}$$

根据 (TR2) 和 (TR3) 知存在 $f: T^{-i}M \longrightarrow X$ 使得 $uf = T^{-i}g$. 从而 $(T^i u)(T^i f) = g$. 这就证明了上述序列的正合性. ∎

推论 1.2.3 设 $\mathcal{C}$ 是预三角范畴.

1.2 上同调函子

(1) 设有如下交换图

$$\begin{array}{ccccccc} X & \xrightarrow{u} & Y & \xrightarrow{v} & Z & \xrightarrow{w} & TX \\ {\scriptstyle f}\downarrow & & {\scriptstyle g}\downarrow & & {\scriptstyle h}\downarrow & & {\scriptstyle Tf}\downarrow \\ X' & \xrightarrow{u'} & Y' & \xrightarrow{v'} & Z' & \xrightarrow{w'} & TX' \end{array}$$

其中上下两行均为好三角. 若 f, g 均是同构, 则 h 也是同构.

(2) $\mathcal{C}$ 中任一态射 $u: X \longrightarrow Y$ 只能嵌入唯一的一个好三角中(在三角同构的意义下). 即, 若 $X \xrightarrow{u} Y \xrightarrow{v} Z \xrightarrow{w} TX$ 和 $X \xrightarrow{u} Y \xrightarrow{v'} Z' \xrightarrow{w'} TX$ 均是好三角, 则存在同构 $h: Z \longrightarrow Z'$ 使得下图交换

$$\begin{array}{ccccccc} X & \xrightarrow{u} & Y & \xrightarrow{v} & Z & \xrightarrow{w} & TX \\ \| & & \| & & {\scriptstyle h}\downarrow & & \| \\ X & \xrightarrow{u} & Y & \xrightarrow{v'} & Z' & \xrightarrow{w'} & TX \end{array}$$

证 (1) 将上同调函子 $\mathrm{Hom}_\mathcal{C}(Z', -)$ 作用在整个图上, 得到如下 Abel 群的正合列的交换图 (其中 (Z', X) 是 $\mathrm{Hom}_\mathcal{C}(Z', X)$ 的简写)

$$\begin{array}{ccccccccc} (Z',X) & \to & (Z',Y) & \to & (Z',Z) & \to & (Z',TX) & \to & (Z',TY) \\ {\scriptstyle f_*}\downarrow & & {\scriptstyle g_*}\downarrow & & {\scriptstyle h_*}\downarrow & & {\scriptstyle (Tf)_*}\downarrow & & {\scriptstyle (Tg)_*}\downarrow \\ (Z',X') & \to & (Z',Y') & \to & (Z',Z') & \to & (Z',TX') & \to & (Z',TY') \end{array}$$

由五引理知 $h_* := \mathrm{Hom}_\mathcal{C}(Z', h)$ 是同构, 从而 $\exists \varphi \in \mathrm{Hom}_\mathcal{C}(Z', Z)$ 使得 $h_*(\varphi) = h\varphi = \mathrm{Id}'_Z$. 再作用 $\mathrm{Hom}_\mathcal{C}(-, Z)$, 同理可知 $\exists \psi \in \mathrm{Hom}_\mathcal{C}(Z', Z)$ 使得 $h^*(\psi) = \psi h = \mathrm{Id}_Z$. 从而 $\varphi = \psi$, h 是同构.

(2) 由 (TR3) 和上述 (1) 即得. ∎

引理 1.2.4 设 $(\mathcal{C}, T, \mathcal{E})$ 是预三角范畴, $X \xrightarrow{u} Y \xrightarrow{v} Z \xrightarrow{w} TX$ 和 $X' \xrightarrow{u'} Y' \xrightarrow{v'} Z' \xrightarrow{w'} TX'$ 是好三角.

(i) 如果有态射的交换图

$$\begin{array}{ccc} Y & \xrightarrow{v} & Z \\ {\scriptstyle g}\downarrow & & {\scriptstyle h}\downarrow \\ Y' & \xrightarrow{v'} & Z' \end{array}$$

则存在三角射 (f, g, h). 并且对于任意的三角射 (f, g, h), 若 g, h 均是同构, 则 f 也是同构.

(ii) 如果有态射的交换图

$$Z \xrightarrow{w} TX$$
$$h\downarrow \qquad Tf\downarrow$$
$$Z' \xrightarrow{w'} TX'$$

则存在三角射 (f,g,h). 并且对于任意的三角射 (f,g,h), 若 h, Tf 均是同构, 则 g 也是同构.

证 由 (TR2), (TR3) 和推论 1.2.3(1) 即得. ■

注记 1.2.5 设 $\mathcal{C}$ 是预三角范畴, $X \xrightarrow{u} Y \xrightarrow{v} Z \xrightarrow{w} TX$ 是 $\mathcal{C}$ 中好三角. 则称 u 或 X 是 v 的三角核, w 或 TX 是 v 的三角余核. 这两个术语的道理是显而易见的: 由定理1.2.2知, 如果 $\mathcal{C}$ 中态射 $u': U \longrightarrow Y$ 满足 $vu' = 0$, 则 u' 通过 u 分解; 如果 $\mathcal{C}$ 中态射 $w': Z \longrightarrow V$ 满足 $w'v = 0$, 则 w' 通过 w 分解. 由推论1.2.3(2) 知三角核和三角余核在同构意义下均是唯一的.

现在可能还看不出 "三角核" 和 "三角余核" 的意义, 在第 2 章我们将发现它会产生新的复形和新的现象.

1.3 预三角范畴的基本性质

我们给出预三角范畴更多常用的性质. 下述引理表明 (TR2) 的逆成立.

引理 1.3.1(逆时针旋转) 设 $\mathcal{C}$ 是预三角范畴. 若 $X \xrightarrow{u} Y \xrightarrow{v} Z \xrightarrow{w} TX$ 是好三角, 则

$$T^{-1}Z \xrightarrow{-T^{-1}w} X \xrightarrow{u} Y \xrightarrow{v} Z$$

也是好三角.

证 将 $-T^{-1}w$ 嵌入好三角 $T^{-1}Z \xrightarrow{-T^{-1}w} X \xrightarrow{u'} Y' \xrightarrow{v'} Z$. 使用 (TR2) 即知 $X \xrightarrow{u'} Y' \xrightarrow{v'} Z \xrightarrow{w} TX$ 是好三角. 由引理 1.2.4(ii) 知有如下好三角的同构

$$\begin{array}{ccccccc} X & \xrightarrow{u} & Y & \xrightarrow{v} & Z & \xrightarrow{w} & TX \\ \parallel & & g\downarrow & & \parallel & & \parallel \\ X & \xrightarrow{u'} & Y' & \xrightarrow{v'} & Z & \xrightarrow{w} & TX \end{array}$$

于是得到下面三角的同构

$$T^{-1}Z \xrightarrow{-T^{-1}w} X \xrightarrow{u} Y \xrightarrow{v} Z$$
$$\parallel \qquad \qquad \parallel \qquad \downarrow g \qquad \parallel$$
$$T^{-1}Z \xrightarrow{-T^{-1}w} X \xrightarrow{u'} Y' \xrightarrow{v'} Z$$

因为上图中第 2 行是好三角, 故由 (TR1) 知第 1 行也是好三角. ∎

推论 1.3.2 设 $\mathcal{C}$ 是预三角范畴. 则

(1) $X \xrightarrow{u} Y \xrightarrow{v} Z \xrightarrow{w} TX$ 是好三角当且仅当

$$TX \xrightarrow{-Tu} TY \xrightarrow{-Tv} TZ \xrightarrow{-Tw} T^2X$$

是好三角.

(2) $X \xrightarrow{u} Y \xrightarrow{v} Z \xrightarrow{w} TX$ 是好三角当且仅当

$$T^{-1}X \xrightarrow{-T^{-1}u} T^{-1}Y \xrightarrow{-T^{-1}v} T^{-1}Z \xrightarrow{-T^{-1}w} X$$

是好三角.

证 (1) 使用 3 次 (TR2) 即得 "仅当" 部分; 使用 3 次引理 1.3.1 即得 "当" 部分.

(2) 使用 3 次引理 1.3.1 即得 "仅当" 部分; 由 (1) 即得 "当" 部分. ∎

引理 1.3.3 设 $\mathcal{C}$ 是预三角范畴. 则两个好三角的直和仍是好三角.

证 设 (X, Y, Z, u, v, w) 和 (X', Y', Z', u', v', w') 是好三角. 则由 (TR1) 知存在好三角

$$X \oplus X' \xrightarrow{u \oplus u'} Y \oplus Y' \xrightarrow{g} W \xrightarrow{h} T(X \oplus X').$$

于是有三角射

$$\begin{array}{ccccccc} X & \xrightarrow{u} & Y & \xrightarrow{v} & Z & \xrightarrow{w} & TX \\ {\binom{1}{0}}\downarrow & & {\binom{1}{0}}\downarrow & & i\downarrow & & T{\binom{1}{0}}\downarrow \\ X \oplus X' & \xrightarrow{u \oplus u'} & Y \oplus Y' & \xrightarrow{g} & W & \xrightarrow{h} & T(X \oplus X') \end{array}$$

和三角射

$$\begin{array}{ccccccc} X' & \xrightarrow{u'} & Y' & \xrightarrow{v'} & Z' & \xrightarrow{w'} & TX' \\ {\binom{0}{1}}\downarrow & & {\binom{0}{1}}\downarrow & & j\downarrow & & T{\binom{0}{1}}\downarrow \\ X \oplus X' & \xrightarrow{u \oplus u'} & Y \oplus Y' & \xrightarrow{g} & W & \xrightarrow{h} & T(X \oplus X') \end{array}$$

于是有交换图

$$\begin{array}{ccccccc}
X \oplus X' & \xrightarrow{u \oplus u'} & Y \oplus Y' & \xrightarrow{v \oplus v'} & Z \oplus Z' & \xrightarrow{w \oplus w'} & TX \oplus TX' \\
\| & & \| & & {\scriptstyle (i,j)}\downarrow & & \downarrow{\scriptstyle (T\binom{1}{0}, T\binom{0}{1})} \\
X \oplus X' & \xrightarrow{u \oplus u'} & Y \oplus Y' & \xrightarrow{g} & W & \xrightarrow{h} & T(X \oplus X')
\end{array}$$

由附录命题 12.6.1 知 $(T\binom{1}{0}, T\binom{0}{1})$ 是同构. 对上图应用上同调函子 $\mathrm{Hom}_{\mathcal{C}}(W, -)$ 和 $\mathrm{Hom}_{\mathcal{C}}(-, Z \oplus Z')$, 并利用五引理, 易知 (i, j) 是同构. 从而第 1 行也是好三角. ∎

注记 1.3.4   如果 $\mathcal{C}$ 有无限直和, 则无限多个好三角的直和仍是好三角([N1, 1.2.2]).

设 $\mathcal{C}$ 是加法范畴, $f: X \longrightarrow Y$ 是 $\mathcal{C}$ 中态射. 称 f 是可裂单态射 (splitting monomorphism), 简称 f 可裂单, 如果存在 $f': Y \longrightarrow X$ 使得 $f'f = \mathrm{Id}_X$. 称 f 是可裂满态射 (splitting epimorphism), 简称 f 可裂满, 如果存在 $f': Y \longrightarrow X$ 使得 $ff' = \mathrm{Id}_Y$.

引理 1.3.5([Hap2, p.7])   设 $\mathcal{C}$ 是预三角范畴.

(1) 对于 $\mathcal{C}$ 中任意对象 X 和 Z, 有好三角 $X \xrightarrow{\binom{1}{0}} X \oplus Z \xrightarrow{(0\ 1)} Z \xrightarrow{0} TX$.

(2) 设 $X \xrightarrow{u} Y \xrightarrow{v} Z \xrightarrow{w} TX$ 是好三角. 则下述等价

(i) $w = 0$;

(ii) u 可裂单;

(iii) v 可裂满;

(iv) 存在 $s: Y \longrightarrow X$ 和 $t: Z \longrightarrow Y$ 使得有好三角的同构

$$\begin{array}{ccccccc}
X & \xrightarrow{u} & Y & \xrightarrow{v} & Z & \xrightarrow{w} & TX \\
\| & & {\scriptstyle \binom{s}{v}}\downarrow & & \| & & \| \\
X & \xrightarrow{\binom{1}{0}} & X \oplus Z & \xrightarrow{(0\ 1)} & Z & \xrightarrow{0} & TX
\end{array}$$

其中 $\binom{s}{v}: Y \longrightarrow X \oplus Z$ 的逆为 $(u, t): X \oplus Z \longrightarrow Y$. 即有

$$su = \mathrm{Id}_X, \quad vt = \mathrm{Id}_Z, \quad st = 0, \quad us + tv = \mathrm{Id}_Y.$$

并且, 此时 $T^{-1}X \xrightarrow{0} Z \xrightarrow{t} Y \xrightarrow{s} X$ 也是好三角.

1.3 预三角范畴的基本性质

证 (1) $X \xrightarrow{\binom{1}{0}} X \oplus Z \xrightarrow{(0\ 1)} Z \xrightarrow{0} TX$ 恰是好三角 $X \xrightarrow{\mathrm{Id}_X} X \longrightarrow 0 \longrightarrow TX$ 与好三角 $0 \longrightarrow Z \xrightarrow{\mathrm{Id}_Z} Z \longrightarrow 0$ 的直和, 因此由引理 1.3.3 即知结论成立.

下证 (2). (i)$\Longrightarrow$(ii): 由引理 1.2.4(ii) 知存在 u' 使得下图交换

$$\begin{array}{ccccccc} X & \xrightarrow{u} & Y & \xrightarrow{v} & Z & \xrightarrow{0} & TX \\ \| & & u'\downarrow & & 0\downarrow & & \| \\ X & \xrightarrow{\mathrm{Id}_X} & X & \longrightarrow & 0 & \longrightarrow & TX \end{array}$$

(ii)$\Longrightarrow$(i): 设存在 u' 使得 $u'u = \mathrm{Id}_X$. 则由 (TR3) 知 $(\mathrm{Id}_X, u', 0)$ 是 (X, Y, Z, u, v, w) 到 $(X, X, 0, \mathrm{Id}_X, 0, 0)$ 的三角射. 故 $\mathrm{Id}_{TX} w = 0$, 即 $w = 0$.

类似地可证 (i) 与 (iii) 的等价性. 而 (iv)$\Longrightarrow$ (i) 是显然的.

(i)$\Longrightarrow$(iv): 下图中右边方块可换, 由引理 1.2.4(ii) 即知存在同构 $\binom{s}{v}: Y \longrightarrow X \oplus Z$ 使得有下面好三角的交换图

$$\begin{array}{ccccccc} X & \xrightarrow{u} & Y & \xrightarrow{v} & Z & \xrightarrow{0} & TX \\ \| & & \binom{s}{v}\downarrow & & \| & & \| \\ X & \xrightarrow{\binom{1}{0}} & X \oplus Z & \xrightarrow{(0\ 1)} & Z & \xrightarrow{0} & TX \end{array}$$

设 $\binom{s}{v}: Y \longrightarrow X \oplus Z$ 的逆为 $(a\ t): X \oplus Z \longrightarrow Y$. 则易知 $a = u$. 其余结论由交换图即得. 类似可证: 此时 $T^{-1}X \xrightarrow{0} Z \xrightarrow{t} Y \xrightarrow{s} X$ 也是好三角. ∎

引理 1.3.6([Rin3]) 设 $X \xrightarrow{u} Y \xrightarrow{\binom{v_1}{v_2}} Z_1 \oplus Z_2 \xrightarrow{(w_1, w_2)} TX$ 是预三角范畴 $\mathcal{C}$ 中的好三角. 则

(i) $w_2 = 0$ 当且仅当存在 $t: Z_2 \longrightarrow Y$ 使得 $v_1 t = 0$, $v_2 t = \mathrm{Id}_{Z_2}$.

特别地, 若 $w_2 = 0$, 则 v_2 可裂满.

(ii) $v_2 = 0$ 当且仅当存在 $s: TX \longrightarrow Z_2$ 使得 $sw_1 = 0$, $sw_2 = \mathrm{Id}_{Z_2}$.

特别地, 若 $v_2 = 0$, 则 w_2 可裂单.

证 (i) 若 $w_2 = 0$, 则下图中右边方块可换, 从而存在态射 t 使得下图可换

$$\begin{array}{ccccccc} 0 & \longrightarrow & Z_2 & \xrightarrow{=} & Z_2 & \longrightarrow & 0 \\ \downarrow & & t\downarrow & & \binom{0}{1}\downarrow & & \downarrow \\ X & \xrightarrow{u} & Y & \xrightarrow{\binom{v_1}{v_2}} & Z_1 \oplus Z_2 & \xrightarrow{(w_1, w_2)} & TX \end{array}$$

即有 $v_1t = 0$, $v_2t = \mathrm{Id}_{Z_2}$. 反之, 若存在 $t: Z_2 \longrightarrow Y$ 使得 $v_1t = 0$, $v_2t = \mathrm{Id}_{Z_2}$, 则上图中间方块可换, 从而由右边方块可换即得 $w_2 = 0$.

(ii) 是 (i) 的对偶. ∎

引理 1.3.7 设 $\mathcal{C}$ 是预三角范畴, $X \xrightarrow{u} Y \longrightarrow Z \longrightarrow TX$ 是好三角. 则 u 是同构当且仅当 $Z \cong 0$.

证 $\Longrightarrow$: 因 u 是同构, 故由推论 1.2.3(1) 知 $(u, \mathrm{Id}_Y, 0): (X, Y, Z, u, v, w) \longrightarrow (Y, Y, 0, \mathrm{Id}_Y, 0, 0)$ 是三角同构, 从而 $Z \cong 0$.

$\Longleftarrow$: 因 $Z \cong 0$, 故有好三角的三角射

$$\begin{array}{ccccccc} X & \xrightarrow{u} & Y & \longrightarrow & Z & \longrightarrow & TX \\ u\downarrow & & \mathrm{Id}\downarrow & & \downarrow & & Tu\downarrow \\ Y & \xrightarrow{\mathrm{Id}} & Y & \longrightarrow & 0 & \longrightarrow & TY \end{array}$$

因中间两个竖直的态射是同构, 于是 u 是同构. ∎

加法范畴中的对象 X 称为不可分解的, 如果 $X \neq 0$, 并且若 $X \cong X_1 \oplus X_2$, 则 $X_1 = 0$ 或 $X_2 = 0$.

推论 1.3.8([Rin3]) 设 $X \xrightarrow{u} Y \xrightarrow{\begin{pmatrix} v_1 \\ \vdots \\ v_n \end{pmatrix}} \underset{1 \leqslant i \leqslant n}{\oplus} Z_i \xrightarrow{(w_1, \cdots, w_n)} TX$ 是预三角范畴 $\mathcal{C}$ 中的好三角, 其中 X, Y 和每个 Z_i 均不可分解, u 非零非同构. 则每个 v_i 和每个 w_i 也非零非同构.

证 若某个 $v_i = 0$, 则由引理 1.3.6(ii) 知 $w_i: Z_i \longrightarrow TX$ 可裂单. 因为 Z_i 和 TX 均不可分解, 由引理 1.3.5(2)(iv) 即知 w_i 是同构, 从而 $(w_1, \cdots, w_n)$ 可裂满. 再由引理 1.3.5 知 $u = 0$. 与题设矛盾!

若某个 v_i 是同构, 则 $\begin{pmatrix} v_1 \\ \vdots \\ v_n \end{pmatrix}$ 可裂单. 从而由引理 1.3.5 知 $u = 0$. 与题设矛盾!

对偶地可证每个 w_i 也非零非同构. ∎

引理 1.3.9(符号法则) 设 $\mathcal{C}$ 是预三角范畴, (X, Y, Z, u, v, w) 是好三角. 则 $(X, Y, Z, -u, -v, w)$, $(X, Y, Z, u, -v, -w)$ 和 $(X, Y, Z, -u, v, -w)$ 都是好三角.

证 由三角同构

$$\begin{array}{ccccccc} X & \xrightarrow{u} & Y & \xrightarrow{v} & Z & \xrightarrow{w} & TX \\ \| & & -1\downarrow & & \| & & \| \\ X & \xrightarrow{-u} & Y & \xrightarrow{-v} & Z & \xrightarrow{w} & TX \end{array}$$

即知 $(X,Y,Z,-u,-v,w)$ 是好三角. 其余结论类似可得. ∎

注记 1.3.10   设 $\mathcal{C}$ 是预三角范畴, (X,Y,Z,u,v,w) 是好三角. 有例子表明 $X \xrightarrow{u} Y \xrightarrow{v} Z \xrightarrow{-w} TX$ 不再是好三角. 参见例2.5.5.

1.4 三角范畴

定义 1.4.1 预三角范畴 $(\mathcal{C}, T, \mathcal{E})$ 称为三角范畴, 如果 $\mathcal{E}$ 还满足如下公理(TR4):

(TR4) (八面体公理 The octahedral axiom) 设下图中第1行、第2行和第2列都属于 $\mathcal{E}$. 则存在 f, g 使得第3列也属于 $\mathcal{E}$, 且下图中每个方块均交换

$$\begin{array}{ccccccc}
X & \xrightarrow{u} & Y & \xrightarrow{i} & Z' & \xrightarrow{i'} & TX \\
\parallel & & \downarrow v & & \downarrow f & & \parallel \\
X & \xrightarrow{vu} & Z & \xrightarrow{k} & Y' & \xrightarrow{k'} & TX \\
& & \downarrow j & & \downarrow g & & \downarrow Tu \\
& & X' & =\!= & X' & \xrightarrow{j'} & TY \\
& & & & \downarrow j' & \downarrow (Ti)j' & \\
& & & & TY & \xrightarrow{Ti} & TZ' &
\end{array}$$

注记 1.4.2   (1) 作行列对换即知(TR4) 可重新表述如下.

设下图中第1列、第2列和第2行均为好三角. 则存在 f, g 使得第3行也是好三角且下图中每个方块均交换

$$\begin{array}{ccccccc}
X & =\!= & X & & & & \\
\downarrow u & & \downarrow vu & & & & \\
Y & \xrightarrow{v} & Z & \xrightarrow{j} & X' & \xrightarrow{j'} & TY \\
\downarrow i & & \downarrow k & & \parallel & & \downarrow Ti \\
Z' & \xrightarrow{f} & Y' & \xrightarrow{g} & X' & \xrightarrow{(Ti)j'} & TZ' \\
\downarrow i' & & \downarrow k' & & \downarrow j' & & \\
TX & =\!= & TX & \xrightarrow{Tu} & TY & &
\end{array}$$

(2) 下图有助于较直观地理解八面体公理.

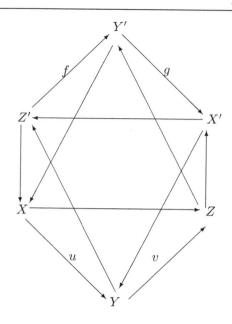

在八面体公理中, 有四个面是好三角, 其余四个面不是三角; 两个斜平行四边形导出两个三角射.

定义 1.4.3 三角范畴 $\mathcal{C} = (\mathcal{C}, T, \mathcal{E})$ 的一个全子加法范畴 $\mathcal{D}$ 称为 $\mathcal{C}$ 的三角子范畴, 如果 $\mathcal{D}$ 满足下述条件:

(i) $\mathcal{D}$ 对于同构封闭. 即, $\mathcal{C}$ 中与 $\mathcal{D}$ 中某一对象同构的对象也在 $\mathcal{D}$ 中;

(ii) T 也是 $\mathcal{D}$ 的自同构; 或等价地, 若 $X \in \mathcal{D}$, 则 $TX \in \mathcal{D}$ 并且 $T^{-1}X \in \mathcal{D}$.

(iii) $\mathcal{D}$ 对于扩张封闭. 即, 若 $X \longrightarrow Y \longrightarrow Z \longrightarrow TX$ 是 $\mathcal{C}$ 中好三角, 且 X 和 Z 属于 $\mathcal{D}$, 则 $Y \in \mathcal{D}$.

在上述定义中若 (i) 和 (ii) 成立, 则 (iii) 等价于:

若 $X \longrightarrow Y \longrightarrow Z \longrightarrow TX$ 是 $\mathcal{C}$ 中好三角, 且 X 和 Y 属于 $\mathcal{D}$, 则 $Z \in \mathcal{D}$;

也等价于:

若 $X \longrightarrow Y \longrightarrow Z \longrightarrow TX$ 是 $\mathcal{C}$ 中好三角, 且 Y 和 Z 属于 $\mathcal{D}$, 则 $X \in \mathcal{D}$.

不难证明: 三角范畴 $\mathcal{C} = (\mathcal{C}, T, \mathcal{E})$ 的一个全子范畴 $\mathcal{D}$ 是 $\mathcal{C}$ 的三角子范畴当且仅当 $\mathcal{D}$ 对于同构封闭, 并且 $(\mathcal{D}, T, \mathcal{E} \cap \mathcal{D})$ 是三角范畴, 其中 $\mathcal{E} \cap \mathcal{D}$ 是指三项均在 $\mathcal{D}$ 中的 $\mathcal{E}$ 中的三角作成的类. 留作习题.

证明一个预三角范畴是三角范畴, 即证明八面体公理 (TR4), 通常是比较麻烦的 (或困难的). 下面的引理将其归结为对所谓的标准三角来验证, 以后我们证明同

1.4 三角范畴

伦范畴和 Frobenius 范畴的稳定范畴作成三角范畴均要用到它. 读者可以先跳过下述引理, 而在用到时再阅读.

引理 1.4.4 设 $\mathcal{C}$ 是加法范畴, $T: \mathcal{C} \longrightarrow \mathcal{C}$ 是 $\mathcal{C}$ 的自同构. 设 Ω 是 $\mathcal{C}$ 中一些三角作成的类. 令 $\mathcal{E}$ 是与 Ω 中三角同构的所有三角作成的类. 如果 Ω 和 $\mathcal{E}$ 满足如下条件(tr1), (tr2), (tr3) 和(tr4), 则 $(\mathcal{C}, T, \mathcal{E})$ 是三角范畴.

(tr1) (i) 对 $\mathcal{C}$ 中每个态射 $u: X \longrightarrow Y$, 存在 Ω 中的三角 $X \xrightarrow{u} Y \xrightarrow{v} Z \xrightarrow{w} TX$;

(ii) 三角 $X \xrightarrow{\mathrm{Id}_X} X \longrightarrow 0 \longrightarrow TX$ 属于 $\mathcal{E}$;

(tr2) 若三角 $X \xrightarrow{u} Y \xrightarrow{v} Z \xrightarrow{w} TX$ 属于 Ω, 则三角

$$Y \xrightarrow{v} Z \xrightarrow{w} TX \xrightarrow{-Tu} TY$$

属于 $\mathcal{E}$;

(tr3) 若 $(X, Y, Z, u, v, w) \in \Omega$, $(X', Y', Z', u', v', w') \in \Omega$, 并且有态射的交换图

$$\begin{array}{ccc} X & \xrightarrow{u} & Y \\ f\downarrow & & g\downarrow \\ X' & \xrightarrow{u'} & Y' \end{array}$$

则存在三角射 (f, g, h), 即存在 $h: Z \longrightarrow Z'$ 使得下图交换

$$\begin{array}{ccccccc} X & \xrightarrow{u} & Y & \xrightarrow{v} & Z & \xrightarrow{w} & TX \\ f\downarrow & & g\downarrow & & h\downarrow & & Tf\downarrow \\ X' & \xrightarrow{u'} & Y' & \xrightarrow{v'} & Z' & \xrightarrow{w'} & TX' \end{array}$$

(tr4) 设下图中第1行、第2列和第2行都属于 Ω,

$$\begin{array}{ccccccc} X & \xrightarrow{u} & Y & \xrightarrow{\tilde{i}} & \widetilde{Z'} & \xrightarrow{\tilde{i}'} & TX \\ \| & & v\downarrow & & \tilde{f}\downarrow & & \| \\ X & \xrightarrow{vu} & Z & \xrightarrow{\tilde{k}} & \widetilde{Y'} & \xrightarrow{\tilde{k}'} & TX \\ & & \tilde{j}\downarrow & & \tilde{g}\downarrow & & Tu\downarrow \\ & & \widetilde{X'} & =\!=\!= & \widetilde{X'} & \xrightarrow{\tilde{j}'} & TY \\ & & \tilde{j}'\downarrow & & (T\tilde{i})\tilde{j}'\downarrow & & \\ & & TY & \xrightarrow{T\tilde{i}} & T\widetilde{Z'} & & \end{array}$$

则存在 $\widetilde{f}, \widetilde{g}$ 使得上图中第3列属于 $\mathcal{E}$, 且上图中每个方块均交换.

通常将 Ω 中的三角称为标准三角.

证 由 $\mathcal{E}$ 的构造和假设容易知道 $\mathcal{E}$ 满足(TR1), (TR2)和(TR3). 即 $(\mathcal{C}, T, \mathcal{E})$ 是预三角范畴. 设 $X \xrightarrow{u} Y \xrightarrow{i} Z' \xrightarrow{i'} TX$ 是 $\mathcal{E}$ 中的任意三角. 由条件 (tr1)(i) 知存在 Ω 中的三角 $X \xrightarrow{u} Y \xrightarrow{\widetilde{i}} \widetilde{Z'} \xrightarrow{\widetilde{i'}} TX$. 由(TR3) 和推论 1.2.3 知存在三角的同构

$$\begin{array}{ccccccc}
X & \xrightarrow{u} & Y & \xrightarrow{i} & Z' & \xrightarrow{i'} & TX \\
\parallel & & \parallel & & \downarrow{\alpha} & & \parallel \\
X & \xrightarrow{u} & Y & \xrightarrow{\widetilde{i}} & \widetilde{Z'} & \xrightarrow{\widetilde{i'}} & TX
\end{array}$$

因此

$$\widetilde{i} = \alpha i, \quad \widetilde{i'} = i' \alpha^{-1}.$$

下面证明 $\mathcal{E}$ 满足(TR4). 设下图中第 1 行、第 2 列和第 2 行都属于 $\mathcal{E}$.

$$\begin{array}{ccccccc}
X & \xrightarrow{u} & Y & \xrightarrow{i} & Z' & \xrightarrow{i'} & TX \\
\parallel & & \downarrow{v} & & \vdots\,f & & \parallel \\
X & \xrightarrow{vu} & Z & \xrightarrow{k} & Y' & \xrightarrow{k'} & TX \\
& & \downarrow{j} & & \vdots\,g & & \downarrow{Tu} \\
& & X' & = & X' & \xrightarrow{j'} & TY \\
& & \downarrow{j'} & & \downarrow{(Ti)j'} & & \\
& & TY & \xrightarrow{Ti} & TZ' & &
\end{array} \quad (1.1)$$

要证存在 f, g 使得上图中第 3 列也属于 $\mathcal{E}$, 且上图中每个方块均交换. 相应于上图中第 1 行、第 2 列和第 2 行, 由上所述我们得到 Ω 中的三角

$$X \xrightarrow{u} Y \xrightarrow{\alpha i} \widetilde{Z'} \xrightarrow{i'\alpha^{-1}} TX,$$

$$Y \xrightarrow{v} Z \xrightarrow{\beta j} \widetilde{X'} \xrightarrow{j'\beta^{-1}} TY$$

和

$$X \xrightarrow{vu} Z \xrightarrow{\gamma k} \widetilde{Y'} \xrightarrow{k'\gamma^{-1}} TX,$$

其中

$$\alpha: Z' \longrightarrow \widetilde{Z'}, \quad \beta: X' \longrightarrow \widetilde{X'}, \quad \gamma: Y' \longrightarrow \widetilde{Y'}$$

均是同构. 由(tr4)知存在 $\widetilde{f}, \widetilde{g}$ 使得下图中第 3 列属于 $\mathcal{E}$ 且下图中每个方块均交换:

$$\begin{array}{ccccccc}
X & \xrightarrow{u} & Y & \xrightarrow{\alpha i} & \widetilde{Z'} & \xrightarrow{i'\alpha^{-1}} & TX \\
\parallel & & \downarrow v & & \downarrow \widetilde{f} & & \parallel \\
X & \xrightarrow{vu} & Z & \xrightarrow{\gamma k} & \widetilde{Y'} & \xrightarrow{k'\gamma^{-1}} & TX \\
& & \downarrow \beta j & & \downarrow \widetilde{g} & & \downarrow Tu \\
& & \widetilde{X'} & =\!=\!= & \widetilde{X'} & \xrightarrow{j'\beta^{-1}} & TY \\
& & \downarrow j'\beta^{-1} & & \downarrow T(\alpha i)j'\beta^{-1} & & \\
& & TY & \xrightarrow{T(\alpha i)} & T\widetilde{Z'} & &
\end{array}$$

现在令 $f = \gamma^{-1}\widetilde{f}\alpha : Z' \longrightarrow Y'$, $g = \beta^{-1}\widetilde{g}\gamma : Y' \longrightarrow X'$. 则直接可验证 f 和 g 具有所要求的性质. ∎

下述引理的思想与上述引理相同, 不过条件略有不同. 以后我们证明 Verdier 商作成三角范畴时要用到它. 读者亦可先跳过此引理, 而在用到时再阅读它. 其证明亦与引理 1.4.4 的证明相类似, 留作习题.

引理 1.4.5 设 $\mathcal{C}$ 是加法范畴, $T : \mathcal{C} \longrightarrow \mathcal{C}$ 是范畴 $\mathcal{C}$ 的自同构. 设 Ω 是 $\mathcal{C}$ 中一些三角作成的类. 令 $\mathcal{E}$ 是与 Ω 中三角同构的所有三角作成的类. 如果 Ω 和 $\mathcal{E}$ 满足引理1.4.4中条件(tr2), (tr3) 和(tr4), 并且还满足下述条件(tr1'), 则 $(\mathcal{C}, T, \mathcal{E})$ 是三角范畴.

(tr1') (i) 对于任意态射 $u : X \longrightarrow Y$, 均存在三角的同构

$$\begin{array}{ccccccc}
X & \xrightarrow{u} & Y & \xrightarrow{v} & Z & \xrightarrow{w} & TX \\
\downarrow \alpha & & \parallel & & \parallel & & \downarrow T\alpha \\
X' & \xrightarrow{u'} & Y & \xrightarrow{v} & Z & \xrightarrow{w'} & TX'
\end{array}$$

使得第2行属于 Ω;

(ii) 三角 $X \xrightarrow{\text{Id}_X} X \longrightarrow 0 \longrightarrow TX$ 属于 $\mathcal{E}$.

通常将 Ω 中的三角称为标准三角.

1.5 三角函子

定义 1.5.1 (1) 设 $(\mathcal{C}, T, \mathcal{E})$ 和 $(\mathcal{C}', T', \mathcal{E}')$ 是三角范畴. 设 $F : \mathcal{C} \longrightarrow \mathcal{C}'$ 是加法函子, $\varphi : FT \cong T'F$ 是自然同构. 称 (F, φ) 是 $(\mathcal{C}, T, \mathcal{E})$ 到 $(\mathcal{C}', T', \mathcal{E}')$ 的三角函

子, 如果 F 将好三角映为好三角. 即, 若 $X \xrightarrow{u} Y \xrightarrow{v} Z \xrightarrow{w} TX$ 属于 $\mathcal{E}$, 则

$$FX \xrightarrow{Fu} FY \xrightarrow{Fv} FZ \xrightarrow{\varphi_X Fw} T'FX$$

属于 $\mathcal{E}'$.

(2) 两个三角范畴之间的三角函子 F 称为三角等价, 如果 F 又是等价函子. 两个三角范畴之间的三角函子 F 称为三角同构, 如果 F 又是同构函子. 若两个三角范畴之间存在一个三角等价, 则称这两个三角范畴是三角等价的. 若两个三角范畴之间存在一个三角同构, 则称这两个三角范畴是三角同构的.

我们强调: 三角范畴 $(\mathcal{C}, T, \mathcal{E})$ 到三角范畴 $(\mathcal{C}', T', \mathcal{E}')$ 的三角函子是一个二元组 (F, φ). 只有在上下文中自然同构 $\varphi: FT \cong T'F$ 是不言自明的, 或者不需要指明 φ 时, 我们才简称 F 是三角函子.

三角函子又称为正合函子. 三角等价的拟逆仍是三角函子 (这个证明包含在下节定理 1.6.1 的证明中且较容易), 从而也是三角等价.

设 $F: \mathcal{C} \longrightarrow \mathcal{C}'$ 是三角函子. 不难证明 $\operatorname{Ker} F = \{X \in \mathcal{C} \mid F(X) \cong 0\}$ 是 $\mathcal{C}$ 的三角子范畴.

下述结论在证明一个三角函子是三角等价时经常用到.

命题 1.5.2 (J. Rickard [Ric1], p. 446) 设 $F: \mathcal{C} \longrightarrow \mathcal{C}'$ 是三角函子, 且 F 是满的. 如果 F 将非零对象仍映为非零对象, 则 F 也是忠实的.

证 设 $f \in \operatorname{Hom}_{\mathcal{C}}(X, Y)$ 且 $Ff = 0$. 设 $X \xrightarrow{f} Y \xrightarrow{g} Z \longrightarrow TX$ 是 $\mathcal{C}$ 中好三角. 则 $FX \xrightarrow{0} FY \xrightarrow{Fg} FZ \longrightarrow T'FX$ 是 $\mathcal{C}'$ 中好三角. 由引理 1.3.5 和 (TR2) 知 Fg 可裂单, 即存在 $Fg': FZ \longrightarrow FY$ 使得 $Fg'Fg = \operatorname{Id}_{FY}$, 其中 $g' \in \operatorname{Hom}_{\mathcal{C}}(Z, Y)$ (此处用到 "F 是满的" 题设). 设 $Y \xrightarrow{g'g} Y \longrightarrow W \longrightarrow TY$ 是 $\mathcal{C}$ 中好三角. 则

$$FY \xrightarrow{\operatorname{Id}_{FY}} FY \longrightarrow FW \longrightarrow T'FY$$

是 $\mathcal{C}'$ 中好三角. 于是由引理 1.3.7 知 $FW = 0$. 从而由题设知 $W = 0$. 再由引理 1.3.7 知 $g'g$ 是同构, 从而 g 可裂单. 再由引理 1.3.5 知 $f = 0$. ∎

命题 1.5.2 的推广可参见 [RZ2]. 类似地我们有反变三角函子的定义.

定义 1.5.3 设 $(\mathcal{C}, T, \mathcal{E})$ 和 $(\mathcal{C}', T', \mathcal{E}')$ 是三角范畴.

(1) 设 $F: \mathcal{C} \longrightarrow \mathcal{C}'$ 是反变加法函子, $\psi: T'^{-1}F \cong FT$ 是自然同构. 称 (F, ψ) 是 $(\mathcal{C}, T, \mathcal{E})$ 到 $(\mathcal{C}', T', \mathcal{E}')$ 的三角函子, 或简称 F 是三角函子, 如果 F 将好三角映

为好三角. 即, 若 $X \xrightarrow{u} Y \xrightarrow{v} Z \xrightarrow{w} TX$ 属于 $\mathcal{E}$, 则

$$T'^{-1}FX \xrightarrow{Fw\psi_X} FZ \xrightarrow{Fv} FY \xrightarrow{Fu} FX$$

属于 $\mathcal{E}'$. 反变三角函子又称为反变正合函子.

(2) 设 $F: \mathcal{C} \longrightarrow \mathcal{C}'$ 是反变三角函子. 称 F 为三角对偶, 如果 F 诱导的函子 $\mathcal{C}^{op} \longrightarrow \mathcal{C}'$ 是等价函子, 其中 $\mathcal{C}^{op}$ 是 $\mathcal{C}$ 的反范畴.

若两个三角范畴之间存在一个三角对偶, 则称这两个三角范畴是三角对偶的.

我们将命题 1.5.2 的反变三角函子版本留作习题.

1.6 伴随对中的三角函子

以后常将三角范畴 $\mathcal{C}$ 到自身的恒等函子记为 $[0]$; 将平移函子 T 记为 $[1]$, 其逆记为 $[-1]$; 将 T^n 记为 $[n]$.

与一般加法范畴之间的加法函子相比较, 三角范畴之间的三角函子有许多特殊的性质. 与 Abel 范畴之间的正合函子相比较, 三角范畴之间的三角函子也有许多不同的性质. 例如参见 [RZ2]. 本节要证明一条有用的结果: 在三角范畴之间的一个伴随对 (F, G) 中, F 是三角函子当且仅当 G 是三角函子 (B. Keller [Ke2, 6.7; Ke4, Lemma 8.3]). 这个结论在 [N, p.179] 中的证明和在 [KS, p.265, Exercise 10.3] 中的提示, 均将证明中困难的部分省略 (或者忽视) 了. 以下证明本质上应与 [Ke2, 6.7] 相同 (未查). 所用到的伴随对和 Yoneda 引理可参阅附录.

定理 1.6.1 ([Ke2, Ke4]; [N]; [KS]) 设 $F: \mathcal{A} \longrightarrow \mathcal{B}$ 和 $G: \mathcal{B} \longrightarrow \mathcal{A}$ 是三角范畴之间的函子, 且 (F, G) 是伴随对. 则 F 是三角函子当且仅当 G 是三角函子.

证 记伴随同构为 η. 设 (F, ξ) 是三角函子, 其中 $\xi: F \circ [1] \longrightarrow [1] \circ F$ 是函子间的自然同构 (此处我们将三角范畴 $\mathcal{A}$ 和 $\mathcal{B}$ 的自同构均记为 $[1]$). 要证 G 是三角函子, 首先要说明存在函子间的自然同构 $\varphi: G \circ [1] \longrightarrow [1] \circ G$. 对于 $\mathcal{A}$ 中任意对象 M 和 $\mathcal{B}$ 中任意对象 X 我们有 Abel 群之间的同构

$$\begin{aligned}
\operatorname{Hom}_{\mathcal{A}}(M[1], G(X[1])) &\stackrel{\eta^{-1}_{M[1],X[1]}}{\cong} \operatorname{Hom}_{\mathcal{B}}(F(M[1]), X[1]) \\
&\stackrel{(\xi^{-1}_M, X[1])}{\cong} \operatorname{Hom}_{\mathcal{B}}((FM)[1], X[1]) \stackrel{[-1]}{\cong} \operatorname{Hom}_{\mathcal{B}}(FM, X) \\
&\stackrel{\eta_{M,X}}{\cong} \operatorname{Hom}_{\mathcal{A}}(M, GX) \stackrel{[1]}{\cong} \operatorname{Hom}_{\mathcal{A}}(M[1], (GX)[1]).
\end{aligned}$$

上述同构对于 M 是自然的. 因此由 Yoneda 引理知存在 $\mathcal{A}$ 中的同构 $\varphi_X : G(X[1]) \longrightarrow (GX)[1]$ 使得

$$\mathrm{Hom}_{\mathcal{A}}(M[1], \varphi_X) = [1] \circ \eta_{M,X} \circ [-1] \circ \mathrm{Hom}_{\mathcal{B}}(\xi_M^{-1}, X[1]) \circ \eta_{M[1],X[1]}^{-1}. \tag{1.2}$$

显然 φ_X 对于 X 是函子的. 因此我们得到函子间的自然同构 $\varphi : G \circ [1] \longrightarrow [1] \circ G$. 对于任意态射 $a \in \mathrm{Hom}_{\mathcal{A}}(M[1], G(X[1]))$, 等式 (1.2) 可以重写成

$$\varphi_X \circ a = \eta_{M,X}((\eta_{M[1],X[1]}^{-1}(a))[-1] \circ \xi_M^{-1}[-1])[1]. \tag{1.3}$$

在 (1.3) 中取 $M = GX$, 取 $a = \varphi_X^{-1} : (GX)[1] \longrightarrow G(X[1])$, 则有

$$\mathrm{Id}_{(GX)[1]} = \eta_{GX,X}((\eta_{(GX)[1],X[1]}^{-1}(a))[-1] \circ \xi_{GX}^{-1}[-1])[1],$$

即

$$\mathrm{Id}_{GX}[1] = \eta_{GX,X}((\eta_{(GX)[1],X[1]}^{-1}(a))[-1] \circ \xi_{GX}^{-1}[-1])[1],$$

即

$$\mathrm{Id}_{GX} = \eta_{GX,X}((\eta_{(GX)[1],X[1]}^{-1}(a))[-1] \circ \xi_{GX}^{-1}[-1]).$$

故有

$$\eta_{GX,X}^{-1}(\mathrm{Id}_{GX}) = (\eta_{(GX)[1],X[1]}^{-1}(a))[-1] \circ \xi_{GX}^{-1}[-1] = (\eta_{(GX)[1],X[1]}^{-1}(a) \circ \xi_{GX}^{-1})[-1].$$

由伴随对 (F, G) 的余单位 $\epsilon : FG \longrightarrow \mathrm{Id}_{\mathcal{B}}$ 的定义知上式左端恰为 ϵ_X, 从而有

$$\epsilon_X[1] = \eta_{(GX)[1],X[1]}^{-1}(a) \circ \xi_{GX}^{-1},$$

即

$$\epsilon_X[1] \circ \xi_{GX} = \eta_{(GX)[1],X[1]}^{-1}(a).$$

于是得到

$$\varphi_X^{-1} = \eta_{(GX)[1],X[1]}(\epsilon_X[1] \circ \xi_{GX}). \tag{1.4}$$

下证 (G, φ) 是三角函子. 设 $X \xrightarrow{f} Y \xrightarrow{g} Z \xrightarrow{h} X[1]$ 是 $\mathcal{B}$ 中的好三角. 我们要证

$$GX \xrightarrow{Gf} GY \xrightarrow{Gg} GZ \xrightarrow{\varphi_X Gh} (GX)[1]$$

是 $\mathcal{A}$ 中的好三角. 将 Gf 嵌入到好三角 $GX \xrightarrow{Gf} GY \xrightarrow{\alpha} C \xrightarrow{\beta} (GX)[1]$ 中. 考虑余单位 $\epsilon : FG \longrightarrow \mathrm{Id}_{\mathcal{B}}$. 则我们有好三角的交换图

$$\begin{array}{ccccccc}
FGX & \xrightarrow{FGf} & FGY & \xrightarrow{F\alpha} & FC & \xrightarrow{\xi_{GX} F\beta} & (FGX)[1] \\
\downarrow{\epsilon_X} & & \downarrow{\epsilon_Y} & & \downarrow{\Phi} & & \downarrow{\epsilon_X[1]} \\
X & \xrightarrow{f} & Y & \xrightarrow{g} & Z & \xrightarrow{h} & X[1]
\end{array} \tag{1.5}$$

1.6 伴随对中的三角函子

其中左边方块的交换性由余单位的自然性保证, 另外两个方块的交换性由三角公理保证. 由右边方块的交换性我们有交换方块

$$\begin{array}{ccc} FC & \xrightarrow{F\beta} & F((GX)[1]) \\ \Phi \downarrow & & \downarrow \epsilon_X[1]\circ \xi_{GX} \\ Z & \xrightarrow{h} & X[1] \end{array}$$

对这个方块以及 (1.5) 的中间方块应用附录中命题 12.8.1(vii), 我们得到交换图

$$\begin{array}{ccccc} GX & \xrightarrow{Gf} & GY & \xrightarrow{\alpha} & C & \xrightarrow{\beta} & (GX)[1] \\ \| & & \| & & \downarrow \eta_{C,Z}(\Phi) & & \downarrow \eta_{(GX)[1],X[1]}(\epsilon_X[1]\circ \xi_{GX}) \\ GX & \xrightarrow{Gf} & GY & \xrightarrow{Gg} & GZ & \xrightarrow{Gh} & G(X[1]) \end{array}$$

由等式 (1.4) 我们得到交换图

$$\begin{array}{ccccc} GX & \xrightarrow{Gf} & GY & \xrightarrow{\alpha} & C & \xrightarrow{\beta} & (GX)[1] \\ \| & & \| & & \downarrow \eta_{C,Z}(\Phi) & & \| \\ GX & \xrightarrow{Gf} & GY & \xrightarrow{Gg} & GZ & \xrightarrow{\varphi_X Gh} & (GX)[1] \end{array}$$

剩下只要证明 $\eta_{C,Z}(\Phi): C \longrightarrow GZ$ 是同构.

因为 $\varphi: G \circ [1] \longrightarrow [1] \circ G$ 是自然同构, 故有交换图

$$\begin{array}{ccc} G(X[1]) & \xrightarrow{\varphi_X} & (GX)[1] \\ G(f[1]) \downarrow & & \downarrow (Gf)[1] \\ G(Y[1]) & \xrightarrow{\varphi_Y} & (GY)[1] \end{array}$$

从而对于任意对象 $M \in \mathcal{A}$ 有交换图

$$\begin{array}{ccc} \mathrm{Hom}_{\mathcal{A}}(M, G(X[1])) & \xrightarrow{(M,\varphi_X)} & \mathrm{Hom}_{\mathcal{A}}(M, (GX)[1]) \\ (M,G(f[1])) \downarrow & & \downarrow (M,(Gf)[1]) \\ \mathrm{Hom}_{\mathcal{A}}(M, G(Y[1])) & \xrightarrow{(M,\varphi_Y)} & \mathrm{Hom}_{\mathcal{A}}(M, (GY)[1]) \end{array} \quad (1.6)$$

于是

$$(Gf)[1]\varphi_X Gh = \varphi_Y G(f[1])Gh = \varphi_Y G(f[1]h) = 0.$$

应用上同调函子 $\mathrm{Hom}_{\mathcal{B}}(FM,-)$ 到好三角 $X \xrightarrow{f} Y \xrightarrow{g} Z \xrightarrow{h} X[1]$ 上, 我们有正合列

$$(FM,X) \xrightarrow{(FM,f)} (FM,Y) \xrightarrow{(FM,g)} (FM,Z) \xrightarrow{(FM,h)} (FM,X[1]) \xrightarrow{(FM,f[1])} (FM,Y[1]).$$

由伴随同构我们得到正合列

$$(M,GX) \xrightarrow{(M,Gf)} (M,GY) \xrightarrow{(M,Gg)} (M,GZ) \xrightarrow{(M,Gh)} (M,G(X[1]))$$
$$\xrightarrow{(M,G(f[1]))} (M,G(Y[1])),$$

从而有正合列 (应用 (1.6))

$$(M,GX) \xrightarrow{(M,Gf)} (M,GY) \xrightarrow{(M,Gg)} (M,GZ) \xrightarrow{(M,\varphi_X Gh)} (M,(GX)[1])$$
$$\xrightarrow{(M,(Gf)[1])} (M,(GY)[1]).$$

应用上同调函子 $\mathrm{Hom}_{\mathcal{A}}(M,-)$ 到好三角 $GX \xrightarrow{Gf} GY \xrightarrow{\alpha} C \xrightarrow{\beta} (GX)[1]$, 我们有正合列

$$(M,GX) \xrightarrow{(M,Gf)} (M,GY) \xrightarrow{(M,\alpha)} (M,C) \xrightarrow{(M,\beta)} (M,(GX)[1]) \xrightarrow{(M,(Gf)[1])} (M,(GY)[1]),$$

并且有交换图 (为节约空间, 例如, 我们用 $\widetilde{(GX)[1]}$ 表示 $\mathrm{Hom}_{\mathcal{A}}(M,(GX)[1])$, 用 $\widetilde{\eta_{C,Z}(\Phi)}$ 表示 $\mathrm{Hom}_{\mathcal{A}}(M,\eta_{C,Z}(\Phi))$.)

$$\begin{array}{ccccccccc}
\widetilde{GX} & \longrightarrow & \widetilde{GY} & \longrightarrow & \widetilde{C} & \longrightarrow & \widetilde{(GX)[1]} & \longrightarrow & \widetilde{(GY)[1]} \\
=\downarrow & & =\downarrow & & \widetilde{\eta_{C,Z}(\Phi)}\downarrow & & =\downarrow & & =\downarrow \\
\widetilde{GX} & \longrightarrow & \widetilde{GY} & \longrightarrow & \widetilde{GZ} & \longrightarrow & (M,GX) & \longrightarrow & \widetilde{(GY)[1]}
\end{array}$$

其中上下两行均是正合列. 由五引理知 $\mathrm{Hom}_{\mathcal{A}}(M,\eta_{C,Z}(\Phi))$ 是同构. 由 Yoneda 引理知 $\eta_{C,Z}(\Phi)$ 是同构. 从而 G 是三角函子.

类似地可证: 若 G 是三角函子, 则 F 也是三角函子. ∎

注记 1.6.2 注意到对于 Abel 范畴之间的伴随对 (F,G), 由 F 正合只能推出 G 左正合, 且一般地说 G 未必正合; 而由 G 正合只能推出 F 右正合, 且一般地说 F 未必正合. 从这个角度看, 正如 A. Neeman 所评论的, 定理 1.6.1 是令人惊奇的.

1.7 基变换和余基变换

三角范畴定义中的八面体公理及其各种等价形式经常要用且较难使用. 本节我们给出它的另外 3 种等价形式: (TR4')、基变换和余基变换及其等价形式.

1.7 基变换和余基变换

命题 1.7.1 设 $(\mathcal{C}, [1], \mathcal{E})$ 是一个预三角范畴. 则下述等价

(i) (TR4);

(ii) (TR4') 对于 $\mathcal{C}$ 中的态射序列 $A \xrightarrow{f_1} B \xrightarrow{f_2} C$, 存在如下交换图

$$
\begin{array}{ccccccc}
A & \xrightarrow{f_1} & B & \xrightarrow{g_1} & X & \xrightarrow{h_1} & A[1] \\
\| & & {\scriptstyle f_2}\downarrow & & {\scriptstyle \alpha}\downarrow & & \| \\
A & \xrightarrow{f_2 f_1} & C & \xrightarrow{g_3} & Y & \xrightarrow{h_3} & A[1] \\
& & {\scriptstyle g_2}\downarrow & & {\scriptstyle \beta}\downarrow & & {\scriptstyle f_1[1]}\downarrow \\
& & Z & = & Z & \xrightarrow{h_2} & B[1] \\
& & {\scriptstyle h_2}\downarrow & & {\scriptstyle \gamma}\downarrow & & \\
& & B[1] & \xrightarrow{g_1[1]} & X[1] & &
\end{array}
$$

使得前两行和中间两列均是好三角.

(iii) **基变换 I** (base change) 对于 $\mathcal{C}$ 中好三角 $A \xrightarrow{f} B \xrightarrow{g} C \xrightarrow{h} A[1]$ 和 $\mathcal{C}$ 中的态射 $\varepsilon: C' \longrightarrow C$, 存在如下交换图

$$
\begin{array}{ccccccc}
 & & E & = & E & & \\
 & & {\scriptstyle \alpha}\downarrow & & {\scriptstyle \delta}\downarrow & & \\
A & \xrightarrow{f'} & B' & \xrightarrow{g'} & C' & \xrightarrow{h'} & A[1] \\
\| & & {\scriptstyle \beta}\downarrow & & {\scriptstyle \varepsilon}\downarrow & & \| \\
A & \xrightarrow{f} & B & \xrightarrow{g} & C & \xrightarrow{h} & A[1] \\
 & & {\scriptstyle \gamma}\downarrow & & {\scriptstyle \eta}\downarrow & & {\scriptstyle f'[1]}\downarrow \\
 & & E[1] & = & E[1] & \xrightarrow{-\alpha[1]} & B'[1]
\end{array}
$$

使得中间两行和中间两列均是好三角.

(iv) **基变换 II** 对于 $\mathcal{C}$ 中好三角 $A \xrightarrow{f} B \xrightarrow{g} C \xrightarrow{h} A[1]$ 和 $\mathcal{C}$ 中的态射 $\varepsilon: C' \longrightarrow C$, 以及 $\mathcal{C}$ 中给定的2个好三角

$$E \xrightarrow{\delta} C' \xrightarrow{\varepsilon} C \xrightarrow{\eta} E[1],$$
$$A \xrightarrow{f'} B' \xrightarrow{g'} C' \xrightarrow{h\varepsilon} A[1],$$

存在如下交换图

$$
\begin{array}{ccccccc}
 & & E & =\!=\!= & E & & \\
 & & \alpha\downarrow & & \delta\downarrow & & \\
A & \xrightarrow{f'} & B' & \xrightarrow{g'} & C' & \xrightarrow{h\varepsilon} & A[1] \\
\| & & \beta\downarrow & & \varepsilon\downarrow & & \| \\
A & \xrightarrow{f} & B & \xrightarrow{g} & C & \xrightarrow{h} & A[1] \\
 & & \gamma\downarrow & & \eta\downarrow & & f'[1]\downarrow \\
 & & E[1] & =\!=\!= & E[1] & \xrightarrow{-\alpha[1]} & B'[1]
\end{array}
$$

使得中间两行和中间两列均是好三角.

(v) **余基变换 I** (cobase change) 对于 $\mathcal{C}$ 中好三角 $A \xrightarrow{f} B \xrightarrow{g} C \xrightarrow{h} A[1]$ 和 $\mathcal{C}$ 中的态射 $\alpha: A \longrightarrow A'$, 存在如下交换图

$$
\begin{array}{ccccccc}
 & & F & =\!=\!= & F & & \\
 & & \eta\downarrow & & \varepsilon\downarrow & & \\
C[-1] & \xrightarrow{-h[-1]} & A & \xrightarrow{f} & B & \xrightarrow{g} & C \\
\| & & \alpha\downarrow & & \beta\downarrow & & \| \\
C[-1] & \xrightarrow{-h'[-1]} & A' & \xrightarrow{f'} & B' & \xrightarrow{g'} & C \\
 & & \gamma\downarrow & & \delta\downarrow & & -h\downarrow \\
 & & F[1] & =\!=\!= & F[1] & \xrightarrow{-\eta[1]} & A[1]
\end{array}
$$

使得中间两行和中间两列均是好三角.

(vi) **余基变换 II** 对于 $\mathcal{C}$ 中好三角 $A \xrightarrow{f} B \xrightarrow{g} C \xrightarrow{h} A[1]$ 和 $\mathcal{C}$ 中的态射 $\alpha: A \longrightarrow A'$, 以及 $\mathcal{C}$ 中给定的2个好三角

$$F \xrightarrow{\eta} A \xrightarrow{\alpha} A' \xrightarrow{\gamma} F[1],$$
$$A' \xrightarrow{f'} B' \xrightarrow{g'} C \xrightarrow{\alpha h} A'[1],$$

存在如下交换图

1.7 基变换和余基变换

$$
\begin{array}{ccccccc}
& & F & =\!=\!= & F & & \\
& & \eta \downarrow & & \varepsilon \downarrow & & \\
C[-1] & \xrightarrow{-h[-1]} & A & \xrightarrow{f} & B & \xrightarrow{g} & C \\
\| & & \alpha \downarrow & & \beta \downarrow & & \| \\
C[-1] & \xrightarrow{-\alpha[-1]h[-1]} & A' & \xrightarrow{f'} & B' & \xrightarrow{g'} & C \\
& & \gamma \downarrow & & \delta \downarrow & & -h \downarrow \\
& & F[1] & =\!=\!= & F[1] & \xrightarrow{-\eta[1]} & A[1]
\end{array}
$$

使得中间两行和中间两列均是好三角.

证 (TR4) $\Longrightarrow$ (TR4'): 由 (TR1) 知存在 g_1 使第 1 行为好三角; 同理存在 g_2 使第 2 列为好三角. 取 $f_2f_1: A \longrightarrow C$, 再由 (TR1) 知存在 g_3 使第 2 行为好三角. 再由 (TR4) 即可推知 (TR4') 成立.

(TR4')$\Longrightarrow$ (TR4): 设在(TR4)的图中给定了第 1 行、第 2 行、第 2 列为好三角. 由推论 1.2.3(2) 知 (TR4') 中第 1 行与 (TR4) 中第 1 行是三角同构的; 同理 (TR4') 第 2 列与 (TR4) 中第 2 列是同构的三角; (TR4') 与 (TR4) 中第 2 行也是同构的三角. 类似引理 1.4.4 的证明, 由 (TR4') 即知存在 f, g 使得 (TR4) 中第 3 列也是好三角且整个图交换.

基变换 I $\Longrightarrow$ (TR4'): 给定 $\mathcal{C}$ 中的态射 $A \xrightarrow{f_1} B \xrightarrow{f_2} C$. 由 (TR1) 将 f_2 嵌入好三角

$$C[-1] \xrightarrow{-g_2[-1]} Z[-1] \xrightarrow{-h_2[-1]} B \xrightarrow{f_2} C.$$

对这个三角和态射 $f_1: A \longrightarrow B$ 应用基变换 I, 我们得到如下交换图

$$
\begin{array}{ccccccc}
& & X[-1] & =\!=\!= & X[-1] & & \\
& & \alpha[-1] \downarrow & & -h_1[-1] \downarrow & & \\
C[-1] & \xrightarrow{-g_3[-1]} & Y[-1] & \xrightarrow{-h_3[-1]} & A & \xrightarrow{f_2f_1} & C \\
\| & & \beta[-1] \downarrow & & f_1 \downarrow & & \| \\
C[-1] & \xrightarrow{-g_2[-1]} & Z[-1] & \xrightarrow{-h_2[-1]} & B & \xrightarrow{f_2} & C \\
& & -\gamma[-1] \downarrow & & g_1 \downarrow & & -g_3 \downarrow \\
& & X & =\!=\!= & X & \xrightarrow{-\alpha} & Y
\end{array}
$$

其中中间两行和中间两列均是好三角. 这个图中第 3 列给出 (TR4') 中的第 1 行, 这个图中第 2 行给出 (TR4') 中的第 2 行, 这个图中第 3 行给出 (TR4') 中的第 2 列, 这个图中第 2 列和符号法则给出 (TR4') 中的第 3 列. 直接验证可知这个图的 6 个方块的交换性给出 (TR4') 中的 6 个方块的交换性.

(TR4) $\Longrightarrow$ 基变换 II: 对于 $\mathcal{C}$ 中好三角 $A \xrightarrow{f} B \xrightarrow{g} C \xrightarrow{h} A[1]$ 和 $\mathcal{C}$ 中的态射 $\varepsilon : C' \longrightarrow C$, 以及 $\mathcal{C}$ 中给定的 2 个好三角

$$E \xrightarrow{\delta} C' \xrightarrow{\varepsilon} C \xrightarrow{\eta} E[1],$$
$$A \xrightarrow{f'} B' \xrightarrow{g'} C' \xrightarrow{h\varepsilon} A[1],$$

利用旋转和符号法则并应用 (TR4), 我们得到如下交换图

$$\begin{array}{ccccccc}
C' & \xrightarrow{\varepsilon} & C & \xrightarrow{\eta} & E[1] & \xrightarrow{-\delta[1]} & C'[1] \\
\| & & h\downarrow & & \alpha[1]\downarrow & & \| \\
C' & \xrightarrow{h\varepsilon} & A[1] & \xrightarrow{-f'[1]} & B'[1] & \xrightarrow{-g'[1]} & C'[1] \\
& & f[1]\downarrow & & -\beta[1]\downarrow & & \varepsilon[1]\downarrow \\
& & B[1] & = & B[1] & \xrightarrow{g[1]} & C[1] \\
& & g[1]\downarrow & & \gamma[1]\downarrow & & \\
& & C[1] & \xrightarrow{\eta[1]} & E[2] & &
\end{array}$$

其中前两行和中间两列均是好三角. 这就给出如下基变换中的交换图

$$\begin{array}{ccccccc}
& & E & = & E & & \\
& & \alpha\downarrow & & \delta\downarrow & & \\
A & \xrightarrow{f'} & B' & \xrightarrow{g'} & C' & \xrightarrow{h\varepsilon} & A[1] \\
\| & & \beta\downarrow & & \varepsilon\downarrow & & \| \\
A & \xrightarrow{f} & B & \xrightarrow{g} & C & \xrightarrow{h} & A[1] \\
& & \gamma\downarrow & & \eta\downarrow & & f'[1]\downarrow \\
& & E[1] & = & E[1] & \xrightarrow{-\alpha[1]} & B'[1]
\end{array}$$

其中中间两行和中间两列均是好三角.

基变换 II $\Longrightarrow$ 基变换 I: 这是显然的.

余基变换和 (TR4) 的等价性类似可证. 留给读者. ∎

由于在形式上的相似, 基变换也称为拉回公理 (但其中的中间方块并非范畴意义下的拉回), 余基变换也称为推出公理 (但其中的中间方块并非范畴意义下的推出). 比较 4.1 节.

1.8　4×4 引理

下述结论是三角范畴中的有用性质.

引理 1.8.1(4×4 引理)　设 $(\mathcal{C}, [1])$ 是三角范畴. 对 $\mathcal{C}$ 中任意交换图

$$\begin{array}{ccc} A_1 & \xrightarrow{x_1} & B_1 \\ \downarrow a_1 & & \downarrow b_1 \\ A_2 & \xrightarrow{x_2} & B_2 \end{array}$$

以及 $\mathcal{C}$ 中给定的4个好三角

$$\begin{aligned} A_1 & \xrightarrow{x_1} B_1 \xrightarrow{y_1} C_1 \xrightarrow{z_1} A_1[1], \\ A_2 & \xrightarrow{x_2} B_2 \xrightarrow{y_2} C_2 \xrightarrow{z_2} A_2[1], \\ A_1 & \xrightarrow{a_1} A_2 \xrightarrow{a_2} A_3 \xrightarrow{a_3} A_1[1], \\ B_1 & \xrightarrow{b_1} B_2 \xrightarrow{b_2} B_3 \xrightarrow{b_3} B_1[1], \end{aligned}$$

存在下列态射图

$$\begin{array}{ccccccc} A_1 & \xrightarrow{x_1} & B_1 & \xrightarrow{y_1} & C_1 & \xrightarrow{z_1} & A_1[1] \\ \downarrow a_1 & & \downarrow b_1 & & \downarrow c_1 & & \downarrow a_1[1] \\ A_2 & \xrightarrow{x_2} & B_2 & \xrightarrow{y_2} & C_2 & \xrightarrow{z_2} & A_2[1] \\ \downarrow a_2 & & \downarrow b_2 & & \downarrow c_2 & & \downarrow a_2[1] \\ A_3 & \xrightarrow{x_3} & B_3 & \xrightarrow{y_3} & C_3 & \xrightarrow{z_3} & A_3[1] \\ \downarrow a_3 & & \downarrow b_3 & & \downarrow c_3 & & \downarrow -a_3[1] \\ A_1[1] & \xrightarrow{x_1[1]} & B_1[1] & \xrightarrow{y_1[1]} & C_1[1] & \xrightarrow{-z_1[1]} & A_1[2] \end{array}$$

使得 4 行 4 列都是好三角, 且除了右下角的方块反交换外, 其余方块均交换.

证 由(TR4)得到下列 3 个交换图

$$
\begin{array}{ccccccc}
A_1 & == & A_1 & & & & \\
{\scriptstyle x_1}\downarrow & & \downarrow{\scriptstyle b_1 x_1} & & & & \\
B_1 & \xrightarrow{b_1} & B_2 & \xrightarrow{b_2} & B_3 & \xrightarrow{b_3} & B_1[1] \\
{\scriptstyle y_1}\downarrow & & \downarrow{\scriptstyle f} & & \parallel & & \downarrow{\scriptstyle y_1[1]} \\
C_1 & \xrightarrow{k} & D & \xrightarrow{j} & B_3 & \longrightarrow & C_1[1] \\
{\scriptstyle z_1}\downarrow & & \downarrow{\scriptstyle g} & & \downarrow{\scriptstyle b_3} & & \\
A_1[1] & == & A_1[1] & \xrightarrow{x_1[1]} & B_1[1] & &
\end{array}
$$

$$
\begin{array}{ccccccc}
A_1 & == & A_1 & & & & \\
{\scriptstyle a_1}\downarrow & & \downarrow{\scriptstyle x_2 a_1} & & & & \\
A_2 & \xrightarrow{x_2} & B_2 & \xrightarrow{y_2} & C_2 & \xrightarrow{z_2} & A_2[1] \\
{\scriptstyle a_2}\downarrow & & \downarrow{\scriptstyle f} & & \parallel & & \downarrow{\scriptstyle a_2[1]} \\
A_3 & \xrightarrow{h} & D & \xrightarrow{i} & C_2 & \longrightarrow & A_3[1] \\
{\scriptstyle a_3}\downarrow & & \downarrow{\scriptstyle g} & & \downarrow{\scriptstyle z_2} & & \\
A_1[1] & == & A_1[1] & \xrightarrow{a_1[1]} & A_2[1] & &
\end{array}
$$

$$
\begin{array}{ccccccc}
A_3 & == & A_3 & & & & \\
{\scriptstyle h}\downarrow & & \downarrow{\scriptstyle jh} & & & & \\
D & \xrightarrow{j} & B_3 & \xrightarrow{y_1[1]b_3} & C_1[1] & \xrightarrow{-k[1]} & D[1] \\
{\scriptstyle i}\downarrow & & \downarrow{\scriptstyle y_3} & & \parallel & & \downarrow{\scriptstyle i[1]} \\
C_2 & \xrightarrow{c_2} & C_3 & \xrightarrow{c_3} & C_1[1] & \xrightarrow{-c_1[1]} & C_2[1] \\
{\scriptstyle a_2[1]z_2}\downarrow & & \downarrow{\scriptstyle z_3} & & \downarrow{\scriptstyle -k[1]} & & \\
A_3[1] & == & A_3[1] & \xrightarrow{h[1]} & D[1] & &
\end{array}
$$

由上面 3 个图知引理 1.8.1 中图的 4 行 4 列均为好三角; 下面验证其交换性. 令 $c_1 = ik$, $x_3 = jh$. 则有

$$c_1 y_1 = iky_1 = ifb_1 = y_2 b_1; \quad a_1[1] z_1 = a_1[1] gk = z_2 ik = z_2 c_1;$$

$$x_3a_2 = jha_2 = jfx_2 = b_2x_2; \quad y_3b_2 = y_3jf = c_2if = c_2y_2;$$
$$z_3c_2 = a_2[1]z_2; \quad x_1[1]a_3 = x_1[1]gh = b_3jh = b_3x_3;$$
$$y_1[1]b_3 = c_3y_3; \quad z_1[1]c_3 = g[1]k[1]c_3 = -g[1]h[1]z_3 = -a_3[1]z_3.$$ ∎

习　题

1.1　设 $u: X \longrightarrow Y$ 是预三角范畴 $\mathcal{C}$ 的态射. 则 u 是同构当且仅当 $X \xrightarrow{u} Y \longrightarrow 0 \longrightarrow TX$ 是好三角.

1.2　设 $\mathcal{C}$ 是预三角范畴. 若 $(X, Y, Z, 0, v, w)$ 是好三角, 则 $Z \cong T(X) \oplus Y$. 反之, $(X, Y, T(X) \oplus Y, 0, \binom{0}{1}, (-1, 0))$ 是好三角.

1.3　设 $(\mathcal{C}, T)$ 是预三角范畴, $\mathcal{A}$ 是 Abel 范畴. 设 $\mathrm{H}: \mathcal{C} \longrightarrow \mathcal{A}$ 是上同调函子. 则对于 $\mathcal{C}$ 中的好三角之间的三角射

$$\begin{array}{ccccccc}
X & \xrightarrow{u} & Y & \xrightarrow{v} & Z & \xrightarrow{w} & TX \\
{\scriptstyle f}\downarrow & & {\scriptstyle g}\downarrow & & {\scriptstyle h}\downarrow & & {\scriptstyle Tf}\downarrow \\
X' & \xrightarrow{u'} & Y' & \xrightarrow{v'} & Z' & \xrightarrow{w'} & TX'
\end{array}$$

有 $\mathcal{A}$ 中长正合列的交换图

$$\begin{array}{ccccccccc}
\cdots \longrightarrow & \mathrm{H}^n(X) & \xrightarrow{\mathrm{H}^n(u)} & \mathrm{H}^n(Y) & \xrightarrow{\mathrm{H}^n(v)} & \mathrm{H}^n(Z) & \xrightarrow{\mathrm{H}^n(w)} & \mathrm{H}^{n+1}(X) & \longrightarrow \cdots \\
& {\scriptstyle \mathrm{H}^n(f)}\downarrow & & {\scriptstyle \mathrm{H}^n(g)}\downarrow & & {\scriptstyle \mathrm{H}^n(h)}\downarrow & & {\scriptstyle \mathrm{H}^{n+1}(f)}\downarrow & \\
\cdots \longrightarrow & \mathrm{H}^n(X') & \xrightarrow{\mathrm{H}^n(u')} & \mathrm{H}^n(Y') & \xrightarrow{\mathrm{H}^n(v')} & \mathrm{H}^n(Z') & \xrightarrow{\mathrm{H}^n(w')} & \mathrm{H}^{n+1}(X') & \longrightarrow \cdots
\end{array}$$

这里 $\mathrm{H}^i(X) := \mathrm{H}(T^iX)$, $\mathrm{H}^i(u) := \mathrm{H}(T^iu)$. 换言之, 预三角范畴的上同调函子的连接态射是自然的.

1.4　设 $\mathcal{D}$ 是三角范畴 $\mathcal{C} = (\mathcal{C}, T, \mathcal{E})$ 的全子加法范畴. 设 $\mathcal{D}$ 对于同构封闭, 并且 T 是 $\mathcal{D}$ 的自同构. 则 $\mathcal{D}$ 是 $\mathcal{C}$ 的三角子范畴当且仅当

若好三角 $X \longrightarrow Y \longrightarrow Z \longrightarrow TX$ 中 X 和 Y 属于 $\mathcal{D}$, 则 $Z \in \mathcal{D}$;

也当且仅当

若好三角 $X \longrightarrow Y \longrightarrow Z \longrightarrow TX$ 中 Y 和 Z 属于 $\mathcal{D}$, 则 $X \in \mathcal{D}$.

1.5　三角范畴 $\mathcal{C} = (\mathcal{C}, T, \mathcal{E})$ 的一个全子范畴 $\mathcal{D}$ 是 $\mathcal{C}$ 的三角子范畴当且仅当 $\mathcal{D}$ 对于同构封闭, 并且 $(\mathcal{D}, T, \mathcal{E} \cap \mathcal{D})$ 是三角范畴, 其中 $\mathcal{E} \cap \mathcal{D}$ 是指三项均在 $\mathcal{D}$ 中的 $\mathcal{E}$ 中的三角作成的类.

1.6 设 $\mathcal{C}$ 是预三角范畴, $X \xrightarrow{u} Y \xrightarrow{v} Z \xrightarrow{w} TX$ 是好三角, $f: W \longrightarrow Z$. 则 $wf = 0$ 当且仅当存在 $f': W \longrightarrow Y$ 使得 $vf' = f$.

1.7 设 $\mathcal{C}$ 是预三角范畴, (X, Y, Z, u, v, w), (X', Y', Z', u', v', w') 是好三角, $g: Y \to Y'$. 则 $v'gu = 0$ 当且仅当存在从第一个三角到第二个三角的三角射 (f, g, h). 此时若 $\mathrm{Hom}_{\mathcal{C}}(X, T^{-1}Z') = 0$, 则 f, h 由 g 唯一确定.

1.8 设 $\mathcal{C}$ 是预三角范畴, (X, Y, Z, u, v, w) 是好三角. 若 $\mathrm{Hom}_{\mathcal{C}}(TX, Z) = 0$, 则 w 是唯一的态射使 (X, Y, Z, u, v, w) 成为好三角.

1.9 从预三角范畴 $\mathcal{C}$ 到Abel 范畴 $\mathcal{A}$ 的一个加法函子 $H: \mathcal{C} \longrightarrow \mathcal{A}$ 是上同调函子当且仅当对任一好三角 $X \xrightarrow{u} Y \xrightarrow{v} Z \xrightarrow{w} TX$ 和任一 i, $H(T^i X) \longrightarrow H(T^i Y) \longrightarrow H(T^i Z)$ 正合.

1.10 设 $F: \mathcal{C} \longrightarrow \mathcal{C}'$ 是三角函子. 则 $\mathrm{Ker} F = \{X \in \mathcal{C} \mid F(X) \cong 0\}$ 是 $\mathcal{C}$ 的三角子范畴.

1.11 设 $\mathcal{C}$ 是预三角范畴. 则 $T^2: \mathcal{C} \longrightarrow \mathcal{C}$ 是三角自同构.

1.12 对任一三角范畴 $(\mathcal{C}, T)$, $(T, -\mathrm{Id}_{T^2})$ 是 $\mathcal{C}$ 到自己的三角同构, 其中 $-\mathrm{Id}_{T^2}: T^2 \longrightarrow T^2$ 是下述自然同构: 对于任一 $X \in \mathcal{C}$, $-\mathrm{Id}_{T^2}(X)$ 定义为 $-\mathrm{Id}_{T^2 X}$.

1.13 对三角范畴 $(\mathcal{C}, [1])$ 和整数 n, $([n], (-1)^n \mathrm{Id}_{[n+1]}): \mathcal{C} \longrightarrow \mathcal{C}$ 是三角同构.

1.14 利用引理1.3.1, (TR4)亦可表述成如下形式. 设下图中第 2 行、第 3 行、第 2 列均为好三角. 则存在 f, g 使得第 3 列也是好三角且下图交换

$$\begin{array}{ccccccc}
& & T^{-1}X' & = & T^{-1}X' & & \\
& & {\scriptstyle -T^{-1}i}\downarrow & & \downarrow & & \\
X & \xrightarrow{u} & Y & \xrightarrow{j} & Z' & \xrightarrow{\cdot} & TX \\
\| & & {\scriptstyle v}\downarrow & & {\scriptstyle f}\downarrow & & \| \\
X & \xrightarrow{vu} & Z & \xrightarrow{\cdot} & Y' & \xrightarrow{\cdot} & TX \\
& & \downarrow & & {\scriptstyle g}\downarrow & & {\scriptstyle Tu}\downarrow \\
& & X' & = & X' & \xrightarrow{i} & TY
\end{array}$$

1.15 设 $F: \mathcal{C} \longrightarrow \mathcal{D}$ 是反变三角函子, 且 F 是满的. 如果 F 将非零对象仍映为非零对象, 则 F 也是忠实的. 因此, 如果 F 还是稠密的, 则 F 是三角对偶.

1.16 设 $\mathcal{C}$ 是预三角范畴且存在直积. 设 I 是指标集且对任意 $i \in I$, $X_i \longrightarrow Y_i \longrightarrow Z_i \longrightarrow TX_i$ 均是好三角. 则

$$\prod_{i \in I} X_i \longrightarrow \prod_{i \in I} Y_i \longrightarrow \prod_{i \in I} Z_i \longrightarrow T\prod_{i \in I} X_i$$

也是好三角.

1.17 验证图 (1.1) 中每个方块的交换性.

1.18 设 $\mathcal{C}$ 是预三角范畴. 证明余基变换 I, 余基变换 II 和 (TR4) 三者的等价性.

1.19 设 $F: \mathcal{C} \longrightarrow \mathcal{C}'$ 是三角等价. 则 F^{-1} 也是三角函子.

1.20 设 $\mathcal{C}$ 是三角范畴. 设有如下三角射

$$\begin{array}{ccccccc} X & \xrightarrow{u} & Y & \xrightarrow{v} & Z & \xrightarrow{w} & TX \\ f\downarrow & & g\downarrow & & h\downarrow & & Tf\downarrow \\ X' & \xrightarrow{u'} & Y' & \xrightarrow{v'} & Z' & \xrightarrow{w'} & TX' \end{array}$$

其中 f, g 是同构, $(Tu')w' = 0$, 且第一行是好三角. 证明:

(i) 如果对于任意 $M \in \mathcal{C}$,

$$\mathrm{Hom}_{\mathcal{C}}(M, X') \longrightarrow \mathrm{Hom}_{\mathcal{C}}(M, Y') \longrightarrow \mathrm{Hom}_{\mathcal{C}}(M, Z') \longrightarrow \mathrm{Hom}_{\mathcal{C}}(M, TX')$$

是正合列, 则第二行也是好三角.

(ii) 如果对于任意 $M \in \mathcal{C}$,

$$\mathrm{Hom}_{\mathcal{C}}(TX', M) \longrightarrow \mathrm{Hom}_{\mathcal{C}}(Z', M) \longrightarrow \mathrm{Hom}_{\mathcal{C}}(Y', M) \longrightarrow \mathrm{Hom}_{\mathcal{C}}(X', M)$$

是正合列, 则第二行也是好三角.

1.21 设 $\mathcal{C}$ 是三角范畴且是 Abel 范畴. 则 $\mathcal{C}$ 是半单 Abel 范畴, 即 $\mathcal{C}$ 是短正合列均可裂的 Abel 范畴; 此时任意好三角均同构于如下三种好三角的有限直和:

$$X \xrightarrow{\mathrm{Id}} X \longrightarrow 0 \longrightarrow TX,$$

$$0 \longrightarrow Y \xrightarrow{\mathrm{Id}} Y \longrightarrow 0,$$

$$T^{-1}Z \longrightarrow 0 \longrightarrow Z \xrightarrow{\mathrm{Id}} Z.$$

(提示：说明任意单态射均可裂.)

反之, 设 $\mathcal{C}$ 是半单Abel范畴. 则对 $\mathcal{C}$ 的任意自同构 T, $(\mathcal{C}, T)$ 均可做成三角范畴.

1.22 证明引理1.4.5.

第2章 同伦范畴

同伦范畴是三角范畴的经典例子. 它不再是 Abel 范畴, 所以无法谈论正合性. 但是, 如果用好三角代替短正合列, 许多重要的结果, 例如著名的同调代数基本定理, 在同伦范畴中不仅成立, 而且更加简洁.

若无特别说明, 本章中范畴 $\mathcal{A}$ 总是指加法范畴.

2.1 同伦与上同调

$\mathcal{A}$ 上的一个上链复形是 $X^\bullet = (X^n, d^n)_{n \in \mathbb{Z}}$, 其中 X^n 是 $\mathcal{A}$ 中的对象, $d^n: X^n \longrightarrow X^{n+1}$ 是 $\mathcal{A}$ 中态射, 满足 $d^{n+1}d^n = 0$, $\forall\, n \in \mathbb{Z}$. 通常也将复形 $X^\bullet$ 写成

$$\cdots \longrightarrow X^n \xrightarrow{d^n} X^{n+1} \xrightarrow{d^{n+1}} X^{n+2} \longrightarrow \cdots,$$

其中 X^n 称为 X 的第 n 次齐次分支, d^n 称为 $X^\bullet$ 的第 n 次微分, $\forall\, n \in \mathbb{Z}$. 在不致引起混淆的情况下, 以下将 $X^\bullet$ 简记为 X, 并在本书中一律简称为复形. 将只有一个非零的齐次分支的复形 X, 例如第 n 次齐次分支 $X^n \neq 0$, 称为 X^n 的 n 次轴 (stalk) 复形.

复形 $X = (X^n, d_X^n)$ 到复形 $Y = (Y^n, d_Y^n)$ 的一个复形态射 (又称上链映射. 本书中一律简称链映射) $f^\bullet: X \longrightarrow Y$ 是指 $f^\bullet = (f^n)_{n \in \mathbb{Z}}$, 其中 $f^n: X^n \longrightarrow Y^n$ 是 $\mathcal{A}$ 中态射, 满足 $f^{n+1}d_X^n = d_Y^n f^n$, $\forall\, n \in \mathbb{Z}$, 即有交换图

$$\begin{array}{ccc} X^n & \xrightarrow{d_X^n} & X^{n+1} \\ {\scriptstyle f^n}\downarrow & & \downarrow{\scriptstyle f^{n+1}} \\ Y^n & \xrightarrow{d_Y^n} & Y^{n+1} \end{array}$$

同样, 以下将 $f^\bullet$ 简记为 f. 定义两个复形态射 $(f^n)_{n \in \mathbb{Z}}$, $(g^n)_{n \in \mathbb{Z}}: X \longrightarrow Y$ 相等当且仅当 $f^n = g^n$, $\forall\, n \in \mathbb{Z}$. 用 $C(\mathcal{A})$ 表示 $\mathcal{A}$ 上所有复形作成的范畴, 则 $C(\mathcal{A})$ 仍是加法范畴. 如果 $\mathcal{A}$ 是 Abel 范畴, 则 $C(\mathcal{A})$ 也是 Abel 范畴; 此时, 链映射序列 $0 \longrightarrow X \xrightarrow{u} Y \xrightarrow{v} Z \longrightarrow 0$ 是短正合列当且仅当 $0 \longrightarrow X^n \xrightarrow{u^n} Y^n \xrightarrow{v^n} Z^n \longrightarrow 0$ 是 $\mathcal{A}$ 中的短正合列, $\forall\, n \in \mathbb{Z}$.

复形 X 称为有界的, 如果只有有限多个 n 使得 $X^n \neq 0$; 称为上有界的 (又称右有界的), 如果当 n 充分大时有 $X^n = 0$. 类似地定义下有界复形(又称左有界复形). 分别用 $C^b(\mathcal{A})$, $C^-(\mathcal{A})$ 和 $C^+(\mathcal{A})$ 表示 $C(\mathcal{A})$ 的由所有有界复形、所有上有界复形和所有下有界复形, 作成的全子范畴, 它们均为加法范畴. 若 $\mathcal{A}$ 是 Abel 范畴, 则 $C^b(\mathcal{A})$, $C^-(\mathcal{A})$ 和 $C^+(\mathcal{A})$ 也都是 Abel 范畴.

设 $\mathcal{A}$ 是加法范畴, $f, g: X \longrightarrow Y$ 是 $\mathcal{A}$ 上的复形态射. 称 $s = (s^n)_{n \in \mathbb{Z}}$ 是 f 到 g 的一个同伦, 如果 $s^n: X^n \longrightarrow Y^{n-1}$, $n \in \mathbb{Z}$, 是 $\mathcal{A}$ 中态射, 满足

$$f^n - g^n = d_Y^{n-1} s^n + s^{n+1} d_X^n, \quad \forall\, n \in \mathbb{Z}.$$

记为 $f \stackrel{s}{\sim} g$, 或 $s: f \sim g$. 同伦 $s: f \sim g$ 可图示如下:

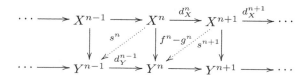

注意 s 未必与微分 d 可换, 即 $d_Y^{n-1} s^n$ 一般不等于 $s^{n+1} d_X^n$. 两个复形态射 $f, g: X \longrightarrow Y$ 称为同伦的, 如果存在 f 到 g 的一个同伦. 同伦关系是范畴中的等价关系 (留作习题).

令

$$\operatorname{Htp}(X, Y) := \{f: X \longrightarrow Y \text{ 为复形态射且 } f \sim 0\}.$$

则 $\operatorname{Htp}(X, Y)$ 是 $\operatorname{Hom}_{C(\mathcal{A})}(X, Y)$ 的加法子群. $\operatorname{Htp}(X, Y)$ 中的态射称为零伦链映射或零伦的. 令 $K(\mathcal{A})$ 是这样的范畴: 其对象仍是 $\mathcal{A}$ 上的复形, 但态射集定义为商群

$$\operatorname{Hom}_{K(\mathcal{A})}(X, Y) := \operatorname{Hom}_{C(\mathcal{A})}(X, Y)/\operatorname{Htp}(X, Y).$$

称 $K(\mathcal{A})$ 为 $\mathcal{A}$ 的同伦范畴. 不难验证: 两个复形在复形范畴中的直和 (即通常复形的直和) 仍是这两个复形在同伦范畴中的直和. 同伦范畴 $K(\mathcal{A})$ 仍是加法范畴, 其中的态射仍可理解成复形态射, 但在 $K(\mathcal{A})$ 中两个复形态射相等当且仅当它们是同伦的. 换言之, $K(\mathcal{A})$ 中的零态射恰是同伦于 0 的态射.

同伦范畴中的同构称为同伦等价, 即复形态射 $f: X \longrightarrow Y$ 称为同伦等价, 如果存在 $g: Y \longrightarrow X$, 使得 $gf \sim \operatorname{Id}_X$, $fg \sim \operatorname{Id}_Y$. 即同伦范畴中两个复形 X 和 Y 是同构的当且仅当存在 X 到 Y 的一个同伦等价. 因此同伦范畴中的零对象可

2.1 同伦与上同调

以描述成这样的复形 X, 即 $\mathrm{Id}_X \sim 0$, 即, 恒等态射同伦于零态射的复形是同伦范畴中的零对象. 更具体地说, 同伦范畴中的零对象是这样的复形 (X,d), 其中存在 $s^n : X^n \longrightarrow X^{n-1}$ 使得

$$\mathrm{Id}_{X^n} = d^{n-1}s^n + s^{n+1}d^n, \quad \forall\, n \in \mathbb{Z}.$$

这种复形又称为可缩复形 (contractible complex).

类似地定义 $K(\mathcal{A})$ 的全子范畴 $K^b(\mathcal{A})$ (称为 $\mathcal{A}$ 的有界同伦范畴), $K^-(\mathcal{A})$ (称为 $\mathcal{A}$ 的上有界同伦范畴) 和 $K^+(\mathcal{A})$ (称为 $\mathcal{A}$ 的下有界同伦范畴).

令 [1] 是复形范畴 $C(\mathcal{A})$ 的向左平移一步的平移函子, 即

$$(X[1])^n = X^{n+1}, \ \forall\, n \in \mathbb{Z}, \quad d_{X[1]} = -d_X.$$

即

$$X: \quad \cdots \longrightarrow X^0 \xrightarrow{d^0} X^1 \longrightarrow \cdots \longrightarrow X^n \xrightarrow{d^n} X^{n+1} \longrightarrow \cdots,$$

$$X[1]: \quad \cdots \longrightarrow X^1 \xrightarrow{-d^1} X^2 \longrightarrow \cdots \longrightarrow X^{n+1} \xrightarrow{-d^{n+1}} X^{n+2} \longrightarrow \cdots.$$

若 $f: X \longrightarrow Y$, 则 $f[1]: X[1] \longrightarrow Y[1]$, 其中 $(f[1])^n = f^{n+1}, \forall\, n \in \mathbb{Z}$. 类似地定义 $[-1]$ 是 $C(\mathcal{A})$ 的向右平移一步的平移函子. 于是 $[1]: K(\mathcal{A}) \longrightarrow K(\mathcal{A})$ 是自同构, 其逆为 $[-1]$.

设 $\mathcal{A}$ 为 Abel 范畴. 对复形 $X = (X^n, d^n)_{n \in \mathbb{Z}}$ 和任一 $n \in \mathbb{Z}$, 定义其 n 次上同调对象为

$$\mathrm{H}^n(X) = \mathrm{Ker} d^n / \mathrm{Im} d^{n-1}.$$

复形 X 称为无环复形, 或零调复形, 如果 X 是正合列, 或等价地, $\mathrm{H}^n(X) = 0, \forall\, n \in \mathbb{Z}$. 易知 $\mathrm{H}^n : C(\mathcal{A}) \longrightarrow \mathcal{A}$ 是共变函子, 即若 $f: X \longrightarrow Y$ 是复形态射, 则 $\mathrm{H}^n(f): \mathrm{H}^n(X) \longrightarrow \mathrm{H}^n(Y)$ 是 $\mathcal{A}$ 中态射, 且若 f, g 是可以合成的复形态射, 则 $\mathrm{H}^n(gf) = \mathrm{H}^n(g)\mathrm{H}^n(f)$; 并且 H^n 是加法函子, 即 $\mathrm{H}^n(f + f') = \mathrm{H}^n(f) + \mathrm{H}^n(f'), \forall\, n \in \mathbb{Z}$. 用 $C^{-,b}(\mathcal{A})$ 和 $C^{+,b}(\mathcal{A})$ 分别表示 $C(\mathcal{A})$ 的由所有上有界且只有有限多个非零上同调对象的复形, 和所有下有界且只有有限多个非零上同调对象的复形, 作成的全子范畴. 类似地定义 $K(\mathcal{A})$ 的全子范畴 $K^{-,b}(\mathcal{A})$ 和 $K^{+,b}(\mathcal{A})$.

回顾下述两条经常需要用到的事实. 它们是同调代数中的基本结论, 故略去其证明.

定理 2.1.1(同调代数基本定理) 设 $\mathcal{A}$ 是Abel范畴, $0 \longrightarrow X \xrightarrow{u} Y \xrightarrow{v} Z \longrightarrow 0$ 是复形的短正合列. 则有 $\mathcal{A}$ 中的长正合列

$$\cdots \longrightarrow H^n(X) \xrightarrow{H^n(u)} H^n(Y) \xrightarrow{H^n(v)} H^n(Z) \xrightarrow{c^n} H^{n+1}(X) \xrightarrow{H^{n+1}(u)} H^{n+1}(Y) \longrightarrow \cdots,$$

其中连接同态 c 是自然的: 即若有 $C(\mathcal{A})$ 中的交换图

$$\begin{array}{ccccccccc} 0 & \longrightarrow & X & \xrightarrow{u} & Y & \xrightarrow{v} & Z & \longrightarrow & 0 \\ & & \downarrow f & & \downarrow g & & \downarrow h & & \\ 0 & \longrightarrow & X' & \xrightarrow{u'} & Y' & \xrightarrow{v'} & Z' & \longrightarrow & 0 \end{array}$$

其中上下两行均为 $\mathcal{A}$ 上复形的短正合列, 则有 $\mathcal{A}$ 中长正合列的交换图

$$\begin{array}{ccccccccc} \cdots \longrightarrow & H^n(X) & \xrightarrow{H^n(u)} & H^n(Y) & \xrightarrow{H^n(v)} & H^n(Z) & \xrightarrow{c^n} & H^{n+1}(X) & \longrightarrow \cdots \\ & \downarrow H^n(f) & & \downarrow H^n(g) & & \downarrow H^n(h) & & \downarrow H^{n+1}(f) & \\ \cdots \longrightarrow & H^n(X') & \xrightarrow{H^n(u')} & H^n(Y') & \xrightarrow{H^n(v')} & H^n(Z') & \xrightarrow{c'^n} & H^{n+1}(X') & \longrightarrow \cdots \end{array}$$

命题 2.1.2 设 $\mathcal{A}$ 是Abel范畴, $f, g: X \longrightarrow Y$ 是同伦的两个复形态射. 则 $H^n(f) = H^n(g): H^n(X) \longrightarrow H^n(Y), \forall n \in \mathbb{Z}$. 即同伦的态射 f 和 g 诱导出的上同调对象之间的态射 $H^n(f)$ 和 $H^n(g)$ 是相等的.

设 $f: X \longrightarrow Y$ 是 Abel 范畴 $\mathcal{A}$ 上的复形的链映射. 若 $H^n(f): H^n(X) \cong H^n(Y), \forall n \in \mathbb{Z}$, 则称 f 是拟同构. 拟同构是非常重要的基本概念. 同伦等价是拟同构 (留作习题).

2.2 映 射 锥

设 $\mathcal{A}$ 是加法范畴, $u: X \longrightarrow Y$ 是链映射. 定义 u 的映射锥 $\mathrm{Cone}(u)$ 是如下复形: 其第 n 次齐次分支为

$$(\mathrm{Cone}(u))^n := X^{n+1} \oplus Y^n, \quad \forall n \in \mathbb{Z}, \tag{2.1}$$

其第 n 次微分为

$$\begin{pmatrix} -d_X^{n+1} & 0 \\ u^{n+1} & d_Y^n \end{pmatrix}: X^{n+1} \oplus Y^n \longrightarrow X^{n+2} \oplus Y^{n+1}. \tag{2.2}$$

首先可直接验证: 每个映射锥确定一个链映射序列

$$X \xrightarrow{u} Y \xrightarrow{\binom{0}{1}} \mathrm{Cone}(u) \xrightarrow{(1\ 0)} X[1]. \tag{2.3}$$

2.2 映射锥

要说明 (2.3) 是同伦范畴 $K(\mathcal{A})$ 中一个定义合理的三角, 必须而且只要说明: 如果在 $K(\mathcal{A})$ 中 $u = v$, 即如果 $s: u \sim v$ 是同伦, 则三角 $(X, Y, \text{Cone}(u), u, \binom{0}{1}, (1\ 0))$ 同构于三角 $(X, Y, \text{Cone}(v), v, \binom{0}{1}, (1\ 0))$. 即, 存在同伦交换图 (指同伦范畴中的交换图)

$$\begin{array}{ccccccc}
X & \xrightarrow{u} & Y & \xrightarrow{\binom{0}{1}} & \text{Cone}(u) & \xrightarrow{(1,0)} & X[1] \\
\downarrow{\text{Id}_X} & & \downarrow{\text{Id}_Y} & & \downarrow{\binom{1\ 0}{s\ 1}} & & \downarrow{\text{Id}_{X[1]}} \\
X & \xrightarrow{v} & Y & \xrightarrow{\binom{0}{1}} & \text{Cone}(v) & \xrightarrow{(1\ 0)} & X[1]
\end{array}$$

注意到上述 $\binom{1\ 0}{s\ 1}$ 的确是复形的态射、进而是同伦等价.

令 $\mathcal{E}$ 是 $K(\mathcal{A})$ 中与映射锥诱导的三角 (2.3) 同构的三角作成的类. 即, 三角 $X' \xrightarrow{u'} Y' \xrightarrow{v'} Z' \xrightarrow{w'} X'[1]$ 属于 $\mathcal{E}$ 当且仅当存在复形态射 u 和同伦交换图

$$\begin{array}{ccccccc}
X' & \xrightarrow{u'} & Y' & \xrightarrow{v'} & Z' & \xrightarrow{w'} & X'[1] \\
\downarrow{f} & & \downarrow{g} & & \downarrow{h} & & \downarrow{f[1]} \\
X & \xrightarrow{u} & Y & \xrightarrow{\binom{0}{1}} & \text{Cone}(u) & \xrightarrow{(1\ 0)} & X[1]
\end{array}$$

其中 f, g, h 都是同伦等价.

本节的目的是要应用引理 1.4.4 来证明同伦范畴连同上述三角作成的类 $\mathcal{E}$, 即 $(K(\mathcal{A}), [1], \mathcal{E})$, 作成三角范畴. 为此令 Ω 是由所有映射锥诱导的三角作成的类. 我们逐条验证 Ω 和 $\mathcal{E}$ 满足引理 1.4.4 中的条件. 这将在以下几个引理中完成.

任一链映射均可嵌入到由映射锥诱导的三角中. 即引理 1.4.4 中(tr1)(i) 成立.

引理 2.2.1 $(X, X, 0, \text{Id}_X, 0, 0) \in \mathcal{E}$.

证 这个证明与下述引理的证明是类似的. 留给读者. ■

引理 2.2.2 Ω 和 $\mathcal{E}$ 满足引理1.4.4中(tr2). 即对于任意链映射 $u: X \longrightarrow Y$, 有

$$\left(Y, \text{Cone}(u), X[1], \binom{0}{1}, (1\ 0), -u[1]\right) \in \mathcal{E}.$$

证 $\binom{0}{1}: Y \longrightarrow \text{Cone}(u) = X[1] \oplus Y$ 的映射锥为复形 $\text{Cone}\binom{0}{1} = Y[1] \oplus X[1] \oplus Y$,

其微分为 $\begin{pmatrix} -d_Y & 0 & 0 \\ 0 & -d_X & 0 \\ 1 & u & d_Y \end{pmatrix}$. 考虑链映射的图

$$Y \xrightarrow{\binom{0}{1}} \operatorname{Cone}(u) = X[1] \oplus Y \xrightarrow{(1\ 0)} X[1] \xrightarrow{-u[1]} Y[1]$$

$$Y \xrightarrow{\binom{0}{1}} \operatorname{Cone}(u) = X[1] \oplus Y \xrightarrow{\begin{pmatrix} 0 & 0 \\ 1 & 0 \\ 0 & 1 \end{pmatrix}} \operatorname{Cone}\binom{0}{1} = Y[1] \oplus \operatorname{Cone}(u) \xrightarrow{(1\ 0\ 0)} Y[1] \quad (*)$$

中间竖直箭头为 $\begin{pmatrix} -u[1] \\ 1 \\ 0 \end{pmatrix}$.

注意到 $\begin{pmatrix} -u[1] \\ 1 \\ 0 \end{pmatrix}$ 的确是链映射. 第 1 个和第 3 个方块显然交换. 下证第 2 个方块在同伦范畴中也交换. 即要证

$$\begin{pmatrix} 0 & 0 \\ 1 & 0 \\ 0 & 1 \end{pmatrix} \sim \begin{pmatrix} -u[1] \\ 1 \\ 0 \end{pmatrix} (1\ 0) = \begin{pmatrix} -u[1] & 0 \\ 1 & 0 \\ 0 & 0 \end{pmatrix},$$

或等价地,

$$\begin{pmatrix} u[1] & 0 \\ 0 & 0 \\ 0 & 1 \end{pmatrix} \sim \begin{pmatrix} 0 & 0 \\ 0 & 0 \\ 0 & 0 \end{pmatrix}.$$

注意到有以下同伦

$$X^{n+1} \oplus Y^n \xrightarrow{\begin{pmatrix} -d_X & 0 \\ u & d_Y \end{pmatrix}} X^{n+2} \oplus Y^{n+1}$$

左下箭头 $\begin{pmatrix} 0 & 1 \\ 0 & 0 \\ 0 & 0 \end{pmatrix}$, 竖直箭头 $\begin{pmatrix} u & 0 \\ 0 & 0 \\ 0 & 1 \end{pmatrix}$, 右下箭头 $\begin{pmatrix} 0 & 1 \\ 0 & 0 \\ 0 & 0 \end{pmatrix}$

$$Y^n \oplus X^n \oplus Y^{n-1} \xrightarrow{\begin{pmatrix} -d_Y & 0 & 0 \\ 0 & -d_X & 0 \\ 1 & u & d_Y \end{pmatrix}} Y^{n+1} \oplus X^{n+1} \oplus Y^n$$

即有

$$\begin{pmatrix} 0 & 1 \\ 0 & 0 \\ 0 & 0 \end{pmatrix} \begin{pmatrix} -d_X & 0 \\ u & d_Y \end{pmatrix} + \begin{pmatrix} -d_Y & 0 & 0 \\ 0 & -d_X & 0 \\ 1 & u & d_Y \end{pmatrix} \begin{pmatrix} 0 & 1 \\ 0 & 0 \\ 0 & 0 \end{pmatrix} = \begin{pmatrix} u & 0 \\ 0 & 0 \\ 0 & 1 \end{pmatrix}.$$

下证 $\begin{pmatrix} -u \\ 1 \\ 0 \end{pmatrix}$ 是同伦等价. 令 $(0\ 1\ 0) : \operatorname{Cone}\binom{0}{1} = Y[1] \oplus X[1] \oplus Y \longrightarrow X[1]$. 它的确是链映射. 显然 $(0\ 1\ 0) \begin{pmatrix} -u \\ 1 \\ 0 \end{pmatrix} = \operatorname{Id}_{X[1]}$. 只要证 $\begin{pmatrix} -u \\ 1 \\ 0 \end{pmatrix} (0\ 1\ 0) = \begin{pmatrix} 0 & -u & 0 \\ 0 & 1 & 0 \\ 0 & 0 & 0 \end{pmatrix} \sim$

2.2 映射锥

$\operatorname{Id}_{\operatorname{Cone}\binom{0}{1}} = \begin{pmatrix} 1 & 0 & 0 \\ 0 & 1 & 0 \\ 0 & 0 & 1 \end{pmatrix}$, 或 $\begin{pmatrix} 1 & u & 0 \\ 0 & 0 & 0 \\ 0 & 0 & 1 \end{pmatrix} \sim 0$. 注意到有交换图

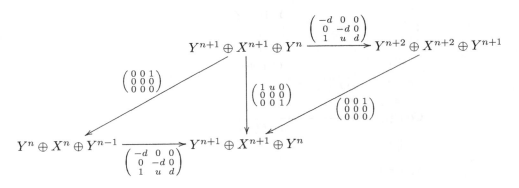

事实上,

$$\begin{pmatrix} 0 & 0 & 1 \\ 0 & 0 & 0 \\ 0 & 0 & 0 \end{pmatrix} \begin{pmatrix} -d_Y & 0 & 0 \\ 0 & -d_X & 0 \\ 1 & u & d_Y \end{pmatrix} + \begin{pmatrix} -d_Y & 0 & 0 \\ 0 & -d_X & 0 \\ 1 & u & d_Y \end{pmatrix} \begin{pmatrix} 0 & 0 & 1 \\ 0 & 0 & 0 \\ 0 & 0 & 0 \end{pmatrix}$$
$$= \begin{pmatrix} 1 & u & d_Y \\ 0 & 0 & 0 \\ 0 & 0 & 0 \end{pmatrix} + \begin{pmatrix} 0 & 0 & -d_Y \\ 0 & 0 & 0 \\ 0 & 0 & 1 \end{pmatrix} = \begin{pmatrix} 1 & u & 0 \\ 0 & 0 & 0 \\ 0 & 0 & 1 \end{pmatrix}.$$

由于 $(*)$ 中第 2 行是由映射锥确定的三角, 故第 1 行属于 $\mathcal{E}$. ∎

引理 2.2.3 设有复形的同伦交换图

$$\begin{array}{ccc} X & \xrightarrow{u} & Y \\ {\scriptstyle f}\downarrow & & \downarrow{\scriptstyle g} \\ X' & \xrightarrow{u'} & Y' \end{array}$$

则存在 $h: \operatorname{Cone}(u) = X[1] \oplus Y \longrightarrow \operatorname{Cone}(u') = X'[1] \oplus Y'$, 使得下图交换

$$\begin{array}{ccccccc} X & \xrightarrow{u} & Y & \xrightarrow{\binom{0}{1}} & \operatorname{Cone}(u) & \xrightarrow{(1\ 0)} & X[1] \\ {\scriptstyle f}\downarrow & & \downarrow{\scriptstyle g} & & \downarrow{\scriptstyle h} & & \downarrow{\scriptstyle f[1]} \\ X' & \xrightarrow{u'} & Y' & \xrightarrow{\binom{0}{1}} & \operatorname{Cone}(u') & \xrightarrow{(1\ 0)} & X'[1] \end{array}$$

即引理1.4.4中(tr3) 成立.

证 取 $h = \begin{pmatrix} f[1] & 0 \\ 0 & g \end{pmatrix}$ 即可. ∎

引理 2.2.4 设 $u: X \longrightarrow Y$, $v: Y \longrightarrow Z$ 是复形的态射. 则下图是复形的链

映射图, 并且它是 $\mathcal{E}$ 中的三角.

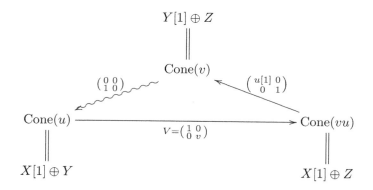

证 直接可验证上图是复形的链映射图. 直接可验证下图中 $\begin{pmatrix} 0 & 0 \\ 1 & 0 \\ 0 & 0 \\ 0 & 1 \end{pmatrix}$ 是链映射. 只要证下图在同伦范畴中交换

$$\begin{CD}
\mathrm{Cone}(u) @>{V=\begin{pmatrix}1&0\\0&v\end{pmatrix}}>> \mathrm{Cone}(vu) @>{\begin{pmatrix}u[1]&0\\0&1\end{pmatrix}}>> \mathrm{Cone}(v) @>{\begin{pmatrix}0&0\\1&0\end{pmatrix}}>> \mathrm{Cone}(u)[1] \\
@| @| @VV{\begin{pmatrix}0&0\\1&0\\0&0\\0&1\end{pmatrix}}V @| \\
\mathrm{Cone}(u) @>>{V=\begin{pmatrix}1&0\\0&v\end{pmatrix}}> \mathrm{Cone}(vu) @>>{\begin{pmatrix}0&0\\0&0\\1&0\\0&1\end{pmatrix}}> \mathrm{Cone}(V) @>>{\begin{pmatrix}1&0&0&0\\0&1&0&0\end{pmatrix}}> \mathrm{Cone}(u)[1]
\end{CD}$$

并且 $\begin{pmatrix} 0 & 0 \\ 1 & 0 \\ 0 & 0 \\ 0 & 1 \end{pmatrix}$ 是同伦等价, 其中 $\mathrm{Cone}(V) = X[2] \oplus Y[1] \oplus X[1] \oplus Z$.

显然第 1 个方块交换, 第 3 个方块也交换, 第 2 个方块交换等价于说 $\begin{pmatrix} 0 & 0 \\ u[1] & 0 \\ -1 & 0 \\ 0 & 0 \end{pmatrix}$ 同伦于 0, 而由下图知这是对的:

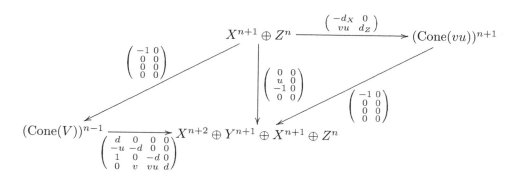

2.2 映射锥

再说明 $\begin{pmatrix} 0 & 0 \\ 1 & 0 \\ 0 & 0 \\ 0 & 1 \end{pmatrix}$ 是同伦等价. 考虑

$$\mathrm{Cone}(v) \xrightleftharpoons[\begin{pmatrix} 0 & 1 & u & 0 \\ 0 & 0 & 0 & 1 \end{pmatrix}]{\begin{pmatrix} 0 & 0 \\ 1 & 0 \\ 0 & 0 \\ 0 & 1 \end{pmatrix}} \mathrm{Cone}(V).$$

注意到 $\begin{pmatrix} 0 & 1 & u & 0 \\ 0 & 0 & 0 & 1 \end{pmatrix}$ 的确是链映射. 因 $\begin{pmatrix} 0 & 1 & u & 0 \\ 0 & 0 & 0 & 1 \end{pmatrix} \begin{pmatrix} 0 & 0 \\ 1 & 0 \\ 0 & 0 \\ 0 & 1 \end{pmatrix} = \begin{pmatrix} 1 & 0 \\ 0 & 1 \end{pmatrix}$, 剩下只要证 $\begin{pmatrix} 0 & 0 \\ 1 & 0 \\ 0 & 0 \\ 0 & 1 \end{pmatrix}$ $\begin{pmatrix} 0 & 1 & u & 0 \\ 0 & 0 & 0 & 1 \end{pmatrix} = \begin{pmatrix} 0 & 0 & 0 & 0 \\ 0 & 1 & u & 0 \\ 0 & 0 & 0 & 0 \\ 0 & 0 & 0 & 1 \end{pmatrix} \sim \begin{pmatrix} 1 & 0 & 0 & 0 \\ 0 & 1 & 0 & 0 \\ 0 & 0 & 1 & 0 \\ 0 & 0 & 0 & 1 \end{pmatrix}$, 即要证 $\begin{pmatrix} -1 & 0 & 0 & 0 \\ 0 & 0 & u & 0 \\ 0 & 0 & -1 & 0 \\ 0 & 0 & 0 & 0 \end{pmatrix}$ 同伦于 0. 而由下图知这是对的:

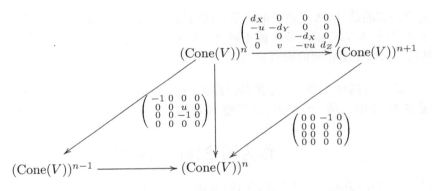

引理 2.2.5 如下复形态射图在同伦范畴中是交换的

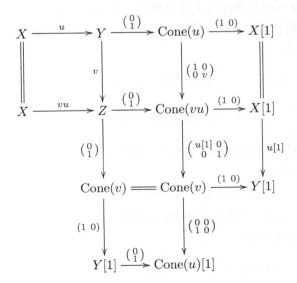

事实上, 上图在复形范畴中就已经是交换的了. 它表明引理 1.4.4 中 (tr4) 成立.

根据引理 2.2.1—2.2.5, 以及引理 1.4.4, 我们得到

定理 2.2.6 设 $\mathcal{A}$ 是加法范畴. 则 $(K(\mathcal{A}), [1], \mathcal{E})$ 是三角范畴.

在同伦范畴 $K(\mathcal{A})$ 的好三角 $X \longrightarrow Y \longrightarrow Z \longrightarrow X[1]$ 中, 若 X, Y 均同伦等价于有界复形, 则 Z 也同伦等价于有界复形: 这可从映射锥的构造和 (TR3) 看出. 故由习题 1.3 知有界同伦范畴 $K^b(\mathcal{A})$ 是 $K(\mathcal{A})$ 的三角子范畴. 同理, 上有界同伦范畴 $K^-(\mathcal{A})$ 和下有界同伦范畴 $K^+(\mathcal{A})$ 都是 $K(\mathcal{A})$ 的三角子范畴.

需要强调的是, 因为三角子范畴需对同构闭, 所以当我们说 $K^b(\mathcal{A})$ 是 $K(\mathcal{A})$ 的三角子范畴时, $K^b(\mathcal{A})$ 的对象可能不再是有界复形, 而是同伦等价于有界复形的复形. 但我们仍然使用相同的记号 $K^b(\mathcal{A})$. 对于 $K^-(\mathcal{A})$ 和 $K^+(\mathcal{A})$ 有同样的说明.

一般地也有同样的约定. 设 $\mathcal{B}$ 是三角范畴 $\mathcal{A}$ 的全子加法范畴. 即在本书中, 当我们说 $\mathcal{B}$ 是 $\mathcal{A}$ 的三角子范畴时, 总是指 $\mathcal{B}$ 在 $\mathcal{A}$ 中的同构闭包是 $\mathcal{A}$ 的三角子范畴.

2.3 作为同伦核的映射筒

设 $\mathcal{A}$ 是加法范畴. 我们已看到同伦范畴 $K(\mathcal{A})$ 中的好三角是由映射锥诱导的三角. 本节我们引入映射筒. 我们将看到由映射筒诱导的三角与由映射锥诱导的三角是同构的; 但前者的某些性质表现得更明显, 例如它的前三项是链可裂短正合列, 由此我们能够得到相应的上同调群的长正合列, 而且可以得到将来在导出范畴中所需的一个重要结论.

给定链映射 $u: X \longrightarrow Y$, 则有同伦范畴 $K(\mathcal{A})$ 中的好三角

$$X \xrightarrow{u} Y \xrightarrow{\binom{0}{1}} \mathrm{Cone}(u) \xrightarrow{(1\ 0)} X[1].$$

方便起见, 我们将同伦范畴 $K(\mathcal{A})$ 中的三角核和三角余核分别称为同伦核和同伦余核. 则 u 的同伦核为

$$(-1, 0): \quad \mathrm{Cone}(u)[-1] \longrightarrow X.$$

定义 u 的映射筒 $\mathrm{Cyl}(u)$ 是 $(-1, 0)$ 的映射锥 $\mathrm{Cone}((-1, 0))$. 即 $\mathrm{Cyl}(u)$ 是如下复形: 其第 n 次齐次分支为

$$(\mathrm{Cyl}(u))^n := X^{n+1} \oplus Y^n \oplus X^n, \quad \forall\, n \in \mathbb{Z}, \tag{2.4}$$

2.3 作为同伦核的映射筒

其第 n 次微分为

$$\begin{pmatrix} -d_X^{n+1} & 0 & 0 \\ u^{n+1} & d_Y^n & 0 \\ -\mathrm{Id}_{X^{n+1}} & 0 & d_X^n \end{pmatrix} : X^{n+1} \oplus Y^n \oplus X^n \longrightarrow X^{n+2} \oplus Y^{n+1} \oplus X^{n+1}. \tag{2.5}$$

根据映射筒的定义我们立即得到同伦范畴 $K(\mathcal{A})$ 中的好三角

$$\mathrm{Cone}(u)[-1] \xrightarrow{(-1\ 0)} X \xrightarrow{\begin{pmatrix}0\\0\\1\end{pmatrix}} \mathrm{Cyl}(u) \xrightarrow{\begin{pmatrix}1&0&0\\0&1&0\end{pmatrix}} \mathrm{Cone}(u).$$

将其旋转得到好三角

$$X \xrightarrow{\begin{pmatrix}0\\0\\1\end{pmatrix}} \mathrm{Cyl}(u) \xrightarrow{\begin{pmatrix}1&0&0\\0&1&0\end{pmatrix}} \mathrm{Cone}(u) \xrightarrow{(1\ 0)} X[1]. \tag{2.6}$$

容易看出 (2.6) 的前 3 项是链可裂短正合列 (定义参见 2.5 节)

$$0 \longrightarrow X \xrightarrow{\begin{pmatrix}0\\0\\1\end{pmatrix}} \mathrm{Cyl}(u) \xrightarrow{\begin{pmatrix}1&0&0\\0&1&0\end{pmatrix}} \mathrm{Cone}(u) \longrightarrow 0. \tag{2.7}$$

我们称 (2.6) 是由映射筒诱导的好三角. 比较好三角 (2.6) 和 u 的映射锥诱导的好三角 $X \xrightarrow{u} Y \xrightarrow{\begin{pmatrix}0\\1\end{pmatrix}} \mathrm{Cone}(u) \xrightarrow{(1\ 0)} X[1]$, 我们看到两者均在相同位置上包含态射 $(10): \mathrm{Cone}(u) :\longrightarrow X[1]$, 由态射嵌入好三角的唯一性 (参见推论 1.2.3(2)) 即知这两个好三角在同伦范畴中是同构的. 下述引理具体地给出了这个同构.

引理 2.3.1 设 $\mathcal{A}$ 是加法范畴. 给定链映射 $u: X \longrightarrow Y$. 则

$$X \xrightarrow{\begin{pmatrix}0\\0\\1\end{pmatrix}} \mathrm{Cyl}(u) \xrightarrow{\begin{pmatrix}1&0&0\\0&1&0\end{pmatrix}} \mathrm{Cone}(u) \xrightarrow{(1\ 0)} X[1]$$

是 $K(\mathcal{A})$ 中的好三角, 并且有下述同伦交换图

$$\begin{array}{ccccccc}
X & \xrightarrow{\begin{pmatrix}0\\0\\1\end{pmatrix}} & \mathrm{Cyl}(u) & \xrightarrow{\begin{pmatrix}1&0&0\\0&1&0\end{pmatrix}} & \mathrm{Cone}(u) & \xrightarrow{(1\ 0)} & X[1] \\
\| & & \downarrow{(0\ 1\ u)} & & \| & & \| \\
X & \xrightarrow{u} & Y & \xrightarrow{\begin{pmatrix}0\\1\end{pmatrix}} & \mathrm{Cone}(u) & \xrightarrow{(1\ 0)} & X[1]
\end{array} \tag{2.8}$$

和下述同伦交换图

$$
\begin{CD}
X @>u>> Y @>\binom{0}{1}>> \mathrm{Cone}(u) @>(1\ 0)>> X[1] \\
@| @VV{\binom{0}{1}{0}}V @| @| \\
X @>\binom{0}{0}{1}>> \mathrm{Cyl}(u) @>\binom{1\ 0\ 0}{0\ 1\ 0}>> \mathrm{Cone}(u) @>(1\ 0)>> X[1]
\end{CD} \qquad (2.9)
$$

其中 $(0\ 1\ u)$ 是同伦等价, 其逆为 $\binom{0}{1}{0}$. 即 u 的映射筒诱导的好三角同构于 u 的映射锥诱导的好三角.

证 首先直接验证 $(0\ 1\ u): \mathrm{Cyl}(u) \longrightarrow Y$, 和 $\binom{0}{1}{0}: Y \longrightarrow \mathrm{Cyl}(u)$ 的确是链映射. 上面两个图中的第一个图的第 1 个方块和第 3 个方块显然可换, 中间的方块可换等价于 $\begin{pmatrix} 1 & 0 & 0 \\ 0 & 0 & -u \end{pmatrix}: \mathrm{Cyl}(u) \longrightarrow \mathrm{Cone}(u)$ 是零伦的. 这是对的:

$$
\begin{CD}
X^{n+1} \oplus Y^n \oplus X^n @>\begin{pmatrix} -d_X & 0 & 0 \\ u & d_Y & 0 \\ -1 & 0 & d_X \end{pmatrix}>> X^{n+2} \oplus Y^{n+1} \oplus X^{n+1}
\end{CD}
$$

带有斜箭头 $\begin{pmatrix} 0 & 0 & -1 \\ 0 & 0 & 0 \end{pmatrix}$, 垂直箭头 $\begin{pmatrix} 1 & 0 & 0 \\ 0 & 0 & -u \end{pmatrix}$, 和斜箭头 $\begin{pmatrix} 0 & 0 & -1 \\ 0 & 0 & 0 \end{pmatrix}$ 到

$$
X^n \oplus Y^{n-1} \xrightarrow{\begin{pmatrix} -d_X & 0 \\ u & d_Y \end{pmatrix}} X^{n+1} \oplus Y^n
$$

下证 $(0\ 1\ u)$ 是同伦等价. 考虑链映射序列 $Y \xrightarrow{\binom{0}{1}{0}} \mathrm{Cyl}(u) \xrightarrow{(0\ 1\ u)} Y$. 只要证 $\binom{0}{1}{0}(0\ 1\ u) = \begin{pmatrix} 0 & 0 & 0 \\ 0 & 1 & u \\ 0 & 0 & 0 \end{pmatrix} \sim \begin{pmatrix} 1 & 0 & 0 \\ 0 & 1 & 0 \\ 0 & 0 & 1 \end{pmatrix}$, 或等价地,

$$
\begin{pmatrix} -1 & 0 & 0 \\ 0 & 0 & u \\ 0 & 0 & -1 \end{pmatrix}: \mathrm{Cyl}(u) \longrightarrow \mathrm{Cyl}(u)
$$

同伦于 0. 这是对的, 只要取 $s = \begin{pmatrix} 0 & 0 & 1 \\ 0 & 0 & 0 \\ 0 & 0 & 0 \end{pmatrix}$ 即可. ∎

下述结果在以后无界复形的同伦投射分解和导出范畴的理论中有特别重要的意义. 例如, 它表明导出范畴中的好三角恰好是由复形的短正合列诱导出的三角.

命题 2.3.2 设 $0 \longrightarrow X \xrightarrow{u} Y \xrightarrow{v} Z \longrightarrow 0$ 是Abel 范畴 $\mathcal{A}$ 上复形的短正合列. 则有拟同构

$$(0\ v):\ \mathrm{Cone}(u) \longrightarrow \mathrm{Coker}(u) = Z$$

2.3 作为同伦核的映射筒

和复形的短正合列的交换图

$$
\begin{CD}
0 @>>> X @>{\begin{pmatrix}0\\0\\1\end{pmatrix}}>> \mathrm{Cyl}(u) @>{\begin{pmatrix}1 & 0 & 0\\ 0 & 1 & 0\end{pmatrix}}>> \mathrm{Cone}(u) @>>> 0 \\
@. @| @VV{(0\ 1\ u)}V @VV{(0\ v)}V @. \\
0 @>>> X @>{u}>> Y @>{v}>> Z @>>> 0
\end{CD} \tag{2.10}
$$

其中 $(0\ 1\ u)$ 是同伦等价, 其逆为 $\begin{pmatrix}0\\1\\0\end{pmatrix}$, 而且上行是链可裂短正合列.

证 由引理 2.3.1 知 $(0\ 1\ u)$ 是同伦等价, 从而是拟同构. 由定理 2.1.1 和五引理即知 $(0\ v)$ 是拟同构. ∎

注 我们强调, 上述命题可以看成是引入映射筒的主要理由之一.

给定链映射 $u: X \longrightarrow Y$, 则有同伦范畴 $K(\mathcal{A})$ 中的好三角

$$X \xrightarrow{u} Y \xrightarrow{\begin{pmatrix}0\\1\end{pmatrix}} \mathrm{Cone}(u) \xrightarrow{(1\ 0)} X[1].$$

则 u 的同伦余核为

$$\begin{pmatrix}0\\1\end{pmatrix}: Y \longrightarrow \mathrm{Cone}(u).$$

定义 u 的同伦像 $\mathrm{Him}(u)$ 是 $\begin{pmatrix}0\\1\end{pmatrix}: Y \longrightarrow \mathrm{Cone}(u)$ 的映射锥 $\mathrm{Cone}(\begin{pmatrix}0\\1\end{pmatrix})$ 的平移 $\mathrm{Cone}(\begin{pmatrix}0\\1\end{pmatrix})[-1]$. 即 $\mathrm{Him}(u)$ 是如下复形: 其第 n 次齐次分支为

$$(\mathrm{Him}(u))^n := Y^n \oplus X^n \oplus Y^{n-1}, \quad \forall\, n \in \mathbb{Z}, \tag{2.11}$$

其第 n 次微分为

$$\begin{pmatrix} d_Y^n & 0 & 0 \\ 0 & d_X^n & 0 \\ -\mathrm{Id}_{Y^n} & -u^n & -d_Y^{n-1} \end{pmatrix}: Y^n \oplus X^n \oplus Y^{n-1} \longrightarrow Y^{n+1} \oplus X^{n+1} \oplus Y^n. \tag{2.12}$$

根据同伦像的定义我们立即得到同伦范畴 $K(\mathcal{A})$ 中的好三角

$$Y[-1] \xrightarrow{\begin{pmatrix}0\\-1\end{pmatrix}} \mathrm{Cone}(u)[-1] \xrightarrow{\begin{pmatrix}0 & 0\\ -1 & 0\\ 0 & -1\end{pmatrix}} \mathrm{Him}(u) \xrightarrow{(-1\ 0\ 0)} Y.$$

将其旋转并用符号法则得到好三角

$$\mathrm{Cone}(u)[-1] \xrightarrow{\begin{pmatrix}0 & 0\\ 1 & 0\\ 0 & 1\end{pmatrix}} \mathrm{Him}(u) \xrightarrow{(1\ 0\ 0)} Y \xrightarrow{\begin{pmatrix}0\\1\end{pmatrix}} \mathrm{Cone}(u). \tag{2.13}$$

容易看出 (2.13) 的前 3 项是链可裂短正合列 (定义参见 2.5 节)

$$0 \longrightarrow \mathrm{Cone}(u)[-1] \xrightarrow{\begin{pmatrix} 0 & 0 \\ 1 & 0 \\ 0 & 1 \end{pmatrix}} \mathrm{Him}(u) \xrightarrow{(1\ 0\ 0)} Y \longrightarrow 0. \qquad (2.14)$$

我们称 (2.13) 是由同伦像诱导的好三角. 下面两个命题分别是引理 2.3.1 和命题 2.3.2 的对偶.

引理 2.3.3 设 $\mathcal{A}$ 是加法范畴. 给定链映射 $v : Y \longrightarrow Z$. 则

$$\mathrm{Cone}(v)[-1] \xrightarrow{\begin{pmatrix} 0 & 0 \\ 1 & 0 \\ 0 & 1 \end{pmatrix}} \mathrm{Him}(v) \xrightarrow{(1\ 0\ 0)} Z \xrightarrow{\begin{pmatrix} 0 \\ 1 \end{pmatrix}} \mathrm{Cone}(v)$$

是 $K(\mathcal{A})$ 中的好三角, 并且有下述同伦交换图

$$\begin{array}{ccccccc}
\mathrm{Cone}(v)[-1] & \xrightarrow{\begin{pmatrix} 0 & 0 \\ 1 & 0 \\ 0 & 1 \end{pmatrix}} & \mathrm{Him}(v) & \xrightarrow{(1\ 0\ 0)} & Z & \xrightarrow{\begin{pmatrix} 0 \\ 1 \end{pmatrix}} & \mathrm{Cone}(v) \\
\Big\| & & \Big\downarrow {\scriptstyle (0\ -1\ 0)} & & \Big\| & & \Big\| \\
\mathrm{Cone}(v)[-1] & \xrightarrow{(-1\ 0)} & Y & \xrightarrow{v} & Z & \xrightarrow{\begin{pmatrix} 0 \\ 1 \end{pmatrix}} & \mathrm{Cone}(v)
\end{array} \qquad (2.15)$$

其中 $(0\ -1\ 0)$ 是同伦等价, 其逆为 $\begin{pmatrix} v \\ -1 \\ 0 \end{pmatrix}$.

命题 2.3.4 设 $0 \longrightarrow X \xrightarrow{u} Y \xrightarrow{v} Z \longrightarrow 0$ 是 Abel 范畴 $\mathcal{A}$ 上复形的短正合列. 则有拟同构

$$\begin{pmatrix} -u \\ 0 \end{pmatrix} : \ X = \mathrm{Ker}(v) \longrightarrow \mathrm{Cone}(v)[-1]$$

和复形的短正合列的交换图

$$\begin{array}{ccccccccc}
0 & \longrightarrow & X & \xrightarrow{u} & Y & \xrightarrow{v} & Z & \longrightarrow & 0 \\
 & & \Big\downarrow {\scriptstyle \begin{pmatrix} -u \\ 0 \end{pmatrix}} & & \Big\downarrow {\scriptstyle \begin{pmatrix} v \\ -1 \\ 0 \end{pmatrix}} & & \Big\| & & \\
0 & \longrightarrow & \mathrm{Cone}(v)[-1] & \xrightarrow{\begin{pmatrix} 0 & 0 \\ 1 & 0 \\ 0 & 1 \end{pmatrix}} & \mathrm{Him}(v) & \xrightarrow{(1\ 0\ 0)} & Z & \longrightarrow & 0
\end{array} \qquad (2.16)$$

其中 $\begin{pmatrix} v \\ -1 \\ 0 \end{pmatrix}$ 是同伦等价, 其逆为 $(0\ -1\ 0)$, 而且下行是链可裂短正合列.

上述命题是引入同伦像的主要理由之一.

2.4 同伦范畴版同调代数基本定理

设 $\mathcal{A}$ 是 Abel 范畴, $X \xrightarrow{u} Y \xrightarrow{v} Z \xrightarrow{w} X[1]$ 是 $K(\mathcal{A})$ 中任意好三角. 我们断言

$$\mathrm{H}^n(X) \xrightarrow{\mathrm{H}^n(u)} \mathrm{H}^n(Y) \xrightarrow{\mathrm{H}^n(v)} \mathrm{H}^n(Z)$$

是 $\mathcal{A}$ 中的正合列.

事实上, 由 $K(\mathcal{A})$ 中好三角的定义和引理 2.3.1 知存在链映射 $u': X' \longrightarrow Y'$ 和如下同伦交换图, 其中竖直链映射都是同伦等价

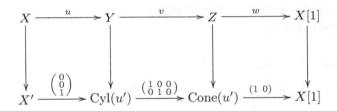

而

$$X' \xrightarrow{\begin{pmatrix}0\\0\\1\end{pmatrix}} \mathrm{Cyl}(u') \xrightarrow{\begin{pmatrix}1&0&0\\0&1&0\end{pmatrix}} \mathrm{Cone}(u')$$

是链可裂短正合列, 特别地, 它是复形的短正合列, 故由定理 2.1.1 知有 $\mathcal{A}$ 中的正合列

$$\mathrm{H}^n(X') \longrightarrow \mathrm{H}^n(\mathrm{Cyl}(u')) \longrightarrow \mathrm{H}^n(\mathrm{Cone}(u')).$$

由命题 2.1.2 知 H^n 是同伦范畴 $K(\mathcal{A})$ 到 $\mathcal{A}$ 的函子, 故有交换图

$$\begin{array}{ccccc}
\mathrm{H}^n(X) & \xrightarrow{\mathrm{H}^n(u)} & \mathrm{H}^n(Y) & \xrightarrow{\mathrm{H}^n(v)} & \mathrm{H}^n(Z) \\
\downarrow & & \downarrow & & \downarrow \\
\mathrm{H}^n(X') & \xrightarrow{\mathrm{H}^n(u')} & \mathrm{H}^n(\mathrm{Cyl}(u')) & \xrightarrow{\mathrm{H}^n(v')} & \mathrm{H}^n(\mathrm{Cone}(u'))
\end{array}$$

因为同伦等价是拟同构, 上图中竖直映射都是同构, 从而第一行

$$\mathrm{H}^n(X) \xrightarrow{\mathrm{H}^n(u)} \mathrm{H}^n(Y) \xrightarrow{\mathrm{H}^n(v)} \mathrm{H}^n(Z)$$

也是 $\mathcal{A}$ 中的正合列.

因为
$$Z[-1] \xrightarrow{-w[-1]} X \xrightarrow{u} Y \xrightarrow{v} Z$$
和
$$Y \xrightarrow{v} Z \xrightarrow{w} X[1] \xrightarrow{-u[1]} Y[1]$$
也是 $K(\mathcal{A})$ 中任意好三角, 由上述断言知又有 $\mathcal{A}$ 中的正合列
$$H^{n-1}(Z) \xrightarrow{H^{n-1}(w)} H^n(X) \xrightarrow{H^n(u)} H^n(Y)$$
和
$$H^n(Y) \xrightarrow{H^n(v)} H^n(Z) \xrightarrow{H^{n+1}(w)} H^{n+1}(X).$$

反复使用好三角的旋转法则, 并将所得到的上述 $\mathcal{A}$ 中的正合列拼接在一起, 即可得到如下重要定理中的结论 (1):

定理 2.4.1 设 $\mathcal{A}$ 是Abel 范畴.

(1) 设 $X \xrightarrow{u} Y \xrightarrow{v} Z \xrightarrow{w} X[1]$ 是 $K(\mathcal{A})$ 中的好三角. 则有 $\mathcal{A}$ 中的长正合列
$$\cdots \longrightarrow H^{n-1}(Z) \xrightarrow{H^{n-1}(w)} H^n(X) \xrightarrow{H^n(u)} H^n(Y) \xrightarrow{H^n(v)} H^n(Z) \xrightarrow{H^n(w)} H^{n+1}(X) \longrightarrow \cdots.$$
特别地, 此处连接同态是由 w 诱导的.

(2) 设有 $K(\mathcal{A})$ 中好三角的交换图

$$\begin{array}{ccccccc} X & \xrightarrow{u} & Y & \xrightarrow{v} & Z & \xrightarrow{w} & X[1] \\ {\scriptstyle f}\downarrow & & {\scriptstyle g}\downarrow & & {\scriptstyle h}\downarrow & & {\scriptstyle f[1]}\downarrow \\ X' & \xrightarrow{u'} & Y' & \xrightarrow{v'} & Z' & \xrightarrow{w'} & X'[1] \end{array}$$

则有 $\mathcal{A}$ 中长正合列的交换图

$$\begin{array}{ccccccccc} \cdots \longrightarrow & H^n(X) & \xrightarrow{H^n(u)} & H^n(Y) & \xrightarrow{H^n(v)} & H^n(Z) & \xrightarrow{H^n(w)} & H^{n+1}(X) & \longrightarrow \cdots \\ & {\scriptstyle H^n(f)}\downarrow & & {\scriptstyle H^n(g)}\downarrow & & {\scriptstyle H^n(h)}\downarrow & & {\scriptstyle H^{n+1}(f)}\downarrow & \\ \cdots \longrightarrow & H^n(X') & \xrightarrow{H^n(u')} & H^n(Y') & \xrightarrow{H^n(v')} & H^n(Z') & \xrightarrow{H^n(w')} & H^{n+1}(X') & \longrightarrow \cdots \end{array}$$

(3) 设 $X \xrightarrow{u} Y \xrightarrow{v} Z \xrightarrow{w} X[1]$ 是 $K(\mathcal{A})$ 中的好三角. 则 u 是拟同构当且仅当 Z 是无环复形.

特别地, 对于任意链映射 $u: X \longrightarrow Y$, u 是拟同构当且仅当 $\mathrm{Cone}(u)$ 是无环复形.

证 下面说明 (2). 由 (1) 我们已有上图中上下两行正合列. 要说明图的交换性, 只要注意到如下事实: 同伦交换图诱导出上同调群之间的交换图 (参见命题 2.1.2).

对 (1) 中的长正合列进行分析即可得 (3). 分析细节留作习题. ∎

注 上述定理就是说, 取零次上同调对象的函子 $H^0: K(\mathcal{A}) \longrightarrow \mathcal{A}$ 是三角范畴 $K(\mathcal{A})$ 到 $\mathcal{A}$ 的、在定义 1.2.1 意义下的上同调函子. 定理 2.1.1 是同调代数基本定理的复形范畴版本, 而上述定理则可视为同调代数基本定理的同伦范畴版本. 这个版本从某种意义上说要比定理 2.1.1 简单: 因为定理 2.1.1 中连接同态及其自然性是需要特殊考虑的; 而定理 2.4.1 中连接同态 $H^n(w)$ 也是由链映射诱导的, 无需特殊考虑, 其自然性也自动成立. 这一切都源于好三角的可旋转性.

由定理 2.4.1 中上同调群的长正合列我们立即得到如下结论.

推论 2.4.2 设 $\mathcal{A}$ 是 Abel 范畴. 则 $K^{-,b}(\mathcal{A})$ 和 $K^{+,b}(\mathcal{A})$ 是 $K(\mathcal{A})$ 的三角子范畴.

2.5 链可裂短正合列

设 $\mathcal{A}$ 是加法范畴. $\mathcal{A}$ 中态射序列 $X \xrightarrow{u} Y \xrightarrow{v} Z$ 称为 $\mathcal{A}$ 中的可裂短正合列, 如果存在交换图

$$\begin{array}{ccccc} X & \xrightarrow{u} & Y & \xrightarrow{v} & Z \\ \downarrow \alpha & & \downarrow \beta & & \downarrow \gamma \\ X & \xrightarrow{\binom{1}{0}} & X \oplus Z & \xrightarrow{(0\ 1)} & Z \end{array}$$

使得竖直态射均为同构. 关于可裂短正合列的等价表述参见本章后习题.

复形的链映射序列 $C \xrightarrow{f} D \xrightarrow{g} E$ 称为**链可裂短正合列**, 如果对于任意 $n \in \mathbb{Z}$, $C^n \xrightarrow{f^n} D^n \xrightarrow{g^n} E^n$ 为 $\mathcal{A}$ 中的可裂短正合列, 即 $C^n \xrightarrow{f^n} D^n \xrightarrow{g^n} E^n$ 同构于 $C^n \xrightarrow{\binom{1}{0}} C^n \oplus E^n \xrightarrow{(0\ 1)} E^n$. 复形的链可裂短正合列和复形的可裂短正合列是不同的: 对链可裂短正合列 $C \xrightarrow{f} D \xrightarrow{g} E$ 而言, 虽然中间的复形 D 的第 n 项同构于 $C^n \oplus E^n$, 但是 D 作为复形未必同构于 $C \oplus E$, 即 D 的微分未必是对角的. $C(\mathcal{A})$ 中可裂短正合列是链可裂的, 反之未必. 例如

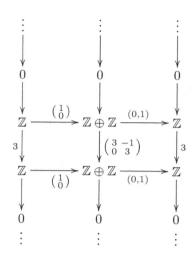

(上图每一列视为一个复形). 显然该短正合列是链可裂的但非可裂的.

映射筒诱导的三角的前三项是复形的链可裂短正合列. 从而由引理 2.3.1 知同伦范畴中好三角的前三项是链可裂短正合列 (在同伦等价意义下). 以下我们要说明任意链可裂短正合列总能做成一个好三角, 从而复形的所有链可裂短正合列做成的好三角恰好是所有的好三角. 为此我们先要作些准备.

引理 2.5.1([I]) 设 $X \xrightarrow{u} Y \xrightarrow{v} Z$ 是链可裂短正合列. 则

(1) 设 $s^n : Z^n \longrightarrow Y^n$, $\forall n \in \mathbb{Z}$, 是一组态射, 满足 $v^n s^n = \mathrm{Id}_{Z^n}$, $\forall n \in \mathbb{Z}$. 则存在链映射 $h : Z \longrightarrow X[1]$ 使得

$$u^{n+1} h^n = s^{n+1} d_Z^n - d_Y^n s^n : Z^n \longrightarrow Y^{n+1}, \quad \forall n \in \mathbb{Z}.$$

上述 h 在同伦意义下是唯一的: 即若 $s'^n : Z^n \longrightarrow Y^n$, $\forall n \in \mathbb{Z}$, 是一组态射, 满足 $v^n s'^n = \mathrm{Id}_{Z^n}$, $\forall n \in \mathbb{Z}$, $k : Z \longrightarrow X[1]$ 也是链映射, 且有 $u^{n+1} k^n = s'^{n+1} d_Z^n - d_Y^n s'^n$, $\forall n \in \mathbb{Z}$, 则 k 与 h 同伦.

(2) 对于满足

$$\pi^n u^n = \mathrm{Id}_{X^n}, \quad \pi^n s^n = 0, \quad u^n \pi^n + s^n v^n = \mathrm{Id}_{Y^n}$$

的一组态射 $\pi^n : Y^n \longrightarrow X^n$, $\forall n \in \mathbb{Z}$, 上述 h 还具有性质

$$h^n v^n = d_X^n \pi^n - \pi^{n+1} d_Y^n : Y^n \longrightarrow X^{n+1}.$$

证 (1) 由 $v^{n+1}(d_Y^n s^n - s^{n+1} d_Z^n) = d_Z^n v^n s^n - v^{n+1} s^{n+1} d_Z^n = d_Z^n - d_Z^n = 0$ 知 $d_Y^n s^n - s^{n+1} d_Z^n$ 属于映射 $\mathrm{Hom}_{\mathcal{A}}(Z^n, v^{n+1}) : \mathrm{Hom}_{\mathcal{A}}(Z^n, Y^{n+1}) \longrightarrow \mathrm{Hom}_{\mathcal{A}}(Z^n, Z^{n+1})$

的核, 从而存在 $h^n \in \mathrm{Hom}_{\mathcal{A}}(Z^n, X^{n+1})$ 使得 $u^{n+1}h^n = s^{n+1}d_Z^n - d_Y^n s^n$, $\forall\, n \in \mathbb{Z}$. 下证 $h = (h^n)_{n \in \mathbb{Z}} : Z \longrightarrow X[1]$ 是链映射:

$$u^{n+2}(h^{n+1}d_Z^n + d_X^{n+1}h^n) = (s^{n+2}d_Z^{n+1} - d_Y^{n+1}s^{n+1})d_Z^n + d_Y^{n+1}u^{n+1}h^n$$
$$= -d_Y^{n+1}s^{n+1}d_Z^n + d_Y^{n+1}(s^{n+1}d_Z^n - d_Y^n s^n) = 0.$$

这表明 $h^{n+1}d_Z^n + d_X^{n+1}h^n = 0$, $\forall\, n \in \mathbb{Z}$, 即 $h: Z \longrightarrow X[1]$ 是链映射.

h 的唯一性: 因 $v^n(s^n - s'^n) = \mathrm{Id}_{Z^n} - \mathrm{Id}_{Z^n} = 0$, 故存在态射 $t^n: Z^n \longrightarrow X^n$ 使得 $s^n - s'^n = u^n t^n$, $\forall\, n \in \mathbb{Z}$. 于是

$$u^{n+1}(h^n - k^n) = u^{n+1}t^{n+1}d_Z^n - d_Y^n u^n t^n = u^{n+1}t^{n+1}d_Z^n - u^{n+1}d_X^n t^n.$$

由 u^{n+1} 单知 $h^n - k^n = t^{n+1}d_Z^n - d_X^n t^n$, $\forall\, n \in \mathbb{Z}$, 即 $h \sim k$.

(2) 因 u^{n+1} 单, 以及

$$u^{n+1}(h^n v^n) = (s^{n+1}d_Z^n - d_Y^n s^n)v^n$$
$$= s^{n+1}v^{n+1}d_Y^n - d_Y^n s^n v^n$$
$$= (\mathrm{Id}_{Y^{n+1}} - u^{n+1}\pi^{n+1})d_Y^n - d_Y^n(\mathrm{Id}_{Y^n} - u^n \pi^n)$$
$$= d_Y^n u^n \pi^n - u^{n+1}\pi^{n+1}d_Y^n$$
$$= u^{n+1}d_X^n \pi^n - u^{n+1}\pi^{n+1}d_Y^n$$
$$= u^{n+1}(d_X^n \pi^n - \pi^{n+1}d_Y^n),$$

即得所证. ∎

定义 2.5.2([I]) 设 $X \xrightarrow{u} Y \xrightarrow{v} Z$ 是链可裂短正合列, $s^n: Z^n \longrightarrow Y^n$, $\pi^n: Y^n \longrightarrow X^n$, $\forall\, n \in \mathbb{Z}$, 满足

$$v^n s^n = \mathrm{Id}_{Z^n}, \quad \pi^n u^n = \mathrm{Id}_{X^n}, \quad \pi^n s^n = 0, \quad u^n \pi^n + s^n v^n = \mathrm{Id}_{Y^n}.$$

将具有性质

$$u^{n+1}h^n = s^{n+1}d_Z^n - d_Y^n s^n : Z^n \longrightarrow Y^{n+1}, \quad h^n v^n = d_X^n \pi^n - \pi^{n+1}d_Y^n : Y^n \longrightarrow X^{n+1}$$

$\forall\, n \in \mathbb{Z}$, 的链映射 $h: Z \longrightarrow X[1]$ 称为链可裂短正合列 $X \xrightarrow{u} Y \xrightarrow{v} Z$ 的同伦不变量.

由引理 2.5.1 知链可裂短正合列的同伦不变量是存在的, 并且在同伦范畴中是唯一的. 链可裂短正合列的同伦不变量具有如下重要性质: 这条性质在复形范畴中就已经成立 (不需要放在同伦范畴中看).

命题 2.5.3 (1) 设 $0 \longrightarrow X \xrightarrow{u} Y \xrightarrow{v} Z \longrightarrow 0$ 是链可裂短正合列, $s^n : Z^n \longrightarrow Y^n$, $\pi^n : Y^n \longrightarrow X^n$, $\forall n \in \mathbb{Z}$, 满足

$$v^n s^n = \mathrm{Id}_{Z^n}, \quad \pi^n u^n = \mathrm{Id}_{X^n}, \quad \pi^n s^n = 0, \quad u^n \pi^n + s^n v^n = \mathrm{Id}_{Y^n}.$$

设 $h : Z \longrightarrow X[1]$ 是链可裂短正合列 $0 \longrightarrow X \xrightarrow{u} Y \xrightarrow{v} Z \longrightarrow 0$ 相应的同伦不变量. 则在复形范畴中有链映射的交换图

$$\begin{array}{ccccccc}
Z[-1] & \xrightarrow{-h[-1]} & X & \xrightarrow{u} & Y & \xrightarrow{v} & Z \\
\parallel & & \parallel & & \downarrow{\scriptsize\binom{v}{\pi}} & & \parallel \\
Z[-1] & \xrightarrow{-h[-1]} & X & \xrightarrow{\binom{0}{1}} & \mathrm{Cone}(-h[-1]) & \xrightarrow{(1\ 0)} & Z
\end{array}$$

其中链映射 $\binom{v}{\pi} : Y \longrightarrow \mathrm{Cone}(-h[-1])$ 由 $\binom{v^n}{\pi^n} : Y^n \longrightarrow Z^n \oplus X^n, \forall n \in \mathbb{Z}$, 给出, 并且它是复形的同构, 其逆为 (s, u).

特别地, 任意链可裂短正合列在复形范畴中均同构于由映射锥诱导的链可裂短正合列.

(2) 假设如同 (1). 则 $0 \longrightarrow X \xrightarrow{u} Y \xrightarrow{v} Z \longrightarrow 0$ 是可裂短正合列当且仅当其同伦不变量 h 在同伦范畴中为零, 即 $h \sim 0$.

(3) 任意链映射 $h : Z \longrightarrow X[1]$ 是链可裂短正合列

$$0 \longrightarrow X \xrightarrow{\binom{0}{1}} \mathrm{Cone}(-h[-1]) \xrightarrow{(1\ 0)} Z \longrightarrow 0$$

的同伦不变量.

(4) 给定链映射 $f : X \longrightarrow Y$. 则 $f \sim 0$ 当且仅当链可裂短正合列

$$0 \longrightarrow Y \xrightarrow{\binom{0}{1}} \mathrm{Cone}(f) \xrightarrow{(1\ 0)} X[1] \longrightarrow 0$$

可裂.

证 注意 $\mathrm{Cone}(-h[-1])$ 的第 n 次齐次分支为 $Z^n \oplus X^n$, 第 n 次微分为 $\begin{pmatrix} d_Z^n & 0 \\ -h^n & d_X^n \end{pmatrix}$.

(1) 只要验证 $\binom{v}{\pi} : Y \longrightarrow \mathrm{Cone}(-h[-1])$ 和 $(s, u) : \mathrm{Cone}(-h[-1]) \longrightarrow Y$ 是互逆的链映射. 这要用到定义 2.5.2 中同伦不变量的性质. 注意这里 $\pi : Y \longrightarrow X$ 本身并不是链映射. 验证细节留作习题.

(2) 由 (1) 知只要说明 $0 \longrightarrow X \xrightarrow{\binom{0}{1}} \mathrm{Cone}(-h[-1]) \xrightarrow{(1\ 0)} Z \longrightarrow 0$ 可裂当且仅当 $h \sim 0$. 而 $0 \longrightarrow X \xrightarrow{\binom{0}{1}} \mathrm{Cone}(-h[-1]) \xrightarrow{(1\ 0)} Z \longrightarrow 0$ 可裂当且仅当存在链映射

2.5 链可裂短正合列

$t = \binom{1}{t_2}: Z \longrightarrow \mathrm{Cone}(-h[-1])$; 注意 $\mathrm{Cone}(-h[-1])$ 的第 n 次齐次分支为 $Z^n \oplus X^n$,第 n 次微分为 $\begin{pmatrix} d_Z^n & 0 \\ -h^n & d_X^n \end{pmatrix}$,故这又当且仅当 $h \stackrel{-t_2}{\sim} 0$.

(3) 直接验证 h 满足定义 2.5.2 中的性质. 细节留作习题.

(4) 由 (3) 知 $-f[1]$ 是链可裂短正合列 $0 \longrightarrow Y \xrightarrow{\binom{0}{1}} \mathrm{Cone}(f) \xrightarrow{(1\ 0)} X[1] \longrightarrow 0$ 的同伦不变量; 再由 (2) 知 $0 \longrightarrow Y \xrightarrow{\binom{0}{1}} \mathrm{Cone}(f) \xrightarrow{(1\ 0)} X[1] \longrightarrow 0$ 可裂当且仅当 $-f[1] \sim 0$, 即 $f \sim 0$. ∎

下述定理表明链可裂短正合列连同其同伦不变量总做成 $K(\mathcal{A})$ 中的好三角,而且这已穷尽了 $K(\mathcal{A})$ 的所有好三角.

定理 2.5.4 (B. Iversen [I]) 设 $\mathcal{A}$ 是加法范畴.

(1) 同伦范畴 $K(\mathcal{A})$ 中任意好三角都是某个链可裂短正合列连同其同伦不变量做成的三角.

精确地说, 设 $f: P \longrightarrow Q$ 是复形态射. 则链可裂短正合列

$$P \xrightarrow{\begin{pmatrix} 0 \\ 0 \\ 1 \end{pmatrix}} \mathrm{Cyl}(f) \xrightarrow{\begin{pmatrix} 1\ 0\ 0 \\ 0\ 1\ 0 \end{pmatrix}} \mathrm{Cone}(f)$$

使得下图同伦交换且竖直映射均为同伦等价

$$\begin{array}{ccccccc}
P & \xrightarrow{f} & Q & \xrightarrow{\binom{0}{1}} & \mathrm{Cone}(f) & \xrightarrow{(1\ 0)} & P[1] \\
\| & & \downarrow{\binom{0}{1}{0}} & & \| & & \| \\
P & \xrightarrow{\binom{0}{0}{1}} & \mathrm{Cyl}(f) & \xrightarrow{\binom{1\ 0\ 0}{0\ 1\ 0}} & \mathrm{Cone}(f) & \xrightarrow{(1\ 0)} & P[1]
\end{array}$$

其中 $(1\ 0)$ 是同伦不变量.

(2) 反之, 每个链可裂短正合列连同其同伦不变量做成的三角都是同伦范畴 $K(\mathcal{A})$ 中的好三角.

精确地说, 设 $P \xrightarrow{f} Q \xrightarrow{g} R$ 是链可裂短正合列, h 是其同伦不变量. 则有同伦交换图

$$\begin{array}{ccccccc}
P & \xrightarrow{f} & Q & \xrightarrow{\binom{0}{1}} & \mathrm{Cone}(f) & \xrightarrow{(1\ 0)} & P[1] \\
\| & & \| & & \downarrow{(0\ g)} & & \| \\
P & \xrightarrow{f} & Q & \xrightarrow{g} & R & \xrightarrow{h} & P[1]
\end{array} \qquad (2.17)$$

且 $(0\ g)$ 是同伦等价.

证 为证 (1), 由引理 2.3.1 只要证明 $(1\ 0): \mathrm{Cone}(f) \longrightarrow P[1]$ 是链可裂短正合列

$$P \xrightarrow{\begin{pmatrix}0\\0\\1\end{pmatrix}} \mathrm{Cyl}(f) \xrightarrow{\begin{pmatrix}1&0&0\\0&1&0\end{pmatrix}} \mathrm{Cone}(f)$$

的同伦不变量即可. 考虑态射 $s^n = \begin{pmatrix}1&0\\0&1\\0&0\end{pmatrix}: (\mathrm{Cone}(f))^n \longrightarrow (\mathrm{Cyl}(f))^n$. 则 $\begin{pmatrix}1&0&0\\0&1&0\end{pmatrix}s^n = \mathrm{Id}_{(\mathrm{Cone}(f))^n}, \forall\, n \in \mathbb{Z}$. 因为

$$\begin{pmatrix}0\\0\\\mathrm{Id}_{P^{n+1}}\end{pmatrix}\begin{pmatrix}\mathrm{Id}_{P^{n+1}}&0\end{pmatrix} = \begin{pmatrix}\mathrm{Id}_{P^{n+2}}&0\\0&\mathrm{Id}_{Q^{n+1}}\\0&0\end{pmatrix}\begin{pmatrix}-d_P^{n+1}&0\\f^{n+1}&d_Q^n\end{pmatrix}$$

$$- \begin{pmatrix}-d_P^{n+1}&0&0\\f^{n+1}&d_Q^n&0\\-\mathrm{Id}_{P^{n+1}}&0&d_P^n\end{pmatrix}\begin{pmatrix}\mathrm{Id}_{P^{n+1}}&0\\0&\mathrm{Id}_{Q^n}\\0&0\end{pmatrix},$$

即 $\begin{pmatrix}0\\0\\1\end{pmatrix}(1\ 0) = s^{n+1}d_{\mathrm{Cone}(f)}^n - d_{\mathrm{Cyl}(f)}^n s^n$. 再由引理 2.5.1(1) 知 $(1\ 0)$ 就是同伦不变量.

下证 (2). 直接验证 $(0\ g)$ 是链映射. 因为 h 是链可裂短正合列 $P \longrightarrow Q \longrightarrow R$ 的同伦不变量, 故存在一组态射 $s^n: R^n \longrightarrow Q^n$, $\pi^n: Q^n \longrightarrow P^n$, $\forall\, n \in \mathbb{Z}$, 使得

$$\pi^n f^n = \mathrm{Id}_{P^n}, \quad g^n s^n = \mathrm{Id}_{R^n}, \quad \pi^n s^n = 0, \quad f^n \pi^n + s^n g^n = \mathrm{Id}_{Q^n}$$

以及 $h^n g^n = d_P^n \pi^n - \pi^{n+1} d_Q^n$. 参见引理 2.5.1.

现在, (2.17) 中第 3 方块可换等价于 $(-1\ hg)$ 同伦于 0. 这是对的: 考虑

$$\mathrm{Cone}(f)^n = P^{n+1} \oplus Q^n \longrightarrow P^{n+2} \oplus Q^{n+1}$$

(diagram with arrows: $-d_P$ to P^n, $(-1\ h^n g^n)$ down to P^{n+1}, $(0\ -\pi^{n+1})$ from upper right)

则有

$$-d_P^n(0\ -\pi^n) + (0\ -\pi^{n+1})\begin{pmatrix}-d_P^{n+1}&0\\f^{n+1}&d_Q^n\end{pmatrix} = (-\pi^{n+1}f^{n+1},\ d_P^n\pi^n - \pi^{n+1}d_Q^n)$$

$$= (-1\ h^n g^n).$$

剩下只要证 $(0\ g)$ 是同伦等价. 直接验证 $\binom{h}{s}: R \longrightarrow \mathrm{Cone}(f)$ 是链映射 (注意, 由 s^n, $\forall\, n \in \mathbb{Z}$, 组成的 s 不是链映射): 这要用到引理 2.5.1. 我们将验证细节留给读者. 我们断言 $\binom{h}{s}$ 是 $(0\ g)$ 的同伦逆. 这只要说明

$$\begin{pmatrix}1&-hg\\0&1-sg\end{pmatrix}: \mathrm{Cone}(f) \longrightarrow \mathrm{Cone}(f)$$

是零伦的. 这是对的, 只要取同伦为 $\begin{pmatrix} 0 & \pi \\ 0 & 0 \end{pmatrix}$ 并利用引理 2.5.1(2) 即可看出. ∎

在引理 1.3.9 中我们看到将好三角中的两个态射变号后得到的仍是好三角. 下述例子表明改变好三角中一个态射的符号后得到的三角一般不再是好三角.

例 2.5.5 考虑 Abel 群的同伦范畴中的如下三角

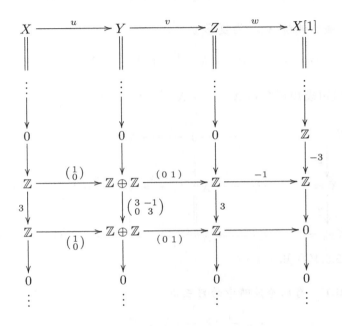

因为 $X \xrightarrow{u} Y \xrightarrow{v} Z$ 是链可裂短正合列, w 恰是其同伦不变量, 所以 $X \xrightarrow{u} Y \xrightarrow{v} Z \xrightarrow{w} X[1]$ 是一个好三角. 显然 $\mathrm{Hom}(X[1], Z) = 0$, 故由习题 1.8 知 $(X, Y, Z, u, v, -w)$ 不再是好三角.

2.6 复形的截断和极限

复形的截断和极限是复形分析的重要技术手段.

本节中 $\mathcal{A}$ 是 Abel 范畴. 对于 $\mathcal{A}$ 上复形 (X, d) 和整数 n, 定义 X 的左强制截断 (left brutal truncation) $X_{\leqslant n}$ 是这样的复形, 其第 i 次齐次分支为

$$X_{\leqslant n}^i = \begin{cases} X^i, & i \leqslant n; \\ 0, & i > n, \end{cases}$$

其第 i 次微分为
$$d^i_{\leqslant n} = \begin{cases} d^i, & i < n; \\ 0, & i \geqslant n, \end{cases}$$
即
$$\cdots \xrightarrow{d^{n-3}} X^{n-2} \xrightarrow{d^{n-2}} X^{n-1} \xrightarrow{d^{n-1}} X^n \longrightarrow 0 \longrightarrow 0 \cdots.$$

定义 X 的**右强制截断** $X_{\geqslant n}$ 为复形
$$\cdots \longrightarrow 0 \longrightarrow 0 \longrightarrow X^n \xrightarrow{d^n} X^{n+1} \xrightarrow{d^{n+1}} X^{n+2} \xrightarrow{d^{n+2}} \cdots.$$

则有复形的链可裂短正合列 $X_{\geqslant n} \xrightarrow{\mu} X \xrightarrow{\nu} X_{<n}$,其中

$$\begin{array}{ccccccccc}
X_{\geqslant n} = & \cdots & \longrightarrow & 0 & \longrightarrow & X^n & \xrightarrow{d^n} & X^{n+1} & \longrightarrow \cdots \\
\downarrow \mu & & & \downarrow & & \parallel & & \parallel & \\
X = & \cdots & \longrightarrow & X^{n-1} & \xrightarrow{d^{n-1}} & X^n & \xrightarrow{d^n} & X^{n+1} & \longrightarrow \cdots \\
\downarrow \nu & & & \parallel & & \downarrow & & \downarrow & \\
X_{<n} = & \cdots & \longrightarrow & X^{n-1} & \longrightarrow & 0 & \longrightarrow & 0 & \longrightarrow \cdots
\end{array}$$

从而由定理 2.5.4(2) 知

引理 2.6.1 有同伦范畴中的好三角
$$X_{\geqslant n} \xrightarrow{\mu} X \xrightarrow{\nu} X_{<n} \xrightarrow{h} X_{\geqslant n}[1],$$
其中同伦不变量 h 为

$$\begin{array}{ccccccccc}
X_{<n} = & \cdots & \longrightarrow & X^{n-2} & \xrightarrow{d^{n-2}} & X^{n-1} & \longrightarrow & 0 & \longrightarrow & 0 & \longrightarrow \cdots \\
\downarrow h & & & \downarrow & & \downarrow{-d^{n-1}} & & \downarrow & & \downarrow & \\
X_{\geqslant n}[1] = & \cdots & \longrightarrow & 0 & \longrightarrow & X^n & \xrightarrow{-d^n} & X^{n+1} & \xrightarrow{-d^{n+1}} & X^{n+2} & \longrightarrow \cdots.
\end{array}$$

强制截断的优点是其齐次分支属于截断前的齐次分支所在的加法子范畴中 (因此它可以在加法范畴中完成);缺点是它改变了截点处的上同调. 而下面另一种截断则恰好相反.

定义 X 的**左温和截断** (left truncation) $\tau_{\leqslant n}X$ 为复形
$$\cdots \xrightarrow{d^{n-3}} X^{n-2} \xrightarrow{d^{n-2}} X^{n-1} \longrightarrow \mathrm{Ker}d^n \longrightarrow 0 \longrightarrow 0 \longrightarrow \cdots.$$

2.6 复形的截断和极限

定义 X 的右温和截断 $\tau_{\geqslant n}X$ 为复形

$$\cdots \longrightarrow 0 \longrightarrow 0 \longrightarrow \mathrm{Im}\, d^{n-1} \longrightarrow X^n \xrightarrow{d^n} X^{n+1} \xrightarrow{d^{n+1}} \cdots.$$

注意左温和截断 $\tau_{\leqslant n}X$ 与右温和截断 $\tau_{\geqslant n}X$ 在 n 处的上同调都仍然是 $\mathrm{H}^n(X)$. 我们有复形的短正合列 $\tau_{\leqslant n}X \longrightarrow X \longrightarrow \tau_{\geqslant n+1}X$, 将来我们知道它诱导出导出范畴中的好三角.

对于任意整数 n, 有链映射

$$\begin{array}{cccccccccc}
\tau_{\leqslant n}X: & \cdots \to & X^{n-1} \to & \mathrm{Ker}\, d^n & \longrightarrow & 0 & \longrightarrow & 0 & \longrightarrow & \cdots \\
{\scriptstyle u_n}\downarrow & & \| & & \downarrow & & \downarrow & & \downarrow & \\
\tau_{\leqslant n+1}X: & \cdots \to & X^{n-1} \xrightarrow{d^{n-1}} & X^n & \longrightarrow & \mathrm{Ker}\, d^{n+1} & \longrightarrow & 0 & \longrightarrow & \cdots \\
{\scriptstyle \varphi_{n+1}}\downarrow & & \| & & \| & & \downarrow & & \downarrow & \\
X: & \cdots \to & X^{n-1} \xrightarrow{d^{n-1}} & X^n & \xrightarrow{d^n} & X^{n+1} & \xrightarrow{d^{n+1}} & X^{n+2} \xrightarrow{d^{n+2}} & X^{n+3} \to & \cdots.
\end{array}$$

对于任意整数 n, 有链映射

$$\begin{array}{cccccccccc}
X: & \cdots \to & X^{n-3} \to & X^{n-2} \to & X^{n-1} \xrightarrow{d^{n-1}} & X^n & \xrightarrow{d^n} & X^{n+1} & \xrightarrow{d^{n+1}} & \cdots \\
{\scriptstyle \phi_n}\downarrow & & \downarrow & \downarrow & \downarrow & & \| & & \| & \\
\tau_{\geqslant n}X: & \cdots \longrightarrow & 0 \longrightarrow & 0 \longrightarrow & \mathrm{Im}\, d^{n-1} \longrightarrow & X^n & \xrightarrow{d^n} & X^{n+1} & \xrightarrow{d^{n+1}} & \cdots \\
{\scriptstyle v_n}\downarrow & & \downarrow & \downarrow & \downarrow & & \downarrow & & \| & \\
\tau_{\geqslant n+1}X: & \cdots \longrightarrow & 0 \longrightarrow & 0 \longrightarrow & 0 \longrightarrow & \mathrm{Im}\, d^n & \to & X^{n+1} & \xrightarrow{d^{n+1}} & \cdots.
\end{array}$$

对于任意整数 n, 有链映射

$$\begin{array}{cccccccccc}
X: & \cdots \to & X^{n-3} \to & X^{n-2} \to & X^{n-1} \xrightarrow{d^{n-1}} & X^n & \xrightarrow{d^n} & X^{n+1} & \xrightarrow{d^{n+1}} & \cdots \\
\downarrow & & \| & \| & \| & & \downarrow & & \downarrow & \\
X_{\leqslant n}: & \cdots \to & X^{n-3} \to & X^{n-2} \to & X^{n-1} \to & X^n & \longrightarrow & 0 & \longrightarrow & \cdots \\
\downarrow & & \| & \| & \| & & \downarrow & & \downarrow & \\
X_{\leqslant n-1}: & \cdots \to & X^{n-3} \to & X^{n-2} \to & X^{n-1} \to & 0 & \longrightarrow & 0 & \longrightarrow & \cdots.
\end{array}$$

对于任意整数 n, 有链映射

$$\begin{array}{ccccccccc}
X_{\geqslant n+1}: & \cdots \longrightarrow & 0 & \longrightarrow & 0 & \longrightarrow & X^{n+1} & \to X^{n+2} \to X^{n+3} \to \cdots \\
& & \downarrow & & \downarrow & & \| & \| & \| \\
X_{\geqslant n}: & \cdots \longrightarrow & 0 & \longrightarrow & X^n & \to & X^{n+1} & \to X^{n+2} \to X^{n+3} \to \cdots \\
& & \downarrow & & \downarrow & & \| & \| & \| \\
X: & \cdots \to X^{n-1} \stackrel{d^{n-1}}{\to} & X^n & \stackrel{d^n}{\to} & X^{n+1} & \stackrel{d^{n+1}}{\to} & X^{n+2} \stackrel{d^{n+2}}{\to} X^{n+3} \to \cdots
\end{array}$$

设 $n<m$. 定义双截断复形 $X_{[n,m]} := (\tau_{\leqslant m}X)_{\geqslant n} = \tau_{\leqslant m}(X_{\geqslant n})$, 即复形

$$\cdots 0 \longrightarrow 0 \longrightarrow X^n \stackrel{d^n}{\longrightarrow} \cdots \longrightarrow X^{m-1} \longrightarrow \operatorname{Ker} d^m \longrightarrow 0 \longrightarrow 0 \longrightarrow \cdots.$$

显然对于更大的区间 $[n',m'] \supseteq [n,m]$ 有链映射 $X_{[n,m]} \longrightarrow X_{[n',m']}$ 以及链映射 $X_{[n,m]} \longrightarrow X$. 根据正向极限和逆向极限的定义可直接验证下述

引理 2.6.2 (i) $\varinjlim_{n\geqslant 0} \tau_{\leqslant n}X = X$;

(ii) $\varprojlim_{n\leqslant 0} \tau_{\geqslant n}X = X$;

(iii) $\varprojlim_{n\geqslant 0} X_{\leqslant n} = X$;

(iv) $\varinjlim_{n\leqslant 0} X_{\geqslant n} = X$;

(v) $\varinjlim_{n\geqslant 0} X_{[-n,n+1]} = X$.

2.7 Hom复形 $\operatorname{Hom}^\bullet(-,-)$

设 $\mathcal{A}$ 是加法范畴, $X, Y \in C(\mathcal{A})$. 定义Hom 复形 $\operatorname{Hom}^\bullet(X,Y)$ 为如下 Abel 群的复形: 其第 n 次齐次分支为

$$\operatorname{Hom}^n(X,Y) := \prod_{p\in\mathbb{Z}} \operatorname{Hom}_{\mathcal{A}}(X^p, Y^{p+n}), \quad \forall\ n \in \mathbb{Z};$$

其第 n 次微分 d^n 定义为: 若 $f = (f^p)_{p\in\mathbb{Z}} \in \operatorname{Hom}^n(X,Y) = \prod_{p\in\mathbb{Z}} \operatorname{Hom}_{\mathcal{A}}(X^p, Y^{p+n})$, 则

$$d^n f = ((d^n f)^p)_{p\in\mathbb{Z}} \in \operatorname{Hom}^{n+1}(X,Y) = \prod_{p\in\mathbb{Z}} \operatorname{Hom}_{\mathcal{A}}(X^p, Y^{p+n+1}),$$

其中

$$(d^n f)^p = \partial_Y^{n+p} f^p + (-1)^{n+1} f^{p+1} \partial_X^p \in \operatorname{Hom}_{\mathcal{A}}(X^p, Y^{p+n+1}), \quad \forall\ p \in \mathbb{Z},$$

2.7 Hom复形 $\mathrm{Hom}^\bullet(-,-)$

这里 ∂_X 和 ∂_Y 分别是 X 和 Y 的微分. 直接验证 $d^{n+1}d^n = 0$, $\forall\, n \in \mathbb{Z}$. 由 d^n 的定义可知

$$\mathrm{Ker}\, d^n$$
$$= \{f = (f^p)_{p\in\mathbb{Z}} \in \mathrm{Hom}^n(X,Y) \mid \partial_Y^{n+p} f^p = (-1)^n f^{p+1} \partial_X^p,\ \forall\, p \in \mathbb{Z}\}$$
$$= \mathrm{Hom}_{C(\mathcal{A})}(X, Y[n]);$$

$$\mathrm{Im}\, d^{n-1} = \{f = (f^p)_{p\in\mathbb{Z}} \in \mathrm{Hom}^n(X,Y) \mid \exists\, s = (s^p)_{p\in\mathbb{Z}} \in \mathrm{Hom}^{n-1}(X,Y),$$
$$\text{使得}\quad f^p = (d^{n-1}s)^p = \partial_Y^{n-1+p} s^p + (-1)^n s^{p+1} \partial_X^p\}$$
$$= \mathrm{Htp}(X, Y[n]).$$

因此我们得到如下**关键公式**, 它联系着同调和同伦.

命题 2.7.1 设 $\mathcal{A}$ 是加法范畴, $X, Y \in C(\mathcal{A})$. 则有如下**关键公式**:

$$H^n \mathrm{Hom}^\bullet(X,Y) = \mathrm{Hom}_{K(\mathcal{A})}(X, Y[n]), \quad \forall\, n \in \mathbb{Z}.$$

设 $f: Y \longrightarrow Y'$ 是复形范畴 $C(\mathcal{A})$ 中的链映射. 直接可验证

$$\mathrm{Hom}^\bullet(X, f): \mathrm{Hom}^\bullet(X, Y) \longrightarrow \mathrm{Hom}^\bullet(X, Y')$$

是 Abel 群上的复形范畴 $C(Ab)$ 中的链映射, 其中 $\mathrm{Hom}^\bullet(X, f) = (\mathrm{Hom}^n(X, f))_{n\in\mathbb{Z}}$, 这里

$$\mathrm{Hom}^n(X, f): \prod_{p\in\mathbb{Z}} \mathrm{Hom}_{\mathcal{A}}(X^p, Y^{p+n}) \longrightarrow \prod_{p\in\mathbb{Z}} \mathrm{Hom}_{\mathcal{A}}(X^p, Y'^{p+n}),$$
$$(g^p)_{p\in\mathbb{Z}} \mapsto (f^{p+n} g^p)_{p\in\mathbb{Z}}.$$

不难验证 $\mathrm{Hom}^\bullet(X, -): C(\mathcal{A}) \longrightarrow C(Ab)$ 是加法函子. 如果 $s: f \sim 0$, 则可直接验证

$$\mathrm{Hom}^\bullet(X, s): \mathrm{Hom}^\bullet(X, f) \sim 0.$$

因此有加法函子

$$\mathrm{Hom}^\bullet(X, -): K(\mathcal{A}) \longrightarrow K(Ab).$$

类似地, 我们有反变加法函子

$$\mathrm{Hom}^\bullet(-, X): C(\mathcal{A}) \longrightarrow C(Ab), \quad \mathrm{Hom}^\bullet(-, X): K(\mathcal{A}) \longrightarrow K(Ab).$$

命题 2.7.2 设 $\mathcal{A}$ 是加法范畴, $X \in C(\mathcal{A})$, $f: Y \longrightarrow Y'$ 是链映射. 则

$$\mathrm{Hom}^\bullet(X, Y[1]) = \mathrm{Hom}^\bullet(X, Y)[1], \quad \mathrm{Hom}^\bullet(X, \mathrm{Cone}(f)) \cong \mathrm{ConeHom}^\bullet(X, f);$$

函子

$$\mathrm{Hom}^\bullet(X, -) : K(\mathcal{A}) \longrightarrow K(Ab)$$

是三角函子; 反变函子

$$\mathrm{Hom}^\bullet(-, X) : K(\mathcal{A}) \longrightarrow K(Ab)$$

也是三角函子.

证 由 Hom 复形的定义即知 $\mathrm{Hom}^\bullet(X, Y[1]) = \mathrm{Hom}^\bullet(X, Y)[1]$. 由 Hom 复形和映射锥的定义即可看出有同构 $\mathrm{Hom}^\bullet(X, \mathrm{Cone}(f)) \cong \mathrm{ConeHom}^\bullet(X, f)$, 并且这个同构使得下图交换

$$\begin{array}{ccccccc}
\mathrm{Hom}^\bullet(X, Y) & \xrightarrow{\bullet(X, f)} & \mathrm{Hom}^\bullet(X, Y') & \xrightarrow{\bullet(X, \binom{0}{1})} & \mathrm{Hom}^\bullet(X, \mathrm{Cone}(f)) & \xrightarrow{\bullet(X, (1, 0))} & \mathrm{Hom}^\bullet(X, Y)[1] \\
\parallel & & \parallel & & \downarrow & & \parallel \\
\mathrm{Hom}^\bullet(X, Y) & \xrightarrow{\bullet(X, f)} & \mathrm{Hom}^\bullet(X, Y') & \xrightarrow{\binom{0}{1}} & \mathrm{ConeHom}^\bullet(X, f) & \xrightarrow{(1, 0)} & \mathrm{Hom}^\bullet(X, Y)[1]
\end{array}$$

这表明函子 $\mathrm{Hom}^\bullet(X, -) : K(\mathcal{A}) \longrightarrow K(Ab)$ 是三角函子.

同理可证反变函子 $\mathrm{Hom}^\bullet(-, X) : K(\mathcal{A}) \longrightarrow K(Ab)$ 也是三角函子. ∎

习 题

2.1 同伦关系 $\sim$ 是范畴中的等价关系, 即 $f \sim f$;

$f \sim g \implies g \sim f$;

$f \sim g, \ g \sim h \implies f \sim h$;

$f \sim g \implies fh \sim gh, \ \forall h$; (如果可以合成)

$f \sim g \implies kf \sim kg, \ \forall k$. (如果可以合成)

2.2 若 $\mathcal{A}$ 是Abel范畴, 则 $K(\mathcal{A})$ 中的零对象必为无环复形. 反之未必.

2.3 两个复形通常的直和仍是这两个复形在同伦范畴中的直和.

2.4 设 $\mathcal{A}$ 为Abel范畴. 则 $H^n : K(\mathcal{A}) \longrightarrow \mathcal{A}$ 是共变加法函子.

2.5 设 $\mathcal{A}$ 是Abel范畴. 若 $f : X \longrightarrow Y$ 是复形的同伦等价, 则 f 是拟同构.

若 $f : X \longrightarrow Y$ 是 $C(\mathcal{A})$ 中态射. 则 f 是拟同构当且仅当 $\mathrm{Cone}(f)$ 是无环复形.

2.6 $\mathcal{A}$ 上复形 (C, d) 称为可裂复形, 如果存在 $\mathcal{A}$ 中态射 $s^{n+1}: C^{n+1} \longrightarrow C^n$, $\forall n \in \mathbb{Z}$, 使得对每个 n 有 $d^n s^{n+1} d^n = d^n$.

设 $\mathcal{A}$ 是 Abel 范畴. 设 X 是 $\mathcal{A}$ 上无环复形. 则 X 是可裂的当且仅当 X 同伦等价于零复形, 也当且仅当 X 分解为形如 $0 \longrightarrow M \xrightarrow{\mathrm{Id}_M} M \longrightarrow 0$ 的一些复形的直和.

2.7 设 $\mathcal{A}$ 是加法范畴. 则 $K(\mathcal{A})$ 中的零对象必为可裂复形.

2.8 设 $\mathcal{A}$ 是 Abel 范畴, X 和 Y 是 $\mathcal{A}$ 上无环复形, $f: X \longrightarrow Y$ 是链映射. 则 f 是同伦等价当且仅当 $\mathrm{Cone}(f)$ 同伦等价于零复形, 又当且仅当 $\mathrm{Cone}(f)$ 是可裂的.

2.9 设 $\mathcal{A}$ 是 Abel 范畴. 则恒等链映射的映射锥是无环且可裂复形.

2.10 设 $\mathcal{A}$ 是加法范畴, $f: X \longrightarrow Y$ 是链映射. 则 f 是零伦的当且仅当 f 可延拓成链映射 $(s, f): \mathrm{Cone}(\mathrm{Id}_X) \longrightarrow Y$.

2.11 设 $\mathcal{A}$ 是加法范畴, $\alpha: X \longrightarrow Y$ 是复形的态射. 则 α 是同伦等价当且仅当对任一复形 Z, $\mathrm{Hom}_{K(\mathcal{A})}(Z, X) \xrightarrow{\mathrm{Hom}_{K(\mathcal{A})}(Z, \alpha)} \mathrm{Hom}_{K(\mathcal{A})}(Z, Y)$ 是 Abel 群的同构且 $\mathrm{Hom}_{K(\mathcal{A})}(Y, Z) \xrightarrow{\mathrm{Hom}_{K(\mathcal{A})}(\alpha, Z)} \mathrm{Hom}_{K(\mathcal{A})}(X, Z)$ 是 Abel 群的同构; 也当且仅当 $\mathrm{Hom}_{K(\mathcal{A})}(Y, \alpha)$ 是 Abel 群的同构, 且 $\mathrm{Hom}_{K(\mathcal{A})}(\alpha, X)$ 是 Abel 群的同构.

2.12 验证引理 2.2.1 和命题 2.3.2.

2.13 下述无界复形同伦等价于零复形

$$\cdots \longrightarrow M \xrightarrow{\mathrm{Id}_M} M \xrightarrow{0} M \xrightarrow{\mathrm{Id}_M} M \xrightarrow{0} M \xrightarrow{\mathrm{Id}_M} M \xrightarrow{0} M \longrightarrow \cdots.$$

2.14 设 $\mathcal{A}$ 是加法范畴, $X \xrightarrow{u} Y \xrightarrow{v} Z$ 是 $\mathcal{A}$ 中态射序列. 则下述等价

(i) 它是可裂短正合列;

(ii) $vu = 0$, 且存在 $\pi: Y \longrightarrow X$, $s: Z \longrightarrow Y$, 使得
$$\pi u = \mathrm{Id}_X, \quad vs = \mathrm{Id}_Z, \quad \pi s = 0, \quad u\pi + sv = \mathrm{Id}_Y;$$

(iii) $vu = 0$, 且存在 $\sigma: Z \longrightarrow Y$ 使得 $v\sigma = \mathrm{Id}_Z$; 并且对于满足 $vs = \mathrm{Id}_Z$ 的任意态射 $s: Z \longrightarrow Y$, 存在 $\pi: Y \longrightarrow X$ 使得 $\pi u = \mathrm{Id}_X, \pi s = 0, u\pi + sv = \mathrm{Id}_Y$.

(iv) $vu = 0$, 且存在 $p: Y \longrightarrow X$ 使得 $pu = \mathrm{Id}_X$; 并且对于满足 $\pi u = \mathrm{Id}_X$ 的任意态射 $\pi: Y \longrightarrow X$, 存在 $s: Z \longrightarrow Y$ 使得 $vs = \mathrm{Id}_Z, \pi s = 0, u\pi + sv = \mathrm{Id}_Y$.

2.15 设 $\mathcal{A}$ 是 Abel 范畴. 则可裂短正合列可简单地描述如下. $\mathcal{A}$ 中态射序列 $X \xrightarrow{u} Y \xrightarrow{v} Z$ 是可裂短正合列当且仅当 $0 \longrightarrow X \xrightarrow{u} Y \xrightarrow{v} Z \longrightarrow 0$ 是短正合列

并且存在 $\pi: Y \longrightarrow X$ 使得 $\pi u = \mathrm{Id}_X$; 也当且仅当 $0 \longrightarrow X \xrightarrow{u} Y \xrightarrow{v} Z \longrightarrow 0$ 是短正合列并且存在 $\sigma: Z \longrightarrow Y$ 使得 $v\sigma = \mathrm{Id}_Z$.

2.16 设 $\mathcal{A}$ 是加法范畴, $X \xrightarrow{u} Y \xrightarrow{v} Z$ 是 $\mathcal{A}$ 中可裂短正合列. 举例说明存在 $\pi: Y \longrightarrow X$, $s: Z \longrightarrow Y$ 使得 $\pi u = \mathrm{Id}_X$, $vs = \mathrm{Id}_Z$, $\pi s \neq 0$, $u\pi + sv \neq \mathrm{Id}_Y$.

2.17 设 A 是域上有限维代数, $X = (X^n, d^n)_{n \in \mathbb{Z}}$ 是有限维 A-模复形. 若任一 X^n 在微分 d^n 下的像都落入 X^{n+1} 的根中, 则 $\mathrm{Htp}(X, X)$ 是 $\mathrm{End}_{C(A\text{-mod})}(X)$ 的幂零理想. (提示: A 的Jacobson 根 $\mathrm{rad}A$ 是 A 的幂零理想.)

2.18 设 $\mathcal{A}$ 是Abel范畴, X 是 $\mathcal{A}$ 上复形. 则有

(i) $\varinjlim_{n \geqslant 0} \tau_{\leqslant n} X = X$;

(ii) $\varprojlim_{n \leqslant 0} \tau_{\geqslant n} X = X$.

(iii) $\varinjlim_{n \geqslant 0} X_{\leqslant n} = X$;

(iv) $\varinjlim_{n \leqslant 0} X_{\geqslant n} = X$;

(v) $\varinjlim_{n \geqslant 0} X_{[-n, n+1]} = X$.

2.19 设 $f: Y \longrightarrow Y'$ 是复形范畴 $C(\mathcal{A})$ 中的链映射. 则 $\mathrm{Hom}^{\bullet}(X, f): \mathrm{Hom}^{\bullet}(X, Y) \longrightarrow \mathrm{Hom}^{\bullet}(X, Y')$ 是Abel 群上的复形范畴 $C(Ab)$ 中的链映射. 并且, 如果 $s: f \sim 0$, 则 $\mathrm{Hom}^{\bullet}(X, s): \mathrm{Hom}^{\bullet}(X, f) \sim 0$.

2.20 设 $\mathcal{A}$ 是Abel范畴, X 是 $\mathcal{A}$ 上复形. 则有

(i) 对于 $W^i = 0, \forall i > n$, 的复形 W, 有同构
$$\mathrm{Hom}_{C(\mathcal{A})}(W, \tau_{\leqslant n} X) \cong \mathrm{Hom}_{C(\mathcal{A})}(W, X),$$
$$\mathrm{Hom}_{K(\mathcal{A})}(W, \tau_{\leqslant n} X) \cong \mathrm{Hom}_{K(\mathcal{A})}(W, X).$$

(ii) 对于 $W^i = 0, \forall i < n$, 的复形 W, 有同构
$$\mathrm{Hom}_{C(\mathcal{A})}(\tau_{\geqslant n} X, W) \cong \mathrm{Hom}_{C(\mathcal{A})}(X, W),$$
$$\mathrm{Hom}_{K(\mathcal{A})}(\tau_{\geqslant n} X, W) \cong \mathrm{Hom}_{K(\mathcal{A})}(X, W).$$

2.21 设 $\mathcal{A}$ 是加法范畴, 且有链映射交换图(即 $C(\mathcal{A})$ 中的交换图)

$$\begin{array}{ccccc} P & \xrightarrow{f} & Q & \xrightarrow{g} & R \\ \downarrow u & & \downarrow v & & \downarrow w \\ U & \xrightarrow{a} & V & \xrightarrow{b} & W \end{array}$$

其中上下两行均为链可裂短正合列, 其同伦不变量分别为 $h: R \longrightarrow P[1]$ 和 $c: W \longrightarrow U[1]$. 则

(i) 有同伦范畴中好三角之间的三角射

$$\begin{array}{ccccccc} P & \xrightarrow{\begin{pmatrix}0\\1\\0\end{pmatrix}} & \mathrm{Cyl}(f) & \xrightarrow{\begin{pmatrix}-1&0&0\\0&0&1\end{pmatrix}} & \mathrm{Cone}(f) & \xrightarrow{(1\ 0)} & P[1] \\ {\scriptstyle u}\downarrow & & {\scriptstyle \begin{pmatrix}u[1]&0&0\\0&u&0\\0&0&v\end{pmatrix}}\downarrow & & {\scriptstyle \begin{pmatrix}u[1]&0\\0&v\end{pmatrix}}\downarrow & & \downarrow{\scriptstyle u[1]} \\ U & \xrightarrow{\begin{pmatrix}0\\1\\0\end{pmatrix}} & \mathrm{Cyl}(a) & \xrightarrow{\begin{pmatrix}-1&0&0\\0&0&1\end{pmatrix}} & \mathrm{Cone}(a) & \xrightarrow{(1\ 0)} & U[1] \end{array}$$

(ii) 有同伦范畴的好三角之间的三角射

$$\begin{array}{ccccccc} P & \xrightarrow{f} & Q & \xrightarrow{g} & R & \xrightarrow{h} & P[1] \\ {\scriptstyle u}\downarrow & & {\scriptstyle v}\downarrow & & {\scriptstyle w}\downarrow & & \downarrow{\scriptstyle u[1]} \\ U & \xrightarrow{a} & V & \xrightarrow{b} & W & \xrightarrow{c} & U[1] \end{array}$$

(提示: 利用(i)并参阅定理2.5.4(2) 的证明.)

(iii) 对于 $\mathcal{A}$ 上任意复形 X 和 Y, 有Abel群的长正合列的交换图(以下 $(X, P[n])$ 是指 $\mathrm{Hom}_{K(\mathcal{A})}(X, P[n])$)

$$\begin{array}{ccccccccc} \cdots & \to & (X,P[n]) & \to & (X,Q[n]) & \to & (X,R[n]) & \to & (X,P[n+1]) & \to & \cdots \\ & & \downarrow & & \downarrow & & \downarrow & & \downarrow & & \\ \cdots & \to & (X,U[n]) & \to & (X,V[n]) & \to & (X,W[n]) & \to & (X,U[n+1]) & \to & \cdots \end{array}$$

以及

$$\begin{array}{ccccccccc} \cdots & \to & (P,Y[n]) & \to & (R,Y[n+1]) & \to & (Q,Y[n+1]) & \to & (P,Y[n+1]) & \to & \cdots \\ & & \uparrow & & \uparrow & & \uparrow & & \uparrow & & \\ \cdots & \to & (U,Y[n]) & \to & (W,Y[n+1]) & \to & (V,Y[n+1]) & \to & (U,Y[n+1]) & \to & \cdots \end{array}$$

(提示: 利用(ii)并参阅定理1.2.2.)

(iv) 有Hom 复形的短正合列的交换图

$$\begin{array}{ccccccccc} 0 & \longrightarrow & \mathrm{Hom}^\bullet(X,P) & \longrightarrow & \mathrm{Hom}^\bullet(X,Q) & \longrightarrow & \mathrm{Hom}^\bullet(X,R) & \longrightarrow & 0 \\ & & \downarrow & & \downarrow & & \downarrow & & \\ 0 & \longrightarrow & \mathrm{Hom}^\bullet(X,U) & \longrightarrow & \mathrm{Hom}^\bullet(X,V) & \longrightarrow & \mathrm{Hom}^\bullet(X,W) & \longrightarrow & 0 \end{array}$$

以及

$$0 \longrightarrow \mathrm{Hom}^\bullet(R,Y) \longrightarrow \mathrm{Hom}^\bullet(Q,Y) \longrightarrow \mathrm{Hom}^\bullet(P,Y) \longrightarrow 0$$
$$\downarrow \qquad\qquad \downarrow \qquad\qquad \downarrow$$
$$0 \longrightarrow \mathrm{Hom}^\bullet(W,Y) \longrightarrow \mathrm{Hom}^\bullet(V,Y) \longrightarrow \mathrm{Hom}^\bullet(U,Y) \longrightarrow 0$$

2.22 设 $\mathcal{A}$ 是Abel范畴, $X, Y \in C(\mathcal{A})$. 令 $\mathrm{Ext}^1_{dw}(X,Y)$ 是 $\mathrm{Ext}^1_{C(\mathcal{A})}(X,Y)$ 中所有链可裂短正合列作成的子集. 则 $\mathrm{Ext}^1_{dw}(X,Y)$ 是子群.

2.23 证明 $\mathrm{Ext}^1_{dw}(X, Y[n-1]) \cong \mathrm{Hom}_{K(\mathcal{A})}(X, Y[n])$. (提示: 利用命题2.5.3.)

第3章 商 范 畴

设 $\mathcal{K}$ 是加法范畴 (或三角范畴). 给定 $\mathcal{K}$ 的一个态射集 S, 我们经常需要构造一个新的加法范畴 (或三角范畴), 使得其中对象与 $\mathcal{K}$ 中对象相同, 而 S 中的态射则变成新范畴中的同构. 满足这一需求的方法就是通过局部化做商范畴 $S^{-1}\mathcal{K}$. 这是交换代数中局部化方法的范畴化推广.

拟同构是诱导出上同调群之间同构的链映射, 而上同调群之间的同构是本质的, 因此我们希望能够有一个新范畴, 使得拟同构能够成为真正的同构. 同伦范畴 $K(\mathcal{A})$ 不具有这种性质. 取上述 $\mathcal{K} = K(\mathcal{A})$ 和 $S = \{K(\mathcal{A})$ 中的拟同构$\}$, 其中 $\mathcal{A}$ 为 Abel 范畴, 则商范畴 $S^{-1}K(\mathcal{A})$ 就是本书的重要研究对象: $\mathcal{A}$ 的导出范畴 $D(\mathcal{A})$.

3.1 乘 法 系

为了实现上述构造, 我们需要态射集 S 是下述意义下的乘法系.

定义 3.1.1 设 $\mathcal{K}$ 是加法范畴, S 是 $\mathcal{K}$ 的某些态射作成的类. 以下将 S 中的态射用双箭向表示, 记为 $\Longrightarrow$.

(1) S 称为 $\mathcal{K}$ 的一个乘法系, 如果满足下述条件(FR1), (FR2), 和(FR3):

(FR1) S 对于态射的合成是封闭的; 并且 $\mathrm{Id}_X \in S$, $\forall\, X \in \mathcal{K}$;

(FR2) $\mathcal{K}$ 中每个态射图

其中 $s \in S$, 均可补足成交换图

其中 $t \in S$. 对偶地, $\mathcal{K}$ 中每个图

其中 $s \in S$, 均可补足成交换图

其中 $t \in S$.

(FR3) 对于 $\mathcal{K}$ 中的每个交换图

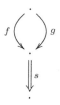

即 $sf = sg$, 其中 $s \in S$, 均存在 $t \in S$ 使得下图交换

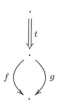

即 $ft = gt$. 简称 "有下而上". 对偶地, 对于 $\mathcal{K}$ 中每个交换图

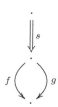

其中 $s \in S$, 均存在 $t \in S$, 使得下图交换

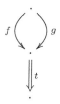

简称 "有上而下".

(2) $\mathcal{K}$ 的一个乘法系 S 称为饱和的, 如果由 $fh \in S$ 和 $kf \in S$ 能推出 $f \in S$.

3.2 商范畴的右分式构造

给定加法范畴 $\mathcal{K}$ 及其一个乘法系 S. 设 $X, Y \in \mathcal{K}$. $\mathcal{K}$ 中从 X 到 Y 的一个右分式 (b, s) 定义为态射图

$$X \cdot \xleftarrow{s} \cdot \xrightarrow{b} \cdot Y$$

其中 $s \in S$. 右分式在文献中又称为**右屋顶** (right roof). 两个从 X 到 Y 的右分式 (a, r) 和 (b, s) 称为是等价的右分式, 记为 $(a, r) \sim (b, s)$, 如果存在如下的交换图

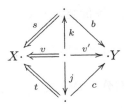

(3.1)

其中 $u \in S$.

引理 3.2.1 关系 $\sim$ 是 X 到 Y 的所有右分式作成的类上的等价关系.

证 我们只验证关系 $\sim$ 是传递的. 设 $(a, r) \sim (b, s)$, $(b, s) \sim (c, t)$. 要证 $(a, r) \sim (c, t)$. 设有交换图 (3.1) 和以下交换图

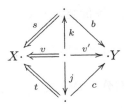

由(FR2)知存在 $\mathcal{K}$ 中的态射 x, y, 其中 $x \in S$, 使得下图交换

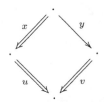

从而有交换图

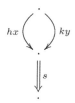

于是由(FR3)知存在 $w \in S$ 使得下图交换

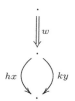

最终有交换图

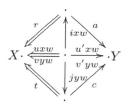

其中 $u'xw = bhxw = bkyw = v'yw$. 容易检验上图是交换图. 即 $(a,r) \sim (c,t)$. ∎

记 (b,s), 其中 $s \in S$, 所在的等价类为 b/s, 即

$$b/s = \{(a,r)|(a,r) \sim (b,s)\}.$$

设 a/r 是 X 到 Y 的一个右分式等价类, b/s 是 Y 到 Z 的一个右分式等价类. 则有交换图

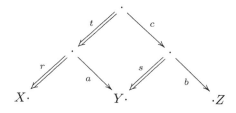

其中中间的方块由(FR2)保证. 定义合成 $b/s \circ a/r := bc/rt$. 要说明这个定义是合理的, 需要证明以下三件事.

1. 若还有交换图

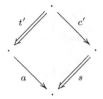

则 $bc'/rt' = bc/rt$.

2. 若 $a/r = a'/r'$,则 $b/s \circ a/r = b/s \circ a'/r'$.

3. 若 $b/s = b'/s'$,则 $b/s \circ a/r = b'/s' \circ a/r$.

首先说明 1. 取 $\tilde{t}$ 和 $\tilde{t}'$ 使得下图交换

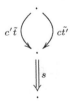

则有交换图

$$
\begin{array}{c}
\cdot \\
c'\tilde{t} \;\Big(\quad\Big)\; c\tilde{t}' \\
\Downarrow s \\
\cdot
\end{array}
$$

故由(FR3)知存在 $w \in S$ 使得

$$
\begin{array}{c}
\cdot \\
\Downarrow w \\
\cdot \\
c'\tilde{t} \;\Big(\quad\Big)\; c\tilde{t}' \\
\cdot
\end{array}
$$

交换, 从而有交换图

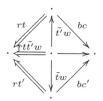

即为所证.

现在来证 2. 设有交换图

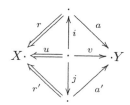

和交换图

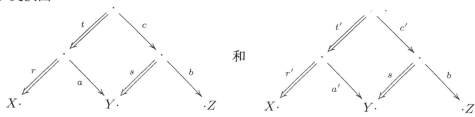

选取交换图

再取交换图

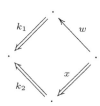

因为
$$sci'w = ati'w = aik_1w = aik_2x$$
和
$$sc'j'x = a't'j'x = a'jk_2x = vk_2x = aik_2x,$$
我们有交换图

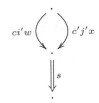

从而由(FR3)知存在 $w' \in S$ 使得 $ci'ww' = c'j'xw'$. 于是得到交换图

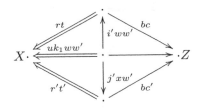

类似地可证明上述结论 3 和右分式等价类合成的结合律. 留作习题.

定义-引理 3.2.2 设 S 是加法范畴 $\mathcal{K}$ 的一个乘法系. 商范畴 $S^{-1}\mathcal{K}$ 的对象就是 $\mathcal{K}$ 中对象; $S^{-1}\mathcal{K}$ 中对象 X 到对象 Y 的态射集 $\mathrm{Hom}_{S^{-1}\mathcal{K}}(X,Y)$ 是 X 到 Y 的右分式的所有等价类的集合. 则 $S^{-1}\mathcal{K}$ 作成一个范畴; $\mathrm{Hom}_{S^{-1}\mathcal{K}}(X,X)$ 中的恒等态射为 $\mathrm{Id}_X/\mathrm{Id}_X = s/s$, 其中 $s: Y \longrightarrow X$ 是 S 中的任意态射.

注记 3.2.3 范畴的定义要求 X 到 Y 的态射全体是集合, 而上述 X 到 Y 的右分式的所有等价类的全体可能是类而非集合. 为避免这个困难, 当然可假设 S 是个集合而非类. 但在实际应用中 S 可能是类而非集合. 为简化讨论, 本书约定: 凡遇此种情况均假定 X 到 Y 的右分式的所有等价类的全体是集合. **以后不再每次声明**. 我们强调这一假定不会带来任何问题, 大多数文献也是这样处理的, 甚至默认这点. 另一方面, 关于上述假定成立的条件, 可从 A. Neeman [N] 中找到.

对于 $S^{-1}\mathcal{K}$ 中两个从 X 到 Y 的态射 a/r 和 b/s, 总存在公分母 $t \in S$ 使得
$$a/r = a'/t, \quad b/s = b'/t.$$

事实上, 由(FR2)有交换图

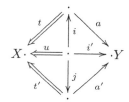

令 $t = rs' = sr'$, $a' = as'$, $b' = br'$ 即可.

定义 $a/r + b/s := a' + b'/t$. 要说明这是定义合理的, 只要证明下面的引理.

引理 3.2.4 设 $(a, t) \sim (a', t')$, $(b, t) \sim (b', t')$. 则 $(a+b, t) \sim (a'+b', t')$.

证 设有交换图

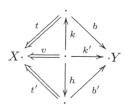

和交换图

由(FR2)知存在交换图

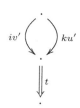

从而下图

3.2 商范畴的右分式构造

交换: $tiv' = uv'$, $tku' = vu'$. 再由(FR3)知存在 $w \in S$ 使得 $iv'w = ku'w$. 从而有交换图

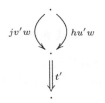

即 $t'jv'w = uv'w$, $t'hu'w = vu'w$. 再由(FR3)知存在 $w' \in S$ 使得
$$jv'ww' = hu'ww'.$$

于是有交换图

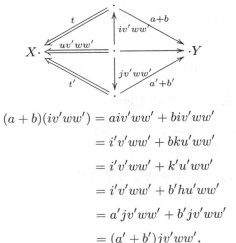

$$\begin{aligned}(a+b)(iv'ww') &= aiv'ww' + biv'ww' \\ &= i'v'ww' + bku'ww' \\ &= i'v'ww' + k'u'ww' \\ &= i'v'ww' + b'hu'ww' \\ &= a'jv'ww' + b'jv'ww' \\ &= (a'+b')jv'ww',\end{aligned}$$

即 $(a+b,t) \sim (a'+b',t')$. ∎

我们有下述事实(证明留作习题):

事实 3.2.5 (i) 对于右分式的加法, $\mathrm{Hom}_{S^{-1}\mathcal{K}}(X,Y)$ 作成一个Abel群, 其中零元为 $0/t = 0/s$, 这里 $t: Z \longrightarrow X$ 和 $s: Z' \longrightarrow X$ 是 S 中的任意态射.

设 $\alpha = a/s \in \mathrm{Hom}_{S^{-1}\mathcal{K}}(X,Y)$, 其中 $s \in S$. 则 α 是零态射当且仅当存在 t 使得 $st \in S$ 且 at 是 $\mathcal{K}$ 中的零态射.

(ii) 在可以合成的情况下, 有如下运算律
$$b/s \circ (a/r + a'/r) = b/s \circ a/r + b/s \circ a'/r,$$
$$(a/r + a'/r) \circ b/s = a/r \circ b/s + a'/r \circ b/s.$$

(iii) 在可以合成的情况下, 有如下运算律

$ac/sc = a/s$, $\forall\, s \in S$, $c \in S$; $a/1 \circ 1/s = a/s$; 但 $1/s \circ a/1$ 无意义; $a/\mathrm{Id} \circ b/\mathrm{Id} = ab/\mathrm{Id}$.

(iv) $S^{-1}\mathcal{K}$ 中两个对象 X 和 Y 的直和就是它们在 $\mathcal{K}$ 中的直和 $X \oplus Y$.

事实上, 我们有 $S^{-1}\mathcal{K}$ 中的态射序列 $X \xrightarrow{\sigma_1} X \oplus Y \xrightarrow{p_2} Y$, 其中
$$\sigma_1 = \begin{pmatrix} 1 \\ 0 \end{pmatrix}/\mathrm{Id}_X, \quad p_2 = (0,\ 1)/\mathrm{Id}_{X \oplus Y};$$
又有
$$\sigma_2 = \begin{pmatrix} 0 \\ 1 \end{pmatrix}/\mathrm{Id}_Y : Y \longrightarrow X \oplus Y, \quad p_1 = (1,\ 0)/\mathrm{Id}_{X \oplus Y} : X \oplus Y \longrightarrow X,$$
满足
$$p_1\sigma_1 = \mathrm{Id}_X/\mathrm{Id}_X, \quad p_2\sigma_2 = \mathrm{Id}_Y/\mathrm{Id}_Y, \quad p_2\sigma_1 = 0, \quad p_1\sigma_2 = 0,$$

$$\sigma_1 p_1 + \sigma_2 p_2 = \mathrm{Id}_{X \oplus Y}/\mathrm{Id}_{X \oplus Y}.$$

这就意味着 X 和 Y 在 $S^{-1}\mathcal{K}$ 中的直和就是它们在 $\mathcal{K}$ 中的直和 $X \oplus Y$.

(v) 设 $f \in \mathrm{Hom}_{\mathcal{K}}(X, Y)$ 且 $f \in S$. 则态射 $f/\mathrm{Id}_X \in \mathrm{Hom}_{S^{-1}\mathcal{K}}(X, Y)$ 是 $S^{-1}\mathcal{K}$ 中的同构, 其逆为 $\mathrm{Id}_X/f \in \mathrm{Hom}_{S^{-1}\mathcal{K}}(Y, X)$.

(vi) 对象 X 同构于 $S^{-1}\mathcal{K}$ 中的零对象当且仅当存在对象 Z 使得 $0 : Z \longrightarrow X$ 属于 S.

综上所述我们有

引理 3.2.6 设 S 是加法范畴 $\mathcal{K}$ 的乘法系. 则商范畴 $S^{-1}\mathcal{K}$ 作成加法范畴.

定义局部化函子 $F : \mathcal{K} \longrightarrow S^{-1}\mathcal{K}$ 如下: F 将任意对象保持不动; 对于 $f \in \mathrm{Hom}_{\mathcal{K}}(X, Y)$, 定义 $F(f) = f/\mathrm{Id}_X \in \mathrm{Hom}_{S^{-1}\mathcal{K}}(X, Y)$. 由定义 $F(f+g) = F(f) + F(g)$, 故 F 是加法函子. 换言之, $S^{-1}\mathcal{K}$ 中两个对象的直和就是这两个对象在 $\mathcal{K}$ 中的直和在局部化函子下的像.

下述命题表明 $S^{-1}\mathcal{K}$ 是将 S 中态射变成同构的 "最小" 的加法范畴. "最小" 是从态射的角度说; 如果从对象的角度看, 亦可称为 "最大".

命题 3.2.7 设 S 是加法范畴 $\mathcal{K}$ 的一个乘法系. 则局部化函子 $F : \mathcal{K} \longrightarrow S^{-1}\mathcal{K}$ 是加法函子, 它将 S 中态射变成 $S^{-1}\mathcal{K}$ 中的同构.

并且还有如下泛性质: 如果加法函子 $H: \mathcal{K} \longrightarrow \mathcal{C}$ 将 S 中态射变成 $\mathcal{C}$ 中的同构, 则存在唯一的加法函子 $G: S^{-1}\mathcal{K} \longrightarrow \mathcal{C}$ 使得 $H = GF$, 即下图交换

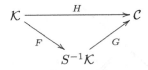

证 第一个结论参见上述事实 3.2.5(v).

对于 $a/s \in \mathrm{Hom}_{S^{-1}\mathcal{K}}(X, Y)$, 定义 $G(a/s) = H(a)H(s)^{-1}$. 直接验证这是定义合理的, 且使得上图交换. 注意到能使得上图交换的 G 满足 $G(f/\mathrm{Id}) = H(f)$, 从而 G 是唯一的: $G(a/s) = G(a/\mathrm{Id})G(\mathrm{Id}/s) = H(a)G(s/\mathrm{Id})^{-1} = H(a)H(s)^{-1}$. ∎

3.3 商范畴的左分式构造

本节我们说明: 上述利用右分式构造所得到的商范畴与下面利用左分式构造所得到的商范畴是同构的. 这两个构造的过程虽然是对偶的, 但我们同时需要这两个构造, 就像我们同时需要投射模和内射模一样.

设 S 是加法范畴 $\mathcal{K}$ 的一个乘法系, $X, Y \in \mathcal{K}$. $\mathcal{K}$ 中从 X 到 Y 的一个左分式 (s, b) 定义为态射图

$$X \xrightarrow{b} \cdot \xleftarrow{s} \cdot Y,$$

其中 $s \in S$. 左分式在文献中又称为**左屋顶** (left roof). 两个从 X 到 Y 的左分式 (s, b) 和 (r, a) 称为是等价的左分式, 记为 $(s, b) \sim_l (r, a)$, 如果存在交换图

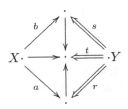

其中 $t \in S$. 类似引理 3.2.1 可证这是一个等价关系. 将 (s, b) 所在的等价类记为 $s\backslash b$. 则 $s\backslash b = r\backslash a \iff (s, b) \sim_l (r, a)$. 设 $r\backslash a$ 是 X 到 Y 的一个左分式等价类, $s\backslash b$ 是 Y 到 Z 的一个左分式等价类. 定义其合成为

$$s\backslash b \circ r\backslash a = ts\backslash ca,$$

其中 t 由下面交换图给出

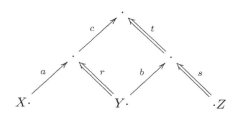

与右分式的情形相对偶, 可以证明这个定义是合理的, 并且此合成具有结合律. 类似于右分式的情形, 也可定义两个左分式等价类的加法.

定义商范畴 $LS^{-1}\mathcal{K}$ 如下: 其对象就是 $\mathcal{K}$ 中对象; $LS^{-1}\mathcal{K}$ 中对象 X 到对象 Y 的态射集 $\mathrm{Hom}_{LS^{-1}\mathcal{K}}(X,Y)$ 是 X 到 Y 的左分式的所有等价类的集合. $\mathrm{Hom}_{LS^{-1}\mathcal{K}}(X,X)$ 中的恒等态射为 $\mathrm{Id}_X\backslash\mathrm{Id}_X = s\backslash s$, 其中 $s: X \longrightarrow Y$ 是 S 中的任意态射. 与右分式的情形相对偶, 可以证明 $LS^{-1}\mathcal{K}$ 是一个加法范畴, 其对象 X 同构于 $LS^{-1}\mathcal{K}$ 中的零对象当且仅当存在对象 Z 使得 $0: X \longrightarrow Z$ 属于 S. 设 $\alpha = s\backslash a \in \mathrm{Hom}_{LS^{-1}\mathcal{K}}(X,Y)$, 其中 $s \in S$. 则 α 是零态射当且仅当存在 $t' \in S$ 使得 $t's \in S$ 且 $t'a$ 是 $\mathcal{K}$ 中的零态射.

设 $f \in \mathrm{Hom}_\mathcal{K}(X,Y)$ 且 $f \in S$. 则态射 $\mathrm{Id}_Y\backslash f \in \mathrm{Hom}_{LS^{-1}\mathcal{K}}(X,Y)$ 是 $LS^{-1}\mathcal{K}$ 中的同构, 其逆为 $f\backslash\mathrm{Id}_Y \in \mathrm{Hom}_{LS^{-1}\mathcal{K}}(Y,X)$.

定义局部化函子 $F': \mathcal{K} \longrightarrow LS^{-1}\mathcal{K}$ 如下: F' 将任意对象保持不动; 对于 $f \in \mathrm{Hom}_\mathcal{K}(X,Y)$, 定义 $F'(f) = \mathrm{Id}_Y\backslash f \in \mathrm{Hom}_{LS^{-1}\mathcal{K}}(X,Y)$. 则 F' 也是加法函子. 类似于命题 3.2.7 我们有

命题 3.3.1 设 S 是加法范畴 $\mathcal{K}$ 的一个乘法系. 则局部化函子 $F': \mathcal{K} \longrightarrow LS^{-1}\mathcal{K}$ 是加法函子, 它将 S 中态射变成 $LS^{-1}\mathcal{K}$ 中的同构.

并且还有如下泛性质: 如果加法函子 $H: \mathcal{K} \longrightarrow \mathcal{L}$ 将 $\mathcal{K}$ 的乘法系 S 中态射变成 $\mathcal{L}$ 的同构, 则存在唯一的加法函子 $G: LS^{-1}\mathcal{K} \longrightarrow \mathcal{L}$ 使得 $H = GF'$.

命题 3.3.2 存在唯一的范畴同构 $\eta: S^{-1}\mathcal{K} \longrightarrow LS^{-1}\mathcal{K}$, 使得 $F' = \eta F$. 即 η 将任意对象保持不动, 并且对于 $\mathcal{K}$ 中任一态射 $f: X \longrightarrow Y$ 有 $\eta(f/\mathrm{Id}_X) = \mathrm{Id}_Y\backslash f$; 而且 η 将 $S^{-1}\mathcal{K}$ 中态射 $a/s \in \mathrm{Hom}_{S^{-1}\mathcal{K}}(X,Y)$ 映为 $\eta(a/s) = t\backslash b$, 其中 $t \in S$ 和 b

是 $\mathcal{K}$ 中态射，使得下图交换

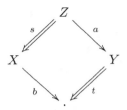

证 根据命题 3.2.7 和命题 3.3.1 中的泛性质，我们即知存在唯一的范畴同构 $\eta : S^{-1}\mathcal{K} \longrightarrow LS^{-1}\mathcal{K}$，使得 $F' = \eta F$. 即 η 将任意对象保持不动，并且对于 $\mathcal{K}$ 中任一态射 $f : X \longrightarrow Y$ 有 $\eta(f/\mathrm{Id}_X) = \mathrm{Id}_Y \backslash f$. 并且有

$$\eta(a/s) = \eta(a/\mathrm{Id}_Z \circ \mathrm{Id}_Z/s) = \eta(a/\mathrm{Id}_Z) \circ \eta(\mathrm{Id}_Z/s)$$
$$= \eta(a/\mathrm{Id}_Z) \circ \eta(s/\mathrm{Id}_Z)^{-1} = (\mathrm{Id}_Y \backslash a) \circ (\mathrm{Id}_X \backslash s)^{-1}$$
$$= (\mathrm{Id}_Y \backslash a) \circ (s \backslash \mathrm{Id}_X) = t \backslash b,$$

其中最后一步由 $LS^{-1}\mathcal{K}$ 中态射合成的定义即得. ∎

命题 3.3.2 的证明避免了验证 "$\eta(a/s) = t\backslash b$ 是定义合理的". 换言之，这个困难被泛性质和验证 "$LS^{-1}\mathcal{K}$ 中态射的合成是定义合理的" 所遇到的困难克服了.

命题 3.3.3 设 S 是加法范畴 $\mathcal{K}$ 的饱和乘法系，$F : \mathcal{K} \longrightarrow S^{-1}\mathcal{K}$ 是局部化函子，$f : X \longrightarrow Y$. 则 $F(f) = f/\mathrm{Id}_X$ 是 $S^{-1}\mathcal{K}$ 中的同构当且仅当 $f \in S$; 等价地，$\mathrm{Id}_Y \backslash f \in \mathrm{Hom}_{LS^{-1}\mathcal{K}}(X, Y)$ 是 $LS^{-1}\mathcal{K}$ 中的同构当且仅当 $f \in S$.

证 只要证 "仅当" 部分. 设 f/Id_X 的逆为 h/s. 则 $f/\mathrm{Id}_X \circ h/s = \mathrm{Id}_Y$. 而

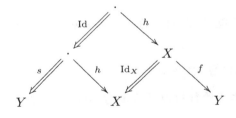

即 $f/\mathrm{Id}_X \circ h/s = fh/s$. 再由 $fh/s = \mathrm{Id}_Y$ 知存在 i 使得 $fhi \in S$. 由命题 3.3.2 以及 $h/s \circ f/\mathrm{Id}_X = \mathrm{Id}_X$ 知 $\eta(h/s) \circ \eta(f/\mathrm{Id}_X) = \mathrm{Id}_X$, 即 $\eta(h/s) \circ \mathrm{Id}_Y \backslash f = \mathrm{Id}_X$. 设 $\eta(h/s) = r\backslash a$. 下述交换图表明

$$r\backslash a \circ \mathrm{Id}_Y \backslash f = r\backslash af.$$

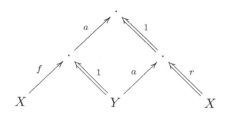

而 $r\backslash af = \mathrm{Id}_X$ 表明存在 j 使得 $jaf \in S$. 由于 S 是饱和乘法系知 $f \in S$. ∎

推论 3.3.4 设 S 是加法范畴 $\mathcal{K}$ 的饱和乘法系，a/s 是 $S^{-1}\mathcal{K}$ 中的态射，$t\backslash b$ 是 $LS^{-1}\mathcal{K}$ 中的态射，其中 $s \in S, t \in S$. 则 a/s 是 $S^{-1}\mathcal{K}$ 中的同构当且仅当 $a \in S$; $t\backslash b$ 是 $LS^{-1}\mathcal{K}$ 中的同构当且仅当 $b \in S$.

证 因为 $a/s = a/1 \circ 1/s$，且 $1/s$ 是同构，故 a/s 是 $S^{-1}\mathcal{K}$ 中的同构当且仅当 $a/1$ 是 $S^{-1}\mathcal{K}$ 中的同构；再由命题 3.3.3 即知这当且仅当 $a \in S$.

同理，因为 $t\backslash b = t\backslash 1 \circ 1\backslash b$，且 $t\backslash 1$ 是同构，故 $t\backslash b$ 是 $LS^{-1}\mathcal{K}$ 中的同构当且仅当 $1\backslash b$ 是 $LS^{-1}\mathcal{K}$ 中的同构；再由命题 3.3.3 即知这当且仅当 $b \in S$. ∎

重要注记 3.3.5 以后我们将 $S^{-1}\mathcal{K}$ 和 $LS^{-1}\mathcal{K}$ 等同，均记为 $S^{-1}\mathcal{K}$. 也就是说，当我们谈论商范畴 $S^{-1}\mathcal{K}$ 时，其态射既可采用右分式的等价类，也可采用左分式的等价类. 这会带来方便，有时甚至是必须的(指采用另一种会比较困难).

3.4 相容乘法系和 Verdier 商

设 $(\mathcal{K}, [1])$ 是三角范畴，S 是 $\mathcal{K}$ 的一个乘法系. 问 $S^{-1}\mathcal{K}$ 能否也具有自然的三角结构 (这里 "自然的" 含义下面有明确的解释)？为此需要相容乘法系的概念.

定义 3.4.1 三角范畴 $(\mathcal{K}, [1])$ 的一个乘法系 S 称为相容乘法系，如果满足下述两个条件:

(FR4) $s \in S$ 当且仅当 $s[1] \in S$;

(FR5) 设下图中上下两行均为好三角，$f, g \in S$，且左边第一个方块可换

$$\begin{array}{ccccccc} X & \xrightarrow{u} & Y & \xrightarrow{v} & Z & \xrightarrow{w} & X[1] \\ \downarrow f & & \downarrow g & & \downarrow h & & \downarrow f[1] \\ X' & \xrightarrow{u'} & Y' & \xrightarrow{v'} & Z' & \xrightarrow{w'} & X'[1] \end{array}$$

则存在 $h \in S$ 使得整个图交换.

3.4 相容乘法系和 Verdier 商

设 S 是三角范畴 $(\mathcal{K},[1])$ 的一个相容乘法系. 则 $\mathcal{K}$ 的自同构 $[1]$ 诱导出 $S^{-1}\mathcal{K}$ 的自同构, 仍记为 $[1]$, 其中 $(b/s)[1]$ 定义为 $b[1]/s[1]$.

下述定理回答了上述问题.

定理 3.4.2 设 S 是三角范畴 $(\mathcal{K},[1])$ 的一个相容乘法系. 则

(i) $(S^{-1}\mathcal{K},[1])$ 也是三角范畴, 其中的好三角定义为与 $S^{-1}\mathcal{K}$ 中标准三角同构的三角, 这里 $S^{-1}\mathcal{K}$ 中标准三角是指 $\mathcal{K}$ 中好三角 $X \xrightarrow{f} Y \xrightarrow{g} Z \xrightarrow{h} X[1]$ 在局部化函子 $F:\mathcal{K} \longrightarrow S^{-1}\mathcal{K}$ 下的像

$$X \xrightarrow{f/\mathrm{Id}_X} Y \xrightarrow{g/\mathrm{Id}_Y} Z \xrightarrow{h/\mathrm{Id}_Z} X[1]$$

(ii) 局部化函子 $F:\mathcal{K} \longrightarrow S^{-1}\mathcal{K}$ 是三角函子; $F(s)$ 是同构, $\forall\, s \in S$; 并且 $(S^{-1}\mathcal{K},[1])$ 的上述三角结构是使得 F 是三角函子的唯一三角结构.

(iii) 若 $H:\mathcal{K} \longrightarrow \mathcal{C}$ 是三角范畴之间的三角函子且 H 将 S 中态射变成 $\mathcal{C}$ 中的同构, 则存在唯一的三角函子 $G:S^{-1}\mathcal{K} \longrightarrow \mathcal{C}$ 使得 $H = GF$.

(iv) 若 S 还是饱和的, 则 $F(f)$ 是同构当且仅当 $f \in S$.

证 (i) 我们应用引理 1.4.5 证明 $(S^{-1}\mathcal{K},[1])$ 是三角范畴. 令 Ω 是 $S^{-1}\mathcal{K}$ 中所有标准三角作成的类, 即 Ω 是 $\mathcal{K}$ 中所有好三角在局部化函子 $F:\mathcal{K} \longrightarrow S^{-1}\mathcal{K}$ 下的像作成的类. 令 $\mathcal{E}$ 是 $S^{-1}\mathcal{K}$ 中与 Ω 中三角同构的所有三角作成的类. 下面验证 Ω 和 $\mathcal{E}$ 满足引理 1.4.5 中的条件.

对于 $S^{-1}\mathcal{K}$ 中任意态射 $u/s: X \longrightarrow Y$, 其中 $X \xleftarrow{s} U \xrightarrow{u} Y$, 设

$$U \xrightarrow{u} Y \xrightarrow{v} Z \xrightarrow{w} U[1]$$

是 $\mathcal{K}$ 中的好三角. 则在 $S^{-1}\mathcal{K}$ 中有如下形式的三角同构

$$\begin{array}{ccccccc}
X & \xrightarrow{u/s} & Y & \xrightarrow{v/\mathrm{Id}_Y} & Z & \xrightarrow{s[1]w/\mathrm{Id}_Z} & X[1] \\
{\scriptstyle \mathrm{Id}_U/s}\downarrow & & \| & & \| & & \downarrow{\scriptstyle \mathrm{Id}_U/s[1]} \\
U & \xrightarrow{u/\mathrm{Id}_U} & Y & \xrightarrow{v/\mathrm{Id}_Y} & Z & \xrightarrow{w/\mathrm{Id}_Z} & U[1]
\end{array}$$

其中第 2 行属于 Ω. 即(tr1') 中 (i) 成立. (tr1') 中 (ii) 显然成立.

Ω 显然满足(TR2), 当然更满足(tr2).

下证 Ω 满足(TR3), 即(tr3). 设在 $S^{-1}\mathcal{K}$ 中有态射图

$$\begin{array}{ccccccc} X & \xrightarrow{u/1} & Y & \xrightarrow{v/1} & Z & \xrightarrow{w/1} & X[1] \\ {\scriptstyle f/s}\downarrow & & {\scriptstyle g/t}\downarrow & & & & \downarrow{\scriptstyle f[1]/s[1]} \\ X' & \xrightarrow{u'/1} & Y' & \xrightarrow{v'/1} & Z' & \xrightarrow{w'/1} & X'[1] \end{array}$$

其中上下两行均属于 Ω, 且左边第一个方块交换. 对于态射

$$s: X \Longleftarrow \cdot, \quad f: \cdot \longrightarrow X'$$

和

$$t: Y \Longleftarrow Y'', \quad g: Y'' \longrightarrow Y',$$

由(FR2)知存在 $s' \in S: \tilde{X}'' \Longrightarrow \cdot$ 和 $u'': \tilde{X}'' \longrightarrow Y''$ 使得 $uss' = tu''$. 从而由右分式计算得到

$$g/t \circ u/\mathrm{Id}_X = gu''/ss', \quad u'/\mathrm{Id}_{X'} \circ f/s = u'f/s.$$

再由两者相等知存在 X'' 及 k, l 使得

$$sl = ss'k \in S, \quad u'fl = gu''k.$$

考虑下图

$$\begin{array}{ccccccc} X'' & \xrightarrow{u''k} & Y'' & \xrightarrow{c} & Z'' & \longrightarrow & X''[1] \\ {\scriptstyle sl}\downarrow & & {\scriptstyle t}\downarrow & & \downarrow{\scriptstyle a} & & \downarrow \\ X & \xrightarrow{u} & Y & \xrightarrow{v} & Z & \longrightarrow & X[1] \end{array}$$

其中上下两行均为 $\mathcal{K}$ 中的好三角. 因

$$usl = uss'k = tu''k,$$

故存在 $a \in S$ 使得上图交换. 又因 $u'fl = gu''k$, 故存在 b 使得下图交换

$$\begin{array}{ccccccc} X'' & \xrightarrow{u''k} & Y'' & \xrightarrow{c} & Z'' & \longrightarrow & X''[1] \\ {\scriptstyle fl}\downarrow & & {\scriptstyle g}\downarrow & & \downarrow{\scriptstyle b} & & \downarrow \\ X' & \xrightarrow{u'} & Y' & \xrightarrow{v'} & Z' & \longrightarrow & X'[1] \end{array}$$

现在我们得到 $S^{-1}\mathcal{K}$ 中的映射 $b/a: Z \longrightarrow Z'$. 以下要证 $v'/\mathrm{Id}_{Y'} \circ g/t = b/a \circ v/\mathrm{Id}_Y$. 由右分式的运算即要证 $v'g/t = bc/t$, 而由上面的交换图知这是对的. 这就证明了 Ω 满足(TR3).

3.4 相容乘法系和 Verdier 商

因为 $\mathcal{K}$ 的好三角的类满足(TR4), 所以 Ω 满足(TR4), 当然更满足(tr4). 因此由引理 1.4.5 即知 $(S^{-1}\mathcal{K}, [1])$ 是三角范畴.

(ii) 由 $S^{-1}\mathcal{K}$ 中好三角的定义即知 F 是三角函子. $(S^{-1}\mathcal{K}, [1])$ 的使得 F 是三角函子的三角结构的唯一性可由态射嵌入好三角的唯一性推出.

(iii) 满足 $H = GF$ 的加法函子 $G : S^{-1}\mathcal{K} \longrightarrow \mathcal{C}$ 的存在性与唯一性由命题 3.2.7 保证, G 是三角函子由等式 $H = GF$ 即可看出.

(iv) 由命题 3.3.3 即得. ■

从三角范畴 $\mathcal{K}$ 的一个相容乘法系 S 出发, 通过局部化得到的三角范畴 $S^{-1}\mathcal{K}$ 在文献中通常称为 Verdier 商. 此时局部化函子 $F : \mathcal{K} \longrightarrow S^{-1}\mathcal{K}$ 通常又称为 *Verdier 函子*.

设 $G : \mathcal{C} \longrightarrow \mathcal{D}$ 是三角范畴之间的三角函子. 令 Ker$G$ 是 $\mathcal{C}$ 中所有对象 X 作成的全子范畴, 其中 $G(X) \cong 0$. 则 Ker$G$ 是 $\mathcal{C}$ 的三角子范畴.

推论 3.4.3 设 S 是三角范畴 $(\mathcal{K}, [1])$ 的一个相容乘法系. 令 $\psi(S)$ 是 $\mathcal{K}$ 的全子范畴

$$\psi(S) := \{\, Z \in \mathcal{K} \mid 存在 \mathcal{K} 中好三角 X \xrightarrow{f} Y \longrightarrow Z \longrightarrow X[1] 使得 f \in S \,\}.$$

则 $\psi(S)$ 中对象在 $S^{-1}\mathcal{K}$ 中均为零对象, 即 $\psi(S) \subseteq \text{Ker}F$, 此处 $F : \mathcal{K} \longrightarrow S^{-1}\mathcal{K}$ 是Verdier 函子.

若 S 还是饱和的, 则在 $S^{-1}\mathcal{K}$ 中 $Z \cong 0$ 当且仅当 $Z \in \psi(S)$. 即此时 $\psi(S) = \text{Ker}F$.

证 设 $Z \in \psi(S)$, 即存在 $\mathcal{K}$ 中好三角 $X \xrightarrow{f} Y \longrightarrow Z \longrightarrow X[1]$, 其中 $f \in S$. 于是有 $S^{-1}\mathcal{K}$ 中好三角 $X \xrightarrow{F(f)} Y \longrightarrow Z \longrightarrow X[1]$, 其中 $F(f)$ 为同构, 从而在 $S^{-1}\mathcal{K}$ 中 $Z \cong 0$.

设 S 还是饱和的, 且在 $S^{-1}\mathcal{K}$ 中 $Z \cong 0$. 则 $\mathcal{K}$ 中的态射 $0 : 0 \longrightarrow Z$ 在局部化函子下的像 $F(0) : 0 \longrightarrow Z$ 是同构. 从而由命题 3.3.3 知 $0 \in S$. 因为 $0 \xrightarrow{0} Z \xrightarrow{\text{Id}_Z} Z \longrightarrow 0$ 是 $\mathcal{K}$ 中好三角, 故由定义知 $Z \in \psi(S)$. ■

注记 3.4.4 本节我们均采用右分式表达. 但是如同注记3.3.5, Verdier 商 $S^{-1}\mathcal{K}$ 中的态射也可采用左分式的等价类. 此时 $S^{-1}\mathcal{K}$ 中标准三角是 $\mathcal{K}$ 中好三角

$$X \xrightarrow{f} Y \xrightarrow{g} Z \xrightarrow{h} X[1]$$

在 Verdier 函子 $F' : \mathcal{K} \longrightarrow LS^{-1}\mathcal{K}$ 下的像

$$X \xrightarrow{\mathrm{Id}_Y \backslash f} Y \xrightarrow{\mathrm{Id}_Z \backslash g} Z \xrightarrow{\mathrm{Id}_{X[1]} \backslash h} X[1].$$

3.5 饱和相容乘法系与厚子范畴的一一对应

由 3.4 节我们知道：从三角范畴 $\mathcal{K}$ 的一个相容乘法系 S 出发，我们得到 Verdier 商 $S^{-1}\mathcal{K}$，它是三角范畴，且 Verdier 函子 $F : \mathcal{K} \longrightarrow S^{-1}\mathcal{K}$ 是三角函子，$F(s)$ 是同构，$\forall\, s \in S$；而且 $S^{-1}\mathcal{K}$ 是具有这些性质的 "最小的" 三角范畴. 若 S 还是饱和的，则 $F(s)$ 是同构当且仅当 $s \in S$.

本节我们将证明：从三角范畴 $\mathcal{K}$ 的一个三角子范畴 $\mathcal{B}$ 出发，我们可以得到 $\mathcal{K}$ 的一个相容乘法系 $S := \varphi(\mathcal{B})$，从而有 Verdier 商 $\mathcal{K}/\mathcal{B} := S^{-1}\mathcal{K}$，Verdier 函子 $F : \mathcal{K} \longrightarrow \mathcal{K}/\mathcal{B}$ 是三角函子，且 $\mathcal{B} \subseteq \mathrm{Ker} F$；而且 $\mathcal{K}/\mathcal{B}$ 是具有这些性质的 "最小的" 三角范畴. 若 $\mathcal{B}$ 还是厚子范畴，则 $S := \varphi(\mathcal{B})$ 是饱和相容乘法系. 此时 $\mathcal{B} = \mathrm{Ker} F$.

我们还将证明：$\mathcal{K}$ 的饱和相容乘法系与厚子三角范畴之间存在一一对应.

本节部分材料取自 [V1]；时至今日 J-L.Verdier 的某些处理仍是最好的. 感谢邓邦明教授提供他未出版的译文.

定义 3.5.1 三角范畴 $(\mathcal{K}, [1])$ 的三角子范畴 $\mathcal{B}$ 称为 $\mathcal{K}$ 的厚(épaisse, thick) 子范畴，如果满足下述条件(T)：

(T) 若 $X \xrightarrow{f} Y \longrightarrow Z \longrightarrow X[1]$ 是 $\mathcal{K}$ 中的好三角，$Z \in \mathcal{B}$，且 f 能通过 $\mathcal{B}$ 中对象 W 分解，则 $X \in \mathcal{B}$，$Y \in \mathcal{B}$.

首先我们对厚子范畴有如下刻画.

命题 3.5.2 (1) 设 $\mathcal{B}$ 是三角范畴 $(\mathcal{K}, [1])$ 的对于同构封闭的全子范畴且含零对象. 则 $\mathcal{B}$ 是 $\mathcal{K}$ 的厚子范畴当且仅当 $[1]$ 是 $\mathcal{B}$ 的自同构且满足上述定义中的条件(T).

(2) ([V2], [Ric2]) 设 $\mathcal{B}$ 是 $\mathcal{K}$ 的三角子范畴. 则 $\mathcal{B}$ 是 $\mathcal{K}$ 的厚子范畴当且仅当 $\mathcal{B}$ 对直和项封闭. 即，若 $X_1 \oplus X_2 \in \mathcal{B}$，则 $X_1 \in \mathcal{B}$，$X_2 \in \mathcal{B}$.

证 (1) 如果 $\mathcal{B}$ 是三角范畴 $(\mathcal{K}, [1])$ 的对于同构封闭的全子范畴且含零对象，$[1]$ 是 $\mathcal{B}$ 的自同构，并且满足上述定义中的条件(T)，则容易推出 $\mathcal{B}$ 是加法范畴且是 $\mathcal{K}$ 的三角子范畴. 我们将推导细节留作习题.

(2) 设 $\mathcal{B}$ 是 $\mathcal{K}$ 的厚子范畴, $X_1 \oplus X_2 \in \mathcal{B}$. 则由引理 1.3.5 知有 $\mathcal{K}$ 中的好三角

$$X_1[-1] \xrightarrow{0} X_2 \longrightarrow X_1 \oplus X_2 \longrightarrow X_1.$$

因为 $X_1[-1] \xrightarrow{0} X_2$ 通过 $\mathcal{B}$ 中的零对象分解, 故由厚子范畴的定义知 $X_1[-1] \in \mathcal{B}$, $X_2 \in \mathcal{B}$, 从而 $X_1 \in \mathcal{B}$, $X_2 \in \mathcal{B}$.

反之, 设 $\mathcal{B}$ 对直和项封闭, $X \xrightarrow{f} Y \longrightarrow Z \longrightarrow X[1]$ 是好三角且 $f = hg$, 其中 $g: X \longrightarrow W$, $h: W \longrightarrow Y$, 并且 $Z \in \mathcal{B}$, $W \in \mathcal{B}$. 由八面体公理

$$\begin{array}{ccccccc}
X & \xrightarrow{g} & W & \xrightarrow{j} & L & \xrightarrow{k} & X[1] \\
\parallel & & \downarrow h & & \downarrow & & \parallel \\
X & \xrightarrow{f} & Y & \longrightarrow & Z & \xrightarrow{i} & X[1] \\
& & \downarrow & & \downarrow & & \downarrow g[1] \\
& & M & = & M & \longrightarrow & W[1] \\
& & \downarrow & & \downarrow & & \\
& & W[1] & \longrightarrow & L[1] & &
\end{array}$$

知有好三角 $M[-1] \longrightarrow L \longrightarrow Z \longrightarrow M$. 考虑态射的合成 $Z \xrightarrow{i} X[1] \xrightarrow{g[1]} W[1]$. 再由八面体公理

$$\begin{array}{ccccccc}
Z & \xrightarrow{i} & X[1] & \xrightarrow{-f[1]} & Y[1] & \longrightarrow & Z[1] \\
\parallel & & \downarrow g[1] & & \downarrow & & \parallel \\
Z & \longrightarrow & W[1] & \longrightarrow & N & \longrightarrow & Z[1] \\
& & \downarrow j[1] & & \downarrow & & \\
& & L[1] & = & L[1] & \longrightarrow & X[2] \\
& & \downarrow -k[1] & & \downarrow v & & \\
& & X[2] & \xrightarrow{-f[2]} & Y[2] & &
\end{array}$$

知有好三角 $L \longrightarrow Y[1] \longrightarrow N \longrightarrow L[1]$. 而态射 $v[-1]: L \longrightarrow Y[1]$ 是态射 $-k: L \longrightarrow X[1]$ 与态射 $-f[1]: X[1] \longrightarrow Y[1]$ 的合成, 从而态射 $v[-1]: L \longrightarrow Y[1]$ 是态射 $-k: L \longrightarrow X[1]$, 态射 $g[1]: X[1] \longrightarrow W[1]$, 和态射 $-h[1]: W[1] \longrightarrow Y[1]$ 三者的合成. 而

$$L \xrightarrow{k} X[1] \xrightarrow{-g[1]} W[1] \xrightarrow{-j[1]} L[1]$$

是好三角, 故此合成为零. 再由引理 1.3.5 知 $N \cong L[1] \oplus Y[1]$. 因 $Z, W \in \mathcal{B}$, 由上图第二行知 $N \in \mathcal{B}$, 再由 $\mathcal{B}$ 对直和项封闭知 $Y[1] \in \mathcal{B}$. 于是 $X \in \mathcal{B}$, $Y \in \mathcal{B}$. ∎

下面我们要给出饱和相容乘法系与厚子范畴的一一对应关系. 首先我们有

引理 3.5.3 设 S 是三角范畴 $(\mathcal{K}, [1])$ 的一个饱和相容乘法系. 令 $\psi(S)$ 是如下定义的 $\mathcal{K}$ 的全子范畴:

$$\psi(S) := \{ Z \in \mathcal{K} \mid 存在 \mathcal{K} 中好三角 X \xrightarrow{f} Y \longrightarrow Z \longrightarrow X[1] \text{ 使得 } f \in S \}.$$

则 $\psi(S)$ 是 $\mathcal{K}$ 的厚子范畴.

证 应用命题 3.5.2(1). $\psi(S)$ 显然对同构封闭且含零对象.

设 $Z \in \psi(S)$. 则存在 $\mathcal{K}$ 中的好三角 $X \xrightarrow{f} Y \xrightarrow{g} Z \xrightarrow{h} X[1]$, 其中 $f \in S$. 则

$$X[1] \xrightarrow{f[1]} Y[1] \xrightarrow{-g[1]} Z[1] \xrightarrow{h[1]} X[2]$$

是 $\mathcal{K}$ 中的好三角, 其中 $f[1] \in S$. 于是由定义知 $Z[1] \in \psi(S)$. 同理, 若 $Z \in \psi(S)$, 则 $Z[-1] \in \psi(S)$. 这就说明了 $[1]$ 是 $\mathcal{B}$ 的自同构.

我们说明 $\psi(S)$ 满足条件(T). 设在 $\mathcal{K}$ 的好三角 $X \xrightarrow{f} Y \longrightarrow Z \longrightarrow X[1]$ 中 $Z \in \psi(S)$ 且 f 能通过 $\psi(S)$ 中对象 W 分解. 由推论 3.4.3 知在 $S^{-1}\mathcal{K}$ 中有 $W = 0 = Z$, 从而在 $S^{-1}\mathcal{K}$ 中 $F(f) = 0$. 但另一方面, 由引理 1.3.7 知在 $S^{-1}\mathcal{K}$ 中 $F(f)$ 是同构. 于是在 $S^{-1}\mathcal{K}$ 中 $X = 0 = Y$, 再由推论 3.4.3 知 $X, Y \in \psi(S)$. ∎

注记 3.5.4 我们指出: 仅假设 S 是相容乘法系而不假设 S 是饱和的, 一般来说推不出 $\psi(S)$ 是三角子范畴.

引理 3.5.5([V1]) 设 $\mathcal{B}$ 是三角范畴 $(\mathcal{K}, [1])$ 的三角子范畴. 则

$$\varphi(\mathcal{B}) = \{ f: X \longrightarrow Y \mid 存在 \mathcal{K} 中好三角 X \xrightarrow{f} Y \longrightarrow Z \longrightarrow X[1] \text{ 使得 } Z \in \mathcal{B} \}$$

是 $\mathcal{K}$ 的包含同构的相容乘法系, $\mathcal{B} \subseteq \operatorname{Ker} F$, 这里 $F: \mathcal{K} \longrightarrow S^{-1}\mathcal{K}$ 是局部化函子, $S = \varphi(\mathcal{B})$.

而且, 如果 $\mathcal{B}$ 还是厚子范畴, 则 $\varphi(\mathcal{B})$ 是 $\mathcal{K}$ 的饱和相容乘法系, 此时 $\mathcal{B} = \operatorname{Ker} F$.

证 $\varphi(\mathcal{B})$ 包含同构是容易看出的: 若 $f: X \longrightarrow Y$ 是同构, 则 $X \xrightarrow{f} Y \longrightarrow 0 \longrightarrow X[1]$ 是好三角且 $0 \in \mathcal{B}$, 由 $\varphi(\mathcal{B})$ 的定义即知 $f \in \varphi(\mathcal{B})$. 我们逐条证明 $\varphi(\mathcal{B})$ 满足 (FR1), (FR2), (FR3), (FR4) 和 (FR5).

(FR1): 由好三角 $X \xrightarrow{\operatorname{Id}_X} X \longrightarrow 0 \longrightarrow X[1]$ 以及零对象 0 属于 $\mathcal{B}$ 知 $\operatorname{Id}_X \in \varphi(\mathcal{B})$. 又设 $f: X \longrightarrow Y$, $g: Y \longrightarrow Z$, $f, g \in \varphi(\mathcal{B})$. 则由 $\varphi(\mathcal{B})$ 的定义知存在下图中从左数第一列、从上数第二行的好三角, 使得 $C_1, C_3 \in \mathcal{B}$. 由八面体公理我们得到如下

好三角的交换图

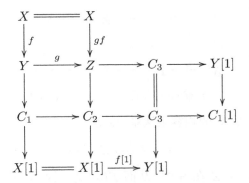

由从上数第三行的好三角可知 $C_2 \in \mathcal{B}$. 再由 $\varphi(\mathcal{B})$ 的定义即知 $gf \in \varphi(\mathcal{B})$.

(FR2): 若有态射图 $X \xRightarrow{s} Y \xleftarrow{f} Z$, 其中 $s \in \varphi(\mathcal{B})$. 则有下列交换图

$$\begin{array}{ccccccc} X' & \xrightarrow{t} & Z & \xrightarrow{hf} & K & \longrightarrow & X'[1] \\ \downarrow g & & \downarrow f & & \| & & \downarrow \\ X & \xrightarrow{s} & Y & \xrightarrow{h} & K & \longrightarrow & X[1] \end{array}$$

其中上下两行都是好三角. 因为 s 只能嵌入到唯一的一个好三角中, 从而由 $s \in \varphi(\mathcal{B})$ 可知 $K \in \mathcal{B}$. 因此 $t \in \varphi(\mathcal{B})$.

同理可证对偶的结论.

(FR3): 设 $f, g : X \longrightarrow Y$, $t : Y \longrightarrow Z$, $t \in \varphi(\mathcal{B})$, 满足 $tf = tg$. 则在 $\mathcal{K}$ 中 $t(f - g) = 0$. 将 $t : Y \longrightarrow Z$ 嵌入好三角 $K \xrightarrow{u} Y \xrightarrow{t} Z \longrightarrow K[1]$, 则 $K \in \mathcal{B}$. 用函子 $\mathrm{Hom}_{\mathcal{K}}(X, -)$ 作用得

$$\mathrm{Hom}_{\mathcal{K}}(X, K) \xrightarrow{\mathrm{Hom}_{\mathcal{K}}(X, u)} \mathrm{Hom}_{\mathcal{K}}(X, Y) \xrightarrow{\mathrm{Hom}_{\mathcal{K}}(X, t)} \mathrm{Hom}_{\mathcal{K}}(X, Z),$$

则由 $f - g \in \mathrm{Ker}\,\mathrm{Hom}_{\mathcal{K}}(X, t) = \mathrm{Im}\,\mathrm{Hom}_{\mathcal{K}}(X, u)$ 知存在 $s : X \longrightarrow K$ 使得 $f - g = us$. 取 $\mathcal{K}$ 中好三角 $W \xrightarrow{s'} X \xrightarrow{s} K \longrightarrow W[1]$. 则 $s' \in \varphi(\mathcal{B})$ 且 $(f - g)s' = uss' = 0$, 即 $fs' = gs'$.

同理可证对偶的结论.

(FR4): 设 $s \in \varphi(\mathcal{B})$. 则在 $\mathcal{K}$ 中有好三角 $X \xrightarrow{s} Y \xrightarrow{g} Z \xrightarrow{h} X[1]$ 使得 $Z \in \mathcal{B}$. 于是在 $\mathcal{K}$ 中有好三角 $X[1] \xrightarrow{s[1]} Y[1] \xrightarrow{-g[1]} Z[1] \xrightarrow{h[1]} X[2]$, 其中 $Z[1] \in \mathcal{B}$. 从而 $s[1] \in \varphi(\mathcal{B})$. 同理可证 $s[-1] \in \varphi(\mathcal{B})$.

(FR5) 设下图中上下两行均为好三角, $f, g \in \varphi(\mathcal{B})$, 且左边第一个方块可换

$$\begin{array}{ccccccc} X & \xrightarrow{u} & Y & \xrightarrow{v} & Z & \xrightarrow{w} & X[1] \\ f\downarrow & & g\downarrow & & h\downarrow & & f[1]\downarrow \\ X' & \xrightarrow{u'} & Y' & \xrightarrow{v'} & Z' & \xrightarrow{w'} & X'[1] \end{array}$$

由 4×4 引理 (引理 1.8.1) 不难看出存在 $h \in \varphi(\mathcal{B})$ 使得上图交换 (我们省略细节).

综上所述, $\varphi(\mathcal{B})$ 是 $\mathcal{K}$ 的相容乘法系. 令 $S := \varphi(\mathcal{B})$. 对于任意 $Z \in \mathcal{B}$, 因为

$$0 \longrightarrow Z \xrightarrow{\mathrm{Id}_Z} Z \longrightarrow 0$$

是好三角, 因此 $0 : 0 \longrightarrow Z$ 在 S 中. 从而 $F(0)$ 是同构, 即 $FZ = 0$. 即 $\mathcal{B} \subseteq \mathrm{Ker} F$.

现在设 $\mathcal{B}$ 还是厚子范畴. 我们要证 $\varphi(\mathcal{B})$ 是饱和的. 设 $\gamma : V \longrightarrow X$, $s : X \longrightarrow Y$, $t : Y \longrightarrow Z$, 使得 $s\gamma \in \varphi(\mathcal{B})$, $ts \in \varphi(\mathcal{B})$. 要证 $s \in \varphi(\mathcal{B})$. 由八面体公理知有好三角的交换图

$$\begin{array}{ccccccc} X & = & X & & & & \\ s\downarrow & & ts\downarrow & & & & \\ Y & \xrightarrow{t} & Z & \longrightarrow & C & \xrightarrow{f} & Y[1] \\ g\downarrow & & \downarrow & & \| & & g[1]\downarrow \\ S & \xrightarrow{p} & W & \longrightarrow & C & \xrightarrow{g[1]f} & S[1] \\ \downarrow & & \downarrow & & f\downarrow & & \\ X[1] & = & X[1] & \longrightarrow & Y[1] & & \end{array}$$

由 $ts \in \varphi(\mathcal{B})$ 知 $W \in \mathcal{B}$. 考虑好三角 $V \xrightarrow{s\gamma} Y \xrightarrow{h} K \longrightarrow V[1]$, 由 $s\gamma \in \varphi(\mathcal{B})$ 知 $K \in \mathcal{B}$. 将 $\mathrm{Hom}_{\mathcal{K}}(-, S[1])$ 作用在好三角

$$V[1] \xrightarrow{-(s\gamma)[1]} Y[1] \xrightarrow{-h[1]} K[1] \longrightarrow V[2]$$

上得到正合列

$$\mathrm{Hom}_{\mathcal{K}}(K[1], S[1]) \xrightarrow{(-h[1], -)} \mathrm{Hom}_{\mathcal{K}}(Y[1], S[1]) \xrightarrow{(-(s\gamma)[1], -)} \mathrm{Hom}_{\mathcal{K}}(V[1], S[1]).$$

因 $gs\gamma = 0$, 故 $g[1](-(s\gamma)[1]) = 0$, 故存在 $k : K[1] \longrightarrow S[1]$ 使得 $g[1] = -kh[1]$. 从而有分解

$$\begin{array}{ccc} C & \xrightarrow{g[1]f} & S[1] \\ {-h[1]f}\searrow & & \nearrow k \\ & K[1] \in \mathcal{B} & \end{array}$$

3.5 饱和相容乘法系与厚子范畴的一一对应

现在, 在好三角
$$C \xrightarrow{g[1]f} S[1] \longrightarrow W[1] \longrightarrow C[1]$$
中, $W[1] \in \mathcal{B}$, 由于 $\mathcal{B}$ 是厚子范畴, 由厚子范畴的定义知 $S[1] \in \mathcal{B}$, $S \in \mathcal{B}$, 从而 $s \in \varphi(\mathcal{B})$. 这就证明了 $\varphi(\mathcal{B})$ 是饱和的.

最后, 设 $Z \in \mathrm{Ker} F$. 由好三角 $0 \longrightarrow Z \xrightarrow{\mathrm{Id}_Z} Z \longrightarrow 0$ 知 $F(0)$ 是同构. 因为 $S = \varphi(\mathcal{B})$ 是饱和的, 故 $0 : 0 \longrightarrow Z$ 属于 S. 由态射嵌入好三角的唯一性即知 $Z \in \mathcal{B}$. 即 $\mathcal{B} = \mathrm{Ker} F$. ■

下述推论就给出饱和相容乘法系与厚子范畴的一一对应关系.

推论 3.5.6([V1]) 设 $\mathcal{K}$ 是三角范畴. 令 $\mathcal{S}$ 是 $\mathcal{K}$ 的饱和相容乘法系作成的类, $\mathcal{N}$ 是 $\mathcal{K}$ 的厚子范畴作成的类. 令
$$\psi : \mathcal{S} \longrightarrow \mathcal{N} : \quad S \mapsto \psi(S), \ \forall \ S \in \mathcal{S};$$
$$\varphi : \mathcal{N} \longrightarrow \mathcal{S} : \quad \mathcal{B} \mapsto \varphi(\mathcal{B}), \ \forall \ \mathcal{B} \in \mathcal{N},$$
其中 $\psi(S)$ 和 $\varphi(\mathcal{B})$ 的定义如引理 3.5.3 和引理 3.5.5. 则 ψ 与 φ 是保序的互逆映射.

证 由引理 3.5.3 和引理 3.5.5 知存在映射 ψ 和 φ. 只要证
$$\varphi\psi(S) = S, \quad \psi\varphi(\mathcal{B}) = \mathcal{B}, \quad \forall S \in \mathcal{S}, \quad \forall \mathcal{B} \in \mathcal{N}.$$

将 S 中态射 $f : X \longrightarrow Y$ 嵌入好三角 $X \longrightarrow Y \longrightarrow Z \longrightarrow X[1]$ 中, 得到 $Z \in \psi(S)$, 从而 $f \in \varphi\psi(S)$. 反之, 设 $f \in \varphi\psi(S)$, 即存在好三角 $X \xrightarrow{f} Y \longrightarrow Z \longrightarrow X[1]$ 使得 $Z \in \psi(S)$. 于是存在好三角 $X' \xrightarrow{s} Y' \longrightarrow Z \longrightarrow X'[1]$ 使得 $s \in S$. 从而在 $S^{-1}\mathcal{K}$ 中 $F(s)$ 是同构, 其中 $F : \mathcal{K} \longrightarrow S^{-1}\mathcal{K}$ 是局部化函子, 故 $FZ = 0$, 进而 $F(f)$ 是同构. 因 S 饱和, 故由命题 3.3.3 知 $f \in S$.

$\psi\varphi(\mathcal{B}) \subseteq \mathcal{B}$ 由态射嵌入好三角的唯一性可知. 反之, 设 $Z \in \mathcal{B}$. 则好三角 $0 \longrightarrow Z \xrightarrow{\mathrm{Id}_Z} Z \longrightarrow 0$ 表明态射 $0 : 0 \longrightarrow Z$ 属于 $\varphi(\mathcal{B})$, 从而 $Z \in \psi\varphi(\mathcal{B})$. ■

设 $\mathcal{B}$ 是三角范畴 $\mathcal{K}$ 的三角子范畴,
$$S := \varphi(\mathcal{B}) = \{ f : X \longrightarrow Y \mid \text{存在 } \mathcal{K} \text{ 中的好三角 } X \xrightarrow{f} Y \longrightarrow Z \longrightarrow X[1] \text{ 使得 } Z \in \mathcal{B} \}$$
是相应的 $\mathcal{K}$ 的相容乘法系. 定义
$$\mathcal{K}/\mathcal{B} := S^{-1}\mathcal{K}.$$
称为 $\mathcal{K}$ 关于 $\mathcal{B}$ 的 Verdier 商. 局部化函子 $F : \mathcal{K} \longrightarrow \mathcal{K}/\mathcal{B}$ 又称为 Verdier 函子. 我们有定理 3.4.2 的变形

推论 3.5.7 设 $\mathcal{B}$ 是三角范畴 $\mathcal{K}$ 的三角子范畴. 则

(i) Verdier 函子 $F: \mathcal{K} \longrightarrow \mathcal{K}/\mathcal{B}$ 是三角函子; $\mathcal{B} \subseteq \mathrm{Ker}F$; 且 $F(s)$ 是同构, $\forall\, s \in S := \varphi(\mathcal{B})$.

(ii) 若 $H: \mathcal{K} \longrightarrow \mathcal{C}$ 是三角范畴之间的三角函子, 且 H 将 $\mathcal{B}$ 中对象变成 $\mathcal{C}$ 中的零对象, 则存在唯一的三角函子 $G: \mathcal{K}/\mathcal{B} \longrightarrow \mathcal{C}$ 使得

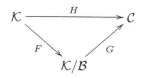

交换.

(iii) 若 $\mathcal{B}$ 还是厚子范畴, 则 $S := \varphi(\mathcal{B})$ 是饱和相容乘法系. 此时 $\mathcal{B} = \mathrm{Ker}F$, $F(f)$ 是同构当且仅当 $f \in S$; 并且 $\mathcal{K}/\mathcal{B}$ 中的态射 a/s 是同构当且仅当 $a \in S$.

证 由引理 3.5.5, 定理 3.4.2 以及推论 3.3.4 即得. ∎

3.6 厚子范畴的一个充分条件

我们指出: 三角范畴 $\mathcal{T}$ 的一个对于无限直和封闭的三角子范畴是厚子范畴.

命题 3.6.1 设 $\mathcal{B}$ 是三角范畴 $\mathcal{T}$ 的三角子范畴. 如果对于任意指标集 I 和 $\mathcal{B}$ 中一族对象 $X_i, i \in I$, 直和 $\bigoplus\limits_{i \in I} X_i$ 存在且 $\bigoplus\limits_{i \in I} X_i \in \mathcal{B}$. 则 $\mathcal{B}$ 是 $\mathcal{T}$ 的厚子范畴.

证 设 $X \oplus Y \in \mathcal{B}$. 考虑无限直和 $L := Y \oplus X \oplus Y \oplus X \oplus Y \oplus X \oplus \cdots$. 由 Eilenberg's swindle 知 $X \oplus L \cong L$. 考虑好三角

$$X \xrightarrow{\binom{1}{0}} X \oplus L \xrightarrow{(0\ 1)} L \xrightarrow{0} X[1].$$

因为 $L \in \mathcal{B}$, $X \oplus L \in \mathcal{B}$, 故 $X \in \mathcal{B}$. ∎

习　题

3.1 饱和乘法系含有所有的同构.

3.2 证明: 若 $b/s = b'/s'$, 则 $b/s \circ a/r = b'/s' \circ a/r$.

3.3 验证右分式的合成满足结合律.

3.4 证明事实3.2.5.

习　题

3.5　证明左分式集合上的关系 $\sim_l$ 是一个等价关系.

3.6　证明左分式等价类的合成是定义合理的；并定义两个左分式等价类的加法.

3.7　证明 $LS^{-1}\mathcal{K}$ 是加法范畴.

3.8　设 S 是加法范畴 $\mathcal{K}$ 的一个乘法系. 则局部化函子 $F':\mathcal{K}\longrightarrow LS^{-1}\mathcal{K}$ 将 S 中态射变成 $LS^{-1}\mathcal{K}$ 中的同构.

设加法函子 $H:\mathcal{K}\longrightarrow\mathcal{L}$ 将 $\mathcal{K}$ 的乘法系 S 中态射变成 $\mathcal{L}$ 的同构. 则存在唯一的加法函子 $G:LS^{-1}\mathcal{K}\longrightarrow\mathcal{L}$ 使得 $H=GF'$.

3.9　证明在可以合成的情况下, 有如下运算律
$ct\backslash cb=t\backslash b,\ \forall\, t\in S,\, c\in S;\, t\backslash 1\circ 1\backslash b=t\backslash b;$ 但 $1\backslash b\circ t\backslash 1$ 无意义; $1\backslash a\circ 1\backslash b=1\backslash ab$.

3.10　如果将 $S^{-1}\mathcal{K}$ 和 $LS^{-1}\mathcal{K}$ 等同, 则 $r\backslash a=1/r\circ a/1;\, b/s=1\backslash b\circ s\backslash 1$.

3.11　设 $\mathcal{B}$ 是三角范畴 $(\mathcal{K},[1])$ 的对同构封闭的全子范畴且含零对象. 则 $\mathcal{B}$ 是 $\mathcal{K}$ 的厚子范畴当且仅当 $[1]$ 是 $\mathcal{B}$ 的自同构, 并且若在 $\mathcal{K}$ 的好三角 $X\xrightarrow{f}Y\longrightarrow Z\longrightarrow X[1]$ 中 $Z\in\mathcal{B}$ 且 f 能通过 $\mathcal{B}$ 中对象 W 分解, 则 $X,Y\in\mathcal{B}$.

3.12　下述结论类似于群同态基本定理.

设 $F:\mathcal{C}\longrightarrow\mathcal{D}$ 是三角函子并且 F 是满的(full). 令 $\mathrm{Im}F$ 由 $\mathcal{D}$ 中所有同构于 $F(X)$ 的对象作成的全子范畴, 其中 $X\in\mathcal{C}$. 则 $\mathrm{Ker}F$ 是 $\mathcal{C}$ 的厚子范畴, $\mathrm{Im}F$ 是 $\mathcal{D}$ 的三角子范畴, 且有三角等价 $\mathrm{Im}F\cong\mathcal{C}/\mathrm{Ker}F$. (提示: 用泛性质和命题1.5.2.)

3.13　下述结论类似于子群对应定理.

设 $\mathcal{C}$ 是三角范畴 $\mathcal{T}$ 的厚子范畴, $Q:\mathcal{T}\longrightarrow\mathcal{T}/\mathcal{C}$ 是标准局部化函子, Ω 是 $\mathcal{T}$ 的包含 $\mathcal{C}$ 的三角子范畴的集合, Γ 是 $\mathcal{T}/\mathcal{C}$ 的三角子范畴的集合. 则 $\mathcal{D}\mapsto Q(\mathcal{D})=\mathcal{D}/\mathcal{C}$ 是 Ω 到 Γ 的一一对应, 且 $\mathcal{D}$ 是 $\mathcal{T}$ 的厚子范畴当且仅当 $\mathcal{D}/\mathcal{C}$ 是 $\mathcal{T}/\mathcal{C}$ 的厚子范畴.

3.14　下述Verdier 引理也类似于群论中的同构定理.

若 $\mathcal{C}$ 和 $\mathcal{D}$ 均是三角范畴 $\mathcal{T}$ 的三角子范畴, 且 $\mathcal{C}\subseteq\mathcal{D}$. 则 $\mathcal{D}/\mathcal{C}$ 是 $\mathcal{T}/\mathcal{C}$ 的三角子范畴, 且有三角等价 $(\mathcal{T}/\mathcal{C})/(\mathcal{D}/\mathcal{C})\cong\mathcal{T}/\mathcal{D}$. (提示: 利用Verdier商的泛性质.)

3.15　设 S 是加法范畴 $\mathcal{K}$ 的乘法系. 令 $\overline{S}$ 是 $\mathcal{K}$ 中的所有态射 f 作成的类, 其中存在 g,h 使得 $gf\in S,\, fh\in S$. 称 $\overline{S}$ 为 S 在 $\mathcal{K}$ 中的饱和闭包.

(i) 证明 $\overline{S}$ 是 $\mathcal{K}$ 的包含 S 的最小饱和乘法系.

(ii) $F:\mathcal{K}\longrightarrow S^{-}\mathcal{K}$ 是局部化函子, $f:X\longrightarrow Y$ 是 $\mathcal{K}$ 中态射. 则 $F(f)$ 是同构的充要条件是 $f\in\overline{S}$.

(提示: 必要性使用命题3.3.3的论证方法.)

(iii) 证明 f/s 在 $S^{-1}\mathcal{K}$ 是同构当且仅当 $f \in \overline{S}$.

3.16 设 $\mathcal{B}$ 是三角范畴 $\mathcal{K}$ 的三角子范畴. 令 $\overline{\mathcal{B}}$ 是 $\mathcal{B}$ 中对象在 $\mathcal{K}$ 中的所有直和项作成的 $\mathcal{K}$ 的全子范畴.

(i) 证明 $\overline{\mathcal{B}}$ 是 $\mathcal{K}$ 的包含 $\mathcal{B}$ 的最小厚子范畴. 称 $\overline{\mathcal{B}}$ 为 $\mathcal{B}$ 在 $\mathcal{K}$ 中的厚闭包.

(提示: 利用好三角的直和.)

(ii) 设 $F: \mathcal{K} \longrightarrow \mathcal{K}/\mathcal{B}$ 是局部化函子. 则 $\mathrm{Ker}F = \overline{\mathcal{B}}$.

(提示: 一方面, $\overline{\mathcal{B}} \subseteq \mathrm{Ker}F$; 另一方面, 局部化函子 $Q: \mathcal{K} \longrightarrow \mathcal{K}/\overline{\mathcal{B}}$ 将 $\mathcal{B}$ 对象变为零, 利用泛性质知存在函子 $\mathcal{K}/\mathcal{B} \longrightarrow \mathcal{K}/\overline{\mathcal{B}}$ 使得 $HF = Q$. 由此推出 $\mathrm{Ker}F \subseteq \mathrm{Ker}Q = \overline{\mathcal{B}}$.)

(iii) 存在三角同构 $\mathcal{K}/\mathcal{B} \cong \mathcal{K}/\overline{\mathcal{B}}$.

3.17 设 $\mathcal{B}$ 是三角范畴 $\mathcal{K}$ 的三角子范畴, $\overline{\mathcal{B}}$ 是 $\mathcal{B}$ 在 $\mathcal{K}$ 中的厚闭包,

$$\varphi(\mathcal{B}) = \{\, f: X \longrightarrow Y \mid \text{存在 } \mathcal{K} \text{ 中的好三角 } X \xrightarrow{f} Y \longrightarrow Z \longrightarrow X[1] \text{使得} Z \in \mathcal{B} \,\}.$$

则有 $\varphi(\mathcal{B}) \subseteq \varphi(\overline{\mathcal{B}}) = \overline{\varphi(\mathcal{B})}$.

3.18 加法范畴 $\mathcal{K}$ 的乘法系 S 称为强乘法系, 如果 f, g, fg 三者中有两者属于 S, 则第三者也属于 S.

设 $\mathcal{B}$ 是三角范畴 $\mathcal{K}$ 的三角子范畴. 则

$$\varphi(\mathcal{B}) = \{\, f: X \longrightarrow Y \mid \text{存在 } \mathcal{K} \text{ 中的好三角 } X \xrightarrow{f} Y \longrightarrow Z \longrightarrow X[1] \text{使得} Z \in \mathcal{B}\,\}$$

是 $\mathcal{K}$ 的强乘法系, 并且是相容的且包含同构.

3.19 设 $\mathcal{B}$ 是三角范畴 $\mathcal{K}$ 的三角子范畴, $a/s \in \mathrm{Hom}_{\mathcal{K}/\mathcal{B}}(X, Y)$. 则 $a/s = 0$ 当且仅当 a 通过 $\mathcal{B}$ 中对象分解.

3.20 设 S 是三角范畴 $\mathcal{K}$ 的相容乘法系. 讨论 $\overline{S}$ 的相容性.

第 4 章 复形的分解

在模论中, 模的投射分解和内射分解是研究模的重要方法. 一般地, 亦可谈论模关于某一给定模类的分解. 设

$$\cdots \longrightarrow P_i \xrightarrow{d_i} P_{i-1} \longrightarrow \cdots P_1 \longrightarrow P_0 \xrightarrow{d_0} M \longrightarrow 0$$

是模 M 的投射分解. 在这个正合列中将 M 删去后得到的复形 P:

$$P: \cdots \longrightarrow P_i \xrightarrow{d_i} P_{i-1} \longrightarrow \cdots P_1 \longrightarrow P_0 \xrightarrow{d_0} 0.$$

考虑 M 放在位置 0 的轴复形, 仍记为 M. 于是 M 的上述投射分解可以重新表述为: d_0 诱导了复形之间的拟同构 $d_0: P \longrightarrow M$.

对于任意复形也有类似的结构. 本章我们要证明: 对于任意上有界复形 X, 均存在拟同构 $f: P \longrightarrow X$, 其中 P 是 $\mathcal{A}$ 上的上有界投射复形. 对偶地, 我们有下有界复形的下有界内射分解. 而任意复形的同伦投射分解和同伦内射分解被认为是重要的进展. 我们将看到: 这些分解在第 5 章导出范畴的理论中具有重要意义: 它们是使得导出范畴具有**可操作性**的重要基础.

4.1 拉回和推出

拉回 (pullback) 和其对偶推出 (pushout) 是代数学中的重要构造. 我们在研究复形的投射分解和内射分解中也要用到.

本节中总假设 $\mathcal{A}$ 是 Abel 范畴.

定义 4.1.1 (1) 给定 $\mathcal{A}$ 中态射 $b: B \longrightarrow D$ 和 $g: C \longrightarrow D$, (b, g) 的拉回是一对态射 $a: A \longrightarrow C$ 和 $f: A \longrightarrow B$ 使得 $bf = ga$, 并且具有泛性质: 即若有另一对态射 $p: X \longrightarrow B$ 和 $q: X \longrightarrow C$ 使得 $bp = gq$, 则存在唯一的态射 $r: X \longrightarrow A$ 使

得 $fr = p$ 和 $ar = q$.

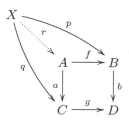

(1') 给定 $\mathcal{A}$ 中态射 $f : A \longrightarrow B$ 和 $a : A \longrightarrow C$, (a, f) 的推出是一对态射 $b : B \longrightarrow D$ 和 $g : C \longrightarrow D$, 使得 $bf = ga$, 并且具有泛性质: 即若有另一对态射 $p : B \longrightarrow X$ 和 $q : C \longrightarrow X$ 使得 $pf = qa$, 则存在唯一的态射 $r : D \longrightarrow X$ 使得 $rb = p$ 和 $rg = q$.

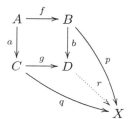

命题 4.1.2 (1) 对任一给定的一对态射 $b : B \longrightarrow D$ 和 $g : C \longrightarrow D$, 总存在 (b, g) 的拉回 (a, f, A), 并且这是唯一的: 即若 (a', f', A') 也是 (b, g) 的拉回, 则存在同构 $r : A \longrightarrow A'$ 使得 $f'r = f, a'r = a$.

(1') 对任一给定的一对态射 $f : A \longrightarrow B$ 和 $a : A \longrightarrow C$, 总存在 (a, f) 的推出 (b, g, D), 并且这是唯一的: 即若 (b', g', D') 也是 (a, f) 的推出, 则存在同构 $r : D \longrightarrow D'$ 使得 $rg = g', rb = b'$.

证 (1) 唯一性由定义中泛性质推出 (证明留作习题).

令 A 是态射 $(b, -g) : B \oplus C \longrightarrow D$ 的核 $\mathrm{Ker}(b, -g)$. 考虑态射的合成

$$f : \mathrm{Ker}(b, -g) \hookrightarrow B \oplus C \xrightarrow{(1, 0)} B$$

和

$$a : \mathrm{Ker}(b, -g) \hookrightarrow B \oplus C \xrightarrow{(0, 1)} C,$$

则 (a, f) 是 (b, g) 的拉回 (证明留作习题).

(1') 唯一性留作习题. 令 D 是态射 $\binom{f}{a} : A \longrightarrow B \oplus C$ 的余核 $\mathrm{Coker}\binom{f}{a}$. 考虑

4.1 拉回和推出

态射的合成

$$b: B \xrightarrow{\binom{1}{0}} B \oplus C \longrightarrow \operatorname{Coker}\binom{f}{a}$$

和

$$-g: C \xrightarrow{\binom{0}{1}} B \oplus C \longrightarrow \operatorname{Coker}\binom{f}{a},$$

则 (b,g) 是 (a,f) 的推出 (证明留作习题). ∎

命题 4.1.3 (1) 给定 $b: B \longrightarrow D$ 和 $g: C \longrightarrow D$. 则交换图

$$\begin{array}{ccc} A & \xrightarrow{f} & B \\ {\scriptstyle a}\downarrow & & \downarrow{\scriptstyle b} \\ C & \xrightarrow{g} & D \end{array}$$

是拉回方块当且仅当

$$0 \longrightarrow A \xrightarrow{\binom{f}{a}} B \oplus C \xrightarrow{(b,\,-g)} D$$

是正合列.

(1′) 给定 $f: A \longrightarrow B$ 和 $a: A \longrightarrow C$. 则交换图

$$\begin{array}{ccc} A & \xrightarrow{f} & B \\ {\scriptstyle a}\downarrow & & \downarrow{\scriptstyle b} \\ C & \xrightarrow{g} & D \end{array}$$

是推出方块当且仅当

$$A \xrightarrow{\binom{f}{a}} B \oplus C \xrightarrow{(b,\,-g)} D \longrightarrow 0$$

是正合列.

(2) 给定交换图

$$\begin{array}{ccc} A & \xrightarrow{f} & B \\ {\scriptstyle a}\downarrow & & \downarrow{\scriptstyle b} \\ C & \xrightarrow{g} & D \end{array}$$

则它既是拉回方块又是推出方块, 即 (a,f) 是 (b,g) 的拉回且 (b,g) 是 (a,f) 的推出, 当且仅当

$$0 \longrightarrow A \xrightarrow{\binom{f}{a}} B \oplus C \xrightarrow{(b,\,-g)} D \longrightarrow 0$$

是正合列.

利用命题 4.1.2 可证. 细节留作习题.

命题 4.1.4 (1) 设有交换图

$$\begin{array}{ccc} A & \xrightarrow{f} & B \\ {\scriptstyle a}\downarrow & & \downarrow{\scriptstyle b} \\ C & \xrightarrow{g} & D \end{array}$$

并且 (a,f) 是 (b,g) 的拉回. 则有

(i) $\mathrm{Ker}\,a \xrightarrow{\tilde{f}}{\simeq} \mathrm{Ker}\,b$, $\mathrm{Ker}\,f \xrightarrow{\tilde{a}}{\simeq} \mathrm{Ker}\,g$, 其中 $\tilde{f}$ 和 $\tilde{a}$ 分别是 f 和 a 诱导出来的态射.

(ii) 态射 $\tilde{g}: \mathrm{Coker}\,a \longrightarrow \mathrm{Coker}\,b$, $\tilde{b}: \mathrm{Coker}\,f \longrightarrow \mathrm{Coker}\,g$ 均为单态射, 其中 $\tilde{g}$ 和 $\tilde{b}$ 分别是 g 和 b 诱导出来的态射, 且这两个态射的余核是同构的.

(iii) (b,g) 是 (a,f) 的推出当且仅当态射

$$\tilde{g}: \mathrm{Coker}\,a \longrightarrow \mathrm{Coker}\,b \quad \text{和} \quad \tilde{b}: \mathrm{Coker}\,f \longrightarrow \mathrm{Coker}\,g$$

均为同构.

(1′) 设有交换图

$$\begin{array}{ccc} A & \xrightarrow{f} & B \\ {\scriptstyle a}\downarrow & & \downarrow{\scriptstyle b} \\ C & \xrightarrow{g} & D \end{array}$$

并且 (b,g) 是 (a,f) 的推出. 则有

(i′) $\mathrm{Coker}\,a \xrightarrow{\tilde{g}}{\simeq} \mathrm{Coker}\,b$, $\quad \mathrm{Coker}\,f \xrightarrow{\tilde{b}}{\simeq} \mathrm{Coker}\,g$.

(ii′) 态射 $\tilde{f}: \mathrm{Ker}\,a \longrightarrow \mathrm{Ker}\,b$, $\tilde{a}: \mathrm{Ker}\,f \longrightarrow \mathrm{Ker}\,g$ 均为满态射, 且这两个态射的核是同构的.

(iii′) (a,f) 是 (b,g) 的拉回当且仅当态射

$$\tilde{f}: \mathrm{Ker}\,a \longrightarrow \mathrm{Ker}\,b \quad \text{和} \quad \tilde{a}: \mathrm{Ker}\,f \longrightarrow \mathrm{Ker}\,g$$

均为同构.

证 只证 (1), 将对偶部分 (1′) 留作习题. 因为是对抽象的 Abel 范畴来证, 所以以下要利用泛性质 (如果是对于模范畴, 则可利用命题 4.1.2, 用元素和构造同构映射直接来证).

(i) 由交换图

$$\begin{array}{ccc} \mathrm{Ker}\,g & \xrightarrow{0} & B \\ \downarrow i_C & & \downarrow b \\ C & \xrightarrow{g} & D \end{array}$$

和拉回的泛性质知存在 $h:\mathrm{Ker}\,g \longrightarrow A$ 使得 $fh = 0$, $ah = i_C$. 由 $fh = 0$ 和核的泛性质知存在 $\tilde{h}:\mathrm{Ker}\,g \longrightarrow \mathrm{Ker}\,f$ 使得 $h = i_A\tilde{h}$, 其中 $i_A:\mathrm{Ker}\,f \hookrightarrow A$. 由交换图

$$\begin{array}{ccc} \mathrm{Ker}\,f & \xrightarrow{i_A} & A \\ \downarrow \tilde{a} & & \downarrow a \\ \mathrm{Ker}\,g & \xrightarrow{i_C} & C \end{array}$$

知

$$i_C \tilde{a}\tilde{h} = a i_A \tilde{h} = ah = i_C.$$

因 i_C 是单态射, 故 $\tilde{a}\tilde{h} = \mathrm{Id}_{\mathrm{Ker}\,g}$. 再考虑交换图

$$\begin{array}{ccc} \mathrm{Ker}\,f & \xrightarrow{0} & B \\ \downarrow a i_A & & \downarrow b \\ C & \xrightarrow{g} & D \end{array}$$

则 $i_A:\mathrm{Ker}\,f \longrightarrow A$ 和 $i_A\tilde{h}\tilde{a}:\mathrm{Ker}\,f \longrightarrow A$ 均满足

$$a i_A = a i_A, \quad a i_A \tilde{h}\tilde{a} = ah\tilde{a} = i_C \tilde{a} = a i_A,$$
$$f i_A = 0, \quad f i_A \tilde{h}\tilde{a} = 0,$$

从而由拉回的泛性质知 $i_A = i_A \tilde{h}\tilde{a}$. 于是 $\tilde{h}\tilde{a} = \mathrm{Id}_{\mathrm{Ker}\,f}$. 这就证明了 $\mathrm{Ker}\,f \stackrel{\tilde{a}}{\simeq} \mathrm{Ker}\,g$.

类似可证 $\mathrm{Ker}\,a \stackrel{\tilde{f}}{\simeq} \mathrm{Ker}\,b$. 留作习题.

(ii) 令 $\tilde{D} := \mathrm{Coker}\binom{f}{a}$. 则有短正合列

$$0 \longrightarrow A \xrightarrow{\binom{f}{a}} B \oplus C \xrightarrow{(b', -g')} \tilde{D} \longrightarrow 0.$$

由引理 4.1.3(1') 知交换图

$$\begin{array}{ccc} A & \xrightarrow{f} & B \\ \downarrow a & & \downarrow b' \\ C & \xrightarrow{g'} & \tilde{D} \end{array}$$

是 (a, f) 的推出方块, 再由 (i') 知存在同构

$$\mathrm{Coker} a \simeq \mathrm{Coker} b', \quad \mathrm{Coker} f \simeq \mathrm{Coker} g'.$$

我们知道存在 $t : \tilde{D} \longrightarrow D$ 使得下图交换且上下两行正合

$$\begin{array}{ccccccccc} 0 & \longrightarrow & A & \xrightarrow{\binom{f}{a}} & B \oplus C & \xrightarrow{(b', -g')} & \tilde{D} & \longrightarrow & 0 \\ & & \parallel & & \parallel & & \downarrow t & & \\ 0 & \longrightarrow & A & \xrightarrow{\binom{f}{a}} & B \oplus C & \xrightarrow{(b, -g)} & D & & \end{array}$$

于是 $b = tb'$, $g = tg'$, 且 t 单 (例如由蛇引理可知). 又有交换图

$$\begin{array}{ccccc} B & \xrightarrow{b'} & \tilde{D} & \longrightarrow & \mathrm{Coker} b' \\ \parallel & & \downarrow t & & \downarrow w \\ B & \xrightarrow{b} & D & \longrightarrow & \mathrm{Coker} b \end{array}$$

且 w 单. 同理可知 $\mathrm{Coker} g' \longrightarrow \mathrm{Coker} g$ 单. 从而 $\mathrm{Coker} a \longrightarrow \mathrm{Coker} b$, $\mathrm{Coker} f \longrightarrow \mathrm{Coker} g$ 均为单态射.

现在有交换图

$$\begin{array}{ccccccc} A & \xrightarrow{f} & B & \longrightarrow & \mathrm{Coker} f & \longrightarrow & 0 \\ \downarrow a & & \downarrow b & & \downarrow \tilde{b} & & \\ C & \xrightarrow{g} & D & \longrightarrow & \mathrm{Coker} g & \longrightarrow & 0 \end{array}$$

由引理 12.10.1(1′) 知有正合列

$$0 \longrightarrow \mathrm{Coker} a \longrightarrow \mathrm{Coker} b \longrightarrow \mathrm{Coker} \tilde{b} \longrightarrow 0.$$

$\mathrm{Coker} a \longrightarrow \mathrm{Coker} b$ 的余核与 $\mathrm{Coker} f \longrightarrow \mathrm{Coker} g$ 的余核是同构的.

(iii) 若 (b, g) 是 (a, f) 的推出. 则由 (i') 知

$$\tilde{g} : \mathrm{Coker} a \longrightarrow \mathrm{Coker} b \quad 和 \quad \tilde{b} : \mathrm{Coker} f \longrightarrow \mathrm{Coker} g$$

均为同构.

反之, 设

$$\tilde{g} : \mathrm{Coker} a \longrightarrow \mathrm{Coker} b \quad 和 \quad \tilde{b} : \mathrm{Coker} f \longrightarrow \mathrm{Coker} g$$

4.1 拉回和推出

均为同构. 则由 (ii) 的证明知 w 为同构, 从而 t 为同构, 因此 $D \cong \tilde{D} = \operatorname{Coker} \binom{f}{a}$. 于是有正合列

$$0 \longrightarrow A \xrightarrow{\binom{f}{a}} B \oplus C \xrightarrow{(b, -g)} D \longrightarrow 0.$$

从而由引理 4.1.3 (1') 知 (b, g) 是 (a, f) 的推出. ∎

命题 4.1.5 (1) 给定 $b : B \longrightarrow D$ 和 $g : C \longrightarrow D$. 如果 g 满, 则下述等价

(i) 交换图

$$\begin{array}{ccc} A & \xrightarrow{f} & B \\ a \downarrow & & \downarrow b \\ C & \xrightarrow{g} & D \end{array}$$

是 (b, g) 的拉回方块;

(ii) 存在正合列的交换图

$$\begin{array}{ccccccc} 0 & \longrightarrow & E & \xrightarrow{s} & A & \xrightarrow{f} & B & \longrightarrow & 0 \\ & & \| & & \downarrow a & & \downarrow b & & \\ 0 & \longrightarrow & E & \xrightarrow{t} & C & \xrightarrow{g} & D & \longrightarrow & 0 \end{array}$$

(iii)

$$0 \longrightarrow A \xrightarrow{\binom{f}{a}} B \oplus C \xrightarrow{(b, -g)} D \longrightarrow 0$$

是正合列;

(iv) 交换图

$$\begin{array}{ccc} A & \xrightarrow{f} & B \\ a \downarrow & & \downarrow b \\ C & \xrightarrow{g} & D \end{array}$$

既是 (b, g) 的拉回方块又是 (a, f) 的推出方块.

(1') 给定 $f : A \longrightarrow B$ 和 $a : A \longrightarrow C$. 如果 f 单, 则下述等价

(i')

$$\begin{array}{ccc} A & \xrightarrow{f} & B \\ a \downarrow & & \downarrow b \\ C & \xrightarrow{g} & D \end{array}$$

是 (a,f) 的推出方块;

(ii′) 存在正合列的交换图

$$\begin{array}{ccccccccc} 0 & \longrightarrow & A & \xrightarrow{f} & B & \longrightarrow & E & \longrightarrow & 0 \\ & & \downarrow a & & \downarrow b & & \parallel & & \\ 0 & \longrightarrow & C & \xrightarrow{g} & D & \longrightarrow & E & \longrightarrow & 0 \end{array}$$

(iii′)

$$0 \longrightarrow A \xrightarrow{\binom{f}{a}} B \oplus C \xrightarrow{(b,-g)} D \longrightarrow 0$$

是正合列;

(iv′) 交换图

$$\begin{array}{ccc} A & \xrightarrow{f} & B \\ \downarrow a & & \downarrow b \\ C & \xrightarrow{g} & D \end{array}$$

既是 (a,f) 的推出方块又是 (b,g) 的拉回方块.

证 只证 (1), 将 (1′) 留作习题.

(i) $\Longrightarrow$ (ii): 由命题 4.1.4 (1) (i) 知 $\operatorname{Ker} f \cong \operatorname{Ker} g$. 由命题 4.1.4 (1)(ii) 知 $\operatorname{Coker} f \longrightarrow \operatorname{Coker} g$ 是单态射, 因 g 满, 故 f 满. 从而得到所要的正合列的交换图.

(ii) $\Longrightarrow$ (iii): 对于模范畴这可直接用元素验证. 在一般的 Abel 范畴中证明如下. 首先, 因 g 满, 故 $(b,-g)$ 满.

下证 $\binom{f}{a}$ 单. 设 $c: K \longrightarrow A$ 和 $\binom{f}{a}$ 的合成为零. 则 $fc=0$, $ac=0$. 由 $fc=0$ 知存在唯一的 $x: K \longrightarrow E$ 使得 $sx=c$. 于是 $tx=asx=ac=0$. 因 t 单, 故 $x=0$, 从而 $c=0$. 这就证明了 $\binom{f}{a}$ 单.

下证 $\operatorname{Im}\binom{f}{a} = \operatorname{Ker}(b,-g)$. 只要证 $(b,-g)$ 是 $\binom{f}{a}$ 的余核. 为此设 $(b',-g'): B \oplus C \longrightarrow D'$ 与 $\binom{f}{a}$ 的合成 $b'f - g'a$ 为零. 则

$$0 = g'as - b'fs = g'as = g't.$$

于是有余核的泛性质知存在唯一的 $w: D \longrightarrow D'$ 使得 $g' = wg$. 因

$$b'f = g'a = wga = wbf$$

以及 f 满, 所以有 $b' = wb$, 即 $(b',-g') = w(b,-g)$. 这就证明了 $(b,-g)$ 是 $\binom{f}{a}$ 的余核.

综上所述 $0 \longrightarrow A \xrightarrow{\binom{f}{a}} B \oplus C \xrightarrow{(b,\,-g)} D \longrightarrow 0$ 是正合列.

(iii) $\Longrightarrow$ (iv): 由命题 4.1.3 (2) 即得.

(iv) $\Longrightarrow$ (i) 是平凡的. ■

由命题 4.1.5 和命题 4.1.4 立即得到如下常用的结论.

推论 4.1.6 (1) 给定两个满态射 $g: C \longrightarrow D$ 和 $b: B \longrightarrow D$. 则有两行和两列均是短正合列的交换图

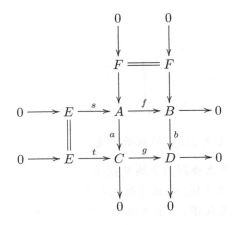

使得

$$\begin{array}{ccc} A & \xrightarrow{f} & B \\ {}_a\downarrow & & \downarrow^b \\ C & \xrightarrow{g} & D \end{array}$$

既是 (b,g) 的拉回方块又是 (a,f) 的推出方块.

反之, 任何两行是短正合列的上述交换图, 右下部的那个方块既是 (b,g) 的拉回方块又是 (a,f) 的推出方块, 并且两列也是短正合列, 其中 F 是 a 的核. 任何两列是短正合列的上述交换图, 右下部的那个方块既是 (b,g) 的拉回方块又是 (a,f) 的推出方块, 并且两行也是短正合列, 其中 E 是 f 的核.

(2) 给定满态射 $g: C \longrightarrow D$ 和单态射 $b: B \longrightarrow D$. 则有两行和两列均是短正合列的交换图

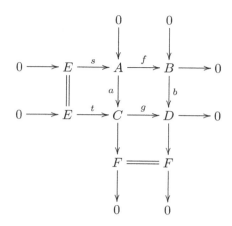

使得

$$\begin{array}{c} A \xrightarrow{f} B \\ {}_a\downarrow \quad \downarrow {}_b \\ C \xrightarrow{g} D \end{array}$$

既是 (a,f) 的推出方块又是 (b,g) 的拉回方块.

反之, 任何两行是短正合列的上述交换图, 右上部的那个方块既是 (b,g) 的拉回方块又是 (a,f) 的推出方块, 并且两列也是短正合列, 其中 F 是 a 的余核. 任何两列是短正合列的上述交换图, 右上部的那个方块既是 (b,g) 的拉回方块又是 (a,f) 的推出方块, 并且两行也是短正合列, 其中 E 是 f 的核.

(1′) 给定两个单态射 $f: A \longrightarrow B$ 和 $a: A \longrightarrow C$. 则有两行和两列均是短正合列的交换图

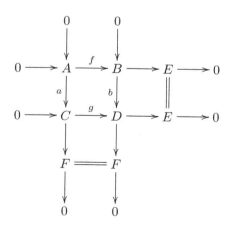

使得

$$\begin{array}{ccc} A & \xrightarrow{f} & B \\ a\downarrow & & \downarrow b \\ C & \xrightarrow{g} & D \end{array}$$

既是 (a,f) 的推出方块又是 (b,g) 的拉回方块.

反之, 任何两行是短正合列的上述交换图, 左上部的那个方块既是 (a,f) 的推出方块又是 (b,g) 的拉回方块, 并且两列也是短正合列, 其中 F 是 a 的余核. 任何两列是短正合列的上述交换图, 左上部的那个方块既是 (a,f) 的推出方块又是 (b,g) 的拉回方块, 并且两行也是短正合列, 其中 E 是 f 的余核.

(2′) 给定单态射 $f: A \longrightarrow B$ 和满态射 $a: A \longrightarrow C$. 则有两行和两列均是短正合列的交换图

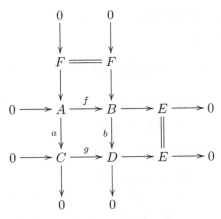

使得

$$\begin{array}{ccc} A & \xrightarrow{f} & B \\ a\downarrow & & \downarrow b \\ C & \xrightarrow{g} & D \end{array}$$

既是 (a,f) 的推出方块又是 (b,g) 的拉回方块.

反之, 任何两行是短正合列的上述交换图, 左下部的那个方块既是 (a,f) 的推出方块又是 (b,g) 的拉回方块, 并且两列也是短正合列, 其中 F 是 a 的核. 任何两列是短正合列的上述交换图, 左下部的那个方块既是 (a,f) 的推出方块又是 (b,g) 的拉回方块, 并且两行也是短正合列, 其中 E 是 f 的余核.

4.2 上有界复形的上有界投射分解

本节中总假设 $\mathcal{A}$ 是 Abel 范畴且具有足够多的投射对象, 即对任一对象 X, 总存在满态射 $P \longrightarrow X$, 其中 P 是 $\mathcal{A}$ 中的投射对象. 令 $\mathcal{P}$ 是 $\mathcal{A}$ 中所有投射对象作成的全子加法范畴.

方便起见, 将 $\mathcal{A}$ 上的复形 P 称为投射复形, 如果 P 的每一项都是 $\mathcal{A}$ 中的投射对象. 需要注意的是, 投射复形并非复形范畴 $C(\mathcal{A})$ 的投射对象, 也非同伦范畴 $K(\mathcal{A})$ 的投射对象. 对于复形 $X \in C(\mathcal{A})$, 如果存在拟同构 $s: P \longrightarrow X$, 其中 P 是投射复形, 则称 $s: P \longrightarrow X$ 是复形 X 的投射分解. 如果 X 和 P 还是上有界的, 则称拟同构 $s: P \longrightarrow X$ 是 X 的上有界投射分解.

用 $K^-(\mathcal{P})$ 表示上有界投射复形的同伦范畴, $K^{-,b}(\mathcal{P})$ 表示只有有限多个上同调对象非零的上有界投射复形作成的同伦范畴, $K^b(\mathcal{P})$ 表示有界投射复形作成的同伦范畴. 类似定理 2.2.6 我们知道 $K^-(\mathcal{P}), K^{-,b}(\mathcal{P}), K^b(\mathcal{P})$ 均是三角范畴.

下述定理表明 $\mathcal{A}$ 上的上有界复形总存在上有界投射分解.

定理 4.2.1 设 $\mathcal{A}$ 是有足够多的投射对象的Abel范畴, X 是 $\mathcal{A}$ 上的上有界复形. 则存在拟同构 $f: P \longrightarrow X$, 其中 $P \in K^-(\mathcal{P})$, 并且 f 是满的链映射.

若 X 是有界复形, 则上述 $P \in K^{-,b}(\mathcal{P})$.

若 $\mathcal{A}$ 中任一对象的投射维数均有限, 且 X 是有界复形, 则上述 $P \in K^b(\mathcal{P})$.

证 设 $X^t = 0, \forall\, t \geqslant m+1$. 用 ∂ 表示 X 的微分. 则存在 $\mathcal{A}$ 中投射对象 P^m 和满态射 $f^m: P^m \longrightarrow X^m$. 考虑 (∂^{m-1}, f^m) 的拉回方块

$$\begin{array}{ccc} Y^{m-1} & \xrightarrow{h} & P^m \\ \downarrow g & & \downarrow f^m \\ X^{m-1} & \xrightarrow{\partial^{m-1}} & X^m \end{array}$$

令 $p^{m-1}: P^{m-1} \longrightarrow Y^{m-1}$ 是满态射, 其中 P^{m-1} 是投射对象. 令 $\partial_P^{m-1} = hp^{m-1}$, $f^{m-1} = gp^{m-1}$. 则有交换图

$$\begin{array}{ccccc} P^{m-1} & \xrightarrow{\partial_P^{m-1}} & P^m & \longrightarrow & 0 \\ \downarrow f^{m-1} & & \downarrow f^m & & \\ X^{m-1} & \xrightarrow{\partial^{m-1}} & X^m & \longrightarrow & 0 \end{array}$$

4.2 上有界复形的上有界投射分解

由拉回的性质知 g 是满态射, 并且 $\mathrm{Coker}\, h \longrightarrow \mathrm{Coker}\, \partial^{m-1}$ 是单态射 (参见命题 4.1.4(1)(ii)). 于是 f^{m-1} 也满, 并且由交换图

$$\begin{array}{ccc} P^m & \longrightarrow & \mathrm{Coker}\, h \\ {\scriptstyle f^m}\downarrow & & \downarrow \\ X^m & \longrightarrow & \mathrm{Coker}\, \partial^{m-1} \end{array}$$

以及 f^m 满和 $X^m \longrightarrow \mathrm{Coker}\, \partial^{m-1}$ 满知 $\mathrm{Coker}\, h \longrightarrow \mathrm{Coker}\, \partial^{m-1}$ 也是满态射, 从而它是同构, 即 $\mathrm{H}^m(P) \simeq \mathrm{H}^m(X)$, 此处 P 指复形

$$0 \longrightarrow P^{m-1} \xrightarrow{\partial_P^{m-1}} P^m \longrightarrow 0,$$

其中 P^m 是第 m 次齐次分支. 由交换图

$$\begin{array}{ccccccc} 0 & \longrightarrow & 0 & \longrightarrow & \mathrm{Ker}\, \partial_P^{m-1} & \longrightarrow & P^{m-1} & \xrightarrow{\partial_P^{m-1}} & P^m \\ \downarrow & & \downarrow & & \downarrow & & {\scriptstyle p^{m-1}}\downarrow & & \| \\ 0 & \longrightarrow & 0 & \longrightarrow & \mathrm{Ker}\, h & \longrightarrow & Y^{m-1} & \xrightarrow{h} & P^m \end{array}$$

和五引理知 $\mathrm{Ker}\, \partial_P^{m-1} \longrightarrow \mathrm{Ker}\, h$ 是满态射. 而由拉回的性质知 $\mathrm{Ker}\, h \simeq \mathrm{Ker}\, \partial^{m-1}$, 故 $\mathrm{Ker}\, \partial_P^{m-1} \longrightarrow \mathrm{Ker}\, \partial^{m-1}$ 是满态射.

假设已构造出满态射 $f^p, p \geqslant n$, 使得对于 $p \geqslant n+1$, f^p 诱导出同构 $\mathrm{H}^p(P) \simeq \mathrm{H}^p(X)$, 并且态射 $\mathrm{Ker}\, \partial_P^n \longrightarrow \mathrm{Ker}\, \partial^n$ 是满态射. 考虑交换图

$$\begin{array}{ccccc} Y^{n-1} & \xrightarrow{h} & \mathrm{Ker}\, \partial_P^n & \xrightarrow{i} & P^n \\ {\scriptstyle g}\downarrow & & \downarrow & & \downarrow{\scriptstyle f^n} \\ X^{n-1} & \xrightarrow{\overline{\partial^{n-1}}} & \mathrm{Ker}\, \partial^n & \longrightarrow & X^n \end{array}$$

其中左边的方块是拉回. 令 $p^{n-1}: P^{n-1} \longrightarrow Y^{n-1}$ 是满态射, 其中 P^{n-1} 是投射对象. 令 $\partial_P^{n-1} = ihp^{n-1}$, $f^{n-1} = gp^{n-1}$. 则 f^{n-1} 是满态射, 且有交换图

$$\begin{array}{ccccc} P^{n-1} & \xrightarrow{\partial_P^{n-1}} & P^n & \longrightarrow & \cdots \\ {\scriptstyle f^{n-1}}\downarrow & & \downarrow{\scriptstyle f^n} & & \\ X^{n-1} & \xrightarrow{\partial^{n-1}} & X^n & \longrightarrow & \cdots \end{array}$$

由交换图

$$\begin{array}{ccc} \mathrm{Ker}\, \partial_P^n & \longrightarrow & \mathrm{Coker}\, h \\ \downarrow & & \downarrow \\ \mathrm{Ker}\, \partial^n & \longrightarrow & \mathrm{Coker}\, \overline{\partial^{n-1}} = \mathrm{H}^n(X) \end{array}$$

和归纳假设 (即态射 $\mathrm{Ker}\partial_P^n \longrightarrow \mathrm{Ker}\partial^n$ 是满态射) 以及拉回的性质知 $\mathrm{Coker}h \longrightarrow \mathrm{Coker}\overline{\partial^{n-1}} = \mathrm{H}^n(X)$ 既满又单, 从而是同构. 而 $\mathrm{Coker}h = \mathrm{H}^n(P)$, 此处 P 指复形

$$0 \longrightarrow P^{n-1} \xrightarrow{\partial_P^{n-1}} P^n \longrightarrow \cdots \longrightarrow P^m \longrightarrow 0.$$

于是得到同构 $\mathrm{H}^n(P) \simeq \mathrm{H}^n(X)$.

再由交换图

$$\begin{array}{ccccccccc} 0 & \longrightarrow & 0 & \longrightarrow & \mathrm{Ker}\partial_P^{n-1} & \longrightarrow & P^{n-1} & \xrightarrow{\partial_P^{n-1}} & P^n \\ \downarrow & & \downarrow & & \downarrow & & \downarrow p^{n-1} & & \parallel \\ 0 & \longrightarrow & 0 & \longrightarrow & \mathrm{Ker}(ih) & \longrightarrow & Y^{n-1} & \xrightarrow{ih} & P^n \end{array}$$

和五引理知 $\mathrm{Ker}\partial_P^{n-1} \longrightarrow \mathrm{Ker}(ih)$ 是满态射. 而 $\mathrm{Ker}(ih) = \mathrm{Ker}h \cong \mathrm{Ker}\overline{\partial^{n-1}} = \mathrm{Ker}\partial^{n-1}$, 其中中间的同构是由拉回的性质得知的, 故 $\mathrm{Ker}\partial_P^{n-1} \longrightarrow \mathrm{Ker}\partial^{n-1}$ 是满态射. 这就完成了归纳证明.

由上述构造可知, 若 X 是有界复形, 则存在拟同构 $f: P \longrightarrow X$, 其中 P 是上有界投射复形且只有有限多个上同调对象非零. 进一步, 若 $\mathcal{A}$ 中任一对象的投射维数均有限, 且 X 是有界复形, 则上述 P 可取成有界投射复形 (这只要做个温和截断, 然后利用核的有限投射分解即可看出). ∎

上述证明并未用到投射对象的性质, 而只用到所谓 "足够多" 的假设. 完全同样可以证明如下结果:

定理 4.2.2 设 Ω 是 $\mathcal{A}$ 的一个全子范畴, 满足如下条件:

对任一对象 $X \in \mathcal{A}$, 总存在满态射 $M \longrightarrow X$, 其中 $M \in \Omega$.

将 $\mathcal{A}$ 上的复形 M 称为 Ω-复形, 如果 M 的每一项都属于 Ω.

设 X 是 $\mathcal{A}$ 上的上有界复形. 则存在拟同构 $f: M \longrightarrow X$, 其中 M 是 $\mathcal{A}$ 上的上有界 Ω-复形, 并且 f 是满的链映射.

特别地, 若 X 是有界复形, 则存在拟同构 $f: M \longrightarrow X$, 其中 M 是上有界 Ω-复形且只有有限多个上同调对象非零.

设 X, Y 是 $\mathcal{A}$ 上的复形. 以下将 $\mathrm{Hom}_{K(\mathcal{A})}(X, Y)$ 简记成 $[X, Y]$.

命题 4.2.3 (1) 设 C 是任一无环复形, P 是上有界投射复形. 则 $[P, C] = 0$.

(2) 设 C 是上有界无环复形, P 是任一投射复形. 则 $[P, C] = 0$.

4.2 上有界复形的上有界投射分解

证 下述证明同时适用于 (1) 和 (2).

设 $f: P \longrightarrow C$ 是复形态射. 只要证 f 同伦于零. 下面归纳地构造这样的同伦. 假设已构造 $s^p: P^p \longrightarrow C^{p-1}, \forall\, p \geqslant n$, 使得

$$s^{p+1}\partial_P^p + \partial^{p-1}s^p = f^p, \quad \forall\, p \geqslant n.$$

则

$$\partial^{n-1}(f^{n-1} - s^n\partial_P^{n-1}) = f^n\partial_P^{n-1} - (f^n - s^{n+1}\partial_P^n)\partial_P^{n-1} = 0,$$

从而存在 $\pi^{n-1}: P^{n-1} \longrightarrow \mathrm{Ker}\,\partial^{n-1}$ 使得

$$f^{n-1} - s^n\partial_P^{n-1} = i^{n-1}\pi^{n-1},$$

其中 $i^{n-1}: \mathrm{Ker}\,\partial^{n-1} \longrightarrow C^{n-1}$ 是标准嵌入. 因 $\mathrm{Ker}\,\partial^{n-1} = \mathrm{Im}\,\partial^{n-2}$, 而 $\overline{\partial^{n-2}}: C^{n-2} \longrightarrow \mathrm{Im}\,\partial^{n-2}$ 是满态射, 从而存在 $s^{n-1}: P^{n-1} \longrightarrow C^{n-2}$ 使得 $\pi^{n-1} = \overline{\partial^{n-2}}s^{n-1}$. 注意到 $i^{n-1}\overline{\partial^{n-2}} = \partial^{n-2}$, 于是 $f^{n-1} = s^n\partial_P^{n-1} + \partial^{n-2}s^{n-1}$. ∎

推论 4.2.4 (1) 设 P 是上有界投射复形. 则任一拟同构 $c: X \longrightarrow Y$ 诱导出 Abel 群的同构 $[P, c]: [P, X] \longrightarrow [P, Y]$.

(2) 设 P 是任一投射复形. 则上有界复形间的拟同构 $c: X \longrightarrow Y$ 诱导出 Abel 群的同构 $[P, c]: [P, X] \longrightarrow [P, Y]$.

证 下述证明同时适用于 (1) 和 (2).

考虑映射锥三角 $X \xrightarrow{c} Y \longrightarrow C \longrightarrow X[1]$. 因 c 是拟同构, 故 C 是无环复形. 因 $\mathrm{Hom}_{K(\mathcal{A})}(P, -)$ 是上同调函子知有长正合列

$$\cdots \longrightarrow [P, C[-1]] \longrightarrow [P, X] \longrightarrow [P, Y] \longrightarrow [P, C] \longrightarrow [P, X[1]] \longrightarrow \cdots,$$

从而根据命题 4.2.3 知结论成立. ∎

推论 4.2.5 设 P 是上有界投射复形, X 是任一复形, $c: X \longrightarrow P$ 是拟同构. 则 c 可裂满, 即存在拟同构 $f: P \longrightarrow X$ 使得 cf 同伦于 Id_P.

推论 4.2.6 设 $u: Q \longrightarrow P$ 是拟同构, 其中 Q 和 P 均为上有界投射复形. 则 u 是同伦等价.

证 由推论 4.2.5 知存在拟同构 $f: P \longrightarrow Q$ 使得 uf 同伦于 Id_P. 再由推论 4.2.5 知存在 $g: Q \longrightarrow P$ 使得 fg 同伦于 Id_Q. 于是 u 是同伦等价. ∎

下述结论表明上有界复形的投射分解 (在同伦范畴中) 是唯一的.

推论 4.2.7　设 $\mathcal{A}$ 是有足够多的投射对象的Abel范畴. 则 $K^-(\mathcal{A})$ 中任一对象 X 有唯一的投射分解. 即存在 $P \in K^-(\mathcal{P})$ 使得有拟同构 $c_X : P \longrightarrow X$; 而且若 $\alpha : X \longrightarrow Y$ 是 $K^-(\mathcal{A})$ 中的同伦等价, $c_Y : Q \longrightarrow Y$ 是拟同构, 其中 $Q \in K^-(\mathcal{P})$, 则存在唯一的同伦等价 $u : P \longrightarrow Q$ 使得 $\alpha c_X = c_Y u$.

证　X 的投射分解的存在性由定理 4.2.1 保证. 对于拟同构 $c_Y : Q \longrightarrow Y$ 应用推论 4.2.4, 得到 Abel 群的同构 $[P, c_Y] : [P, Q] \longrightarrow [P, Y]$, 故存在唯一的链映射 $u : P \longrightarrow Q$ 使得 $c_Y u = \alpha c_X$. 因 c_X, c_Y 和 α 都是拟同构, 故 u 也是拟同构. 再由推论 4.2.6 知 u 是同伦等价. ∎

根据这一推论, 对任一 $X \in K^-(\mathcal{A})$, 存在 $K^-(\mathcal{P})$ 中唯一的对象 ρX (在同伦等价的意义下) 和拟同构 $c_X : \rho X \longrightarrow X$. 设 $f : X \longrightarrow Y$. 由推论 4.2.4 知有 Abel 群的同构

$$[\rho X, c_Y] : [\rho X, \rho Y] \simeq [\rho X, Y],$$

从而存在 $K^-(\mathcal{P})$ 中唯一的态射 ρf 使得 $c_Y \rho f = f c_X$, 即有同伦交换图

$$\begin{array}{ccc} \rho X & \xrightarrow{\rho f} & \rho Y \\ {\scriptstyle c_X}\downarrow & & \downarrow{\scriptstyle c_Y} \\ X & \xrightarrow{f} & Y \end{array}$$

同样由推论 4.2.4 知有 Abel 群的同构

$$[P, c_X] : [P, \rho X] \longrightarrow [P, X] = [iP, X], \quad \forall P \in K^-(\mathcal{P}), \quad X \in K^-(\mathcal{A}),$$

其中 $i : K^-(\mathcal{P}) \longrightarrow K^-(\mathcal{A})$ 是嵌入函子. 在做一些公理集合论方面的考虑后 (例如假定在 X 的同构类和 ρX 的同构类之间存在双射), 我们得到函子 $\rho : K^-(\mathcal{A}) \longrightarrow K^-(\mathcal{P})$, 并且 ρ 右伴随于 i. 易知 ρ 是加法函子.

命题 4.2.8　设 $\mathcal{A}$ 是有足够多投射对象的Abel范畴. 则

(1) 存在加法函子 $\rho : K^-(\mathcal{A}) \longrightarrow K^-(\mathcal{P})$ 右伴随于嵌入函子 $i : K^-(\mathcal{P}) \longrightarrow K^-(\mathcal{A})$, 使得对于任意 $X \in K^-(\mathcal{A})$ 存在拟同构 $c_X : \rho X \longrightarrow X$; 并且对于任意 $f \in \mathrm{Hom}_{K^-(\mathcal{A})}(X, Y)$ 有同伦交换图

$$\begin{array}{ccc} \rho X & \xrightarrow{\rho f} & \rho Y \\ {\scriptstyle c_X}\downarrow & & \downarrow{\scriptstyle c_Y} \\ X & \xrightarrow{f} & Y. \end{array}$$

(2) 上述函子 ρ 是三角函子.

证 (1) 上面已证. 由三角函子的伴随函子也是三角函子即知 (2). 此处我们给一个直接的证明. 设 $X \xrightarrow{f} Y \xrightarrow{g} Z \xrightarrow{h} X[1]$ 是 $K^-(\mathcal{A})$ 中的好三角. 要证
$$\rho X \xrightarrow{\rho f} \rho Y \xrightarrow{\rho g} \rho Z \xrightarrow{\rho h} (\rho X)[1]$$
是 $K^-(\mathcal{P})$ 中的好三角. 考虑 $K^-(\mathcal{P})$ 的好三角 $\rho X \xrightarrow{\rho f} \rho Y \xrightarrow{v} \mathrm{Cone}(\rho f) \xrightarrow{w} (\rho X)[1]$. 由 (TR3) 知存在三角射 (c_X, c_Y, c'):

$$\begin{array}{ccccccc}
\rho X & \xrightarrow{\rho f} & \rho Y & \xrightarrow{v} & \mathrm{Cone}(\rho f) & \xrightarrow{w} & (\rho X)[1] \\
\downarrow c_X & & \downarrow c_Y & & \downarrow c' & & \downarrow c_X[1] \\
X & \xrightarrow{f} & Y & \xrightarrow{g} & Z & \xrightarrow{h} & X[1]
\end{array}$$

因 c_X, c_Y 均为拟同构, 由定理 2.4.1 和五引理知 c' 也是拟同构. 再由推论 4.2.4 知有 Abel 群的同构
$$[\rho Z, c'] : \ [\rho Z, \mathrm{Cone}(\rho f)] \simeq [\rho Z, Z],$$
从而存在 $u : \rho Z \longrightarrow \mathrm{Cone}(\rho f)$ 使得 $c_Z = c'u$. 因 c' 和 c_Z 均为拟同构, 故 u 也是拟同构. 而 $\mathrm{Cone}(\rho f)$ 和 ρZ 均为上有界投射复形, 于是由推论 4.2.6 知 u 为同伦等价. 剩下只要证明下图交换

$$\begin{array}{ccccccc}
\rho X & \xrightarrow{\rho f} & \rho Y & \xrightarrow{\rho g} & \rho Z & \xrightarrow{\rho h} & (\rho X)[1] \\
\| & & \| & & \downarrow u & & \| \\
\rho X & \xrightarrow{\rho f} & \rho Y & \xrightarrow{v} & \mathrm{Cone}(\rho f) & \xrightarrow{w} & (\rho X)[1]
\end{array}$$

由 Abel 群的同构
$$[\rho Y, c'] : \ [\rho Y, \mathrm{Cone}(\rho f)] \simeq [\rho Y, Z]$$
以及 $c'v = gc_Y = c_Z(\rho g) = c'u(\rho g)$ 即知 $v = u(\rho g)$. 同理可证 $\rho h = wu$. ∎

4.3 下有界复形的下有界内射分解

下面我们仅列出 4.2 节所有命题的对偶命题: 其证明完全是对偶的, 留作习题.

以下设 $\mathcal{A}$ 是有足够多的内射对象的 Abel 范畴, 即对任一对象 X, 总存在单态射 $X \longrightarrow I$, 其中 I 是 $\mathcal{A}$ 中的内射对象. 令 $\mathcal{I}$ 是 $\mathcal{A}$ 中所有内射对象作成的全子加法范畴.

将 $\mathcal{A}$ 上的复形 I 称为内射复形, 如果 I 的每一项都是 $\mathcal{A}$ 中的内射对象. 内射复形并非复形范畴 $C(\mathcal{A})$ 的内射对象, 也非同伦范畴 $K(\mathcal{A})$ 的内射对象. 对于复形 $X \in C(\mathcal{A})$, 如果存在拟同构 $s: X \longrightarrow I$, 其中 I 是内射复形, 则称 $s: X \longrightarrow I$ 是复形 X 的内射分解. 如果 X 和 I 还是下有界的, 则称拟同构 $s: X \longrightarrow I$ 是 X 的下有界内射分解.

用 $K^+(\mathcal{I})$ 表示下有界内射复形的同伦范畴, $K^{+,b}(\mathcal{I})$ 表示只有有限多个上同调对象非零的下有界内射复形作成的同伦范畴, $K^b(\mathcal{I})$ 表示有界内射复形作成的同伦范畴. 类似定理 2.2.6 我们知道 $K^+(\mathcal{I})$, $K^{+,b}(\mathcal{I})$, $K^b(\mathcal{I})$ 均是三角范畴.

下述定理表明 $\mathcal{A}$ 上的下有界复形总存在下有界内射分解.

定理 4.3.1 设 X 是下有界复形. 则存在拟同构 $f: X \longrightarrow I$, 其中 $I \in K^+(\mathcal{I})$, 并且 f 是单的链映射.

若 X 是有界复形, 则上述 $I \in K^{+,b}(\mathcal{I})$.

若 $\mathcal{A}$ 中任一对象的内射维数均有限, 且 X 是有界复形, 则上述 $I \in K^b(\mathcal{I})$.

定理 4.3.2 设 Ω 是 $\mathcal{A}$ 的一个全子范畴, 满足如下条件:

对任一对象 $X \in \mathcal{A}$, 总存在单态射 $X \longrightarrow M$, 其中 $M \in \Omega$.

设 X 是 $\mathcal{A}$ 上的下有界复形. 则存在拟同构 $f: X \longrightarrow M$, 其中 M 是 $\mathcal{A}$ 上的下有界 Ω-复形, 并且 f 是单的链映射.

特别地, 若 X 是有界复形, 则存在拟同构 $f: X \longrightarrow M$, 其中 M 是下有界 Ω-复形且只有有限多个上同调对象非零.

命题 4.3.3 (1) 设 C 是任一无环复形, I 是下有界内射复形. 则 $[C, I] = 0$.

(2) 设 C 是下有界无环复形, I 是任一内射复形. 则 $[C, I] = 0$.

推论 4.3.4 (1) 设 I 是下有界内射复形. 则任一拟同构 $c: X \longrightarrow Y$ 诱导出 Abel 群的同构 $[c, I]: [Y, I] \longrightarrow [X, I]$.

(2) 设 I 是任一内射复形. 则下有界复形间的拟同构 $c: X \longrightarrow Y$ 诱导出 Abel 群的同构 $[c, I]: [Y, I] \longrightarrow [X, I]$.

推论 4.3.5 设 I 是下有界内射复形, Y 是任一复形, $c: I \longrightarrow Y$ 是拟同构. 则存在拟同构 $f: Y \longrightarrow I$ 使得 fc 同伦于 Id_I.

推论 4.3.6 设 $u: I \longrightarrow J$ 是拟同构, 其中 I 和 J 均为下有界内射复形. 则 u 是同伦等价.

推论 4.3.7 $K^+(\mathcal{A})$ 中任一对象 X 有唯一的内射分解. 即存在 $I \in K^+(\mathcal{I})$ 使得有拟同构 $c_X: X \longrightarrow I$; 而且若 $\alpha: X \longrightarrow Y$ 是 $K^+(\mathcal{A})$ 中的同伦等价, $c_Y: Y \longrightarrow J$ 是拟同构, 其中 $J \in K^+(\mathcal{I})$, 则存在唯一的同伦等价 $u: I \longrightarrow J$ 使得 $uc_X = c_Y\alpha$.

命题 4.3.8 (1) 存在加法函子 $\rho: K^+(\mathcal{A}) \longrightarrow K^+(\mathcal{I})$ 左伴随于嵌入函子 $i: K^+(\mathcal{I}) \longrightarrow K^+(\mathcal{A})$, 使得对于任意 $X \in K^+(\mathcal{A})$ 存在拟同构 $c_X: X \longrightarrow \rho X$; 并且对于任意 $f \in \mathrm{Hom}_{K^+(\mathcal{A})}(X, Y)$ 有同伦交换图

$$\begin{array}{ccc} X & \xrightarrow{f} & Y \\ {\scriptstyle c_X}\downarrow & & \downarrow{\scriptstyle c_Y} \\ \rho X & \xrightarrow{\rho f} & \rho Y \end{array}$$

(2) 上述函子 ρ 是三角函子.

4.4 同伦投射复形

前面我们得到上有界复形的投射分解和下有界复形的内射分解. 在此基础上, 我们要讨论任意复形的同伦投射分解. 为此需要同伦投射复形的概念. 以下均设 $\mathcal{A}$ 是 Abel 范畴 (无需设 $\mathcal{A}$ 有足够多投射对象).

定义 4.4.1 设 $\mathcal{A}$ 是 Abel 范畴. $\mathcal{A}$ 上的复形 P 称为同伦投射复形, 如果对 $\mathcal{A}$ 上的每个无环复形 E, Hom 复形 $\mathrm{Hom}^\bullet(P, E)$ 仍是无环复形; 或等价地, $\mathrm{Hom}_{K(\mathcal{A})}(P, E) = 0$.

同伦投射复形 (例如 [MurDC]) 在不同的文献中又被称为 K- 投射复形 (例如 [GM], [Ser], [Sp], [TLS]); 在同伦范畴中它又被称为 dg- 投射复形 (例如 [Av]), 半投射复形 (例如 [CFH]), 等等 (例如 [BN]).

由定义即知 $\mathcal{A}$ 中对象 X 的轴复形是同伦投射复形当且仅当 X 是投射对象. 由命题 4.2.3 (1) 立即知道

例 4.4.2 上有界的投射复形是同伦投射复形.

引理 4.4.3 设 $\mathcal{A}$ 是 Abel 范畴. 则

(i) 同伦投射复形的有限直和是同伦投射复形.

(ii) 若 $\mathcal{A}$ 有无限直和, 则同伦投射复形的无限直和也是同伦投射复形.

(iii) 同伦投射复形的平移仍是同伦投射复形; 在 $K(\mathcal{A})$ 的好三角中, 若有两项是同伦投射复形, 则另一项也是同伦投射复形.

换言之, 同伦投射复形的全体作成 $K(\mathcal{A})$ 的厚子范畴, 即对直和项封闭的 $K(\mathcal{A})$ 的三角子范畴, 记为 $K_{hproj}(\mathcal{A})$.

(iv) 设 $\mathcal{P}$ 是 $\mathcal{A}$ 中所有投射对象作成的全子加法范畴(仍无需设 $\mathcal{A}$ 有足够多投射对象). 则 $K_{hproj}(\mathcal{A}) \supseteq K^-(\mathcal{P})$.

证 因为函子 $\mathrm{Hom}_{K(\mathcal{A})}(-, E)$ 保持有限直和, 故 (i) 是显然的.

若 $\mathcal{A}$ 有无限直和, 则复形范畴 $C(\mathcal{A})$ 和同伦范畴 $K(\mathcal{A})$ 也有无限直和, 并且

$$\mathrm{Hom}_{K(\mathcal{A})}(\bigoplus_{i \in I} P_i, E) \cong \prod_{i \in I} \mathrm{Hom}_{K(\mathcal{A})}(P_i, E).$$

由此即得 (ii).

因为 $\mathrm{Hom}_{K(\mathcal{A})}(-, E)$ 是上同调函子, 由此即得 (iii).

(iv) 由例 4.4.2 即得. ∎

引理 4.4.4 设 $\mathcal{A}$ 是 Abel 范畴, $P \in K(\mathcal{A})$. 则下述等价:

(i) $P \in K_{hproj}(\mathcal{A})$;

(ii) 函子 $\mathrm{Hom}^\bullet(P, -): K(\mathcal{A}) \to K(Ab)$ 保持拟同构;

(iii) 任意拟同构 $s: X \longrightarrow Y$ 诱导Abel群之间的同构

$$\mathrm{Hom}_{K(\mathcal{A})}(P, s): \mathrm{Hom}_{K(\mathcal{A})}(P, X) \longrightarrow \mathrm{Hom}_{K(\mathcal{A})}(P, Y);$$

(iv) 对 $K(\mathcal{A})$ 中的每个态射图

$$\begin{array}{ccc} & & X \\ & & \downarrow s \\ P & \xrightarrow{f} & Y \end{array}$$

其中 s 是拟同构, 存在唯一的链映射 $h: P \longrightarrow X$ 使得 sh 同伦于 f;

(v) 任意拟同构 $s: X \longrightarrow P$ 在 $K(\mathcal{A})$ 中均可裂满, 即存在链映射 $g: P \longrightarrow X$ 使得 sg 同伦于 Id_P.

证 (i) $\Longrightarrow$ (ii): 由命题 2.7.2 即得.

(ii) $\Longrightarrow$ (iii): 由关键公式即知.

(iii) $\Longrightarrow$ (iv) 和 (iv) $\Longrightarrow$ (v) 均是显然的.

(v) $\Longrightarrow$ (i): 设 E 是 $\mathcal{A}$ 上的无环复形, $f \in \mathrm{Hom}_{K(\mathcal{A})}(P, E)$. 则在 $K(\mathcal{A})$ 中的好三角
$$X \xrightarrow{s} P \xrightarrow{f} E \longrightarrow X[1]$$
中 s 是拟同构, 由题设知 s 可裂满. 由引理 1.3.5 知 $f = 0$. ■

完全类似于推论 4.2.6 的证明我们得到

推论 4.4.5 设 $\mathcal{A}$ 是Abel 范畴, $u: Q \longrightarrow P$ 是拟同构, 其中 Q 和 P 均为同伦投射复形. 则 u 是同伦等价.

4.5 任意复形的同伦投射分解

我们将拟同构 $P \longrightarrow X$, 其中 $P \in K_{hproj}(\mathcal{A})$, 称为复形 X 的同伦投射分解. 同伦投射分解在不同的文献中又被称为 K- 投射分解; 在同伦范畴中它又被称为 dg- 投射分解, 半投射分解.

由定理 4.2.1 知上有界复形的同伦投射分解是存在的. 本节的目的是要证明: Grothendieck 范畴 $\mathcal{A}$ 上的任意复形均存在唯一的同伦投射分解. 这一结果在第 5 章中将具有重要意义.

下设 $\mathcal{A}$ 是余完备的 Abel 范畴, 即有无限直和的 Abel 范畴. 则复形范畴 $C(\mathcal{A})$ 也是余完备的 Abel 范畴; 而同伦范畴 $K(\mathcal{A})$ 是余完备的三角范畴, 即有无限直和的三角范畴.

设有 $\mathcal{A}$ 中态射的无限序列
$$M_0 \xrightarrow{m_0} M_1 \xrightarrow{m_1} M_2 \xrightarrow{m_2} M_3 \xrightarrow{m_3} \cdots. \tag{4.1}$$

令 $\sigma_i: M_i \longrightarrow \bigoplus_{i=0}^{\infty} M_i$ 是典范单态射, $\forall i \geqslant 0$. 由直和的定义知态射 $\sigma_{i+1} m_i: M_i \longrightarrow \bigoplus_{i=0}^{\infty} M_i \ (i \geqslant 0)$ 诱导出唯一的态射 $m: \bigoplus_{i=0}^{\infty} M_i \longrightarrow \bigoplus_{i=0}^{\infty} M_i$ 使得
$$m\sigma_i = \sigma_{i+1} m_i, \quad \forall i \geqslant 0. \tag{4.2}$$

引理 4.5.1 设 $\mathcal{A}$ 是余完备的Abel范畴. 沿用上述记号, 则 $\operatorname{Coker}(1-m) = \varinjlim M_n$.

证 记 $\pi: \bigoplus_{i=0}^{\infty} M_i \longrightarrow \operatorname{Coker}(1-m)$ 是典范态射. 令 $\varphi_n = \pi\sigma_n : M_n \longrightarrow \operatorname{Coker}(1-m)$, $\forall n \geqslant 0$. 由 (4.2) 知

$$\varphi_n - \varphi_{n+1} m_n = \pi(\sigma_n - \sigma_{n+1} m_n) = \pi(\sigma_n - m\sigma_n) = \pi(1-m)\sigma_n = 0.$$

设有态射 $f_n: M_n \longrightarrow X$ 满足 $f_n = f_{n+1} m_n$, $\forall n \geqslant 0$. 由直和的定义存在 $g: \bigoplus_{i=0}^{\infty} M_i \longrightarrow X$ 使得 $g\sigma_n = f_n$, $\forall n \geqslant 0$. 则 $g(1-m) = 0$ (事实上, 由直和的定义只要说明 $g(1-m)\sigma_n = 0$, $\forall n \geqslant 0$. 由 f_n 和 g 的性质知这是对的). 从而 g 通过 $\operatorname{Coker}(1-m)$ 分解, 即存在 $\beta: \operatorname{Coker}(1-m) \longrightarrow X$ 使得 $g = \beta\pi$. 于是

$$f_n = g\sigma_n = \beta\pi\sigma_n = \beta\varphi_n, \quad \forall n \geqslant 0.$$

这就证明了 $\operatorname{Coker}(1-m) = \varinjlim M_n$. ∎

对象 P 称为生成子, 如果函子 $\operatorname{Hom}_{\mathcal{A}}(P, -)$ 是忠实的. 余完备的Abel范畴 $\mathcal{A}$ 称为Grothendieck 范畴, 如果 $\mathcal{A}$ 有正合的正向极限, 并且有生成子. 从现在开始到本节结尾, 我们要设 $\mathcal{A}$ 是 Grothendieck 范畴. 关于Grothendieck 范畴的定义的详细解释和性质参见附录. 特别地, 环的模范畴是Grothendieck范畴.

引理 4.5.2 设 $\mathcal{A}$ 是 Grothendieck 范畴. 沿用上述记号, 则 $1-m: \bigoplus_{i=0}^{\infty} M_i \longrightarrow \bigoplus_{i=0}^{\infty} M_i$ 是单态射.

证 这个事实在模范畴中用元素分析法显而易见. 但在抽象的 Grothendieck 范畴中却颇费笔墨. 由直和的定义知存在唯一的态射 $\pi_i: \bigoplus_{i=0}^{\infty} M_i \longrightarrow M_i$, $\forall i \geqslant 0$, 使得

$$\pi_i \sigma_i = \operatorname{Id}_{M_i}, \quad \pi_i \sigma_j = 0, \quad \forall j \neq i. \tag{4.3}$$

设 $p_i: \prod_{i=0}^{\infty} M_i \longrightarrow M_i$ 是典范态射. 由直积的定义知存在唯一的态射

$$\sigma: \bigoplus_{i=0}^{\infty} M_i \longrightarrow \prod_{i=0}^{\infty} M_i$$

使得

$$p_i \sigma = \pi_i, \quad \forall i \geqslant 0. \tag{4.4}$$

我们需要使用 Grothendieck 范畴的一条基本性质: 典范态射 $\sigma: \bigoplus_{i=0}^{\infty} M_i \longrightarrow \prod_{i=0}^{\infty} M_i$ 是单态射. 参见附录 12.16 节引理 12.16.4.

设 $\beta: X \longrightarrow \bigoplus_{i=0}^{\infty} M_i$ 满足 $(1-m)\beta = 0$. 我们要证 $\beta = 0$. 由上述性质只要证 $\sigma\beta = 0$. 由直积的定义知只要证 $p_i\sigma\beta = 0, \forall i \geqslant 0$. 由 (4.4) 只要证 $\pi_i\beta = 0, \forall i \geqslant 0$. 因为 $\beta = m\beta$, 故只要证 $\pi_i m\beta = 0, \forall i \geqslant 0$. 注意到

$$\pi_0 m = 0, \quad \pi_i m = m_{i-1}\pi_{i-1}, \quad \forall i \geqslant 1 \tag{4.5}$$

(事实上, 由直和的定义只要说明 $\pi_0 m\sigma_j = 0, \forall j \geqslant 0$, $\pi_i m\sigma_j = m_{i-1}\pi_{i-1}\sigma_j, \forall j \geqslant 0$. 由 (4.2) 和 (4.3) 知这的确是对的). 于是 $\pi_0 m\beta = 0$, 并且对于 $i \geqslant 1$, 由 (4.5) 知

$$\pi_i m\beta = m_{i-1}\pi_{i-1}\beta = m_{i-1}\pi_{i-1}m\beta,$$

由归纳法即知 $\pi_i m\beta = 0, \forall i \geqslant 1$. ∎

Abel 范畴 $\mathcal{A}$ 满足 AB4, 或称为有正合的直和, 如果 $\mathcal{A}$ 有无限直和, 并且若 $0 \longrightarrow L_i \longrightarrow M_i \longrightarrow N_i \longrightarrow 0$ 是 $\mathcal{A}$ 中短正合列, $\forall i \in I$, I 是任意指标集, 则诱导态射序列 $0 \longrightarrow \bigoplus_{i \in I} L_i \longrightarrow \bigoplus_{i \in I} M_i \longrightarrow \bigoplus_{i \in I} N_i \longrightarrow 0$ 也是 $\mathcal{A}$ 中短正合列. 这等价于 $\mathcal{A}$ 有无限直和, 并且无限直和保持单态射 (无限直和保持满态射是平凡的).

引理 4.5.3 设 $\mathcal{A}$ 是 Grothendieck 范畴. 则

(i) $\mathcal{A}$ 有正合的直和.

(ii) 设 $v_i: P_i \longrightarrow X_i$ 是复形范畴 $C(\mathcal{A})$ 中的拟同构, $\forall i \in I$. 则 $\bigoplus v_i: \bigoplus_{i \in I} P_i \longrightarrow \bigoplus_{i \in I} X_i$ 也是拟同构.

证 (i) 这是 Grothendieck 范畴的一条基本性质. 证明例如参见 [Mit], 或 [MurAC, Lemma 57].

(ii) 复形 P_i 的直和 $\bigoplus_{i \in I} P_i$ 的第 n 次微分就是 P_i 的第 n 次微分 d_i^n 的直和 $\bigoplus_{i \in I} d_i^n$. 由 (i) 知

$$\mathrm{Ker}(\bigoplus_{i \in I} d_i^n) = \bigoplus_{i \in I} \mathrm{Ker} d_i^n, \quad \mathrm{Im}(\bigoplus_{i \in I} d_i^n) = \bigoplus_{i \in I} \mathrm{Im} d_i^n.$$

故 $\bigoplus v_i: \bigoplus_{i \in I} P_i \longrightarrow \bigoplus_{i \in I} X_i$ 诱导的第 n 次上同调对象之间的态射为

$$\mathrm{H}^n(\bigoplus_{i \in I} v_i) = \bigoplus_{i \in I} \mathrm{H}^n(v_i): \bigoplus_{i \in I} \mathrm{H}^n(P_i) \longrightarrow \bigoplus_{i \in I} \mathrm{H}^n(X_i).$$

由题设它当然是同构. ∎

现在我们可以证明任意复形的同伦投射分解的存在性和唯一性了.

定理 4.5.4(N. Spaltenstein [Sp]; M. Bökstedt, A. Neeman [BN]; D. Murfet [MurDC]) 设 $\mathcal{A}$ 是有足够多投射对象的Grothendieck 范畴. 则 $\mathcal{A}$ 上任意复形 X 均有同伦投射分解, 即存在拟同构 $f: P \longrightarrow X$, 其中 P 是同伦投射复形. 并且, P 还是投射复形; 而且 f 还可以取为满态射. 从而任意复形均有投射分解.

复形的同伦投射分解在同伦范畴中是唯一的. 即若 $\alpha: X \longrightarrow Y$ 是同伦等价, $c_X: P \longrightarrow X$ 和 $c_Y: Q \longrightarrow Y$ 分别是 X 和 Y 的同伦投射分解, 则存在唯一的同伦等价 $u: P \longrightarrow Q$ 使得 $\alpha c_X = c_Y u$.

证 由定理 4.2.1, X 的左温和截断 $\tau_{\leqslant n}X$ 有投射分解 $v_n: P_n \longrightarrow \tau_{\leqslant n}X$. 由链映射序列
$$\tau_{\leqslant 0}X \xrightarrow{u_0} \tau_{\leqslant 1}X \xrightarrow{u_1} \tau_{\leqslant 2}X \xrightarrow{u_2} \tau_{\leqslant 3}X \xrightarrow{u_3} \cdots$$
和命题 4.2.8(1) 得到同伦范畴中的交换图
$$\begin{array}{ccccccccc} P_0 & \xrightarrow{\rho_0} & P_1 & \xrightarrow{\rho_1} & P_2 & \xrightarrow{\rho_2} & \cdots & \xrightarrow{} & P_n & \xrightarrow{\rho_n} & \cdots \\ \downarrow v_0 & & \downarrow v_1 & & \downarrow v_2 & & & & \downarrow v_n & & \\ \tau_{\leqslant 0}X & \xrightarrow{u_0} & \tau_{\leqslant 1}X & \xrightarrow{u_1} & \tau_{\leqslant 2}X & \xrightarrow{u_2} & \cdots & \xrightarrow{} & \tau_{\leqslant n}X & \xrightarrow{u_n} & \cdots \end{array}$$

由附录中引理 12.16.2 知 $C(\mathcal{A})$ 也是 Grothendieck 范畴. 由 (4.2), 我们有链映射
$$u: \bigoplus_{i=0}^{\infty} \tau_{\leqslant i}X \longrightarrow \bigoplus_{i=0}^{\infty} \tau_{\leqslant i}X, \quad \rho: \bigoplus_{i=0}^{\infty} P_i \longrightarrow \bigoplus_{i=0}^{\infty} P_i,$$
使得
$$u\sigma_i^X = \sigma_{i+1}^X u_i, \quad \rho\sigma_i^P = \sigma_{i+1}^P \rho_i, \quad \forall\, i \geqslant 0, \tag{4.6}$$
其中 $\sigma_i^P: P_i \longrightarrow \bigoplus_{i=0}^{\infty} P_i$, 和 $\sigma_i^X: \tau_{\leqslant i}X \longrightarrow \bigoplus_{i=0}^{\infty} \tau_{\leqslant i}X$ 是典范嵌入. 由直和的性质知存在唯一的链映射 $\oplus v_i: \bigoplus_{i=0}^{\infty} P_i \longrightarrow \bigoplus_{i=0}^{\infty} \tau_{\leqslant i}X$ 使得
$$\sigma_i^X v_i = (\bigoplus v_i)\sigma_i^P, \quad \forall\, i \geqslant 0. \tag{4.7}$$
由此即得同伦交换图
$$\begin{array}{ccc} \bigoplus_{i=0}^{\infty} P_i & \xrightarrow{1-\rho} & \bigoplus_{i=0}^{\infty} P_i \\ \downarrow{\oplus v_i} & & \downarrow{\oplus v_i} \\ \bigoplus_{i=0}^{\infty} \tau_{\leqslant i}X & \xrightarrow{1-u} & \bigoplus_{i=0}^{\infty} \tau_{\leqslant i}X \end{array}$$

4.5 任意复形的同伦投射分解

事实上, 只要说明 $u(\bigoplus v_i) = (\bigoplus v_i)\rho$. 由直和的性质只要说明

$$u(\oplus v_i)\sigma_i^P = (\oplus v_i)\rho\sigma_i^P, \quad \forall\, i \geqslant 0.$$

由 (4.7) 和 (4.6) 知这是对的. 于是得到 $\mathcal{K}(\mathcal{A})$ 中好三角的交换图

$$\begin{array}{ccccccc}
\bigoplus\limits_{i=0}^{\infty} P_i & \xrightarrow{1-\rho} & \bigoplus\limits_{i=0}^{\infty} P_i & \longrightarrow & \mathrm{Cone}(1-\rho) & \longrightarrow & (\bigoplus\limits_{i=0}^{\infty} P_i)[1] \\
\downarrow{\oplus v_i} & & \downarrow{\oplus v_i} & & \downarrow{h} & & \downarrow{(\oplus v_i)[1]} \\
\bigoplus\limits_{i=0}^{\infty} \tau_{\leqslant i} X & \xrightarrow{1-u} & \bigoplus\limits_{i=0}^{\infty} \tau_{\leqslant i} X & \longrightarrow & \mathrm{Cone}(1-u) & \longrightarrow & (\bigoplus\limits_{i=0}^{\infty} \tau_{\leqslant i} X)[1]
\end{array}$$

由引理 4.5.3(ii) 知 $\bigoplus v_i$ 是拟同构, 从而 h 也是拟同构 (由定理 2.4.1 和五引理).

另一方面, 由引理 4.5.2 知有如下复形的短正合列

$$0 \longrightarrow \bigoplus_{i=0}^{\infty} \tau_{\leqslant i} X \xrightarrow{1-u} \bigoplus_{i=0}^{\infty} \tau_{\leqslant i} X \longrightarrow \mathrm{Coker}(1-u) \longrightarrow 0.$$

应用命题 2.3.2 知有拟同构 $g: \mathrm{Cone}(1-u) \longrightarrow \mathrm{Coker}(1-u)$. 所以我们得到拟同构 $f := gh: \mathrm{Cone}(1-\rho) \longrightarrow \mathrm{Coker}(1-u)$.

由引理 4.5.1 和引理 2.6.2(i) 知 $\mathrm{Coker}(1-u) = \varinjlim \tau_{\leqslant n} X = X$. 于是最后有拟同构

$$f: \mathrm{Cone}(1-\rho) \longrightarrow X. \tag{4.8}$$

因为每个 P_i 均是上有界投射复形, 故 P_i 均是同伦投射复形, 从而 $\bigoplus\limits_{i=0}^{\infty} P_i$ 是同伦投射复形; 再由好三角

$$\bigoplus_{i=0}^{\infty} P_i \xrightarrow{1-\rho} \bigoplus_{i=0}^{\infty} P_i \longrightarrow \mathrm{Cone}(1-\rho) \longrightarrow (\bigoplus_{i=0}^{\infty} P_i)[1]$$

即知 $\mathrm{Cone}(1-\rho)$ 是同伦投射复形, 并且 $\mathrm{Cone}(1-\rho)$ 是投射复形. 如果必要, 考虑 $\mathrm{Cone}(1-\rho)$ 与形如 $\cdots 0 \longrightarrow P \xrightarrow{\mathrm{Id}_P} P \longrightarrow 0 \longrightarrow \cdots$ 的投射复形的直和, 总可以使得 $f: \mathrm{Cone}(1-\rho) \longrightarrow X$ 成为满态射.

类似推论 4.2.7 可证复形同伦投射分解的唯一性. ∎

推论 4.5.5 设 $\mathcal{A}$ 是有足够多投射对象的Grothendieck范畴. 则任意同伦投射复形均同伦等价于某个投射复形. 从而有

$$K^-(\mathcal{P}) \subseteq K_{hproj}(\mathcal{A}) \subseteq K(\mathcal{P}),$$

其中 $\mathcal{P}$ 是 $\mathcal{A}$ 中所有投射对象作成的全子加法范畴.

证 设 Q 是同伦投射复形. 由定理 4.5.4 知存在拟同构 $f: P \longrightarrow Q$, 其中 P 是同伦投射复形且 P 还是投射复形. 由推论 4.4.5 即知 f 是同伦等价. ∎

注 同伦投射复形虽然同伦等价于某个投射复形, 但其本身未必是投射复形, 即在复形范畴中它未必同构于投射复形. 既是投射复形又是同伦投射复形通常称为 dg-投射复形 (例如 [Av]).

完全类似于命题 4.2.8 的证明我们可得

命题 4.5.6 设 $\mathcal{A}$ 是有足够多投射对象的Grothendieck范畴. 则

(1) 存在加法函子 $\rho: K(\mathcal{A}) \longrightarrow K_{hproj}(\mathcal{A})$ 右伴随于嵌入函子 $i: K_{hproj}(\mathcal{A}) \longrightarrow K(\mathcal{A})$, 使得对于任意 $X \in K(\mathcal{A})$ 存在拟同构 $c_X: \rho X \longrightarrow X$; 并且对于任意 $f \in \mathrm{Hom}_{K(\mathcal{A})}(X, Y)$ 有同伦交换图

$$\begin{array}{ccc} \rho X & \xrightarrow{\rho f} & \rho Y \\ {\scriptstyle c_X}\downarrow & & \downarrow{\scriptstyle c_Y} \\ X & \xrightarrow{f} & Y \end{array}$$

(2) 上述函子 ρ 是三角函子.

作为定理 4.5.4 的一个应用, 我们有如下有趣的结论.

命题 4.5.7 设 $\mathcal{A}$ 是有足够多投射对象的Grothendieck范畴. 则对于 $\mathcal{A}$ 上的任意复形 X, 均存在复形的链可裂短正合列

$$0 \longrightarrow X \longrightarrow E \longrightarrow P \longrightarrow 0,$$

其中 E 是正合列, P 是dg-投射复形.

证 由 X 的 dg-投射分解知有拟同构 $f: P \longrightarrow X$, 其中 P 是 dg-投射复形. 由同伦范畴中的好三角

$$P \xrightarrow{f} X \longrightarrow \mathrm{Cone}(f) \longrightarrow P[1]$$

知 $\mathrm{Cone}(f)$ 是正合列; 这个好三角的后三项就是所要的链可裂短正合列. ∎

注记 4.5.8 设 $\mathcal{T}$ 是三角范畴且存在无限直和. 对于任意无限的态射序列

$$U_0 \xrightarrow{u_0} U_1 \xrightarrow{u_1} U_2 \xrightarrow{u_2} U_3 \xrightarrow{u_3} \cdots,$$

4.5 任意复形的同伦投射分解

令 $u: \bigoplus_{i=0}^{\infty} U_i \longrightarrow \bigoplus_{i=0}^{\infty} U_i$ 是态射, 使得

$$u\sigma_i = \sigma_{i+1}u_i, \quad \forall\, i \geqslant 0.$$

将 $\mathrm{Cone}(1-u)$ 称为该序列的同伦极限(例如参见[BN], [N], [MurDC]), 记为 $\underrightarrow{\mathrm{holim}}\, u_i$ 或 $\underrightarrow{\mathrm{holim}}\, U_i$. 也就是说有 $\mathcal{T}$ 中的好三角

$$\bigoplus_{i=0}^{\infty} U_i \xrightarrow{1-u} \bigoplus_{i=0}^{\infty} U_i \longrightarrow \underrightarrow{\mathrm{holim}}\, U_i \longrightarrow \Big(\bigoplus_{i=0}^{\infty} U_i\Big)[1].$$

同伦极限在同构意义下是唯一确定的.

使用这个术语, 我们将定理4.5.4重新表述如下. 设 $\mathcal{A}$ 是有足够多投射对象的Grothendieck 范畴. 则 $\mathcal{A}$ 上任意复形 X 均有同伦投射分解 $f: P \longrightarrow X$, 其中 $P = \underrightarrow{\mathrm{holim}}\, \rho_i$ 是dg-投射复形, 并且, 复形的同伦投射分解在同伦范畴中是唯一的, 其中

$$\begin{array}{ccccccccc}
P_0 & \xrightarrow{\rho_0} & P_1 & \xrightarrow{\rho_1} & P_2 & \xrightarrow{\rho_2} & \cdots & \xrightarrow{} & P_n & \xrightarrow{\rho_n} & \cdots \\
{\scriptstyle v_0}\downarrow & & {\scriptstyle v_1}\downarrow & & {\scriptstyle v_2}\downarrow & & & & {\scriptstyle v_n}\downarrow & & \\
\tau_{\leqslant 0}X & \xrightarrow{u_0} & \tau_{\leqslant 1}X & \xrightarrow{u_1} & \tau_{\leqslant 2}X & \xrightarrow{u_2} & \cdots & \xrightarrow{} & \tau_{\leqslant n}X & \xrightarrow{u_n} & \cdots
\end{array}$$

是同伦范畴中的交换图, $\tau_{\leqslant i}X$ 是 X 的左温和截断, $v_i: P_i \longrightarrow \tau_{\leqslant i}X$ 是上有界复形 $\tau_{\leqslant i}X$ 的投射分解.

在复形范畴中, 上述同伦投射分解 $f: P \longrightarrow X$, 还可以取为满态射.

命题 4.5.9 设 $\mathcal{A}$ 是有足够多投射对象的Grothendieck 范畴, $\mathcal{P}$ 是 $\mathcal{A}$ 的所有投射对象构成的全子范畴. 令 $\mathrm{Tri}(\mathcal{P})$ 是同伦范畴 $K(\mathcal{A})$ 的包含 $\mathcal{P}$ 并且对于无限直和封闭的最小的三角子范畴. 则 $\mathrm{Tri}(\mathcal{P}) = K_{hproj}(\mathcal{A})$.

证 $K_{hproj}(\mathcal{A})$ 是 $K(\mathcal{A})$ 的包含 $\mathcal{P}$、并且对于无限直和封闭的三角子范畴, 故 $\mathrm{Tri}(\mathcal{P}) \subseteq K_{hproj}(\mathcal{A})$.

首先我们断言: $K^-(\mathcal{P}) \subseteq \mathrm{Tri}(\mathcal{P})$. 事实上, 对于任意上有界投射复形 P 我们有强制截断 $P_{\geqslant n}$ 诱导的无限态射序列

$$P_{\geqslant 0} \xrightarrow{m_0} P_{\geqslant -1} \xrightarrow{m_{-1}} P_{\geqslant -2} \xrightarrow{m_{-2}} P_{\geqslant -3} \longrightarrow \cdots$$

其中每个 m_i 均是单态射, 每个 $P_{\geqslant i}$ 均是有界投射复形 (参见 §2.6), 从而 $P_{\geqslant i} \in \mathrm{Tri}(\mathcal{P})$. 由引理 2.6.2$(iv)$ 知 $\varinjlim_{i \leqslant 0} P_{\geqslant i} = P$. 另一方面, 我们有态射

$$1 - m : \bigoplus_{i=0}^{-\infty} P_{\geqslant i} \longrightarrow \bigoplus_{i=0}^{-\infty} P_{\geqslant i}$$

且由引理 4.5.1 知 $\mathrm{Coker}(1-m) = \varinjlim_{i \leqslant 0} P_{\geqslant i} = P$. 由引理 4.5.2 知 $1-m$ 也是单射, 由命题 2.3.2 知有拟同构 $\mathrm{Cone}(1-m) \longrightarrow \mathrm{Coker}(1-m) = P$. 因 P 与 $\mathrm{Cone}(1-m)$ 均是投射复形, 故 P 与 $\mathrm{Cone}(1-m)$ 同伦等价, 从而 $P \in \mathrm{Tri}(\mathcal{P})$. 断言得证.

设 $P \in K_{hproj}(\mathcal{A})$. 考虑 P 的左温和截断 $\tau_{\leqslant n} P$. 则由定理 4.5.4 的证明过程以及上述断言知有拟同构 $Q \longrightarrow P$, 其中 Q 是同伦投射复形且 $Q \in \mathrm{Tri}(\mathcal{P})$. 又 P 与 Q 均是同伦投射复形, 故 P 与 Q 同伦等价 (推论 4.4.5), 从而 $P \in \mathrm{Tri}(\mathcal{P})$. ∎

4.6 任意复形的同伦内射分解

对偶地, 我们有同伦内射复形和复形的同伦内射分解. 我们只列出相关的概念和结果, 其证明基本上是对偶的, 留作习题. 关于无界复形的同伦内射分解也参见文 [ATJLSS] 中的处理. 设 $\mathcal{A}$ 是 Abel 范畴 (暂时无需设 $\mathcal{A}$ 有足够多内射对象).

Abel 范畴 $\mathcal{A}$ 上的复形 I 是同伦内射复形, 如果对每个无环复形 E, Hom 复形 $\mathrm{Hom}^\bullet(E, I)$ 仍是无环复形; 或等价地, $\mathrm{Hom}_{K(\mathcal{A})}(E, I) = 0$.

同伦内射复形在不同的文献中又被称为 K-内射复形; 在同伦范畴中它又被称为 dg-内射复形, 半内射复形. $\mathcal{A}$ 中对象 X 的轴复形是同伦内射复形当且仅当 X 是内射对象.

例 4.6.1 下有界的内射复形是同伦内射复形.

引理 4.6.2 设 $\mathcal{A}$ 是 Abel 范畴. 则

(i) 同伦内射复形的有限直和是同伦内射复形.

(ii) 若 $\mathcal{A}$ 有直积, 则同伦内射复形的直积也是同伦内射复形.

(iii) 同伦内射复形的平移仍是同伦内射复形; 在 $K(\mathcal{A})$ 的好三角中, 若有两项是同伦内射复形, 则另一项也是同伦内射复形.

换言之, 同伦内射复形的全体作成 $K(\mathcal{A})$ 的厚子范畴, 即对直和项封闭的 $K(\mathcal{A})$ 的三角子范畴, 记为 $K_{hinj}(\mathcal{A})$.

(iv) 设 $\mathcal{I}$ 是 $\mathcal{A}$ 中所有内射对象作成的全子加法范畴(仍无需设 $\mathcal{A}$ 有足够多内射对象). 则 $K_{hinj}(\mathcal{A}) \supseteq K^+(\mathcal{I})$.

引理 4.6.3 设 $\mathcal{A}$ 是 Abel 范畴, $I \in K(\mathcal{A})$. 则下述等价:

(i) $I \in K_{hinj}(\mathcal{A})$;

(ii) 函子 $\mathrm{Hom}^\bullet(-, I) : K(\mathcal{A}) \to K(Ab)$ 保持拟同构;

(iii) 任意拟同构 $s: X \longrightarrow Y$ 诱导Abel群之间的同构

$$\mathrm{Hom}_{K(\mathcal{A})}(s, I): \mathrm{Hom}_{K(\mathcal{A})}(Y, I) \longrightarrow \mathrm{Hom}_{K(\mathcal{A})}(X, I);$$

(iv) 对 $K(\mathcal{A})$ 中的每个态射图

$$\begin{array}{ccc} Y & \xrightarrow{f} & I \\ {\scriptstyle s}\downarrow & & \\ X & & \end{array}$$

其中 s 是拟同构, 存在唯一的链映射 $h: X \longrightarrow I$ 使得 hs 同伦于 f;

(v) 任意拟同构 $s: I \longrightarrow X$ 在 $K(\mathcal{A})$ 中均可裂单, 即存在链映射 $g: X \longrightarrow I$ 使得 gs 同伦于 Id_I.

推论 4.6.4 设 $\mathcal{A}$ 是Abel范畴, $u: I \longrightarrow J$ 是拟同构, 其中 I 和 J 均为同伦内射复形. 则 u 是同伦等价.

我们将拟同构 $X \longrightarrow I$, 其中 $I \in K_{hinj}(\mathcal{A})$, 称为复形 X 的同伦内射分解. 同伦内射分解在不同的文献中又被称为 K- 内射分解; 在同伦范畴中它又被称为 dg-内射分解, 半内射分解.

下设 $\mathcal{A}$ 是完备的 Abel 范畴, 即有直积的 Abel 范畴. 则复形范畴 $C(\mathcal{A})$ 也是完备的 Abel 范畴; 而同伦范畴 $K(\mathcal{A})$ 是完备的三角范畴, 即有直积的三角范畴.

设有 $\mathcal{A}$ 中态射的无限序列

$$\cdots \longrightarrow M_3 \xrightarrow{m_3} M_2 \xrightarrow{m_2} M_1 \xrightarrow{m_1} M_0. \tag{4.9}$$

令 $p_i: \prod_{i=0}^{\infty} M_i \longrightarrow M_i$ 是典范满态射, $\forall i \geqslant 0$. 由直积的定义知态射 $m_i p_i: \prod_{i=0}^{\infty} M_i \longrightarrow M_{i-1}$ $(i \geqslant 1)$ 诱导出唯一的态射 $m: \prod_{i=0}^{\infty} M_i \longrightarrow \prod_{i=0}^{\infty} M_i$ 使得

$$p_{i-1} m = m_i p_i, \quad \forall i \geqslant 1. \tag{4.10}$$

引理 4.6.5 设 $\mathcal{A}$ 是完备的Abel范畴. 沿用上述记号, 则 $\mathrm{Ker}(1 - m) = \varprojlim M_n$.

下述引理的证明参见 [MufDC, Lemma 67].

引理 4.6.6 设 $\mathcal{A}$ 是完备的 Abel 范畴并且有投射生成子. 设有复形范畴 $C(\mathcal{A})$ 中链映射的无限序列

$$\cdots \longrightarrow M_3 \xrightarrow{m_3} M_2 \xrightarrow{m_2} M_1 \xrightarrow{m_1} M_0.$$

仍沿用 (4.10) 的记号 m. 如果每个 m_i 是满的, 则 $1-m: \prod_{i=0}^{\infty} M_i \longrightarrow \prod_{i=0}^{\infty} M_i$ 也是满的链映射.

Abel 范畴 $\mathcal{A}$ 满足 AB4*, 或称为有正合的直积, 如果 $\mathcal{A}$ 有直积, 并且若 $0 \longrightarrow L_i \longrightarrow M_i \longrightarrow N_i \longrightarrow 0$ 是 $\mathcal{A}$ 中短正合列, $\forall i \in I$, I 是任意指标集, 则诱导态射序列 $0 \longrightarrow \prod_{i \in I} L_i \longrightarrow \prod_{i \in I} M_i \longrightarrow \prod_{i \in I} N_i \longrightarrow 0$ 也是 $\mathcal{A}$ 中短正合列. 这等价于 $\mathcal{A}$ 有直积, 并且直积保持满态射 (直积保持单态射是平凡的).

引理 4.6.7 设 $\mathcal{A}$ 是有正合直积的 Abel 范畴. 设 $v_i: X_i \longrightarrow I_i$ 是复形范畴 $C(\mathcal{A})$ 中的拟同构, $\forall i \in J$. 则 $\prod v_i: \prod_{i \in J} X_i \longrightarrow \prod_{i \in J} I_i$ 也是拟同构.

现在准备工作已齐全, 利用复形 X 的右温和截断 $\tau_{\geqslant n} X$, 定理 4.3.1, 命题 4.3.8(1), 引理 4.6.6, 引理 4.6.7, 引理 4.6.5, 引理 2.6.2(ii), 命题 2.3.4, 引理 4.6.2, 完全对偶于定理 4.5.4 的证明, 我们可证下述

定理 4.6.8 设 $\mathcal{A}$ 是有足够多内射对象、有正合直积的 Abel 范畴, 并且 $\mathcal{A}$ 有投射生成子. 则 $\mathcal{A}$ 上任意复形 X 均有同伦内射分解, 即存在拟同构 $f: X \longrightarrow I$, 其中 I 是同伦内射复形, 并且 I 还是内射复形; 而且 f 还可以取为单态射.

复形的同伦内射分解在同伦范畴中是唯一的.

注 对于任意复形的链映射序列 (4.9), 在有些文献中 (例如 [MurDC], [BN], [N]), $\mathrm{Cone}(1-m)$ 被称为该序列的同伦余极限, 记为 $\varinjlim m_n$.

推论 4.6.9 设 $\mathcal{A}$ 是有足够多内射对象、有正合直积的 Abel 范畴, 并且 $\mathcal{A}$ 有投射生成子. 则任意同伦内射复形均同伦等价于某个内射复形. 从而有

$$K^+(\mathcal{I}) \subseteq K_{hinj}(\mathcal{A}) \subseteq K(\mathcal{I}),$$

其中 $\mathcal{I}$ 是 $\mathcal{A}$ 中所有内射对象作成的全子加法范畴.

注 同伦内射复形虽然同伦等价于某个内射复形, 但其本身未必是内射复形, 即在复形范畴中它未必同构于内射复形.

命题 4.6.10 设 $\mathcal{A}$ 是有足够多内射对象、有正合直积的 Abel 范畴, 并且 $\mathcal{A}$ 有投射生成子. 则

(1) 存在加法函子 $\rho: K(\mathcal{A}) \longrightarrow K_{hinj}(\mathcal{A})$ 左伴随于嵌入函子 $i: K_{hinj}(\mathcal{A}) \longrightarrow K(\mathcal{A})$, 使得对于任意 $X \in K(\mathcal{A})$ 存在拟同构 $c_X: X \longrightarrow \rho X$; 并且对于任意 $f \in \operatorname{Hom}_{K(\mathcal{A})}(X, Y)$ 有同伦交换图

$$\begin{array}{ccc} X & \xrightarrow{f} & Y \\ {\scriptstyle c_X}\downarrow & & \downarrow{\scriptstyle c_Y} \\ \rho X & \xrightarrow{\rho f} & \rho Y \end{array}$$

(2) 上述函子 ρ 是三角函子.

命题 4.6.11 设 $\mathcal{A}$ 是有足够多内射对象、有正合直积的 Abel 范畴, 并且 $\mathcal{A}$ 有投射生成子. 则对于 $\mathcal{A}$ 上的任意复形 X, 均存在复形的链可裂短正合列

$$0 \longrightarrow I \longrightarrow E \longrightarrow X \longrightarrow 0,$$

其中 E 是正合列, I 是 dg- 内射复形.

习　题

4.1　给出命题 4.1.2 证明的细节.

4.2　证明命题 4.1.3.

4.3　证明命题 4.1.4($1'$).

4.4　证明命题 4.1.5($1'$).

4.5　证明推论 4.1.6.

(利用命题 4.1.5.)

4.6　证明 4.3 节中全部结论.

4.7　设 $\mathcal{A}$ 是有足够多的投射对象的 Abel 范畴. 投射复形未必是复形范畴 $C(\mathcal{A})$ 的投射对象. 设 P 是 $\mathcal{A}$ 中任意投射对象. 则复形 $P^i(P)$ 是 $C(\mathcal{A})$ 的投射对象, 其中 $P^i(P)$ 的第 i 次和第 $(i+1)$ 次齐次分支为 P, 其余为零, 并且唯一的非零微分是恒等. $C(\mathcal{A})$ 中的任意投射对象是形如 $P^i(P)$ 的复形的直和的直和项; 并且 $C(\mathcal{A})$ 也是有足够多的投射对象的 Abel 范畴.

4.8　设 $u: Q \longrightarrow P$ 是拟同构, Q 和 P 均为同伦投射复形. 则 u 是同伦等价.

4.9　证明同伦投射分解的唯一性.

4.10 设 $\mathcal{A}$ 是有足够多投射对象的Grothendieck范畴. 则存在加法函子 $\rho: K(\mathcal{A}) \longrightarrow K_{hproj}(\mathcal{A})$ 右伴随于嵌入函子 $i: K_{hproj}(\mathcal{A}) \longrightarrow K(\mathcal{A})$, 使得有拟同构 $c_X: \rho X \longrightarrow X, \forall X \in K(\mathcal{A})$; 并且 ρ 是三角函子.

4.11 证明 4.6 节中全部结论.

4.12 用 $C_{hproj}(\mathcal{A})$ 表示 $\mathcal{A}$ 上同伦投射复形作成的复形范畴 $C(\mathcal{A})$ 的全子范畴.

设 $\mathcal{A}$ 是Abel 范畴. 试问 $C_{hproj}(\mathcal{A})$ 是否是 $C(\mathcal{A})$ 的对于扩张封闭全子范畴?

第 5 章 导 出 范 畴

导出范畴是重要而自然的三角范畴. 它是使得拟同构成为同构, 或等价地, 是使得无环复形成为零对象的 "最小的" 三角范畴. 因此, 导出范畴的引入简化了同调代数. 例如, 同调代数基本定理在导出范畴中以更简洁的方式成立; 又例如, Abel 范畴中高阶 Ext 群可以简单地描述成导出范畴中的 Hom 空间. 然而, "简化" 并非导出范畴的重要性所在: 有许多重要的联系必须用导出范畴才可以建立; 而导出等价也成为数学中分类的又一依据; 导出等价的不变量成为研究的新课题.

本章总设范畴 $\mathcal{A}$ 为 Abel 范畴.

5.1 作为 Verdier 商的导出范畴

第 3 章中我们证明了: 如果 S 是三角范畴 $(\mathcal{K}, [1])$ 的相容乘法系, 则 $(S^{-1}\mathcal{K}, [1])$ 也是三角范畴, 其好三角恰是与 $S^{-1}\mathcal{K}$ 中标准三角同构的三角, 这里 $S^{-1}\mathcal{K}$ 中标准三角是指 $\mathcal{K}$ 中好三角在局部化函子 $F: \mathcal{K} \longrightarrow S^{-1}\mathcal{K}$ 下的像; 并且 $S^{-1}\mathcal{K}$ 的上述三角结构是使得 F 具有泛性质的唯一三角结构; 进一步, 若 S 还是饱和的, 则对于 $\mathcal{K}$ 中态射 $f: X \longrightarrow Y$, $F(f) = f/\mathrm{Id}_X = \mathrm{Id}_Y\backslash f$ 是同构当且仅当 $f \in S$; 而 $\mathcal{K}$ 中对象 X 在 $S^{-1}\mathcal{K}$ 中同构于零对象当且仅当 X 属于 S 对应的厚子范畴.

本节的目的就是将这一理论应用到同伦范畴 $K(\mathcal{A})$ 中去: 我们要证明 $K(\mathcal{A})$ 中的所有拟同构作成的类 Q 是 $K(\mathcal{A})$ 的饱和相容乘法系, 从而得到 Verdier 商三角范畴 $Q^{-1}K(\mathcal{A})$, 即导出范畴 $D(\mathcal{A})$. 同样, $K^*(\mathcal{A})$ 中的所有拟同构作成的类 Q_* 也是饱和相容乘法系, 这里 $* \in \{b, -, +\}$, 从而得到有界导出范畴 $D^b(\mathcal{A}) = Q_b^{-1}K^b(\mathcal{A})$, 上有界导出范畴 $D^-(\mathcal{A}) = Q_-^{-1}K^-(\mathcal{A})$, 和下有界导出范畴 $D^+(\mathcal{A}) = Q_+^{-1}K^+(\mathcal{A})$.

命题 5.1.1 设 $\mathcal{A}$ 是Abel范畴, $K^*(\mathcal{A})$ 是同伦范畴, 其中 $* \in \{空, b, -, +\}$. 令 Q_* 是 $K^*(\mathcal{A})$ 中全部拟同构作成的类. 则 Q_* 是 $K^*(\mathcal{A})$ 的饱和相容乘法系, 其对应的厚子范畴是 $K^*(\mathcal{A})$ 中所有无环复形作成的全子范畴.

证 (FR1) 显然成立.

设 $E \xrightarrow{f} Y \xleftarrow{s} X$, $s \in Q_*$. 取好三角 $(X, Y, S, s, x, \cdot)$. 则存在好三角 $(D, E, S,$

$i, xf, \cdot)$. 于是存在 h 使下图交换

$$\begin{array}{ccccccc}
D & \xrightarrow{i} & E & \xrightarrow{xf} & S & \longrightarrow & D[1] \\
\downarrow h & & \downarrow f & & \parallel & & \downarrow h[1] \\
X & \xrightarrow{s} & Y & \xrightarrow{x} & S & \longrightarrow & X[1]
\end{array}$$

由于 $s \in Q_*$, 由定理 2.4.1(3) 知 S 是无环复形并且 $i \in Q_*$.

将对偶的命题留作习题. 这就证明了 (FR2).

下证 (FR3). 设给定链映射 $f, g : X \longrightarrow Y$ 及 $t : Y \longrightarrow Z$, $t \in Q_*$, 使得 $tf = tg$. 令 $h = g - f$. 则 $th = 0$. 欲证存在 $s : K \longrightarrow X$, $s \in Q_*$, 使得 $hs = 0$. 将 t 嵌入好三角 (S, Y, Z, z, t, y). 因为

$$\cdots \longrightarrow \operatorname{Hom}_{K(\mathcal{A})}(X, S) \xrightarrow{(X, z)} \operatorname{Hom}_{K(\mathcal{A})}(X, Y) \xrightarrow{(X, t)} \operatorname{Hom}_{K(\mathcal{A})}(X, Z) \longrightarrow \cdots$$

正合且 $th = 0$, 故存在 $k : X \longrightarrow S$ 使得 $h = zk$. 将 k 嵌入好三角 $(K, X, S, s, k, \cdot)$. 因为 $t \in Q_*$, 故 S 是无环复形, 从而 $s \in Q_*$ 并且 $hs = zks = 0$.

将对偶的命题留作习题. 这就证明了 (FR3).

(FR4) 是显然的; (FR5) 由定理 2.4.1、三角公理 (TR3) 和五引理即得.

下证 Q_* 是饱和的. 设 $fh \in Q_*$, $kf \in Q_*$, 即 $\mathrm{H}^n(f)\mathrm{H}^n(h)$ 和 $\mathrm{H}^n(k)\mathrm{H}^n(f)$ 均为同构, $\forall n \in \mathbb{Z}$. 从而 $\mathrm{H}^n(f)$ 为同构, $\forall n \in \mathbb{Z}$, 即 $f \in Q_*$. ∎

定义 $\mathcal{A}$ 的导出范畴 $D(\mathcal{A})$ 为 Verdier 商 $D(\mathcal{A}) := Q^{-1}K(\mathcal{A})$. 因此, 导出范畴 $D(\mathcal{A})$ 中的对象仍是 $\mathcal{A}$ 上的复形, 而 $\operatorname{Hom}_{D(\mathcal{A})}(X, Y)$ 是 X 到 Y 的右分式的所有等价类作成的加法群 (或 X 到 Y 的左分式的所有等价类作成的加法群). 虽然由定义直接理解导出范畴的态射加群不太方便, 也不太直观, 以后需要发展出更便于理解和计算的公式, 但是我们强调这个定义是以后所有发展的基础.

类似地, 定义 $\mathcal{A}$ 的有界导出范畴 $D^b(\mathcal{A})$ 为 Verdier 商 $D^b(\mathcal{A}) := Q_b^{-1}K^b(\mathcal{A})$.

定义 $\mathcal{A}$ 的上有界导出范畴 $D^-(\mathcal{A})$ 为 Verdier 商 $D^-(\mathcal{A}) := Q_-^{-1}K^-(\mathcal{A})$.

定义 $\mathcal{A}$ 的下有界导出范畴 $D^+(\mathcal{A})$ 为 Verdier 商 $D^+(\mathcal{A}) := Q_+^{-1}K^+(\mathcal{A})$.

从而我们有局部化函子 $F^* : K^*(\mathcal{A}) \longrightarrow D^*(\mathcal{A})$, 将 $K^*(\mathcal{A})$ 中的任一链映射 $f : X \longrightarrow Y$ 送到 $D^*(\mathcal{A})$ 中的态射 $F^*(f) = f/\mathrm{Id}_X$, 且 $F^*(f)$ 是 $D^*(\mathcal{A})$ 中的同构当且仅当 f 是拟同构; 而 $F^*(f)$ 是 $D^*(\mathcal{A})$ 中的零态射当且仅当存在拟同构 $t : X' \longrightarrow X$ 使得 ft 同伦于零 (利用右分式), 当且仅当存在拟同构 $s : Y \longrightarrow Y'$

5.1 作为 Verdier 商的导出范畴

使得 sf 同伦于零 (利用左分式, 或者 (FR3)). 复形 X 是 $D^*(\mathcal{A})$ 中的零对象当且仅当 X 是 $C^*(\mathcal{A})$ 中的正合列.

注意, 若 $F^*(f)$ 是 $D^*(\mathcal{A})$ 中的零态射, 则 f 未必同伦于零. 例如, 取 X 为复形 $\cdots \longrightarrow 0 \longrightarrow \mathbb{Z} \overset{2}{\longrightarrow} \mathbb{Z} \longrightarrow \mathbb{Z}_2 \longrightarrow 0 \cdots$, 取 $f = \mathrm{Id}_X$. 则 f 不同伦于零. 但 $f: X \longrightarrow 0$ 是拟同构, 从而 $F(f)$ 是 $D^*(\mathcal{A})$ 中的零态射.

因此下面的关系均不可逆, 其中 $f, g: X \longrightarrow Y$ 是复形的态射:

在 $C^*(\mathcal{A})$ 中 $f = g \Longrightarrow$ 在 $K^*(\mathcal{A})$ 中 $f = g \Longrightarrow$ 在 $D^*(\mathcal{A})$ 中 $f = g$
$\Longrightarrow f$ 与 g 诱导出相同的上同调对象之间的态射.

根据定义, $D^*(\mathcal{A})$ 中的好三角恰是这样的三角, 它们在 $D^*(\mathcal{A})$ 中同构于由映射锥给出的好三角, 也同构于由映射筒给出的好三角, 此处 $* \in \{空, +, -, b\}$. 由此易知下述有趣的结果: 导出范畴 $D^*(\mathcal{A})$ 中的好三角恰是这样的三角, 它们在 $D^*(\mathcal{A})$ 中同构于由复形的短正合列所诱导出的三角 (而同伦范畴中的好三角恰是由复形的链可裂短正合列所诱导出的三角).

命题 5.1.2 设 $\mathcal{A}$ 是Abel范畴. 若 $0 \longrightarrow X \overset{f}{\longrightarrow} Y \overset{g}{\longrightarrow} Z \longrightarrow 0$ 是 $\mathcal{A}$ 上复形的短正合列, 则存在 $D^*(\mathcal{A})$ 中的态射 $h: Z \longrightarrow X[1]$ (注意这个 h 通常不是复形的态射, 而是右分式) 使得 $X \overset{f}{\longrightarrow} Y \overset{g}{\longrightarrow} Z \overset{h}{\longrightarrow} X[1]$ 是 $D^*(\mathcal{A})$ 中的好三角; 反之, $D^*(\mathcal{A})$ 中的任意好三角均同构于这种形式的三角, 这里 $* \in \{空, +, -, b\}$.

证 由命题 2.3.2 知存在复形态射的交换图

$$\begin{array}{ccccccccc} 0 & \longrightarrow & X & \longrightarrow & \mathrm{Cyl}(f) & \longrightarrow & \mathrm{Cone}(f) & \longrightarrow & 0 \\ & & \| & & \downarrow s & & \downarrow t & & \\ 0 & \longrightarrow & X & \overset{f}{\longrightarrow} & Y & \overset{g}{\longrightarrow} & Z & \longrightarrow & 0 \end{array}$$

其中 s 和 t 均为拟同构. 从而有 $D^*(\mathcal{A})$ 中三角的交换图

$$\begin{array}{ccccccc} X & \longrightarrow & \mathrm{Cyl}(f) & \longrightarrow & \mathrm{Con}(f) & \overset{w}{\longrightarrow} & X[1] \\ \| & & \downarrow s & & \downarrow t & & \| \\ X & \overset{f}{\longrightarrow} & Y & \overset{g}{\longrightarrow} & Z & \overset{h}{\longrightarrow} & X[1] \end{array}$$

其中 $h = w/t$. 而第一行是好三角 (参见引理 2.3.1), s 和 t 是 $D^*(\mathcal{A})$ 中的同构, 由此即得第二行也是 $D^*(\mathcal{A})$ 中的好三角. 反之, $D^*(\mathcal{A})$ 中的任意好三角均同构于由

映射筒给出的好三角, 而由映射筒给出的好三角的前三项是链可列短正合列, 当然是复形的短正合列. ∎

命题 5.1.3 设 $\alpha = a/s \in \mathrm{Hom}_{D^*(\mathcal{A})}(X, Y)$, 其中 s 为拟同构. 则

(1) α 是 $D^*(\mathcal{A})$ 中的同构当且仅当 a 为拟同构.

(2) 上同调群是导出范畴的同构不变量. 即, 若 $\alpha \in \mathrm{Hom}_{D^*(\mathcal{A})}(X, Y)$ 是 $D^*(\mathcal{A})$ 中的同构, 则 $\mathrm{H}^i(X) \cong \mathrm{H}^i(Y), \forall i \in \mathbb{Z}$.

(3) α 是 $D^*(\mathcal{A})$ 中的零态射当且仅当存在拟同构 t 使得 at 同伦于零.

证 (1) 因为 $\alpha = a/1 \circ 1/s$, 且 $1/s$ 是 $D^*(\mathcal{A})$ 中的同构, 故 α 是 $D^*(\mathcal{A})$ 中的同构当且仅当 $a/1$ 是 $D^*(\mathcal{A})$ 中的同构, 即 a 是拟同构.

(2) 由 (1) 即得.

(3) 在事实 3.2.5(i) 中已表述. ∎

由导出范畴中好三角的定义、定理 2.4.1 以及上同调群是导出范畴的同构不变量我们不难看出如下导出范畴版的同调代数基本定理. 证明细节留作习题.

定理 5.1.4 设 $X \xrightarrow{u} Y \xrightarrow{v} Z \xrightarrow{w} X[1]$ 是 $D^*(\mathcal{A})$ 中的好三角, 其中 $* \in \{b, -, +, 空\}$. 则有 $\mathcal{A}$ 中的长正合列

$$\cdots \longrightarrow \mathrm{H}^n(X) \xrightarrow{\mathrm{H}^n(u)} \mathrm{H}^n(Y) \xrightarrow{\mathrm{H}^n(v)} \mathrm{H}^n(Z) \xrightarrow{\mathrm{H}^n(w)} \mathrm{H}^{n+1}(X) \longrightarrow \cdots,$$

此处连接同态仍由 w 诱导出来; 并且好三角之间的三角射诱导出相应长正合列之间的交换图.

令 $C_0 : \mathcal{A} \longrightarrow K^*(\mathcal{A})$ 是 0 次嵌入函子, 即将每个 $X \in \mathcal{A}$ 送为 X 的 0 次轴复形. 令 D_0 是 C_0 与局部化函子 $F^* : K^*(\mathcal{A}) \longrightarrow D^*(\mathcal{A})$ 的复合. 我们常将 $C_0(X)$ 和 $D_0(X)$ 写成 X. 则有

命题 5.1.5 设 $\mathcal{A}$ 是Abel范畴. 则 $D_0 : \mathcal{A} \longrightarrow D^*(\mathcal{A})$ 是嵌入函子, 即 D_0 是满忠实的函子.

证 对任意 $X, Y \in \mathcal{A}$, 要证 $D_0 : \mathrm{Hom}_{\mathcal{A}}(X, Y) \longrightarrow \mathrm{Hom}_{D^*(\mathcal{A})}(D_0(X), D_0(Y))$ 是双射. 设 $f \in \mathrm{Hom}_{\mathcal{A}}(X, Y), D_0(f) = 0$, 即 $F(C_0(f)) = 0$. 从而 $C_0(f)$ 诱导上同调对象之间的零态射, 而 $C_0(X)$ 和 $C_0(Y)$ 均为轴复形, 故 $f = 0$. 即 D_0 是单射.

设 $\alpha = a/s \in \mathrm{Hom}_{D^*(\mathcal{A})}(D_0(X), D_0(Y))$, 即有态射图 $D_0(X) \xleftarrow{s} Z \xrightarrow{a} D_0(Y)$ 其中 s 是拟同构. 于是 $\mathrm{H}^0(s) : \mathrm{H}^0(Z) \longrightarrow X$, $\mathrm{H}^0(a) : \mathrm{H}^0(Z) \longrightarrow Y$, 且 $\mathrm{H}^0(s)$ 是同

构. 令 $u = H^0(a)H^0(s)^{-1} \in \text{Hom}_{\mathcal{A}}(X, Y)$. 作 Z 的截断复形 $\tau_{\leqslant 0}Z$

$$\cdots \longrightarrow Z^{-2} \xrightarrow{d^{-2}} Z^{-1} \xrightarrow{d^{-1}} \text{Ker}d^0 \longrightarrow 0 \longrightarrow \cdots.$$

令 $i: \tau_{\leqslant 0}Z \longrightarrow Z$ 为自然链映射. 则有复形的交换图

$$\begin{array}{ccc} \tau_{\leqslant 0}Z & \xrightarrow{i} & Z \\ \downarrow & & \downarrow{s} \\ H^0(Z) & \xrightarrow{H^0(s)} & X \end{array}$$

于是有交换图

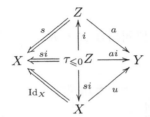

其中 $usi = H^0(a)H^0(s)^{-1}si = ai$. 于是 $F(u) = u/\text{Id}_X = a/s = \alpha$. 即 D_0 是满射. ∎

例 5.1.6 设 $X \in \mathcal{A}$, $\cdots \longrightarrow P_1 \longrightarrow P_0 \xrightarrow{\varepsilon} X \longrightarrow 0$ 是 X 的投射分解. 令 P 为复形 $\cdots \longrightarrow P_1 \longrightarrow P_0 \longrightarrow 0$. 则在 $D(\mathcal{A})$ 中 X 同构于 P. 事实上 $\varepsilon: P \longrightarrow X$ 是拟同构, 从而在导出范畴中 $F(\varepsilon): P \longrightarrow X$ 是同构.

我们需要下述结论.

引理 5.1.7 设 S 是加法范畴 $\mathcal{C}$ 的一个乘法系, $\mathcal{D}$ 是 $\mathcal{C}$ 的全子范畴. 假设 $S \cap \mathcal{D}$ 是 $\mathcal{D}$ 的乘法系且下列条件之一得到满足:

(i) 设 $s: X \longrightarrow X'$, $s \in S$, $X \in \mathcal{D}$. 则存在 $f: X' \longrightarrow X''$ 使得 $X'' \in \mathcal{D}$ 且 $fs \in S$.

(ii) 设 $s: X' \longrightarrow X$, $s \in S$, $X \in \mathcal{D}$. 则存在 $f: X'' \longrightarrow X'$ 使得 $X'' \in \mathcal{D}$ 且 $sf \in S$.

则自然函子 $(S \cap \mathcal{D})^{-1}\mathcal{D} \longrightarrow S^{-1}\mathcal{C}$ 是满忠实的. 即 $(S \cap \mathcal{D})^{-1}\mathcal{D}$ 可视为 $S^{-1}\mathcal{C}$ 的全子范畴.

证 对 (i) 用左分式来证, 对 (ii) 用右分式来证. 细节留作习题. ∎

引理 5.1.8 (1) 设 $X \longrightarrow X'$ 是拟同构, $X \in K^b(\mathcal{A})$, $X' \in K^-(\mathcal{A})$. 则存在拟同构 $X' \longrightarrow X''$ 使得 $X'' \in K^b(\mathcal{A})$.

(2) 设 $X' \longrightarrow X$ 是拟同构, $X \in K^-(\mathcal{A})$, $X' \in K(\mathcal{A})$. 则存在拟同构 $X'' \longrightarrow X'$ 使得 $X'' \in K^-(\mathcal{A})$.

证 (1) 不妨设 $X'^n = 0, \forall n > 0$. 因为有拟同构 $X \longrightarrow X'$ 且 $X \in K^b(\mathcal{A})$, 故可设 $H^n(X') = 0, \forall n \leqslant -m$. 定义 $\partial: X' \longrightarrow X''$:

$$\begin{array}{ccccccccccc} \cdots & \longrightarrow & X'^{-(m+1)} & \longrightarrow & X'^{-m} & \longrightarrow & X'^{-(m-1)} & \longrightarrow & \cdots & \longrightarrow & X'^0 & \longrightarrow & 0 \\ & & \downarrow & & \downarrow & & \| & & & & \| & & \\ \cdots & \longrightarrow & 0 & \longrightarrow & \mathrm{Im}\, d'^{-m} & \longrightarrow & X'^{-(m+1)} & \longrightarrow & \cdots & \longrightarrow & X'^0 & \longrightarrow & 0 \end{array}$$

则 ∂ 为拟同构.

(2) 因为有 $X' \longrightarrow X$ 是拟同构且 $X \in K^-(\mathcal{A})$, 故可设 $H^n(X') = 0, \forall n \geqslant 0$. 定义 $\partial: X'' \longrightarrow X'$:

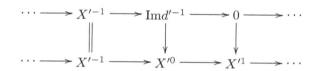

则 ∂ 为拟同构. ∎

由引理 5.1.7 和引理 5.1.8 即得: $D^b(\mathcal{A})$ 是 $D^-(\mathcal{A})$ 的全子范畴, $D^-(\mathcal{A})$ 是 $D(\mathcal{A})$ 的全子范畴, 从而 $D^b(\mathcal{A})$ 是 $D(\mathcal{A})$ 的全子范畴, 进而是三角子范畴. 特别地, 若 $D^b(\mathcal{A})$ 中的两个对象在 $D^-(\mathcal{A})$ 中均同构于 $D^-(\mathcal{A})$ 中的同一对象, 则它们在 $D^b(\mathcal{A})$ 中也同构. 再对偶地即得

推论 5.1.9 设 $\mathcal{A}$ 是Abel范畴. 则 $D^b(\mathcal{A}), D^-(\mathcal{A}), D^+(\mathcal{A})$ 都是 $D(\mathcal{A})$ 的三角子范畴, 且 $D^+(\mathcal{A}) \cap D^-(\mathcal{A}) = D^b(\mathcal{A})$.

因为三角子范畴要求对同构封闭, 所以当我们说 $D^b(\mathcal{A})$ 是 $D(\mathcal{A})$ 的三角子范畴时, $D^b(\mathcal{A})$ 的对象可能不再是有界复形, 而是在 $D(\mathcal{A})$ 中同构于有界复形的复形. 但我们仍然使用相同的记号 $D^b(\mathcal{A})$. 对于 $D^-(\mathcal{A})$ 和 $D^+(\mathcal{A})$ 有同样的说明.

下述引理使得导出范畴中的态射易于计算.

引理 5.1.10 (1) 设 $\mathcal{A}$ 是有足够多投射对象的Abel范畴, P 是上有界投射复形, Y 是任一复形. 则 $F: f \mapsto F(f) = f/\mathrm{Id}_P$ 给出加群的同构

$$\mathrm{Hom}_{K(\mathcal{A})}(P, Y) \cong \mathrm{Hom}_{D(\mathcal{A})}(P, Y).$$

特别地, 若 Y 是上有界复形, 则上述映射给出加群同构

$$\mathrm{Hom}_{K^-(\mathcal{A})}(P,Y) \cong \mathrm{Hom}_{D^-(\mathcal{A})}(P,Y).$$

(2) 设 $\mathcal{A}$ 是有足够多内射对象的Abel范畴, I 是下有界内射复形, X 是任一复形. 则映射 $F': f \mapsto F'(f) = \mathrm{Id}_I \backslash f$ (左分式), 给出加群的同构

$$\mathrm{Hom}_{K(\mathcal{A})}(X,I) \cong \mathrm{Hom}_{D(\mathcal{A})}(X,I).$$

特别地, 若 X 是下有界复形, 则上述映射给出加群同构

$$\mathrm{Hom}_{K^+(\mathcal{A})}(X,I) \cong \mathrm{Hom}_{D^+(\mathcal{A})}(X,I).$$

证 只证 (1). (2) 对偶地可证. 若 $F(f) = f/\mathrm{Id}_P = 0$, 则由右分式理论知存在拟同构 $t: X \longrightarrow P$ 使得 ft 同伦于零. 由推论 4.2.5 知, 存在拟同构 $g: P \longrightarrow X$ 使得 tg 同伦于 Id_P. 于是

$$f \sim f\mathrm{Id}_P \sim ftg \sim 0,$$

即 F 是单射.

任取 $f/s \in \mathrm{Hom}_{D(\mathcal{A})}(P,Y)$, 即有 $P \xleftarrow{s} X \xrightarrow{f} Y$. 由推论 4.2.5 知存在拟同构 $g: P \longrightarrow X$ 使得 sg 同伦于 Id_P. 由右分式理论知这意味着

$$f/s = fg/\mathrm{Id}_P = F(fg),$$

即 F 是满射. ∎

5.2 单边有界导出范畴实现为同伦范畴

通过上有界复形的上有界投射分解, 下述定理将有足够多投射对象的 Abel 范畴 $\mathcal{A}$ 的上有界导出范畴, 实现为 $\mathcal{A}$ 的投射对象的全子范畴的同伦范畴. 这种实现带来很大方便: 因为同伦范畴中的态射相对简单.

定理 5.2.1 (1) 设 $\mathcal{A}$ 是有足够多投射对象的Abel范畴, $\mathcal{P}$ 是 $\mathcal{A}$ 中所有投射对象作成的加法全子范畴. 则自然函子诱导出如下两个三角等价

$$D^-(\mathcal{A}) \cong K^-(\mathcal{P}), \quad D^b(\mathcal{A}) \cong K^{-,b}(\mathcal{P}).$$

特别地, 若 $\mathcal{A}$ 中任一对象的投射维数均有限, 则 $D^b(\mathcal{A}) \cong K^b(\mathcal{P})$.

(1′) 设 $\mathcal{A}$ 是有足够多内射对象的Abel范畴, $\mathcal{I}$ 是 $\mathcal{A}$ 中所有内射对象作成的加法全子范畴. 则自然函子诱导出如下两个三角等价

$$D^+(\mathcal{A}) \cong K^+(\mathcal{I}), \quad D^b(\mathcal{A}) \cong K^{+,b}(\mathcal{I}).$$

特别地, 若 $\mathcal{A}$ 中任一对象的内射维数均有限, 则 $D^b(\mathcal{A}) \cong K^b(\mathcal{I})$.

证 由对偶性只需证 (1). 考虑三角函子的合成 $K^-(\mathcal{P}) \hookrightarrow K^-(\mathcal{A}) \xrightarrow{F} D^-(\mathcal{A})$, 其中 F 是局部化函子. 由引理 5.1.10 知这个函子是满且忠实的. 由定理 4.2.1 知对于 $D^-(\mathcal{A})$ 中任一对象 X, 均存在 $K^-(\mathcal{P})$ 中的某一复形 ρX 和拟同构 $\rho X \longrightarrow X$, 从而在 $D^-(\mathcal{A})$ 中任一复形均与 $K^-(\mathcal{P})$ 中某一复形同构. 即上述合成函子是三角等价.

第二个三角等价的证明是类似的. 令 G 是合成 $K^{-,b}(\mathcal{P}) \hookrightarrow K^-(\mathcal{A}) \xrightarrow{F} D^-(\mathcal{A})$. 则 G 的像落入 $D^b(\mathcal{A})$. 以下证明与上面是完全相同的. 如果 $\mathcal{A}$ 中任一对象的投射维数均有限, 则 G 在 $K^b(\mathcal{P})$ 已经是稠密的了 (参见定理 4.2.1), 故 $D^b(\mathcal{A}) \cong K^b(\mathcal{P})$. ∎

注记 5.2.2 我们有自然嵌入函子 $K^b(\mathcal{P}) \hookrightarrow K^b(\mathcal{A})$ 和自然嵌入函子 $K^b(\mathcal{P}) \hookrightarrow D^b(\mathcal{A})$. 但局部化函子 $K^b(\mathcal{A}) \longrightarrow D^b(\mathcal{A})$ 不是嵌入函子. 例如取 $\mathcal{A} = \mathbb{Z}\text{-mod}$, 令 X 为如下正合列

$$0 \longrightarrow \mathbb{Z} \xrightarrow{*2} \mathbb{Z} \xrightarrow{\equiv 2} \mathbb{Z}_2 \longrightarrow 0,$$

则易见 Id_X 不同伦于 0. 从而 $\mathrm{Hom}_{K^b(\mathcal{A})}(X, X) \neq 0 = \mathrm{Hom}_{D^b(\mathcal{A})}(X, X)$.

下述公式意义重要. 一方面, 它将导出范畴中两个轴复形之间的 Hom 空间演变成原来范畴中通常的 Ext 上同调群; 另一方面, 对于一般的 Abel 范畴 (甚至不假设有足够多的内射对象, 且不假设有足够多的投射对象), 下述公式则给出了 Ext 上同调群的定义.

定理 5.2.3 设 $\mathcal{A}$ 是有足够多投射对象(或有足够多内射对象)的Abel范畴, M, $N \in \mathcal{A}$. 则 $\mathrm{Ext}^n_{\mathcal{A}}(M, N) \cong \mathrm{Hom}_{D^b(\mathcal{A})}(M, N[n])$.

证 设 $\cdots \longrightarrow P^{-1} \longrightarrow P^0 \longrightarrow M \longrightarrow 0$ 是 M 的投射分解. 令 P 为复形 $\cdots \longrightarrow P^{-1} \longrightarrow P^0 \longrightarrow 0$. 则在 $D^-(\mathcal{A})$ 中有 $M \simeq P$. 由定理 5.2.1(1) 知

$$\mathrm{Hom}_{D^b(\mathcal{A})}(M, N[n]) = \mathrm{Hom}_{D^-(\mathcal{A})}(M, N[n]) \cong \mathrm{Hom}_{D^-(\mathcal{A})}(P, N[n])$$
$$\cong \mathrm{Hom}_{K^-(\mathcal{P})}(P, N[n]).$$

由命题 2.7.1 中的关键公式我们有 $\mathrm{Hom}_{K^-(\mathcal{P})}(P, N[n]) = \mathrm{H}^n\mathrm{Hom}^\bullet(P, N)$. 但 N 是 0 次轴复形, Hom 复形 $\mathrm{Hom}^\bullet(P, N)$ 恰是函子 $\mathrm{Hom}_\mathcal{A}(-, N)$ 作用在复形 P 上得到的复形 $\mathrm{Hom}_\mathcal{A}(P, N)$. 故 $\mathrm{H}^n\mathrm{Hom}^\bullet(P, N) = \mathrm{H}^n\mathrm{Hom}_\mathcal{A}(P, N) = \mathrm{Ext}_\mathcal{A}^n(M, N)$. ∎

注记 5.2.4 上述同构可以明确地写出. 例如, 设 $\mathcal{A}$ 是有足够多投射对象. 则容易验证映射

$$\bar{h} \mapsto \tilde{h}/\varepsilon : M \xleftarrow{\varepsilon} P \xrightarrow{\tilde{h}} N[n] \quad (右分式)$$

给出了 $\mathrm{Ext}_\mathcal{A}^n(M, N)$ 到 $\mathrm{Hom}_{D^b(\mathcal{A})}(M, N[n])$ 的加群同构, 其中 $\varepsilon : P \longrightarrow M$ 是 M 的投射分解, $\bar{h} = h + \mathrm{Im}\,\mathrm{Hom}_\mathcal{A}(d_P^{-n}, N) \in \mathrm{Ker}\,\mathrm{Hom}_\mathcal{A}(d_P^{-(n+1)}, N)/\mathrm{Im}\,\mathrm{Hom}_\mathcal{A}(d_P^{-n}, N) = \mathrm{Ext}_\mathcal{A}^n(M, N)$, $\tilde{h}$ 是由 $h \in \mathrm{Ker}\,\mathrm{Hom}_\mathcal{A}(d_P^{-(n+1)}, N) \subseteq \mathrm{Hom}_\mathcal{A}(P^{-n}, N)$ 诱导的 P 到 $N[n]$ 的复形态射. 这一映射是定义合理的: 这是因为 $h \in \mathrm{Im}\,\mathrm{Hom}_\mathcal{A}(d_P^{-n}, N)$ 当且仅当 h 同伦于零. 这一映射的单性要用到推论4.2.5, 满性要用到推论4.2.4.

例 5.2.5 设 $\mathcal{A}$ 是Abel范畴, $0 \longrightarrow N \xrightarrow{f} L \xrightarrow{g} M \longrightarrow 0$ 是 $\mathcal{A}$ 中的短正合列, h 是相应于这个短正合列的 $\mathrm{Ext}_\mathcal{A}^1(M, N)$ 中的元素. 我们仍用 h 来记 $\mathrm{Hom}_{D^b(\mathcal{A})}(M, N[1])$ 中的相应元素. 则 $N \xrightarrow{f} L \xrightarrow{g} M \xrightarrow{h} N[1]$ 是 $D^b(\mathcal{A})$ 中的好三角.

这个结论可以这样来看: 仍用 g 来记复形 $0 \longrightarrow N \xrightarrow{f} L \longrightarrow 0$ 到零次轴复形 M 的相应的拟同构. 则易知 f 的映射锥确定的好三角同构于上述三角(这当然要用左分式进行运算).

5.3 无界导出范畴实现为同伦范畴

下述引理使得导出范畴中的态射易于计算.

引理 5.3.1 设 $\mathcal{A}$ 是Abel 范畴. 则

(i) 复形 P 是同伦投射复形当且仅当对每个复形 $X \in K(\mathcal{A})$, 自然映射

$$F : \mathrm{Hom}_{K(\mathcal{A})}(P, X) \longrightarrow \mathrm{Hom}_{D(\mathcal{A})}(P, X), \quad h \mapsto h/\mathrm{Id}_P$$

是同构.

(i') 复形 I 是同伦内射复形当且仅当对每个复形 $X \in K(\mathcal{A})$, 自然映射

$$F : \mathrm{Hom}_{K(\mathcal{A})}(X, I) \longrightarrow \mathrm{Hom}_{D(\mathcal{A})}(X, I), \quad h \mapsto \mathrm{Id}_I \backslash h$$

是同构.

证 只证 (i). 对偶地可证 (i'). 设 P 是同伦投射复形. 若 $F(h) = h/\mathrm{Id}_P = 0$, 则由右分式理论知, 存在拟同构 $f: Z \longrightarrow P$ 使得 $hf \sim 0$. 由引理 4.4.4 知存在 $g: P \longrightarrow Z$ 使得 $fg \sim \mathrm{Id}_P$. 于是 $h \sim h\mathrm{Id}_P \sim hfg \sim 0$. 即 F 是单射.

任取 $h/s \in \mathrm{Hom}_{D(\mathcal{A})}(P, X)$, 即有 $P \overset{s}{\Longleftarrow} Y \overset{h}{\longrightarrow} X$, 对拟同构 s 存在 $g: P \longrightarrow Y$ 使得 $sg \sim \mathrm{Id}_P$. 于是 $h/s = hg/\mathrm{Id}_P = F(hg)$, 即 F 是满射.

反之, 设自然映射 $F: \mathrm{Hom}_{K(\mathcal{A})}(P, X) \longrightarrow \mathrm{Hom}_{D(\mathcal{A})}(P, X)$, $h \mapsto h/\mathrm{Id}_P$ 是同构. 对于无环复形 E 有拟同构 $0 \longrightarrow E$, 从而有 $D(\mathcal{A})$ 中的同构 $E \cong 0$. 故 $\mathrm{Hom}_{K(\mathcal{A})}(P, E) \cong \mathrm{Hom}_{D(\mathcal{A})}(P, E) = 0$, 即 P 是同伦投射复形. ∎

用 $C_{hproj}(\mathcal{A})$ 表示 $\mathcal{A}$ 上同伦投射复形作成的 $C(\mathcal{A})$ 的全子范畴. 用 $K_{hproj}(\mathcal{A})$ 表示 $\mathcal{A}$ 上同伦投射复形作成的 $K(\mathcal{A})$ 的全子范畴. 则 $K_{hproj}(\mathcal{A})$ 就是 $C_{hproj}(\mathcal{A})$ 的同伦范畴. 同理 $K_{hinj}(\mathcal{A})$ 就是 $C_{hinj}(\mathcal{A})$ 的同伦范畴.

通过任意复形的同伦投射分解和同伦内射分解, 下述定理将无界导出范畴也实现为同伦范畴.

定理 5.3.2 (1) 设 $\mathcal{A}$ 是有足够多投射对象的 Grothendieck 范畴. 则自然函子诱导出三角等价
$$D(\mathcal{A}) \cong K_{hproj}(\mathcal{A}).$$

(2) 设 $\mathcal{A}$ 是有足够多内射对象、有正合直积的 Abel 范畴, 并且 $\mathcal{A}$ 有投射生成子. 则自然函子诱导出三角等价
$$D(\mathcal{A}) \cong K_{hinj}(\mathcal{A}).$$

证 只证 (1). 对偶地可证 (2). 令 G 是嵌入函子 $K_{hproj}(\mathcal{A}) \hookrightarrow K(\mathcal{A})$ 与局部化函子 $F: K(\mathcal{A}) \overset{F}{\longrightarrow} D(\mathcal{A})$ 的合成. 由引理 5.3.1 知 G 是满且忠实的. 由定理 4.5.4 知对于 $D(\mathcal{A})$ 中任一复形 X, 均存在 $K_{hproj}(\mathcal{A})$ 中的某一复形 ρX 和拟同构 $\rho X \longrightarrow X$, 从而在 $D(\mathcal{A})$ 中有同构 $X \cong \rho X = G\rho X$. 即 G 是三角等价. ∎

因为 $K_{hproj}(\mathcal{A})$ 是 $D(\mathcal{A})$ 的全子范畴, 故上述等价可以写成 $D(\mathcal{A}) = K_{hproj}(\mathcal{A})$.

任何代数结构中能够"被生成"的元素均是指在有限步能够被生成. 而下面的命题是值得玩味的. 它表明: 由 R 生成的且对于无限直和封闭的 $D(R\text{-Mod})$ 的三角子范畴恰是 $D(R\text{-Mod})$.

命题 5.3.3 设 R 是环, $R\text{-Mod}$ 是 R 的模范畴. 令 $\mathrm{Tri}(R)$ 是导出范畴 $D(R\text{-Mod})$ 的包含 $_RR$ 并且对于无限直和封闭的最小的三角子范畴. 则 $\mathrm{Tri}(R) =$

$D(R\text{-Mod})$.

证 用 $\mathrm{P}(R)$ 表示 R 的所有投射模构成的全子范畴, 用 $\mathrm{Add}(R)$ 表示 $_RR$ 的所有 (无限) 直和的所有直和项构成的全子范畴. 则 $\mathrm{P}(R) = \mathrm{Add}(R)$. 因为 $\mathrm{Tri}(R)$ 对无限直和封闭, 故 $\mathrm{Tri}(R)$ 是 $D(R\text{-Mod})$ 的厚子范畴 (命题 3.6.1), 从而 $\mathrm{Tri}(R) = \mathrm{Tri}(\mathrm{Add}(R)) = \mathrm{Tri}(\mathrm{P}(R))$. 由命题 4.5.9 和定理 5.3.2(1) 知 $\mathrm{Tri}(R) = K_{hproj}(R\text{-Mod}) = D(R\text{-Mod})$. ∎

5.4 $D^b(\mathcal{A}) = K^b(\mathcal{P}(\mathcal{A}))$ 的充要条件

设 $\mathcal{A}$ 是有足够多投射对象的Abel范畴, $\mathcal{P}$ 是 $\mathcal{A}$ 中所有投射对象作成的加法全子范畴. 本节我们对两类 $\mathcal{A}$, 给出存在典范等价 $D^b(\mathcal{A}) \cong K^b(\mathcal{P}(\mathcal{A}))$ 的充要条件. 因为 $K^b(\mathcal{P}(\mathcal{A}))$ 是 $D^b(\mathcal{A})$ 的三角子范畴, 故一旦有上述典范等价, 则可认为两者相等).

如同 $\mathcal{A} = R\text{-Mod}$ 的情形, 对 $\mathcal{A}$ 中的对象 X 也有投射维数 $\mathrm{pd}X$ 的概念. 定义 $\mathcal{A}$ 的整体维数 $\mathrm{gl.dim}\mathcal{A}$ 是 $\mathcal{A}$ 中所有对象的投射维数的上确界.

设 R 是环. 根据 M. Auslander [A1, Theorem 1], $\mathrm{gl.dim}(R\text{-Mod})$ 也是所有循环左 R- 模的投射维数的上确界. 因此, 当 R 是左Noether环时, 有 $\mathrm{gl.dim}(R\text{-Mod}) = \mathrm{gl.dim}(R\text{-mod})$, 通常将其记为 $\mathrm{gl.dim}R$, 称为环 R 的整体维数. 它也等于所有左 R-模的内射维数的上确界.

当然, 严格地说, $\mathrm{gl.dim}R$ 应记为 $\mathrm{l.gl.dim}R$, 称为环 R 的左整体维数. 我们也有环 R 的右整体维数 $\mathrm{r.gl.dim}R$ 的概念. 一般地, $\mathrm{l.gl.dim}R \neq \mathrm{r.gl.dim}R$ (例如参见 [Rot, p. 459]). 当 R 是双边 Noether 环时, 两者的确是相等的. 本书通常只考虑环的左模范畴, 故将 $\mathrm{l.gl.dim}R$ 简记成 $\mathrm{gl.dim}R$.

称 $\mathcal{A}$ 是有限滤过范畴 ([Z3]), 如果存在有限多个对象 $S_1, \cdots, S_m$, 使得任意非零对象 $X \in \mathcal{A}$ 由 $S_1, \cdots, S_m$ 滤过, 即存在单态射的链

$$0 = X_0 \xrightarrow{f_0} \cdots \longrightarrow X_{n-1} \xrightarrow{f_{n-1}} X_n = X,$$

满足 $\mathrm{Coker}f_i \in \{S_1, \cdots, S_m\}$, $0 \leqslant i \leqslant n-1$. 此时称 $\mathcal{A}$ 由 $S_1, \cdots, S_m$ 滤过.

例如, 有限维代数 A 的有限生成模范畴 $A\text{-mod}$ 是有限滤过范畴.

回顾加法范畴 $\mathcal{C}$ 称为余完备的, 如果 $\mathcal{C}$ 有任意直和. 即对于任意指标集 I 和 $\mathcal{C}$ 中任意一簇对象 X_i, $\forall i \in I$, $\mathcal{C}$ 中均存在直和 $\bigoplus_{i \in I} X_i$.

命题 5.4.1 设 $\mathcal{A}$ 是有足够多投射对象的Abel范畴. 如果 $\mathcal{A}$ 是有限滤过范畴或者 $\mathcal{A}$ 是余完备的, 则下述等价

(i) $D^b(\mathcal{A}) = K^b(\mathcal{P}(\mathcal{A}))$;

(ii) 任意对象 $X \in \mathcal{A}$ 均有有限的投射维数;

(iii) $\text{gl.dim}\mathcal{A} < \infty$.

证 (i) $\Longrightarrow$ (ii): 此时任意对象 $X \in \mathcal{A}$ 在 $D^b(\mathcal{A})$ 中 (视为轴复形) 同构于 $K^b(\mathcal{P}(\mathcal{A}))$ 中某一对象 P. 因此有拟同构 $P \longleftarrow Z$ 和拟同构 $Z \longrightarrow X$, 从而由推论 4.2.5 知存在拟同构 $P \longrightarrow X$. 于是 $\text{H}^i P = 0, \forall i \neq 0$, 从而有界投射复形 P 的齐次分支 $P^i = 0, \forall i > 0$, 这样 P 就是 X 的删去的投射分解 (deleted projective resolution). 即 $\text{pd} X < \infty$.

(ii) $\Longrightarrow$ (iii): 若 $\mathcal{A}$ 由 $S_1, \cdots, S_m$ 滤过, 则

$$\text{gl.dim}\mathcal{A} = \max\{\text{pd}S_1, \cdots, \text{pd}S_m\} < \infty.$$

若 $\mathcal{A}$ 是余完备的, 则 $\mathcal{A}$ 的整体维数也是有限的 (否则, 存在无穷多个正整数 n 使得 $\mathcal{A}$ 中有对象 X_n 的投射维数是 n. 则 $\text{pd} \bigoplus_n X_n = \infty$).

(iii) $\Longrightarrow$ (i) 由定理 5.2.1(1) 即知. ∎

5.5 半单环的导出范畴

本书中的环均指有单位元的非零环; 环上的模均指幺 (unitary) 模. 用 $R\text{-Mod}$ 表示左 $R\text{-}$ 模范畴.

环 R 称为半单左Artin环, 简称半单环, 如果正则左 $R\text{-}$ 模是半单模; 或等价地, 任一左 $R\text{-}$ 模都是半单模; 或等价地, 任一左 $R\text{-}$ 模都是投射左 $R\text{-}$ 模; 或等价地, 任一左 $R\text{-}$ 模都是内射左 $R\text{-}$ 模; 或等价地, $\text{Ext}_R^n(-, -) = 0, \forall n \geqslant 1$; 或等价地, R 是有限多个可除环上的全矩阵环的直和. 半单环是左右对称的: 上述等价条件中的 "左" 均可改成 "右".

设 R 是半单环. 则导出范畴 $D(R\text{-Mod})$ 中任一复形 X 均同构于轴复形的直和 $\bigoplus_{n \in \mathbb{Z}} \text{H}^n(X)[-n]$ (此时它也是范畴意义下的直积 $\prod_{n \in \mathbb{Z}} \text{H}^n(X)[-n]$). 换言之, $M[i]$ 就给出了 $D\ (R\text{-Mod})$ 中的所有不可分解对象, 其中 M 跑遍单 $R\text{-}$模的同构类, $i \in \mathbb{Z}$. 于是范畴 $D(R\text{-Mod})$ 同构于 $\prod_{n \in \mathbb{Z}} R\text{-Mod}$.

事实上, 设 X 是 $D(R\text{-Mod})$ 中的不可分解对象. 则必存在 i 使得 $\mathrm{H}^i(X) \ne 0$ (否则 $X = 0$). 因为任意 R- 模既是投射模又是内射模, 故 $X^i \longrightarrow \mathrm{Im}\, d^i$ 可裂满. 因 $\mathrm{Im}\, d^i \cong X^i/\mathrm{Ker}\, d^i$, 故 $X^i = \mathrm{Ker}\, d^i \oplus \mathrm{Im}\, d^i$. 从而 X 是上有界复形 $\cdots \longrightarrow X^{i-1} \xrightarrow{d^{i-1}} \mathrm{Ker}\, d^i \longrightarrow 0$ 和下有界复形 $0 \longrightarrow \mathrm{Im}\, d^i \hookrightarrow X^{i+1} \longrightarrow \cdots$ 的直和. 同样 $\mathrm{Ker}\, d^i = \mathrm{Im}\, d^{i-1} \oplus \mathrm{H}^i(X)$, 故那个上有界复形是轴复形 $\mathrm{H}^i(X)[-i]$ 和上有界复形 $\cdots \longrightarrow X^{i-1} \xrightarrow{d^{i-1}} \mathrm{Im}\, d^{i-1} \longrightarrow 0$ 的直和. 由于 X 不可分解, 故 $X = \mathrm{H}^i(X)[-i]$. 我们强调复形在导出范畴中的直和就是它们在复形范畴中的直和.

5.6 遗传环的上有界导出范畴

环 R 称为**左遗传环**, 如果投射左 R- 模的子模仍是投射模; 或等价地, $\mathrm{Ext}_R^n(-, -) = 0, \forall n \geqslant 2$; 或等价地, $\mathrm{Ext}_R^2(-, -) = 0$. 主理想整环和有限维路代数都是遗传环. 左 (右) 遗传环未必是右 (左) 遗传的. 但对于 Artin 代数, 它是左遗传的当且仅当它是右遗传的.

设 R 是左遗传环. 则上有界导出范畴 $D^-(R\text{-Mod})$ 中任一复形 X 均同构于轴复形的直积 $\prod\limits_{n \in \mathbb{Z}} H^n(X)[-n]$. 换言之, $M[i]$ 就给出了 $D^-(R\text{-Mod})$ 中所有不可分解对象, 其中 M 跑遍不可分解 R- 模的同构类, $i \in \mathbb{Z}$. 但是, 注意到 $M[i]$ 到 $N[i+1]$ 可能有非零同态, 因此范畴 $D^-(R\text{-Mod})$ 不是以 $\mathbb{Z}$ 为指标的范畴 $R\text{-Mod}$ 的直积.

事实上, 将 $D^-(R\text{-Mod})$ 等同于 $K^-(\mathcal{P})$, 其中 $\mathcal{P}$ 是 $R\text{-Mod}$ 中所有投射对象作成的全子加法范畴. 不妨设 X 是上有界投射复形 $\cdots \longrightarrow P^{-r} \xrightarrow{d^{-r}} \cdots \xrightarrow{d^{-2}} P^{-1} \xrightarrow{d^{-1}} P^0 \longrightarrow 0$. 因为 R 是遗传环, 故 $\mathrm{Im}\, d^{-1}$ 是投射模, 从而 $P^{-1} \longrightarrow \mathrm{Im}\, d^{-1}$ 可裂, 于是 $P^{-1} \cong \mathrm{Ker}\, d^{-1} \oplus \mathrm{Im}\, d^{-1}$. 所以 X 是复形

$$\cdots \longrightarrow P^{-r} \xrightarrow{d^{-r}} \cdots \xrightarrow{d^{-2}} \mathrm{Ker}\, d^{-1} \longrightarrow 0$$

和复形

$$0 \longrightarrow \mathrm{Im}\, d^{-1} \hookrightarrow P^0 \longrightarrow 0$$

的直和; 而复形 $0 \longrightarrow \mathrm{Im}\, d^{-1} \hookrightarrow P^0 \longrightarrow 0$ 拟同构于轴复形 $H^0(X)[0]$.

关于遗传环的无界导出范畴参见文 [Bru] 的处理.

5.7 对偶数代数的有界导出范畴

设 $A = k[x]/\langle x^2 \rangle$, 其中 k 是域. 通常称 A 为**对偶数代数**. 考虑有限维左 A- 模

范畴 A-mod 的有界导出范畴 $D^b(A\text{-mod})$. 注意到 1 维模 k 和 2 维正则模 ${}_AA$ 是全部的有限维不可分解左 A- 模, 其中 $\bar{x} = x + \langle x^2 \rangle \in A$ 在 k 上的作用为零. 事实上, 若 M 是有限维左 A- 模, 则 $\bar{x} : M \longrightarrow M$ 是指数为 2 的幂零线性变换. 由线性代数知 M 分解成有限个 $\bar{x}$ 的不变子空间的直和, 也就是说 M 分解成有限个 k 和 A 的直和. 注意到

$$\operatorname{Hom}_A(k, A) = k\sigma; \quad \operatorname{Hom}_A(A, k) = k\pi; \quad \operatorname{Hom}_A(A, A) = k(\sigma\pi) \oplus k\operatorname{Id}_A,$$

其中 σ 是将 1 送到 $\bar{x}$ 的单同态; $\pi : A \longrightarrow k$ 是核为 $k\bar{x} \cong k$ 的满同态. 显然 $f = c_1\sigma\pi + c_2\operatorname{Id}_A \in \operatorname{Hom}_A(A, A)$ 是同构当且仅当 $c_2 \neq 0$.

确定 $D^b(A\text{-mod})$ 中的不可分解对象, 等价于确定 $K^{-,b}(\mathcal{P})$ 中的不可分解对象. 设

$$X : \cdots \longrightarrow A^v \longrightarrow A^i \xrightarrow{d} A^j \longrightarrow 0$$

是 $K^{-,b}(\mathcal{P})$ 中的不可分解对象, 其中不妨设非零齐次分支之间的微分都不为零. 这里 A^j 表示 j 个 A 的直和, $j \geqslant 1$. 我们**断言**:

X 同构于如下形式的复形

$$\cdots \longrightarrow A \longrightarrow A \longrightarrow \cdots \longrightarrow A \longrightarrow 0,$$

其微分均为 $\sigma\pi$, 或者 X 同构于如下形式的有界复形

$$0 \longrightarrow A \longrightarrow A \longrightarrow \cdots \longrightarrow A \longrightarrow 0,$$

其微分均为 $\sigma\pi$. 证明如下.

第 1 步: 不妨设 X 无形如 $0 \longrightarrow A \xrightarrow{\operatorname{Id}_A} A \longrightarrow 0$ 的直和项. 这种直和项在同伦范畴中是零对象.

第 2 步: X 的任意微分 d 均不含有同构的分支. 否则, 设 d 有同构的分支 $A \longrightarrow A$. 则 d 可写成 $\begin{pmatrix} d_{11} & d_{12} \\ d_{21} & d_{22} \end{pmatrix}$, 其中 d_{11} 是同构. 对 d 作初等行变换和初等列变换即得复形的同构

$$\begin{array}{ccccccccc}
\cdots & \longrightarrow & A^v & \longrightarrow & A \oplus A^{l-1} & \xrightarrow{\begin{pmatrix} d_{11} & d_{12} \\ d_{21} & d_{22} \end{pmatrix}} & A \oplus A^{m-1} & \longrightarrow & A^u & \longrightarrow & \cdots \\
& & \Vert & & \downarrow & & \downarrow & & \Vert & & \\
\cdots & \longrightarrow & A^v & \longrightarrow & A \oplus A^{l-1} & \xrightarrow{\begin{pmatrix} 1 & 0 \\ 0 & * \end{pmatrix}} & A \oplus A^{m-1} & \longrightarrow & A^u & \longrightarrow & \cdots
\end{array}$$

故 X 形如

$$\cdots \longrightarrow A^v \xrightarrow{\begin{pmatrix} f \\ g \end{pmatrix}} A \oplus A^{l-1} \xrightarrow{\begin{pmatrix} 1 & 0 \\ 0 & * \end{pmatrix}} A \oplus A^{m-1} \xrightarrow{(a, b)} A^u \longrightarrow \cdots$$

5.7 对偶数代数的有界导出范畴

由
$$\begin{pmatrix} 1 & 0 \\ 0 & * \end{pmatrix} \begin{pmatrix} f \\ g \end{pmatrix} = 0 = (a, b) \begin{pmatrix} 1 & 0 \\ 0 & * \end{pmatrix}$$

知 $f = 0 = a$, 从而 X 有形如 $0 \longrightarrow A \xrightarrow{\mathrm{Id}_A} A \longrightarrow 0$ 的直和项.

第 3 步: 不存在 A^j 的直和项 A 使得 d 的相应分支 $A^i \longrightarrow A$ 为 0. 否则 X 有形如 $0 \longrightarrow A \longrightarrow 0$ 的直和项.

第 4 步: $d: A \oplus A^{i-1} \longrightarrow A \oplus A^{j-1}$ 必形如
$$\begin{pmatrix} \sigma\pi & 0 \\ 0 & * \end{pmatrix},$$
其中右下角的 $(j-1) \times (i-1)$ 矩阵中每一元均是 $\sigma\pi$ 的常数倍.

事实上, d 必形如 $\begin{pmatrix} d_1 \\ d_2 \end{pmatrix}: A^i \longrightarrow A \oplus A^{j-1}$, 其中由第 2 步和第 3 步知 $d_1: A^i \longrightarrow A$ 必形如
$$d_1 = (c_{11}\sigma\pi, \cdots, c_{1i}\sigma\pi),$$
其中 $c_{11}, \cdots, c_{1i}$ 是 k 中不全为 0 的元. 不妨设 $c_{11} \neq 0$, 进而不妨设 $c_{11} = 1$. 于是 d 形如
$$\begin{pmatrix} \sigma\pi & \cdots & c_{1i}\sigma\pi \\ c_{21}\sigma\pi & \cdots & c_{2i}\sigma\pi \\ \vdots & & \vdots \\ c_{j1}\sigma\pi & \cdots & c_{ji}\sigma\pi \end{pmatrix}.$$

对 d 作初等行变换和初等列变换即得复形的同构

$$\begin{array}{ccccccccc}
\cdots & \longrightarrow & A^t & \longrightarrow & A \oplus A^{i-1} & \xrightarrow{\begin{pmatrix} \sigma\pi & * \\ * & * \end{pmatrix}} & A \oplus A^{j-1} & \longrightarrow & 0 \\
& & \| & & \downarrow & & \downarrow & & \\
\cdots & \longrightarrow & A^t & \longrightarrow & A \oplus A^{i-1} & \xrightarrow{\begin{pmatrix} \sigma\pi & 0 \\ 0 & * \end{pmatrix}} & A \oplus A^{j-1} & \longrightarrow & 0
\end{array}$$

第 5 步: 根据前面的讨论, 现在可设 X 是 $K^{-,b}(\mathcal{P})$ 中的不可分解对象, 且 X 形如
$$X: \cdots \longrightarrow X^t \xrightarrow{d^t} X^{t+1} \longrightarrow \cdots \longrightarrow X^v \longrightarrow 0,$$
其中对于 $s > t$, 微分 d^s 均形如
$$\begin{pmatrix} \sigma\pi & 0 \\ 0 & * \end{pmatrix},$$
其中矩阵 $*$ 中的每一元均是 $\sigma\pi$ 的常数倍. 我们断言: 如果 $X^t \neq 0$, 则 d^t 也形如
$$\begin{pmatrix} \sigma\pi & 0 \\ 0 & * \end{pmatrix},$$

其中矩阵 $*$ 中的每一元均是 $\sigma\pi$ 的常数倍; 如果 $X^t = 0$, 则 X 必同构于形如

$$0 \longrightarrow A \longrightarrow A \longrightarrow \cdots \longrightarrow A \longrightarrow 0$$

的有限复形, 其微分均为 $\sigma\pi$.

事实上, 如果 $X^t = 0$, 则由 X 的不可分解性即知结论成立. 设 $X^t \neq 0$. 由第 2 步和第 3 步知: 若将 $d^t: X^t = A^i \longrightarrow X^{t+1} = A^j$ 写成 $j \times i$ 矩阵, 则每一元均是 $\sigma\pi$ 的常数倍. 将 X^{t+1} 写成 $A^j = A \oplus A^{j-1}$, 则 d^t 的第一行不为 0, 即 d^t 的分支 $A^i \longrightarrow A$ 不为 0. 否则 X 可分解. 因此通过对 d^t 作初等列变换总可以使 d^t 形如

$$\begin{pmatrix} \sigma\pi & \cdots & c_{1i}\sigma\pi \\ c_{21}\sigma\pi & \cdots & c_{2i}\sigma\pi \\ & \vdots & \\ c_{j1}\sigma\pi & \cdots & c_{ji}\sigma\pi \end{pmatrix}.$$

对 d^t 作初等列变换即得交换图

$$\begin{array}{ccccccccc}
\cdots & \longrightarrow & \bullet & \longrightarrow & A \oplus A^{i-1} & \xrightarrow{\binom{\sigma\pi\ *}{*\ *}} & A \oplus A^{j-1} & \longrightarrow & \bullet & \longrightarrow \cdots \\
& & \| & & \downarrow & & \| & & \| & \\
\cdots & \longrightarrow & \bullet & \longrightarrow & A \oplus A^{i-1} & \xrightarrow{\binom{\sigma\pi\ 0}{*\ *}} & A \oplus A^{j-1} & \longrightarrow & \bullet & \longrightarrow \cdots
\end{array}$$

其中竖直映射为同构, 并且第 2 行第 $t-1$ 处微分与第 1 行第 $t-1$ 处微分不同.

现在对新的 $d^t = \binom{\sigma\pi\ 0}{*\ *}$ 做初等行变换便可将其化为对角阵. 但这将牵扯到右边方块的交换性. 所以要进一步讨论如下.

现在对新的 $d^t = \binom{\sigma\pi\ 0}{*\ *}$ 做初等行变换便可将其化为对角阵, 进而得到交换图

$$\begin{array}{ccccccccc}
A \oplus A^{i-1} & \xrightarrow{\binom{\sigma\pi\ 0}{*\ *}} & A \oplus A^{j-1} & \xrightarrow{\binom{\sigma\pi\ 0}{0\ *_1}} & \bullet & \xrightarrow{\binom{\sigma\pi\ 0}{0\ *}} & \bullet & \xrightarrow{\binom{\sigma\pi\ 0}{0\ *}} & \cdots \\
\| & & \binom{1\ 0}{c\ 1}\downarrow & & \binom{1\ 0}{d_1\ 1}\downarrow & & \binom{1\ 0}{d_2\ 1}\downarrow & & \\
A \oplus A^{i-1} & \xrightarrow{\binom{\sigma\pi\ 0}{0\ *}} & A \oplus A^{j-1} & \xrightarrow{\binom{\sigma\pi\ 0}{0\ *_1}} & \bullet & \xrightarrow{\binom{\sigma\pi\ 0}{0\ *}} & \bullet & \xrightarrow{\binom{\sigma\pi\ 0}{0\ *}} & \cdots
\end{array}$$

其中矩阵 c 中每个元均是域 k 中元. 为了使得从左边数的第 2 个方块交换, 注意到矩阵 $*_1$ 的每一元均是 $\sigma\pi$ 的常数倍, 故 $*_1$ 可写成 $*_1 = \star\sigma\pi$ 的形式, 其中 $\star$ 是数量矩阵. 从而 d_1 只要取

$$d_1 = \star c$$

就能使得从左边数的第 2 个方块交换. 注意到 d_1 也是数量矩阵. 继续上述讨论, 即可得到 d_2, 使得从左边数的第 3 个方块交换. 由此逐可得 X 同构于形如下述复形

$$\cdots \longrightarrow X^t \xrightarrow{d^t} X^{t+1} \longrightarrow \cdots \longrightarrow X^v \longrightarrow 0,$$

其中对于 $s \geq t$ 微分 d^s 均形如
$$\begin{pmatrix} \sigma\pi & 0 \\ 0 & * \end{pmatrix},$$
其中矩阵 $*$ 中的每一元均是 $\sigma\pi$ 的常数倍.

现在, 由第 5 步和归纳法即知**断言**成立. 因此, 若 X 不是有界复形, 则 X 必同构于如下形式的复形
$$\cdots \longrightarrow A \longrightarrow A \longrightarrow \cdots \longrightarrow A \longrightarrow 0,$$
其微分均为 $\sigma\pi$. 显然, 差一个平移, 这就是模 k 的投射分解, 故此复形在导出范畴中就是 k 的平移, 它当然是不可分解的. 若 X 是有界复形, 则 X 必同构于如下形式的复形
$$0 \longrightarrow A \longrightarrow A \longrightarrow \cdots \longrightarrow A \longrightarrow 0,$$
其微分均为 $\sigma\pi$. 直接分析可以得到 X 的自同态代数是局部代数 A, 从而 X 是不可分解的.

综上所述, $D^b(A\text{-mod})$ 中的不可分解对象为 $k[n]$, $X_l[n]$, $n \in \mathbb{Z}$, $l \geq 0$, 其中
$$X_l: \quad 0 \longrightarrow A = X_l^{-l} \longrightarrow A \longrightarrow \cdots \longrightarrow A = X_l^0 \longrightarrow 0,$$
其微分均为 $\sigma\pi$. 比较这些复形的上同调群序列即知它们是 $D^b(A\text{-mod})$ 中两两互不同构的对象. 因此**它们是 $D^b(A\text{-mod})$ 中全部的两两互不同构的不可分解对象**.

5.8 导出函子

设 $\mathcal{A}$ 和 $\mathcal{B}$ 是 Abel 范畴, $F: K(\mathcal{A}) \longrightarrow K(\mathcal{B})$ 为三角函子.

例如, 如果 $F: \mathcal{A} \longrightarrow \mathcal{B}$ 是加法函子, 作用在齐次分支上, 则 F 可延拓成 复形范畴 $C(\mathcal{A})$ 到 $C(\mathcal{B})$ 的函子. 因为 $F: C(\mathcal{A}) \longrightarrow C(\mathcal{B})$ 将零伦态射映成零伦态射, 故 F 可延拓成 同伦范畴 $K(\mathcal{A})$ 到 $K(\mathcal{B})$ 的函子, 仍记为 F; 而且 $F: K(\mathcal{A}) \longrightarrow K(\mathcal{B})$ 是三角函子: 这是因为 $F: \mathcal{A} \longrightarrow \mathcal{B}$ 是加法函子, F 能将 $K(\mathcal{A})$ 中的映射锥映为 $K(\mathcal{B})$ 中的映射锥.

如果 F 能将拟同构映成拟同构, 则 F 可诱导出三角函子 $F: D(\mathcal{A}) \longrightarrow D(\mathcal{B})$:
$$X^\bullet \mapsto F(X^\bullet),$$

但是一般地, F 不能将拟同构变成拟同构. 例如, 取 M 是 $\mathcal{A}$ 中的一个非投射的对象, 则容易验证 $\mathrm{Hom}_{K(\mathcal{A})}(M,-): K(\mathcal{A}) \longrightarrow K(Ab)$ 是三角函子. 但 $\mathrm{Hom}_{K(\mathcal{A})}(M,-)$ 不能将拟同构变成拟同构. 从而 F 不能诱导出 $D(\mathcal{A})$ 到 $D(\mathcal{B})$ 的一个函子.

这就提出问题: F 能否诱导以及如何诱导出函子 $D(\mathcal{A}) \longrightarrow D(\mathcal{B})$. 为此我们考虑得更一般一些.

设 $\mathcal{L}$ 为 $K(\mathcal{A})$ 的三角子范畴. 则 $Q_{\mathcal{L}}:= \mathcal{L} \cap Q$ 是 $\mathcal{L}$ 的一个饱和相容乘法系, 其中 Q 是 $K(\mathcal{A})$ 中所有拟同构的集合. 将相应的商范畴 $Q_{\mathcal{L}}^{-1}\mathcal{L}$ 记为 $\mathcal{L}_Q$.

定义 5.8.1 设 $\mathcal{A}$ 为 Abel 范畴, $\mathcal{L}$ 为 $K(\mathcal{A})$ 的三角子范畴. 若自然函子

$$\mathcal{L}_Q \longrightarrow Q^{-1}K(\mathcal{A}) = D(\mathcal{A})$$

是满忠实的, 则称 $\mathcal{L}$ 为 $K(\mathcal{A})$ 的局部化子范畴.

例 5.8.2 (1) 若 $* \in \{b, -, +, 空\}$, 则 $K^*(\mathcal{A})$ 是 $K(\mathcal{A})$ 的局部化子范畴.

(2) 局部化子范畴的交是局部化子范畴.

(3) 设 $\mathcal{A}'$ 为 $\mathcal{A}$ 的扩张闭的 Abel 全子范畴. 令

$$K_{\mathcal{A}'}(\mathcal{A}) := \{X \in K(\mathcal{A}) \mid \mathrm{H}^n(X) \in \mathcal{A}', \forall n\}.$$

则 $K_{\mathcal{A}'}(\mathcal{A})$ 是 $K(\mathcal{A})$ 的三角子范畴(由长正合列及 $\mathcal{A}'$ 是 $\mathcal{A}$ 的扩张闭 Abel 全子范畴即知). 则可验证 $D_{\mathcal{A}'}(\mathcal{A}) := (K_{\mathcal{A}'}(\mathcal{A}) \bigcap Q)^{-1}K_{\mathcal{A}'}(\mathcal{A}) \longrightarrow D(\mathcal{A})$ 是满忠实的. 故 $K_{\mathcal{A}'}(\mathcal{A})$ 是 $K(\mathcal{A})$ 的局部化子范畴. 同理有 $K_{\mathcal{A}'}^b(\mathcal{A})$, $K_{\mathcal{A}'}^-(\mathcal{A})$ 和 $K_{\mathcal{A}'}^+(\mathcal{A})$, 它们均为 $K(\mathcal{A})$ 的局部化子范畴.

定义 5.8.3 设 $\mathcal{A}$ 和 $\mathcal{B}$ 是 Abel 范畴, $\mathcal{L}$ 是 $K(\mathcal{A})$ 的局部化子范畴, $F: \mathcal{L} \longrightarrow K(\mathcal{B})$ 是三角函子(相应地, 反变三角函子). 令 $Q: \mathcal{L} \longrightarrow \mathcal{L}_Q$ 和 $Q_{\mathcal{B}}: K(\mathcal{B}) \longrightarrow D(\mathcal{B})$ 为局部化函子. 定义 F 的右导出函子(相应地, 右导出反变三角函子) $RF: \mathcal{L}_Q \longrightarrow D(\mathcal{B})$ 是一个三角函子, 连同一个自然变换 $\xi: Q_{\mathcal{B}} \circ F \longrightarrow RF \circ Q$, 使得 (RF, ξ) 具有泛性质: 即, 若 $G: \mathcal{L}_Q \longrightarrow D(\mathcal{B})$ 也是三角函子, 且 $\varepsilon: Q_{\mathcal{B}} \circ F \longrightarrow G \circ Q$ 也是自然变换, 则存在唯一的自然变换 $\eta: RF \longrightarrow G$ 使得

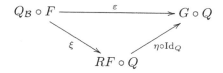

即 ε 通过 ξ 分解.

5.8 导出函子

注记 5.8.4 (1) 利用常规的论证法可证: 若 RF 存在, 则在自然同构意义下是唯一的.

(2) 类似地, 可定义左导出函子 LF: 只要将上述定义中的自然变换改为 $\xi : LF \circ Q \longrightarrow Q_{\mathcal{B}} \circ F$.

(3) 上述问题的提法较为一般, 也是为了简化记号. 导出函子更常用的提法是: 若 $F : \mathcal{A} \longrightarrow \mathcal{B}$ 是 Abel 范畴的左正合函子, 此时 F 是加法函子且 F 诱导出三角函子 $K(\mathcal{A}) \longrightarrow K(\mathcal{B})$, 问: 如何得到右导出函子 $RF : D(\mathcal{A}) \longrightarrow D(\mathcal{B})$? 若 $F : \mathcal{A} \longrightarrow \mathcal{B}$ 是 Abel 范畴的右正合函子, 此时 F 是加法函子且 F 也诱导出三角函子 $K(\mathcal{A}) \longrightarrow K(\mathcal{B})$, 问: 如何得到左导出函子 $LF : D(\mathcal{A}) \longrightarrow D(\mathcal{B})$?

以下我们只讨论右导出函子, 左导出函子的情形可类似讨论.

定理 5.8.5(右导出函子的存在性) 设 $\mathcal{A}, \mathcal{B}$ 是 Abel 范畴, $\mathcal{L}$ 是 $K(\mathcal{A})$ 的局部化子范畴.

(1) 设 $F : \mathcal{L} \longrightarrow K(\mathcal{B})$ 是三角函子. 假设存在 $\mathcal{L}$ 的三角子范畴 L 满足如下条件:

(i) 对于任意 $X \in \mathcal{L}$, 存在拟同构 $X \longrightarrow I(X)$, 其中 $I(X) \in L$,

(ii) 如果 $I \in L$ 是无环复形, 则 $F(I)$ 也是无环复形.

那么 F 有右导出函子 (RF, ξ), 使得对任意 $X \in \mathcal{L}$ 有同构

$$RFQ(X) \cong Q_{\mathcal{B}}F(I(X));$$

并且 $\xi(I) : Q_{\mathcal{B}}F(I) \longrightarrow RFQ(I)$ 是同构, $\forall I \in L$.

(2) 设 $F : \mathcal{L} \longrightarrow K(\mathcal{B})$ 是反变三角函子. 假设存在 $\mathcal{L}$ 的三角子范畴 L 满足如下条件:

(i) 对于任意 $X \in \mathcal{L}$, 存在拟同构 $P(X) \longrightarrow X$, 其中 $P(X) \in L$,

(ii) 如果 $P \in L$ 是无环复形, 则 $F(P)$ 也是无环复形.

那么 F 有右导出反变函子 (RF, ξ) 使得对于任意 $X \in \mathcal{L}$ 有同构

$$RFQ(X) \cong Q_{\mathcal{B}}F(P(X));$$

并且对于任意 $P \in L$, $\xi(P) : Q_{\mathcal{B}}F(P) \longrightarrow RFQ(P)$ 是同构.

证 只证 (1). (2) 对偶地可证.

第 1 步. 存在三角函子 $\bar{F} : L_Q \longrightarrow D(\mathcal{B})$, 其中 $L_Q := (L \cap Q)^{-1}L$ 是相应的商范畴, 使得下图交换

$$\begin{array}{ccc} L & \xrightarrow{F} & K(\mathcal{B}) \\ Q \downarrow & & \downarrow Q_{\mathcal{B}} \\ L_Q & \xrightarrow{\bar{F}} & D(\mathcal{B}) \end{array}$$

这是因为 F 在 L 上的限制将拟同构变成拟同构. 事实上, 设 $s : I_1 \longrightarrow I_2$ 是 L 中的拟同构, 则 s 可唯一地嵌入到好三角 $I_1 \xrightarrow{s} I_2 \to J \to I_1[1]$ 中. 因为 L 是三角子范畴, 所以 $J \in L$ 且 J 是正合复形. 故 $F(I_1) \xrightarrow{F(s)} F(I_2) \to F(J) \to F(I_1)[1]$ 是 $K(\mathcal{B})$ 中的好三角, 且由 (ii) 知 $F(J)$ 是正合的, 于是 $F(s)$ 是 $\mathcal{K}(\mathcal{B})$ 中的拟同构.

第 2 步. 存在三角函子 $T : L_Q \longrightarrow \mathcal{L}_Q$ 使得下图交换

$$\begin{array}{ccc} L & \longrightarrow & \mathcal{L} \\ Q \downarrow & & \downarrow Q \\ L_Q & \xrightarrow{T} & \mathcal{L}_Q \end{array}$$

T 是满且忠实的: 这要用 L_Q 和 $\mathcal{L}_Q$ 的左分式构造, 以及条件 (i) (细节留作习题). 而且由 (i) 知 T 是稠密函子. 于是 T 是三角等价. 以下设 $U : \mathcal{L}_Q \longrightarrow L_Q$ 是 T 的一个拟逆.

第 3 步. 现在定义三角函子 $RF = \bar{F}U : \mathcal{L}_Q \longrightarrow D(\mathcal{B})$.

因为对任意的 $X \in \mathcal{L}_Q$, 存在拟同构 $X \longrightarrow I(X)$, 故在 $\mathcal{L}_Q$ 中有 $Q(X) \simeq Q(I(X))$. 于是

$$RF(X) = RFQ(X) \cong RFQ(I(X)) = \bar{F}Q(I(X)) = Q_{\mathcal{B}}F(I(X)).$$

下证 RF 的确是 F 的右导出函子.

第 4 步. 构造自然变换 $\xi : Q_{\mathcal{B}} \circ F \longrightarrow RF \circ Q$.

对 $X \in \mathcal{L}$, 令 $Y := UQ(X) \in L_Q$. 考虑自然同构 $\alpha : \mathrm{Id}_{L_Q} \xrightarrow{\sim} UT$ 和 $\beta : \mathrm{Id}_{\mathcal{L}_Q} \xrightarrow{\sim} TU$. 则在 $\mathcal{L}_Q$ 中有同构 $\beta_X : Q(X) \xrightarrow{\sim} TUQ(X) = TQ(Y) = Q(Y)$. 用左分式表达这个同构 $X \xRightarrow{s} Z \xLeftarrow{t} Y$, 其中 s, t 均为拟同构. 利用假设 (i) 不妨设 $Z \in L$. 作用 F 即得 $K(\mathcal{B})$ 中的左分式 $F(X) \xrightarrow{F(s)} F(Z) \xleftarrow{F(t)} F(Y)$. 注意因 t 是 L 中的拟同构, $F(t)$ 仍是拟同构, 而 $F(s)$ 则未必. 这产生出 $D(\mathcal{B})$ 中的态射, 记为 $\xi_X : Q_{\mathcal{B}}F(X) \longrightarrow Q_{\mathcal{B}}F(Y) = \bar{F}Q(Y) = \bar{F}UQ(X) = RFQ(X)$. 注意 ξ_I 是同构, $\forall I \in L$.

5.8 导出函子

不难看出 ξ_X 不依赖于 Z, s 和 t 的选取. 下面说明 ξ 的确为函子 $Q_{\mathcal{B}}F$ 到 RFQ 的自然变换. 事实上, 设 $\varphi: X_1 \longrightarrow X_2$ 是 $\mathcal{L}$ 中态射. 令 $Y_i := UQ(X_i) \in L_Q$. 因 β 是自然同构, 故有 $\mathcal{L}_Q$ 中交换图

$$\begin{array}{ccc} X_1 & \xrightarrow{\beta_{X_1}} & T(Y_1) \\ {\scriptstyle \varphi}\downarrow & & \downarrow{\scriptstyle TU(\varphi)} \\ X_2 & \xrightarrow{\beta_{X_2}} & T(Y_2) \end{array}$$

即 $TU(\varphi)\beta_{X_1} = \beta_{X_2}\varphi$. 用左分式的乘积表达即为

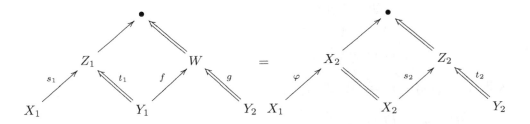

其中 $TU(\varphi) = TUQ(\varphi)$ 是由左分式 $Y_1 \xrightarrow{f} W \xleftarrow{g} Y_2$ 代表的, $W \in L$. 将这个乘积作用 F 后得到等式 $(FY_1 \xrightarrow{Ff} FW \xleftarrow{Fg} FY_2)\xi_{X_1} = \xi_{X_2}Q_{\mathcal{B}}F(\varphi)$. 下证 $FY_1 \xrightarrow{Ff} FW \xleftarrow{Fg} FY_2$ 恰为 $RFQ(\varphi)$, 从而有交换图

$$\begin{array}{ccc} Q_{\mathcal{B}}F(X_1) & \xrightarrow{\xi_{X_1}} & RFQ(X_1) \\ {\scriptstyle Q_{\mathcal{B}}F(\varphi)}\downarrow & & \downarrow{\scriptstyle RFQ(\varphi)} \\ Q_{\mathcal{B}}F(X_2) & \xrightarrow{\xi_{X_2}} & RFQ(X_2) \end{array}$$

即 ξ 是自然变换.

只要证下述断言: 设 $\varphi: X_1 \longrightarrow X_2$ 是 $\mathcal{L}$ 中的态射, $\mathcal{L}_Q$ 中态射 $TU(\varphi)$ 用左分式表达为 $Y_1 \xrightarrow{f} W \xleftarrow{g} Y_2$, $W \in L$, 则 $RFQ(\varphi)$ 用左分式表达为 $FY_1 \xrightarrow{Ff} FW \xleftarrow{Fg} FY_2$.

事实上，设 $UQ(\varphi) \in L_Q$ 用左分式表达为 $Y_1 \xrightarrow{u} V \xleftarrow{v} Y_2$, $V \in L$. 则

$$TUQ_{\mathcal{A}}(\varphi) = T\left(\begin{array}{c} \bullet \\ {}^u\nearrow \bullet \bullet \nwarrow^v \\ Y_1 \quad V \quad Y_2 \end{array}\right)$$

$$= T\left(\begin{array}{c} V \\ \swarrow \nwarrow^v \\ V \quad Y_2 \end{array}\right) \cdot T\left(\begin{array}{c} V \\ {}^u\nearrow \searrow \\ Y_1 \quad V \end{array}\right)$$

$$= (TQ(v))^{-1} TQ(u)$$
$$= (Q(v))^{-1} Q(u)$$
$$= Y_1 \xrightarrow{u} V \xleftarrow{v} Y_2$$
$$= UQ(\varphi)$$

因此，设 $UQ(\varphi) = Y_1 \xrightarrow{f} W \xleftarrow{g} Y_2$. 于是

$$RFQ(\varphi) = \bar{F}UQ(\varphi)$$
$$= \bar{F}(Y_1 \xrightarrow{f} W \xleftarrow{g} Y_2)$$
$$= \bar{F}\left(\begin{array}{c} W \\ \swarrow \nwarrow^g \\ W \quad Y_2 \end{array}\right) \bar{F}\left(\begin{array}{c} W \\ {}^f\nearrow \searrow \\ Y_1 \quad W \end{array}\right)$$
$$= (\bar{F}Q(g))^{-1} (\bar{F}Q(f))$$
$$= (Q_{\mathcal{B}}F(g))^{-1} (Q_{\mathcal{B}}F(f))$$
$$= FY_1 \xrightarrow{Ff} FW \xleftarrow{Fg} FY_2.$$

第 5 步. 剩下还要证函子 $RF: \mathcal{L}_Q \longrightarrow D(\mathcal{B})$ 具有泛性质：即，若 $G: \mathcal{L}_Q \longrightarrow D(\mathcal{B})$ 也是三角函子，且 $\varepsilon: Q_{\mathcal{B}}F \longrightarrow GQ$ 也是函子的自然变换，要证存在唯一的自然变换 $\eta: RF \longrightarrow G$ 使得下图

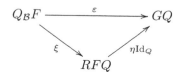

5.8 导出函子

交换.

首先,要对任一 $X \in \mathcal{L}_Q$ 构造 $D(\mathcal{B})$ 中的态射 $\eta_X : RF(X) \longrightarrow G(X)$. 因为 ε 是自然变换,故有 $\varepsilon_X : Q_\mathcal{B} F(X) \longrightarrow GQ(X)$. 将 β_X 表达成左分式 $X \xrightarrow{s} Z \xleftarrow{t} Y$,其中 $Z \in L, s, t \in Q$. 由 ε 的自然性我们有 $D(\mathcal{B})$ 中的交换图

$$\begin{array}{ccc} Q_\mathcal{B} F(X) & \xrightarrow{\varepsilon_X} & GQ(X) \\ {\scriptstyle Q_\mathcal{B} F(s)}\downarrow & & \downarrow{\scriptstyle GQ(s)} \\ Q_\mathcal{B} F(Z) & \xrightarrow{\varepsilon_Z} & GQ(Z) \\ {\scriptstyle Q_\mathcal{B} F(t)}\uparrow & & \uparrow{\scriptstyle GQ(t)} \\ Q_\mathcal{B} F(Y) & \xrightarrow{\varepsilon_Y} & GQ(Y) \end{array}$$

因 $Q_\mathcal{B} F(t)$ 与 $GQ(t)$ 均为同构,考虑其逆并且合成我们得到交换图

$$\begin{array}{ccc} Q_\mathcal{B} F(X) & \xrightarrow{\varepsilon_X} & GQ(X) \\ {\scriptstyle \xi_X}\downarrow & & \downarrow{\scriptstyle G(\beta_X)} \\ RFQ(X) & \xrightarrow{\varepsilon_Y} & GQ(Y) \end{array}$$

令 $\eta_X := G(\beta_X)^{-1} \varepsilon_Y : RFQ(X) \longrightarrow GQ(X)$. 则 η_X 是 $D(\mathcal{B})$ 中的态射.

以下还要证 η 是 $RF \longrightarrow G$ 是自然变换以及 η 的唯一性. 注意到 η 的唯一性由上图的交换性可得到. 下证 η 的自然性. 设 $\varphi : X_1 \longrightarrow X_2$ 是 $\mathcal{L}_Q$ 中态射. 利用左分式的分解, 不妨设 $\varphi : X_1 \longrightarrow X_2$ 是 $\mathcal{L}$ 中的态射. 则 η 的自然性等价于

$$\begin{array}{ccccc} RFQ(X_1) & \xrightarrow{\varepsilon_{Y_1}} & GQ(Y_1) & \xrightarrow{G^{-1}(\beta_{X_1})} & GQ(X_1) \\ {\scriptstyle RFQ(\varphi)}\downarrow & & & & \downarrow{\scriptstyle GQ(\varphi)} \\ RFQ(X_2) & \xrightarrow{\varepsilon_{Y_2}} & GQ(Y_2) & \xrightarrow{G^{-1}(\beta_{X_2})} & GQ(X_2) \end{array}$$

是交换图. 这只要证明下述两个图

$$\begin{array}{ccc} Q(X_1) & \xrightarrow{\beta_{X_1}} & Q(Y_1) \\ {\scriptstyle Q(\varphi)}\downarrow & & \downarrow{\scriptstyle TUQ(\varphi)} \\ Q(X_2) & \xrightarrow{\beta_{X_2}} & Q(Y_2) \end{array}$$

和

$$\begin{array}{ccc} RFQ(X_1) & \xrightarrow{\varepsilon_{Y_1}} & GQ(Y_1) \\ {\scriptstyle RFQ(\varphi)}\downarrow & & \downarrow{\scriptstyle G(TUQ(\varphi))} \\ R^*FQ(X_2) & \xrightarrow{\varepsilon_{Y_2}} & GQ(Y_2) \end{array}$$

是交换的. 第一个图的交换性是由 β 的自然性保证的, 而第二个图的交换性等价于等式

$$\varepsilon_{Y_2}\left(FY_1 \xrightarrow{Ff} FW \xleftarrow{Fg} FY_2\right) = GT\left(Y_1 \xrightarrow{f} W \xleftarrow{g} Y_2\right)\varepsilon_{Y_1}.$$

这用到第 4 步中的断言. 利用左分式的乘积, ε 的自然性和交换图

$$\begin{array}{ccc} L & \longrightarrow & \mathcal{L} \\ \downarrow Q & & \downarrow Q \\ L_Q & \xrightarrow{T} & \mathcal{L}_Q \end{array}$$

我们有

$$\begin{aligned}
\text{上式左边} &= \varepsilon_{Y_2}(Q_\mathcal{B}F(g))^{-1}Q_\mathcal{B}F(f) \\
&= (GQ(g))^{-1}\varepsilon_W Q_\mathcal{B}F(f) \\
&= (GQ(g))^{-1}GQ(f)\varepsilon_{Y_1} \\
&= G\left((TQ(g))^{-1}(TQ(f))\right)\varepsilon_{Y_1} \\
&= GT\left(\begin{array}{c} W \\ {}^f\nearrow \quad \nwarrow^g \\ Y_1 \qquad\quad Y_2 \end{array}\right)\varepsilon_{Y_1} \\
&= \text{上式右边}.
\end{aligned}$$

这就完成了定理的证明. ∎

推论 5.8.6 (1) 设 $F: \mathcal{A} \longrightarrow \mathcal{B}$ 是Abel 范畴之间的共变加法函子. 仍用 F 记相应的三角函子 $F: K(\mathcal{A}) \longrightarrow K(\mathcal{B})$. 设 $\mathcal{A}$ 有足够多的内射对象. 则 F 的右导出函子 $R^+F: D^+(\mathcal{A}) \longrightarrow D(\mathcal{B})$ 存在, 且满足

$$R^+FQ(X) \cong Q_\mathcal{B}F(I(X)), \quad \forall\, X \in K^+(\mathcal{A}),$$

其中 $\mathcal{I}$ 是由 $\mathcal{A}$ 中的所有内射对象作成的全子范畴, $I(X)$ 是复形 X 的内射分解.

而且, 对 $\mathcal{A}$ 中任意正合列 $0 \longrightarrow X \longrightarrow Y \longrightarrow Z \longrightarrow 0$, 则有 $\mathcal{I}$ 上复形的正合列 $0 \longrightarrow I(X) \longrightarrow I(Y) \longrightarrow I(Z) \longrightarrow 0$, 也有 $\mathcal{B}$ 上复形的正合列

$$0 \longrightarrow F(I(X)) \longrightarrow F(I(Y)) \longrightarrow F(I(Z)) \longrightarrow 0,$$

5.8 导出函子

和 $\mathcal{B}$ 中的长正合列

$$0 \longrightarrow R^0F(X) \longrightarrow R^0F(Y) \longrightarrow R^0F(Z) \longrightarrow R^1F(X) \longrightarrow R^1F(Y)$$
$$\longrightarrow R^1F(Z) \longrightarrow \cdots \longrightarrow R^nF(X) \longrightarrow R^nF(Y) \longrightarrow R^nF(Z) \longrightarrow \cdots,$$

这里 $R^nF(X) := H^nR^+F(X) \cong H^nQ_\mathcal{B}F(I(X)) = H^nF(I(X))$.

(2) 设 $F: \mathcal{A} \longrightarrow \mathcal{B}$ 是 Abel 范畴之间的反变加法函子. 仍用 F 记相应的反变三角函子 $F: K(\mathcal{A}) \longrightarrow K(\mathcal{B})$. 设 $\mathcal{A}$ 有足够多的投射对象. 则 F 的右导出反变函子 $R^-F: D^-(\mathcal{A}) \longrightarrow D(\mathcal{B})$ 存在, 且满足

$$R^-FQ(X) \cong Q_\mathcal{B}F(P(X)), \quad \forall\, X \in K^-(\mathcal{A}),$$

其中 $\mathcal{P}$ 是由 $\mathcal{A}$ 中的所有投射对象作成的全子范畴, $P(X)$ 是复形 X 的投射分解.

而且, 对 $\mathcal{A}$ 中任意正合列 $0 \longrightarrow X \longrightarrow Y \longrightarrow Z \longrightarrow 0$, 则有 $\mathcal{P}$ 上复形的正合列 $0 \longrightarrow P(X) \longrightarrow P(Y) \longrightarrow P(Z) \longrightarrow 0$, 也有 $\mathcal{B}$ 上复形的正合列

$$0 \longrightarrow F(P(Z)) \longrightarrow F(P(Y)) \longrightarrow F(P(X)) \longrightarrow 0,$$

和 $\mathcal{B}$ 中的长正合列

$$0 \longrightarrow R^0F(Z) \longrightarrow R^0F(Y) \longrightarrow R^0F(X) \longrightarrow R^1F(Z) \longrightarrow R^1F(Y)$$
$$\longrightarrow R^1F(X) \longrightarrow \cdots \longrightarrow R^nF(Z) \longrightarrow R^nF(Y) \longrightarrow R^nF(X) \longrightarrow \cdots,$$

这里 $R^nF(X) := H^nR^-FQ(X) \cong H^nQ_\mathcal{B}F(P(X)) = H^nF(P(X))$.

证 (1) 由定理 5.8.5 即得: 令 $\mathcal{L} = K^+(\mathcal{A})$, $L = K^+(\mathcal{I})$. 由定理 4.3.1 知定理 5.8.5 中条件 (i) 满足, 而条件 (ii) 是显然成立的.

对 $\mathcal{A}$ 中正合列 $0 \longrightarrow X \longrightarrow Y \longrightarrow Z \longrightarrow 0$, 由马蹄引理知有 $\mathcal{I}$ 上复形的正合列 $0 \longrightarrow I(X) \longrightarrow I(Y) \longrightarrow I(Z) \longrightarrow 0$, 从而有 $\mathcal{B}$ 上复形的正合列 $0 \longrightarrow F(I(X)) \longrightarrow F(I(Y)) \longrightarrow F(I(Z)) \longrightarrow 0$. 由此即得所要的上同调群的长正合列.

亦可直接得到相应的长正合列: $0 \longrightarrow X \longrightarrow Y \longrightarrow Z \longrightarrow 0$ 诱导出好三角, 将 RF 作用其上仍为好三角, 再得到相应的上同调群的长正合列.

类似地说明 (2). ∎

注 利用定理 4.5.4 和定理 4.6.8 可以将推论 5.8.6 表述成无界复形的情形.

5.9 函子 RHom 和 Ext

设 $\mathcal{A}$ 为 Abel 范畴, $X, Y \in K(\mathcal{A})$. 回顾 Abel 群的复形 $\text{Hom}^\bullet(X, Y)$ 定义为

$$\text{Hom}^n(X, Y) = \prod_{p \in \mathbb{Z}} \text{Hom}_\mathcal{A}(X^p, Y^{p+n}),$$

其微分 d 为

$$(d^n f)^p = \partial_Y^{n+p} f^p + (-1)^{n+1} f^{p+1} \partial_X^p,$$

其中 $f = (f^p)_{p \in \mathbb{Z}} \in \prod_{p \in \mathbb{Z}} \text{Hom}_\mathcal{A}(X^p, Y^{p+n})$, ∂_X 和 ∂_Y 分别是 X 和 Y 的微分. 我们有三角函子

$$\text{Hom}^\bullet(X, -): K(\mathcal{A}) \longrightarrow K(Ab),$$

以及反变三角函子

$$\text{Hom}^\bullet(-, Y): K(\mathcal{A}) \longrightarrow K(Ab).$$

参见命题 2.7.2. 从而有双三角函子

$$\text{Hom}^\bullet(-, -): \quad K(\mathcal{A})^{op} \times K(\mathcal{A}) \longrightarrow K(Ab)$$

$$(X, Y) \mapsto \text{Hom}^\bullet(X, Y).$$

引理 5.9.1 (1) 设 $\mathcal{A}$ 是有足够多内射对象的Abel范畴. 设 $X \in K(\mathcal{A})$, $Y \in K^+(\mathcal{A})$ 且 Y 是 $\mathcal{A}$ 中内射对象的复形. 如果 Y 正合, 或者 X 正合, 则 $\text{Hom}^\bullet(X, Y)$ 是正合列.

(2) 设 $\mathcal{A}$ 是有足够多投射对象的Abel范畴. 设 $X \in K^-(\mathcal{A})$ 且 X 是 $\mathcal{A}$ 中投射对象的复形, $Y \in K(\mathcal{A})$. 如果 X 正合或者 Y 正合, 则 $\text{Hom}^\bullet(X, Y)$ 是正合列.

证 只证 (1). (2) 对偶地可证. 回顾关键公式 (命题 2.7.1)

$$H^n \text{Hom}^\bullet(X, Y) = \text{Hom}_{K(\mathcal{A})}(X, Y[n]).$$

若 X 正合, 则结论成立, 参见命题 4.3.3(1). 设 Y 正合. 因为 Y 是下有界内射对象的正合列, 故 Y 是同伦范畴中的零对象的直和, 即在 $K^+(\mathcal{A})$ 中 $Y = 0$. ∎

设 $\mathcal{A}$ 是有足够多内射对象的 Abel 范畴. 考虑三角函子

$$\text{Hom}^\bullet(X, -): K^+(\mathcal{A}) \longrightarrow K(Ab).$$

应用定理 5.8.5(1) (注意定理 5.8.5(1) 中条件 (ii) 由引理 5.9.1(1) 保证), 我们知道存在右导出函子

$$R\text{Hom}^\bullet(X, -): D^+(\mathcal{A}) \longrightarrow D(Ab).$$

5.9 函子 RHom 和 Ext

再设 $\mathcal{A}$ 是有足够多投射对象的Abel范畴. 考虑反变三角函子

$$\mathrm{Hom}^\bullet(-,Y): K^-(\mathcal{A}) \longrightarrow K(Ab).$$

应用定理 5.8.5(2) (注意定理 5.8.5(2) 中条件 (ii) 由引理 5.9.1(2) 保证), 我们知道存在右导出函子

$$R\mathrm{Hom}^\bullet(-,Y): D^-(\mathcal{A}) \longrightarrow D(Ab).$$

命题 5.9.2 设 $\mathcal{A}$ 是既有足够多内射对象又有足够多投射对象的Abel范畴. 则我们有右导出双函子

$$R\mathrm{Hom}^\bullet(-,-): (D^-(\mathcal{A}))^{op} \times D^+(\mathcal{A}) \longrightarrow D(Ab),$$

也就是说, 对任意 $X \in K^-(\mathcal{A})$, $Y \in K^+(\mathcal{A})$ 有 $D(Ab)$ 中的双自然同构

$$R\mathrm{Hom}^\bullet(X,-)(Y) \cong R\mathrm{Hom}^\bullet(-,Y)(X),$$

记为 $R\mathrm{Hom}^\bullet(X,Y)$.

证 取 Y 的内射分解 $s: Y \longrightarrow I$ 和 X 的投射分解 $t: P \longrightarrow X$, s, t 均为拟同构. 则

$$R\mathrm{Hom}^\bullet(X,-)(Y) \cong \mathrm{Hom}^\bullet(X,I),$$

$$R\mathrm{Hom}^\bullet(-,Y)(X) \cong \mathrm{Hom}^\bullet(P,Y).$$

只要证在 $D(Ab)$ 中有双自然同构 $\mathrm{Hom}^\bullet(X,I) \cong \mathrm{Hom}^\bullet(P,Y)$. 我们有 $D(Ab)$ 中的态射

$$\mathrm{Hom}^\bullet(t,I): \mathrm{Hom}^\bullet(X,I) \longrightarrow \mathrm{Hom}^\bullet(P,I)$$

和

$$\mathrm{Hom}^\bullet(P,s): \mathrm{Hom}^\bullet(P,Y) \longrightarrow \mathrm{Hom}^\bullet(P,I).$$

下面说明这两个态射均是拟同构. 事实上由关键公式知 $H^n\mathrm{Hom}^\bullet(t,I)$ 等同于

$$\mathrm{Hom}_{K(\mathcal{A})}(t,I[n]): \mathrm{Hom}_{K(\mathcal{A})}(X,I[n]) \longrightarrow \mathrm{Hom}_{K(\mathcal{A})}(P,I[n]),$$

而由推论 4.3.4(1) 这的确是 Abel 群的同构. 这就说明了 $\mathrm{Hom}^\bullet(t,I)$ 是拟同构. 同理 $\mathrm{Hom}^\bullet(P,s)$ 是拟同构. 于是在 $D(Ab)$ 中有同构 $\mathrm{Hom}^\bullet(X,I) \cong \mathrm{Hom}^\bullet(P,Y)$. 这个同构的双自然性由内射分解和投射分解的自然性保证 (参见命题 4.2.8 和命题 4.3.8). ∎

设 $\mathcal{A}$ 为 Abel 范畴, $X, Y \in D(\mathcal{A})$. 定义

$$\mathrm{Ext}^i(X,Y) := \mathrm{Hom}_{D(\mathcal{A})}(X, Y[i]).$$

若 $X, Y \in \mathcal{A}$ 且 $\mathcal{A}$ 有足够多投射对象或者有足够多内射对象时, 则上述定义与 $\mathcal{A}$ 中通常的 Ext 相同. 参见定理 5.2.3.

我们有与 $\mathcal{A}$ 中通常的 Ext 相类似的长正合列.

命题 5.9.3 设 $0 \longrightarrow X \xrightarrow{f} Y \xrightarrow{g} Z \longrightarrow 0$ 是 $\mathcal{A}$ 的复形范畴中的短正合列, W 是任一复形. 则有 Abel 群的长正合列

$$\cdots \longrightarrow \mathrm{Ext}^i(W,X) \longrightarrow \mathrm{Ext}^i(W,Y) \longrightarrow \mathrm{Ext}^i(W,Z) \longrightarrow \mathrm{Ext}^{i+1}(W,X) \longrightarrow \cdots$$

和

$$\cdots \longrightarrow \mathrm{Ext}^i(Z,W) \longrightarrow \mathrm{Ext}^i(Y,W) \longrightarrow \mathrm{Ext}^i(X,W) \longrightarrow \mathrm{Ext}^{i+1}(Z,W) \longrightarrow \cdots.$$

证 由命题 5.1.2 知存在 $D(\mathcal{A})$ 中的态射 $h: Z \longrightarrow X[1]$ 使得 $X \xrightarrow{f} Y \xrightarrow{g} Z \xrightarrow{h} X[1]$ 是 $D(\mathcal{A})$ 中的好三角. 因为 $\mathrm{Hom}_{D(\mathcal{A})}(-, W)$ 是上同调函子, 我们得到定理中的第二个正合列. 第一个正合列类似可证. ∎

定理 5.9.4 设 $\mathcal{A}$ 是有足够多内射对象的 Abel 范畴. 则对任意 $X \in D(\mathcal{A})$, $Y \in D^+(\mathcal{A})$ 有 Abel 群的同构

$$\mathrm{H}^i R\mathrm{Hom}^\bullet(X, Y) \cong \mathrm{Ext}^i(X, Y).$$

证 设 I 是 Y 的内射分解. 则

$$\begin{aligned}
\mathrm{H}^i R\mathrm{Hom}^\bullet(X,Y) &\cong \mathrm{H}^i \mathrm{Hom}^\bullet(X, I) \cong \mathrm{Hom}_{K(\mathcal{A})}(X, I[i]) \\
&\cong \mathrm{Hom}_{D(\mathcal{A})}(X, I[i]) \cong \mathrm{Hom}_{D(\mathcal{A})}(X, Y[i]) \\
&= \mathrm{Ext}^i(X, Y).
\end{aligned}$$

对于有足够多投射对象的 Abel 范畴有相同的结论. ∎

习 题

以下总设 $\mathcal{A}$ 为 Abel 范畴.

习 题

5.1 (i) 同伦范畴 $K(\mathcal{A})$ 中每个图

其中 s 为拟同构, 均可补足成交换图

其中 t 为拟同构.

(ii) 对于 $K(\mathcal{A})$ 中每个交换图

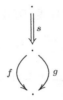

其中 s 为拟同构, 均存在拟同构 t, 使得下图交换

5.2 两个复形通常的直和在局部化函子下的像就是它们在导出范畴中的直和.

5.3 复形 X 是导出范畴 $D(\mathcal{A})$ 的零对象当且仅当 X 是正合列.

5.4 证明引理5.1.7.

5.5 设 X 为上有界复形, Y 为任一复形, $P_X \longrightarrow X$ 是拟同构, 其中 P_X 为上有界投射复形. 证明 $\mathrm{Hom}_{D(\mathcal{A})}(X,Y) = \mathrm{Hom}_{\mathcal{K}(\mathcal{A})}(P_X, Y)$.

5.6 设 X 是 $\mathcal{A}$ 上复形. 则 $X_{\geqslant n} \longrightarrow X \longrightarrow X_{<n} \longrightarrow X_{\geqslant n}[1]$ 是 $D(\mathcal{A})$ 中的好三角, 其中 $X_{\geqslant n}$ 和 $X_{<n}$ 是2.6节中定义的 X 的强制截断.

5.7 在导出范畴 $D(\mathcal{A})$ 中右温和截断 $\tau_{\geqslant n+1}X$:

$$\cdots \longrightarrow 0 \longrightarrow 0 \longrightarrow \operatorname{Im}d^n \longrightarrow X^{n+1} \longrightarrow X^{n+2} \longrightarrow \cdots$$

同构于复形

$$\cdots \longrightarrow 0 \longrightarrow 0 \longrightarrow 0 \longrightarrow \operatorname{Coker}d^n \longrightarrow X^{n+2} \longrightarrow \cdots;$$

并且 $\tau_{\leqslant n}X \longrightarrow X \longrightarrow \tau_{\geqslant n+1}X \longrightarrow (\tau_{\leqslant n}X)[1]$ 是 $D(\mathcal{A})$ 中的好三角.

5.8 设 R 是环, $M \in R\text{-Mod}$. 设 $\cdots \longrightarrow Q_1 \longrightarrow Q_0 \twoheadrightarrow M \longrightarrow 0$ 是 M 的一个投射分解. 令 Q 是去掉 M 以后所得的复形, 即

$$Q: \cdots \longrightarrow Q_1 \longrightarrow Q_0 \longrightarrow 0.$$

则 $\operatorname{Hom}_{K(R\text{-Mod})}(Q, Q) = \operatorname{Hom}_R(M, M)$.

5.9 设 $X \xrightarrow{u} Y \xrightarrow{v} Z \xrightarrow{w} X[1]$ 是 $D(\mathcal{A})$ 中的好三角. 则有 $\mathcal{A}$ 中的长正合列

$$\cdots \longrightarrow \operatorname{H}^n(X) \xrightarrow{\operatorname{H}^n(u)} \operatorname{H}^n(Y) \xrightarrow{\operatorname{H}^n(v)} \operatorname{H}^n(Z) \xrightarrow{\operatorname{H}^n(w)} \operatorname{H}^{n+1}(X) \longrightarrow \cdots,$$

此处连接同态仍由 w 诱导出来; 并且好三角之间的三角射诱导出相应长正合列之间的交换图.

5.10 设 $X \in \mathcal{A}$ 满足 $\operatorname{Ext}^i_{\mathcal{A}}(X, X) = 0, \forall i \geqslant 1$. 记 $\operatorname{add}X$ 是由 X 的有限直和的直和项构成的 $\mathcal{A}$ 的全子范畴. 则有满忠实的三角函子 $K^b(\operatorname{add}X) \longrightarrow D^b(\mathcal{A})$. 给出这个满忠实的三角函子是稠密的一个充分条件.

5.11 分别用 $Q_{-,b}$ 和 $Q_{+,b}$ 表示 $K^{-,b}(\mathcal{A})$ 和 $K^{+,b}(\mathcal{A})$ 中的所有拟同构的集合. 证明Verdier 商 $Q_{-,b}^{-1}K^{-,b}(\mathcal{A})$ 和 $Q_{+,b}^{-1}K^{+,b}(\mathcal{A})$ 都是 $D(\mathcal{A})$ 的全子范畴, 且 $Q_{-,b}^{-1}K^{-,b}(\mathcal{A}) \cong D^b(\mathcal{A}) \cong Q_{+,b}^{-1}K^{+,b}(\mathcal{A})$.

5.12 设 $F: \mathcal{A} \longrightarrow \mathcal{B}$ 是 Abel 范畴之间的加法函子. 作用在齐次分支上, F 可延拓成 $K(\mathcal{A})$ 到 $K(\mathcal{B})$ 的三角函子.

5.13 设 $F: \mathcal{A} \longrightarrow \mathcal{B}$ 是 Abel 范畴之间的正合函子. 作用在齐次分支上, F 可延拓成 $D(\mathcal{A})$ 到 $D(\mathcal{B})$ 的三角函子, 仍记为 $F: D(\mathcal{A}) \longrightarrow D(\mathcal{B})$. 即 F 将拟同构变成拟同构, 且 F 将 $D(\mathcal{A})$ 中好三角变为 $D(\mathcal{B})$ 中好三角.

5.14 设 $\mathcal{A}$ 和 $\mathcal{B}$ 均为 Abel 范畴, $\mathcal{L}$ 是 $K(\mathcal{A})$ 的一个局部化子范畴, $F: \mathcal{L} \longrightarrow K(\mathcal{B})$ 是正合函子. 证明: 如果 F 的右导出函子 $RF: Q_{\mathcal{L}}^{-1}\mathcal{L} \longrightarrow D(\mathcal{B})$ 存在, 则它在自然同构意义下是唯一的.

5.15 补全定理5.8.5证明中第 2 步的细节.

5.16 写出定理5.8.5的左导出函子的版本.

5.17 写出推论5.8.6的左导出函子的版本.

5.18 下述结论是推论5.8.6的推广.

设 $\mathcal{A}, \mathcal{B}$ 是Abel 范畴,$F: \mathcal{A} \longrightarrow \mathcal{B}$ 是共变加法函子,Ω 是 $\mathcal{A}$ 的一个全子范畴. 假设 Ω 满足下述条件:

(i) 对于任意 $M \in \mathcal{A}$, 存在单态射 $M \hookrightarrow I$, 其中 $I \in \Omega$;

(ii) Ω 对于扩张闭且对于单态射的余核闭. 即: 若 $0 \longrightarrow X \longrightarrow Y \longrightarrow Z \longrightarrow 0$ 是 $\mathcal{A}$ 中的正合列, 其中 $X \in \Omega$, 则 $Y \in \Omega$ 当且仅当 $Z \in \Omega$;

(iii) F 保持 Ω 中的短正合列: 若 $0 \longrightarrow X \longrightarrow Y \longrightarrow Z \longrightarrow 0$ 是 $\mathcal{A}$ 中的正合列, 其中 $X, Y, Z \in \Omega$, 则 $0 \longrightarrow F(X) \longrightarrow F(Y) \longrightarrow F(Z) \longrightarrow 0$ 是 $\mathcal{B}$ 中的正合列.

令 L 是由 Ω 中的对象的下有界复形作成的 $K^+(\mathcal{A})$ 的全子范畴. 则

(a) L 是 $K^+(\mathcal{A})$ 的三角子范畴.

(b) 对于任意 $X \in K^+(\mathcal{A})$, 存在拟同构 $X \longrightarrow I(X)$, 其中 $I(X) \in L$.

(c) 如果 $I \in L$ 是正合的, 则 $F(I)$ 也是正合的.

(d) 存在 F 的右导出函子 $R^+F: D^+(\mathcal{A}) \longrightarrow D(\mathcal{B})$ 满足

$$R^+F(I) \cong QF(I), \quad \forall \, I \in L; \quad R^+F(X) \cong QF(I(X)), \quad \forall \, X \in K^+(\mathcal{A}).$$

(e) 对 $\mathcal{A}$ 中任意正合列 $0 \longrightarrow X \longrightarrow Y \longrightarrow Z \longrightarrow 0$, 有 $\mathcal{B}$ 中的长正合列

$$0 \longrightarrow R^0F(X) \longrightarrow R^0F(Y) \longrightarrow R^0F(Z) \longrightarrow R^1F(X) \longrightarrow R^1F(Y)$$
$$\longrightarrow R^1F(Z) \longrightarrow \cdots \longrightarrow R^nF(X) \longrightarrow R^nF(Y) \longrightarrow R^nF(Z) \longrightarrow \cdots,$$

这里 $R^nF(X) := \mathrm{H}^n R^+F(X) \cong \mathrm{H}^n QF(I(X)) = \mathrm{H}^n F(I(X))$.

(提示: 利用定理4.3.1和定理5.8.5.)

5.19 写出上题的左导出函子的版本.

5.20 对于有足够多投射对象的Abel范畴, 证明定理5.9.4的相应版本.

第6章 稳定三角范畴

1985 年 Dieter Happel [Hap1] ([Hap2]) 证明了 Frobenius 范畴的稳定范畴可以作成三角范畴. 此后的发展表明这一定理具有重要意义：它成为构造和发现三角范畴的重要手段. 我们所熟悉的三角范畴都是某个 Frobenius 范畴的稳定范畴. 例如, 加法范畴的同伦范畴; 有足够多投射对象的 Abel 范畴的导出范畴. 将那些能够三角等价于 Frobenius 范畴的稳定范畴的三角范畴称为代数的三角范畴. 代数的三角范畴是目前已知的内蕴最丰富的三角范畴, 它们也是拓扑的三角范畴 (反之不成立). 2007 年 Muro - Schwede - Strickland [MSS] 指出存在既非代数也非拓扑的三角范畴.

6.1 Frobenius 范畴的稳定范畴

定义 6.1.1 (1) (D. Quillen [Q]) 设 $\mathcal{B}$ 是加法范畴, 并且 $\mathcal{B}$ 是某个Abel 范畴 $\mathcal{A}$ 的扩张闭的全子范畴. 令 $\mathcal{S}$ 表示 $\mathcal{A}$ 中的那些短正合列作成的类, 这些短正合列中的每一项都属于 $\mathcal{B}$. 称二元组 $(\mathcal{B}, \mathcal{S})$ 为正合范畴.

(2) 设 $(\mathcal{B}, \mathcal{S})$ 是正合范畴. $\mathcal{B}$ 中的对象 P 称为 $\mathcal{S}$- 投射对象, 如果对 $\mathcal{S}$ 中的任意短正合列 $0 \longrightarrow X \longrightarrow Y \overset{v}{\longrightarrow} Z \longrightarrow 0$ 以及任意态射 $f: P \longrightarrow Z$, 均存在态射 $g: P \longrightarrow Y$ 使得 $f = vg$.

对偶地, $\mathcal{B}$ 中的对象 I 称为 $\mathcal{S}$- 内射对象, 如果对 $\mathcal{S}$ 中任意短正合列 $0 \longrightarrow X \overset{u}{\longrightarrow} Y \longrightarrow Z \longrightarrow 0$ 以及任意态射 $f: X \longrightarrow I$, 均存在态射 $g: Y \longrightarrow I$ 使得 $f = gu$.

(3) 设 $(\mathcal{B}, \mathcal{S})$ 是正合范畴. 称 $(\mathcal{B}, \mathcal{S})$ 有足够多的 $\mathcal{S}$- 投射对象, 如果对每个 $X \in \mathcal{B}$, 存在 $\mathcal{S}$ 中的短正合列 $0 \longrightarrow K \longrightarrow P \overset{\pi}{\longrightarrow} X \longrightarrow 0$ 使得 P 是 $\mathcal{S}$- 投射的.

对偶地, 称 $(\mathcal{B}, \mathcal{S})$ 有足够多的 $\mathcal{S}$- 内射对象, 如果对每个 $X \in \mathcal{B}$, 存在 $\mathcal{S}$ 中的短正合列 $0 \longrightarrow X \overset{\sigma}{\longrightarrow} I \longrightarrow C \longrightarrow 0$ 使得 I 是 $\mathcal{S}$- 内射的.

(4) 称正合范畴 $(\mathcal{B}, \mathcal{S})$ 是Frobenius范畴, 如果 $(\mathcal{B}, \mathcal{S})$ 有足够多的 $\mathcal{S}$- 投射对象和足够多的 $\mathcal{S}$- 内射对象, 并且一个对象是 $\mathcal{S}$- 投射的当且仅当它是 $\mathcal{S}$- 内射的.

(5) 设 $(\mathcal{B}, \mathcal{S})$ 是Frobenius范畴. $\mathcal{B}$ 的稳定范畴 $\underline{\mathcal{B}}$ 是如下定义的加法范畴:

6.1 Frobenius 范畴的稳定范畴

- $\underline{\mathcal{B}}$ 中的对象就是 $\mathcal{B}$ 中的对象;

- 对 $X, Y \in \mathcal{B}$, $\operatorname{Hom}_{\underline{\mathcal{B}}}(X, Y)$ 是商群 $\operatorname{Hom}_{\mathcal{B}}(X, Y)/I(X, Y)$, 其中 $I(X, Y)$ 是由可通过 $\mathcal{S}$-内射对象分解的态射 f (即, 存在 $g: X \longrightarrow I$, $h: I \longrightarrow Y$ 使得 $f = hg$, 其中 I 是 $\mathcal{S}$-内射的) 作成的集合. 易知 $I(X, Y)$ 是 $\operatorname{Hom}_{\mathcal{B}}(X, Y)$ 的子群.

对 $u \in \operatorname{Hom}_{\mathcal{B}}(X, Y)$, 用 $\underline{u}$ 表示 $\operatorname{Hom}_{\underline{\mathcal{B}}}(X, Y)$ 中的元 $u + I(X, Y)$.

注记 6.1.2 (i) 上述定义 (2) 和 (3) 中的态射 v 和 π 不仅是 $\mathcal{B}$ 中的满态射, 而且还要求其核也属于 $\mathcal{B}$. 同样, 上述定义 (2) 和 (3) 中的态射 u 和 σ 不仅是 $\mathcal{B}$ 中的单态射, 而且还要求其余核也属于 $\mathcal{B}$.

(ii) D. Quillen 关于正合范畴 $\mathcal{B}$ 的上述定义依赖于一个外在的 Abel 范畴 $\mathcal{A}$. 在某些应用中这个 Abel 范畴 $\mathcal{A}$ 的寻找不太方便, 甚至困难. B. Keller [Ke1] 给出了正合范畴的一个 "内蕴的" 等价的定义, 避免了这个困难. 但这个等价的定义的本身要耗费较多的笔墨, 并且在本书的处理中本质上并未用到 (也参见 [Hap1] 和 [Hap 2, p.10]), 因此我们对此不加叙述. 有兴趣的读者可参看 [Ke, Appendix A].

设 $(\mathcal{B}, \mathcal{S})$ 是 Frobenius 范畴. 给定 $X \in \mathcal{B}$, 我们有 $\mathcal{S}$ 中的短正合列 $0 \longrightarrow X \xrightarrow{m_X} I(X) \xrightarrow{p_X} X' \longrightarrow 0$, 其中 $I(X)$ 是 $\mathcal{S}$-内射的. $\mathcal{S}$ 中任何两个这样的短正合列间有下述关系.

引理 6.1.3 设 $(\mathcal{B}, \mathcal{S})$ 是 Frobenius 范畴, $X \in \mathcal{B}$. 若

$$0 \longrightarrow X \xrightarrow{m_X} I(X) \xrightarrow{p_X} X' \longrightarrow 0 \quad \text{和} \quad 0 \longrightarrow X \xrightarrow{m} I \xrightarrow{p} X'' \longrightarrow 0$$

都是 $\mathcal{S}$ 中短正合列且 $I(X)$ 和 I 都是 $\mathcal{S}$-内射对象. 则在 $\underline{\mathcal{B}}$ 中 $X' \cong X''$.

证 根据 $\mathcal{S}$-内射对象的定义, 我们有下述交换图

$$\begin{array}{ccccccccc} 0 & \longrightarrow & X & \xrightarrow{m_X} & I(X) & \xrightarrow{p_X} & X' & \longrightarrow & 0 \\ & & \Big\| & & \alpha \Big\downarrow & & \beta \Big\downarrow & & \\ 0 & \longrightarrow & X & \xrightarrow{m} & I & \xrightarrow{p} & X'' & \longrightarrow & 0 \\ & & \Big\| & & \alpha' \Big\downarrow & & \beta' \Big\downarrow & & \\ 0 & \longrightarrow & X & \xrightarrow{m_X} & I(X) & \xrightarrow{p_X} & X' & \longrightarrow & 0 \end{array}$$

对于任意这样的交换图 ($\alpha, \alpha', \beta, \beta'$ 不限), 我们有 $(\alpha'\alpha - \operatorname{Id}_{I(X)})m_X = 0$, 于是存在态射 $a: X' \longrightarrow I(X)$ 使得 $\alpha'\alpha - \operatorname{Id}_{I(X)} = ap_X$. 因此

$$p_X a p_X = p_X(\alpha'\alpha - \operatorname{Id}_{I(X)}) = (\beta'\beta - \operatorname{Id}_{X'})p_X.$$

因为 p_X 是满态射，所以 $\beta'\beta - \mathrm{Id}_{X'} = p_X a$. 即 $\beta'\beta - \mathrm{Id}_{X'}$ 可通过 $\mathcal{S}$- 内射对象分解. 因此在 $\underline{\mathcal{B}}$ 中 $\underline{\beta'\,\beta} = \mathrm{Id}_{X'}$. 类似地，在 $\underline{\mathcal{B}}$ 中 $\underline{\beta\,\beta'} = \mathrm{Id}_{X''}$. ∎

引理 6.1.4 设 $(\mathcal{B}, \mathcal{S})$ 是 Frobenius 范畴. 设 $u : X \longrightarrow Y$ 是 $\mathcal{B}$ 中的态射，且

$$0 \longrightarrow X \xrightarrow{m_X} I(X) \xrightarrow{p_X} X' \longrightarrow 0 \quad \text{和} \quad 0 \longrightarrow Y \xrightarrow{m_Y} I(Y) \xrightarrow{p_Y} Y' \longrightarrow 0$$

是 $\mathcal{S}$ 中的正合列，其中 $I(X)$ 和 $I(Y)$ 均是 $\mathcal{S}$- 内射对象. 则

(1) 存在 $\mathcal{B}$ 中态射 $Tu : X' \longrightarrow Y'$ 使得有下述交换图

$$\begin{array}{ccccccccc} 0 & \longrightarrow & X & \xrightarrow{m_X} & I(X) & \xrightarrow{p_X} & X' & \longrightarrow & 0 \\ & & \downarrow u & & \downarrow I(u) & & \downarrow Tu & & \\ 0 & \longrightarrow & Y & \xrightarrow{m_Y} & I(Y) & \xrightarrow{p_Y} & Y' & \longrightarrow & 0 \end{array}$$

而且 $\underline{Tu}$ 不依赖于 $I(u)$ 的选择. 即，若有另一个交换图

$$\begin{array}{ccccccccc} 0 & \longrightarrow & X & \xrightarrow{m_X} & I(X) & \xrightarrow{p_X} & X' & \longrightarrow & 0 \\ & & \downarrow u & & \downarrow I'(u) & & \downarrow u' & & \\ 0 & \longrightarrow & Y & \xrightarrow{m_Y} & I(Y) & \xrightarrow{p_Y} & Y' & \longrightarrow & 0 \end{array}$$

则 $\underline{Tu} = \underline{u'}$. 特别地，$\underline{T\mathrm{Id}_X} = \underline{\mathrm{Id}_{X'}}$, $\underline{T0} = \underline{0}$.

(2) 若 $\underline{u} = \underline{v}$，则 $\underline{Tu} = \underline{Tv}$.

证 根据 $\mathcal{S}$- 内射对象的定义，我们有引理 6.1.4 中的交换图. 下面的证明对 (1) 和 (2) 都成立.

若 $\underline{u} = \underline{v}$，则有交换图

$$\begin{array}{ccccccccc} 0 & \longrightarrow & X & \xrightarrow{m_X} & I(X) & \xrightarrow{p_X} & X' & \longrightarrow & 0 \\ & & \downarrow v & & \downarrow I(v) & & \downarrow Tv & & \\ 0 & \longrightarrow & Y & \xrightarrow{m_Y} & I(Y) & \xrightarrow{p_Y} & Y' & \longrightarrow & 0 \end{array}$$

因为 $\underline{u} = \underline{v}$，所以存在 $a : I(X) \longrightarrow Y$ 使得 $u - v = am_X$. 于是

$$m_Y a m_X = m_Y (u - v) = (I(u) - I(v)) m_X.$$

从而存在 $b : X' \longrightarrow I(Y)$ 使得 $I(u) - I(v) - m_Y a = b p_X$. 因此

$$(Tu - Tv) p_X = p_Y (I(u) - I(v)) = p_Y b p_X + p_Y m_Y a = p_Y b p_X.$$

进而 $Tu - Tv = p_Y b$. 这就证明了 $\underline{Tu} = \underline{Tv}$. ∎

注记 6.1.5   在引理6.1.4中, 若用 $\mathcal{S}$ 中的另一短正合列

$$0 \longrightarrow X \xrightarrow{m} I \xrightarrow{p} X'' \longrightarrow 0$$

代替短正合列

$$0 \longrightarrow X \xrightarrow{m_X} I(X) \xrightarrow{p_X} X' \longrightarrow 0,$$

其中 I 也是 $\mathcal{S}$-内射对象, 则存在 $\mathcal{B}$ 中的 $u': X'' \longrightarrow Y'$ 使得下图交换

$$\begin{array}{ccccccccc}
0 & \longrightarrow & X & \xrightarrow{m} & I & \xrightarrow{p} & X'' & \longrightarrow & 0 \\
& & \downarrow u & & \downarrow I'(u) & & \downarrow u' & & \\
0 & \longrightarrow & Y & \xrightarrow{m_Y} & I(Y) & \xrightarrow{p_Y} & Y' & \longrightarrow & 0
\end{array}$$

但是一般来说 $Tu \neq u'$. 事实上, $Tu = u'\,\beta$, 其中 β 是 $\mathcal{B}$ 中的同构.

类似地, 若用 $\mathcal{S}$ 中另一短正合列

$$0 \longrightarrow Y \xrightarrow{m'} I' \xrightarrow{p'} Y'' \longrightarrow 0$$

代替

$$0 \longrightarrow Y \xrightarrow{m_Y} I(Y) \xrightarrow{p_Y} Y' \longrightarrow 0,$$

其中 I' 也是 $\mathcal{S}$-内射对象, 则也有交换图

$$\begin{array}{ccccccccc}
0 & \longrightarrow & X & \xrightarrow{m_X} & I(X) & \xrightarrow{p_X} & X' & \longrightarrow & 0 \\
& & \downarrow u & & \downarrow I''(u) & & \downarrow u'' & & \\
0 & \longrightarrow & Y & \xrightarrow{m'} & I' & \xrightarrow{p'} & Y'' & \longrightarrow & 0
\end{array}$$

一般来说 $Tu \neq u''$. 事实上, $Tu = \gamma\,u''$, 其中 γ 是 $\mathcal{B}$ 中的同构.

因此, 为了定义一个函子 $\mathcal{B} \longrightarrow \mathcal{B}$, 对每个 $X \in \mathcal{B}$, 我们必须在 $\mathcal{S}$ 中选定一个短正合列 $0 \longrightarrow X \xrightarrow{m_X} I(X) \xrightarrow{p_X} TX \longrightarrow 0$, 其中 $I(X)$ 是 $\mathcal{S}$-内射对象. 由选择公理知这是办得到的.

6.2 Happel 定理

设 $(\mathcal{B}, \mathcal{S})$ 是 Frobenius 范畴. 对每个 $X \in \mathcal{B}$, **选定 $\mathcal{S}$ 中的短正合列**

$$0 \longrightarrow X \xrightarrow{m_X} I(X) \xrightarrow{p_X} TX \longrightarrow 0, \tag{6.1}$$

其中 $I(X)$ 是 $\mathcal{S}$- 内射的. 以下不再每次声明. 由引理 6.1.3 和引理 6.1.4 就得到一个函子 $T: \underline{\mathcal{B}} \longrightarrow \underline{\mathcal{B}}$, 其中对于 $u: X \longrightarrow Y$, $T\underline{u}$ 定义为 $T\underline{u} := \underline{Tu}$, 这里 $Tu: TX \longrightarrow TY$ 是满足下述交换图的任意一个态射 (引理 6.1.4 保证任意两个这样的态射在稳定范畴中是相同的)

$$\begin{array}{ccccccccc} 0 & \longrightarrow & X & \xrightarrow{m_X} & I(X) & \xrightarrow{p_X} & TX & \longrightarrow & 0 \\ & & \downarrow u & & \downarrow I(u) & & \downarrow Tu & & \\ 0 & \longrightarrow & Y & \xrightarrow{m_Y} & I(Y) & \xrightarrow{p_Y} & TY & \longrightarrow & 0 \end{array} \qquad (6.2)$$

而且 $I(u)$ 是使得上图交换的任意态射 (不必指定).

由引理 6.1.3 和引理 6.1.4 的对偶我们知 T 是 $\underline{\mathcal{B}}$ 的一个自等价.

以下我们总假设 T 是 $\underline{\mathcal{B}}$ 的一个自同构, 不再每次声明. 在许多自然的条件下, 这个假设成立. 例如, 用 $[X]$ 表示 X 的同构类. 若存在一个双射 $\gamma_X: [X] \longrightarrow [TX]$, 其逆为 $\gamma_{T(X)}^{-1}: [TX] \longrightarrow [X]$, 规定 $TX = \gamma_X(X)$ 且 $T^{-1}(X) = \gamma_X^{-1}(X)$, 则由引理 6.1.4 及其对偶结论知 T 是 $\underline{\mathcal{B}}$ 的自同构.

对每个 $u: X \longrightarrow Y$, 设

$$\begin{array}{ccc} X & \xrightarrow{m_X} & I(X) \\ \downarrow u & & \downarrow i_u \\ Y & \xrightarrow{v} & C_u \end{array}$$

是 (u, m_X) 的推出, 或等价地, 设

$$\begin{array}{ccccccccc} 0 & \longrightarrow & X & \xrightarrow{m_X} & I(X) & \xrightarrow{p_X} & TX & \longrightarrow & 0 \\ & & \downarrow u & & \downarrow i_u & & \parallel & & \\ 0 & \longrightarrow & Y & \xrightarrow{v} & C_u & \xrightarrow{w} & TX & \longrightarrow & 0 \end{array} \qquad (6.3)$$

是行正合的交换图. 注意 $C_u \in \mathcal{B}$. 由推出的性质知

$$X \xrightarrow{\binom{u}{m_X}} Y \oplus I(X) \xrightarrow{(v, -i_u)} C_u \longrightarrow 0$$

是正合列. 我们称

$$X \xrightarrow{u} Y \xrightarrow{v} C_u \xrightarrow{w} TX$$

是 $\underline{\mathcal{B}}$ 中的标准三角. 用 Ω 表示 $\underline{\mathcal{B}}$ 中标准三角作成的类. 用 $\mathcal{E}$ 表示 $\underline{\mathcal{B}}$ 中的同构于标准三角的所有三角作成的类.

6.2 Happel 定理

下面是本章的主定理.

定理 6.2.1 ([Hap1], [Hap2]) 设 $(\mathcal{B}, \mathcal{S})$ 是Frobenius 范畴. 则 $(\underline{\mathcal{B}}, T, \mathcal{E})$ 是三角范畴.

在证明主定理之前我们先指出一个事实. 标准三角是从选定的 $\mathcal{S}$ 中短正合列 $0 \longrightarrow Y \xrightarrow{m_Y} I(Y) \xrightarrow{p_Y} TY \longrightarrow 0$, $\forall\, Y \in \mathcal{B}$, 出发构造的, 其中 $I(Y)$ 是 $\mathcal{S}$- 内射对象. 如果将选定的短正合列换一下并作类似的构造, 则我们得到的三角同构于标准三角. 这个事实在主定理的证明中要用到.

引理 6.2.2 设 $(\mathcal{B}, \mathcal{S})$ 是Frobenius 范畴, $v: Y \longrightarrow Z$ 是 $\mathcal{B}$ 中的态射. 设有 $\mathcal{S}$ 中的短正合列 $0 \longrightarrow Y \xrightarrow{m_Y} I(Y) \xrightarrow{p_Y} TY \longrightarrow 0$ 和 $0 \longrightarrow Y \xrightarrow{m} I \xrightarrow{p} M \longrightarrow 0$, 其中 $I(Y)$ 和 I 是 $\mathcal{S}$- 内射对象. 假设有如下行正合交换图

$$\begin{array}{ccccccccc}
0 & \longrightarrow & Y & \xrightarrow{m_Y} & I(Y) & \xrightarrow{p_Y} & TY & \longrightarrow & 0 \\
& & {\scriptstyle v}\downarrow & & {\scriptstyle i_v}\downarrow & & \| & & \\
0 & \longrightarrow & Z & \xrightarrow{j} & X' = C_v & \xrightarrow{j'} & TY & \longrightarrow & 0
\end{array}$$

和

$$\begin{array}{ccccccccc}
0 & \longrightarrow & Y & \xrightarrow{m} & I & \xrightarrow{p} & M & \longrightarrow & 0 \\
& & {\scriptstyle v}\downarrow & & {\scriptstyle i'_v}\downarrow & & \| & & \\
0 & \longrightarrow & Z & \xrightarrow{\widetilde{j}} & \widetilde{X'} = C'_v & \xrightarrow{\widetilde{j'}} & M & \longrightarrow & 0
\end{array}$$

则

(1) 存在 $\alpha, \alpha', \beta, \beta'$ 使得有如下的交换图 (6.4)

$$\begin{array}{ccccccccc}
0 & \longrightarrow & Y & \xrightarrow{m_Y} & I(Y) & \xrightarrow{p_Y} & TY & \longrightarrow & 0 \\
& & \| & & {\scriptstyle \alpha}\downarrow & & {\scriptstyle \beta}\downarrow & & \\
0 & \longrightarrow & Y & \xrightarrow{m} & I & \xrightarrow{p} & M & \longrightarrow & 0 \\
& & \| & & {\scriptstyle \alpha'}\downarrow & & {\scriptstyle \beta'}\downarrow & & \\
0 & \longrightarrow & Y & \xrightarrow{m_Y} & I(Y) & \xrightarrow{p_Y} & TY & \longrightarrow & 0
\end{array} \qquad (6.4)$$

且对使得图 (6.4) 交换的任意态射 $\alpha, \alpha', \beta, \beta'$, 必存在 $r: X' \longrightarrow \widetilde{X'}$ 和 $r': \widetilde{X'} \longrightarrow X'$

使得
$$\underline{r'}\ \underline{r} = \mathrm{Id}_{X'}, \qquad \underline{r}\ \underline{r'} = \mathrm{Id}_{\widetilde{X'}},$$
$$ri_v = i'_v \alpha, \qquad r j = \widetilde{j},$$
$$r' i'_v = i_v \alpha', \qquad r' \widetilde{j} = j,$$
$$\widetilde{j}' r = \beta j', \qquad j' r' = \beta' \widetilde{j}';$$

(2) 有如下三角的同构:

$$\begin{array}{ccccccc} Y & \xrightarrow{v} & Z & \xrightarrow{j} & X' = C_v & \xrightarrow{j'} & TY \\ \| & & \| & & \downarrow r & & \| \\ Y & \xrightarrow{v} & Z & \xrightarrow{\widetilde{j}} & \widetilde{X'} = C'_v & \xrightarrow{\beta'\ \widetilde{j}'} & TY \end{array}$$

证 由引理 6.1.3 的证明知有交换图 (6.4). 对于任意这样的交换图 (6.4), 态射 $\alpha'\alpha - \mathrm{Id}_{I(Y)}$ 通过 p_Y 分解, 因此存在态射 $a: TY \longrightarrow I(Y)$ 使得

$$\alpha'\alpha - \mathrm{Id}_{I(Y)} = a p_Y, \quad \beta'\beta - \mathrm{Id}_{TY} = p_Y a,$$

以及 $\underline{\beta'}\ \underline{\beta} = \mathrm{Id}_{TX},\ \underline{\beta}\ \underline{\beta'} = \mathrm{Id}_M$. 考虑如下推出方块

$$\begin{array}{ccc} Y & \xrightarrow{m_Y} & I(Y) \\ {\scriptstyle v}\downarrow & & \downarrow {\scriptstyle i_v} \\ Z & \xrightarrow{j} & X' \end{array}$$

和态射对 $(\widetilde{j}, i'_v\alpha)$, 其中 $\widetilde{j}: Z \longrightarrow \widetilde{X'}$, 和 $i'_v\alpha: I(Y) \longrightarrow \widetilde{X'}$. 因为 $\widetilde{j}v = i'_v m = i'_v \alpha m_Y$, 由推出的定义知存在态射 $r: X' \longrightarrow \widetilde{X'}$ 使得

$$r i_v = i'_v \alpha, \quad r j = \widetilde{j}.$$

类似地知存在 $r': \widetilde{X'} \longrightarrow X'$ 使得

$$r' i'_v = i_v \alpha', \quad r' \widetilde{j} = j.$$

这导致 $r'rj = j$, 因此我们有态射 $b: TY \longrightarrow X'$ 使得 $r'r - \mathrm{Id}_{X'} = bj'$. 从而

$$(r'r - \mathrm{Id}_{X'}) i_v = b j' i_v = b p_Y.$$

另一方面我们有

$$(r'r - \mathrm{Id}_{X'}) i_v = i_v (\alpha'\alpha - \mathrm{Id}_{I(Y)}) = i_v a p_Y.$$

6.2 Happel 定理

所以 $b = i_v a$. 因此 $\underline{b} = 0$ 且 $\underline{r'\ r} = \mathrm{Id}_{X'}$. 类似地，有 $\underline{r\ r'} = \mathrm{Id}_{\widetilde{X'}}$.

考虑满态射 $(j, -i_v): Z \oplus I(Y) \longrightarrow X'$. 因为

$$\widetilde{j}'r(j,-i_v) = (\widetilde{j}'\ \widetilde{j}, -\widetilde{j}'i'_v\alpha) = (0,-p\alpha) = (0,-\beta p_Y) = (\beta j'j, -\beta j'i_v) = \beta j'(j,-i_v),$$

故 $\widetilde{j}'r = \beta j'$. 类似地，我们有 $j'r' = \beta'\widetilde{j}'$. ∎

我们应用引理 1.4.4 证明 $(\mathcal{B}, T, \mathcal{E})$ 是三角范畴.

引理 6.2.3 $(\mathcal{B}, T, \mathcal{E})$ 满足 (tr1) 和 (tr2).

证 由标准三角的定义即知，任意态射均可嵌入到标准三角中. 即 (tr1)(i) 成立.

由于 (Id_X, m_X) 的推出是 $I(X)$，从而

$$X \xrightarrow{\mathrm{Id}_X} X \longrightarrow 0 \longrightarrow TX$$

是标准三角. 故 (tr1) 成立.

下证 (tr2). 令 $X \xrightarrow{u} Y \xrightarrow{v} Z \xrightarrow{w} TX$ 是 $\mathcal{B}$ 中的标准三角. 我们说明 $Y \xrightarrow{v} Z \xrightarrow{w} TX \xrightarrow{-Tu} TY$ 也是 $\mathcal{B}$ 中的标准三角. 我们有如下的交换图

$$\begin{array}{ccccccccc}
0 & \longrightarrow & X & \xrightarrow{m_X} & I(X) & \xrightarrow{p_X} & TX & \longrightarrow & 0 \\
& & \downarrow u & & \downarrow I(u) & & \downarrow Tu & & \\
0 & \longrightarrow & Y & \xrightarrow{m_Y} & I(Y) & \xrightarrow{p_Y} & TY & \longrightarrow & 0
\end{array}$$

和推出方块

$$\begin{array}{ccc}
X & \xrightarrow{m_X} & I(X) \\
\downarrow u & & \downarrow i_u \\
Y & \xrightarrow{v} & C_u = Z
\end{array}$$

考虑态射二元组 $(I(u), m_Y)$，由推出的定义我们得到态射 $f: C_u = Z \longrightarrow I(Y)$ 使得

$$f i_u = I(u), \quad fv = m_Y.$$

由此得到如下交换图

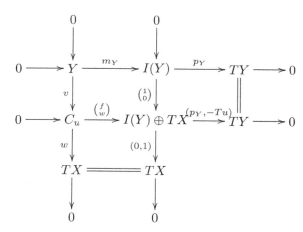

其中左边两列都是正合的. 因此 $I(Y) \oplus TX$ 是 (v, m_Y) 的推出. 上图第一行正合, 我们断言第二行也正合.

事实上, 由推出的性质我们有如下行正合交换图

$$\begin{array}{ccccccccc}
0 & \longrightarrow & Y & \xrightarrow{m_Y} & I(Y) & \xrightarrow{p_Y} & TY & \longrightarrow & 0 \\
& & \downarrow v & & \downarrow \binom{1}{0} & & \parallel & & \\
0 & \longrightarrow & C_u & \xrightarrow{\binom{f}{w}} & I(Y) \oplus TX & \xrightarrow{(a,b)} & TY & \longrightarrow & 0
\end{array}$$

显然 $a = p_Y$. 考虑满态射 $w(v, -i_u) : Y \oplus I(X) \longrightarrow TX$. 因为 $(p_Y, b)\binom{f}{w}i_u = (a,b)\binom{f}{w}i_u = 0$, 故 $bwi_u = -p_Y fi_u = -p_Y I(u)$, 从而

$$bw(v, -i_u) = (0, p_Y I(u)) \stackrel{(6.2)}{=} (0, (Tu)p_X) \stackrel{(6.3)}{=} -(Tu)w(v, -i_u),$$

故 $b = -Tu$. 断言成立.

由标准三角的构造即知 $Y \xrightarrow{v} Z \xrightarrow{w} TX \xrightarrow{-Tu} TY$ 是标准三角. ∎

引理 6.2.4 $(\mathcal{B}, T, \mathcal{E})$ 及 Ω 满足 (tr3).

证 给定一个两行都是标准三角的图

$$\begin{array}{ccccccc}
X & \xrightarrow{\underline{u}} & Y & \xrightarrow{\underline{v}} & C_u & \xrightarrow{\underline{w}} & TX \\
\downarrow \underline{f} & & \downarrow \underline{g} & & \vdots \underline{h} & & \downarrow T\underline{f} \\
X' & \xrightarrow{\underline{u'}} & Y' & \xrightarrow{\underline{v'}} & C_{u'} & \xrightarrow{\underline{w'}} & TX'
\end{array}$$

其中左边的方块交换. 我们要证明存在 $h : C_u \longrightarrow C_{u'}$ 使得 $(\underline{f}, \underline{g}, \underline{h})$ 是一个三角射. 由于 $\underline{u'f} = \underline{gu}$, 故 $gu - u'f$ 通过某个 S-内射对象分解, 于是通过 m_X 分解. 故存

6.2 Happel 定理

在 $t: I(X) \longrightarrow Y'$ 使得 $gu - u'f = t \cdot m_X$. 考虑下面两个推出方块

$$\begin{array}{ccc} X & \xrightarrow{m_X} & I(X) \\ \downarrow u & & \downarrow i_u \\ Y & \xrightarrow{v} & C_u \end{array} \qquad \begin{array}{ccc} X' & \xrightarrow{m_{X'}} & I(X') \\ \downarrow u' & & \downarrow i_{u'} \\ Y' & \xrightarrow{v'} & C_{u'} \end{array}$$

和交换图

$$\begin{array}{ccccccccc} 0 & \longrightarrow & X & \xrightarrow{m_X} & I(X) & \xrightarrow{p_X} & TX & \longrightarrow & 0 \\ & & \downarrow f & & \downarrow I(f) & & \downarrow Tf & & \\ 0 & \longrightarrow & X' & \xrightarrow{m_{X'}} & I(X') & \xrightarrow{p_{X'}} & TX' & \longrightarrow & 0 \end{array}$$

及态射对 $(v'g, v't + i_{u'}I(f))$, 这里 $v't + i_{u'}I(f): I(X) \longrightarrow C_{u'}$, $v'g: Y \longrightarrow C_{u'}$. 因为

$$(v't + i_{u'}I(f))m_X = v'(gu - u'f) + i_{u'}m_{X'}f = v'gu - i_{u'}m_{X'}f + i_{u'}m_{X'}f = v'gu,$$

根据推出的定义存在 $h: C_u \longrightarrow C_{u'}$ 使得

$$hv = v'g, \quad hi_u = v't + i_{u'}I(f).$$

接下来只需证明 $(Tf)\underline{w} = \underline{w'}h$. 注意到 $(v, -i_u): Y \oplus I(X) \longrightarrow C_u$ 是满态射. 由下面两个交换图

$$\begin{array}{ccccccccc} 0 & \longrightarrow & X & \xrightarrow{m_X} & I(X) & \xrightarrow{p_X} & TX & \longrightarrow & 0 \\ & & \downarrow u & & \downarrow i_u & & \| & & \\ 0 & \longrightarrow & Y & \xrightarrow{v} & C_u & \xrightarrow{w} & TX & \longrightarrow & 0 \end{array}$$

和

$$\begin{array}{ccccccccc} 0 & \longrightarrow & X' & \xrightarrow{m_{X'}} & I(X') & \xrightarrow{p_{X'}} & TX' & \longrightarrow & 0 \\ & & \downarrow u' & & \downarrow i_{u'} & & \| & & \\ 0 & \longrightarrow & Y' & \xrightarrow{v'} & C_{u'} & \xrightarrow{w'} & TX' & \longrightarrow & 0 \end{array}$$

容易验证 $Tf \cdot w \cdot (v, -i_u) = w' \cdot h \cdot (v, -i_u)$, 故 $Tf \cdot w = w'h$. 这就完成了证明. ∎

定理 6.2.1 的证明 由引理 1.4.4 只剩下证明 (tr4). 设

$$\begin{array}{ccccccc}
X & \xrightarrow{u} & Y & \xrightarrow{i} & Z' & \xrightarrow{i'} & TX \\
\Big\| & & \Big\downarrow v & & \Big\downarrow f & & \Big\| \\
X & \xrightarrow{vu} & Z & \xrightarrow{k} & Y' & \xrightarrow{k'} & TX \\
& & \Big\downarrow j & & \Big\downarrow g & & \Big\downarrow Tu \\
& & X' & =\!=\!= & X' & \xrightarrow{j'} & TY \\
& & \Big\downarrow j' & & \Big\downarrow (Ti)j' & & \\
& & TY & \xrightarrow{Ti} & TZ' & &
\end{array} \qquad (*)$$

是 $\mathcal{B}$ 中态射图, 其中第一行、第二行及第二列都是 $\mathcal{B}$ 中的标准三角. 我们要证明存在 $f: Z' \longrightarrow Y'$ 和 $g': Y' \longrightarrow X'$ 使得 $(*)$ 中第三列的三角同构于一个标准三角, 并且 $(*)$ 中的每个方块都是交换的.

第 1 步. 由第一行是标准三角我们得到如下由推出诱导的交换图

$$\begin{array}{ccccccccc}
0 & \longrightarrow & X & \xrightarrow{m_X} & I(X) & \xrightarrow{p_X} & TX & \longrightarrow & 0 \\
& & \Big\downarrow u & & \Big\downarrow i_u & & \Big\| & & \\
0 & \longrightarrow & Y & \xrightarrow{i} & Z' = C_u & \xrightarrow{i'} & TX & \longrightarrow & 0
\end{array} \qquad (6.5)$$

由第二列是标准三角我们得到如下由推出诱导的交换图

$$\begin{array}{ccccccccc}
0 & \longrightarrow & Y & \xrightarrow{m_Y} & I(Y) & \xrightarrow{p_Y} & TY & \longrightarrow & 0 \\
& & \Big\downarrow v & & \Big\downarrow i_v & & \Big\| & & \\
0 & \longrightarrow & Z & \xrightarrow{j} & X' = C_v & \xrightarrow{j'} & TY & \longrightarrow & 0
\end{array} \qquad (6.6)$$

由第二行是标准三角我们得到如下由推出诱导的交换图

$$\begin{array}{ccccccccc}
0 & \longrightarrow & X & \xrightarrow{m_X} & I(X) & \xrightarrow{p_X} & TX & \longrightarrow & 0 \\
& & \Big\downarrow vu & & \Big\downarrow i_{vu} & & \Big\| & & \\
0 & \longrightarrow & Z & \xrightarrow{k} & Y' = C_{vu} & \xrightarrow{k'} & TX & \longrightarrow & 0
\end{array} \qquad (6.7)$$

考虑推出方块

$$\begin{array}{ccc}
X & \xrightarrow{m_X} & I(X) \\
\Big\downarrow u & & \Big\downarrow i_u \\
Y & \xrightarrow{i} & Z'
\end{array}$$

6.2 Happel 定理

和态射对 (kv, i_{vu})，这里 $kv: Y \longrightarrow Y'$, $i_{vu}: I(X) \longrightarrow Y'$. 因 $(kv)u = i_{vu}m_X$，故由推出的定义知存在 $f: Z' \longrightarrow Y'$ 使得

$$fi = kv, \quad fi_u = i_{vu}. \tag{6.8}$$

因 $(i, -i_u): Y \oplus I(X) \longrightarrow Z'$ 是满态射且

$$k'f(i, -i_u) \stackrel{(6.8)}{=} (k'kv, -k'i_{vu}) \stackrel{(6.7)}{=} (0, -p_X) \stackrel{(6.5)}{=} i'(i, -i_u),$$

我们得到

$$k'f = i'. \tag{6.9}$$

第 2 步. 为了构造 $g: Y' \longrightarrow X'$，我们需要作一些准备. 考虑态射 $m_{Z'}i: Y \longrightarrow I(Z')$. 令 $M = \operatorname{Coker}(m_{Z'}i)$，从而有 $\mathcal{A}$ 中的正合列：

$$0 \longrightarrow Y \xrightarrow{m_{Z'}i} I(Z') \xrightarrow{\pi} M \longrightarrow 0.$$

于是存在 $t: TX \longrightarrow M$ 使得下图中上面的两个方块交换

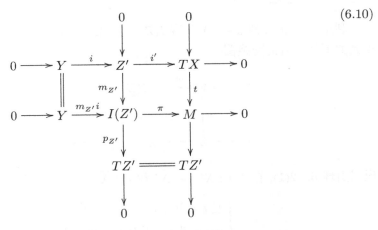

(6.10)

因 π 满，所以 (6.10) 中右上角的方块既是 (t, π) 的拉回方块又是 $(m_{Z'}, i')$ 的推出方块. 于是 $\operatorname{Coker} t \cong \operatorname{Coker}(m_{Z'}) = TZ'$, t 单, 且 (6.10) 中每个方块都交换. 由于 $\mathcal{B}$ 是 Abel 范畴 $\mathcal{A}$ 的扩张闭的全子范畴，故 $M \in \mathcal{B}$. 这样我们就得到了如下两个 $\mathcal{S}$ 中的正合列

$$0 \longrightarrow Y \xrightarrow{m_Z} I(Y) \xrightarrow{p_Y} TY \longrightarrow 0$$

和

$$0 \longrightarrow Y \xrightarrow{m_{Z'}i} I(Z') \xrightarrow{\pi} M \longrightarrow 0,$$

其中 $I(Y)$ 和 $I(Z')$ 都是 $\mathcal{S}$-内射的. 于是我们就有交换图

$$\begin{array}{ccccccccc}
0 & \longrightarrow & Y & \xrightarrow{m_Y} & I(Y) & \xrightarrow{p_Y} & TY & \longrightarrow & 0 \\
& & \| & & \alpha \downarrow & & \beta \downarrow & & \\
0 & \longrightarrow & Y & \xrightarrow{m_{Z'}i} & I(Z') & \xrightarrow{\pi} & M & \longrightarrow & 0 \\
& & \| & & \alpha' \downarrow & & \beta' \downarrow & & \\
0 & \longrightarrow & Y & \xrightarrow{m_Y} & I(Y) & \xrightarrow{p_Y} & TY & \longrightarrow & 0
\end{array} \quad (6.11)$$

由于我们已经有如下交换图

$$\begin{array}{ccccccccc}
0 & \longrightarrow & Y & \xrightarrow{m_Y} & I(Y) & \xrightarrow{p_Y} & TY & \longrightarrow & 0 \\
& & i\downarrow & & I(i)\downarrow & & Ti\downarrow & & \\
0 & \longrightarrow & Z' & \xrightarrow{m_{Z'}} & I(Z') & \xrightarrow{p_{Z'}} & TZ' & \longrightarrow & 0
\end{array} \quad (6.12)$$

我们可以选择 $\alpha = I(i)$ (我们强调这是很关键的选择). 根据引理 6.1.3 在 $\underline{\mathcal{B}}$ 中有 $\underline{\beta'}\,\underline{\beta} = \mathrm{Id}_{TY}$, $\underline{\beta}\,\underline{\beta'} = \mathrm{Id}_M$.

利用 $\mathcal{S}$ 中正合列 $0 \longrightarrow Y \xrightarrow{m_{Z'}i} I(Z') \xrightarrow{\pi} M \longrightarrow 0$, 我们作 $(m_{Z'}i, v)$ 的推出, 就得到如下行正合的交换图

$$\begin{array}{ccccccccc}
0 & \longrightarrow & Y & \xrightarrow{m_{Z'}i} & I(Z') & \xrightarrow{\pi} & M & \longrightarrow & 0 \\
& & v\downarrow & & i'_v\downarrow & & \| & & \\
0 & \longrightarrow & Z & \xrightarrow{\widetilde{j}} & \widetilde{X'}=C'_v & \xrightarrow{\widetilde{j}'} & M & \longrightarrow & 0
\end{array} \quad (6.13)$$

根据引理 6.2.2(1), 存在 $r: X' \longrightarrow \widetilde{X'}$ 和 $r': \widetilde{X'} \longrightarrow X'$ 使得

$$\begin{cases} \underline{r'}\,\underline{r} = \mathrm{Id}_{X'}, & \underline{r}\,\underline{r'} = \mathrm{Id}_{\widetilde{X'}}, \\ ri_v = i'_v\alpha = i'_v I(i), & rj = \widetilde{j}, \\ r'i'_v = i_v\alpha', & r'\widetilde{j} = j. \end{cases} \quad (6.14)$$

考虑推出方块

$$\begin{array}{ccc}
X & \xrightarrow{m_X} & I(X) \\
vu\downarrow & & \downarrow i_{vu} \\
Z & \xrightarrow{k} & Y'
\end{array}$$

6.2 Happel 定理

和态射对 $(\widetilde{j}, i'_v m_{Z'} i_u)$, 这里 $\widetilde{j} : Z \longrightarrow \widetilde{X'}$, $i'_v m_{Z'} i_u : I(X) \longrightarrow \widetilde{X'}$. 因

$$\widetilde{j}(vu) \stackrel{(6.13)}{=} i'_v m_{Z'} iu \stackrel{(6.5)}{=} i'_v m_{Z'} i_u m_X,$$

由推出的定义知存在 $g' : Y' \longrightarrow \widetilde{X'}$ 使得

$$g'k = \widetilde{j}, \quad g' i_{vu} = i'_v m_{Z'} i_u. \tag{6.15}$$

第 3 步. 我们断言下述方块是一个推出

$$\begin{array}{ccc} Z' & \xrightarrow{m_{Z'}} & I(Z') \\ {\scriptstyle f} \downarrow & & \downarrow {\scriptstyle i'_v} \\ Y' & \xrightarrow{g'} & \widetilde{X'} \end{array}$$

事实上, 因为 $(i, -i_u) : Y \oplus I(X) \longrightarrow Z'$ 是满态射, 又因

$$g'f(i, -i_u) \stackrel{(6.8)}{=} (g'kv, -g'i_{vu}) \stackrel{(6.15)}{=} (\widetilde{j}v, -i'_v m_{Z'} i_u)$$
$$\stackrel{(6.13)}{=} (i'_v m_{Z'} i, -i'_v m_{Z'} i_u) = i'_v m_{Z'}(i, -i_u),$$

可得 $g'f = i'_v m_{Z'}$. 假设态射对 (a, b) 满足 $af = b m_{Z'}$, 其中 $a : Y' \longrightarrow D$, $b : I(Z') \longrightarrow D$. 因为

$$\begin{array}{ccc} Y & \xrightarrow{m_Z i} & I(Z') \\ {\scriptstyle v} \downarrow & & \downarrow {\scriptstyle i'_v} \\ Z & \xrightarrow{\widetilde{j}} & \widetilde{X'} \end{array}$$

是推出, 并且 $ak : Z \longrightarrow D$, $b : I(Z') \longrightarrow D$ 满足下述关系:

$$b m_{Z'} i = afi \stackrel{(6.8)}{=} akv,$$

从而由推出的定义可得 $s : \widetilde{X'} \longrightarrow D$ 使得

$$s\widetilde{j} = ak, \quad si'_v = b.$$

下证 $sg' = a$. 考虑满射 $(k, -i_{vu}) : Z \oplus I(X) \longrightarrow Y'$. 因为

$$sg'(k, -i_{vu}) \stackrel{(6.15)}{=} (s\widetilde{j}, -si'_v m_{Z'} i_u) = (ak, -bm_{Z'} i_u) = (ak, -afi_u) \stackrel{(6.8)}{=} a(k, -i_{vu}),$$

即得 $sg' = a$. 最后还要说明这样的 s 是唯一的, 即若 $t : \widetilde{X'} \longrightarrow D$ 也满足 $tg' = a$, $ti'_v = b$, 则 $t\widetilde{j} = tg'k = ak$. 于是由推出的定义知 $t = s$. 至此断言得证.

因此我们有如下行正合交换图

$$\begin{array}{ccccccccc} 0 & \longrightarrow & Z' & \xrightarrow{m_{Z'}} & I(Z') & \xrightarrow{p_{Z'}} & TZ' & \longrightarrow & 0 \\ & & {\scriptstyle f}\downarrow & & {\scriptstyle i'_v}\downarrow & & \| & & \\ 0 & \longrightarrow & Y' & \xrightarrow{g'} & \widetilde{X'} & \xrightarrow{w} & TZ' & \longrightarrow & 0 \end{array} \qquad (6.16)$$

以及 $\mathcal{B}$ 中的标准三角

$$Z' \xrightarrow{f} Y' \xrightarrow{g'} \widetilde{X'} \xrightarrow{w} TZ',$$

其中 w 将在下一步中具体阐述.

现在令 $g = r'g' : Y' \longrightarrow X'$. 根据 (6.15) 和 (6.14) 我们有

$$gk = j, \quad gi_{vu} = i_v\alpha' m_{Z'} i_u. \qquad (6.17)$$

因为有如下 $\mathcal{B}$ 中的三角之间的同构

$$\begin{array}{ccccccc} Z' & \xrightarrow{f} & Y' & \xrightarrow{g'} & \widetilde{X'} & \xrightarrow{w} & TZ' \\ \| & & \| & & {\scriptstyle r'}\downarrow & & \| \\ Z' & \xrightarrow{f} & Y' & \xrightarrow{g} & X' & \xrightarrow{w\,r} & TZ' \end{array}$$

故

$$Z' \xrightarrow{f} Y' \xrightarrow{g} X' \xrightarrow{w\,r} TZ'$$

属于 $\mathcal{E}$.

第 4 步. 我们断言

$$wr = (Ti)j'. \qquad (6.18)$$

事实上, 因为 $(j, -i_v) : Z \oplus I(Y) \longrightarrow X'$ 是满态射并且

$$wr(j, -i_v) \stackrel{(6.14)}{=} (w\widetilde{j}, -wi'_v I(i)) \stackrel{(6.15)}{=} (wg'k, -wi'_v I(i)) \stackrel{(6.16)}{=} (0, -p_{Z'}I(i))$$
$$\stackrel{(6.12)}{=} (0, -(Ti)p_Y) \stackrel{(6.6)}{=} (Ti)j'(j, -i_v),$$

故断言成立. 从而 $Z' \xrightarrow{f} Y' \xrightarrow{g} X' \xrightarrow{Ti\,j'} TZ'$ 属于 $\mathcal{E}$.

第 5 步. 现在我们来验证 $(*)$ 中的所有交换关系. 根据 (6.8), (6.9), 以及 (6.17) 仅需验证

$$j'\,g = (T\underline{u})\,\underline{k}'.$$

6.2 Happel 定理

根据 (6.5), (6.10) 以及 (6.11) 可以得到如下行正合的交换图

$$
\begin{array}{ccccccccc}
0 & \longrightarrow & X & \xrightarrow{m_X} & I(X) & \xrightarrow{p_X} & TX & \longrightarrow & 0 \\
& & \downarrow u & & \downarrow i_u & & \| & & \\
0 & \longrightarrow & Y & \xrightarrow{i} & Z' & \xrightarrow{i'} & TX & \longrightarrow & 0 \\
& & \| & & \downarrow m_{Z'} & & \downarrow t & & \\
0 & \longrightarrow & Y & \xrightarrow{m_{Z'}i} & I(Z') & \xrightarrow{\pi} & M & \longrightarrow & 0 \\
& & \| & & \downarrow \alpha' & & \downarrow \beta' & & \\
0 & \longrightarrow & Y & \xrightarrow{m_Y} & I(Y) & \xrightarrow{p_Y} & TY & \longrightarrow & 0
\end{array}
$$

由此得到行正合交换图：

$$
\begin{array}{ccccccccc}
0 & \longrightarrow & X & \xrightarrow{m_X} & I(X) & \xrightarrow{p_X} & TX & \longrightarrow & 0 \\
& & \downarrow u & & \downarrow \alpha' m_{Z'} i_u & & \downarrow \beta' t & & \\
0 & \longrightarrow & Y & \xrightarrow{m_Y} & I(Y) & \xrightarrow{p_Y} & TY & \longrightarrow & 0
\end{array}
$$

另一方面，我们有行正合交换图

$$
\begin{array}{ccccccccc}
0 & \longrightarrow & X & \xrightarrow{m_X} & I(X) & \xrightarrow{p_X} & TX & \longrightarrow & 0 \\
& & \downarrow u & & \downarrow I(u) & & \downarrow Tu & & \\
0 & \longrightarrow & Y & \xrightarrow{m_Y} & I(Y) & \xrightarrow{p_Y} & TY & \longrightarrow & 0
\end{array}
$$

因此 $(\alpha' m_{Z'} i_u - I(u))m_X = 0$, 所以存在 $a : TX \longrightarrow I(Y)$ 使得

$$\alpha' m_{Z'} i_u - I(u) = a p_X. \tag{6.19}$$

考虑满同态 $(k, -i_{vu}) : Z \oplus I(X) \longrightarrow Y'$. 我们有

$$j'g(k, -i_{vu}) \stackrel{(6.17)}{=} j'(j, -i_v \alpha' m_{Z'} i_u) \stackrel{(6.6)}{=} (0, -p_Y \alpha' m_{Z'} i_u),$$

以及

$$(Tu)k'(k, -i_{vu}) \stackrel{(6.7)}{=} (0, -(Tu)p_X) \stackrel{(6.2)}{=} (0, -p_Y I(u)),$$

因此

$$(j'g - (Tu)k')(k, -i_{vu}) = (0, -p_Y(\alpha' m_{Z'} i_u - I(u))$$
$$\stackrel{(6.19)}{=} (0, -p_Y a p_X) \stackrel{(6.7)}{=} p_Y a k'(k, -i_{vu}),$$

于是可得
$$j'g - Tuk' = p_Y ak',$$
从而
$$\underline{j'}\,\underline{g} = (T\underline{u})\,\underline{k'}.$$

至此定理 6.2.1 得证. ∎

后记 Happel 定理意义重要、应用广泛, 其证明巧妙而困难. 为定义函子 $T:\underline{\mathcal{B}} \longrightarrow \underline{\mathcal{B}}$, 必须一次性选定所有对象的 $\mathcal{S}$-内射表现 $0 \longrightarrow Y \longrightarrow I(Y) \longrightarrow TY \longrightarrow 0$, 并利用这种选定的 $\mathcal{S}$-内射表现来定义标准三角. 其原因前面已解释. 而为了得到 (TR4), 最关键的是, Dieter Happel 又采用了 Y 的另一种特别的 $\mathcal{S}$-内射表现 $0 \longrightarrow Y \xrightarrow{m_{Z'}i} I(Z') \xrightarrow{\pi} M \longrightarrow 0$, 并利用它来作类似的构造 (第 2 步). 这是最出彩的: 没有这一步, 无论如何证不出 (TR4).

D. Happel 思维很快, 他并未解释替换前后的关系, 也未强调其合理性. 即, 原著 [Hap1] 和 [Hap2] 中未给出引理 6.2.2, 也未给出第 5 步的证明细节. 这使得原著比较难读. 但从整个布局看, 他本人仔细验证过这些细节. 这一工作发表不久, 不同国家数所大学均有讨论班研读此证明并补出细节.

6.3 稳定三角范畴中好三角的另一解释

我们知道, 导出范畴中的好三角是由短正合列诱导的 (命题 5.1.2). 下述命题表明 Frobenius 范畴的稳定范畴中的好三角也是由短正合列诱导的.

命题 6.3.1 设 $(\mathcal{B}, \mathcal{S})$ 是 Frobenius 范畴, $\underline{\mathcal{B}}$ 是其稳定范畴. 则 $\underline{\mathcal{B}}$ 中的好三角恰好是由 $\mathcal{S}$ 中的短正合列诱导出来的.

详细地说, 设 $0 \longrightarrow X \xrightarrow{u} Y \xrightarrow{v} Z \longrightarrow 0$ 是 $\mathcal{S}$ 中的短正合列. 则 $X \xrightarrow{\underline{u}} Y \xrightarrow{\underline{v}} Z \xrightarrow{-\underline{w}} TX$ 是 $\underline{\mathcal{B}}$ 中的好三角, 其中 w 是使得下图交换的 $\mathcal{B}$ 中的态射

$$\begin{array}{ccccccccc} 0 & \longrightarrow & X & \xrightarrow{u} & Y & \xrightarrow{v} & Z & \longrightarrow & 0 \\ & & \parallel & & \downarrow{\sigma} & & \downarrow{w} & & \\ 0 & \longrightarrow & X & \xrightarrow{m_X} & I(X) & \xrightarrow{p_X} & TX & \longrightarrow & 0 \end{array} \quad (6.20)$$

且任何两个这样的态射 w 和 w' 给出同构的三角.

反之, 设 $X' \xrightarrow{\underline{u'}} Y' \xrightarrow{\underline{v'}} Z' \xrightarrow{-\underline{w'}} TX'$ 是 $\underline{\mathcal{B}}$ 中的好三角. 则存在 $\mathcal{S}$ 中的短正合列 $0 \longrightarrow X \xrightarrow{u} Y \xrightarrow{v} Z \longrightarrow 0$ 使得其诱导出的 $\underline{\mathcal{B}}$ 中的好三角 $X \xrightarrow{\underline{u}} Y \xrightarrow{\underline{v}} Z \xrightarrow{-\underline{w}} TX$ 同构于给定的三角, 其中 w 是使得 (6.20) 交换的 $\mathcal{B}$ 中的态射.

证 设 $0 \longrightarrow X \stackrel{u}{\longrightarrow} Y \stackrel{v}{\longrightarrow} Z \longrightarrow 0$ 是 $\mathcal{S}$ 中的短正合列. 则有如下行列均正合的交换图

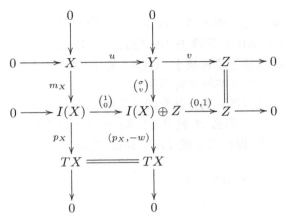

其中第 2 列的正合性是由 (6.20) 以及拉回的性质得到的. 因此 $I(X) \oplus Z$ 是 (u, m_X) 的推出, 进而 $X \stackrel{u}{\longrightarrow} Y \stackrel{v}{\longrightarrow} Z \stackrel{-w}{\longrightarrow} TX$ 是 $\mathcal{B}$ 中的好三角.

反之, 设 $X' \stackrel{u'}{\longrightarrow} Y' \stackrel{v'}{\longrightarrow} Z' \stackrel{-w'}{\longrightarrow} TX'$ 是 $\mathcal{B}$ 中的好三角. 则它同构于标准三角 $X \stackrel{u}{\longrightarrow} Y \stackrel{v}{\longrightarrow} C_u \stackrel{w}{\longrightarrow} TX$. 由标准三角的构造知有 $\mathcal{S}$ 中的短正合列

$$0 \longrightarrow X \stackrel{\binom{u}{m_X}}{\longrightarrow} Y \oplus I(X) \stackrel{(v, -\bar{u})}{\longrightarrow} C_u \longrightarrow 0,$$

并且存在 w 使得下图交换

$$\begin{array}{ccccccccc} 0 & \longrightarrow & X & \stackrel{\binom{u}{m_X}}{\longrightarrow} & Y \oplus I(X) & \stackrel{(v,-\bar{u})}{\longrightarrow} & C_u & \longrightarrow & 0 \\ & & \| & & \downarrow (0,1) & & \downarrow -w & & \\ 0 & \longrightarrow & X & \stackrel{m_X}{\longrightarrow} & I(X) & \stackrel{p_X}{\longrightarrow} & TX & \longrightarrow & 0 \end{array}$$

这表明由 $\mathcal{S}$ 中的短正合列 $0 \longrightarrow X \stackrel{\binom{u}{m_X}}{\longrightarrow} Y \oplus I(X) \stackrel{(v,-\bar{u})}{\longrightarrow} C_u \longrightarrow 0$ 诱导的好三角恰是标准三角 $X \stackrel{u}{\longrightarrow} Y \stackrel{v}{\longrightarrow} C_u \stackrel{w}{\longrightarrow} TX$. ∎

6.4 同伦范畴是代数的三角范畴

设 $\mathcal{A}$ 是加法范畴. 本节我们要说明复形范畴 $C^*(\mathcal{A})$ 是 Frobenius 范畴, 且其稳定范畴恰为同伦范畴 $K^*(\mathcal{A})$, 此处 $* \in \{$空$, b, -, +\}$. 从而我们重新得到同伦范畴是三角范畴的结论, 并且知道同伦范畴是代数的三角范畴.

为简化记号, 我们讨论复形范畴 $C(\mathcal{A})$. 所有的考虑完全适用于 $C^*(\mathcal{A})$, 其中 $* \in \{b, -, +\}$; 也完全适用于 $C^*(\mathcal{A})$, 其中 $* \in \{(-,b), (+,b)\}$, 如果 $\mathcal{A}$ 是 Abel 范畴.

用 $\mathcal{S}$ 表示复形范畴 $C(\mathcal{A})$ 中所有链可裂短正合列 (参见 2.5 节) 作成的类. 可以将 $C(\mathcal{A})$ 嵌入到某个 Abel 范畴 $\mathcal{B}$ 中, 使得 $C(\mathcal{A})$ 是 $\mathcal{B}$ 的对于扩张封闭的全子范畴, 并且使得 $\mathcal{S}$ 恰是三项都属于 $C(\mathcal{A})$ 的 $\mathcal{B}$ 中的短正合列作成的类. 此处我们不证明这一细节. 有兴趣的读者可参见文献 [Ke1] 或 [G1]. 我们只强调这个 Abel 范畴 $\mathcal{B}$ 不再是复形范畴, 而是某个函子范畴. 于是得到正合范畴 $(C(\mathcal{A}), \mathcal{S})$. 经常误将 $\mathcal{B}$ 就取成 $C(\mathcal{A})$: 那么 $\mathcal{S}$ 就是 $C(\mathcal{A})$ 中所有短正合列作成的类; 虽然 $(C(\mathcal{A}), \mathcal{S})$ 仍是正合范畴, 但却做不成 Frobenius 范畴.

对于每一对象 $A \in \mathcal{A}$ 和任意整数 i, 定义复形
$$P^i(A) = \cdots \longrightarrow 0 \longrightarrow A \xrightarrow{=} A \longrightarrow 0 \longrightarrow \cdots,$$
其中 A 在第 i 和第 $i+1$ 处. 由于 $\mathcal{S}$ 恰是 $C(\mathcal{A})$ 中所有链可裂短正合列作成的类, 容易验证 $P^i(A)$ 是 $\mathcal{S}$-投射对象. 定义复形
$$I^i(A) = \cdots \longrightarrow 0 \longrightarrow A \xrightarrow{=} A \longrightarrow 0 \longrightarrow \cdots,$$
其中 A 在第 $i-1$ 和第 i 处. 则 $I^i(A)$ 均是 $\mathcal{S}$-内射对象. 显然 $I^i(A) = P^{i-1}(A) = P^i(A)[1]$. 对于每一复形 $X = (X^i, d^i)$, 定义复形
$$P(X) = (X^i \oplus X^{i-1}, \begin{pmatrix} 0 & 0 \\ 1 & 0 \end{pmatrix}) = \bigoplus_{i \in \mathbb{Z}} P^i(X^i).$$
则 $P(X)$ 是 $\mathcal{S}$-投射对象. 定义复形
$$I(X) = (X^i \oplus X^{i+1}, \begin{pmatrix} 0 & 1 \\ 0 & 0 \end{pmatrix}) = \bigoplus_{i \in \mathbb{Z}} I^i(X^i).$$
注意 $I(X)$ 这种构造的特殊性: 它既是复形范畴中的直和又是复形范畴中的直积, 即 $I(X) = \prod_{i \in \mathbb{Z}} I^i(X^i)$. 因此 $I(X)$ 也是 $\mathcal{S}$-内射对象. 故 $P(X)$ 和 $I(X)$ 既是 $\mathcal{S}$-投射对象也是 $\mathcal{S}$-内射对象.

我们有链可裂短正合列 $0 \longrightarrow X[-1] \longrightarrow P(X) \longrightarrow X \longrightarrow 0$:

$$\begin{array}{ccccccccc}
X[-1] = & \cdots \longrightarrow & X^{i-2} & \xrightarrow{-d^{i-2}} & X^{i-1} & \xrightarrow{-d^{i-1}} & X^i & \longrightarrow & \cdots \\
& & \downarrow {\scriptsize \begin{pmatrix} -d^{i-2} \\ 1 \end{pmatrix}} & & \downarrow {\scriptsize \begin{pmatrix} -d^{i-1} \\ 1 \end{pmatrix}} & & \downarrow {\scriptsize \begin{pmatrix} -d^i \\ 1 \end{pmatrix}} & & \\
P(X) = & \cdots \longrightarrow & X^{i-1} \oplus X^{i-2} & \xrightarrow{\begin{pmatrix} 0 & 0 \\ 1 & 0 \end{pmatrix}} & X^i \oplus X^{i-1} & \xrightarrow{\begin{pmatrix} 0 & 0 \\ 1 & 0 \end{pmatrix}} & X^{i+1} \oplus X^i & \longrightarrow & \cdots \\
& & \downarrow {\scriptsize (1, d^{i-2})} & & \downarrow {\scriptsize (1, d^{i-1})} & & \downarrow {\scriptsize (1, d^i)} & & \\
X = & \cdots \longrightarrow & X^{i-1} & \xrightarrow{d^{i-1}} & X^i & \xrightarrow{d^i} & X^{i+1} & \longrightarrow & \cdots
\end{array}$$

这表明 $(C(\mathcal{A}), \mathcal{S})$ 有足够多的 $\mathcal{S}$-投射对象. 我们也有链可裂短正合列

$$0 \longrightarrow X \xrightarrow{m_X} I(X) \xrightarrow{p_X} X[1] \longrightarrow 0:$$

$$
\begin{array}{ccccccccc}
X = & \cdots \longrightarrow & X^{i-1} & \xrightarrow{d^{i-1}} & X^i & \xrightarrow{d^i} & X^{i+1} & \longrightarrow & \cdots \\
\downarrow m_X & & \downarrow \binom{1}{d^{i-1}} & & \downarrow \binom{1}{d^i} & & \downarrow \binom{1}{d^{i+1}} & & \\
I(X) = & \cdots \longrightarrow & X^{i-1} \oplus X^i & \xrightarrow{\left(\begin{smallmatrix}0&1\\0&0\end{smallmatrix}\right)} & X^i \oplus X^{i+1} & \xrightarrow{\left(\begin{smallmatrix}0&1\\0&0\end{smallmatrix}\right)} & X^{i+1} \oplus X^{i+2} & \longrightarrow & \cdots \\
\downarrow p_X & & \downarrow (-d^{i-1},1) & & \downarrow (-d^i,1) & & \downarrow (-d^{i+1},1) & & \\
X[1] = & \cdots \longrightarrow & X^i & \xrightarrow{-d^i} & X^{i+1} & \xrightarrow{-d^{i+1}} & X^{i+2} & \longrightarrow & \cdots
\end{array}
$$

从而 $(C(\mathcal{A}), \mathcal{S})$ 有足够多的 $\mathcal{S}$-内射对象.

由定义容易看出 $\mathcal{S}$-投射对象 P 是 $P(P)$ 的直和项; $\mathcal{S}$-内射对象 I 是 $I(I)$ 的直和项. 因此 $(C(\mathcal{A}), \mathcal{S})$ 的 $\mathcal{S}$-投射对象作成的类与 $\mathcal{S}$-内射对象作成的类是相同的. 这就说明了 $(C(\mathcal{A}), \mathcal{S})$ 是 Frobenius 范畴.

直接验证: 复形态射 $u: X \longrightarrow Y$ 通过 $\mathcal{S}$-内射对象分解当且仅当 u 通过 $m_X: X \longrightarrow I(X)$ 分解, 当且仅当 u 同伦于 0. 因此 Frobenius 范畴 $(C(\mathcal{A}), \mathcal{S})$ 的稳定范畴恰为同伦范畴 $K(\mathcal{A})$. 不仅如此, 由命题 6.3.1 知稳定范畴 $\underline{C(\mathcal{A})}$ 的好三角恰是由链可裂短正合列诱导的三角; 而由定理 2.5.4 知 $K(\mathcal{A})$ 的好三角也恰是由链可裂短正合列诱导的三角. 因此作为三角范畴 $(C(\mathcal{A}), \mathcal{S})$ 的稳定范畴恰为同伦范畴 $K(\mathcal{A})$.

综上所述我们得到如下命题.

命题 6.4.1 设 $\mathcal{A}$ 是加法范畴. 则复形范畴 $C^*(\mathcal{A})$ 连同其中的链可裂短正合列作成Frobenius范畴, 且其稳定范畴恰为同伦范畴 $K^*(\mathcal{A})$, 此处 $* \in \{空, b, -, +\}$; 如果 $\mathcal{A}$ 是Abel范畴, $*$ 也可属于 $\{(-, b), (+, b)\}$. 特别地, $K^*(\mathcal{A})$ 是代数的三角范畴.

6.5 导出范畴是代数的三角范畴

设 $\mathcal{P}$ 是有足够多投射对象的Abel 范畴中所有投射对象作成的加法全子范畴. 在命题 6.4.1 中取 $\mathcal{A}$ 为 $\mathcal{P}$, 我们立即得到下述推论中的 (1).

推论 6.5.1 (1) 设 $\mathcal{A}$ 是有足够多投射对象的Abel 范畴, $\mathcal{P}$ 是 $\mathcal{A}$ 中所有投射对象作成的加法全子范畴. 则 $K^*(\mathcal{P})$ 是代数的三角范畴, 此处 $* \in \{空, b, -, +, (-, b), (+, b)\}$.

特别地，上有界导出范畴 $D^-(\mathcal{A}) \cong K^-(\mathcal{P})$ 和有界导出范畴 $D^b(\mathcal{A}) \cong K^{-,b}(\mathcal{P})$ 均是代数的三角范畴.

(2) 设 $\mathcal{A}$ 是有足够多内射对象的 Abel 范畴，$\mathcal{I}$ 是 $\mathcal{A}$ 中所有内射对象作成的加法全子范畴. 则 $K^*(\mathcal{I})$ 是代数的三角范畴，此处 $* \in \{空, b, -, +, (-,b), (+,b)\}$.

特别地，下有界导出范畴 $D^+(\mathcal{A}) \cong K^+(\mathcal{I})$ 和有界导出范畴 $D^b(\mathcal{A}) \cong K^{+,b}(\mathcal{I})$ 均是代数的三角范畴.

注 虽然推论 6.5.1 是命题 6.4.1 的重述，但我们要说明在此特殊情形下，$C^*(\mathcal{P})$ 的正合结构更加简单. 即将 $C^*(\mathcal{P})$ 直接看成 Abel 范畴 $C^*(\mathcal{A})$ 的扩张闭的全子范畴；而 $C^*(\mathcal{A})$ 中三项均在 $C^*(\mathcal{P})$ 中的短正合列作成的类 $\mathcal{S}$ 恰是 $C^*(\mathcal{P})$ 中的链可裂短正合列作成的类. 于是 $(C^*(\mathcal{P}), \mathcal{S})$ 是正合范畴并且是 Frobenius 范畴，其稳定范畴就是 $K^*(\mathcal{P})$.

最后我们说明，利用同伦投射复形可证明无界导出范畴也是代数的三角范畴.

用 $C_{hproj}(\mathcal{A})$ 表示 $\mathcal{A}$ 上同伦投射复形作成的复形范畴 $C(\mathcal{A})$ 的全子范畴.

用 $C(\mathcal{P})$ 表示 $\mathcal{A}$ 上投射复形作成的 $C(\mathcal{A})$ 的全子范畴，即每个齐次分支均为 $\mathcal{A}$ 中投射对象的复形作成的 $C(\mathcal{A})$ 的全子范畴. 我们强调，即便 $\mathcal{A}$ 没有足够多的投射对象，$C(\mathcal{P})$ 也是定义合理的.

用 $C_{dgproj}(\mathcal{A})$ 表示 $C_{hproj}(\mathcal{A}) \cap C(\mathcal{P})$，其中的复形恰好是 dg- 投射复形，即那些既是投射又是同伦投射的复形.

用 $K_{hproj}(\mathcal{A})$ 表示 $\mathcal{A}$ 上同伦投射复形作成的同伦范畴 $K(\mathcal{A})$ 的全子范畴.

用 $C_{hinj}(\mathcal{A})$ 表示 $\mathcal{A}$ 上同伦内射复形作成的 $C(\mathcal{A})$ 的全子范畴.

用 $C(\mathcal{I})$ 表示 $\mathcal{A}$ 上内射复形作成的 $C(\mathcal{A})$ 的全子范畴.

用 $C_{dginj}(\mathcal{A})$ 表示 $C_{hinj}(\mathcal{A}) \cap C(\mathcal{I})$，其中的复形恰好是 dg- 内射复形，即那些既是内射又是同伦内射的复形.

用 $K_{hinj}(\mathcal{A})$ 表示 $\mathcal{A}$ 上同伦内射复形作成的 $K(\mathcal{A})$ 的全子范畴.

命题 6.5.2 设 $\mathcal{A}$ 是 Abel 范畴. 则

(i) $C_{dgproj}(\mathcal{A})$ 是 $C(\mathcal{A})$ 的对扩张封闭的全子范畴.

(ii) 如果 $\mathcal{A}$ 还是有足够多投射对象的 Grothendieck 范畴，则 $K_{hproj}(\mathcal{A})$ 是代数的三角范畴，从而无界导出范畴 $D(\mathcal{A})$ 是代数的三角范畴.

(i′) $C_{dginj}(\mathcal{A})$ 是 $C(\mathcal{A})$ 的对扩张封闭的全子范畴.

(ii′) 如果 $\mathcal{A}$ 还有足够多内射对象、有正合直积和投射生成子，则 $K_{hinj}(\mathcal{A})$ 是代数的三角范畴, 从而无界导出范畴 $D(\mathcal{A})$ 是代数的三角范畴.

证 (i) 设 $0 \longrightarrow X \xrightarrow{u} Y \xrightarrow{v} Z \longrightarrow 0$ 是 $C(\mathcal{A})$ 中的短正合列且 X 和 Z 均属于 $C_{dgproj}(\mathcal{A})$. 由于 X 和 Z 均为投射复形, 故 $0 \longrightarrow X \xrightarrow{u} Y \xrightarrow{v} Z \longrightarrow 0$ 是链可裂短正合列并且 Y 也是投射复形. 令 h 是其同伦不变量. 则由定理 2.5.4(2) 知

$$X \xrightarrow{u} Y \xrightarrow{v} Z \xrightarrow{h} X[1]$$

是 $K(\mathcal{A})$ 中的好三角; 再由引理 4.4.3(iii) 即知 $Y \in C_{dgproj}(\mathcal{A})$.

(ii) 由 (i) 知 $C_{dgproj}(\mathcal{A})$ 是 Abel 范畴 $C(\mathcal{A})$ 的对扩张封闭的全子范畴. 令 $\mathcal{S}$ 是 $C(\mathcal{A})$ 中的那些三项均在 $C_{dgproj}(\mathcal{A})$ 中的短正合列作成的类. 则 $(C_{dgproj}(\mathcal{A}), \mathcal{S})$ 是正合范畴, 且 $\mathcal{S}$ 中的短正合列均是链可裂短正合列.

对任意复形 $X = (X^i, d^i)_{i \in \mathbb{Z}} \in C_{dgproj}(\mathcal{A})$, 类似于 6.3 节定义复形 $P(X)$, 即 $P(X) = \bigoplus_{i \in \mathbb{Z}} P^i(X^i)$, 此处

$$P^i(X^i) = \cdots \longrightarrow 0 \longrightarrow 0 \longrightarrow X^i \xrightarrow{\mathrm{Id}_{X^i}} X^i \longrightarrow 0 \longrightarrow \cdots.$$

则 $P(X) \in C_{dgproj}(\mathcal{A})$, 且有 $\mathcal{S}$ 中的短正合列

$$0 \longrightarrow X[-1] \longrightarrow P(X) \longrightarrow X \longrightarrow 0.$$

注意到 $\mathcal{S}$ 中的短正合列均是链可裂短正合列. 由此易知 $P^i(X^i)$ 均是 $\mathcal{S}$- 投射对象, 从而 $P(X)$ 是 $\mathcal{S}$- 投射对象. 类似 6.3 节可定义 $\mathcal{S}$- 内射对象 $I(X)$. 类似 6.3 节中的说明我们知 $(C_{dgproj}(\mathcal{A}), \mathcal{S})$ 是 Frobenius 范畴.

直接可验证: $C_{dgproj}(\mathcal{A})$ 中链映射 $u : X \longrightarrow Y$ 通过 $\mathcal{S}$- 内射对象分解当且仅当 u 通过 $m_X : X \longrightarrow I(X)$ 分解, 当且仅当 u 同伦于 0, 这里 m_X 的定义如同 6.3 节. 因此 Frobenius 范畴 $(C_{dgproj}(\mathcal{A}), \mathcal{S})$ 的稳定范畴就是由既投射又同伦投射的复形作成的同伦范畴 $K(\mathcal{A})$ 的全子范畴. 而根据引理 4.5.5, 任意同伦投射复形均同伦等价于某个投射复形, 故 $(C_{dgproj}(\mathcal{A}), \mathcal{S})$ 的稳定范畴就是 $K_{hproj}(\mathcal{A})$, 从而 $K_{hproj}(\mathcal{A})$ 是代数的三角范畴.

由定理 5.3.2 知 $D(\mathcal{A})$ 三角同构于 $K_{hproj}(\mathcal{A})$, 故 $D(\mathcal{A})$ 也是代数的三角范畴.

(i′) 和 (ii′) 对偶地可证. ∎

关于代数的三角范畴更多的讨论例如可参见 [Kr2].

习 题

6.1 设 $(\mathcal{B}, \mathcal{S})$ 是 Frobenius 范畴, $\underline{\mathcal{B}}$ 是其稳定范畴. 证明

(i) 设 $X \in \mathcal{B}$. 则在 $\underline{\mathcal{B}}$ 中 $X \cong 0$ 当且仅当 X 是 $\mathcal{S}$- 内射对象.

(ii) 设 $X, Y \in \mathcal{B}$. 则在 $\underline{\mathcal{B}}$ 中 $X \cong Y$ 当且仅当存在 $\mathcal{S}$- 内射对象 P 和 Q 使得在 $\mathcal{B}$ 中有同构 $X \oplus P \cong Y \oplus Q$.

6.2 设 $(\mathcal{B}, \mathcal{S})$ 是Frobenius范畴, $f : X \longrightarrow Y$ 是 $\mathcal{B}$ 中态射. 则 f 通过 $\mathcal{S}$- 内射对象分解当且仅当 Tf 通过 $\mathcal{S}$- 内射对象分解.

6.3 设 $(\mathcal{B}, \mathcal{S})$ 是Frobenius范畴, $f : X \longrightarrow Y$ 是 $\mathcal{B}$ 中态射. 则存在 $\mathcal{S}$ 中的短正合列 $0 \longrightarrow X \xrightarrow{u} Y' \longrightarrow Z \longrightarrow 0$ 使得 $\underline{f} = \underline{u}$.

6.4 设 $(\mathcal{A}, \mathcal{S})$ 是Frobenius范畴, $\underline{\mathcal{A}}$ 是其稳定范畴. 则存在一个双射: $\Gamma \longrightarrow \Omega$, 其中 Γ 是 $\mathcal{A}$ 的所有加法全子范畴 $\mathcal{B}$ 作成的类, 其中 $\mathcal{B}$ 包含全部 $\mathcal{S}$- 内射对象并且满足: 如果一个 $\mathcal{S}$ 中的短正合列有两项在 $\mathcal{B}$ 中则另一项也在 $\mathcal{B}$ 中, 而 Ω 是 $\underline{\mathcal{A}}$ 的所有三角子范畴作成的类.

6.5 设 $(\mathcal{B}, \mathcal{S})$ 和 $(\mathcal{B}', \mathcal{S}')$ 均是Frobenius范畴, $F : \mathcal{B} \longrightarrow \mathcal{B}'$ 是加法函子并且将 $\mathcal{S}$ 中的短正合列变为 $\mathcal{S}'$ 中的短正合列. 则 F 诱导出函子 $\underline{F} : \underline{\mathcal{B}} \longrightarrow \underline{\mathcal{B}'}$; 进一步, 如果存在自然同构 $\alpha : \underline{F}T \longrightarrow T'\underline{F}$, 则 $\underline{F} : \underline{\mathcal{B}} \longrightarrow \underline{\mathcal{B}'}$ 是三角函子, 其中 T 和 T' 分别是 $\underline{\mathcal{B}}$ 和 $\underline{\mathcal{B}'}$ 的自同构.

6.6 验证6.4节中提到的结论, 即

(i) $P^i(X^i)$ 是 $\mathcal{S}$- 投射对象, 从而 $P(X)$ 是 $\mathcal{S}$- 投射对象, 并且有链可裂短正合列 $0 \longrightarrow X[-1] \longrightarrow P(X) \longrightarrow X \longrightarrow 0$; $P(X) = \bigoplus_{i \in \mathbb{Z}} P^i(X^i)$ 既是复形范畴中的直和又是复形范畴中的直积.

(i') $I^i(X^i)$ 是 $\mathcal{S}$- 内射对象, 从而 $I(X)$ 是 $\mathcal{S}$- 内射对象, 并且有链可裂短正合列 $0 \longrightarrow X \longrightarrow I(X) \longrightarrow X[1] \longrightarrow 0$; $I(X) = \bigoplus_{i \in \mathbb{Z}} I^i(X^i)$ 既是直和又是直积.

(ii) $\mathcal{S}$- 投射对象恰是某个 $P(X)$ 的直和项; $\mathcal{S}$- 内射对象恰是某个 $I(X)$ 的直和项.

(提示: 设 X 是 $\mathcal{S}$- 内射对象. 则存在 $h = (h^i) : I(X) \longrightarrow X$ 使得 $hm_X = \text{Id}_X$. 将 $h^i : X^i \oplus X^{i+1} \longrightarrow X^i$ 写成 $h^i = (h_1^i, h_2^i)$. 则 $\begin{pmatrix} h_1^i & h_2^i \\ -d^i & 1 \end{pmatrix} : X^i \oplus X^{i+1} \longrightarrow X^i \oplus X^{i+1}$ 就给出同构 $I(X) \longrightarrow X \oplus X[1]$, 其逆为 $\begin{pmatrix} 1 & -h_2^i \\ d^i & 1-d^i h_2^i \end{pmatrix} : X^i \oplus X^{i+1} \longrightarrow X^i \oplus X^{i+1}$.)

(iii) 链映射 $u : X \longrightarrow Y$ 通过 $\mathcal{S}$- 内射对象分解当且仅当 u 通过 $m_X : X \longrightarrow I(X)$ 分解, 当且仅当 u 同伦于 0. 故 $(C(\mathcal{A}), \mathcal{S})$ 的稳定范畴恰为同伦范畴 $K(\mathcal{A})$.

(iv) $(C(\mathcal{A}), \mathcal{S})$ 的稳定范畴中的标准三角恰是由映射锥给出的三角.

第 7 章　Gorenstein 投射对象

Gorenstein 投射对象最显著的性质之一是它自然地作成 Frobenius 范畴, 从而其稳定范畴是三角范畴. 这为 Gorenstein 投射对象提供了新的应用平台.

随着文献 [EM], [ABr], [ABu], [Buch], [AR2], [EJ2], [BR], [AM] 等的出现, Gorenstein 同调代数已发展到一个很高的水平, 其基本思想是用 Gorenstein 投射对象代替投射对象: 事实上前者比后者有更好的稳定性. Gorenstein 投射模的概念可追溯到 Auslander 和 Bridger 的工作 [ABr], 他们对双边 Noether 环上的有限生成模 M 引入了 G- 维数: M 是 Goreinstein 投射的当且仅当 M 的 G- 维数为零 ([Ch], Theorem 4.2.6). 现在它在奇点理论、Tate 上同调、表示论、三角范畴等领域中有着广泛的应用.

本章中 R 总是指有单位元的结合环; 如无特殊声明 R- 模均指左 R- 模. 用 R-Mod 和 R-mod 分别表示左 R- 模构成的范畴和有限生成左 R- 模构成的范畴. 前者总是 Abel 范畴; 后者是 Abel 范畴当且仅当 R 是左 Noether 环.

本章中 $\mathcal{A}$ 是有足够多投射对象的 Abel 范畴, 其全子范畴总是指对同构封闭的. 记 $\mathcal{P}(\mathcal{A})$ 为 $\mathcal{A}$ 的所有投射对象作成的全子范畴.

我们经常将 $\mathcal{A}$ 取成 R-mod, 其中 R 是左 Noether 环; 或者取成 R-Mod, 其中 R 是任意环. 如无特殊说明, 一个模可以是有限生成的也可以不是. 我们将 $\mathcal{P}(R\text{-mod})$ 简记为 $\mathcal{P}(R)$; 将 $\mathcal{P}(R\text{-Mod})$ 简记为 $\mathrm{P}(R)$. 对于 $M \in R\text{-mod}$, 令 $\mathrm{add}(M)$ 是 M 的有限直和的直和项作成的 R-mod 的全子范畴. 对于 $M \in R\text{-Mod}$, 令 $\mathrm{Add}(M)$ 为 M 的任意直和的直和项作成的 R-Mod 的全子范畴. 则

$$\mathcal{P}(R) = \mathrm{add}(_RR); \quad \mathrm{P}(R) = \mathrm{Add}(_RR).$$

我们通常会考虑 Artin 代数 A. 于是 A-mod 是有足够多投射对象和足够多内射对象的 Abel 范畴.

7.1　Gorenstein 投射对象的基本性质

设 $\mathcal{A}$ 是 Abel 范畴, $\mathcal{X}$ 是 $\mathcal{A}$ 的全子范畴. 在本书中, 我们称 $\mathcal{A}$ 上复形 E 是 $\mathrm{Hom}_{\mathcal{A}}(-, \mathcal{X})$ 正合列, 如果 E 本身是正合的, 且对任意 $X \in \mathcal{X}$, $\mathrm{Hom}_{\mathcal{A}}(E, X)$

也是正合的. 注意在有些文献中 $\mathrm{Hom}_{\mathcal{A}}(-,\mathcal{X})$ 正合列 E 并不要求 E 本身是正合的. 对偶地定义 $\mathrm{Hom}_{\mathcal{A}}(\mathcal{X},-)$ 正合列.

下述是本章的核心概念.

定义 7.1.1 (M. Auslander, M. Bridger [AB]; E. E. Enochs, O. M. G. Jenda [EJ1]) 设 $\mathcal{A}$ 是有足够多投射对象的 Abel 范畴, $\mathcal{P}(\mathcal{A})$ 为 $\mathcal{A}$ 的所有投射对象作成的全子范畴.

(i) $\mathcal{A}$ 中的一个完全投射分解是指一个 $\mathrm{Hom}_{\mathcal{A}}(-,\mathcal{P}(\mathcal{A}))$ 正合列

$$(P,d) = \cdots \longrightarrow P^{-1} \xrightarrow{d^{-1}} P^0 \xrightarrow{d^0} P^1 \xrightarrow{d^1} P^2 \longrightarrow \cdots,$$

其中各项 P^i 均属于 $\mathcal{P}(\mathcal{A})$. 我们强调上式中的省略号是指两边均是无限的.

(ii) $\mathcal{A}$ 的对象 M 称为 Gorenstein 投射对象, 如果存在 $\mathcal{A}$ 中的一个完全投射分解 (P,d) 使得 $M \cong \mathrm{Im}\, d^{-1}$. 这时我们称 (P,d) 是 M 的一个完全投射分解.

记 $\mathcal{GP}(\mathcal{A})$ 为 $\mathcal{A}$ 中所有 Gorenstein 投射对象作成的 $\mathcal{A}$ 的全子范畴.

若 $\mathcal{A} = R\text{-mod}$, 其中 R 是左 Noether 环, 则将 $\mathcal{GP}(\mathcal{A}) = \mathcal{GP}(R\text{-mod})$ 写成 $\mathcal{GP}(R)$, 其中的对象称为有限生成 Gorenstein 投射模. 因为 $\mathcal{P}(R) = \mathrm{add}(_R R)$, 所以此时一个有限生成投射模的正合列 P 是完全投射分解当且仅当 $\mathrm{Hom}_{\mathcal{A}}(P,R)$ 是正合的.

若 $\mathcal{A} = R\text{-Mod}$, 其中 R 是环, 则将 $\mathcal{GP}(\mathcal{A}) = \mathcal{GP}(R\text{-Mod})$ 写成 $\mathrm{GP}(R)$, 其中的对象称为 Gorenstein 投射模.

对偶地, 我们有 Gorenstein 内射对象的概念.

定义 7.1.2 ([EJ1]) 设 $\mathcal{A}$ 是有足够多内射对象的 Abel 范畴, $\mathcal{I}(\mathcal{A})$ 为 $\mathcal{A}$ 的所有内射对象作成的全子范畴.

(i) $\mathcal{A}$ 中的一个完全内射分解 是指一个 $\mathrm{Hom}_{\mathcal{A}}(\mathcal{I}(\mathcal{A}),-)$ 正合列

$$(I,d) = \cdots \longrightarrow I^{-1} \xrightarrow{d^{-1}} I^0 \xrightarrow{d^0} I^1 \xrightarrow{d^1} I^2 \longrightarrow \cdots,$$

其中各项 I^i 均属于 $\mathcal{I}(\mathcal{A})$. 我们强调上式中的省略号是指两边均是无限的.

(ii) $\mathcal{A}$ 的对象 M 称为 Gorenstein 内射对象, 如果存在 $\mathcal{A}$ 中的一个完全内射分解 (I,d) 使得 $M \cong \mathrm{Im}\, d^{-1}$. 这时我们称 (I,d) 是 M 的一个完全内射分解.

记 $\mathcal{GI}(\mathcal{A})$ 为 $\mathcal{A}$ 中所有 Gorenstein 内射对象作成的 $\mathcal{A}$ 的全子范畴.

7.1 Gorenstein 投射对象的基本性质

本书中我们只讨论 Gorenstein 投射对象. 读者可对偶地得到关于 Gorenstein 内射对象的相应结果.

对 $\mathcal{A}$ 的全子范畴 $\mathcal{X}$, 令

$$^{\perp}\mathcal{X} = \{\, M \in \mathcal{A} \mid \operatorname{Ext}^i_{\mathcal{A}}(M, X) = 0,\ \forall\, X \in \mathcal{X},\ \forall\, i \geqslant 1\,\}.$$

我们有如下简单的事实, 其证明由定义可直接得到, 留作习题.

事实 7.1.3 设 $\mathcal{A}$ 是有足够多投射对象的Abel范畴. 则

(i) $\mathcal{P}(\mathcal{A}) \subseteq \mathcal{GP}(\mathcal{A}) \subseteq {}^{\perp}\mathcal{P}(\mathcal{A})$.

(ii) 设 $\mathcal{A}$ 是有足够多投射对象和足够多内射对象的Abel范畴并且 $\mathcal{A}$ 中对象是投射的当且仅当它是内射的. 则 $\mathcal{GP}(\mathcal{A}) = \mathcal{A}$.

(iii) 设 (P, d) 是一个完全投射分解. 则所有的 $\operatorname{Im} d^i$ 都是Gorenstein 投射对象; 下面的复形

$$\cdots \longrightarrow P^i \longrightarrow \operatorname{Im} d^i \longrightarrow 0,$$

$$0 \longrightarrow \operatorname{Im} d^i \longrightarrow P^{i+1} \longrightarrow \cdots$$

及

$$0 \longrightarrow \operatorname{Im} d^i \longrightarrow P^{i+1} \longrightarrow \cdots \longrightarrow P^j \longrightarrow \operatorname{Im} d^j \longrightarrow 0, \quad i < j$$

都是 $\operatorname{Hom}_{\mathcal{A}}(-, \mathcal{P}(A))$ 正合的.

(iv) 若 M 是Gorenstein 投射对象, 则对任意具有有限投射维数的对象 L 有

$$\operatorname{Ext}^i_{\mathcal{A}}(M, L) = 0, \quad \forall\, i \geqslant 1.$$

定义 7.1.4 设 $\mathcal{A}$ 是有足够多投射对象的Abel范畴, $\mathcal{X}$ 是 $\mathcal{A}$ 的全子范畴. $\mathcal{A}$ 中对象 M 的一个 $\mathcal{X}$ 分解是指 $\mathcal{A}$ 中的一个正合列

$$\cdots \longrightarrow X_1 \longrightarrow X_0 \longrightarrow M \longrightarrow 0,$$

其中每个 $X_i \in \mathcal{X}$.

对偶地, M 的一个 $\mathcal{X}$ 余分解是指 $\mathcal{A}$ 中的一个正合列

$$0 \longrightarrow M \longrightarrow X^0 \longrightarrow X^1 \longrightarrow \cdots,$$

其中每个 $X_i \in \mathcal{X}$. 有时我们也将 "余" 省略. 例如我们经常说 "内射分解".

设 ω 是 $\mathcal{A}$ 的全子范畴. 令 $\mathcal{X}_\omega$ 是满足下述条件的对象 M 作成的 $\mathcal{A}$ 的全子范畴: 存在正合列

$$0 \longrightarrow M \longrightarrow T^0 \xrightarrow{d^0} T^1 \xrightarrow{d^1} \cdots,$$

其中 $T^i \in \omega$ 且 $\operatorname{Ker} d^i \in {}^\perp\omega$, $\forall i \geqslant 0$. 特别地, $M \in {}^\perp\omega$.

命题 7.1.5 设 $\mathcal{A}$ 是有足够多投射对象的Abel范畴. 则

(i) 对象 M 是Gorenstein 投射的当且仅当 $M \in {}^\perp\mathcal{P}(\mathcal{A})$ 且 M 有 $\operatorname{Hom}_\mathcal{A}(-, \mathcal{P}(\mathcal{A}))$ 正合的 $\mathcal{P}(\mathcal{A})$ 余分解.

(ii) 对象 M 是Gorenstein 投射的当且仅当 $M \in \mathcal{X}_\omega$, 其中 $\omega = \mathcal{P}(\mathcal{A})$. 即 $\mathcal{X}_{\mathcal{P}(\mathcal{A})} = \mathcal{GP}(\mathcal{A})$.

(iii) ([EJ2, Proposition 10.2.3]) 非投射对象的Gorenstein 投射对象的投射维数是无限的.

因此, 若 gl.dim$R < \infty$, 则 $\mathcal{GP}(R) = \mathcal{P}(R)$, $\operatorname{GP}(R) = \operatorname{P}(R)$.

(iv) ([Hol1, Proposition 2.4]) 对任一Gorenstein 投射模 M, 存在各项均为自由模的完全投射分解 $\cdots \longrightarrow F^{-1} \xrightarrow{d^{-1}} F^0 \xrightarrow{d^0} F^1 \longrightarrow \cdots$ 使得 $M \cong \operatorname{Im} d^{-1}$.

证 (i) 必要性易知. 充分性: 取 M 在 $\mathcal{A}$ 中的一个投射分解并将其与题设中 M 的 $\mathcal{P}(\mathcal{A})$ 余分解相连接, 由给定的条件即可得到 M 的一个完全投射分解.

(ii) 由 (i) 即得.

(iii) 设 $0 \longrightarrow P_n \longrightarrow P_{n-1} \longrightarrow \cdots \longrightarrow P_0 \longrightarrow G \longrightarrow 0$ 是 Gorenstein 投射对象 G 的一个投射分解且 n 是 G 的投射维数. 如果 $n \geqslant 1$, 那么由 $\operatorname{Ext}_\mathcal{A}^n(G, P_n) = 0$ 我们知道 $\operatorname{Hom}_\mathcal{A}(P_{n-1}, P_n) \longrightarrow \operatorname{Hom}_\mathcal{A}(P_n, P_n)$ 是满射, 于是 $0 \longrightarrow P_n \longrightarrow P_{n-1}$ 可裂. 这就与 n 的最小性矛盾.

(iv) 存在各项均投射的 $\operatorname{Hom}_R(-, \operatorname{P}(R))$ 正合列

$$0 \longrightarrow M \longrightarrow P^0 \longrightarrow P^1 \longrightarrow \cdots.$$

依次选择投射模 $Q^0, Q^1, \cdots$, 使得 $F^0 = P^0 \oplus Q^0$, $F^n = P^n \oplus Q^{n-1} \oplus Q^n$, $n > 0$, 都是自由模. 对任意 i, 在上述正合列的第 i 和 $i+1$ 个位置加上 $0 \longrightarrow Q^i \xrightarrow{=} Q^i \longrightarrow 0$, 我们得到一个各项均为自由模的 $\operatorname{Hom}_R(-, \operatorname{P}(R))$ 正合列. 再接上 M 的一个自由分解, 我们就得到了 M 的一个各项均为自由模的完全投射分解. ∎

定义 7.1.6 ([AR2]) (i) 设 $\mathcal{A}$ 是有足够多投射对象的Abel范畴. $\mathcal{A}$ 的全子范畴 $\mathcal{X}$ 称为可解子范畴, 如果 $\mathcal{P}(\mathcal{A}) \subseteq \mathcal{X}$, $\mathcal{X}$ 对扩张封闭, 对满态射的核封闭, 以及对取直和项封闭.

(ii) 设 $\mathcal{A}$ 是Abel范畴. $\mathcal{A}$ 的加法全子范畴 ω 称为自正交的, 如果 $\operatorname{Ext}_{\mathcal{A}}^{i}(X,Y) = 0$, $\forall\, X, Y \in \omega$, $\forall\, i \geqslant 1$.

(iii) 设 $\mathcal{A}$ 是有足够多内射对象的Abel范畴. $\mathcal{A}$ 的余可解子范畴定义为包含所有内射对象且对扩张、单态射的余核以及直和项封闭的全子范畴.

注意对扩张封闭当然对有限直和封闭. 下面是 Gorenstein 投射对象的一个重要事实.

定理 7.1.7 (M. Auslander-I. Reiten [AR2, Proposition 5.1]) 设 $\mathcal{A}$ 是有足够多投射对象的Abel 范畴.

(i) 设 ω 是 $\mathcal{A}$ 的自正交子范畴. 则 $\mathcal{X}_\omega$ 对扩张, 满态射的核, 以及直和项封闭.

(ii) $\mathcal{GP}(\mathcal{A})$ 是 $\mathcal{A}$ 的可解子范畴.

(iii) 记 $\mathcal{S}$ 是 $\mathcal{A}$ 中三项都在 $\mathcal{GP}(\mathcal{A})$ 中的短正合列作成的类. 则 $(\mathcal{GP}(\mathcal{A}), \mathcal{S})$ 是Frobenius 范畴, 且 $\mathcal{GP}(\mathcal{A})$ 中的 $\mathcal{S}$- 投射内射对象恰是 $\mathcal{A}$ 中的投射对象.

证 (i) 由马蹄型引理, 我们知 $\mathcal{X}_\omega$ 对扩张封闭.

以下妙证属于 Auslander-Reiten [AR2, Proposition 5.1]. 设 $0 \longrightarrow M_1 \longrightarrow M \longrightarrow M_2 \longrightarrow 0$ 是短正合列且 $M \in \mathcal{X}_\omega$. 则有正合列 $0 \longrightarrow M \longrightarrow T^0 \xrightarrow{d^0} T^1 \xrightarrow{d^1} \cdots$ 使得 $T^i \in \omega$ 且 $\operatorname{Ker} d^i \in {}^\perp \omega$, $\forall\, i \geqslant 0$. 于是我们有行列均正合的交换图

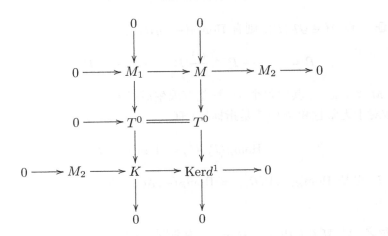

注意到 $\operatorname{Ker} d^1 \in \mathcal{X}_\omega$.

现在, 若 $M_2 \in \mathcal{X}_\omega$, 则由第 3 行知 $K \in \mathcal{X}_\omega$. 再由 ω 自正交知 $M_1 \in {}^\perp \omega$, 从而根据定义 $M_1 \in \mathcal{X}_\omega$. 这就证明了 $\mathcal{X}_\omega$ 对满态射的核封闭.

下证 $\mathcal{X}_\omega$ 对直和项封闭. 设 $M = M_1 \oplus M_2 \in \mathcal{X}_\omega$. 则由上面的交换图我们有正合列
$$0 \longrightarrow M_1 \oplus M_2 \longrightarrow M_1 \oplus K \longrightarrow \mathrm{Ker}d^1 \longrightarrow 0,$$
使得 $\mathrm{Ker}d^1 \in \mathcal{X}_\omega$. 从而 $M_1 \oplus K \in \mathcal{X}_\omega$. 因为 $M_2 \in {}^\perp\omega$, 所以 $K \in {}^\perp\omega$. 将上述交换图中的 M 换成 $M_1 \oplus K$ 代替, M_1 换成 K, M_2 换成 M_1, 并且重复上面的论证, 我们得到正合列 $0 \longrightarrow K \longrightarrow T'^1 \longrightarrow K_1 \longrightarrow 0$, 使得 $T'^1 \in \omega$, $K_1 \in {}^\perp\omega$, $M_2 \oplus K_1 \in \mathcal{X}_\omega$. 不断地重复上述过程我们逐可得到正合列
$$0 \longrightarrow M_1 \longrightarrow T'^0 \xrightarrow{d'^0} T'^1 \xrightarrow{d'^1} \cdots,$$
其中 $T'^0 = T^0$, 使得 $T'^i \in \omega$ 且 $\mathrm{Ker}d'^i \in {}^\perp\omega$, $\forall\, i \geqslant 0$. 根据定义即知 $M_1 \in \mathcal{X}_\omega$.

(ii) 取 $\omega = \mathcal{P}(\mathcal{A})$. 因为 $\mathcal{X}_{\mathcal{P}(\mathcal{A})} = \mathcal{GP}(\mathcal{A})$, 由 (i) 即得.

(iii) 根据 Gorenstein 投射对象的定义、性质 $\mathcal{GP}(\mathcal{A}) \subseteq {}^\perp\mathcal{P}(\mathcal{A})$ 和 (ii) 容易得出. 我们把细节留给读者. ∎

设 R 是左 Noether 环. 则我们可以谈论 $\mathrm{GP}(R) \cap R\text{-mod}$, 即 $\mathrm{GP}(R)$ 中的有限生成模. 我们也有范畴 $\mathcal{GP}(R)$. 下述命题说明两者是一致的.

命题 7.1.8 设 R 是左 Noether 环. 则
$$\mathrm{GP}(R) \cap R\text{-mod} = \mathcal{GP}(R).$$

证 设 $M \in \mathcal{GP}(R)$. 则有 $\mathrm{Hom}_R(-, {}_RR)$ 正合列
$$P = \cdots \longrightarrow P^{-1} \xrightarrow{d^{-1}} P^0 \xrightarrow{d^0} P^1 \xrightarrow{d^1} P^2 \longrightarrow \cdots,$$
使得 $M \cong \mathrm{Im}\, d^{-1}$, 其中每个 P^i 均是有限生成投射 R- 模. 因为每个 P^i 均有限生成, 故对于无限直和 R^J (J 是指标集) 有
$$\mathrm{Hom}_R(P, R^J) = \mathrm{Hom}_R(P, R)^J,$$
从而 P 也是 $\mathrm{Hom}_R(-, \mathrm{P}(R)) = \mathrm{Hom}_R(-, \mathrm{Add}({}_RR))$ 正合列, 即 $M \in \mathrm{GP}(R) \cap R\text{-mod}$.

反之, 设 $M \in \mathrm{GP}(R) \cap R\text{-mod}$. 由命题 7.1.5 (iv) 知存在正合列 $0 \longrightarrow M \xrightarrow{f} F \longrightarrow X \longrightarrow 0$ 使得 F 是自由模, X 是 Gorenstein 投射模. 因 M 是有限生成的, 我们可以将 F 写成 $F = P^0 \oplus Q^0$ 使得 $\mathrm{Im}f \subseteq P^0$ 且 P^0 是有限生成的. 于是有正合列 $0 \longrightarrow M \xrightarrow{f} P^0 \longrightarrow M' \longrightarrow 0$, 其中 $X \cong M' \oplus Q^0$. 于是由定理 7.1.7(i) 知

$M' \in \mathrm{GP}(R) \cap R\text{-mod}$. 用 M' 代替 M 并重复上述过程我们得到有限生成投射模的正合列 $0 \longrightarrow M \longrightarrow P^0 \longrightarrow P^1 \longrightarrow \cdots$, 其中所有同态的像均属于 $\mathrm{GP}(R) \cap R\text{-mod}$. 因此它是 $\mathrm{Hom}_R(-, {}_RR)$ 正合列. 再由命题 7.1.5 (ii) 知 $M \in \mathcal{GP}(R)$. ∎

注意上述证明用到了 R 是左 Noether 环的假设. 否则不能保证 $R\text{-mod}$ 是 Abel 范畴, 从而不能保证 M 有有限生成的投射分解, 也就不能应用命题 7.1.5 (ii).

7.2 Artin 代数

Artin 代数 A, 或 Artin R- 代数 A, 是指某个交换 Artin 环 R 上的代数 A, 并且 A 是有限生成 R- 模. Artin 代数是双边 Artin 环, 所以也是双边 Noether 环. Artin 代数 A 的有限生成左模范畴 $A\text{-mod}$ 具有丰富和深刻的结果. 参见 [ARS]. 下面我们列出最常用的几条基本性质.

事实 7.2.1 设 A 是 Artin 代数, M 是有限生成左 R- 模. 则

(i) 在同构意义下 A 只有有限多个单模.

(ii) M 既是 Artin 模又是 Noether 模, 即 M 有合成列. 特别地, $A\text{-mod}$ 是有限滤过范畴(参见 5.4 节).

(iii) 在 $A\text{-mod}$ 中 Jordan-Hölder 定理成立, 即有限生成 R- 模 M 的任意两个合成列中, 任意单模出现的次数是相同的.

(iv) 定义 A 的根 $\mathrm{rad}(A)$ 为 A 的所有极大左理想的交. 它也是所有极大右理想的交. 则有 Nakayama 引理: A 的左理想 I 包含在 $\mathrm{rad}(A)$ 中当且仅当对于有限生成 R- 模 M 由 $IM = M$ 可推出 $M = 0$.

(v) $\mathrm{rad}(A)$ 是 A 的幂零理想; $A/\mathrm{rad}(A)$ 是半单环.

(vi) $A\text{-mod}$ 是有足够多投射对象和足够多内射对象的 Abel 范畴.

(vii) 因为 Artin 代数 A 只有有限多个单模, 并且任意有限生成 A- 模均有合成列, 故 A 的整体维数有限当且仅当所有单 A- 模的投射维数有限; 也当且仅当任意有限生成 A- 模的投射维数有限. 因此 $\mathrm{gl.dim} A < \infty$ 当且仅当对于任意有限生成 A- 模 X, 存在正整数 $n = n(X)$ 使得对于任意单 A- 模 S 都有 $\mathrm{Ext}_A^n(X, S) = 0$.

我们重申下述记号:

用 $\mathcal{P}(A)$ 表示 $A\text{-mod}$ 中投射对象作成的全子范畴;

用 $\mathcal{I}(A)$ 表示 $A\text{-mod}$ 中内射对象作成的全子范畴;

用 $\mathcal{GP}(A)$ 表示 A-mod 中 Gorenstein 投射对象作成的全子范畴;
用 $\mathcal{GI}(A)$ 表示 A-mod 中 Gorenstein 内射对象作成的全子范畴;
用 P(A) 表示 A-Mod 中投射对象作成的全子范畴;
用 I(A) 表示 A-Mod 中内射对象作成的全子范畴;
用 GP(A) 表示 A-Mod 中 Gorenstein 投射对象作成的全子范畴;
用 GI(A) 表示 A-Mod 中 Gorenstein 内射对象作成的全子范畴.

则有 $\mathcal{P}(A) = \mathrm{add}(A) \subseteq \mathrm{P}(A) = \mathrm{Add}(A)$, $\mathcal{I}(A) \subseteq \mathrm{I}(A)$, $\mathcal{GP}(A) \subseteq \mathrm{GP}(A)$, $\mathcal{GI}(A) \subseteq \mathrm{GI}(A)$.

Artin R-代数 A 另一特殊性是存在反变函子 $D: A\text{-Mod} \longrightarrow A^{op}\text{-Mod}$, 其中 $D = \mathrm{Hom}_R(-, J)$, 这里 J 是 $\bigoplus\limits_{1\leqslant i\leqslant n} S_i$ 的内射包, $S_1, \cdots, S_n$ 是全体互不同构的单 R-模. 注意 Artin 环 R 只有有限多个单模: 这是因为 $_RR$ 既是 Artin 模又是 Noether 模, 故 $_RR$ 有合成列; 而任意单模均是 $_RR$ 的一个合成因子.

事实 7.2.2([ARS]) 设 A 是 Artin R-代数. 则

(i) 反变函子 $D = \mathrm{Hom}_R(-, J): A\text{-Mod} \longrightarrow A^{op}\text{-Mod}$ 限制在 A-mod 上给出范畴的对偶
$$D: A\text{-mod} \longrightarrow A^{op}\text{-mod};$$
这个对偶限制在 $\mathcal{P}(A)$ 给出对偶
$$D: \mathcal{P}(A) \longrightarrow \mathcal{I}(A^{op});$$
特别地, $\mathcal{I}(A) = \mathrm{add} D(A_A)$.

(ii) 反变函子 $D: A\text{-mod} \longrightarrow A^{op}\text{-mod}$ 和反变函子 $\mathrm{Hom}_A(-, D(A_A)): A\text{-mod} \longrightarrow A^{op}\text{-mod}$ 自然同构.

(iii) 有范畴对偶 $D: \mathcal{GP}(A) \longrightarrow \mathcal{GI}(A^{op})$.

(iv) 我们强调 D 不是 A-Mod 到 A^{op}-Mod 的对偶; D 不是 P(A) 到 I(A^{op}) 的对偶; D 也不是 GP(A) 到 GI(A^{op}) 的对偶.

定义 Nakayama 函子
$$N^+ = D(_AA) \otimes_A -: A\text{-Mod} \longrightarrow A\text{-Mod}$$
和
$$N^- = \mathrm{Hom}_A(D(A_A), -): A\text{-Mod} \longrightarrow A\text{-Mod}.$$

7.2 Artin 代数

这诱导出函子 $N^+: A\text{-mod} \longrightarrow A\text{-mod}$ 和 $N^-: A\text{-mod} \longrightarrow A\text{-mod}$. 下述引理给出 Nakayama 函子常用的性质.

引理 7.2.3 设 A 是 Artin 代数. 则

(i) 有范畴等价 $N^+: \mathcal{P}(A) \cong \mathcal{I}(A)$, 其拟逆为 N^-.

(ii) (N^+, N^-) 是伴随对.

(iii) 限制在有限生成模范畴 $A\text{-mod}$ 上有函子的自然同构
$$N^+ \cong D\mathrm{Hom}_A(-, {}_AA), \quad N^- \cong \mathrm{Hom}_A(-, A_A)D.$$

(注意这两个自然同构在 $A\text{-Mod}$ 上不成立.)

(iv) 也有范畴等价 $N^+: \mathrm{P}(A) \cong \mathrm{I}(A)$, 其拟逆为 N^-. 于是 $\mathrm{I}(A) = N^+(\mathrm{Add}(A)) = \mathrm{Add}D(A_A)$.

(v) 设 $X \in A\text{-Mod}$, $I \in \mathrm{I}(A)$. 则有同构
$$\mathrm{Hom}_A(\mathrm{Tor}_n^A(D({}_AA), X), I) \cong \mathrm{Ext}_A^n(X, N^-(I)), \quad \forall\, n \geqslant 0.$$

特别地, $\mathrm{Tor}_n^A(D({}_AA), X) = 0$ ($\forall\, n \geqslant 1$) 当且仅当 $X \in {}^\perp\mathrm{Add}(A)$.

(vi) 设 $G \in \mathrm{GP}(A)$. 则 $\mathrm{Tor}_n^A(D({}_AA), G) = 0$, $\forall\, n \geqslant 1$.

证 只证 (iv) 和 (v).

(iv) 任意投射模 P 均是无限直和 A^J 的直和项, 而 Noether 环上内射模的无限直和仍是内射模 (例如参见 [EJ2, Theorem 3.1.17]), 故 $N^+(P) \in \mathrm{I}(A)$. 注意到 Artin 代数上任意内射模 I 均是有限生成内射模的直和: 事实上, Noether 环上任意内射模 I 均是不可分解内射模的直和 (参见 [Mat, Theorem 2.5]), 而 Artin 代数上不可分解内射模 Q 必有单子模 S (Q 必有有限生成子模 M, M 是 Artin 模, 从而有单子模 S), 故 Q 是 S 的内射包, 从而 Q 是有限生成的 ([ARS]). 由此即知 $N^-(I) \in \mathrm{P}(A)$. 因为
$$N^-N^+(A^J) \cong N^-(D(A_A)^J) \cong (N^-(D(A_A)))^J = A^J,$$
$$N^+N^-(D(A_A)^J) \cong N^+(A^J) \cong (D(A_A))^J,$$
故可知有等价 $N^+: \mathrm{P}(A) \cong \mathrm{I}(A)$, 其拟逆为 N^-.

(v) 对于任意 $R\text{-}S\text{-}$ 双模 M, 左 $S\text{-}$ 模 X 和内射左 $R\text{-}$ 模 I, 这里 R 和 S 均是任意环, 均有同构
$$\mathrm{Hom}_R(\mathrm{Tor}_i^S(M, X), I) \cong \mathrm{Ext}_S^n(X, \mathrm{Hom}_R(M, I)).$$

这个同构可由正合函子与上同调的交换性, 以及伴随对 $(M \otimes_S -, \operatorname{Hom}_R(M, -))$ 得到.

在上述同构中取 M 为 A-A- 双模 $D(A)$ 即可得到所要证明的同构. ∎

对于任意环 R, $\operatorname{Hom}_R(-, {}_R R): \mathcal{P}(R) \longrightarrow \mathcal{P}(R^{op})$ 是对偶 (但无限生成投射模没有此性质). 这一性质在下述命题的证明中是本质的.

命题 7.2.4 设 R 是双边Noether环. 则函子 $\operatorname{Hom}_R(-, {}_R R)$ 诱导出有限生成左Gorenstein投射模范畴与有限生成右Gorenstein投射模范畴之间的一个对偶

$$\mathcal{GP}(R) \longrightarrow \mathcal{GP}(R^{op}),$$

其拟逆为 $\operatorname{Hom}_R(-, R_R)$.

证 设 $M \in \mathcal{GP}(R)$ 且 (P, d) 是 M 的一个完全投射分解. 则 $\operatorname{Hom}_R(P, {}_R R)$ 是投射右 R- 模的正合列, 且

$$\operatorname{Hom}_R(\operatorname{Hom}_R(P, {}_R R), R_R) \cong \operatorname{Hom}_R({}_R R, P).$$

故 $\operatorname{Hom}_R(\operatorname{Hom}_R(P, {}_R R), R_R)$ 正合. 由定义 $\operatorname{Hom}_R(P, {}_R R)$ 是 $\operatorname{Hom}_R(M, {}_R R)$ 的一个完全投射分解, 且由五引理知

$$M \cong \operatorname{Hom}_R(\operatorname{Hom}_R(M, {}_R R), R_R).$$

这就证明了 $\operatorname{Hom}_R(M, {}_R R) \in \mathcal{GP}(R^{op})$ 且 $\operatorname{Hom}_R(-, R_R)$ 是 $\operatorname{Hom}_R(-, {}_R R)$ 的左拟逆. 类似地证明另外一边. ∎

因为在 A-mod 上 Nakayama 函子 N^+ 亦可表达成 $D\operatorname{Hom}_A(-, {}_A A)$, 由命题 7.2.4 和事实 7.2.2(iii) 即得

推论 7.2.5 设 A 是Artin 代数. 则Nakayama 函子 N^+ 诱导出有限生成Gorenstein投射模范畴 $\mathcal{GP}(A)$ 与有限生成Gorenstein内射模范畴 $\mathcal{GI}(A)$ 之间的一个等价

$$\mathcal{GP}(A) \cong \mathcal{GI}(A),$$

其拟逆为 $N^- = \operatorname{Hom}_A(D(A_A), -)$.

命题 7.2.6 (A. Beligiannis [B2], Proposition 3.4) 设 A 是Artin 代数. 则Nakayama 函子 $N^+ = D({}_A A) \otimes_-$ 诱导出Gorenstein投射模范畴 $\operatorname{GP}(A)$ 与Gorenstein内射模范畴 $\operatorname{GI}(A)$ 之间的一个等价

$$\operatorname{GP}(A) \longrightarrow \operatorname{GI}(A),$$

其拟逆为 $N^- = \text{Hom}_A(D(A_A), -)$.

证 设 $M \in \text{GP}(A)$ 且 $(P^\bullet, d)$ 是 M 的一个完全投射分解, $M = \text{Im} d^{-1}$. 则 $N^+(P^\bullet)$ 是内射 A-模的正合列: 事实上, 对于任意内射模 I, $N^-(I)$ 是投射模, 故 $\text{Hom}_A(P^\bullet, N^-(I)) \cong \text{Hom}_A(N^+(P^\bullet), I)$ 正合; 再由正合函子 $\text{Hom}_A(-, I)$ 与上同调的交换性知

$$\text{Hom}_A(\text{H}^n N^+(P^\bullet), I) \cong \text{H}^n \text{Hom}_A(N^+(P^\bullet), I) = 0.$$

因 $\text{H}^n N^+(P^\bullet)$ 是某一内射模的子模, 故 $\text{H}^n N^+(P^\bullet) = 0$, $\forall n$, 即 $N^+(P^\bullet)$ 正合.

因为有正合列 $0 \longrightarrow M \longrightarrow P^0 \longrightarrow M' \longrightarrow 0$, 其中 $M' \in \text{GP}(A)$, 由引理 7.2.3(vi) 知 $\text{Tor}_1^A(D(_AA), M') = 0$, 故 $N^+(M) \longrightarrow N^+(P^0)$ 是单射, 再由 $N^+(P^\bullet)$ 正合即知 $N^+(M) = \text{Im} N^+(d^{-1})$.

由引理 7.2.3(iv) 知 $N^- N^+(P^\bullet) \cong P^\bullet$. 故对于任意内射模 $I = N^+(P)$, 其中 P 是投射模, $\text{Hom}_A(I, N^+(P^\bullet))$ 也是正合的: 事实上,

$$\text{Hom}_A(I, N^+(P^\bullet)) = \text{Hom}_A(N^+(P), N^+(P^\bullet))$$
$$\cong \text{Hom}_A(P, N^- N^+(P^\bullet)) \cong \text{Hom}_A(P, P^\bullet).$$

由定义 $N^+(P^\bullet)$ 是 $N^+(M)$ 的一个完全内射分解, 且由五引理知

$$M \cong N^- N^+(M).$$

这就证明了 $N^+(M) \in \text{GI}(A)$ 且 N^- 是 N^+ 的左拟逆. 类似地证明另外一边. ∎

7.3 真 Gorenstein 投射分解

定义 7.3.1 (E. E. Enochs, O. M. G. Jenda [EJ2]) 设 $\mathcal{A}$ 是 Abel 范畴, $\mathcal{X}$ 是 $\mathcal{A}$ 的一个全子范畴, $M \in \mathcal{A}$.

(i) M 的一个 $\text{Hom}_A(\mathcal{X}, -)$ 正合的 $\mathcal{X}$ 分解称为 M 的真(proper) $\mathcal{X}$ 分解. 即 M 的真(proper) $\mathcal{X}$ 分解是正合列

$$\cdots \longrightarrow X_1 \longrightarrow X_0 \longrightarrow M \longrightarrow 0,$$

其中每个 $X_i \in \mathcal{X}$, 使得将函子 $\text{Hom}_A(X, -)$ 作用在这个正合列上得到的仍是正合列, 其中 X 取遍 $\mathcal{X}$ 中对象.

(ii) 对偶地, 我们有 M 的真 $\mathcal{X}$ 余分解的概念.

显然, 投射分解一定是真投射分解; 内射余分解一定是真内射余分解. 我们知道, 有足够多投射对象 Abel 范畴中任意对象 M 的任意两个删去的 (deleted) 投射分解 (即在 M 的投射分解中将 M 换成 0 所得到的复形) 均是同伦等价的: 这是比较定理的特殊情形. 这个事实是定义导出函子的基础. 将投射对象换成 $\mathcal{X}$ 中对象, 我们就需要考虑真 $\mathcal{X}$ 分解, 此时也有相应的比较定理 (参见本章习题 8): 只有这样我们才可以定义 $\mathcal{X}$- 相对导出函子.

与真 $\mathcal{X}$ 分解相关的一个概念是下述重要概念.

定义 7.3.2 (M. Auslander-I. Reiten [AR2]) 设 $\mathcal{A}$ 是 Abel 范畴, $\mathcal{X}$ 是 $\mathcal{A}$ 的一个全子范畴, $M \in \mathcal{A}$.

(i) M 的一个右 $\mathcal{X}$ 逼近 (approximation) 是指一个态射 $f: X \longrightarrow M$, 其中 $X \in \mathcal{X}$, 使得对任意的 $X' \in \mathcal{X}$, 映射 $\operatorname{Hom}_{\mathcal{A}}(X', f): \operatorname{Hom}_{\mathcal{A}}(X', X) \longrightarrow \operatorname{Hom}_{\mathcal{A}}(X', M)$ 是满射.

如果 $\mathcal{A}$ 中每一对象 M 都有一个右 $\mathcal{X}$ 逼近, 那么我们就称 $\mathcal{X}$ 是 $\mathcal{A}$ 的一个反变有限 (contravariantly finite) 子范畴.

(ii) 对偶地, 我们有 M 的一个左 $\mathcal{X}$ 逼近 和共变有限 (covariantly finite) 子范畴的概念.

(iii) 如果 $\mathcal{X}$ 既是共变有限的又是反变有限的, 则称 $\mathcal{X}$ 是函子有限的 (functorially finite).

注记 7.3.3 (i) 有些文献中 (例如 [EJ2]) 右 $\mathcal{X}$ 逼近叫作 $\mathcal{X}$ 预覆盖, 左 $\mathcal{X}$ 逼近叫作 $\mathcal{X}$ 预包络; 反变有限子范畴叫做预覆盖类, 共变有限子范畴叫作预包络类.

(ii) H. Krause 和 Ø. Solberg [KrS, Corollary 0.3] 证明了下述常用的结果:

Artin 代数 A 的有限生成模范畴 A-mod 的可解的反变有限子范畴是函子有限的; A-mod 的余可解的共变有限子范畴是函子有限的.

例 7.3.4 设 A 是 Artin R- 代数. 则

(i) 设 M 是有限生成 A- 模. 对于 $X \in A$-mod, $\operatorname{Hom}_A(M, X)$ 是有限生成 R- 模. 事实上, 取满同态 $A^n \longrightarrow M$. 则有单射 $\operatorname{Hom}_A(M, X) \longrightarrow \operatorname{Hom}_A(A^n, X) \cong X^n$. 因 X^n 是有限生成 R- 模, R 是 Artin 环从而是 Noether 环, 故 $\operatorname{Hom}_A(M, X)$ 是有限生成 R- 模. 令 $f_1, \cdots, f_n$ 是 $\operatorname{Hom}_A(M, X)$ 的作为 R- 模的生成元. 则 $(f_1, \cdots, f_n): M_1 \oplus \cdots \oplus M_n \longrightarrow X$ 是 X 的右 $\operatorname{add} M$- 逼近. 故 $\operatorname{add} M$ 是 A-mod 的反变有限子范畴.

7.3 真 Gorenstein 投射分解

(ii) 设 M 是任意 A-模. 则 $\mathrm{Add}M$ 是 A-Mod 的反变有限子范畴. 证明方法同 (i), 不过还要利用等式 $\mathrm{Hom}_A(\bigoplus\limits_{i\in I} X_i, Y) \cong \prod\limits_{i\in I} \mathrm{Hom}_A(X_i, Y)$, $\forall\, X_i \in A\text{-Mod}$, $i \in I$, $\forall\, Y \in A\text{-Mod}$.

如果 $\mathcal{A}$ 中每一个对象 M 都有一个满的右 $\mathcal{X}$ 逼近, 那么每一个对象 M 都有一个真 $\mathcal{X}$ 分解. 反过来, 如果每一个对象都有一个真 $\mathcal{X}$ 分解, 那么每一个对象都有一个满的右 $\mathcal{X}$ 逼近.

Gorenstein 同调代数的一个基本问题是: 什么时候 $\mathcal{GP}(\mathcal{A})$ 是 $\mathcal{A}$ 的反变有限子范畴? 换言之, 什么时候 $\mathcal{A}$ 中任意对象都有真 Gorenstein 投射分解? 或者将问题提得更弱些: 哪些对象有真 Gorenstein 投射分解?

在表述主定理之前我们需要两个结果. 它们本身亦很重要. 下述 Auslander-Bridger 引理 ([ABr], Lemma 3.12) 非常有用. 特别地, 它说明任何两个"极小"的 $\mathcal{X}$ 分解都有同样的长度.

引理 7.3.5 (Auslander-Bridger 引理) 设 $\mathcal{A}$ 是有足够多投射对象的Abel范畴, $\mathcal{X}$ 是其可解子范畴. 若

$$0 \longrightarrow X_n \longrightarrow X_{n-1} \longrightarrow \cdots \longrightarrow X_0 \longrightarrow A \longrightarrow 0$$

和

$$0 \longrightarrow Y_n \longrightarrow Y_{n-1} \longrightarrow \cdots \longrightarrow Y_0 \longrightarrow A \longrightarrow 0$$

是正合列, 其中 $X_i, Y_i \in \mathcal{X}$, $0 \leqslant i \leqslant n-1$, 则 $X_n \in \mathcal{X}$ 当且仅当 $Y_n \in \mathcal{X}$.

证 设 $X_n \in \mathcal{X}$. 取正合列

$$0 \longrightarrow K \xrightarrow{d_n} P_{n-1} \xrightarrow{d_{n-1}} \cdots \longrightarrow P_1 \xrightarrow{d_1} P_0 \xrightarrow{d_0} A \longrightarrow 0,$$

其中 P_i 投射, $i = 0, \cdots, n-1$. 于是存在链映射 $f^\bullet$:

$$\begin{array}{ccccccccccccc}
P^\bullet: & 0 & \longrightarrow & K & \xrightarrow{d_n} & P_{n-1} & \xrightarrow{d_{n-1}} & \cdots & \longrightarrow & P_0 & \xrightarrow{d_0} & A & \longrightarrow & 0 \\
& & & \downarrow f_n & & \downarrow f_{n-1} & & & & \downarrow f_0 & & \| & & \\
X^\bullet: & 0 & \longrightarrow & X_n & \xrightarrow{\partial_n} & X_{n-1} & \xrightarrow{\partial_{n-1}} & \cdots & \longrightarrow & X_0 & \xrightarrow{\partial_0} & A & \longrightarrow & 0.
\end{array}$$

考虑复形的短正合列 $0 \longrightarrow X^\bullet \xrightarrow{\binom{0}{1}} \mathrm{Cone}(f^\bullet) \xrightarrow{(1,0)} P^\bullet[1] \longrightarrow 0$, 这里 $\mathrm{Con}(f^\bullet)$ 是 $f^\bullet$ 的映射锥, 即如下复形

$$\mathrm{Con}(f^\bullet): \quad 0 \longrightarrow K \xrightarrow{\binom{-d_n}{f_n}} P_{n-1} \oplus X_n \xrightarrow{\binom{-d_{n-1}\ \ 0}{f_{n-1}\ \ \partial_n}} P_{n-2} \oplus X_{n-1}$$

$$\longrightarrow \cdots \longrightarrow P_0 \oplus X_1 \xrightarrow{\begin{pmatrix} -d_0 & 0 \\ f_0 & \partial_1 \end{pmatrix}} A \oplus X_0 \xrightarrow{(\mathrm{Id}_A, \partial_0)} A \longrightarrow 0.$$

则 $\mathrm{Cone}(f^\bullet)$ 是正合列. 由于 $(\mathrm{Id}_A, \partial_0)$ 可裂, 故我们有正合列

$$0 \longrightarrow K \longrightarrow P_{n-1} \oplus X_n \longrightarrow P_{n-2} \oplus X_{n-1} \longrightarrow \cdots \longrightarrow P_0 \oplus X_1 \xrightarrow{(f_0, \partial_1)} X_0 \longrightarrow 0,$$

这里 $X_0 \in \mathcal{X}$, $P_{i-1} \oplus X_i \in \mathcal{X}$, $i=1,\cdots,n$. 因为 $\mathcal{X}$ 对满态射的核封闭, 所以我们有 $K \in \mathcal{X}$.

类似地, 我们有下面的正合列

$$0 \longrightarrow K \longrightarrow P_{n-1} \oplus Y_n \xrightarrow{\alpha} P_{n-2} \oplus Y_{n-1} \longrightarrow \cdots P_0 \oplus Y_1 \longrightarrow Y_0 \longrightarrow 0,$$

这里 $Y_0 \in \mathcal{X}$, $P_{i-1} \oplus Y_i \in \mathcal{X}$, $i=1,\cdots,n-1$, 并且 $\mathrm{Im}\alpha \in \mathcal{X}$. 因为 $\mathcal{X}$ 扩张闭, 由正合列 $0 \longrightarrow K \longrightarrow P_{n-1} \oplus Y_n \longrightarrow \mathrm{Im}\alpha \longrightarrow 0$ 以及 $K \in \mathcal{X}$ 和 $\mathrm{Im}\alpha \in \mathcal{X}$ 我们知 $P_{n-1} \oplus Y_n \in \mathcal{X}$. 再由 $\mathcal{X}$ 对直和项封闭我们知 $Y_n \in \mathcal{X}$. ∎

设 $\mathcal{X}$ 是一个对扩张, 直和项和同构均封闭的 $\mathcal{A}$ 的加法全子范畴. 记 $\widehat{\mathcal{X}}$ 是由 $\mathcal{A}$ 中所有具有有限的 $\mathcal{X}$ 维数的对象 X 作成的满子范畴, 即存在各项均在 $\mathcal{X}$ 中的正合列 $0 \longrightarrow X_n \longrightarrow X_{n-1} \longrightarrow \cdots \longrightarrow X_0 \longrightarrow X \longrightarrow 0$. 设 ω 是 $\mathcal{X}$ 的一个余生成子, 即 ω 是对同构和有限直和封闭的 $\mathcal{X}$ 的全子范畴, 且对任意的 $X \in \mathcal{X}$, 存在 $\mathcal{X}$ 中的正合列 $0 \longrightarrow X \longrightarrow B \longrightarrow X' \longrightarrow 0$ 使得 $B \in \omega$. 显然 $\mathcal{X}$ 总有余生成子 (例如 $\mathcal{X}$ 本身).

下述结果是常用的. (此处我们省略其证明, 因为下面用到它的时候我们采用了一个更直接的证明.)

引理 7.3.6 (M. Auslander, R. O. Buchweitz [ABu, Theorems 1.1, 2.3, 2.5]) 设 $\mathcal{A}$ 是有足够多投射对象的Abel 范畴, $\mathcal{X}$ 是一个对扩张, 直和项和同构均封闭的 $\mathcal{A}$ 的加法全子范畴, ω 是 $\mathcal{X}$ 的一个余生成子. 则

(i) 每一对象 $C \in \widehat{\mathcal{X}}$ 都有一个满的右 $\mathcal{X}$ 逼近. 精确地说, 对任意 $C \in \widehat{\mathcal{X}}$ 都存在 $\mathrm{Hom}_\mathcal{A}(\mathcal{X}, -)$ 正合列 $0 \longrightarrow Y_C \longrightarrow X_C \longrightarrow C \longrightarrow 0$ 使得 $X_C \in \mathcal{X}$, $Y_C \in \widehat{\omega}$ 且 $Y_C \in \mathcal{X}^\perp$.

(ii) 每一对象 $C \in \widehat{\mathcal{X}}$ 都有一个单的左 $\widehat{\omega}$ 逼近. 精确地说, 对任意 $C \in \widehat{\mathcal{X}}$ 都存在 $\mathrm{Hom}_\mathcal{A}(-, \widehat{\omega})$ 正合列 $0 \longrightarrow C \longrightarrow Y^C \longrightarrow X^C \longrightarrow 0$ 使得 $Y^C \in \widehat{\omega}$, $X^C \in \mathcal{X}$ 且 $X^C \in {}^\perp\widehat{\omega}$.

7.3 真 Gorenstein 投射分解

记 pd$M$ 为对象 M 的投射维数. 类似地, 定义 M 的Gorenstein 投射维数 Gpd$M$.

定义 7.3.7 设 $\mathcal{A}$ 是有足够多投射对象的Abel范畴, $M \in \mathcal{A}$. 如果 M 有长度有限的 $\mathcal{GP}(\mathcal{A})$ 分解, 则定义 Gpd$M$ 为最小的整数 $n \geqslant 0$, 使得 M 有一个长度为 n 的 $\mathcal{GP}(\mathcal{A})$ 分解 $0 \longrightarrow G_n \longrightarrow \cdots \longrightarrow G_0 \longrightarrow M \longrightarrow 0$; 如果 M 无长度有限的 $\mathcal{GP}(\mathcal{A})$ 分解, 则定义 Gpd$M$ 为 ∞.

本节的主要结果如下.

定理 7.3.8 (E. E. Enochs, O. M. G. Jenda [EJ2, Theorem 11.5.1]) 设 $\mathcal{A}$ 是有足够多投射对象的Abel范畴, Gpd$M = n < \infty$. 则 M 有一个满的右 $\mathcal{GP}(\mathcal{A})$ 逼近 $\phi: G \longrightarrow M$, 这里 pd Ker$\phi = n - 1$ (若 $n = 0$, 则 Ker$\phi = 0$).

特别地, Gorenstein 投射维数为 n 的对象有一个长度为 n 的真Gorenstein 投射分解.

证 在引理 7.3.6 (i) 中取 $\mathcal{X} = \mathcal{GP}(\mathcal{A}), \omega = \mathcal{P}(\mathcal{A})$ 即可得到 M 有一个长度为 n 的真 Gorenstein 投射分解. 下述直接证明取自 H. Holm ([Hol1, Theorem 2.10]).

取正合列 $0 \longrightarrow K' \longrightarrow P_{n-1} \longrightarrow \cdots \longrightarrow P_0 \longrightarrow M \longrightarrow 0$, 其中 P_i 都是投射的. 根据 Auslander-Bridger 引理 K' 是 Gorenstein 投射的. 于是存在 $\mathrm{Hom}_\mathcal{A}(-, \mathcal{P}(\mathcal{A}))$ 正合列 $0 \longrightarrow K' \longrightarrow Q^0 \longrightarrow Q^1 \longrightarrow \cdots \longrightarrow Q^{n-1} \longrightarrow G' \longrightarrow 0$, 这里 Q^i 都是投射的, G' 是 Gorenstein 投射的. 因此存在如下链映射 $f^\bullet$:

$$
\begin{array}{ccccccccccccc}
0 & \longrightarrow & K' & \longrightarrow & Q^0 & \longrightarrow & Q^1 & \longrightarrow & \cdots & \longrightarrow & Q^{n-1} & \longrightarrow & G' & \longrightarrow & 0 \\
& & \parallel & & \downarrow & & \downarrow & & & & \downarrow & & \downarrow & & \\
0 & \longrightarrow & K' & \longrightarrow & P_{n-1} & \longrightarrow & P_{n-2} & \longrightarrow & \cdots & \longrightarrow & P_0 & \longrightarrow & M & \longrightarrow & 0
\end{array}
$$

(将 $\mathrm{Hom}_\mathcal{A}(-, P_i), i = n - 1, \cdots, 0$, 分别作用在第一行上得到的是正合列, 由此逐可得到链映射 $f^\bullet$). 分别用 $C_1^\bullet$ 和 $C_2^\bullet$ 记上下两行. 于是映射锥 $\mathrm{Con}(f^\bullet)$ 也是正合的, 即有正合列

$$0 \longrightarrow K' \overset{\alpha}{\longrightarrow} Q^0 \oplus K' \longrightarrow Q^1 \oplus P_{n-1} \longrightarrow \cdots \longrightarrow Q^{n-1} \oplus P_1 \longrightarrow G' \oplus P_0 \longrightarrow M \longrightarrow 0,$$

且 α 是可裂单的. 于是我们有正合列

$$0 \longrightarrow Q^0 \longrightarrow Q^1 \oplus P_{n-1} \longrightarrow \cdots \longrightarrow Q^{n-1} \oplus P_1 \longrightarrow G' \oplus P_0 \overset{\phi}{\longrightarrow} M \longrightarrow 0,$$

且 $G' \oplus P_0$ 是 Gorenstein 投射的, pd Ker$\phi \leqslant n - 1$. 因 Gpd$M = n$, 故 pd Ker$\phi = n - 1$. 由于对 $i \geqslant 1$ 和 Gorenstein 投射对象 H 有 $\mathrm{Ext}^i_\mathcal{A}(H, \mathcal{P}(\mathcal{A})) = 0$, 故 $\mathrm{Ext}^1_\mathcal{A}(H, \mathrm{Ker}\,\phi) = 0$, 因此 ϕ 是一个右 $\mathcal{GP}(\mathcal{A})$- 逼近. ∎

推论 7.3.9 设 $\mathcal{A}$ 是有足够多投射对象的Abel 范畴. 如果 $0 \longrightarrow G' \longrightarrow G \longrightarrow M \longrightarrow 0$ 是正合列, G' 和 G 均是Gorenstein 投射对象, 且 $\text{Ext}^1_{\mathcal{A}}(M, \mathcal{P}(\mathcal{A})) = 0$, 那么 M 也是Gorenstein 投射的.

证 由于 $\text{Gpd } M \leqslant 1$ (不妨设 $\text{Gpd } M = 1$), 根据定理 7.3.8 存在正合列 $0 \longrightarrow Q \longrightarrow E \longrightarrow M \longrightarrow 0$, 这里 E 是 Gorenstein 投射的且 Q 是投射的. 根据假设 $\text{Ext}^1_{\mathcal{A}}(M, Q) = 0$, 因此 M 是 Gorenstein 投射的. ∎

7.4 Gorenstein 投射维数

除非特别说明, 本节中 $\mathcal{A}$ 是有足够多投射对象的Abel范畴. 因此, 当 R 是环时, $\mathcal{A}$ 可以取为 R-Mod; 当 R 是 Noether 环时, $\mathcal{A}$ 还可以取为 R-mod.

用 $\mathcal{GP}(\mathcal{A})^{\perp}$ 表示满足 $\text{Ext}^i_{\mathcal{A}}(G, X) = 0$, $\forall\, i \geqslant 1$, $\forall\, G \in \mathcal{GP}(\mathcal{A})$, 的对象 X 作成的 $\mathcal{A}$ 的全子范畴.

定理 7.4.1 设 $\mathcal{A}$ 是有足够多投射对象的Abel范畴. 若 $M \in \mathcal{GP}(\mathcal{A})^{\perp}$, 则 $\text{Gpd} M = \text{pd} M$.

定理 7.4.1 的证明需要下面的引理. 这个引理也表明 $\mathcal{GP}(\mathcal{A})^{\perp}$ 是 $\mathcal{A}$ 的既可解又余可解全子范畴.

引理 7.4.2 设 $\mathcal{A}$ 是有足够多投射对象的 Abel 范畴. 设 $0 \longrightarrow X \longrightarrow M \longrightarrow Y \longrightarrow 0$ 是 $\mathcal{A}$ 中正合列, 且 $M \in \mathcal{GP}(\mathcal{A})^{\perp}$. 则 $X \in \mathcal{GP}(\mathcal{A})^{\perp}$ 当且仅当 $Y \in \mathcal{GP}(\mathcal{A})^{\perp}$.

证 若 $X \in \mathcal{GP}(\mathcal{A})^{\perp}$, 则显然有 $Y \in \mathcal{GP}(\mathcal{A})^{\perp}$.

设 $Y \in \mathcal{GP}(\mathcal{A})^{\perp}$. 则对 $i \geqslant 2$ 和任意 $G \in \mathcal{GP}(\mathcal{A})$ 有 $\text{Ext}^i_{\mathcal{A}}(G, X) = 0$. 只需证明对 $G \in \mathcal{GP}(\mathcal{A})$ 有 $\text{Ext}^1_{\mathcal{A}}(G, X) = 0$. 因为 $G \in \mathcal{GP}(\mathcal{A})$, 所以存在正合列 $0 \longrightarrow G \longrightarrow P \longrightarrow G' \longrightarrow 0$, 使得 P 是投射对象且 G' 是 Gorenstein 投射对象. 又因为我们已经有 $\text{Ext}^2_{\mathcal{A}}(G', X) = 0$, 由正合列

$$0 = \text{Ext}^1_{\mathcal{A}}(P, X) \longrightarrow \text{Ext}^1_{\mathcal{A}}(G, X) \longrightarrow \text{Ext}^2_{\mathcal{A}}(G', X) = 0$$

可得 $\text{Ext}^1_{\mathcal{A}}(G, X) = 0$. ∎

定理 7.4.1 的证明 显然有 $\text{Gpd} M \leqslant \text{pd} M$. 只需证明 $\text{Gpd} M \geqslant \text{pd} M$. 不妨设 $\text{Gpd} M = n < \infty$. 取正合列

$$0 \longrightarrow G \longrightarrow P_{n-1} \longrightarrow \cdots \longrightarrow P_0 \longrightarrow M \longrightarrow 0,$$

7.4 Gorenstein 投射维数

其中 P_i 是投射对象, $0 \leqslant i \leqslant n-1$. 因为 $\mathrm{Gpd}M = n$, 由 Auslander-Bridger 引理可知 $G \in \mathcal{GP}(\mathcal{A})$. 由引理 7.4.2 知 $G \in \mathcal{GP}(\mathcal{A})^\perp$. 因为 $G \in \mathcal{GP}(\mathcal{A})$, 所以存在正合列 $0 \longrightarrow G \longrightarrow P \longrightarrow G' \longrightarrow 0$, 使得 P 是投射对象且 G' 是 Gorenstein 投射对象. 又因为 $\mathrm{Ext}^1_\mathcal{A}(G', G) = 0$, 故 G 是投射对象, 从而 $\mathrm{pd}M = n$. ■

推论 7.4.3(H. Holm [Hol2, Theorem 2.2]) 设 $\mathcal{A}$ 是有足够多投射对象和足够多内射对象的 Abel 范畴. 若 $\mathrm{id}\, M < \infty$, 则 $\mathrm{Gpd}M = \mathrm{pd}M$, 其中 $\mathrm{id}M$ 表示 M 的内射维数.

证 这里给出一个新的且较短的证明. 由定理 7.4.1 只需证明 $M \in \mathcal{GP}(\mathcal{A})^\perp$. 内射对象属于 $\mathcal{GP}(\mathcal{A})^\perp$, 而 $\mathrm{id}\, M < \infty$, 由引理 7.4.2 即知 $M \in \mathcal{GP}(\mathcal{A})^\perp$. ■

注 在推论 7.4.3 中 $\mathcal{A}$ 可以取为 R-Mod, 其中 R 是任意环; $\mathcal{A}$ 也可以取为 A-Mod 和 A-mod, 其中 A 是 Artin 代数. 值得注意的是: 对于环 R, 未必有有限生成内射 R-模. 所以一般地 $\mathcal{A}$ 不能取为 R-mod. 即便 R 是 Noether 环, R-mod 也未必足够多内射对象.

下面列出 Gorenstein 投射维数的若干事实.

命题 7.4.4([Hol1]) 设 $\mathcal{A}$ 是有足够多投射对象的 Abel 范畴.

1. 设 $0 \longrightarrow K \longrightarrow G \longrightarrow N \longrightarrow 0$ 是正合列且 G 是 Gorenstein 投射的. 若 N 不是 Gorenstein 投射对象, 则 $\mathrm{Gpd}K = \mathrm{Gpd}N - 1$.

2. 设 $\mathrm{Gpd}M < \infty$, n 是非负整数. 则下述等价:

   (i) $\mathrm{Gpd}M \leqslant n$.

   (ii) 对所有的 $i > n$ 和 $\mathrm{pd}L < \infty$ 的对象 L 有 $\mathrm{Ext}^i_\mathcal{A}(M, L) = 0$.

   (iii) 对所有的 $i > n$ 和 $P \in \mathcal{P}(\mathcal{A})$ 有 $\mathrm{Ext}^i_\mathcal{A}(M, P) = 0$.

   (iv) 对每个正合列 $0 \longrightarrow K_n \longrightarrow G_{n-1} \longrightarrow \cdots \longrightarrow G_1 \longrightarrow G_0 \longrightarrow M \longrightarrow 0$, 当 G_i 都是 Gorenstein 投射时, K_n 是 Gorenstein 投射的.

3. 在正合列 $0 \longrightarrow M' \longrightarrow M \longrightarrow M'' \longrightarrow 0$ 中, 若任何两个对象有有限的 Gorenstein 投射维数, 则另一个对象也有有限 Gorenstein 投射维数.

证 1. 设 $\mathrm{Gpd}N \leqslant m$. 则存在正合列

$$0 \longrightarrow E_m \longrightarrow E_{m-1} \longrightarrow \cdots \longrightarrow E_1 \longrightarrow E_0 \longrightarrow N \longrightarrow 0,$$

使得所有的 E_i 是 Gorenstein 投射的. 取 K 的一个投射分解

$$P_{m-1} \xrightarrow{d^{m-1}} P_{m-2} \longrightarrow \cdots \longrightarrow P_1 \longrightarrow P_0 \longrightarrow K \longrightarrow 0.$$

则存在正合列

$$0 \longrightarrow \mathrm{Im} d^{m-1} \longrightarrow P_{m-2} \longrightarrow \cdots \longrightarrow P_1 \longrightarrow P_0 \longrightarrow G \longrightarrow N \longrightarrow 0.$$

由 Auslander-Bridger 引理知, $\mathrm{Im} d^{m-1}$ 是 Gorenstein 投射的. 于是 $\mathrm{Gpd} K \leqslant m-1$. 由此即可推出 $\mathrm{Gpd} K = \mathrm{Gpd} N - 1$.

2. 我们仅证 (iii) $\Longrightarrow$ (iv). 对任意投射对象 P 及 $i \geqslant 1$ 显然有 $\mathrm{Ext}^i(K_n, P) \cong \mathrm{Ext}^{i+n}(M, P) = 0$. 由假设 $\mathrm{Gpd} M < \infty$ 和上述结论 1 可得 $\mathrm{Gpd} K_n < \infty$. 于是存在正合列

$$0 \longrightarrow G'_m \longrightarrow \cdots \longrightarrow G'_1 \longrightarrow G'_0 \longrightarrow K_n \longrightarrow 0,$$

使得所有 G'_i 都是 Gorenstein 投射的. 把它打断成短正合列 $0 \longrightarrow C'_j \longrightarrow G'_{j-1} \longrightarrow C'_{j-1} \longrightarrow 0, j=1,\cdots,m$, 其中 $C'_0 = K_n$, 且 $C'_m = G'_m$. 则对所有 $j=1,\cdots,m$, 有

$$\mathrm{Ext}^1(C'_{j-1}, P) \cong \mathrm{Ext}^2(C'_{j-2}, P) \cong \cdots \cong \mathrm{Ext}^j(K_n, P) = 0.$$

由推论 7.3.9 知 $C'_0, \cdots, C'_{m-1}$ 都是 Gorenstein 投射的. 特别地, $K_n = C'_0$ 是 Gorenstein 投射的.

3. 由结论 2 即得. ∎

7.5 带关系箭图的表示

图方法是数学中的重要方法. 箭图的表示理论是代数表示论的重要组成部分, 它与许多数学分支有深刻的联系. 这一理论和方法之庞大非本书所能包含. 我们仅仅是为了构造 Gorenstein 投射模才涉及这一块. 关于箭图的表示理论比较系统的阐述, 读者可参看例如 W. Crawley-Boevy 未出版的讲义 [CB1] 和 [CB2], I. Assem, D. Simson, A. Skowroński 的教材 [ASS], C. M. Ringel 的专著 [Rin1], 或 M. Auslander, I. Reiten, S. O. Smalø 的专著 [ARS].

箭图 Q (quiver) 就是一个有向图, 其顶点的集合记为 Q_0, 其箭向的集合记为 Q_1. 给定一个箭图 Q, 我们有两个从 Q_1 到 Q_0 的映射 s 和 e, 对于 Q 中的箭向 $\alpha: i \longrightarrow j$, $s(\alpha):=i$ 称为 α 的起点; $e(\alpha):=j$ 称为 α 的终点. 因此抽象地说, 箭图 Q 是一个四元组 $Q=(Q_0, Q_1, s, e)$, 其中 Q_0 和 Q_1 是集合, $s: Q_1 \longrightarrow Q_0$ 和 $e: Q_1 \longrightarrow Q_0$ 是两个映射. 如果 Q_0 和 Q_1 均是有限集, 则称 Q 是有限箭图. 以下

7.5 带关系箭图的表示

我们只考虑有限箭图. 箭图 Q 的顶点 i 称为源点 (source), 如果没有以 i 为终点的箭向; 顶点 i 称为汇点 (sink), 如果没有以 i 为起点的箭向.

有限箭图 Q 中的一条道路 p 是指有限序列 $\alpha_l\cdots\alpha_1$, 其中每个 α_i 均是箭向且 $e(\alpha_i) = s(\alpha_{i+1})$, $\forall\, 1\leqslant i\leqslant l-1$. 将 l 称为道路 p 的长度, 记为 $l(p)$; 定义 p 的起点为 $s(p) := s(\alpha_1)$; 定义 p 的终点为 $e(p) := e(\alpha_l)$. 我们约定顶点 i 是起点和终点均为 i 的长度为零的道路, 并记为 e_i. 道路 p 称为有向圈 (oriented cycle), 简称为圈, 如果 $l(p)\geqslant 1$ 且 $e(p) = s(p)$. 长度为 1 的圈通常称为环圈 (loop).

设 Q 是有限箭图, k 是域. 以 Q 中所有道路为基的 k-向量空间记为 kQ. 这个向量空间有自然的 k-代数结构, 其乘法定义为道路的连接. 即, 对于 Q 中两条道路 p 和 q, 若 p 的终点与 q 的起点不同, 则定义乘积 $q\cdot p = 0$, 否则定义乘积 $q\cdot p$ 就是这两条道路的连接 qp. 这样得到的结合代数 kQ 称为 Q 在域 k 上的路代数, 其单位元为 $\sum_{i\in Q_0} e_i$ (注意我们已假设 Q_0 是有限集). 当 Q 无圈时, 全部的两两互不同构的有限维不可分解投射 kQ-模恰为 $P(i) = kQe_i$, 其中 i 跑遍 Q_0. 注意 $P(i)$ 是以起点为 i 的所有道路为基的向量空间. 全部的两两互不同构的有限维不可分解内射 kQ-模恰为 $I(i) = D(e_ikQ)$, 其中 $D = \operatorname{Hom}_k(-, k)$, 其中 i 跑遍 Q_0.

例 7.5.1 (i) 环圈 ↻• 的路代数就是多项式环 $k[x]$.

(ii) 箭图 ↻•↺ 的路代数就是自由结合代数 $k\langle x, y\rangle$.

(iii) 箭图 $\underset{n}{\bullet}\longrightarrow\cdots\longrightarrow\underset{1}{\bullet}$ 的路代数就是上三角矩阵代数 $T_n(k) = \begin{pmatrix} k & k & \cdots & k & k \\ 0 & k & \cdots & k & k \\ \vdots & \vdots & & \vdots & \vdots \\ 0 & 0 & \cdots & k & k \\ 0 & 0 & \cdots & 0 & k \end{pmatrix}$.

(iv) 对于一般的无圈箭图 Q, 将其顶点标记为 $1,\cdots,n$, 使得任意箭向 $\alpha: j\longrightarrow i$ 满足 $j > i$, 则

$$kQ \cong \begin{pmatrix} k & k^{m_{21}} & k^{m_{31}} & \cdots & k^{m_{n1}} \\ 0 & k & k^{m_{32}} & \cdots & k^{m_{n2}} \\ 0 & 0 & k & \cdots & k^{m_{n3}} \\ \vdots & \vdots & \vdots & & \vdots \\ 0 & 0 & 0 & \cdots & k \end{pmatrix}_{n\times n}, \tag{7.1}$$

其中 m_{ji} 是从顶点 j 到顶点 i 的道路的条数, $k^{m_{ji}}$ 是 m_{ji} 个 k 的直和.

显然 kQ 是有限维代数当且仅当 Q 无圈 (即 Q 没有有向圈), 也当且仅当 kQ 是 Artin k-代数. 关于路代数 kQ 是 Noether 环的充要条件参见刘绍学 [Liu].

箭图 Q 在域 k 上的表示 X 是指 $X = (X_i, X_\alpha, i\in Q_0, \alpha\in Q_1)$, 其中对任意 $i\in Q_0$, X_i 均是 k-线性空间 (它称为 X 的第 i 个分支); 对任意 $\alpha\in Q_1$,

$X_\alpha : X_{s(\alpha)} \longrightarrow X_{e(\alpha)}$ 均是 k-线性映射. 如果每个 X_i 都是有限维的, 则称 X 为有限维表示. 从表示 X 到表示 Y 的态射 f 是指 $(f_i, i \in Q_0)$, 其中每个 $f_i : X_i \longrightarrow Y_i$ 均是 k-线性映射, 使得对任意箭向 $\alpha : j \longrightarrow i$ 下图交换:

$$\begin{array}{ccc} X_j & \xrightarrow{f_j} & Y_j \\ X_\alpha \downarrow & & \downarrow Y_\alpha \\ X_i & \xrightarrow{f_i} & Y_i \end{array}$$

称 f_i 为 f 的第 i 个分支. 如果 $p = \alpha_l \cdots \alpha_1$ 是道路, 其中每个 $\alpha_i \in Q_1$, 则记 X_p 为 k-线性映射 $X_p := X_{\alpha_l} \cdots X_{\alpha_1}$.

例如,
$$M = k \underset{\binom{0}{1}}{\overset{\binom{1}{0}}{\rightrightarrows}} k^2 \qquad \text{和} \qquad N = k^2 \underset{\begin{pmatrix} 0 & 0 \\ 1 & 0 \end{pmatrix}}{\overset{\text{Id}}{\rightrightarrows}} k^2$$

均是 Kronecker 箭图 $\circ \underset{\gamma}{\overset{\beta}{\rightrightarrows}} \circ$ 的表示; 而 $(\text{Id}, \binom{1}{0})$ 是 M 到 N 的态射:

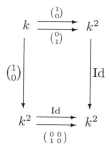

箭图 Q 在 k 上的所有表示构成的范畴记为 $\text{Rep}(Q, k)$; 箭图 Q 在 k 上的所有有限维表示构成的范畴记为 $\text{rep}(Q, k)$. 易知 $\text{Rep}(Q, k)$ 中的态射 $f = (f_i, i \in Q_0)$ 是单射 (或满射, 同构) 当且仅当每个 f_i 是单射 (或满射, 同构).

下述事实将路代数 kQ 上的模等同于 Q 在 k 上的表示. 证明可参见 [ARS, p.57] 或 [Rin1, p.44]. 这种等同有重要的意义.

引理 7.5.2 设 Q 是有限箭图, k 是域. 则有Abel范畴的等价 $kQ\text{-Mod} \cong \text{Rep}(Q, k)$; 其限制就给出Abel范畴的等价 $kQ\text{-f.d.mod} \cong \text{rep}(Q, k)$, 此处 kQ-f.d.mod 表示有限维左 kQ-模构成的范畴(它有别于有限生成模范畴 kQ-mod. 当 Q 无圈时, 两者当然是相同的).

当 Q 无圈时, 在此范畴等价下, 全部的两两互不同构的单 kQ-模恰为 $S(i) = (S(i)_j, S(i)_\alpha, j \in Q_0, \alpha \in Q_1)$, 其中 $S(i)_i = k$, $S(i)_j = 0$ $(j \neq i)$, $S(i)_\alpha = 0$, $\forall \alpha \in$

7.5 带关系箭图的表示

Q_1. 此时 $\text{rep}(Q,k)$ 有足够多的投射对象和足够多的内射对象.

设 M 是 kQ-模, 相应的表示为 $M = (M_i, M_\alpha, i \in Q_0, \alpha \in Q_1)$. 用 **dim**$M$ 表示整向量

$$\mathbf{dim}M = (\dim_k M_i)_{i \in Q_0} = (\dim_k e_i M)_{i \in Q_0} = (\dim_k \text{Hom}_{kQ}(kQe_i, M))_{i \in Q_0} \in \mathbb{Z}^{|Q_0|}$$

称为 M 的维数向量.

设 Q 是有限箭图, k 是域. 令 J 是由所有箭向生成的 kQ 的理想. 如果 Q 无圈, 则 J 就是 kQ 的 Jacobson 根 $\text{rad}(kQ)$ (否则不对. 例如, $k[x]$ 的极大理想恰是由 $k[x]$ 中的不可约多项式生成的理想, 而 $k[x]$ 中有无限多个不可约多项式, 因此 Jacobson 根 $\text{rad}(k[x]) = 0$). 路代数 kQ 的一个理想 I 称为**容许理想**, 如果存在整数 $t \geqslant 2$ 使得

$$J^t \subseteq I \subseteq J^2.$$

显然, 如果 Q 有圈, 则零理想就不是 kQ 的容许理想.

设 I 是 kQ 的一个容许理想. 将 (Q, I) 称为 I-**界定箭图**; 将 kQ/I 称为 I-**界定箭图代数** (bounded quiver algebra). 界定箭图代数一定是有限维代数.

有限箭图 Q 上的一个**关系**是指 Q 中道路的一个 k-线性组合 $c_1 p_1 + \cdots + c_m p_m \in kQ$, 其中每个系数 $c_i \in k$, 所有的道路 $p_1, \cdots, p_m$ 的起点相同, 终点也相同, 并且每条道路 p_i 的长度都至少为 2. 如果 $m = 1$, 则称此关系为**零关系** (zero relation) 或**单项式关系** (monomial relation). 形如 $p_1 - p_2$ 的关系称为**交换关系** (commutative relation). 因为 Q 是有限箭图, 长度为 t 的道路只有有限多条, 由此易知 kQ 的容许理想 I 由有限多个关系 ρ_i 生成, 即 $I = \langle \rho_i, i \in T \rangle$, 其中 T 是有限集. 此时也称 kQ/I 是由箭图 Q 和关系 $\rho_i, i \in T$, 给出的 k-代数; 称 $(Q, \rho_i, i \in T)$ 为**带关系的箭图**.

设 (Q, I) 是 I-界定箭图, 其中 $I = \langle \rho_i, i \in T \rangle$, T 是有限集. 称 Q 在 k 上的一个表示 $X = (X_i, X_\alpha, i \in Q_0, \alpha \in Q_1)$ 为 I-**界定表示**, 如果对于每个关系 $\rho_i = c_{i1} p_{i1} + \cdots + c_{im_i} p_{im_i}$, 均有

$$c_{i1} X_{p_{i1}} + \cdots + c_{im_i} X_{p_{im_i}} = 0.$$

此时也称 X 是带关系 $\rho_i, i \in T$, 的箭图 Q 的表示. 将 Q 的所有 I-界定表示构成的范畴记为 $\text{Rep}(Q, I, k)$; 将 Q 的所有有限维 I-界定表示构成的范畴记为 $\text{rep}(Q, I, k)$.

例 7.5.3

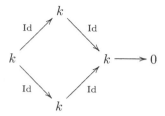

是带交换关系 $\beta\alpha - \delta\gamma$ 和零关系 $\eta\delta$ 的箭图

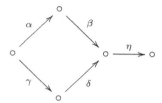

的表示. 而

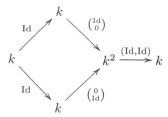

则不是带交换关系 $\beta\alpha - \delta\gamma$ 的箭图

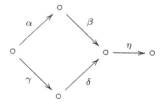

的表示.

Artin 代数 A 称为基代数 (basic), 如果左正则模 $_AA$ 是一些互不同构的不可分解投射模的直和. 任意 Artin 代数 A 的有限生成左模范畴 A-mod 均等价于基代数 B 的有限生成左模范畴 B-mod, 其中 B 是 $_AA$ 的两两互不同构的不可分解直和项的直和的自同态代数. 有限维 k- 代数 A 称为初等代数 (elementary algebra), 如果

半单代数 $A/\mathrm{rad}(A)$ 同构于若干 k 的直积. 界定箭图代数一定是初等代数, 也是有限维基代数. 当 $n \geq 2$ 时, 全矩阵代数 $M_n(k)$ 既非初等代数, 也非基代数. 当 k 是代数闭域时, 有限维 k- 代数 A 是基的当且仅当 A 是初等的 (参见 [ASS, p.33]). 当 k 不是代数闭域时, 这两个概念是不同的. 例如, $\mathbb{C}$ 作为 $\mathbb{R}$ 上的 2 维代数是基代数, 但却不是初等的.

下述事实具有重要的意义. 证明可参见 [ASS, p.72, p.250, p.64].

命题 7.5.4 (i) 设 Q 是有限箭图, k 是域, I 是 kQ 的容许理想. 则有Abel范畴的等价 $kQ/I\text{-Mod} \cong \mathrm{Rep}(Q,I,k)$; 其限制就给出Abel范畴的等价 $kQ/I\text{-mod} \cong \mathrm{rep}(Q,I,k)$.

(ii) 设 Q 是有限箭图, k 是域, I 是 kQ 的容许理想. 则 kQ/I 是遗传代数当且仅当 $I = 0$.

(iii) 设 A 是初等代数. 则存在有限箭图 Q_A 和其容许理想 I, 使得 $A \cong kQ_A/I$.

命题 7.5.4(iii) 中的有限箭图 Q_A 是唯一的, 称为 A 的通常箭图 (ordinary quiver), 或 Gabriel 箭图. 但命题 7.5.4(iii) 中的容许理想 I 一般不是唯一的. 例如 Q 为箭图

$$\circ \xrightarrow{\alpha} \circ \underset{\gamma}{\overset{\beta}{\rightrightarrows}} \circ, \quad I_1 = \langle \beta\alpha \rangle, \quad I_2 = \langle \beta\alpha - \gamma\alpha \rangle.$$

则 $kQ/I_1 \cong kQ/I_2$.

7.6 Gorenstein 环

称环 R 是 Gorenstein 环, 如果 R 是双边 Noether 环, 并且 $\mathrm{id}\,_RR < \infty$ 和 $\mathrm{id}\,R_R < \infty$. 此时一定有 $\mathrm{id}\,R_R = \mathrm{id}\,_RR$ (参见 [EJ2, Proposition 9.1.8]). 称 Gorenstein 环 R 是 n-Gorenstein 的, 如果 $\mathrm{id}\,_RR \leq n$.

注 这里需要注意的是: 虽然 $_RR$ 属于 R-mod, 但 $\mathrm{id}\,_RR$ 是指 $_RR$ 在 R-Mod 中的内射维数. 这是因为 R-mod 未必有足够多的内射对象, 一般无法在 R-mod 中谈论内射维数. 这一点与投射维数不同.

对于一般的环 R, R-mod 中的内射对象也未必是 R-Mod 中的内射对象. 但对 Noether 环 R 来说, 有限生成内射 R- 模一定是内射模 (由 Baer 判别法即知); 从而对有限生成 R- 模 M, 如果 $\mathrm{id}M$ 在 R-mod 中是有意义的话, 则它与在 R-Mod 中的 $\mathrm{id}M$ 相等.

整体维数有限的环和拟 Frobenius 环都是 Gorenstein 环. 由箭图

$$2 \underset{y}{\circlearrowleft} \xrightarrow{a} \underset{x}{\circlearrowleft} \cdot 1$$

和关系 x^2, y^2, $ay-xa$ 的给出的 k-代数是整体维数无限的 Gorenstein 代数, 但不是自入射代数.

下面是关于 n-Gorenstein 环的基本性质.

定理 7.6.1 ([Iw], 或 [EJ2, p. 211]) 设 R 是 n-Gorenstein 环, 且 $M \in R$-Mod. 则下述结论等价.

(i) $\mathrm{id} M < \infty$ (这里 $\mathrm{id} M$ 是指在 R-Mod 中的内射维数. 下同).

(ii) $\mathrm{id} M \leqslant n$.

(iii) $\mathrm{pd} M < \infty$.

(iv) $\mathrm{pd} M \leqslant n$.

(v) $\mathrm{fd} M < \infty$.

(vi) $\mathrm{fd} M \leqslant n$.

注记 7.6.2 定理 7.6.1 对右模自然也成立.

若 R 是 Artin 代数 A, 则对 $M \in A$-mod 定理 7.6.1 也成立; 但用的不是下述证明, 而是用 Artin 代数 A 的对偶 D.

在证明之前, 首先回顾一些要用到的事实.

(A) 若 R 是左 Noether 环, $\mathrm{id}\, _RR \leqslant n$, 则对任意投射左模 P, $\mathrm{id}\, _RP \leqslant n$.

事实上, P 是无限直和 R^J 的直和项. 只需证明 $\mathrm{id}\, R^J \leqslant n$. 这可由结论: 环 R 是左 Noether 环当且仅当内射 R-模的任意直和是内射的 (例如参见 [EJ2] 中定理 3.1.17) 得到. ∎

(B) 一个模是平坦的当且仅当它是有限生成投射模的正向极限.

充分性由 $\mathrm{Tor}_i(X, \varinjlim N_j) = \varinjlim \mathrm{Tor}_i(X, N_j)$, $\forall\, i \geqslant 1$, $\forall\, X_R$, 得到. 必要性在文献 [Go] 中首次给出; 后来也在 [Laz] 中给出. 也可参见 [Os, Theorem 8.16]. ∎

称模 M 是有限表出的, 如果存在正合列 $F_1 \longrightarrow F_0 \longrightarrow M \longrightarrow 0$, 使得 F_0 和 F_1 是有限生成自由模. 因此 Noether 环上的有限生成模是有限表出的; 进一步, Noether 环上有限表出平坦模是投射的 ([EJ2, Proposition 3.2.12]). 特别地, Noether 环上的有限生成平坦模是投射模.

(C) 设 R 是任意环, M 是任意左 R- 模. 若对于任意有限生成左 R- 模 X 均有 $\mathrm{Ext}_R^{n+1}(X,M)=0$, 则 $\mathrm{id}M \leqslant n$.

事实上, 由假设对于 R 的任意左理想 L 有 $\mathrm{Ext}_R^{n+1}(R/L,M)=0$. 设
$$0 \longrightarrow M \longrightarrow I^0 \longrightarrow \cdots \longrightarrow I^{n-1} \longrightarrow K \longrightarrow 0$$
是正合列, 其中每个 I^i 均是内射模. 则由维数转移有
$$\mathrm{Ext}_R^1(R/L,K) = \mathrm{Ext}_R^{n+1}(R/L,M) = 0,$$
从而由 Baer 判别法知 K 是内射模, 即 $\mathrm{id}M \leqslant n$. ∎

(D) 若 R 是左 Noether 环, 则 $\mathrm{id}\varinjlim N_i \leqslant \sup\{\mathrm{id}\,N_i\}$.

事实上, 因为 R 是左 Noether 环, 故对任意有限生成左 R- 模 X 均有
$$\mathrm{Ext}_R^n(X, \varinjlim N_i) = \varinjlim \mathrm{Ext}_R^n(X,N_i), \quad \forall\, n \geqslant 0.$$
再由事实 (C) 即得. ∎

(E) 若 R 是左 Noether 环, 且 $\mathrm{id}\,_RR \leqslant n$, 则对任意平坦左模 F, $\mathrm{id}\,_RF \leqslant n$.

事实上, 由 (B) 知 $F = \varinjlim P_i$, P_i 均为有限生成投射模, 从而结论由事实 (D) 和事实 (A) 即得. ∎

设 R 是任意环. 内射左 R- 模 E 称为左 R- 模的一个内射余生成子, 如果 $\mathrm{Hom}_R(M,E) \neq 0$, $\forall\, 0 \neq M \in R\text{-Mod}$. 例如, $\mathbb{Q}/\mathbb{Z}$ 是 $\mathbb{Z}$ 的一个内射余生成子. 对于非零左 R- 模 M, 定义
$$M^+ := \mathrm{Hom}_{\mathbb{Z}}(M, \mathbb{Q}/\mathbb{Z}).$$
它是非零右 R- 模. 由伴随对可以看出 $(R_R)^+$ 是内射左 R- 模. 因为 $\mathrm{Hom}(M,R^+) \cong M^+$, 故 R^+ 是左 R- 模的一个内射余生成子.

任意模 M 均是 M^{++} 的子模: 事实上, 由 $m \mapsto f$: "$g \mapsto g(m)$" 给出的 R- 模同态
$$M \longrightarrow M^{++} = \mathrm{Hom}_{\mathbb{Z}}(\mathrm{Hom}_{\mathbb{Z}}(M,\mathbb{Q}/\mathbb{Z}),\mathbb{Q}/\mathbb{Z})$$
是单射.

模 M 的子模 N 称为纯子模 如果对于任意右 R- 模 X, $0 \longrightarrow X \otimes_R N \longrightarrow X \otimes_R M$ 是正合的. 我们有

引理 7.6.3 对任意环 R 上的任意模 M, M 是 M^{++} 的纯子模.

证 将函子 $\mathrm{Hom}_{\mathbb{Z}}(-, \mathbb{Q}/\mathbb{Z})$ 作用在单射 $M \hookrightarrow M^{++}$ 上得到满射 $\pi: M^{+++} \to M^+$. 令 $\sigma: M^+ \hookrightarrow M^{+++}$. 则直接验证知 $\pi\sigma = \mathrm{Id}_{M^+}$, 这表明 M^+ 是 M^{+++} 的直和项. 于是对于任意右模 X 有正合列 $\mathrm{Hom}_R(X, M^{+++}) \longrightarrow \mathrm{Hom}_R(X, M^+) \longrightarrow 0$, 由伴随对我们得到正合列 $(X \otimes_R M^{++})^+ \longrightarrow (X \otimes_R M)^+ \longrightarrow 0$, 从而 $0 \longrightarrow X \otimes_R M \longrightarrow X \otimes_R M^{++}$ 是正合列 (否则由正合列 $0 \longrightarrow K \longrightarrow X \otimes_R M \longrightarrow X \otimes_R M^{++}$, 其中 $K \neq 0$, 从而有正合列 $(X \otimes_R M^{++})^+ \longrightarrow (X \otimes_R M)^+ \longrightarrow K^+ \longrightarrow 0$, 因为 $K \neq 0$, 故 $K^+ \neq 0$, 矛盾). ∎

引理 7.6.4 设 N 是 M 的纯子模. 则 $\mathrm{fd}\, N \leqslant \mathrm{fd}\, M$. 特别地, $\mathrm{fd}\, M \leqslant \mathrm{fd}\, M^{++}$.

证 不妨设 $\mathrm{fd}\, M = n < \infty$. 对于任意右 R-模 X, 考虑正合列 $0 \longrightarrow K \longrightarrow P_n \longrightarrow \cdots \longrightarrow P_0 \longrightarrow X \longrightarrow 0$, 其中 P_i 均为投射模. 则有交换图

$$\begin{array}{ccc} K \otimes_R N & \longrightarrow & P_n \otimes_R N \\ \downarrow & & \downarrow \\ 0 \longrightarrow K \otimes_R M & \longrightarrow & P_n \otimes_R M \end{array}$$

因 $\mathrm{Tor}_{n+1}^R(X, M) = 0$, 故上图第 2 行正合. 因 N 是 M 的纯子模, 故竖直的两个映射是单射. 因此 $K \otimes_R N \longrightarrow P_n \otimes_R N$ 是单射, $\mathrm{Tor}_{n+1}^R(X, N) = 0$. 即 $\mathrm{fd}\, N \leqslant n$. ∎

平坦模与内射模有如下联系.

命题 7.6.5 设 R 和 S 是任意环, M 是 R-S- 双模, E 是右 S- 模的一个内射余生成子. 则

(i) $\mathrm{fd}\,_R M = \mathrm{id}\,\mathrm{Hom}_S(M, E)_R$.

特别地, $_R M$ 是平坦模当且仅当 $(M^+)_R$ 是内射模.

(ii) 设 R 是左Noether 环. 则 $\mathrm{id}\,_R M = \mathrm{fd}\,\mathrm{Hom}_S(M, E)_R$.

特别地, $_R M$ 是内射模当且仅当 $(M^+)_R$ 是平坦模.

证 结论 (i) 可由下述等式看出:

$$\mathrm{Hom}_S(\mathrm{Tor}_i^R(X, M), E) \cong \mathrm{Ext}_R^i(X, \mathrm{Hom}_S(M, E)), \quad \forall\, X_R.$$

这个同构可由正合函子与上同调的交换性, 以及伴随对 $(- \otimes_R M, \mathrm{Hom}_S(M, -))$ 得到.

下证 (ii). 因 R 是左 Noether 环, 故对任意有限生成模 $_R X$ 有如下等式

$$\mathrm{Tor}_i^R(\mathrm{Hom}_S(M, E), X) \cong \mathrm{Hom}_S(\mathrm{Ext}_R^i(X, M), E).$$

这个等式可以用正合函子 $\mathrm{Hom}_S(-, E)$ 与上同调的交换性来证明, 并要注意到对于有限生成投射模 P 有自然同构 $\mathrm{Hom}_S(M, E) \otimes_R P \cong \mathrm{Hom}_S(\mathrm{Hom}_R(P, M), E)$.

若 $\mathrm{id}\,_R M \leqslant n$, 则由上述等式知对任意有限生成模 $_R X$ 有
$$\mathrm{Tor}_{n+1}^R(\mathrm{Hom}_S(M, E), X) = 0.$$

熟知任意模均是有限生成模的正向极限, 并且函子 $\mathrm{Tor}_{n+1}^R(\mathrm{Hom}_S(M, E), -)$ 与正向极限可换, 因此对任意模 $_R X$ 有
$$\mathrm{Tor}_{n+1}^R(\mathrm{Hom}_S(M, E), X) = 0,$$
即 $\mathrm{fd}\,\mathrm{Hom}_S(M, E)_R \leqslant n$.

反之, 若 $\mathrm{fd}\,\mathrm{Hom}_S(M, E)_R \leqslant n$, 则由上述等式知对于任意有限生成左 R- 模 X 有 $\mathrm{Ext}_R^{n+1}(X, M) = 0$. 故 $\mathrm{id}\,M \leqslant n$. ∎

定理 7.6.1 的证明　(iii) $\Longrightarrow$ (ii): 由事实 (A) 可知对任意投射模 P, $\mathrm{id}\,P \leqslant n$. 从而由 $\mathrm{pd}\,M < \infty$ 可知 $\mathrm{id}\,M \leqslant n$.

(v) $\Longrightarrow$ (iv): 设 $\mathrm{fd}\,M < \infty$. 首先证明 $\mathrm{pd}\,M < \infty$. 取 M 的一个投射分解
$$\cdots \longrightarrow P_t \longrightarrow P_{t-1} \longrightarrow \cdots \longrightarrow P_0 \longrightarrow M \longrightarrow 0.$$

取 $m > n$ 且 $m \geqslant \mathrm{fd}\,M$. 则由维数转移 (或者由 Auslander-Bridger 引理) 知 $F = \mathrm{Im}(P_m \longrightarrow P_{m-1})$ 是平坦的, 从而由事实 (E) 知 $\mathrm{id}\,F \leqslant n$. 于是 $\mathrm{Ext}_R^m(M, F) = 0$, 由此可得 $\mathrm{Hom}_R(P_{m-1}, F) \longrightarrow \mathrm{Hom}_R(F, F)$ 是满射, 因此 $F \hookrightarrow P_{m-1}$ 可裂, 即 $P_{m-1} = F \oplus G$. 因此我们有正合列
$$0 \longrightarrow G \longrightarrow P_{m-2} \longrightarrow \cdots \longrightarrow P_0 \longrightarrow M \longrightarrow 0,$$
其中 G 是投射的, 即 $\mathrm{pd}\,M < \infty$.

下证 $\mathrm{pd}\,M \leqslant n$. 否则, 设 $d = \mathrm{pd}\,M > n$. 因为投射模是平坦的, 故 $\mathrm{fd}\,M \leqslant d$. 用 d 替代上述 m 并重复上述证明即得到正合列
$$0 \longrightarrow G \longrightarrow P_{d-2} \longrightarrow \cdots \longrightarrow P_0 \longrightarrow M \longrightarrow 0,$$
其中 G 是投射模, 这与 $d = \mathrm{pd}\,M$ 矛盾.

(i) $\Longrightarrow$ (vi): 只需证明对任意内射的左 R- 模 I, $\mathrm{fd}\,I \leqslant n$.

由命题 7.6.5(ii) 知 $I^+ = \mathrm{Hom}_{\mathbb{Z}}(I, \mathbb{Q}/\mathbb{Z})$ 是平坦右 R- 模. 则由事实 (E) 的右模版本可得 $\mathrm{id}\,I^+ \leqslant n$, 从而由命题 7.6.5(ii) 知 $\mathrm{fd}\,I^{++} \leqslant n$. 又 I 是 I^{++} 的纯子模,

由引理 7.6.4 知 $\mathrm{fd}I \leqslant \mathrm{fd}I^{++} \leqslant n$. 我们强调因为要用到事实 (E) 的右模版本, 所以 Gorenstein 环定义中的两个条件都用上了.

至此我们已有 (i) $\Longrightarrow$ (vi) $\Longrightarrow$ (v) $\Longrightarrow$ (iv) $\Longrightarrow$ (iii) $\Longrightarrow$ (ii) $\Longrightarrow$ (i). ■

7.7 Gorenstein 环上的 Gorenstein 投射模

称 Gorenstein 环 A 是 Gorenstein 代数, 如果 A 还是 Artin 代数. 此时 A-mod 和 A-Mod 都有足够多内射对象; 且有

$$\mathcal{P}(A) = \mathrm{add}(A) \subseteq \mathrm{P}(A) = \mathrm{Add}(A),$$

并且

$$\mathcal{I}(A) = \mathrm{add}(D(A_A)) \subseteq \mathrm{I}(A) = \mathrm{Add}D(A_A) = N^+(\mathrm{Add}(A)),$$

其中 $\mathcal{I}(A)$ 表示 A-mod 中所有内射对象 (即有限生成内射 A- 模) 构成的集合, $\mathrm{I}(A)$ 表示 A-Mod 中所有内射对象 (即内射 A- 模) 构成的集合, D 是 Artin 代数 A 的对偶. 于是对任意的 $M \in A$-mod, 在 A-mod 中的 $\mathrm{id}M$ 和在 A-Mod 中的 $\mathrm{id}M$ 是一致的. 另外, Artin 代数 A 是 Gorenstein 的 当且仅当 $\mathrm{id}\,_AA < \infty$ 且 $\mathrm{pd}\,D(A_A) < \infty$.

Artin 代数 A 称为自入射代数, 如果 $_AA$ 是内射模. 这等价于说一个左 A- 模是内射模当且仅当它是投射模; 这也等价于说任意内射左 A- 模是投射模. 如果 A 是自入射代数, 则其反代数 A^{op} 也是自入射代数. 关于自入射代数的结构和表示理论参见 [ARS]. 自入射代数当然是 Gorenstein 代数. 不难证明, Artin 代数 A 是自入射代数当且仅当任意 A- 模 (无论是否有限生成) 均是 Gorenstein 投射模.

下述重要定理给出 Gorenstein 环上 Gorenstein 投射模的刻画.

定理 7.7.1 (i) 设 R 是 Gorenstein 环. 则 $\mathcal{GP}(R) = {}^\perp R$, 其中 ${}^\perp R$ 定义为

$${}^\perp R := \{X \in R\text{-mod} \mid \mathrm{Ext}_R^i(X, {}_RR) = 0, \forall\, i \geqslant 1\}.$$

特别地, 若 A 是 Gorenstein 代数, 则 $\mathcal{GP}(A) = {}^\perp A$, 其中 ${}^\perp A$ 定义为

$${}^\perp A := \{X \in A\text{-mod} \mid \mathrm{Ext}_A^i(X, {}_AA) = 0, \forall\, i \geqslant 1\}.$$

(ii) ([EJ2], Corollary 11.5.3) 设 R 是 Gorenstein 环. 则 $\mathrm{GP}(R) = {}^\perp\mathrm{Add}(R)$, 其中 ${}^\perp\mathrm{Add}(R)$ 定义为

$${}^\perp\mathrm{Add}(R) := \{X \in R\text{-Mod} \mid \mathrm{Ext}_R^i(X, P) = 0, \forall\, i \geqslant 1, \forall\, P \in \mathrm{Add}(R)\}.$$

(iii) ([B2], Proposition 3.10) 设 A 是Gorenstein 代数. 则

$$\mathrm{GP}(A) = {}^\perp\mathrm{Add}(A) = \{X \in A\text{-Mod} \mid \mathrm{Tor}_i^A(D({}_AA), X) = 0, \ \forall\, i \geqslant 1\},$$

其中 ${}^\perp\mathrm{Add}(A)$ 定义为

$${}^\perp\mathrm{Add}(A) := \{X \in A\text{-Mod} \mid \mathrm{Ext}_A^i(X, P) = 0, \ \forall\, i \geqslant 1, \ \forall\, P \in \mathrm{Add}(A)\}.$$

注意到 (iii) 是 (ii) 的特殊情形, 这里重复表述是强调在 Artin 代数的情形下我们有一个直接的证明. 为了证明定理 7.7.1, 我们需要下面三个引理.

引理 7.7.2 设 R 是Gorenstein环. 则

(i) 设 $P^\bullet := \cdots \longrightarrow P^{i-1} \longrightarrow P^i \longrightarrow P^{i+1} \longrightarrow \cdots$ 是投射左 R- 模(未必有限生成)的正合列(我们强调上式中两边的省略号是指两边均是无限的). 则 $\mathrm{Hom}_R(P^\bullet, {}_RR)$ 是正合列.

(ii) 有限生成左 R- 模 G 是Gorenstein投射模当且仅当存在正合列 $0 \longrightarrow G \longrightarrow P^0 \longrightarrow P^1 \longrightarrow \cdots$, 其中每个 P^i 都是有限生成投射左 R- 模.

证 (i) 设 $0 \longrightarrow K \longrightarrow I_0 \longrightarrow I_1 \longrightarrow 0$ 是正合列, 且 I_0, I_1 是内射左 R- 模 (未必有限生成). 因为 $P^\bullet$ 的每一项都是投射模, 故

$$0 \longrightarrow \mathrm{Hom}_R(P^\bullet, K) \longrightarrow \mathrm{Hom}_R(P^\bullet, I_0) \longrightarrow \mathrm{Hom}_R(P^\bullet, I_1) \longrightarrow 0$$

是复形的正合列. 因为 I_i 是内射模, 故 $\mathrm{Hom}_R(P^\bullet, I_i)$ $(i = 0, 1)$ 是正合列, 所以由同调代数基本定理知 $\mathrm{Hom}_R(P^\bullet, K)$ 也正合. 重复这个过程, 由 $\mathrm{id}\,{}_RR < \infty$ 知 $\mathrm{Hom}_R(P^\bullet, {}_RR)$ 正合.

(ii) 根据 Gorenstein 投射模的定义, 我们只需证明充分性. 设有正合列 $0 \longrightarrow G \longrightarrow P^0 \longrightarrow P^1 \longrightarrow \cdots$ 使得每个 P^i 是有限生成投射左 R- 模. 将它与 G 的一个有限生成投射分解相连接, 我们便得到有限生成投射左 R- 模的正合列 $(P^\bullet, d)$ 使得 $G = \mathrm{Im}\, d^{-1}$. 由 (i) 知 $\mathrm{Hom}_R(P^\bullet, {}_RR)$ 是正合列. 由定义即知 $P^\bullet$ 是完全投射分解, 且 G 是 Gorenstein 投射模. ∎

对于任意 R- 模 G (未必有限生成), 也有相应于引理 7.7.2(ii) 的结论 (但以下未用到).

对偶地, 我们有

引理 7.7.3 设 A 是Gorenstein 环. 则

(i) 设 $I^\bullet := \cdots \longrightarrow I^{i-1} \longrightarrow I^i \longrightarrow I^{i+1} \longrightarrow \cdots$ 是内射左 R-模(未必有限生成) 的正合列. 则对于任意内射左 R-模 I, $\operatorname{Hom}_R(I, I^\bullet)$ 都是正合列.

(ii) 左 R-模 G 是Gorenstein内射模当且仅当存在正合列 $\cdots \longrightarrow I_1 \longrightarrow I_0 \longrightarrow G \longrightarrow 0$, 其中每个 I_i 都是内射左 R-模.

证 (i) 由定理 7.6.1 知 pd $I < \infty$. 以下证明与引理 7.7.2(i) 相同. 我们强调因为要用 pd $I < \infty$, 所以 Gorenstein 环定义中的两个条件都用上了.

(ii) 与引理 7.7.2(ii) 的证明相同. ∎

引理 7.7.4 设 R 是Gorenstein环. 则每个模 M 有单的左 $\mathcal{L}$ 逼近 $f : M \longrightarrow L$, 其中 $\mathcal{L}$ 是由内射维数有限的模构成的 R-Mod 的全子范畴.

这个引理的证明 (参见 [EJ2, 引理 10.2.13]) 用到了基数, 此处从略. 它仅在证明定理 7.7.1(ii) 中用到.

定理 7.7.1 的证明 (i) 已知 $\mathcal{GP}(R) \subseteq {}^\perp R$. 设 $G \in {}^\perp R$,

$$E^\bullet : \cdots \longrightarrow P_1 \longrightarrow P_0 \longrightarrow G \longrightarrow 0$$

是 G 的一个有限生成投射分解. 因为 $G \in {}^\perp R$, 故

$$\operatorname{Hom}_R(E^\bullet, {}_RR) : 0 \longrightarrow \operatorname{Hom}_R(G, {}_RR) \longrightarrow \operatorname{Hom}_R(P_0, {}_RR)$$
$$\longrightarrow \operatorname{Hom}_R(P_1, {}_RR) \longrightarrow \cdots$$

是正合列. 由引理 7.7.2(ii) 的右模版本知 $\operatorname{Hom}_R(G, {}_RR)$ 是 Gorenstein 投射右 R-模.(我们强调因为要用到引理 7.7.2(ii) 的右模版本, 所以 Gorenstein 环定义中的两个条件都用上了.)

我们断言: $\operatorname{Hom}_R(\operatorname{Hom}_R(E^\bullet, {}_RR), R_R)$ 是正合列. 事实上, 取 $\operatorname{Hom}_R(G, {}_RR)$ 的一个有限生成投射分解, 并将其与 $\operatorname{Hom}_R(E^\bullet, {}_RR)$ 相连接, 我们便得到有限生成投射右 R-模的正合列 $(Q^\bullet, d)$ 使得 $\operatorname{Hom}_R(G, {}_RR) = \operatorname{Im} d^{-1}$. 由引理 7.7.2(i) 的右模版本知 $\operatorname{Hom}_R(Q^\bullet, R_R)$ 是正合列. 由此便知

$$\operatorname{Hom}_R(\operatorname{Hom}_R(P_0, {}_RR), R_R) \longrightarrow \operatorname{Hom}_R(\operatorname{Hom}_R(G, {}_RR), R_R)$$

是满射并且 $\operatorname{Hom}_R(\operatorname{Hom}_R(E^\bullet, {}_RR), R_R)$ 是正合列.

比较正合列 $E^\bullet$ 和正合列 $\operatorname{Hom}_R(\operatorname{Hom}_R(E^\bullet, {}_RR), R_R)$, 由对偶 $\operatorname{Hom}_R(-, {}_RR) : \mathcal{P}(R) \longrightarrow \mathcal{P}(R^{op})$ 和五引理我们得到 $\operatorname{Hom}_R(\operatorname{Hom}_R(G, {}_RR), R_R) \cong G$. 又由对偶 $\operatorname{Hom}_R(-, R_R) : \mathcal{GP}(R^{op}) \longrightarrow \mathcal{GP}(R)$ (参见命题 7.2.4) 知 G 是 Gorenstein 投射模.

(ii) 首先我们强调, 函子 $\mathrm{Hom}_R(-, R_R)$ 不能诱导出 $\mathrm{P}(R)$ 到 $\mathrm{P}(R^{op})$ 的对偶, 所以 (i) 中的证明不适用于大模的情形.

设 $M \in {}^\perp\mathrm{Add}(R)$. 由引理 7.7.4 知 M 有单的左 $\mathcal{L}$ 逼近 $f: M \longrightarrow L$. 取正合列 $0 \longrightarrow K \longrightarrow P^0 \stackrel{\theta}{\longrightarrow} L \longrightarrow 0$, 其中 P^0 投射. 由定理 7.6.1 知 K 的投射维数有限. 因 $M \in {}^\perp\mathrm{Add}(R)$, 故 $\mathrm{Ext}_R^i(M, K) = 0$, $i \geqslant 1$. 特别地, $\mathrm{Ext}_R^1(M, K) = 0$. 因此存在 $g: M \longrightarrow P^0$ 使得 $f = \theta g$. 因 f 是单的左 $\mathcal{L}$ 逼近, $P^0 \in \mathcal{L}$, 故 g 也是单的左 $\mathcal{L}$ 逼近, 从而 $\mathrm{Ext}_R^i(P^0/M, \mathrm{Add}(R)) = 0$, $i \geqslant 1$.

用 P^0/M 代替 M 并重复上述过程, 我们逐可得到正合列 $0 \longrightarrow M \longrightarrow P^0 \longrightarrow P^1 \longrightarrow \cdots$, 且由构造知它是 $\mathrm{Hom}(-, \mathrm{P}(R))$ 正合的. 即 M 是 Gorenstein 投射模 (参见命题 7.1.5(i)).

(iii) 这是 (ii) 的特殊情形. 下面给出一个不用引理 7.7.4 的直接证明.

首先我们强调, 即便对于 Artin 代数 A, 函子 $\mathrm{Hom}_R(-, {}_AA)$ 也不能诱导出 $\mathrm{P}(A)$ 到 $\mathrm{P}(A^{op})$ 的对偶, 所以 (i) 中的证明不适用于大模的情形.

由引理 7.2.3(v) 知下述等式成立

$$^\perp\mathrm{Add}(A) = \{X \in A\text{-Mod} \mid \mathrm{Tor}_i^A(D({}_AA), X) = 0, \, \forall \, i \geqslant 1\}.$$

设 $G \in {}^\perp\mathrm{Add}(A)$. 取 G 的一个投射分解

$$E^\bullet: \cdots \longrightarrow P_1 \longrightarrow P_0 \longrightarrow G \longrightarrow 0.$$

将 Nakayama 函子 $N^+ = D({}_AA) \otimes_A -$ 作用其上, 因为 $G \in {}^\perp\mathrm{Add}(A)$, 故由引理 7.2.3(v) 知

$$N^+(E^\bullet): \cdots \longrightarrow N^+(P_1) \longrightarrow N^+(P_0) \longrightarrow N^+(G) \longrightarrow 0$$

是正合列. 由引理 7.7.3(ii) 知 $N^+(G)$ 是 Gorenstein 内射 A-模.(我们强调因为要用到引理 7.7.3(ii), 所以 Gorenstein 代数定义中的两个条件都用上了.)

我们断言: $N^- N^+(E^\bullet)$ 是正合列. 事实上, 取 $N^+(G)$ 的一个内射分解, 并将其与 $N^+(E^\bullet)$ 相连接, 我们得到便得到内射 R-模的正合列 $(I^\bullet, d)$ 使得 $N^+(G) = \mathrm{Im}d^0$. 由引理 7.7.3(i) 知 $\mathrm{Hom}_R(D(A_A), I^\bullet) = N^-(I^\bullet)$ 是正合列. 由此便知

$$N^- N^+(P_0) \longrightarrow N^- N^+(G)$$

是满射并且 $N^- N^+(E^\bullet)$ 是正合列.

现在比较正合列 $E^\bullet$ 和正合列 $N^- N^+(E^\bullet)$, 由范畴等价 $N^+: \mathrm{P}(A) \longrightarrow \mathrm{I}(A)$ (参见引理 7.2.3(iv)) 和五引理我们得到 $N^- N^+(G) \cong G$. 又由范畴等价 $N^-: \mathrm{GI}(A) \longrightarrow \mathrm{GP}(A)$ (参见命题 7.2.6) 知 G 是 Gorenstein 投射模. ∎

推论 7.7.5 设 R 是 n-Gorenstein 环.

(i) 设 $M \in R\text{-Mod}$ 且
$$0 \longrightarrow K \longrightarrow P_{n-1} \longrightarrow \cdots \longrightarrow P_1 \longrightarrow P_0 \longrightarrow M \longrightarrow 0$$
是正合列, 其中每个 P_i 均是投射模. 则 K 是 Gorenstein 投射模.

(ii) 对每个 R-模 M 有 $\operatorname{Gpd} M \leqslant n$ (此处 $\operatorname{Gpd} M$ 指在 R-Mod 中的 Gorenstein 投射维数).

(iii) 对每个有限生成 R-模 M 有 $\operatorname{Gpd} M \leqslant n$ (此处 $\operatorname{Gpd} M$ 指在 R-mod 中的 Gorenstein 投射维数).

证 (i) 对每个投射模 P, 由定理 7.6.1 知 $\operatorname{id} P \leqslant n$, 从而由维数转移知
$$\operatorname{Ext}_R^i(K, P) = \operatorname{Ext}_R^{n+i}(M, P) = 0, \quad \forall\, i \geqslant 1.$$
再由定理 7.7.1(ii) 知 K 是 Gorenstein 投射模.

(ii) 是 (i) 的直接推论.

(iii) 对每个有限生成 R-模 M 有正合列 $0 \longrightarrow K \longrightarrow P_{n-1} \longrightarrow \cdots \longrightarrow P_1 \longrightarrow P_0 \longrightarrow M \longrightarrow 0$, 其中每个 P_i 均是有限生成投射模. 由 (i) 知 K 是 Gorenstein 投射模. 因 R 是 Noether 环, 故 K 也是有限生成模, 从而由命题 7.1.8 知 K 是有限生成 Gorenstein 投射模. ∎

由定理 7.3.8 和推论 7.7.5 我们立即有下述推论. 它表明: 对于 n-Gorenstein 环, Gorenstein 投射模范畴是共变有限子范畴, 并且任意模都有一个长度为 n 的真 Gorenstein 投射分解.

推论 7.7.6 ([EJ2], 定理 11.5.1) 设 R 是 n-Gorenstein 环. 则

(i) 每个有限生成 R-模 M 有一个满的右 $\mathcal{GP}(R)$ 逼近 $\phi: G \longrightarrow M$ 且 $\operatorname{pd} \operatorname{Ker} \phi \leqslant n-1$ (若 $n=0$, 则 $\operatorname{Ker}\phi = 0$); 并且每个有限生成模有一个长度不超过 n 的由有限生成 Gorenstein 投射模构成的真 Gorenstein 投射分解.

(ii) 每个 R-模 M 有一个满的右 $\operatorname{GP}(R)$ 逼近 $\phi: G \longrightarrow M$, 使得 $\operatorname{pd} \operatorname{Ker}\phi \leqslant n-1$; 并且每个模有一个长度不超过 n 的真 Gorenstein 投射分解.

A. Beligiannis [B2] 引入了几乎 *Gorenstein* 代数的概念 (virtually Gorenstein 代数). Artin 代数 A 称为几乎 Gorenstein 代数, 如果 $\operatorname{GP}(A)^\perp = {}^\perp\operatorname{GI}(A)$. Gorenstein 代数和有限表示型 Artin 代数均是几乎 Gorenstein 代数. 对于几乎 Gorenstein 代

7.7 Gorenstein 环上的 Gorenstein 投射模

数 A, $\mathcal{GP}(A)$ 也是 A-mod 的反变有限可解子范畴, 从而 $\mathcal{GP}(A)$ 是 A-mod 的函子有限子范畴 (参见 [B2, Theorem 8.2(ix)])．另一方面, 也的确存在 Artin 代数 A 使得 $\mathcal{GP}(A)$ 不是 A-mod 的反变有限可解子范畴. 特别地, 存在不是几乎 Gorenstein 代数的 Artin 代数. 参见 [BKr], 也参见 [Y] 和 [T].

本节最后我们指出, Gorenstein 投射左模亦可用来判别 Artin 代数的 Gorenstein 性.

定理 7.7.7(M. Hoshino [Hos]) 设 A 是 Artin 代数. 则下述等价:

(i) A 是 Gorenstein 代数;

(ii) 存在整数 n 使得 A 是 n-Gorenstein 代数;

(iii) 对每个 A- 模 M 有 $\mathrm{Gpd}M \leqslant n$ (此处 $\mathrm{Gpd}M$ 指在 A-Mod 中的 Gorenstein 投射维数);

(iv) 对每个有限生成 A- 模 M 有 $\mathrm{Gpd}M \leqslant n$ (此处 $\mathrm{Gpd}M$ 指在 A-mod 中的 Gorenstein 投射维数);

(v) 任意有限生成 A- 模 M 在 A-mod 中的 Gorenstein 投射维数有限;

(vi) 任意 A- 模 M 在 A-Mod 中的 Gorenstein 投射维数有限.

证 下面的证明比原文 [Hos] 简短.

(i) $\Longrightarrow$ (ii) 由定义即得. (ii) $\Longrightarrow$ (iii) 由推论 7.7.5 即知.

(iii) $\Longrightarrow$ (iv): 对每个有限生成 A- 模 M, 取正合列

$$0 \longrightarrow K \longrightarrow P_{n-1} \longrightarrow \cdots \longrightarrow P_1 \longrightarrow P_0 \longrightarrow M \longrightarrow 0,$$

其中每个 P_i 均是投射模. 由 (iii) 和 Auslander-Bridger 引理知 K 是 Gorenstein 投射模. 因 R 是 Noether 环, 故 K 也是有限生成模, 从而由命题 7.1.8 知 K 是有限生成 Gorenstein 投射模.

(iv) $\Longrightarrow$ (v) 是显然的.

(v) $\Longrightarrow$ (vi): 由题设存在正整数 n 使得 $\mathrm{Gpd}D(A_A) \leqslant n$, 其中 D 是 Artin 代数 A 的对偶. 则由推论 7.4.3 知 $\mathrm{pd}D(A_A) \leqslant n$, 于是 $\mathrm{id}A_A \leqslant n$.

另一方面, 由题设知存在整数 m 使得任意单 A- 模 S 在 A-mod 中的 Gorenstein 投射维数均不超过 m. 取正合列 $0 \longrightarrow K \longrightarrow P_{m-1} \longrightarrow \cdots \longrightarrow P_1 \longrightarrow P_0 \longrightarrow S \longrightarrow 0$, 其中每个 P_i 均是投射模. 因 $\mathrm{Gpd}S \leqslant m$, 由 Auslander-Bridger 引理知 K 是

Gorenstein 投射模. 从而

$$\mathrm{Ext}_A^{m+i}(S, A) = \mathrm{Ext}_A^i(K, A) = 0, \quad \forall\, i \geqslant 1.$$

因此 $\mathrm{id}_A A \leqslant m$. 这就证明了 A 是 Gorenstein 代数. 所以 A 必是 n-Gorenstein 代数. 再由推论 7.7.5(ii) 即知 (vi).

(vi) $\Longrightarrow$ (i): 这已包含在 (v) $\Longrightarrow$ (vi) 中了. ∎

定理 7.7.7 被黄兆泳等 [HH] 推广到双边 Noether 环上.

7.8 Gorenstein 投射对象的稳定性

设 $\mathcal{C}$ 是 Abel 范畴 $\mathcal{A}$ 的加法全子范畴. 回顾 $\mathcal{A}$ 上复形 $X^\bullet$ 称为 $\mathrm{Hom}_\mathcal{A}(\mathcal{C}, -)$ 正合的, 如果 $X^\bullet$ 本身是正合的, 且对每个 $C \in \mathcal{C}$, $\mathrm{Hom}_\mathcal{A}(C, X^\bullet)$ 也是正合的. 类似地, 我们说 $X^\bullet$ 是 $\mathrm{Hom}_\mathcal{A}(-, \mathcal{C})$ 正合的.

类似于 $\mathcal{GP}(\mathcal{A})$, 可以引入 $\mathcal{A}$ 的全子范畴 $\mathcal{G}(\mathcal{C})$, 其中的对象 L 同构于 $\mathrm{Im}\, d^0$, 其中 $X^\bullet = (X^*, d^*)$ 是 $\mathrm{Hom}_\mathcal{A}(\mathcal{C}, -)$ 和 $\mathrm{Hom}_\mathcal{A}(-, \mathcal{C})$ 正合列, 且对任意的 $i \in \mathbb{Z}$, $X^i \in \mathcal{C}$. 此时称 $X^\bullet$ 是 L 的完全 $\mathcal{C}$ 分解. 显然有 $\mathcal{C} \subseteq \mathcal{G}(\mathcal{C})$.

若 $\mathcal{A}$ 有足够投射对象且 $\mathcal{C} = \mathcal{P}(\mathcal{A})$, 则 $\mathcal{G}(\mathcal{P}(\mathcal{A}))$ 就是 $\mathcal{GP}(\mathcal{A})$.

S. Sather-Wagstaff, T. Sharif 和 D. White 证明了 ([SWSW, 4.10]): 若 $\mathcal{C}$ 是自正交的, 即 $\mathrm{Ext}_\mathcal{C}^i(C, C') = 0$, $\forall\, C \in \mathcal{C}$, $\forall\, C' \in \mathcal{C}$, $\forall\, i \geqslant 1$, 则 $\mathcal{G}^2(\mathcal{C}) = \mathcal{G}(\mathcal{C})$, 这里 $\mathcal{G}^2(\mathcal{C}) = \mathcal{G}(\mathcal{G}(\mathcal{C}))$; 并提出如下问题 ([SWSW, 5.8]): 对任意的 $\mathcal{C}$ (未必自正交), $\mathcal{G}^2(\mathcal{C}) = \mathcal{G}(\mathcal{C})$ 是否成立? 黄兆泳 [Huang, Theorem 4.1] 肯定地回答了这个问题. 下述定理是这一结论的进一步推广 (方法与 [Huang] 有所不同). 它表明 Gorenstein 投射对象有很好的稳定性.

定理 7.8.1([KZ]) 设 $\mathcal{C}$ 是 Abel 范畴 $\mathcal{A}$ 的加法全子范畴, $X^\bullet = (X^*, d^*)$ 是 $\mathrm{Hom}_\mathcal{A}(\mathcal{C}, -)$ 和 $\mathrm{Hom}_\mathcal{A}(-, \mathcal{C})$ 正合列且 $X^i \in \mathcal{G}(\mathcal{C})$, $\forall\, i \in \mathbb{Z}$. 则 $\mathrm{Im}\, d^i \in \mathcal{G}(\mathcal{C})$, $\forall\, i \in \mathbb{Z}$. 特别地, $\mathcal{G}^2(\mathcal{C}) = \mathcal{G}(\mathcal{C})$.

引理 7.8.2 设 $\mathcal{A}$ 是 Abel 范畴. 假设有 $\mathcal{A}$ 中的行正合交换图:

$$\begin{array}{ccccccccc}
\delta: & 0 & \longrightarrow & X & \xrightarrow{f} & Y & \xrightarrow{g} & Z & \longrightarrow 0 \\
& & & \downarrow{\alpha} & & \downarrow{\beta} & & \parallel & \\
\eta: & 0 & \longrightarrow & X' & \xrightarrow{f'} & Y' & \xrightarrow{g'} & Z & \longrightarrow 0
\end{array}$$

用 Δ 表示相应的短正合序列 $0 \longrightarrow X \xrightarrow{\binom{-f}{\alpha}} Y \oplus X' \xrightarrow{(\beta,\, f')} Y' \longrightarrow 0$. 则对任意 $A \in \mathcal{A}$ 有下述结论:

(i) Abel 群的序列

$$\mathrm{Hom}_{\mathcal{A}}(A, \delta): \quad 0 \longrightarrow \mathrm{Hom}_{\mathcal{A}}(A, X) \xrightarrow{(A,f)} \mathrm{Hom}_{\mathcal{A}}(A, Y) \xrightarrow{(A,g)} \mathrm{Hom}_{\mathcal{A}}(A, Z) \longrightarrow 0$$

是正合的当且仅当 $\mathrm{Hom}_{\mathcal{A}}(A, \eta)$ 和 $\mathrm{Hom}_{\mathcal{A}}(A, \Delta)$ 都正合.

(ii) $\mathrm{Hom}_{\mathcal{A}}(\delta, A)$ 正合当且仅当 $\mathrm{Hom}_{\mathcal{A}}(\eta, A)$ 和 $\mathrm{Hom}_{\mathcal{A}}(\Delta, A)$ 都正合.

证 (i) 我们需要证明 $\mathrm{Coker}(\mathrm{Hom}_{\mathcal{A}}(A, g)) = 0$ 当且仅当 $\mathrm{Coker}(\mathrm{Hom}_{\mathcal{A}}(A, g')) = 0$ 且 $\mathrm{Coker}(\mathrm{Hom}_{\mathcal{A}}(A, (\beta, f'))) = 0$, $\forall A \in \mathcal{A}$. 这可由初等的追图法得到. 为了更简洁, 下面我们用三角范畴的方法来证明.

将 δ, η 和 Δ 视为同伦范畴 $K(\mathcal{A})$ 中的复形, 将上述交换图视为复形 δ 到复形 η 的链映射. 则映射锥 $\mathrm{Cone}(h)$ 是复形

$$0 \longrightarrow X \xrightarrow{\binom{-f}{\alpha}} Y \oplus X' \xrightarrow{\begin{pmatrix} -g & 0 \\ \beta & f' \end{pmatrix}} Z \oplus Y' \xrightarrow{(1,\, g')} Z \longrightarrow 0.$$

易知有同伦等价 $\Delta[1] \cong \mathrm{Cone}(h)$. 参见下图

$$\begin{array}{ccccccccc}
0 & \longrightarrow & X & \xrightarrow{\binom{-f}{\alpha}} & Y \oplus X' & \xrightarrow{\begin{pmatrix} -g & 0 \\ \beta & f' \end{pmatrix}} & Z \oplus Y' & \xrightarrow{(1,\, g')} & Z & \longrightarrow & 0 \\
 & & \| & & \| & & \downarrow{(0,\,1)} & & \downarrow & & \\
0 & \longrightarrow & X & \xrightarrow{\binom{-f}{\alpha}} & Y \oplus X' & \xrightarrow{(\beta,\, f')} & Y' & \longrightarrow & 0 & \longrightarrow & 0 \\
 & & \| & & \| & & \downarrow{\binom{-g'}{1}} & & \downarrow & & \\
0 & \longrightarrow & X & \xrightarrow{\binom{-f}{\alpha}} & Y \oplus X' & \xrightarrow{\begin{pmatrix} -g & 0 \\ \beta & f' \end{pmatrix}} & Z \oplus Y' & \xrightarrow{(1,\, g')} & Z & \longrightarrow & 0
\end{array}$$

于是有 $K(\mathcal{A})$ 中的好三角 $\delta \longrightarrow \eta \longrightarrow \Delta[1] \longrightarrow \delta[1]$. 将上同调函子 $\mathrm{Hom}_{K(\mathcal{A})}(A, -)$ 作用在这个好三角上我们得到如下 Abel 群的长正合列

$$\cdots \longrightarrow \mathrm{Hom}_{K(\mathcal{A})}(A, \eta[1]) \longrightarrow \mathrm{Hom}_{K(\mathcal{A})}(A, \Delta[2]) \longrightarrow \mathrm{Hom}_{K(\mathcal{A})}(A, \delta[2])$$
$$\longrightarrow \mathrm{Hom}_{K(\mathcal{A})}(A, \eta[2]) \longrightarrow \mathrm{Hom}_{K(\mathcal{A})}(A, \Delta[3]) \longrightarrow \cdots.$$

由关键公式知上述长正合列就是

$$\cdots \longrightarrow H^1 \mathrm{Hom}_{\mathcal{A}}(A, \eta) \longrightarrow H^2 \mathrm{Hom}_{\mathcal{A}}(A, \Delta) \longrightarrow H^2 \mathrm{Hom}_{\mathcal{A}}(A, \delta)$$
$$\longrightarrow H^2 \mathrm{Hom}_{\mathcal{A}}(A, \eta) \longrightarrow H^3 \mathrm{Hom}_{\mathcal{A}}(A, \Delta) \longrightarrow \cdots.$$

从而得到正合列

$$0 \longrightarrow \operatorname{Coker}(\operatorname{Hom}_{\mathcal{A}}(A, (\beta, f'))) \longrightarrow \operatorname{Coker}(\operatorname{Hom}_{\mathcal{A}}(A, g))$$
$$\longrightarrow \operatorname{Coker}(\operatorname{Hom}_{\mathcal{A}}(A, g'))\longrightarrow 0.$$

这就证明了 (i).

(ii) 类似可证. ∎

我们也需要下述技术性引理.

引理 7.8.3 设 $\mathcal{C}$ 是Abel范畴 $\mathcal{A}$ 的加法全子范畴. 设 $\delta: 0 \longrightarrow X_1 \xrightarrow{f} U \xrightarrow{g} X_2 \longrightarrow 0$ 是 $\operatorname{Hom}_{\mathcal{A}}(\mathcal{C}, -)$ 和 $\operatorname{Hom}_{\mathcal{A}}(-, \mathcal{C})$ 正合列且 $U \in \mathcal{G}(\mathcal{C})$. 设 $\eta: 0 \longrightarrow X_1 \xrightarrow{u} Y \xrightarrow{v} V \longrightarrow 0$ 是 $\operatorname{Hom}_{\mathcal{A}}(-, \mathcal{C})$ 正合列且 $V \in \mathcal{G}(\mathcal{C})$. 则有下述交换图

$$\begin{array}{ccccccccc}
\delta: & 0 & \longrightarrow & X_1 & \xrightarrow{f} & U & \xrightarrow{g} & X_2 & \longrightarrow 0 \\
& & & \downarrow u & & \downarrow & & \downarrow u' & \\
\delta': & 0 & \longrightarrow & Y & \longrightarrow & C & \longrightarrow & Z & \longrightarrow 0
\end{array}$$

使得

(i) δ' 是 $\operatorname{Hom}_{\mathcal{A}}(\mathcal{C}, -)$ 和 $\operatorname{Hom}_{\mathcal{A}}(-, \mathcal{C})$ 正合列且 $C \in \mathcal{C}$;

(ii) u' 是单态射, $\operatorname{Coker} u' \in \mathcal{G}(\mathcal{C})$, 且 $\operatorname{Hom}_{\mathcal{A}}(u', \mathcal{C})$ 是满射.

证 第 1 步. 因 $U \in \mathcal{G}(\mathcal{C}), V \in \mathcal{G}(\mathcal{C})$, 由定义知存在两个 $\operatorname{Hom}_{\mathcal{A}}(\mathcal{C}, -)$ 和 $\operatorname{Hom}_{\mathcal{A}}(-, \mathcal{C})$ 正合列 $\epsilon_1: 0 \longrightarrow U \xrightarrow{a} C_1 \longrightarrow bL_1 \longrightarrow 0$ 和 $\epsilon_2: 0 \longrightarrow V \xrightarrow{c} C_2 \xrightarrow{d} L_2 \longrightarrow 0$, 使得 $C_1 \in \mathcal{C}, C_2 \in \mathcal{C}, L_1 \in \mathcal{G}(\mathcal{C}), L_2 \in \mathcal{G}(\mathcal{C})$. 又因 $\operatorname{Hom}_{\mathcal{A}}(\eta, C_1)$ 正合, 通过考虑 $af \in \operatorname{Hom}_{\mathcal{A}}(X_1, C_1)$, 我们得到态射 e 和 e' 使得下图交换:

$$\begin{array}{ccccccccc}
0 & \longrightarrow & X_1 & \xrightarrow{u} & Y & \xrightarrow{v} & V & \longrightarrow 0 \\
& & \downarrow f & & \downarrow e & & \downarrow e' & \\
0 & \longrightarrow & U & \xrightarrow{a} & C_1 & \xrightarrow{b} & L_1 & \longrightarrow 0
\end{array}$$

令 $\alpha = \begin{pmatrix} e \\ cv \end{pmatrix}: Y \longrightarrow C_1 \oplus C_2$, $i = \begin{pmatrix} a \\ 0 \end{pmatrix}: U \longrightarrow C_1 \oplus C_2$, $\pi = \begin{pmatrix} b & 0 \\ 0 & 1 \end{pmatrix}: C_1 \oplus C_2 \longrightarrow L_1 \oplus C_2$, $x = \begin{pmatrix} e' \\ c \end{pmatrix}: V \longrightarrow L_1 \oplus C_2$. 则存在态射 β, u', v', y 使得下图交换:

7.8 Gorenstein 投射对象的稳定性

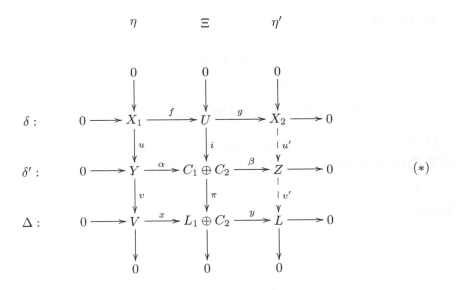

其中 $Z = \mathrm{Coker}\,\alpha$, $L = \mathrm{Coker}\,x$. 因为 c 是单的, 故 x 是单的. 又因为 ϵ_1 正合, 所以中间列 Ξ 是正合的. 对左边两列用蛇引理得到 α 是单的且右边列 η' 正合. 特别地, u' 是单的.

我们将证明 $(*)$ 中上面两行就是我们所需要的.

第 2 步. 记 $y = (m, -l)$. 由 Δ 的正合性可知存在下述行正合的交换图 (注意 L 是 e' 和 c 的推出. 参见命题 4.1.5):

$$\begin{array}{ccccccccc}
\epsilon_2: & 0 & \longrightarrow & V & \xrightarrow{c} & C_2 & \xrightarrow{d} & L_2 & \longrightarrow 0 \\
& & & \downarrow e' & & \downarrow l & & \| & \\
\zeta: & 0 & \longrightarrow & L_1 & \xrightarrow{m} & L & \xrightarrow{n} & L_2 & \longrightarrow 0
\end{array}$$

因为 ϵ_2 是 $\mathrm{Hom}_\mathcal{A}(\mathcal{C}, -)$ 和 $\mathrm{Hom}_\mathcal{A}(-, \mathcal{C})$ 正合列, 所以由引理 7.8.2 知 ζ 和 Δ 均是 $\mathrm{Hom}_\mathcal{A}(\mathcal{C}, -)$ 和 $\mathrm{Hom}_\mathcal{A}(-, \mathcal{C})$ 正合列.

因为 $L_1 \in \mathcal{G}(\mathcal{C})$, $L_2 \in \mathcal{G}(\mathcal{C})$, 以及 ζ 是 $\mathrm{Hom}_\mathcal{A}(\mathcal{C}, -)$ 和 $\mathrm{Hom}_\mathcal{A}(-, \mathcal{C})$ 正合列, 所以由 [SWSW] 中的命题 4.4 知 $L \in \mathcal{G}(\mathcal{C})$ (此点也可容易地直接证明, 类似于马蹄引理. 注意此处 ζ 是 $\mathrm{Hom}_\mathcal{A}(\mathcal{C}, -)$ 和 $\mathrm{Hom}_\mathcal{A}(-, \mathcal{C})$ 正合列: 这是很关键的条件), 于是 $\mathrm{Coker}\,u' = L \in \mathcal{G}(\mathcal{C})$.

第 3 步. $\forall\, C \in \mathcal{C}$, 用函子 $\mathrm{Hom}_\mathcal{A}(C, -)$ 作用到 $(*)$ 中右边两列上, 我们得到行

正合的交换图

$$\begin{array}{ccccccc}
\mathrm{Hom}(C,U) & \longrightarrow & \mathrm{Hom}(C,C_1\oplus C_2) & \xrightarrow{(C,\pi)} & \mathrm{Hom}(C,L_1\oplus C_2) & \longrightarrow & 0 \\
\downarrow \mathrm{Hom}(C,g) & & \downarrow \mathrm{Hom}(C,\beta) & & \downarrow \mathrm{Hom}(C,y) & & \\
0 \longrightarrow \mathrm{Hom}(C,X_2) & \longrightarrow & \mathrm{Hom}(C,Z) & \longrightarrow & \mathrm{Hom}(C,L) & &
\end{array}$$

(因为 $\mathrm{Hom}_{\mathcal{A}}(C,\epsilon_1)$ 是正合列, 故 $\mathrm{Hom}_{\mathcal{A}}(C,\pi)$ 是满的). 因 $\mathrm{Hom}_{\mathcal{A}}(C,y)$ 和 $\mathrm{Hom}_{\mathcal{A}}(C,g)$ 均是满的, 所以 $\mathrm{Hom}_{\mathcal{A}}(C,\beta)$ 是满的. 即 $\mathrm{Hom}_{\mathcal{A}}(\mathcal{C},\delta')$ 是正合的.

第 4 步. $\forall C \in \mathcal{C}$, 用函子 $\mathrm{Hom}_{\mathcal{A}}(-,C)$ 作用到 $(*)$, 我们有行和列都正合的交换图:

$$\begin{array}{ccccccccc}
& & (\eta',C) & & (\Xi,C) & & (\eta,C) & & \\
& & \downarrow & & \downarrow & & \downarrow & & \\
& & 0 & & 0 & & 0 & & \\
& & \downarrow & & \downarrow & & \downarrow & & \\
(\Delta,C): & 0 \longrightarrow & (L,C) & \xrightarrow{(y,C)} & (L_1\oplus C_2,C) & \xrightarrow{(x,C)} & (V,C) & \longrightarrow 0 \\
& & \downarrow (v',C) & & \downarrow (\pi,C) & & \downarrow (v,C) & & \\
(\delta',C): & 0 \longrightarrow & (Z,C) & \xrightarrow{(\beta,C)} & (C_1\oplus C_2,C) & \xrightarrow{(\alpha,C)} & (Y,C) & \longrightarrow 0 \\
& & \downarrow (u',C) & & \downarrow (i,C) & & \downarrow (u,C) & & \\
(\delta,C): & 0 \longrightarrow & (X_2,C) & \xrightarrow{(g,C)} & (U,C) & \xrightarrow{(f,C)} & (X_1,C) & \longrightarrow 0 \\
& & & & \downarrow & & \downarrow & & \\
& & & & 0 & & 0 & &
\end{array}$$

(注意 $\mathrm{Hom}_{\mathcal{A}}(\delta,C)$ 和 $\mathrm{Hom}_{\mathcal{A}}(\eta,C)$ 的正合性是由假设得到的; $\mathrm{Hom}_{\mathcal{A}}(\Xi,C)$ 的正合性由 $\mathrm{Hom}_{\mathcal{A}}(\epsilon_1,C)$ 的正合性得到; $\mathrm{Hom}_{\mathcal{A}}(\Delta,C)$ 的正合性由第二步得到). 对右边两列用蛇引理可见 $\mathrm{Hom}_{\mathcal{A}}(u',C)$ 和 $\mathrm{Hom}_{\mathcal{A}}(\alpha,C)$ 都是满的. 至此引理得证. ∎

定理 7.8.1 的证明 不失一般性, 我们仅证 $\mathrm{Im}\, d^0 \in \mathcal{G}(\mathcal{C})$. 对每个 i 将 d^i 分解为 $X^i \xrightarrow{a^i} \mathrm{Im}\, d^i \xhookrightarrow{b^i} X^{i+1}$. 我们断言存在正合列

$$C^+: 0 \longrightarrow \mathrm{Im}\, d^0 \longrightarrow v^0 C^1 \xrightarrow{\gamma^1} C^2 \xrightarrow{\gamma^2} \cdots,$$

使得 $C^i \in \mathcal{C}$, $\forall i \geqslant 1$, 且 C^+ 是 $\mathrm{Hom}_{\mathcal{A}}(-,\mathcal{C})$ 和 $\mathrm{Hom}_{\mathcal{A}}(\mathcal{C},-)$ 正合列.

7.8 Gorenstein 投射对象的稳定性

事实上,对正合列 $0 \longrightarrow \operatorname{Im} d^0 \xrightarrow{b^0} X^1 \xrightarrow{a^1} \operatorname{Im} d^1 \longrightarrow 0$ 和正合列 $0 \longrightarrow \operatorname{Im} d^0 \xrightarrow{=} \operatorname{Im} d^0 \longrightarrow 0 \longrightarrow 0$ 应用引理 7.8.3,我们得到行正合的交换图

$$
\begin{array}{ccccccccc}
& & 0 & \longrightarrow & \operatorname{Im} d^0 & \xrightarrow{b^0} & X^1 & \xrightarrow{a^1} & \operatorname{Im} d^1 & \longrightarrow 0 \\
& & & & \Big\| & & \Big\downarrow & & \Big\downarrow w^1 & \\
\xi_1: & & 0 & \longrightarrow & \operatorname{Im} d^0 & \xrightarrow{v^0} & C^1 & \xrightarrow{u^1} & L^1 & \longrightarrow 0
\end{array}
$$

使得 $C^1 \in \mathcal{C}$, w^1 是单态射, $\operatorname{Coker} w^1 \in \mathcal{G}(\mathcal{C})$, $\operatorname{Hom}_{\mathcal{A}}(w^1, \mathcal{C})$ 是满射,并且 ξ_1 是 $\operatorname{Hom}_{\mathcal{A}}(\mathcal{C},-)$ 和 $\operatorname{Hom}_{\mathcal{A}}(-,\mathcal{C})$ 正合列.

假设对于 $t \geqslant 1$ 我们已有如下两个 $\operatorname{Hom}_{\mathcal{A}}(\mathcal{C},-)$ 和 $\operatorname{Hom}_{\mathcal{A}}(-,\mathcal{C})$ 正合列

$$\xi_t: 0 \longrightarrow L^{t-1} \xrightarrow{v^{t-1}} C^t \xrightarrow{u^t} L^t \longrightarrow 0$$

和

$$0 \longrightarrow \operatorname{Im} d^0 \xrightarrow{v^0} C^1 \xrightarrow{\gamma^1} C^2 \longrightarrow \cdots \longrightarrow C^t \xrightarrow{u^t} L^t \longrightarrow 0, \qquad (**)$$

其中 $L^0 = \operatorname{Im} d^0$, 以及有单态射 $w^t: \operatorname{Im} d^t \hookrightarrow L^t$ 使得 $\operatorname{Coker} w^t \in \mathcal{G}(\mathcal{C})$, $\operatorname{Hom}_{\mathcal{A}}(w^t, \mathcal{C})$ 是满射. 将引理 7.8.3 应用到正合列

$$0 \longrightarrow \operatorname{Im} d^t \xrightarrow{b^t} X^{t+1} \xrightarrow{a^t} \operatorname{Im} d^t \longrightarrow 0$$

和正合列

$$0 \longrightarrow \operatorname{Im} d^t \xrightarrow{w^t} L^t \longrightarrow \operatorname{Coker} w^t \longrightarrow 0$$

上,我们又得到 $\operatorname{Hom}_{\mathcal{A}}(\mathcal{C},-)$ 和 $\operatorname{Hom}_{\mathcal{A}}(-,\mathcal{C})$ 正合列

$$\xi_{t+1}: 0 \longrightarrow L^t \xrightarrow{v^t} C^{t+1} \xrightarrow{u^{t+1}} L^{t+1} \longrightarrow 0$$

和单态射 $w^{t+1}: \operatorname{Im} d^t \hookrightarrow L^{t+1}$ 使得 $\operatorname{Coker} w^{t+1} \in \mathcal{G}(\mathcal{C})$, $\operatorname{Hom}_{\mathcal{A}}(w^{t+1}, \mathcal{C})$ 是满射. 将 ξ_{t+1} 和 $(**)$ 接在一起, 我们便得到 $\operatorname{Hom}_{\mathcal{A}}(\mathcal{C},-)$ 和 $\operatorname{Hom}_{\mathcal{A}}(-,\mathcal{C})$ 正合列

$$0 \longrightarrow \operatorname{Im} d^0 \xrightarrow{v^0} C^1 \xrightarrow{\gamma^1} C^2 \longrightarrow \cdots \longrightarrow C^t \xrightarrow{\gamma^t} C^{t+1} \xrightarrow{u^{t+1}} L^{t+1} \longrightarrow 0,$$

其中 $\gamma^t = v^t u^t$.

继续这个过程,最后我们逐可得到一个 $\operatorname{Hom}_{\mathcal{A}}(\mathcal{C},-)$ 和 $\operatorname{Hom}_{\mathcal{A}}(-,\mathcal{C})$ 正合列

$$C^+: 0 \longrightarrow \operatorname{Im} d^0 \xrightarrow{v^0} C^1 \xrightarrow{\gamma^1} C^2 \xrightarrow{\gamma^2} \cdots,$$

其中 $\gamma^i = v^i u^i$, $i \geqslant 1$. 这就证明了上述断言.

对偶地, 存在一个 $\mathrm{Hom}_{\mathcal{A}}(\mathcal{C},-)$ 和 $\mathrm{Hom}_{\mathcal{A}}(-,\mathcal{C})$ 正合列

$$C^-: \cdots \longrightarrow C^{-1} \longrightarrow C^0 \longrightarrow \mathrm{Im}\, d^0 \longrightarrow 0,$$

使得对 $i \leqslant 0$, $C^i \in \mathcal{C}$ (这可以通过对反范畴 $\mathcal{A}^{\mathrm{op}}$ 应用上述断言得到). 现在把 C^- 和 C^+ 接起来, 我们得到 $\mathrm{Im}\, d^0$ 的一个完全 $\mathcal{C}$ 分解, 这就证明了 $\mathrm{Im}\, d^0 \in \mathcal{G}(\mathcal{C})$. ∎

当 R 是左 Noether 环时, 将定理 7.8.1 应用到 $\mathcal{A} = R\text{-mod}$ 和 $\mathcal{C} = \mathcal{P}(R) = \mathrm{add}(R)$, 或者当 R 是环时, 将定理 7.8.1 应用到 $\mathcal{A} = R\text{-Mod}$ 和 $\mathcal{C} = \mathrm{P}(R) = \mathrm{Add}(R)$, 我们便得到

推论 7.8.4 (i) 设 R 是左Noether 环, $X^\bullet = (X^i, d^i)$ 是 $\mathrm{Hom}_R(-, R)$ 正合列且 $X^i \in \mathcal{GP}(R)$, $\forall\, i \in \mathbb{Z}$. 则 $\mathrm{Im}\, d^i \in \mathcal{GP}(R)$, $\forall\, i \in \mathbb{Z}$.

特别地, $\mathcal{G}^2(\mathcal{P}(R)) = \mathcal{GP}(R)$.

(ii) 设 R 是环, $X^\bullet = (X^*, d^*)$ 是 $\mathrm{Hom}_R(-, \mathrm{P}(R))$ 正合列且 $X^i \in \mathrm{GP}(R)$, $\forall\, i \in \mathbb{Z}$. 则 $\mathrm{Im}\, d^i \in \mathrm{GP}(R)$, $\forall\, i \in \mathbb{Z}$.

特别地, $\mathcal{G}^2(\mathrm{P}(R)) = \mathrm{GP}(R)$.

(iii) 设 A 是Artin代数. 则 (i) 和 (ii) 都成立.

7.9 CM 有限代数

本节所有陈述都是针对 Artin 代数 A 和有限生成模范畴 $A\text{-mod}$ 而言的.

显然有 $\mathcal{P}(A) \subseteq \mathcal{GP}(A)$. 若 $\mathcal{GP}(A) = \mathcal{P}(A)$, 则称 A 是 CM自由的. 显然整体维数有限的代数是 CM 自由的 (命题 7.1.5(ii)). 若 A 仅有有限个互不同构的不可分解的有限生成 Gorenstein 投射模, 则称 A 是 CM有限的. 此时, 设 $E_1, \cdots, E_n$ 是所有的互不同构的不可分解的有限生成 Gorenstein 投射模, 并令 $E = \bigoplus\limits_{1 \leqslant i \leqslant n} E_i$. 称 $(\mathrm{End}_A E)^{op}$ 是 A 的相对Auslander 代数, 记为 $\mathrm{Aus}(A)$. 关于 CM 有限以及 CM 自由代数有若干研究 (例如参见 [B2-3], [BR], [C1, C5], [CY], [GZ], [LZ1-2], [Rin2], [XZ], [Z3]). 特别地, CM 有限性可以刻画超曲面单奇点 (参见 [BGS], [CPST], [Kn]).

M. Auslander [A2] 证明了一条著名的定理: Artin 代数 A 是有限表示型 (即在同构意义下仅有有限多个不可分解的有限生成 A- 模) 当且仅当任意 A- 模均是不可分解的有限生成 A- 模的直和. 特别地, 当 A 是有限表示型 Artin 代数时, A-Mod 中的不可分解对象与 $A\text{-mod}$ 中的不可分解对象是一致的. 陈小伍 [C1] 得到了 Auslander 定理的 Gorenstein 版本: Gorenstein 代数 A 是 CM 有限的当且仅当

7.9 CM 有限代数

任意 Gorenstein 投射 A-模均是不可分解的有限生成 A-模的直和. 特别地, 当 A 是 CM 有限 Gorenstein 代数时, $GP(A)$ 中的不可分解对象与 $\mathcal{GP}(A)$ 中的不可分解对象是一致的. A. Beligiannis [B3] 推广了 [C1] 中的结果: Artin 代数 A 是 CM 有限的几乎 Gorenstein 代数当且仅当任意 Gorenstein 投射 A-模均是不可分解的有限生成 A-模的直和.

本节主要结果如下.

定理 7.9.1 ([KZ]) 设 A 是 CM 有限的 Artin 代数. 则 $\text{Aus}(A)$ 是 CM 自由的.

详细地说, 令 Ω 是 CM 有限 Artin 代数的集合, Θ 是 CM 自由代数的集合. 则

(i) 在 Morita 等价意义下, 映射 $\text{Aus}: \Omega \longrightarrow \Theta$ 是满的.

(ii) 映射 Aus 将 CM 有限的 n-Gorenstein 代数映为整体维数有限不超过 n 的代数.

(iii) 映射 Aus 将 CM 有限的非 Gorenstein 代数映为 CM 自由的非 Gorenstein 代数. 特别地, 不存在整体维数无限的 CM 自由的 Gorenstein 代数.

定理 7.9.1 所观察到的现象可以图示为

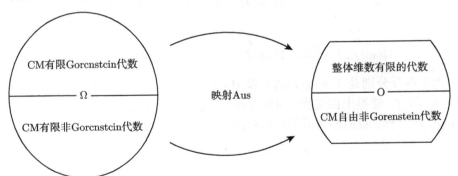

设 E 是 Gorenstein 投射生成子, 即 E 是 Gorenstein 投射 A 模且 $A \in \text{add}E$. 方便起见用 $\mathcal{GP}(E)$ 记 $\mathcal{G}(\text{add}E)$, 即

$\mathcal{GP}(E) = \{X \in A\text{-mod} \mid$ 存在正合复形 $X^\bullet = (X^*, d^*)$ 使得所有的 $X^i \in \text{add}E$, $\text{Hom}(X^\bullet, E)$ 和 $\text{Hom}(E, X^\bullet)$ 均正合, 且 $X \cong \text{Im}\,d^0\}$.

由推论 7.8.4 (iii) 我们有

推论 7.9.2 设 E 是 Gorenstein 投射生成子. 则 $\mathcal{GP}(E) \subseteq \mathcal{GP}(A)$.

回顾一下关于自同态代数的一个基本事实. 给定 A-模 E, 则函子 $\mathrm{Hom}_A(E,-)$: $A\text{-mod} \longrightarrow \Gamma\text{-mod}$ 诱导 $\mathrm{add}\, E$ 和 $\mathcal{P}(\Gamma)$ 之间的等价, 其中 $\Gamma = (\mathrm{End}_A E)^{op}$; 并且对每个 $E' \in \mathrm{add}\, E$ 以及每个 $X \in A\text{-mod}$, 存在 Abel 群之间的同构

$$\mathrm{Hom}_A(E', X) \longrightarrow \mathrm{Hom}_\Gamma(\mathrm{Hom}_A(E, E'), \mathrm{Hom}_A(E, X))$$

具体对应为 $f \mapsto \mathrm{Hom}_A(E, f)$, $\forall f \in \mathrm{Hom}_A(E', X)$ (参见 [ARS], p.33).

如果 E 是 $A\text{-mod}$ 的一个生成子 (即 $A \in \mathrm{add}\, E$), 则我们可以说得更多.

引理 7.9.3 设 E 是 $A\text{-mod}$ 的一个生成子. 令 $\Gamma = (\mathrm{End}\, E)^{op}$. 则函子 $\mathrm{Hom}_A(E,-) : A\text{-mod} \longrightarrow \Gamma\text{-mod}$ 是满忠实的.

证 因 E 是生成子, 故对任意 A-模 X 均存在满射 $E^m \longrightarrow X$, 其中 m 是正整数. 由此易知 $\mathrm{Hom}_A(E,-)$ 是忠实的.

设 $X, Y \in A\text{-mod}$, $f: \mathrm{Hom}_A(E, X) \longrightarrow \mathrm{Hom}_A(E, Y)$ 是 Γ 同态. 通过取右 $\mathrm{add}\, E$ 逼近, 我们得到正合列 $T_1 \xrightarrow{u} T_0 \xrightarrow{\pi} X \longrightarrow 0$ 和正合列 $T_1' \xrightarrow{u'} T_0' \xrightarrow{\pi'} Y \longrightarrow 0$, 其中 T_0, T_1, T_0', T_1' 均属于 $\mathrm{add}\, E$ (因为 E 是生成子, 故 π 和 π' 都是满射). 用函子 $\mathrm{Hom}_A(E, -)$ 作用, 我们得到如下行正合的映射图

$$\begin{array}{ccccccc}
\mathrm{Hom}(E, T_1) & \xrightarrow{(E,u)} & \mathrm{Hom}(E, T_0) & \xrightarrow{(E,\pi)} & \mathrm{Hom}(E, X) & \longrightarrow & 0 \\
\downarrow f_1 & & \downarrow f_0 & & \downarrow f & & \\
\mathrm{Hom}(E, T_1') & \xrightarrow{(E,u')} & \mathrm{Hom}(E, T_0') & \xrightarrow{(E,\pi')} & \mathrm{Hom}(E, Y) & \longrightarrow & 0
\end{array}$$

因为上下两行分别是 $\mathrm{Hom}_A(E, X)$ 和 $\mathrm{Hom}_A(E, Y)$ 的投射分解的一部分, 所以 f 诱导 f_0 和 f_1 使得上图交换. 因此存在 $f_i' \in \mathrm{Hom}_A(T_i, T_i')$, $i = 0, 1$, 使得 $f_i = \mathrm{Hom}(E, f_i')$. 于是我们得到下面的映射图

$$\begin{array}{ccccccc}
T_1 & \xrightarrow{u} & T_0 & \xrightarrow{\pi} & X & \longrightarrow & 0 \\
\downarrow f_1' & & \downarrow f_0' & & \downarrow f' & & \\
T_1' & \xrightarrow{u'} & T_0' & \xrightarrow{\pi'} & Y & \longrightarrow & 0
\end{array}$$

使得左边的方块是交换的. 从而存在 $f' \in \mathrm{Hom}_A(X, Y)$ 使得上图交换. 因此

$$f \mathrm{Hom}_A(E, \pi) = \mathrm{Hom}_A(E, f') \mathrm{Hom}_A(E, \pi),$$

从而 $f = \mathrm{Hom}_A(E, f')$. 这就证明了 $\mathrm{Hom}_A(E, -)$ 是满的. ∎

注 上面的事实对于大模也成立. 给定有限生成 A-模 E (这点是要紧的), 则函子 $\mathrm{Hom}_A(E,-) : A\text{-Mod} \longrightarrow \Gamma\text{-Mod}$ 诱导 $\mathrm{Add}\, E$ 和 $\mathcal{P}(\Gamma)$ 之间的等价, 其中

7.9 CM 有限代数

$\Gamma = (\mathrm{End}_A E)^{op}$; 并且对每个 $E' \in \mathrm{Add} E$ 以及每个 $X \in A\text{-Mod}$, 存在 Abel 群之间的同构

$$\mathrm{Hom}_A(E', X) \longrightarrow \mathrm{Hom}_\Gamma(\mathrm{Hom}_A(E, E'), \mathrm{Hom}_A(E, X))$$

具体对应为 $f \mapsto \mathrm{Hom}_A(E, f)$, $\forall f \in \mathrm{Hom}_A(E', X)$.

如果 E 是 $A\text{-mod}$ 的一个生成子 (即 $A \in \mathrm{add} E$), 则我们也有如下事实.

引理 7.9.4 设 $E \in A\text{-mod}$ 是 $A\text{-mod}$ 的一个生成子. 令 $\Gamma = (\mathrm{End} E)^{op}$. 则函子 $\mathrm{Hom}_A(E, -) : A\text{-Mod} \longrightarrow \Gamma\text{-Mod}$ 是满忠实的.

引理 7.9.4 的证明方法与引理 7.9.3 是类似的, 并且要利用如下同构

$$\mathrm{Hom}_A(\bigoplus_{i \in I} X_i, Y) \cong \prod_{i \in I} \mathrm{Hom}_A(X_i, Y), \quad \forall X_i \in A\text{-Mod}, \quad i \in I, \forall Y \in A\text{-Mod},$$

$$\mathrm{Hom}_A(E, \bigoplus_{i \in I} X_i) \cong \bigoplus_{i \in I} \mathrm{Hom}_A(E, X_i), \quad \forall X_i \in A\text{-Mod}, \quad i \in I.$$

注意这里 E 是有限生成的.

下列结论表明: 取一个 Gorenstein 投射生成子的自同态代数的反代数后, Gorenstein- 投射模范畴不会 "增大". 这一结论在证明定理 7.9.1 时起到关键作用.

定理 7.9.5 设 E 是 $A\text{-mod}$ 的一个生成子. 令 $\Gamma = (\mathrm{End}_A E)^{op}$. 则 $\mathrm{Hom}_A(E, -)$ 诱导出范畴等价 $\mathcal{GP}(E) \cong \mathcal{GP}(\Gamma)$.

特别地, 如果 E 是 Gorenstein 投射生成子, 则 $\mathcal{GP}(\Gamma)$ 等价于 $\mathcal{GP}(A)$ 的一个全子范畴.

证 设 $L \in \mathcal{GP}(E)$. 由定义知存在正合复形 $X^\bullet = (X^*, d^*)$ 使得 $X^i \in \mathrm{add} E$, $\mathrm{Hom}_A(E, X^\bullet)$ 和 $\mathrm{Hom}_A(X^\bullet, E)$ 都是正合的, 并且 $L \cong \mathrm{Im} d^0$. 因 $\mathrm{Hom}_A(X^\bullet, E) \cong \mathrm{Hom}_\Gamma(\mathrm{Hom}_A(E, X^\bullet), \Gamma)$, 故 $\mathrm{Hom}_\Gamma(\mathrm{Hom}_A(E, X^\bullet), \Gamma)$ 是正合的. 因此 $\mathrm{Hom}_A(E, X^\bullet)$ 是 $\mathrm{Im}(\mathrm{Hom}_A(E, d^0))$ 的一个完全 Γ 投射分解. 又因 $\mathrm{Hom}_A(E, X^\bullet)$ 是正合的以及 E 是生成子, 所以 $\mathrm{Im}(\mathrm{Hom}_A(E, d^0)) = \mathrm{Hom}_A(E, \mathrm{Im} d^0)$. 即 $\mathrm{Hom}_A(E, L) \in \mathcal{GP}(\Gamma)$.

下面证明函子 $\mathrm{Hom}_A(E, -) : \mathcal{GP}(E) \longrightarrow \mathcal{GP}(\Gamma)$ 是稠密的. 设 $Y \in \mathcal{GP}(\Gamma)$. 则存在完全投射 Γ 分解

$$P^\bullet : \cdots \longrightarrow P^{-1} \xrightarrow{d^{-1}} P^0 \xrightarrow{d^0} P^1 \xrightarrow{d^1} \cdots,$$

使得 $Y \cong \mathrm{Im} d^0$. 于是存在复形 $E^\bullet : \cdots \longrightarrow E^{-1} \xrightarrow{e^{-1}} E^0 \xrightarrow{e^0} E^1 \xrightarrow{e^1} \cdots$ 使得 $E^i \in \mathrm{add} E$ 并且 $\mathrm{Hom}_A(E, E^\bullet) = P^\bullet$. 因为 E 是生成子, 所以对每个 i, 存在满 A- 同

态 $\pi: E' \twoheadrightarrow \operatorname{Ker} e^{i+1}$ 使得 $E' \in \operatorname{add} E$; 而 $\operatorname{Hom}_A(E', E^\bullet)$ 是正合的, 所以存在 $g \in \operatorname{Hom}_A(E', E^i)$ 使得 $\pi = e^i g$. 把 e^i 分解成合成 $E^i \to \operatorname{Im} e^i \hookrightarrow \operatorname{Ker} e^{i+1}$, 我们看到嵌入 $\operatorname{Im} e^i \hookrightarrow \operatorname{Ker} e^{i+1}$ 必须是满同态. 这就证明了 $E^\bullet$ 也是正合的. 又因为 $\operatorname{Hom}_\Gamma(P^\bullet, \Gamma) \cong \operatorname{Hom}_A(E^\bullet, E)$ 和 $\operatorname{Hom}_\Gamma(\Gamma, P^\bullet) \cong \operatorname{Hom}_A(E, E^\bullet)$, 所以 $\operatorname{Hom}_A(E^\bullet, E)$ 和 $\operatorname{Hom}_A(E, E^\bullet)$ 都正合, 于是对所有的 i, $\operatorname{Im} e^i \in \mathcal{GP}(E)$. 因为 $\operatorname{Hom}_A(E, E^\bullet)$ 是正合的, 所以 $\operatorname{Im} d^i \cong \operatorname{Im}(\operatorname{Hom}_A(E, e^i)) = \operatorname{Hom}_A(E, \operatorname{Im} e^i)$. 因此 $Y \cong \operatorname{Im} d^0 \in \operatorname{Hom}_A(E, \mathcal{GP}(E))$. 这就证明了函子 $\operatorname{Hom}_A(E, -): \mathcal{GP}(E) \longrightarrow \mathcal{GP}(\Gamma)$ 是稠密的.

由引理 7.9.3, $\operatorname{Hom}_A(E, -): A\text{-mod} \longrightarrow \Gamma\text{-mod}$ 是满忠实的. 从而 $\operatorname{Hom}_A(E, -): \mathcal{GP}(E) \longrightarrow \mathcal{GP}(\Gamma)$ 是范畴等价. 又由推论 7.9.2 得, $\mathcal{GP}(E) \subseteq \mathcal{GP}(A)$, 故 $\mathcal{GP}(\Gamma)$ 等价于 $\mathcal{GP}(A)$ 的一个全子范畴. ∎

推论 7.9.6 设 A 是CM有限Artin代数, E 是Gorenstein投射生成子. 则 $\Gamma = (\operatorname{End} E)^{op}$ 也是CM有限的.

回顾下述事实: 它是 [LZ1] 中主定理的推论 (亦参见 [B3, Corollary 6.8(v)]).

定理 7.9.7 设 A 是CM有限Artin代数, E 是 A 的所有互不同构的不可分解Gorenstein投射模的直和, $\Gamma = (\operatorname{End} E)^{op}$, $n \geqslant 2$ 是整数. 则 A 是 n-Gorenstein 代数当且仅当 Γ 的整体维数不超过 n.

证 设 gl.dim$\Gamma \leqslant n$, $X \in A\text{-mod}$. 取正合列

$$0 \longrightarrow K \longrightarrow E_{n-1} \xrightarrow{d_{n-1}} \cdots \longrightarrow E_0 \xrightarrow{d_0} X \longrightarrow 0,$$

其中 E_i 是 $\operatorname{Im} d_i$ 的右 add$E$- 逼近, $0 \leqslant i \leqslant n-1$. 则有正合列

$$0 \to \operatorname{Hom}(E, K) \longrightarrow \operatorname{Hom}(E, E_{n-1}) \longrightarrow \cdots \longrightarrow \operatorname{Hom}(E, E_0) \longrightarrow \operatorname{Hom}_A(E, X) \to 0.$$

将其与 $\operatorname{Hom}(E, X)$ 的一个极小投射分解相比较, 由 Auslander-Bridger 引理知 $\operatorname{Hom}(E, K)$ 是投射 Γ- 模. 故存在 Γ- 模同构 $s: \operatorname{Hom}_A(E, K) \longrightarrow \operatorname{Hom}_A(E, E')$, 其中 $E' \in \operatorname{add} E$. 由引理 7.9.3 知存在 $f: K \longrightarrow E'$ 和 $g: E' \longrightarrow K$ 使得

$$s = \operatorname{Hom}_A(E, f), \quad s^{-1} = \operatorname{Hom}_A(E, g).$$

于是

$$\operatorname{Hom}_A(E, fg) = \operatorname{Id}_{\operatorname{Hom}_A(E, E')} = \operatorname{Hom}_A(E, \operatorname{Id}_{E'}),$$

因为 E 是生成子, 故 $fg = \operatorname{Id}_{E'}$. 同理 $gf = \operatorname{Id}_K$. 从而 K 是 Gorenstein 投射模. 即 X 的 Gorenstein 投射维数不超过 n. 再由定理 7.7.7 知 A 是 n-Gorenstein 代数.

7.9 CM 有限代数

反之, 设 A 是 n-Gorenstein 代数, $Y \in \Gamma$-mod,

$$\operatorname{Hom}_A(E, E_1) \xrightarrow{d} \operatorname{Hom}_A(E, E_0) \longrightarrow Y \longrightarrow 0$$

是正合列, 且 $E_i \in \operatorname{add}E$, $i = 0, 1$. 则存在 $f: E_1 \longrightarrow E_0$ 使得 $d = \operatorname{Hom}_A(E, f)$. 取 $\operatorname{Ker}f$ 的右 $\operatorname{add}E$- 逼近 $\widetilde{f_2}: E_2 \longrightarrow \operatorname{Ker}f$. 令 $f_2 = \sigma\widetilde{f_2}$, 其中 $0 \longrightarrow \operatorname{Ker}f \xrightarrow{\sigma} E_1 \longrightarrow E_0$ 是正合列. 再取 $\operatorname{Ker}\widetilde{f_2}$ 的右 $\operatorname{add}E$- 逼近. 继续这个过程, 我们得到真 Gorenstein 投射分解的一部分

$$E_{n-1} \longrightarrow \cdots \longrightarrow E_2 \longrightarrow \operatorname{Ker}f \longrightarrow 0,$$

其中每个 $E_i \in \operatorname{add}E$, $2 \leqslant i \leqslant n-1$. 从而有正合列

$$0 \longrightarrow K \longrightarrow E_{n-1} \longrightarrow \cdots \longrightarrow E_2 \longrightarrow E_1 \xrightarrow{f} E_0.$$

由维数转移知 $\operatorname{Ext}_A^i(K, A) \cong \operatorname{Ext}^{i+n}(\operatorname{Coker}f, A) = 0$, $\forall\, i \geqslant 1$, 从而由定理 7.7.1(i) 知 K 是 Gorenstein 投射模. 于是得到 Y 的投射分解

$$0 \longrightarrow (E, K) \longrightarrow (E, E_{n-1}) \longrightarrow \cdots \longrightarrow (E, E_2) \longrightarrow (E, E_1) \longrightarrow (E, E_0) \longrightarrow Y \longrightarrow 0,$$

即 $\operatorname{gl.dim}\Gamma \leqslant n$. ∎

注 在上述定理中如果 A 是 n-Gorenstein 代数, 其中 $n = 0$ 或 $n = 1$, 则由正合列 $0 \longrightarrow \operatorname{Ker}f \longrightarrow E_1 \longrightarrow E_0$ 和维数转移知 $\operatorname{Ext}_A^i(\operatorname{Ker}f, A) = 0$, $\forall\, i \geqslant 0$, 从而由定理 7.7.1(i) 知 $\operatorname{Ker}f$ 是 Gorenstein 投射模. 于是得到 Y 的投射分解

$$0 \longrightarrow (E, \operatorname{Ker}f) \longrightarrow (E, E_1) \longrightarrow (E, E_0) \longrightarrow Y \longrightarrow 0.$$

于是 $\operatorname{gl.dim}\Gamma \leqslant 2$.

定理 7.9.1 的证明 记 $\Gamma = \operatorname{Aus}(A)$. 由定义有 $\mathcal{GP}(A) = \operatorname{add}E \subseteq \mathcal{GP}(E)$. 由推论 7.9.2 知 $\mathcal{GP}(E) \subseteq \mathcal{GP}(A)$. 因此 $\mathcal{GP}(E) = \operatorname{add}E$. 又由定理 7.9.5 知

$$\mathcal{GP}(\Gamma) = \operatorname{Hom}_A(E, \mathcal{GP}(E)) = \operatorname{Hom}_A(E, \operatorname{add}E) = \mathcal{P}(\Gamma),$$

即 Γ 是 CM 自由的. 注意到在 Morita 等价意义下, 映射 Aus 把 CM 自由代数映到它自己, 故 (i) 成立.

结论 (ii) 由定理 7.9.7 即知.

由定理 7.9.7: 映射 Aus 把 CM 有限非 Gorenstein 代数 A 映到整体维数无限的 CM 自由代数 Γ. 注意到 Γ 不能是 Gorenstein 代数: 否则 $\operatorname{Aus}(\Gamma)$ 整体维数有限, 而 Γ 与 $\operatorname{Aus}(\Gamma)$ Morita 等价, 从而 Γ 整体维数有限, 矛盾! 这就证明了 (iii). ∎

注记 7.9.8　关于Nakayama 代数上的Gorenstein 投射模的讨论参见C. M. Ringel [Rin2]. 这类代数当然均是CM有限的. 特别地, 文[Rin2]包含了大量CM有限的非Gorenstein 代数和CM有限的非CM自由的代数的例子. 这样的例子也可在[C4]中找到.

7.10　由上三角扩张构造 Gorenstein 投射模

给定代数 A, 确定所有 Gorenstein 投射 A- 模是件不平凡的事. 本节我们确定上三角矩阵代数 $\Lambda = \begin{pmatrix} A & M \\ 0 & B \end{pmatrix}$ 的所有 Gorenstein 投射模, 其中 M 是所谓的相容 A-B- 双模. 这也是 Gorenstein 投射模的一种递归构造.

设 A 和 B 是环, M 是 A-B- 双模. 令 $\Lambda = \begin{pmatrix} A & M \\ 0 & B \end{pmatrix} := \{ \begin{pmatrix} a & m \\ 0 & b \end{pmatrix} \mid a \in A, m \in M, b \in B \}$. 按矩阵的加法和乘法定义 Λ 的运算. 例如

$$\begin{pmatrix} a & m \\ 0 & b \end{pmatrix} \begin{pmatrix} a' & m' \\ 0 & b' \end{pmatrix} = \begin{pmatrix} aa' & am'+mb' \\ 0 & bb' \end{pmatrix}.$$

则 Λ 作成一个环; 并且 Λ 是 Artin R- 代数当且仅当 A 和 B 是 Artin R- 代数且 M 是有限生成 R- 模 (参见 [ARS], p.72).

本节中总设 $\Lambda = \begin{pmatrix} A & M \\ 0 & B \end{pmatrix}$ 是 Artin 代数. 考虑三元组 $\begin{pmatrix} X \\ Y \end{pmatrix}_\phi$, 其中 $X \in A$-mod, $Y \in B$-mod, $\phi : M \otimes_B Y \longrightarrow X$ 是 A- 同态. 如果 ϕ 在上下文中是清楚的, 我们将其省略不写. 考虑所有上述三元组作成的范畴, 这里三元组 $\begin{pmatrix} X \\ Y \end{pmatrix}_\phi$ 到三元组 $\begin{pmatrix} X' \\ Y' \end{pmatrix}_{\phi'}$ 的一个态射是指一个二元组 $\begin{pmatrix} f \\ g \end{pmatrix}$, 其中 $f \in \mathrm{Hom}_A(X, X')$, $g \in \mathrm{Hom}_B(Y, Y')$, 使得下图交换

$$\begin{array}{ccc} M \otimes_B Y & \xrightarrow{\phi} & X \\ {\scriptstyle \mathrm{Id} \otimes g} \downarrow & & \downarrow {\scriptstyle f} \\ M \otimes_B Y' & \xrightarrow{\phi'} & X' \end{array} \tag{7.2}$$

回顾 (参见 [ARS], p.76) 有限生成 Λ- 模范畴 Λ-mod 等价于所有上述三元组作成的范畴 $\mathrm{Rep}(A, B, M)$. 我们简要地写出这个等价函子, 而将验证的细节留给读者. 事实上, 考虑 Λ 的正交幂等元分解 $1 = e_1 + e_2$, 其中 $e_1 = \begin{pmatrix} 1 & 0 \\ 0 & 0 \end{pmatrix}$, $e_2 = \begin{pmatrix} 0 & 0 \\ 0 & 1 \end{pmatrix}$. 对于任意左 Λ- 模 L, 令 $F(L) = \begin{pmatrix} e_1 L \\ e_2 L \end{pmatrix}_\phi$, 其中 $e_1 L$ 和 $e_2 L$ 以自然的方式分别作成左 A 和左 B- 模, A- 同态 $\phi : M \otimes_B e_2 L \longrightarrow e_1 L$ 由法则

$$m \otimes_B e_2 l \mapsto \begin{pmatrix} 0 & m \\ 0 & 0 \end{pmatrix} l$$

给出. 则 F 诱导出函子 $F : \Lambda\text{-mod} \longrightarrow \mathrm{Rep}(A, B, M)$. 反之, 对于任意三元组 $\begin{pmatrix} X \\ Y \end{pmatrix}_\phi$,

令 $G(({X \atop Y})_\phi) := X \oplus Y$. 则 $X \oplus Y$ 以如下自然的方式作成 Λ- 模：

$$\begin{pmatrix} a & m \\ 0 & b \end{pmatrix}(x, y) := (ax + \phi(m \otimes_B y), by).$$

则 G 诱导出函子 $G : \text{Rep}(A, B, M) \longrightarrow \Lambda\text{-mod}$，并且 F 和 G 互为拟逆.

以下我们将 Λ- 模等同于三元组范畴 $\text{Rep}(A, B, M)$ 中的对象. 则 Λ- 模同态序列 $0 \longrightarrow ({X_1 \atop Y_1}) \xrightarrow{\binom{f_1}{g_1}} ({X_2 \atop Y_2}) \xrightarrow{\binom{f_2}{g_2}} ({X_3 \atop Y_3}) \longrightarrow 0$ 是正合的当且仅当 $0 \longrightarrow X_1 \xrightarrow{f_1} X_2 \xrightarrow{f_2} X_3 \longrightarrow 0$ 和 $0 \longrightarrow Y_1 \xrightarrow{g_1} Y_2 \xrightarrow{g_2} Y_3 \longrightarrow 0$ 分别是 A- 模和 B- 模正合列. 单 Λ- 模恰为 $({S \atop 0})$ 和 $({0 \atop S'})_{\text{Id}}$，其中 S 跑遍单 A- 模，S' 跑遍单 B- 模. 不可分投射 Λ- 模恰为 $({P \atop 0})$ 和 $({M \otimes_B Q \atop Q})_{\text{Id}}$，其中 P 跑遍不可分解投射 A- 模，Q 跑遍不可分解投射 B- 模. 不可分内射 Λ- 模恰为 $({I \atop \text{Hom}_A(M,I)})_\varphi$ 和 $({0 \atop J})$，其中 I 跑遍不可分解内射 A- 模，J 跑遍不可分解内射 B- 模，$\varphi : M \otimes_B \text{Hom}_A(M, I) \longrightarrow I$ 是由 $\varphi(m \otimes f) = f(m), \forall\, m \in M, f \in \text{Hom}_A(M, I)$ 给出的 A- 同态.

定义 7.10.1 称 A-B- 双模 M 是相容的，如果下面两个条件满足：

(C1) 如果 $Q^\bullet$ 是投射 B- 模的正合列，则 $M \otimes_B Q^\bullet$ 也是正合列；

(C2) 如果 $P^\bullet$ 是完全 A- 投射分解，则 $\text{Hom}_A(P^\bullet, M)$ 也是正合列.

我们要用到下面的事实.

引理 7.10.2 设 A 和 B 是环，$F : A\text{-Mod} \longrightarrow A\text{-Mod}$ 是右正合函子，$Q^\bullet = (Q^i, d^i)$ 是 A- 模正合列，且 $FQ^\bullet$ 是 B- 模正合列. 则对于任意 i

$$0 \longrightarrow F\text{Ker}d^i \longrightarrow FQ^i \longrightarrow FQ^{i+1} \longrightarrow \cdots$$

是正合列.

证 只要对 $i = 0$ 证明此结论. 只要证明 $F\sigma : F\text{Ker}d^0 \longrightarrow FQ^0$ 是单射，其中 $\sigma : \text{Ker}d^0 \longrightarrow Q^0$ 是嵌入. 因为 $FQ^\bullet$ 正合，故 $\text{Im}Fd^{-2} = \text{Ker}Fd^{-1}$. 因为 F 右正合，故 $\text{Im}Fd^{-2} = \text{Im}F\sigma'$，其中 $\sigma' : \text{Ker}d^{-1} \longrightarrow Q^{-1}$ 是嵌入. 将 $d^{-1} : Q^{-1} \longrightarrow Q^0$ 分解成 $d^{-1} = \sigma\pi$，其中 $\pi : Q^{-1} \longrightarrow \text{Im}d^{-1} = \text{Ker}d^0$ 是典范满射. 因 F 右正合，故 $F\text{Ker}d^{-1} \xrightarrow{F\sigma'} FQ^{-1} \xrightarrow{F\pi} F\text{Ker}d^0 \longrightarrow 0$ 正合. 于是

$$\text{Ker}F\pi = \text{Im}F\sigma' = \text{Im}Fd^{-2} = \text{Ker}Fd^{-1}.$$

而 $(F\sigma)(F\pi) = Fd^{-1}$ 且 $F\pi$ 满，故 $F\sigma$ 单. ∎

将下述事实的证明留作习题.

引理 7.10.3　设 M 是 A-B- 双模. 则下述等价:

(i) M 满足 (C2);

(ii) $\operatorname{Ext}_A^1(G, M) = 0$, $\forall\, G \in \mathcal{GP}(A)$;

(iii) $\operatorname{Ext}_A^i(G, M) = 0$, $\forall\, i \geqslant 1$, $\forall\, G \in \mathcal{GP}(A)$.

命题 7.10.4　设 M 是 A-B- 双模, $\operatorname{pd} M_B < \infty$.

(i) 若 $\operatorname{pd}_A M < \infty$, 则 M 是相容的.

(ii) 若 $\operatorname{id}_A M < \infty$, 则 M 是相容的.

证　设 $Q^\bullet$ 是投射 B- 模的正合列. 因为 $\operatorname{pd} M_B < \infty$, 故可取到有限的投射分解

$$0 \longrightarrow U_n \longrightarrow U_{n-1} \longrightarrow \cdots \longrightarrow U_0 \longrightarrow M_B \longrightarrow 0.$$

因 $Q^\bullet$ 的每一项 Q^i 均是投射模, 因此对于每个 Q^i 我们有正合列

$$0 \longrightarrow U_n \otimes_B Q^i \longrightarrow U_{n-1} \otimes_B Q^i \longrightarrow \cdots \longrightarrow U_0 \otimes_B Q^i \longrightarrow M_B \otimes_B Q^i \longrightarrow 0.$$

从而我们得到复形的正合列

$$0 \longrightarrow U_n \otimes_B Q^\bullet \longrightarrow U_{n-1} \otimes_B Q^\bullet \longrightarrow \cdots \longrightarrow U_0 \otimes_B Q^\bullet \longrightarrow M_B \otimes_B Q^\bullet \longrightarrow 0.$$

因为每个 U_i 均是投射右 B- 模, 故每个复形 $U_i \otimes_B Q^\bullet$ 均正合. 由此利用同调代数基本定理即可推出 $M \otimes_B Q^\bullet$ 正合. 即 M 满足 (C1).

现在设 $P^\bullet$ 是完全 A- 投射分解. 无论 $\operatorname{pd}_A M < \infty$ 还是 $\operatorname{id}_A M < \infty$, 类似于上述讨论均可看出 M 满足 (C2). ∎

本节主要结果如下. 它统一和推广了目前已知的这方面的结果 (例如 [LZ1], Theorem 1.1; [IKM], Proposition 3.6(i); [XZ], Theorem 3.2; [LuoZ], Theorem 4.1).

定理 7.10.5 ([Z2])　设 $\Lambda = \begin{pmatrix} A & M \\ 0 & B \end{pmatrix}$ 是 Artin 代数且 M 是相容的 A-B- 双模. 则 $\begin{pmatrix} X \\ Y \end{pmatrix}_\phi \in \mathcal{GP}(\Lambda)$ 当且仅当 $\phi: M \otimes_B Y \longrightarrow X$ 是 A- 单同态, $\operatorname{Coker} \phi \in \mathcal{GP}(A)$, 且 $Y \in \mathcal{GP}(B)$. 此时 $X \in \mathcal{GP}(A)$ 当且仅当 $M \otimes_B Y \in \mathcal{GP}(A)$.

因为上述 Λ 未必是 Gorenstein 代数, 故定理 7.10.5 也可能包含非 Gorenstein 代数上 Gorenstein 投射模的信息.

7.10 由上三角扩张构造 Gorenstein 投射模

例 7.10.6 设 k 是域, Λ 是由箭图

$$\cdot 3 \xrightarrow{\alpha} \cdot 2 \xrightarrow{\beta} \cdot 1 \circlearrowleft \gamma$$

和关系 $\gamma^3 = 0$ 给出的 k- 代数. 则 $\Lambda = \begin{pmatrix} e_1\Lambda e_1 & e_1\Lambda(1-e_1) \\ 0 & (1-e_1)\Lambda(1-e_1) \end{pmatrix}$. 令 $A := e_1\Lambda e_1 \cong k[x]/\langle x^3 \rangle$, $B := (1-e_1)\Lambda(1-e_1) \cong k(\cdot 3 \xrightarrow{\alpha} \cdot 2)$, $M = e_1\Lambda(1-e_1)$. 则 ${}_AM \cong {}_AA \oplus {}_AA$ 和 $M_B \cong e_2B \oplus e_2B \oplus e_2B$ 均是投射模. 从而 M 是相容的 A-B- 双模. 因 A 是自入射代数, 故任意 A- 模均是 Gorenstein 投射模, 从而不可分解的 Gorenstein 投射 A- 模有3个: $\langle x^2 \rangle/\langle x^3 \rangle$, $\langle x \rangle/\langle x^3 \rangle$ 和 ${}_AA$. 因 B 是遗传代数, 故 Gorenstein 投射 B- 模只有投射模, 从而不可分解的 Gorenstein 投射 B- 模即为不可分解投射 B- 模 Be_2 和 Be_3, 其中 Be_2 也是单 B- 模.

由定理 7.10.5 知, $\begin{pmatrix} X \\ Y \end{pmatrix}_\phi \in \mathcal{GP}(\Lambda)$ 当且仅当 $\phi: M \otimes_B Y \longrightarrow X$ 是 A- 单同态且 $Y \in \mathcal{GP}(B)$. 易知 $M \otimes_B Be_1 \cong {}_AA \cong M \otimes_B Be_2$. 由此可推出不可分解的 Gorenstein 投射 Λ- 模有5个:

$$0 \longrightarrow 0 \longrightarrow k \circlearrowleft 0 \; ; \quad 0 \longrightarrow 0 \longrightarrow k^2 \circlearrowleft \begin{pmatrix} 0 & 0 \\ 1 & 0 \end{pmatrix} \; ; \quad 0 \longrightarrow 0 \longrightarrow k^3 \circlearrowleft \begin{pmatrix} 0 & 0 & 0 \\ 1 & 0 & 0 \\ 0 & 1 & 0 \end{pmatrix} \; ;$$

$$0 \longrightarrow k \xrightarrow{\begin{pmatrix} 1 \\ 0 \\ 0 \end{pmatrix}} k^3 \circlearrowleft \begin{pmatrix} 0 & 0 & 0 \\ 1 & 0 & 0 \\ 0 & 1 & 0 \end{pmatrix} \; ; \quad k \xrightarrow{1} k \xrightarrow{\begin{pmatrix} 1 \\ 0 \\ 0 \end{pmatrix}} k^3 \circlearrowleft \begin{pmatrix} 0 & 0 & 0 \\ 1 & 0 & 0 \\ 0 & 1 & 0 \end{pmatrix} \; .$$

为了证明定理 7.10.5, 我们需要下面的 "广义马蹄引理", 其证明与经典的 "马蹄引理" 的证明相类似. 留作习题.

引理 7.10.7(广义马蹄引理) 设 R 是环, $0 \longrightarrow Y \xrightarrow{f} X \xrightarrow{g} Z \longrightarrow 0$ 是 R- 模正合列.

(i) 设 $Y \xrightarrow{c^{-1}} C^0 \xrightarrow{c^0} C^1 \longrightarrow \cdots$ 是 R- 模复形, $0 \longrightarrow Z \xrightarrow{d^{-1}} D^0 \xrightarrow{d^0} D^1 \longrightarrow \cdots$ 是 R- 模正合列. 假设 $\mathrm{Ext}_R^1(\mathrm{Ker}\, d^i, C^i) = 0$, $\forall \, i \geqslant 0$. 则存在 R- 同态 $\partial^{-1} = \begin{pmatrix} d^{-1}g \\ \sigma^{-1} \end{pmatrix}: X \longrightarrow D^0 \oplus C^0$ 和 $\partial^i = \begin{pmatrix} d^i & 0 \\ \sigma^i & c^i \end{pmatrix}: D^i \oplus C^i \longrightarrow D^{i+1} \oplus C^{i+1}$, 其中 $\sigma^i: D^i \longrightarrow C^{i+1}$, $\forall \, i \geqslant 0$, 使得

$$0 \longrightarrow X \xrightarrow{\partial^{-1}} D^0 \oplus C^0 \xrightarrow{\partial^0} D^1 \oplus C^1 \xrightarrow{\partial^1} \cdots \longrightarrow D^i \oplus C^i \xrightarrow{\partial^i} \cdots$$

是 R-模复形, 且下图交换且列正合

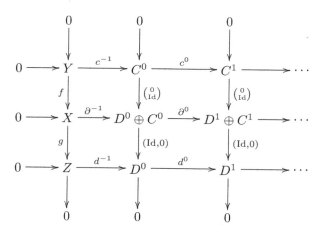

并且中间行正合当且仅当顶行正合.

(ii) 设 $\cdots \longrightarrow E_1 \xrightarrow{e_1} E_0 \xrightarrow{e_0} Y \longrightarrow 0$ 是 R-模正合列, $\cdots \longrightarrow F_1 \xrightarrow{f_1} F_0 \xrightarrow{f_0} Z$ 是 R-模复形. 假设 $\mathrm{Ext}_R^1(F_i, \mathrm{Im}\, e_i) = 0$, $\forall\, i \geqslant 0$. 则存在 R-同态 $\partial_0 = (\pi_0, fe_0) : F_0 \oplus E_0 \longrightarrow X$ 和 $\partial_i = \begin{pmatrix} f_i & 0 \\ \pi_i & e_i \end{pmatrix} : F_i \oplus E_i \longrightarrow F_{i-1} \oplus E_{i-1}$, 其中 $\pi_i : F_i \longrightarrow E_{i-1}$, $\forall\, i \geqslant 1$, 使得

$$\cdots \longrightarrow F_i \oplus E_i \xrightarrow{\partial_i} \cdots \longrightarrow F_1 \oplus E_1 \xrightarrow{\partial_1} F_0 \oplus E_0 \xrightarrow{\partial_0} X \longrightarrow 0$$

是 R-模复形, 且下图交换且列正合

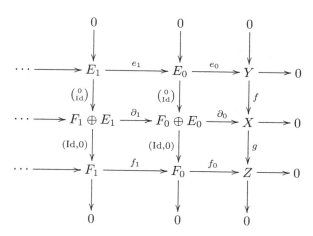

并且中间行正合当且仅当底行正合.

定理 7.10.5 的证明　　最后一结论由 $\mathcal{GP}(A)$ 对扩张和满射的核封闭可得.

先证充分性. 设 $\phi: M\otimes_B Y \longrightarrow X$ 单, $\operatorname{Coker}\phi \in \mathcal{GP}(A)$, 且 $Y \in \mathcal{GP}(B)$. 则有完全 B- 投射分解

$$(Q^\bullet, d'^\bullet) = \cdots \longrightarrow Q^{-1} \longrightarrow Q^0 \xrightarrow{d'^0} Q^1 \longrightarrow \cdots, \tag{7.3}$$

其中 $Y = \operatorname{Ker} d'^0$. 由 (C1) 知 $M\otimes_B Q^\bullet$ 正合, 故

$$0 \longrightarrow M\otimes_B Y \longrightarrow M\otimes_B Q^0 \xrightarrow{\operatorname{Id}\otimes d'^0} M\otimes_B Q^1 \longrightarrow \cdots \tag{7.4}$$

正合 (参见引理 7.10.2). 又有完全 A- 投射分解

$$P^\bullet = \cdots \longrightarrow P^{-1} \longrightarrow P^0 \xrightarrow{d^0} P^1 \longrightarrow \cdots,$$

其中 $\operatorname{Coker}\phi = \operatorname{Ker} d^0$. 因 $\operatorname{Ker} d^i \in \mathcal{GP}(A)$, 由引理 7.10.3(ii) 知 $\operatorname{Ext}^1_A(\operatorname{Ker} d^i, M) = 0$, $\forall\, i \geqslant 0$. 因 Q^i 是投射 B- 模, 故 $M\otimes_B Q^i$ 作为 A- 模属于 $\operatorname{add} M$, 从而 $\operatorname{Ext}^1_A(\operatorname{Ker} d^i, M\otimes_B Q^i) = 0$, $\forall\, i \geqslant 0$. 将引理 7.10.7(i) 应用到正合列 $0 \longrightarrow M\otimes_B Y \xrightarrow{\phi} X \longrightarrow \operatorname{Coker}\phi \longrightarrow 0$, 正合列 (7.4) 和正合列 $0 \longrightarrow \operatorname{Coker}\phi \longrightarrow P^0 \xrightarrow{d^0} P^1 \longrightarrow \cdots$, 得到正合列 $0 \longrightarrow X \longrightarrow P^0 \oplus (M\otimes_B Q^0) \xrightarrow{\partial^0} P^1 \oplus (M\otimes_B Q^1) \longrightarrow \cdots$, 其中 $\partial^i = \begin{pmatrix} d^i & 0 \\ \sigma^i & \operatorname{Id}\otimes_B d'^i \end{pmatrix}$, $\sigma^i: P^i \longrightarrow M\otimes_B Q^{i+1}$, $\forall\, i \in \mathbb{Z}$, 使得下图交换

$$\begin{array}{ccccccccc}
0 & \longrightarrow & M\otimes_B Y & \longrightarrow & M\otimes_B Q^0 & \xrightarrow{\operatorname{Id}\otimes_B d'^0} & M\otimes_B Q^1 & \longrightarrow & \cdots \\
& & \downarrow{\scriptstyle \phi} & & \downarrow{\scriptstyle \binom{0}{\operatorname{Id}}} & & \downarrow{\scriptstyle \binom{0}{\operatorname{Id}}} & & \\
0 & \longrightarrow & X & \longrightarrow & P^0 \oplus (M\otimes_B Q^0) & \xrightarrow{\partial^0} & P^1 \oplus (M\otimes_B Q^1) & \longrightarrow & \cdots
\end{array} \tag{7.5}$$

对偶地, 由引理 7.10.7(ii) 我们得到正合列的交换图:

$$\begin{array}{ccccccccc}
\cdots & \longrightarrow & M\otimes_B Q^{-2} & \xrightarrow{\operatorname{Id}\otimes_B d'^{-2}} & M\otimes_B Q^{-1} & \longrightarrow & M\otimes_B Y & \longrightarrow & 0 \\
& & \downarrow{\scriptstyle \binom{0}{\operatorname{Id}}} & & \downarrow{\scriptstyle \binom{0}{\operatorname{Id}}} & & \downarrow{\scriptstyle \phi} & & \\
\cdots & \longrightarrow & P^{-2} \oplus (M\otimes_B Q^{-2}) & \xrightarrow{\partial^{-2}} & P^{-1} \oplus (M\otimes_B Q^{-1}) & \longrightarrow & X & \longrightarrow & 0
\end{array} \tag{7.6}$$

将 (7.5) 和 (7.6) 拼在一起得到投射 Λ- 模的正合列

$$L^\bullet = \cdots \longrightarrow \begin{pmatrix} P^0 \oplus (M\otimes_B Q^0) \\ Q^0 \end{pmatrix}_{\binom{0}{\operatorname{Id}}} \xrightarrow{\binom{\partial^0}{d'^0}} \begin{pmatrix} P^1 \oplus (M\otimes_B Q^1) \\ Q^1 \end{pmatrix}_{\binom{0}{\operatorname{Id}}} \longrightarrow \cdots, \tag{7.7}$$

其中 $\operatorname{Ker}\begin{pmatrix}\partial^0\\d'^0\end{pmatrix}=\begin{pmatrix}X\\Y\end{pmatrix}_\phi$.

因每项 $L^i=\begin{pmatrix}P^i\oplus M\otimes_B Q^i\\Q^i\end{pmatrix}$ 是投射 Λ-模, 将 $\operatorname{Hom}_\Lambda(L^i,-)$ 作用在正合列

$$0\longrightarrow \begin{pmatrix}M\\0\end{pmatrix}\xrightarrow{\begin{pmatrix}\operatorname{Id}\\0\end{pmatrix}}\begin{pmatrix}M\\B\end{pmatrix}\xrightarrow{(0\ \operatorname{Id})}\begin{pmatrix}0\\B\end{pmatrix}\longrightarrow 0$$

我们得到复形的正合列

$$0\longrightarrow \operatorname{Hom}_A(P^\bullet,M)\xrightarrow{\begin{pmatrix}\operatorname{Id}\\0\end{pmatrix}}\operatorname{Hom}_\Lambda(L^\bullet,\begin{pmatrix}M\\B\end{pmatrix}))\xrightarrow{(0\ \operatorname{Id})}\operatorname{Hom}_B(Q^\bullet,B)\longrightarrow 0. \qquad (7.8)$$

由 (C2) 知 $\operatorname{Hom}_A(P^\bullet,M)$ 正合. 因 $Q^\bullet$ 是完全 B-投射分解, 故 $\operatorname{Hom}_B(Q^\bullet,B)$ 正合. 于是 $\operatorname{Hom}_\Lambda(L^\bullet,\begin{pmatrix}M\\B\end{pmatrix}))$ 正合.

又因 $P^\bullet$ 是完全 A-投射分解, 故 $\operatorname{Hom}_A(P^\bullet,A)$ 正合, 因此 $\operatorname{Hom}_\Lambda(L^\bullet,\begin{pmatrix}A\\0\end{pmatrix}))\cong\operatorname{Hom}_A(P^\bullet,A)$ 正合. 从而由定义即知 $L^\bullet$ 是完全 Λ-投射分解, $\begin{pmatrix}X\\Y\end{pmatrix}_\phi\in\mathcal{GP}(\Lambda)$.

反之, 设 $\begin{pmatrix}X\\Y\end{pmatrix}_\phi\in\mathcal{GP}(\Lambda)$, 即有 (7.7) 中的完全 Λ-投射分解 $(L^\bullet,\begin{pmatrix}\partial^\bullet\\d'^\bullet\end{pmatrix})$ 使得 $\operatorname{Ker}\begin{pmatrix}\partial^0\\d'^0\end{pmatrix}=\begin{pmatrix}X\\Y\end{pmatrix}_\phi$. 由此取分量即得到 (7.3) 中的投射 B-模的正合列 $(Q^\bullet,d'^\bullet)$ 使得 $\operatorname{Ker}d'^0=Y$, 以及如下正合列

$$V^\bullet=\cdots\longrightarrow P^{-1}\oplus(M\otimes_B Q^{-1})\longrightarrow P^0\oplus(M\otimes_B Q^0)\xrightarrow{\partial^0}P^1\oplus(M\otimes_B Q^1)\longrightarrow\cdots,$$

使得 $\operatorname{Ker}\partial^0=X$. 由 (C1) 知 $M\otimes_B Q^\bullet$ 正合. 因

$$\begin{pmatrix}\partial^i\\d'^i\end{pmatrix}:\begin{pmatrix}P^i\oplus(M\otimes_B Q^i)\\Q^i\end{pmatrix}_{\begin{pmatrix}0\\\operatorname{Id}\end{pmatrix}}\longrightarrow \begin{pmatrix}P^{i+1}\oplus(M\otimes_B Q^{i+1})\\Q^{i+1}\end{pmatrix}_{\begin{pmatrix}0\\\operatorname{Id}\end{pmatrix}}$$

是 Λ-同态, 由交换图 (7.2) 知 ∂^i 形如 $\partial^i=\begin{pmatrix}d^i & 0\\\sigma^i & \operatorname{Id}\otimes_B d'^i\end{pmatrix}$, 其中 $\sigma^i:P^i\longrightarrow M\otimes_B Q^{i+1}$, $\forall\ i\in\mathbb{Z}$, 并且 $P^\bullet=\cdots\longrightarrow P^{-1}\longrightarrow P^0\xrightarrow{d^0}P^1\longrightarrow\cdots$ 是投射 A-模的复形. 再由 A-模复形的正合列

$$0\longrightarrow M\otimes_B Q^\bullet\xrightarrow{\begin{pmatrix}0\\\operatorname{Id}\end{pmatrix}}V^\bullet\xrightarrow{(\operatorname{Id},\ 0)}P^\bullet\longrightarrow 0$$

可知 $P^\bullet$ 正合.

7.10 由上三角扩张构造 Gorenstein 投射模

由 (7.7) 有如下交换图

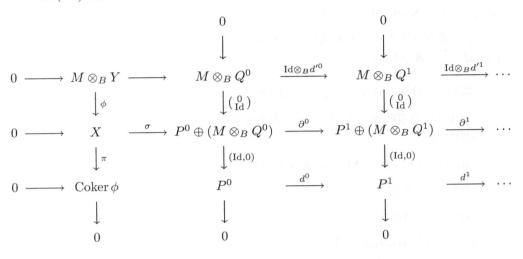

其中所有列正合, 第一和第二行正合. 于是 $\phi: M\otimes_B Y \longrightarrow X$ 是单射. 由蛇引理得到正合列

$$0 \longrightarrow M\otimes_B Y \xrightarrow{\phi} X \xrightarrow{\pi'} \operatorname{Ker} d^0 \longrightarrow \operatorname{Im}(\operatorname{Id}\otimes_B d'^1) \longrightarrow \operatorname{Im}\partial^1 \longrightarrow \operatorname{Im} d^1 \longrightarrow 0.$$

而 $\operatorname{Im}(\operatorname{Id}\otimes_B d'^1) \longrightarrow \operatorname{Im}\partial^1$ 是单射, 故映射 $\operatorname{Ker} d^0 \longrightarrow \operatorname{Im}(\operatorname{Id}\otimes_B d'^1)$ 为零, 因此 π' 是满射, 于是 $\operatorname{Ker} d^0 \cong \operatorname{Coker}\phi$. 因 $\operatorname{Hom}_\Lambda(L^\bullet, \left(\begin{smallmatrix}A\\0\end{smallmatrix}\right)) \cong \operatorname{Hom}_A(P^\bullet, A)$, 并且 $L^\bullet$ 是完全投射分解, 故 $\operatorname{Hom}_A(P^\bullet, A)$ 正合, 即 $P^\bullet$ 是 $\operatorname{Coker}\phi$ 的完全投射分解, $\operatorname{Coker}\phi \in \mathcal{GP}(A)$.

由 (C2) 知 $\operatorname{Hom}_A(P^\bullet, M)$ 正合. 因 $L^\bullet$ 是完全投射分解, 故 $\operatorname{Hom}_\Lambda(L^\bullet, \left(\begin{smallmatrix}M\\B\end{smallmatrix}\right))$ 正合, 再由 (7.8) 知 $\operatorname{Hom}_B(Q^\bullet, B)$ 正合. 于是 $Y \in \mathcal{GP}(B)$. ∎

迄今为止似乎还没有 Λ 是 Gorenstein 代数的充要条件. 若 A 和 B 是 Gorenstein 代数, 则 Λ 是 Gorenstein 代数当且仅当 $\operatorname{pd}_A M < \infty$ 且 $\operatorname{pd} M_B < \infty$ ([C2], Theorem 3.3). 更一般的结果如下.

引理 7.10.8([XZ], Theorem 2.2, Lemma 2.3) 设 $\Lambda = \left(\begin{smallmatrix}A & M\\ 0 & B\end{smallmatrix}\right)$ 是Artin 代数. 则

(i) 若 Λ 是Gorenstein代数, 则 $\operatorname{id}_A A < \infty$, $\operatorname{id}_A M < \infty$, $\operatorname{id} B_B < \infty$ 且 $\operatorname{id} M_B < \infty$.

(ii) 若 $\operatorname{pd}_A M < \infty$, 则 Λ 是Gorenstein 代数当且仅当 A 和 B 是Gorenstein代数, 且 $\operatorname{pd} M_B < \infty$.

(iii) 若 $\operatorname{pd} M_B < \infty$, 则 Λ 是Gorenstein 代数当且仅当 A 和 B 是Gorenstein代数, 且 $\operatorname{pd}_A M < \infty$.

(iv) 若 $\mathrm{id} A_A < \infty$, 则 Λ 是Gorenstein 代数当且仅当 A 和 B 是Gorenstein代数, $\mathrm{pd}_A M < \infty$ 且 $\mathrm{pd} M_B < \infty$.

(v) 若 $\mathrm{id}_B B < \infty$, 则 Λ 是Gorenstein 代数当且仅当 A 和 B 是Gorenstein代数, $\mathrm{pd}_A M < \infty$ 且 $\mathrm{pd} M_B < \infty$.

定理 7.10.9 设 $\Lambda = \left(\begin{smallmatrix} A & M \\ 0 & B \end{smallmatrix}\right)$ 是Gorenstein 代数. 则下述等价:

(i) $\left(\begin{smallmatrix} X \\ Y \end{smallmatrix}\right)_\phi \in \mathcal{GP}(\Lambda)$ 当且仅当 $\phi: M \otimes_B Y \longrightarrow X$ 是单射, $\mathrm{Coker}\,\phi \in \mathcal{GP}(A)$, 且 $Y \in \mathcal{GP}(B)$;

(ii) 由 $\left(\begin{smallmatrix} X \\ Y \end{smallmatrix}\right)_\phi \in \mathcal{GP}(\Lambda)$ 可推出 $Y \in \mathcal{GP}(B)$;

(iii) M 满足 (C1);

(iv) M 是相容的;

(v) B 是Gorenstein代数;

(vi) A 是Gorenstein代数;

(vii) $\mathrm{pd}_A M < \infty$;

(viii) $\mathrm{pd} M_B < \infty$;

(ix) $\mathrm{id} A_A < \infty$;

(x) $\mathrm{id}_B B < \infty$.

证 (v), (vi), (vii), (viii), (ix) 和 (x) 的等价性由引理 7.10.8 可知. (i) $\Longrightarrow$ (ii) 是平凡的.

(ii) $\Longrightarrow$ (x): 因 Λ 是 Gorenstein 代数, $\mathrm{id}_\Lambda \Lambda = n$, 故每个 Λ-模 X 的 Gorenstein 投射维数至多为 n (参见定理 7.7.7), 且有正合列 $0 \longrightarrow G \longrightarrow L^{n-1} \longrightarrow \cdots \longrightarrow L^0 \longrightarrow X \longrightarrow 0$, 其中 $L^i \in \mathcal{P}(\Lambda)$, $G \in \mathcal{GP}(\Lambda)$ (参见推论 7.7.5). 于是对于任意 B-模 Y 有正合列

$$0 \longrightarrow G \longrightarrow L^{n-1} \longrightarrow \cdots \longrightarrow L^0 \longrightarrow \left(\begin{smallmatrix} 0 \\ Y \end{smallmatrix}\right) \longrightarrow 0,$$

其中 L^i 是投射 Λ-模且 $G = \left(\begin{smallmatrix} X' \\ Y' \end{smallmatrix}\right) \in \mathcal{GP}(\Lambda)$. 因此

$$\mathrm{Ext}_B^{n+1}(Y, {}_B B) = \mathrm{Ext}_\Lambda^{n+1}(\left(\begin{smallmatrix} 0 \\ Y \end{smallmatrix}\right), \left(\begin{smallmatrix} 0 \\ B \end{smallmatrix}\right)) = \mathrm{Ext}_\Lambda^1(G, \left(\begin{smallmatrix} 0 \\ B \end{smallmatrix}\right))$$
$$= \mathrm{Ext}_\Lambda^1(\left(\begin{smallmatrix} X' \\ Y' \end{smallmatrix}\right), \left(\begin{smallmatrix} 0 \\ B \end{smallmatrix}\right)) = \mathrm{Ext}_B^1(Y', {}_B B),$$

其中第一和最后一个等式由 $_\Lambda\left(\begin{smallmatrix} 0 \\ B \end{smallmatrix}\right)$ 的内射分解得到 (它恰由 ${}_B B$ 的一个内射分解诱导); 第二个等式由维数转移得到. 由假设知 $Y' \in \mathcal{GP}(B)$, 因此 $\mathrm{Ext}_\Lambda^{n+1}(Y, {}_B B) = \mathrm{Ext}_B^1(Y', B) = 0$. 从而 $\mathrm{id}_B B < \infty$.

(x) $\Longrightarrow$ (iii): 设 $Q^\bullet$ 是投射 B- 模的正合列. 因 $\mathrm{id}_B B < \infty$, 故 $\mathrm{Hom}_B(Q^\bullet, {}_B B)$ 正合. 从而 $D({}_B B) \otimes_B Q^\bullet \cong D\mathrm{Hom}_B(Q^\bullet, {}_B B)$ 正合, 其中 D 是 Artin 代数 B 的对偶.

由引理 7.10.8(i) 知 $\mathrm{id} M_B < \infty$. 因为已证明对于任意内射右 B-module I, $I \otimes_B Q^\bullet$ 是正合的, 故 $M \otimes_B Q^\bullet$ 正合.

(iii) $\Longrightarrow$ (iv): 设 $P^\bullet$ 是完全 A- 投射分解. 由引理 7.10.8(i) 知 $\mathrm{id}_A M < \infty$, 由此可推出 $\mathrm{Hom}_A(P^\bullet, {}_A M)$ 正合.

(iv) $\Longrightarrow$ (i) 由定理 7.10.5 得到. ∎

下面的结论对于本书的第 11 章的 11.13 是重要的.

命题 7.10.10 设 $\Lambda = \begin{pmatrix} A & M \\ 0 & B \end{pmatrix}$ 是 Gorenstein 代数, ${}_A M$ 是投射模. 若 $Y \in \mathcal{GP}(B)$, 则 $M \otimes_B Y \in \mathcal{GP}(A)$.

证 设 $Q^\bullet = \cdots \longrightarrow Q^{-1} \longrightarrow Q^0 \xrightarrow{d'^0} Q^1 \longrightarrow \cdots$ 是完全投射分解使得 $Y = \mathrm{Ker}\, d'^0$. 由定理 7.10.9(vii) 和 (iii) 知 $M \otimes_B Q^\bullet$ 正合, 再由引理 7.10.2 知 $M \otimes_B Y = \mathrm{Ker}(\mathrm{Id}_M \otimes d'^0)$. 因 ${}_A M$ 投射, 由伴随同构知 $M \otimes_B Q^\bullet$ 是投射 A- 模的正合列. 因 Λ 是 Gorenstein 代数且 ${}_A M$ 投射, 由引理 7.10.8(ii) 知 A 也是 Gorenstein 代数; 再由引理 7.7.2(i) 知 $M \otimes_B Q^\bullet$ 是完全投射分解, 故 $M \otimes_B Y \in \mathcal{GP}(A)$. ∎

注记 7.10.11 若 ${}_A M$ 不是投射模, 则命题 7.10.10 一般不再成立. 例如, 设 $\Lambda = \begin{pmatrix} A & M \\ 0 & B \end{pmatrix}$, 其中 $\mathrm{gl.dim} A < \infty$ 且 ${}_A M$ 不是投射模. 则 $\begin{pmatrix} M \\ B \end{pmatrix}_{\mathrm{Id}_M} \in \mathcal{GP}(\Lambda)$, 但 $M \notin \mathcal{GP}(A)$.

关于上三角矩阵环上 Gorenstein 投射模和 Gorenstein 内射模参见 E. E. Enochs, M. Cortés-Izurdiaga, B. Torrecillas [ECIT].

7.11 箭图在代数上的单态射表示

方便起见, 本节总设 Q 是有限无圈箭图, A 是有限维 k- 代数, $\Lambda := A \otimes_k kQ \cong kQ \otimes_k A$. 我们将可能的推广 (例如, Q 有圈, 或 A 是无限维的情形) 留给读者. 将 A 换成域 k, 则 Λ 就是 Q 在 k 上的路代数 kQ. 将 Λ 理解为以 Q 中所有道路为基的自由左 A- 模, 进而视为箭图 Q 在代数 A 上的路代数. 因 Q 无圈, 故其顶点可标记为 $1, \cdots, n$, 使得任意箭向 $\alpha: j \longrightarrow i$ 满足 $j > i$. 本节总使用这种标记法.

例如, 若 $Q = \underset{n}{\bullet} \longrightarrow \cdots \longrightarrow \underset{1}{\bullet}$, 则 Λ 是代数 A 的上三角矩阵代数 $T_n(A) = $

$$\begin{pmatrix} A & A & \cdots & A & A \\ 0 & A & \cdots & A & A \\ \vdots & \vdots & \vdots & \vdots & \vdots \\ 0 & 0 & \cdots & A & A \\ 0 & 0 & \cdots & 0 & A \end{pmatrix}.$$ 一般地由 (7.1) 我们有

$$\Lambda \cong \begin{pmatrix} A & A^{m_{21}} & A^{m_{31}} & \cdots & A^{m_{n1}} \\ 0 & A & A^{m_{32}} & \cdots & A^{m_{n2}} \\ 0 & 0 & A & \cdots & A^{m_{n3}} \\ \vdots & \vdots & \vdots & & \vdots \\ 0 & 0 & 0 & \cdots & A \end{pmatrix}_{n\times n}, \tag{7.9}$$

其中 m_{ji} 是从顶点 j 到顶点 i 的道路的条数.

类似于箭图 Q 在域 k 上的表示, Q 在代数 A 上的表示 X 是指 $X = (X_i, X_\alpha, i \in Q_0, \alpha \in Q_1)$, 其中对任意 $i \in Q_0$, X_i 均是 A-模 (它称为 X 的第 i 个分支); 对任意 $\alpha \in Q_1$, $X_\alpha : X_{s(\alpha)} \longrightarrow X_{e(\alpha)}$ 均是 A-模同态. 如果每个 X_i 都是有限维的, 则称 X 是有限维表示. 从表示 X 到表示 Y 的态射 f 是指 $f = (f_i, i \in Q_0)$, 每个 $f_i : X_i \longrightarrow Y_i$ 均是 A-模同态, 使得对任意箭向 $\alpha : j \longrightarrow i$ 下图交换

$$\begin{array}{ccc} X_j & \xrightarrow{f_j} & Y_j \\ X_\alpha \downarrow & & \downarrow Y_\alpha \\ X_i & \xrightarrow{f_i} & Y_i \end{array} \tag{7.10}$$

称 f_i 为 f 的第 i 个分支. 如果 $p = \alpha_l \cdots \alpha_1$ 是道路, 其中每个 $\alpha_i \in Q_1$, 则记 X_p 为 A-模同态 $X_p := X_{\alpha_l} \cdots X_{\alpha_1}$. 箭图 Q 在代数 A 上的所有表示构成的范畴记为 $\mathrm{Rep}(Q,A)$; 箭图 Q 在代数 A 上的所有有限维表示构成的范畴记为 $\mathrm{rep}(Q,A)$. 易知 $\mathrm{Rep}(Q,A)$ 中的态射 $f = (f_i, i \in Q_0)$ 是单射 (或满射, 同构) 当且仅当每个 f_i 是单射 (或满射, 同构). 并且我们也有

引理 7.11.1 设 Q 是有限无圈箭图, A 是域 k 上的有限维代数, $\Lambda := A \otimes_k kQ$. 则有Abel范畴的等价 $\Lambda\text{-Mod} \cong \mathrm{Rep}(Q,A)$; 其限制就给出Abel范畴的等价 $\Lambda\text{-mod} \cong \mathrm{rep}(Q,A)$.

因为这个事实, 以下我们将 Λ-模等同于箭图 Q 的 A-表示. 相应的等价函子是: Λ-模 X 被映为箭图 Q 的 A-表示 $(X_i, X_\alpha, i \in Q_0, \alpha \in Q_1)$, 其中 $X_i = (1 \otimes e_i)X$ (1 是 A 的乘法单位元), 对任意的 $x \in X$, $a \in A$, A 在 X_i 上的作用由 $a(1 \otimes e_i)x = (a \otimes e_i)x = (1 \otimes e_i)(a \otimes e_i)x$ 给出; 且 A-模同态 $X_\alpha : X_{s(\alpha)} \longrightarrow X_{e(\alpha)}$ 由左乘 $1 \otimes \alpha \in \Lambda$ 给出. 另一方面, 箭图 Q 的 A-表示 $(X_i, X_\alpha, i \in Q_0, \alpha \in Q_1)$ 被映为 Λ-模 $X = \bigoplus_{i \in Q_0} X_i$, 其中 Λ 在 X 的作用为

$$(a\otimes p)(x_i) = \begin{cases} 0, & \text{若 } s(p) \neq i; \\ ax_i, & \text{若 } p = e_i; \\ aX_p(x_i) \in X_{e(p)}, & \text{若 } s(p) = i,\ l(p) \geqslant 1, \end{cases} \quad \forall\, a \in A,\ \forall\, \text{道路}\ p,\ \forall\, x_i \in X_i.$$

设 $f: X \longrightarrow Y$ 是范畴 $\mathrm{Rep}(Q, A)$ 中的态射. 则 $\mathrm{Ker} f$ 和 $\mathrm{Coker} f$ 可明确地写出. 例如 $\mathrm{Coker} f = (\mathrm{Coker} f_i,\ \widetilde{Y_\alpha},\ i \in Q_0,\ \alpha \in Q_1)$, 其中对任意 $\alpha: j \longrightarrow i$, A-模同态 $\widetilde{Y_\alpha}: \mathrm{Coker} f_j \longrightarrow \mathrm{Coker} f_i$ 是由 Y_α (参见 (7.10)) 诱导的. 范畴 $\mathrm{Rep}(Q, A)$ 中的态射序列 $0 \longrightarrow X \xrightarrow{f} Y \xrightarrow{g} Z \longrightarrow 0$ 是正合列当且仅当对任意 $i \in Q_0$, $0 \longrightarrow X_i \xrightarrow{f_i} Y_i \xrightarrow{g_i} Z_i \longrightarrow 0$ 均是 A-模正合列.

下面是本节的核心概念. 它在后面的发展中起重要作用.

定义 7.11.2 设 $X = (X_i,\ X_\alpha,\ i \in Q_0,\ \alpha \in Q_1)$ 是箭图 Q 在 A 上的表示. 称 X 是单态射 Λ-模, 或称 X 是 Q 在 A 上的单态射表示, 如果对任意顶点 $i \in Q_0$, A-模同态

$$(X_\alpha)_{\alpha \in Q_1,\ e(\alpha) = i}: \bigoplus_{\substack{\alpha \in Q_1 \\ e(\alpha) = i}} X_{s(\alpha)} \longrightarrow X_i$$

都是单射, 或等价地, X 满足如下两个条件

(m1) 对任意的 $\alpha \in Q_1$, $X_\alpha: X_{s(\alpha)} \longrightarrow X_{e(\alpha)}$ 是单射;

(m2) 对任意的 $i \in Q_0$ 有 $\sum\limits_{\substack{\alpha \in Q_1 \\ e(\alpha) = i}} \mathrm{Im}\, X_\alpha = \bigoplus\limits_{\substack{\alpha \in Q_1 \\ e(\alpha) = i}} \mathrm{Im}\, X_\alpha.$

如果 Q 的任意顶点 i 至多是一个箭向的终点, 则条件 (m2) 自然满足. 我们用 $\mathrm{mon}(Q, A)$ 记所有单态射 Λ-模构成的 Λ-mod 的全子范畴, 称为 Q 在 A 上的单态射范畴. 对偶地, 有 Q 在 A 上的满态射范畴的概念.

有限箭图 Q 在代数 A 上的单态射范畴的研究, 事实上已经历了几十年的发展, 并在最近十年受到很大的关注. 当 $Q = \bullet \longrightarrow \bullet$ 时, 通常它被称为 A 的子模范畴. 当 $Q = \underset{n}{\bullet} \longrightarrow \cdots \longrightarrow \underset{1}{\bullet}$ 时, 它也被称为 A 的滤链范畴. G. Birkhoff 开始了这方面的研究 ([Bir]), 经过 C. M. Ringel 和 M. Schmidmeier ([RS1, RS2, RS3]), D. Simson ([S1, S2, S3, SW]), 陈小伍 [C4], D. Kussin, H. Lenzing, H. Meltzer ([KLM1, KLM2]), 以及 [LZ1], [Z1], [LuoZ], [XZ], [XZZ], [RZ1] 和 [RZ3] 等工作, 单态射范畴与表示型、相对 Auslander-Reiten 理论、Gorenstein 投射模、倾斜理论、权射影线、Frobenius 范畴、稳定三角范畴、预投射代数、奇点理论、Calabi-Yau 范畴等都有紧密的联系. 亦参见 [RW], [Ar], [Mo], [IKM].

以下我们将 Q 的 A-表示 X 写成 $\begin{pmatrix} X_1 \\ \vdots \\ X_n \end{pmatrix}_{(X_\alpha, \alpha \in Q_1)}$ 的形式; 将 $\mathrm{rep}(Q, A)$ 中的态射 f 写成 $\begin{pmatrix} f_1 \\ \vdots \\ f_n \end{pmatrix}$ 的形式. 对应于顶点 $i \in Q_0$ 的不可分解投射 kQ-模记为 $P(i)$. 显然有 $P(i) \in \mathrm{mon}(Q, k)$. 由此可知对于任意 $M \in A\text{-mod}$ 有 $M \otimes_k P(i) \in \mathrm{mon}(Q, A)$. 因此我们得到如下函子

$$- \otimes_k P(i) : A\text{-mod} \longrightarrow \mathrm{mon}(Q, A), \quad -_i : \mathrm{rep}(Q, A) \longrightarrow A\text{-mod},$$

其中 $-_i$ 是取 Q 在 A 上的表示的第 i 个分支. 如下所示 $(- \otimes_k P(i), -_i)$ 是伴随对.

引理 7.11.3 对每个 Λ-模 $X = (X_i, X_\alpha, i \in Q_0, \alpha \in Q_1)$ 和每个 A-模 M, 我们有如下Abel群的同构, 并且在两个位置上都是自然的

$$\mathrm{Hom}_\Lambda(M \otimes_k P(i), X) \cong \mathrm{Hom}_A(M, X_i), \quad \forall\, i \in Q_0, \tag{7.11}$$

证 设 $f = (f_j, j \in Q_0) \in \mathrm{Hom}_\Lambda(M \otimes_k P(i), X)$. 则 $f_i \in \mathrm{Hom}_A(M, X_i)$. 因 $M \otimes_k P(i) = (M \otimes_k e_j kQe_i, j \in Q_0, \mathrm{id}_M \otimes \alpha, \alpha \in Q_1)$, 故由交换图 (7.10) 可得

$$f_j = \begin{cases} 0, & \text{如果没有从 } i \text{ 到 } j \text{ 的路}; \\ m \otimes_k p \mapsto X_p f_i(m), & \text{如果 } p \text{ 是从 } i \text{ 到 } j \text{ 的路}. \end{cases} \tag{7.12}$$

由 (7.10) 知 $f \mapsto f_i$ 是 $\mathrm{Hom}_\Lambda(M \otimes_k P(i), X)$ 到 $\mathrm{Hom}_A(M, X_i)$ 的单射. 它也是满射: 这是因为对于 $f_i \in \mathrm{Hom}_A(M, X_i)$, 由 (7.12) 给出的 $f = (f_j, j \in Q_0)$ 的确是 $\mathrm{rep}(Q, A)$ 的从 $M \otimes_k P(i)$ 到 X 的态射. ∎

命题 7.11.4 设 Q 是有限无圈箭图, A 是有限维 k-代数, $\Lambda := A \otimes_k kQ$. 则

(i) 不可分解投射 Λ-模恰好是 $P \otimes_k P(i)$, 其中 P 跑遍不可分解投射 A-模, i 跑遍顶点集 Q_0.

特别地, 投射 Λ-模作为 $\mathrm{rep}(Q, A)$ 中的对象, 其每个分支均是投射 A-模.

(ii) $\mathrm{mon}(Q, A)$ 中不可分解投射对象恰好是不可分解投射 Λ-模.

(iii) 若 I 是不可分解内射 A-模, 则 $I \otimes_k P(i)$ 是范畴 $\mathrm{mon}(Q, A)$ 中不可分解内射对象.

证 (i) 因 $P \otimes_k P(i)$ 是正则 Λ-模 $_\Lambda \Lambda$ 的直和项, 故 $P \otimes_k P(i)$ 是投射 Λ-模, 并且每个投射 Λ-模都是这种形式. 由 (7.11) 有

$$\mathrm{End}_\Lambda(P \otimes_k P(i)) \cong \mathrm{Hom}_A(P, (P \otimes_k P(i))_i) = \mathrm{End}_A(P).$$

因此 $P\otimes_k P(i)$ 也是不可分解的. 从而不可分解投射 Λ- 模恰好是 $P\otimes_k P(i)$, 其中 P 跑遍不可分解投射 A- 模, i 跑遍顶点集 Q_0.

(ii) 因 $P\otimes_k P(i)\in\mathrm{mon}(Q,A)$, 故由 (i) 知不可分解投射 Λ- 模均是 $\mathrm{mon}(Q,A)$ 中不可分解投射对象. 另一方面, 设 X 是 $\mathrm{mon}(Q,A)$ 中的不可分解投射对象. 由 (i) 知存在正合列 $0\longrightarrow K\longrightarrow P\otimes_k Q\longrightarrow X\longrightarrow 0$, 其中 $P\otimes_k Q$ 是投射 Λ- 模, 从而属于 $\mathrm{mon}(Q,A)$. 显然 $\mathrm{mon}(Q,A)$ 关于子对象封闭, 故 $K\in\mathrm{mon}(Q,A)$. 于是上述正合列是 $\mathrm{mon}(Q,A)$ 中正合列, 从而它分裂. 于是 X 也是不可分解投射 Λ- 模.

(iii) 首先 $I\otimes_k P(i)$ 是 $\mathrm{mon}(Q,A)$ 中不可分解对象. 令 $L:=D(A_A)\otimes_k kQ$. 只要证明 L 是 $\mathrm{mon}(Q,A)$ 中内射对象. 对 $|Q_0|$ 用归纳法. 为此将 L 写成 $L=(L_i,L_\alpha,i\in Q_0,\alpha\in Q_1)$. 令 Q' 是删去汇点 (sink) 1 得到的箭图, L' 是从 L 中删去分支 L_1 得到的 Q' 在 A 上的表示. 则 $L'=D(A_A)\otimes_k kQ'$, 且由归纳假设知 L' 是 $\mathrm{mon}(Q',A)$ 中内射对象.

设 $0\longrightarrow X\xrightarrow{f} Y\xrightarrow{g} Z\longrightarrow 0$ 是 $\mathrm{mon}(Q,A)$ 中正合列, 其中 $X=(X_i,X_\alpha,i\in Q_0,\alpha\in Q_1)$, 且 $h:X\longrightarrow L$ 是 $\mathrm{rep}(Q,A)$ 中态射. 令 X' 是从 X 中删去分支 X_1 得到的 Q' 在 A 上的表示. 类似地有 Y' 和 Z'. 则有 $\mathrm{mon}(Q',A)$ 中的正合列 $0\longrightarrow X'\xrightarrow{f'} Y'\xrightarrow{g'} Z'\longrightarrow 0$, 其中 f' 是从 f 中删去分支 f_1 得到的 $\mathrm{rep}(Q',A)$ 中态射. 类似地有 g' 和 $h':X'\longrightarrow L'$. 因 L' 是 $\mathrm{mon}(Q',A)$ 中内射对象, 故有 $\mathrm{rep}(Q',A)$ 中态射 $u'=\begin{pmatrix}u_2\\\vdots\\u_n\end{pmatrix}:Y'\longrightarrow L'$, 使得 $h'=u'f'$. 只要构造 A- 模同态
$$u_1:Y_1\longrightarrow L_1,$$
使得 $u=\begin{pmatrix}u_1\\u_2\\\vdots\\u_n\end{pmatrix}:Y\longrightarrow L$ 是 $\mathrm{rep}(Q,A)$ 中态射且 $h_1=u_1f_1$.

首先, 我们有 A- 模同态 $u'_1:Y_1\longrightarrow L_1$, 使得下图

$$\begin{array}{ccc} X_1 & \xrightarrow{f_1} & Y_1 \\ {\scriptstyle h_1}\downarrow & \swarrow {\scriptstyle u'_1} & \\ L_1 & & \end{array}$$

交换. 考虑 A- 模同态
$$(L_\alpha u_{s(\alpha)}-u'_1 Y_\alpha)_{\alpha\in Q_1,\ e(\alpha)=1}:\bigoplus_{\alpha\in Q_1,\ e(\alpha)=1}Y_{s(\alpha)}\longrightarrow L_1.$$

由 A- 模正合列
$$0\longrightarrow\bigoplus_{\alpha\in Q_1,\ e(\alpha)=1}X_{s(\alpha)}\xrightarrow{\mathrm{diag}(f_{s(\alpha)})}\bigoplus_{\alpha\in Q_1,\ e(\alpha)=1}Y_{s(\alpha)}\xrightarrow{\mathrm{diag}(g_{s(\alpha)})}\bigoplus_{\alpha\in Q_1,\ e(\alpha)=1}Z_{s(\alpha)}\longrightarrow 0$$

以及

$$(L_\alpha u_{s(\alpha)} - u_1' Y_\alpha)_{\alpha \in Q_1,\, e(\alpha)=1} \circ \mathrm{diag}(f_{s(\alpha)})$$
$$= (L_\alpha u_{s(\alpha)} f_{s(\alpha)} - u_1' Y_\alpha f_{s(\alpha)})_{\alpha \in Q_1,\, e(\alpha)=1}$$
$$= (L_\alpha u_{s(\alpha)} f_{s(\alpha)} - u_1' f_1 X_\alpha)_{\alpha \in Q_1,\, e(\alpha)=1}$$
$$= (L_\alpha h_{s(\alpha)} - h_1 X_\alpha)_{\alpha \in Q_1,\, e(\alpha)=1}$$
$$= 0,$$

其中第二个等式由 $f: X \longrightarrow Y$ 是 $\mathrm{rep}(Q, A)$ 中态射得到, 根据余核的泛性质知 $(L_\alpha u_{s(\alpha)} - u_1' Y_\alpha)_{\alpha \in Q_1,\, e(\alpha)=1}$ 通过 $\mathrm{diag}(g_{s(\alpha)})$ 分解. 即存在 A- 模同态

$$v_1: \bigoplus_{\alpha \in Q_1,\, e(\alpha)=1} Z_{s(\alpha)} \longrightarrow L_1,$$

使得

$$(L_\alpha u_{s(\alpha)} - u_1' Y_\alpha)_{\alpha \in Q_1,\, e(\alpha)=1} = v_1 \circ \mathrm{diag}(g_{s(\alpha)}).$$

因 L_1 是内射 A- 模且 $(Z_\alpha)_{\alpha \in Q_1,\, e(\alpha)=1}: \bigoplus_{\alpha \in Q_1,\, e(\alpha)=1} Z_{s(\alpha)} \longrightarrow Z_1$ 是单同态, 故存在 A- 模同态 $w_1: Z_1 \longrightarrow L_1$ 使得 $v_1 = w_1 \circ (Z_\alpha)_{\alpha \in Q_1,\, e(\alpha)=1}$. 因此

$$(L_\alpha u_{s(\alpha)} - u_1' Y_\alpha)_{\alpha \in Q_1,\, e(\alpha)=1} = w_1 \circ (Z_\alpha)_{\alpha \in Q_1,\, e(\alpha)=1} \circ \mathrm{diag}(g_{s(\alpha)})$$
$$= (w_1 g_1 Y_\alpha)_{\alpha \in Q_1,\, e(\alpha)=1},$$

其中第二个等式由 $g: Y \longrightarrow Z$ 是 $\mathrm{rep}(Q, A)$ 中态射得到. 这意味着对每个以 1 为终点的箭向 $\alpha \in Q_1$ 有

$$L_\alpha u_{s(\alpha)} - u_1' Y_\alpha = w_1 g_1 Y_\alpha. \tag{7.13}$$

现在令 $u_1 := u_1' + w_1 g_1: Y_1 \longrightarrow L_1$. 则由 (7.13) 和归纳假设可以推出 $u = \begin{pmatrix} u_1 \\ u_2 \\ \vdots \\ u_n \end{pmatrix}: Y \longrightarrow L$ 是 $\mathrm{rep}(Q, A)$ 中态射; 而且

$$u_1 f_1 = (u_1' + w_1 g_1) f_1 = u_1' f_1 = h_1.$$

命题得证. ∎

由可解子范畴的定义和命题 7.11.4 即知

推论 7.11.5 设 Q 是有限无圈箭图, A 是有限维 k- 代数. 则 $\mathrm{mon}(Q, A)$ 是 $\mathrm{rep}(Q, A)$ 的可解子范畴, 而且 $\mathrm{mon}(Q, A)$ 对于子对象封闭.

设 kQ/I 是有限维 k-代数, 其中 I 是 kQ 的容许理想. 称 Q 的 I-界定 k-表示 $X = (X_i, X_\alpha, i \in Q_0, \alpha \in Q_1)$ 为单态射表示, 如果对任意 $i \in Q_0$, k-线性映射

$$(X_\alpha)_{\alpha \in Q_1, e(\alpha) = i} : \bigoplus_{\substack{\alpha \in Q_1 \\ e(\alpha) = i}} X_{s(\alpha)} \longrightarrow X_i$$

均是单射. 将 Q 的所有有限维 I-界定 k-单态射表示构成的 $\operatorname{rep}(Q, I, k)$ 的全子范畴记为 $\operatorname{mon}(Q, I, k)$. 则有 $\operatorname{mon}(Q, 0, k) = \operatorname{mon}(Q, k)$ (此处 $\operatorname{mon}(Q, k)$ 是指先前的 $\operatorname{mon}(Q, A)$, 其中 $A = k$).

命题 7.11.6 设 $A = kQ/I$ 是有限维 k-代数, 其中 I 是 kQ 的容许理想. 则 $\mathcal{P}(A) \subseteq \operatorname{mon}(Q, I, k)$ 当且仅当 A 是遗传的, 即 $I = 0$.

证 若 A 遗传则 $I = 0$ 且 $\mathcal{P}(kQ) \subseteq \operatorname{mon}(Q, 0, k)$. 反之, 设 $I \neq 0$. 取 $0 \neq \sum_{p \in \mathcal{P}} c_p p \in I$, 其中 $l(p) \geqslant 2$, $c_p \in k$, 每个 $c_p \neq 0$, 且所有道路 p 有共同的起点 j 和共同的终点 i. 考虑投射 A-模 $P(j) = Ae_j$. 作为 Q 的 I-界定 k-表示, 我们有 $P(j) = (e_t kQ e_j, t \in Q_0, f_\alpha, \alpha \in Q_1)$. 设 $\alpha_1, \cdots, \alpha_m$ 是 Q 的所有以 i 为终点的箭向. 我们断言

$$(f_{\alpha_v})_{1 \leqslant v \leqslant m} : \bigoplus_{1 \leqslant v \leqslant m} e_{s(\alpha_v)} kQ e_j \longrightarrow e_i kQ e_j$$

非单, 其中 k-线性映射 f_{α_v} 是由左乘 α_v 给出. 由于每个从 j 到 i 的道路必须经过某个箭向 α_v, 而且 $\sum_{p \in \mathcal{P}} c_p f_p = 0$, 故 $\sum_{1 \leqslant v \leqslant m} \dim_k(e_{s(\alpha_v)} kQ e_j) > \dim_k(e_i kQ e_j)$. 这就证明了上面的断言. 从而 $P(j) \notin \operatorname{mon}(Q, I, k)$. ∎

设 $\Lambda = A \otimes_k kQ$, 并且 Λ 形如 $\Lambda = kQ'/I'$, 其中 Q' 是有限箭图, I' 是 kQ' 的容许理想. 我们强调一般情况下 $\operatorname{mon}(Q, A) \neq \operatorname{mon}(Q', I', k)$. 事实上, 如在下节定理 7.12.1 所示 $\mathcal{P}(\Lambda) \subseteq \operatorname{mon}(Q, A)$ 永远是正确的; 但是, 正如命题 7.11.6 所示, $\mathcal{P}(\Lambda) \subseteq \operatorname{mon}(Q', I', k)$ 未必正确. 这正是我们不用记号 $\operatorname{mon}(\Lambda)$ 的原因.

7.12 由单态射表示构造 Gorenstein 投射模

设 Q 是有限无圈箭图, A 是域 k 上有限维代数, $\Lambda := kQ \otimes_k A$. 由引理 7.11.1 我们将 Λ-模视为 Q 在 A 上的表示. 这个看法提供了构造 Gorenstein 投射 Λ-模的基础. 利用 Q 在 A 上的单态射表示, 我们可以描述所有 (有限生成) Gorenstein 投射 Λ-模. 这给出了 Gorenstein 投射 Λ-模的归纳构造. 它亦体现了流形的思想.

定理 7.12.1([LuoZ]) 设 Q 是有限无圈箭图, A 是域 k 上有限维代数, $\Lambda = A \otimes_k kQ$. 设 $X = (X_i, X_\alpha, i \in Q_0, \alpha \in Q_1)$ 是 Λ-模. 则 $X \in \mathcal{GP}(\Lambda)$ 当且仅当

$X \in \mathrm{mon}(Q, A)$ 且 X 满足条件 (G), 其中

(G) 对任意 $i \in Q_0$, 有 $X_i \in \mathcal{GP}(A)$, 并且商模 $X_i/(\bigoplus\limits_{\substack{\alpha \in Q_1 \\ e(\alpha)=i}} \mathrm{Im}\, X_\alpha) \in \mathcal{GP}(A)$.

由 [AR3, Proposition 2.2] 知 Λ 是 Gorenstein 代数当且仅当 A 是 Gorenstein 代数. 因此定理7.12.1也可能包含非 Gorenstein 代数上 Gorenstein 投射模的信息.

例 7.12.2 (i) 在定理7.12.1中, 取 $Q = \underset{n}{\bullet} \longrightarrow \cdots \longrightarrow \underset{1}{\bullet}$ 立即得到:

$T_n(A)$- 模 $X = (X_i, \phi_i)$ 是 Gorenstein投射模当且仅当每个 $\phi_i: X_{i+1} \longrightarrow X_i$, $i = n-1, \cdots, 1$, 均是单射, 每个 X_i 是 Gorenstein 投射 A- 模, 且每个 $\mathrm{Coker}\, \phi_i$ 均是 Gorenstein 投射 A- 模.

在假设 A 是 Gorenstein 的情况下, 该结论在[Z1, Corollary 4.1] 中已得到; 其中 $n = 2$ 时是在[LZ1, Theorem 1.1(i)]中得到的(亦参见[IKM, Proposition 3.6(i)]).

(ii) 设 Λ 是由箭图 $\overset{\lambda_3}{\underset{3}{\bullet}} \overset{\beta}{\longrightarrow} \overset{\lambda_1}{\underset{1}{\bullet}} \overset{\alpha}{\longleftarrow} \overset{\lambda_2}{\underset{2}{\bullet}}$ 和关系 $\lambda_1^2, \lambda_2^2, \lambda_3^2, \alpha\lambda_2 - \lambda_1\alpha, \beta\lambda_3 - \lambda_1\beta$ 给出的 k- 代数. 则 $\Lambda = A \otimes_k kQ = \begin{pmatrix} A & A & A \\ 0 & A & 0 \\ 0 & 0 & A \end{pmatrix}$, 其中 Q 是箭图 $\underset{3}{\bullet} \longrightarrow \underset{1}{\bullet} \longleftarrow \underset{2}{\bullet}$, $A = k[x]/\langle x^2 \rangle$. 令 k 是单 A- 模, $\sigma: k \hookrightarrow A$ 是嵌入态射. 则由定理7.12.1知

$(X_1 = A, X_2 = 0, X_3 = 0, X_\alpha = 0 = X_\beta) \in \mathcal{GP}(\Lambda)$,
$(X_1 = A, X_2 = A, X_3 = 0, X_\alpha = \mathrm{id}, X_\beta = 0) \in \mathcal{GP}(\Lambda)$,
$(X_1 = A, X_2 = 0, X_3 = A, X_\alpha = 0, X_\beta = \mathrm{id}) \in \mathcal{GP}(\Lambda)$,
$(X_1 = k, X_2 = 0, X_3 = 0, X_\alpha = 0 = X_\beta) \in \mathcal{GP}(\Lambda)$,
$(X_1 = k, X_2 = k, X_3 = 0, X_\alpha = \mathrm{id}, X_\beta = 0) \in \mathcal{GP}(\Lambda)$,
$(X_1 = k, X_2 = 0, X_3 = k, X_\alpha = 0, X_\beta = \mathrm{id}) \in \mathcal{GP}(\Lambda)$,
$(X_1 = A, X_2 = k, X_3 = 0, X_\alpha = \sigma, X_\beta = 0) \in \mathcal{GP}(\Lambda)$,
$(X_1 = A, X_2 = 0, X_3 = k, X_\alpha = 0, X_\beta = \sigma) \in \mathcal{GP}(\Lambda)$,
$(X_1 = A \oplus k, X_2 = k, X_3 = k, X_\alpha = \begin{pmatrix} 0 \\ \mathrm{id} \end{pmatrix}, X_\beta = \begin{pmatrix} \sigma \\ \mathrm{id} \end{pmatrix}) \in \mathcal{GP}(\Lambda)$.

事实上, 它们是所有的互不同构的不可分解 Gorenstein 投射 Λ- 模. 而由定理7.12.1 知 $(Y_1 = A, Y_2 = k, Y_3 = k, Y_\alpha = \sigma = Y_\beta) \notin \mathcal{GP}(\Lambda)$. 注意: 对于任意无圈箭图 Q, 所有互不同构的不可分解非投射的 Gorenstein 投射 Λ- 模与所有互不同构的不可分解 kQ- 模之间存在一一对应(参见[RZ3]).

7.12 由单态射表示构造 Gorenstein 投射模

我们将应用定理 7.10.5 和对 $|Q_0|$ 使用归纳来证明定理 7.12.1.

将 Q 的顶点标记为 $1, \cdots, n$, 使得对任意箭向 $\alpha: j \longrightarrow i$ 都有 $j > i$. 则 n 是源点 (source), 1 是汇点 (sink). 将删去顶点 n 后得到的箭图记为 Q'. 令 $\Lambda' = A \otimes_k kQ'$. 用 $P(n)$ 表示对应于顶点 n 的不可分解投射 (左) kQ-模. 令 $P := A \otimes_k \operatorname{rad} P(n)$. 则 P 是 Λ'-A- 双模且 $\Lambda = \begin{pmatrix} \Lambda' & P \\ 0 & A \end{pmatrix}$. 参见 (7.9).

因为 kQ 是遗传代数, 故 $\operatorname{rad} P(n)$ 是投射 kQ'- 模, 从而 $P = A \otimes_k \operatorname{rad} P(n)$ 是投射 (左) Λ'- 模, 同时也是投射 (右) A- 模 (因为作为右 A- 模, P 是一些 A_A 的直和). 这样我们便可以应用定理 7.10.5. 为此, 我们把 Λ- 模 $X = (X_i, X_\alpha, i \in Q_0, \alpha \in Q_1)$ 写成 $X = \begin{pmatrix} X' \\ X_n \end{pmatrix}_\phi$, 其中 $X' = (X_i, X_\alpha, i \in Q'_0, \alpha \in Q'_1)$ 是 Λ'- 模, $\phi: P \otimes_A X_n \longrightarrow X'$ 是 Λ'- 模同态, 其具体表达形式将在下面的引理 7.12.4 中给出. 本节中我们将固定这些记号 $Q', \Lambda', P(n), P, X'$ 和 ϕ. 方便起见, 我们将定理 7.10.5 明确表述为:

引理 7.12.3 令 $X = \begin{pmatrix} X' \\ X_n \end{pmatrix}_\phi$ 为 Λ- 模. 则 $X \in \mathcal{GP}(\Lambda)$ 当且仅当 X 满足下列条件:

(i) $X_n \in \mathcal{GP}(A)$;

(ii) $\phi: P \otimes_A X_n \longrightarrow X'$ 是单射;

(iii) $\operatorname{Coker} \phi \in \mathcal{GP}(\Lambda')$.

对每个 $i \in Q'_0$, 用 $\mathcal{A}(n \to i)$ 表示从 n 到 i 的所有箭向构成的集合; 用 $\mathcal{P}(n \to i)$ 表示从 n 到 i 的所有道路构成的集合.

引理 7.12.4 设 $X = (X_i, X_\alpha, i \in Q_0, \alpha \in Q_1)$ 是 Λ- 模. 如果 X_β 是单射, $\forall \beta \in Q'_1$, 则 $\phi: P \otimes_A X_n \longrightarrow X'$ 是单射当且仅当 X_α 是单射, $\forall \alpha \in Q_1$, 且
$$\sum_{p \in \mathcal{P}(n \to i)} \operatorname{Im} X_p = \bigoplus_{p \in \mathcal{P}(n \to i)} \operatorname{Im} X_p, \ \forall \ i \in Q'_0.$$

证 令 $m_i := |\mathcal{P}(n \to i)|$, $i \in Q'_0$. 将 kQ'- 模 $\operatorname{rad} P(n)$ 改写成形式 $\begin{pmatrix} k^{m_1} \\ \vdots \\ k^{m_{n-1}} \end{pmatrix}$. 则有 Λ'- 模同构

$$P \otimes_A X_n \cong (\operatorname{rad} P(n) \otimes_k A) \otimes_A X_n \cong \operatorname{rad} P(n) \otimes_k X_n \cong \begin{pmatrix} X_n^{m_1} \\ \vdots \\ X_n^{m_{n-1}} \end{pmatrix}.$$

设 $\mathcal{P}(n \to i) = \{p_1, \cdots, p_{m_i}\}$. 则 ϕ 形如

$$\begin{pmatrix} \phi_1 \\ \vdots \\ \phi_{n-1} \end{pmatrix} : P \otimes_A X_n \cong \begin{pmatrix} X_n^{m_1} \\ \vdots \\ X_n^{m_{n-1}} \end{pmatrix} \longrightarrow \begin{pmatrix} X_1 \\ \vdots \\ X_{n-1} \end{pmatrix},$$

其中 $\phi_i = (X_{p_1}, \cdots, X_{p_{m_i}}) : X_n^{m_i} \longrightarrow X_i$ (X_{p_i} 的意义在 7.11 节中已定义). 于是 ϕ 是单射当且仅当对每个 ϕ_i ($i \in Q_0'$) 是单射; 当且仅当 $\sum_{p \in \mathcal{P}(n \to i)} \mathrm{Im}\, X_p = \bigoplus_{p \in \mathcal{P}(n \to i)} \mathrm{Im}\, X_p$ 并且 X_p 是单射, $\forall p \in \mathcal{P}(n \to i)$. 由此即可证得引理. ∎

引理 7.12.5 设 $X = \begin{pmatrix} X' \\ X_n \end{pmatrix}_\phi$ 是单态射 Λ-模. 则

(1) 对每个 $i \in Q_0'$ 有 $\sum_{p \in \mathcal{P}(n \to i)} \mathrm{Im}\, X_p = \bigoplus_{p \in \mathcal{P}(n \to i)} \mathrm{Im}\, X_p$;

(2) $\phi : P \otimes_A X_n \longrightarrow X'$ 是单射;

(3) $\mathrm{Coker}\, \phi = (X_i/(\bigoplus_{p \in \mathcal{P}(n \to i)} \mathrm{Im}\, X_p), \widetilde{X_\alpha}, i \in Q_0', \alpha \in Q_1')$, 其中对每个 Q_1' 中的箭向 $\alpha : j \longrightarrow i$,

$$\widetilde{X_\alpha} : X_j/(\bigoplus_{q \in \mathcal{P}(n \to j)} \mathrm{Im}\, X_q) \longrightarrow X_i/(\bigoplus_{p \in \mathcal{P}(n \to i)} \mathrm{Im}\, X_p)$$

是由 X_α 诱导的 A-模同态.

证 $X = \begin{pmatrix} X' \\ X_n \end{pmatrix}_\phi$ 是单态射 Λ-模, 由单态射 Λ-模的定义即知 X_α 均是单射, $\forall \alpha \in Q_1$. 由引理 7.12.4 及其证明可知只要证明 (1) 即可. 对任意 $i \in Q_0'$, 若 $\mathcal{P}(n \to i)$ 是空集, 则令 $l_i := 0$; 否则令 $l_i := \max\{l(p) \mid p \in \mathcal{P}(n \to i)\}$, 其中 $l(p)$ 是道路 p 的长度. 对 l_i 用归纳法证明 (1). 若 $l_i = 0$ 则 (1) 是平凡的. 设 $l_i \geqslant 1$. 设 $\sum_{p \in \mathcal{P}(n \to i)} X_p(x_{n,p}) = 0$, 其中 $X_{n,p} \in X_n$. 由

$$\sum_{p \in \mathcal{P}(n \to i) - \mathcal{A}(n \to i)} \mathrm{Im}\, X_p = \sum_{\substack{\alpha \in Q_1' \\ e(\alpha) = i}} X_\alpha(\sum_{q \in \mathcal{P}(n \to s(\alpha))} \mathrm{Im}\, X_q),$$

可得

$$0 = \sum_{p \in \mathcal{P}(n \to i)} X_p(x_{n,p}) = \sum_{\alpha \in \mathcal{A}(n \to i)} X_\alpha(x_{n,\alpha}) + \sum_{p \in \mathcal{P}(n \to i) - \mathcal{A}(n \to i)} X_p(x_{n,p})$$

$$= \sum_{\alpha \in \mathcal{A}(n \to i)} X_\alpha(x_{n,\alpha}) + \sum_{\substack{\beta \in Q_1' \\ e(\beta) = i}} X_\beta(\sum_{q \in \mathcal{P}(n \to s(\beta))} X_q(x_{n,\beta q})),$$

由定义 7.11.2 中 (m2) 知对 $\alpha \in \mathcal{A}(n \to i)$ 有 $X_\alpha(x_{n,\alpha}) = 0$; 且对于以 i 为终点的箭向 $\beta \in Q_1'$ 有

$$X_\beta(\sum_{q \in \mathcal{P}(n \to s(\beta))} X_q(x_{n,\beta q})) = 0.$$

再由 (m1) 知 $\sum_{q \in \mathcal{P}(n \to s(\beta))} X_q(x_{n,\beta q}) = 0$. 对任意以 i 为终点的箭向 $\beta \in Q'_1$, 因为 $l_{s(\beta)} < l_i$, 由归纳假设即知对所有的以 i 为终点的箭向 $\beta \in Q'_1$ 和 $q \in \mathcal{P}(n \to s(\beta))$, 均有 $X_q(x_{n,\beta q}) = 0$. 这就证明了 (1). ■

引理 7.12.6 设 $X = \begin{pmatrix} X' \\ X_n \end{pmatrix}_\phi$ 是单态射 Λ- 模. 则 Coker ϕ 是单态射 Λ'- 模.

证 我们需要证明对任意的 $i \in Q'_0$, Λ'- 模同态

$$(\widetilde{X_\alpha})_{\alpha \in Q'_1, e(\alpha)=i} : \bigoplus_{\substack{\alpha \in Q'_1 \\ e(\alpha)=i}} (X_{s(\alpha)}/(\bigoplus_{q \in \mathcal{P}(n \to s(\alpha))} \operatorname{Im} X_q)) \longrightarrow X_i/(\bigoplus_{p \in \mathcal{P}(n \to i)} \operatorname{Im} X_p)$$

是单射. 为此假设 $\sum_{\substack{\alpha \in Q'_1 \\ e(\alpha)=i}} \widetilde{X_\alpha}(\overline{x_{s(\alpha),\alpha}}) = 0$, 其中 $\overline{x_{s(\alpha),\alpha}}$ 是 $x_{s(\alpha),\alpha} \in X_{s(\alpha)}$ 在 $X_{s(\alpha)}/(\bigoplus_{q \in \mathcal{P}(n \to s(\alpha))} \operatorname{Im} X_q)$ 中的像. 则 $\sum_{\substack{\alpha \in Q'_1 \\ e(\alpha)=i}} X_\alpha(x_{s(\alpha),\alpha}) \in \bigoplus_{p \in \mathcal{P}(n \to i)} \operatorname{Im} X_p$. 所以存在 $x_{n,p} \in X_n$ 使得

$$\sum_{\substack{\alpha \in Q'_1 \\ e(\alpha)=i}} X_\alpha(x_{s(\alpha),\alpha}) = \sum_{p \in \mathcal{P}(n \to i)} X_p(x_{n,p}).$$

故

$$0 = \sum_{\substack{\alpha \in Q'_1 \\ e(\alpha)=i}} X_\alpha(x_{s(\alpha),\alpha}) - \sum_{p \in \mathcal{P}(n \to i)} X_p(x_{n,p})$$

$$= \sum_{\substack{\alpha \in Q'_1 \\ e(\alpha)=i}} X_\alpha(x_{s(\alpha),\alpha}) - \sum_{\beta \in \mathcal{A}(n \to i)} X_\beta(x_{n,\beta}) - \sum_{\substack{\alpha \in Q'_1 \\ e(\alpha)=i}} X_\alpha(\sum_{q \in \mathcal{P}(n \to s(\alpha))} X_q(x_{n,\alpha q}))$$

$$= \sum_{\substack{\alpha \in Q'_1 \\ e(\alpha)=i}} X_\alpha(x_{s(\alpha),\alpha} - \sum_{q \in \mathcal{P}(n \to s(\alpha))} X_q(x_{n,\alpha q})) - \sum_{\beta \in \mathcal{A}(n \to i)} X_\beta(x_{n,\beta}).$$

由 X 为单态射 Λ- 模即知 $x_{s(\alpha),\alpha} = \sum_{q \in \mathcal{P}(n \to s(\alpha))} X_q(x_{n,\alpha q})$, 即 $\overline{x_{s(\alpha),\alpha}} = 0$. ■

引理 7.12.7 设 $X = \begin{pmatrix} X' \\ X_n \end{pmatrix}_\phi$ 是单态射 Λ- 模并满足条件 (G). 则 $\forall i \in Q'_0$,

$$(X_i/(\bigoplus_{p \in \mathcal{P}(n \to i)} \operatorname{Im} X_p))/(\bigoplus_{\substack{\alpha \in Q'_1 \\ e(\alpha)=i}} \operatorname{Im} \widetilde{X_\alpha})$$

是 Gorenstein 投射 A- 模.

证 因为 $\bigoplus_{p\in\mathcal{P}(n\to i)-\mathcal{A}(n\to i)}\operatorname{Im}X_p\subseteq\sum_{\substack{\beta\in Q_1\\e(\beta)=i}}\operatorname{Im}X_\beta$, 故有

$$\sum_{\substack{\alpha\in Q_1'\\e(\alpha)=i}}\operatorname{Im}\widetilde{X_\alpha}=(\sum_{\substack{\alpha\in Q_1'\\e(\alpha)=i}}\operatorname{Im}X_\alpha+\bigoplus_{p\in\mathcal{P}(n\to i)}\operatorname{Im}X_p)/(\bigoplus_{p\in\mathcal{P}(n\to i)}\operatorname{Im}X_p)$$

$$=(\sum_{\substack{\beta\in Q_1\\e(\beta)=i}}\operatorname{Im}X_\beta+\bigoplus_{p\in\mathcal{P}(n\to i)-\mathcal{A}(n\to i)}\operatorname{Im}X_p)/(\bigoplus_{p\in\mathcal{P}(n\to i)}\operatorname{Im}X_p)$$

$$=(\sum_{\substack{\beta\in Q_1\\e(\beta)=i}}\operatorname{Im}X_\beta)/(\bigoplus_{p\in\mathcal{P}(n\to i)}\operatorname{Im}X_p)$$

$$\stackrel{(\mathrm{m}2)}{=}(\bigoplus_{\substack{\beta\in Q_1\\e(\beta)=i}}\operatorname{Im}X_\beta)/(\bigoplus_{p\in\mathcal{P}(n\to i)}\operatorname{Im}X_p),\tag{7.14}$$

从而要证的商模就是 $X_i/(\bigoplus_{\substack{\beta\in Q_1\\e(\beta)=i}}\operatorname{Im}X_\beta)$. 由条件 (G) 它是 Gorenstein 投射 A-模. ∎

引理 7.12.8 设 $X=\binom{X'}{X_n}_\phi$ 为单态射 Λ-模并满足条件 (G). 则对每个 $i\in Q_0'$, $X_i/(\bigoplus_{p\in\mathcal{P}(n\to i)}\operatorname{Im}X_p)$ 均是 Gorenstein 投射 A-模.

证 对 l_i (在引理 7.12.5 的证明中定义) 用归纳法. 若 $i\in Q_0'$ 且 $l_i=0$, 则由条件 (G) 即知结论成立.

设 $l_i\geqslant 1$. 因为 $\bigoplus_{p\in\mathcal{P}(n\to i)}\operatorname{Im}X_p\subseteq\bigoplus_{\substack{\alpha\in Q_1\\e(\alpha)=i}}\operatorname{Im}X_\alpha$, 我们有正合列

$$(\bigoplus_{\substack{\alpha\in Q_1\\e(\alpha)=i}}\operatorname{Im}X_\alpha)/(\bigoplus_{p\in\mathcal{P}(n\to i)}\operatorname{Im}X_p)\hookrightarrow X_i/(\bigoplus_{p\in\mathcal{P}(n\to i)}\operatorname{Im}X_p)\twoheadrightarrow X_i/(\bigoplus_{\substack{\alpha\in Q_1\\e(\alpha)=i}}\operatorname{Im}X_\alpha).$$

由 (G) 知其右边的商模是 Gorenstein 投射的. 因此只要证左边的项是 Gorenstein 投射的. 而由 (7.14) 式知左边的项是 $\bigoplus_{\substack{\alpha\in Q_1'\\e(\alpha)=i}}\operatorname{Im}\widetilde{X_\alpha}$. 由引理 7.12.6 知每个 $\widetilde{X_\alpha}$ 均是单射, 故 $\operatorname{Im}\widetilde{X_\alpha}\cong X_j/(\bigoplus_{p\in\mathcal{P}(n\to j)}\operatorname{Im}X_p)$, 其中 $j=s(\alpha)$. 因 $l_j<l_i$, 由归纳假设知 $X_j/(\bigoplus_{p\in\mathcal{P}(n\to j)}\operatorname{Im}X_p)$ 是 Gorenstein 投射的. 这就完成了证明. ∎

由上述几个引理我们就可以证明定理 7.12.1 中的充分性. 即

7.12 由单态射表示构造 Gorenstein 投射模

引理 7.12.9 如果 $X = (X_i, X_\alpha, i \in Q_0, \alpha \in Q_1)$ 是单态射 Λ-模并满足条件 (G), 则 X 是 Gorenstein 投射的.

证 对 $n = |Q_0|$ 进行归纳. 若 $n = 1$ 则结论显然成立. 假设结论对 $n-1$ ($n \geqslant 2$) 成立. 只需证明 X 满足引理 7.12.3 中条件 (i), (ii) 和 (iii).

条件 (i) 包含在 (G) 中; 由引理 7.12.5(2) 可得条件 (ii). 由引理 7.12.6 知 $\mathrm{Coker}\,\phi$ 是单态射 Λ'-模; 由引理 7.12.7 和 7.12.8 知 $\mathrm{Coker}\,\phi$ 满足条件 (G). 再由归纳假设知条件 (iii) 成立. ∎

引理 7.12.10 设 $X = (X_i, X_\alpha, i \in Q_0, \alpha \in Q_1)$ 是 Λ-模且 X_n 是 Gorenstein 投射 A-模. 则 $P \otimes_A X_n$ 是 Gorenstein 投射 Λ'-模, 其中 P 如本节前面所定义.

证 令 $P(n)$ 是对应于顶点 n 的不可分解投射 kQ-模. 将 $\mathrm{rad}P(n)$ 写为 Q' 的 k-表示我们有 $\mathrm{rad}P(n) = (k^{m_i}, f_\alpha, i \in Q'_0, \alpha \in Q'_1)$, 其中 $m_i = |\mathcal{P}(n \to i)|$, $\forall i \in Q'_0$. 由表示 $P(n)$ 的结构可得 $\mathrm{rad}P(n)$ 有如下的性质:

(1) 每个 $f_\alpha: k^{m_{s(\alpha)}} \longrightarrow k^{m_{e(\alpha)}}$ 都是单的.

(2) 对任意 $i \in Q'_0$ 有 $\sum\limits_{\substack{\alpha \in Q'_1 \\ e(\alpha)=i}} \mathrm{Im}\,f_\alpha = \bigoplus\limits_{\substack{\alpha \in Q'_1 \\ e(\alpha)=i}} \mathrm{Im}\,f_\alpha$;

(3) 对任意 $i \in Q'_0$ 有 k-空间的同构 $k^{m_i}/(\bigoplus\limits_{\substack{\alpha \in Q'_1 \\ e(\alpha)=i}} \mathrm{Im}\,f_\alpha) \cong k^{|\mathcal{A}(n \to i)|}$.

因此
$$P \otimes_A X_n \cong (\mathrm{rad}P(n) \otimes_k A) \otimes_A X_n \cong \mathrm{rad}P(n) \otimes_k X_n$$
$$= (X_n^{m_i}, f_\alpha \otimes_k \mathrm{id}_{X_n}, i \in Q'_0, \alpha \in Q'_1).$$

由 (1), (2) 和 (3) 易得 $P \otimes_A X_n$ 是单态射 Λ'-模并满足条件 (G) (例如, 由 (3) 可知 $X_n^{m_i}/(\bigoplus\limits_{\alpha \in Q'_1, e(\alpha)=i} \mathrm{Im}(f_\alpha \otimes_k \mathrm{id}_{X_n})) \cong X_n^{|\mathcal{A}(n \to i)|}$ 是 Gorenstein 投射 A-模). 于是由引理 7.12.9 即知结论成立. ∎

定理 7.12.1 的证明 由引理 7.12.9 只要证必要性. 即若 X 是 Gorenstein 投射 Λ-模, 则 X 是单态射 Λ-模且满足条件 (G). 对 $n = |Q_0|$ 用归纳法. 若 $n = 1$ 则结论显然成立. 假设对 $n-1$ ($n \geqslant 2$) 结论成立. 将 X 写成 $X = \begin{pmatrix} X' \\ X_n \end{pmatrix}_\phi$. 则 X 满足引理 7.12.3 中的条件 (i), (ii) 和 (iii).

由条件 (i) 和引理 7.12.10 知 $P \otimes_A X_n$ 是 Gorenstein 投射 Λ'-模. 由条件 (ii), (iii) 以及 $\mathcal{GP}(\Lambda')$ 对扩张封闭知 $X' \in \mathcal{GP}(\Lambda')$. 由归纳假设知 X' 是单态射 Λ'-模且满足条件 (G). 故有如下性质:

(1) X_β 是单射, $\forall\, \beta \in Q_1'$;

(2) X_i 是 Gorenstein 投射的, $\forall\, i \in Q_0'$;

由 (1), 条件 (ii) 和引理 7.12.4 知

(3) X_α 是单射, $\forall\, \alpha \in Q_1$;

(4) $\sum\limits_{p \in \mathcal{P}(n \to i)} \operatorname{Im} X_p = \bigoplus\limits_{p \in \mathcal{P}(n \to i)} \operatorname{Im} X_p,\ \forall\, i \in Q_0'.$

因为 $\operatorname{Coker} \phi = (X_i/(\bigoplus\limits_{p \in \mathcal{P}(n \to i)} \operatorname{Im} X_p),\ \widetilde{X_\alpha},\ i \in Q_0',\ \alpha \in Q_1')$ 是 Gorenstein 投射 Λ'- 模, 故由归纳假设知有如下性质:

(5) $\widetilde{X_\alpha}$ 是单射, $\forall\, \alpha \in Q_1'$;

(6) $\sum\limits_{\substack{\alpha \in Q_1' \\ e(\alpha)=i}} \operatorname{Im} \widetilde{X_\alpha} = \bigoplus\limits_{\substack{\alpha \in Q_1' \\ e(\alpha)=i}} \operatorname{Im} \widetilde{X_\alpha},\ \forall\, i \in Q_0'.$

我们先证明断言 1: X 满足 (m2). 事实上, 假设

$$\sum_{\substack{\alpha \in Q_1 \\ e(\alpha)=i}} X_\alpha(x_{s(\alpha),\alpha}) = 0. \tag{$*$}$$

因为

$$\sum_{\substack{\alpha \in Q_1 \\ e(\alpha)=i}} X_\alpha(x_{s(\alpha),\alpha}) = \sum_{\alpha \in \mathcal{A}(n \to i)} X_\alpha(x_{s(\alpha),\alpha}) + \sum_{\substack{\alpha \in Q_1' \\ e(\alpha)=i}} X_\alpha(x_{s(\alpha),\alpha}),$$

故有

$$\sum_{\substack{\alpha \in Q_1' \\ e(\alpha)=i}} \widetilde{X_\alpha}(\overline{x_{s(\alpha),\alpha}}) = \sum_{\substack{\alpha \in Q_1' \\ e(\alpha)=i}} X_\alpha(x_{s(\alpha),\alpha}) + (\bigoplus_{p \in \mathcal{P}(n \to i)} \operatorname{Im} X_p)$$

$$\stackrel{(*)}{=} -\sum_{\alpha \in \mathcal{A}(n \to i)} X_\alpha(x_{s(\alpha),\alpha}) + (\bigoplus_{p \in \mathcal{P}(n \to i)} \operatorname{Im} X_p) = 0.$$

由 (6) 得 $\widetilde{X_\alpha}(\overline{x_{s(\alpha),\alpha}}) = 0$; 由 (5) 知对任意以 i 为终点的箭向 $\alpha \in Q_1'$ 有 $\overline{x_{s(\alpha),\alpha}} = 0$. 这意味着存在 $x_{n,q} \in X_n$, 使得对于每个以 i 为终点的箭向 $\alpha \in Q_1'$ 有

$$x_{s(\alpha),\alpha} = \sum_{q \in \mathcal{P}(n \to s(\alpha))} X_q(x_{n,q}) \in \sum_{q \in \mathcal{P}(n \to s(\alpha))} \operatorname{Im} X_q.$$

由 $(*)$ 知

$$0 = \sum_{\alpha \in \mathcal{A}(n \to i)} X_\alpha(x_{n,\alpha}) + \sum_{\substack{\alpha \in Q_1' \\ e(\alpha)=i}} X_\alpha(\sum_{q \in \mathcal{P}(n \to s(\alpha))} X_q(x_{n,q})).$$

由 (4) 知 $X_\alpha(x_{n,\alpha}) = 0$, $\forall \alpha \in \mathcal{A}(n \to i)$, 且对任意以 i 为终点的箭向 $\alpha \in Q'_1$ 及 $q \in \mathcal{P}(n \to s(\alpha))$ 有 $X_\alpha X_q(x_{n,q}) = 0$. 于是对任意以 i 为终点的箭向 $\alpha \in Q_1$ 有 $X_\alpha(x_{s(\alpha),\alpha}) = 0$. 这就证明了断言 1.

接下来我们证明断言 2: 对任意 $i \in Q_0$, $X_i/(\bigoplus\limits_{\substack{\beta \in Q_1 \\ e(\beta)=i}} \operatorname{Im} X_\beta)$ 是 Gorenstein 投射 A- 模. 事实上, 由于 $\operatorname{Coker}\phi$ 是 Gorenstein 投射 Λ'- 模, 根据归纳假设知

$$(X_i/(\bigoplus\limits_{p \in \mathcal{P}(n \to i)} \operatorname{Im} X_p))/(\bigoplus\limits_{\substack{\alpha \in Q'_1 \\ e(\alpha)=i}} \operatorname{Im} \widetilde{X_\alpha})$$

是 Gorenstein 投射 A- 模: 根据 (7.14) 这就是要证的商模.

现在 (3) 和断言 1 意味着 X 是单态射 Λ- 模; 由 (2), 条件 (i) 和断言 2 可推出 X 满足 (G). 这就完成了定理 7.12.1 的证明. ∎

由定理 7.12.1 和命题 7.11.4 容易看出 A 是自入射代数当且仅当单态射范畴 $\operatorname{mon}(Q, A)$ 是 Frobenius 范畴, 这里 Q 是任意的有限无圈箭图.

推论 7.12.11 设 Q 是有限无圈箭图, A 是有限维代数. 则下述等价:

(i) A 是自入射代数;

(ii) $\mathcal{GP}(A \otimes_k kQ) = \operatorname{mon}(Q, A)$;

(iii) $\operatorname{mon}(Q, A)$ 是 Frobenius 范畴.

证 (i) $\Longrightarrow$ (ii): 如果 A 是自入射代数, 则每个 A- 模都是 Gorenstein 投射的. 故由定理 7.12.1 即得 (ii). 而 (ii) $\Longrightarrow$ (iii) 由定理 7.1.7(iii) 即得.

(iii) $\Longrightarrow$ (i): 取 Q 的一个汇点 (sink), 例如顶点 1. 考虑 $D(A_A) \otimes_k P(1)$. 由命题 7.11.4 (iii) 它是 $\operatorname{mon}(Q, A)$ 中的一个内射对象, 故由假设知它是 $\operatorname{mon}(Q, A)$ 中的投射对象. 由命题 7.11.4(ii) 我们知道 $D(A_A) \otimes_k P(1)$ 的第一个分支 $D(A_A)$ 是投射 A- 模, 从而 A 是自入射代数. ∎

讨论下一个应用之前, 我们先回忆一下两个有限箭图的张量积. 令 Q 和 Q' 是有限箭图 (未必无圈). 张量积 $Q \otimes Q'$ 是这样的有限箭图, 其顶点集 $(Q \otimes Q')_0$ 和箭向集 $(Q \otimes Q')_1$ 分别定义为

$$(Q \otimes Q')_0 = Q_0 \times Q'_0, \quad (Q \otimes Q')_1 = (Q_1 \times Q'_0) \bigcup (Q_0 \times Q'_1),$$

其中 Q'_0 和 Q'_1 分别是箭图 Q' 的顶点集和箭向集, $Q_0 \times Q'_0$ 是 Q_0 与 Q'_0 的卡式积.

更明确地说，如果 $\alpha: i \longrightarrow j$ 是 Q 中的箭向，那么对每个顶点 $t' \in Q'_0$，箭图 $Q \otimes Q'$ 中存在箭向 $(\alpha, t'): (i, t') \longrightarrow (j, t')$; 如果 $\beta': s' \longrightarrow t'$ 是 Q' 中的箭向，那么对每个顶点 $i \in Q_0$，$Q \otimes Q'$ 中存在箭向 $(i, \beta'): (i, s') \longrightarrow (i, t')$; 而这些已经是箭图 $Q \otimes Q'$ 的全部箭向.

例如，若 $Q = a\bullet \xrightarrow{\alpha} b\bullet \xrightarrow{\beta} \bullet c$, $Q' = 1\bullet \xrightarrow{\gamma} 2\bullet \xrightarrow{\delta} \bullet 3$, 则 $Q \otimes Q'$ 是如下箭图

$$\begin{array}{ccc}
(a,1) \xrightarrow{(\alpha,1)} & (b,1) \xrightarrow{(\beta,1)} & (c,1) \\
{\scriptstyle (a,\gamma)}\downarrow & {\scriptstyle (b,\gamma)}\downarrow & \downarrow{\scriptstyle (c,\gamma)} \\
(a,2) \xrightarrow{(\alpha,2)} & (b,2) \xrightarrow{(\beta,2)} & (c,2) \\
{\scriptstyle (a,\delta)}\downarrow & {\scriptstyle (b,\delta)}\downarrow & \downarrow{\scriptstyle (c,\delta)} \\
(a,3) \xrightarrow{(\alpha,3)} & (b,3) \xrightarrow{(\beta,3)} & (c,3)
\end{array}$$

令 $A = kQ/I$ 和 $B = kQ'/I'$ 是两个有限维 k- 代数，其中 Q 和 Q' 是有限箭图 (未必无圈), I 和 I' 分别是路代数 kQ 和 kQ' 的可允许理想. 那么

$$A \otimes_k B \cong k(Q \otimes Q')/I \square I',$$

其中 $I \square I'$ 是路代数 $k(Q \otimes Q')$ 的由 $(I \times Q'_0) \bigcup (Q_0 \times I')$ 和下列元

$$(\alpha, t')(i, \beta') - (j, \beta')(\alpha, s')$$

生成的理想, 其中 $\alpha: i \longrightarrow j$ 是 Q 中的箭向, $\beta': s' \longrightarrow t'$ 是 Q' 中的箭向. 如果 $I = 0$, 则 $I \times Q'_0$ 理解为空集. 相关内容可参见 [Les]. 注意: 即使 $I = 0 = I'$, $I \square I'$ 也未必是 0.

例如，若 $Q = a\bullet \xrightarrow{\alpha} b\bullet \xrightarrow{\beta} \bullet c$, $Q' = 1\bullet \xrightarrow{\gamma} 2\bullet \xrightarrow{\delta} \bullet 3$, $A = kQ$, $B = kQ$, $C = kQ'/\langle \delta\gamma \rangle$, 则 $A \otimes_k B = k(Q \otimes Q')/I$, 其中 I 是由如下元素生成的 $k(Q \otimes Q')$ 的理想

$$(\alpha, 2)(a, \gamma) - (b, \gamma)(\alpha, 1), \quad (\beta, 2)(b, \gamma) - (c, \gamma)(\beta, 1),$$
$$(\alpha, 3)(a, \delta) - (b, \delta)(\alpha, 2), \quad (\beta, 3)(b, \delta) - (c, \delta)(\beta, 2).$$

而 $A \otimes_k C = k(Q \otimes Q')/J$, 其中 J 是由如下元素生成的 $k(Q \otimes Q')$ 的理想

$$(a, \delta)(a, \gamma), \quad (b, \delta)(b, \gamma), \quad (c, \delta)(c, \gamma),$$
$$(\alpha, 2)(a, \gamma) - (b, \gamma)(\alpha, 1), \quad (\beta, 2)(b, \gamma) - (c, \gamma)(\beta, 1),$$
$$(\alpha, 3)(a, \delta) - (b, \delta)(\alpha, 2), \quad (\beta, 3)(b, \delta) - (c, \delta)(\beta, 2).$$

我们有如下事实

事实 7.12.12 设 $A = kQ/I$ 和 $B = kQ'/I'$ 是两个有限维代数. 则 $A \otimes_k B$ 是遗传代数 (即 $I \square I' = 0$) 当且仅当下列条件之一成立

(i) 有代数等价 $A \cong k^{|Q_0|}$, 且 $I' = 0$;

(ii) 有代数等价 $B \cong k^{|Q'_0|}$, 且 $I = 0$.

可以通过单态射范畴 $\mathrm{mon}(Q, A)$ 描述代数 $\Lambda := A \otimes_k kQ$ 的遗传性.

推论 7.12.13 设 Q 是有限无圈箭图且 $|Q_1| \neq 0$, A 是代数闭域 k 上的有限维基代数. 则 $\Lambda := A \otimes_k kQ$ 是遗传代数当且仅当 $\mathcal{P}(\Lambda) = \mathrm{mon}(Q, A)$.

证 不失一般性, 可假设 A 是连通的 (即 A 不能表示成两个非零代数的直积). 若 $\Lambda = A \otimes_k kQ$ 是遗传的, 则由上述事实和对 Q 的假设可知 $A = k$. 故由定理 7.12.1 的 $\mathrm{mon}(Q, k) = \mathcal{GP}(kQ)$. 于是

$$\mathrm{mon}(Q, A) = \mathrm{mon}(Q, k) = \mathcal{GP}(kQ) = \mathcal{P}(kQ) = \mathcal{P}(\Lambda).$$

反之, 如果 $A \neq k$, 那么由 A 是代数闭域 k 上的有限维连通基代数知 A 不是半单代数. 于是存在非投射 A-模 M. 取箭图 Q 的汇点 (sink), 例如顶点 1. 考虑 Λ-模 $X = M \otimes_k P(1)$, 其中 $P(1)$ 是对应于顶点 1 的投射 kQ-模. 于是作为箭图 Q 的 A-表示有 $X = (X_i, i \in Q_0)$, 其中 $X_1 = M$, $X_i = 0$ ($i \neq 1$). 显然 $X \in \mathrm{mon}(Q, A)$, 但是 $X \notin \mathcal{P}(\Lambda)$ (参见命题 7.11.4(i)). ∎

习 题

7.1 证明事实7.1.3.

7.2 证明定理7.1.7(iii).

7.3 设 A 是Artin代数. 证明

$$\mathrm{I}(A)^\perp = \{G \in A\text{-Mod} \mid \mathrm{Ext}_A^i(D(A_A), G) = 0,\ \forall\, i \geq 1\},$$

其中 $\mathrm{I}(A)^\perp = \{G \in A\text{-Mod} \mid \mathrm{Ext}_A^i(I, G) = 0,\ \forall\, i \geq 1,\ \forall\, I \in \mathrm{I}(A)\}$.

7.4 设 R 是左Noether 环, $M \in R$-mod. 证明: M 在 R-mod 中的Gorenstein投射维数与 M 在 R-Mod 中的Gorenstein投射维数是相同的.

7.5 设 R 是左Noether 环, $M \in R$-mod. 令 $M^* = \mathrm{Hom}_R(M, R)$. 称 M 为自反模(reflexive), 如果 $\sigma_M : M \longrightarrow M^{**}$ 是同构, 其中 $\sigma_M(m)(f) = f(m), \forall\, m \in M, f \in$

M^*. 证明: M 是Gorenstein投射模当且仅当 M 是自反模, 并且

$$\mathrm{Ext}^i_R(M,R) = 0 = \mathrm{Ext}^i_{R^{op}}(M^*, R^{op}), \quad \forall\, i \geqslant 1.$$

7.6 设 A 是Artin R-代数, M 是有限生成 A-模. 则 $\mathrm{add}M$ 是 A-mod 的反变有限子范畴.

7.7 设 A 是Artin R-代数, M 是任意 A-模. 则 $\mathrm{Add}M$ 是 A-Mod 的反变有限子范畴.

7.8 (比较定理) 设 $\mathcal{X}$ 是是Abel 范畴 $\mathcal{A}$ 的全子范畴, $f: M \longrightarrow M$ 是 $\mathcal{A}$ 中态射. 设

$$\cdots \longrightarrow X_1 \longrightarrow X_0 \xrightarrow{d_0} M \longrightarrow 0$$

和

$$\cdots \longrightarrow Y_1 \longrightarrow Y_0 \xrightarrow{\partial_0} N \longrightarrow 0$$

分别是 M 和 N 的真 $\mathcal{X}$ 分解. 用 $X^\bullet$ 表示在 M 的上述删去的真 $\mathcal{X}$ 分解(即在 M 的上述真 $\mathcal{X}$ 分解中将 M 换成 0 所得到的复形); 用 $Y^\bullet$ 表示在 N 的上述删去的真 $\mathcal{X}$ 分解. 则存在链映射 $\alpha^\bullet: X^\bullet \longrightarrow Y^\bullet$ 使得 $fd_0 = \partial_0 \alpha_0$; 并且这样的链映射在同伦意义下是唯一的.

由此证明: M 的任意两个删去的真 $\mathcal{X}$ 分解均是同伦等价的.

7.9 证明正合函子与上同调函子可交换. 详细地说, 设 $F: \mathcal{A} \longrightarrow \mathcal{B}$ 是Abel范畴之间的正合函子. 则对于 $\mathcal{A}$ 上的任意复形 $X^\bullet$ 有同构

$$F\mathrm{H}^n(X^\bullet) \cong \mathrm{H}^n F(X^\bullet), \quad \forall\, n \in \mathbb{Z};$$

而且有函子间的自然同构 $F\mathrm{H}^n \cong \mathrm{H}^n F: C(\mathcal{A}) \longrightarrow \mathcal{B}, \forall\, n \in \mathbb{Z}$.

7.10 设 R 是环, M, N, M_i, N_i 是任意 R-模. 则

$$\mathrm{Ext}^n(M, \prod_{i \in I} N_i) \cong \prod_{i \in I} \mathrm{Ext}^n(M, N_i), \quad n \geqslant 0.$$

$$\mathrm{Ext}^n(\bigoplus_{i \in I} M_i, N) \cong \prod_{i \in I} \mathrm{Ext}^n(M_i, N), \quad n \geqslant 0.$$

$$\mathrm{Tor}_n(\bigoplus_{i \in I} M_i, N) \cong \bigoplus_{i \in I} \mathrm{Tor}_n(M_i, N), \quad n \geqslant 0.$$

$$\mathrm{Tor}_n(M, \bigoplus_{i \in I} N_i) \cong \bigoplus_{i \in I} \mathrm{Tor}_n(M, N_i), \quad n \geqslant 0.$$

7.11 设 R 是环,M 是有限生成左 R-模.则
$$\operatorname{Ext}^n(M, \bigoplus_{i\in I} N_i) \cong \bigoplus_{i\in I} \operatorname{Ext}^n(M, N_i), \quad n \geqslant 0.$$

7.12 环 R 称为左凝聚环,如果每一有限生成左理想是有限表出的,或等价地,有限表出的左 R-模的每一有限生成子模是有限表出的.左Noether 环是左凝聚环.

设 R 是左凝聚环,N 是有限表出的左 R-模.则
$$\operatorname{Tor}_n(\prod_{i\in I} M_i, N) \cong \prod_{i\in I} \operatorname{Tor}_n(M_i, N), \quad n \geqslant 0.$$

设 R 是右凝聚环,N 是有限表出的右 R-模.则
$$\operatorname{Tor}_n(M, \prod_{i\in I} N_i) \cong \prod_{i\in I} \operatorname{Tor}_n(M, N_i), \quad n \geqslant 0.$$

7.13 模 M 是其所有有限生成子模的正向极限.

7.14 设 R 是环,M, N, M_i, N_i 是任意 R-模.则
$$\operatorname{Ext}^n(M, \varprojlim_{i\in I} N_i) = \varprojlim_{i\in I} \operatorname{Ext}^n(M, N_i), \quad n \geqslant 0.$$
$$\operatorname{Tor}^n(\varinjlim_{i\in I} M_i, N) = \varinjlim_{i\in I} \operatorname{Tor}^n(M_i, N), \quad n \geqslant 0.$$
$$\operatorname{Tor}^n(M, \varinjlim_{i\in I} N_i) = \varinjlim_{i\in I} \operatorname{Tor}^n(M, N_i), \quad n \geqslant 0.$$

7.15 我们有 $\operatorname{Hom}(\varinjlim_{i\in I} M_i, N) = \varprojlim_{i\in I} \operatorname{Hom}(M_i, N)$;但一般地,$\operatorname{Ext}^n(\varinjlim_{i\in I} M_i, N) \not\cong \varprojlim_{i\in I} \operatorname{Ext}^n(M_i, N)$,$n \geqslant 1$.

7.16 设 R 是左Noether环,M 是有限生成左 R-模.则
$$\operatorname{Ext}^n(M, \varinjlim_{i\in I} N_i) = \varinjlim_{i\in I} \operatorname{Ext}^n(M, N_i), \quad n \geqslant 0.$$

7.17 证明引理7.3.6.

7.18 设 R 是Gorenstein 环.

(i) 设 $P^\bullet$ 是投射左 R-模(未必有限生成)的正合列.则 $\operatorname{Hom}_R(P^\bullet, P)$ 是正合列,其中 P 是任意投射模.

(ii) 左 R-模 G 是Gorenstein投射模当且仅当存在正合列 $0 \longrightarrow G \longrightarrow P^0 \longrightarrow P^1 \longrightarrow \cdots$, 使得每个 P^i 是投射左 R-模.

7.19 证明引理7.8.2.

7.20 证明引理7.10.3.

7.21 下面的例子表明当 M 不是相容的, 定理7.10.5 的充分性一般来说不成立.

设 Λ 是有带关系 α^2, $\alpha\beta$ 的箭图 $\overset{\alpha}{\underset{2}{\bullet}} \overset{\beta}{\longrightarrow} \underset{1}{\bullet}$ 给出的. 则 $\Lambda = \begin{pmatrix} A & M \\ 0 & B \end{pmatrix} = \begin{pmatrix} k[x]/\langle x^2\rangle & k \\ 0 & k \end{pmatrix}$. 说明 M 不满足 (C2), 以及 $S(1) = \begin{pmatrix} k \\ 0 \end{pmatrix} \notin \mathcal{GP}(\Lambda)$.

7.22 设 Λ 是有带关系 α^2, $\beta\alpha$ 的箭图 $\overset{\alpha}{\underset{2}{\bullet}} \overset{\beta}{\longrightarrow} \underset{1}{\bullet}$ 给出的. 则 $\Lambda = \begin{pmatrix} A & M \\ 0 & B \end{pmatrix} = \begin{pmatrix} k & k \\ 0 & k[x]/\langle x^2\rangle \end{pmatrix}$. 令 $Q^\bullet$ 是正合列 $\cdots \overset{x}{\longrightarrow} B \overset{x}{\longrightarrow} B \overset{x}{\longrightarrow} B \overset{x}{\longrightarrow} \cdots$. 说明 $M \otimes_B Q^\bullet = \cdots \overset{0}{\longrightarrow} k \overset{0}{\longrightarrow} k \overset{0}{\longrightarrow} k \overset{0}{\longrightarrow} \cdots$ 不正合. 令 $N = \begin{pmatrix} k \\ k \end{pmatrix}_\phi$, 其中 $\phi: M \otimes_B k = k \otimes_B k \longrightarrow k$ 是自然 k-同构. 说明 $N \notin \mathcal{GP}(\Lambda)$.

7.23 证明 "广义马蹄引理".

7.24 下述猜想I与猜想II等价; 并且, 如果Gorenstein 对称猜想成立, 即对于Artin 代数 A, $\operatorname{id}_A A < \infty$ 当且仅当 $\operatorname{id} A_A < \infty$, 则下述论断I 和II成立:

I. 设 M 是 A-B-双模且 $\Lambda = \begin{pmatrix} A & M \\ 0 & B \end{pmatrix}$. 则 Λ 是Gorenstein 代数当且仅当 A 和 B 是Gorenstein代数, $\operatorname{pd}_A M < \infty$ 且 $\operatorname{pd} M_B < \infty$.

II. 设 $\Lambda = \begin{pmatrix} A & M \\ 0 & B \end{pmatrix}$ 是Gorenstein 代数. 则 $\begin{pmatrix} X \\ Y \end{pmatrix}_\phi \in \mathcal{GP}(\Lambda)$ 当且仅当 $\phi: M \otimes_B Y \longrightarrow X$ 是单射, $\operatorname{Coker} \phi \in \mathcal{GP}(A)$, 且 $Y \in \mathcal{GP}(B)$.

7.25 设 $\Lambda = \begin{pmatrix} A & M \\ 0 & B \end{pmatrix}$ 是Gorenstein 代数.

(i) 若 $\operatorname{gl.dim} B < \infty$, 则

$$\operatorname{Ind}\mathcal{GP}(\Lambda) = \{\begin{pmatrix} X \\ 0 \end{pmatrix} \mid X \in \operatorname{Ind}\mathcal{GP}(A)\} \bigcup \{\begin{pmatrix} M\otimes_B Q \\ Q \end{pmatrix}_{\operatorname{id}} \mid Q \in \operatorname{Ind}\mathcal{P}(B)\}.$$

(ii) 若 $\operatorname{gl.dim} A < \infty$, 则

$$\operatorname{Ind}\mathcal{GP}(\Lambda) = \{\begin{pmatrix} M\otimes_B Y \\ Y \end{pmatrix}_{\operatorname{id}} \mid Y \in \operatorname{Ind}\mathcal{GP}(B)\} \bigcup \{\begin{pmatrix} P \\ 0 \end{pmatrix} \mid P \in \operatorname{Ind}\mathcal{P}(A)\}.$$

7.26 设 $\mathcal{A}$ 是有足够多投射对象的Abel范畴. $\mathcal{A}$ 上复形 $C^\bullet$ 称为$\mathcal{GP}$- 无环的, 如果对于任意Gorenstein 投射对象 G, $\mathrm{Hom}_\mathcal{A}(G, C^\bullet)$ 是无环复形. 链映射 $f^\bullet:X^\bullet \longrightarrow Y^\bullet$ 称为$\mathcal{GP}$- 拟同构, 如果对于任意Gorenstein 投射对象 G, $\mathrm{Hom}_\mathcal{A}(G, f^\bullet):\mathrm{Hom}_\mathcal{A}(G, X^\bullet) \longrightarrow \mathrm{Hom}_\mathcal{A}(G, Y^\bullet)$ 是拟同构.

(i) $\mathcal{GP}$- 无环复形是无环复形.

(ii) $\mathcal{GP}$- 拟同构是拟同构.

(iii) 链映射 $f^\bullet$ 是 $\mathcal{GP}$- 拟同构当且仅当 $\mathrm{Cone}(f^\bullet)$ 是 $\mathcal{GP}$- 无环复形.

(iv) 令 $K^*_{gpac}(\mathcal{A}) := \{X^\bullet \in K^*(\mathcal{A}) \mid X^\bullet$ 是 $\mathcal{GP}$- 无环复形$\}$. 则

$$K^*_{gpac}(\mathcal{A}) := \{X^\bullet \in K^*(\mathcal{A}) \mid \mathrm{Hom}_{K(\mathcal{A})}(G, X^\bullet[n]) = 0, \; \forall \; n \in \mathbb{Z}, \; \forall \; G \in \mathcal{GP}(\mathcal{A})\}.$$

从而 $K^*_{gpac}(\mathcal{A})$ 是 $K^*(\mathcal{A})$ 的厚子范畴.

(v) 链映射 $f^\bullet: X^\bullet \longrightarrow Y^\bullet$ 是 $\mathcal{GP}$- 拟同构当且仅当对于任意 $G^\bullet \in K^-(\mathcal{GP}(\mathcal{A}))$ 有Abel群的同构:

$$\mathrm{Hom}_{K(\mathcal{A})}(G^\bullet, f^\bullet[n]): \mathrm{Hom}_{K(\mathcal{A})}(G^\bullet, X^\bullet[n]) \cong \mathrm{Hom}_{K(\mathcal{A})}(G^\bullet, Y^\bullet[n]), \; \forall \; n \in \mathbb{Z}.$$

(vi) 设 $G^\bullet \in K^-(\mathcal{GP}(\mathcal{A}))$, 且 $f^\bullet: X^\bullet \longrightarrow G^\bullet$ 是 $\mathcal{GP}$- 拟同构. 则存在 $g^\bullet: G^\bullet \longrightarrow X^\bullet$ 使得 $f^\bullet g^\bullet$ 同伦于 $\mathrm{Id}_{G^\bullet}$.

于是, 若 $X^\bullet \in K^-(\mathcal{GP}(\mathcal{A}))$, 则 $f^\bullet$ 是同伦等价.

(vii) $K^{-,gpb}(\mathcal{GP}(\mathcal{A}))$ 是 $K^-(\mathcal{GP}(\mathcal{A}))$ 的三角子范畴.

第 8 章 奇点范畴

设 $\mathcal{A}$ 是 Abel 范畴. 我们进一步假设 $\mathcal{A}$ 有足够多投射对象, 或者 $\mathcal{A}$ 有足够多内射对象. 例如, 可以取 $\mathcal{A}$ 是环 R 的模范畴 R-Mod, 或者 $\mathcal{A}$ 是 A-Mod, 或者 $\mathcal{A}$ 是 A-mod, 这里 A 是 Artin 代数. 在这些例子中 $\mathcal{A}$ 均是有足够多投射对象并且有足够多内射对象的 Abel 范畴. 又例如, 可以取 $\mathcal{A}$ 是左 Noether 环 R 的有限生成模范畴 R-mod, 它是有足够多投射对象的 Abel 范畴. 也可以取 $\mathcal{A}$ 为代数簇的拟凝聚层范畴, 此时 $\mathcal{A}$ 是有足够多内射对象的 Abel 范畴.

本章中我们总假设 $\mathcal{A}$ 是有足够多投射对象的 Abel 范畴. 我们要定义 $\mathcal{A}$ 的*奇点范畴* $D_{sg}^b(\mathcal{A})$. 它是三角范畴. 另一方面, 第 7 章中我们知道, $\mathcal{A}$ 上的所有 Gorenstein 投射对象的全子范畴 $\mathcal{GP}(\mathcal{A})$ 是 Frobenius 范畴 (参见定理 7.1.7(iii)), 故其稳定范畴 $\underline{\mathcal{GP}(\mathcal{A})}$ 也是三角范畴 (参见定理 6.2.1). 回顾 $\underline{\mathcal{GP}(\mathcal{A})}$ 的对象就是 $\mathcal{A}$ 中的 Gorenstein 投射对象, 而 $\operatorname{Hom}_{\underline{\mathcal{GP}(\mathcal{A})}}(X, Y) = \operatorname{Hom}_{\mathcal{A}}(X, Y)/I(X, Y)$, 其中 $I(X, Y)$ 表示能够通过投射对象分解的、$\operatorname{Hom}_{\mathcal{A}}(X, Y)$ 中态射作成的子群.

Gorenstein 投射对象的重要性的另一体现在于: $\underline{\mathcal{GP}(\mathcal{A})}$ 可以通过一个自然函子 F, 三角嵌入到 $D_{sg}^b(\mathcal{A})$ 中; 而且这个嵌入 F 是等价当且仅当 $\mathcal{A}$ 中任意对象的 Gorenstein 投射维数均有限. 这就是本章的 Buchweitz-Happel 定理及其逆. 当 $\mathcal{A}$ 取为 Artin 代数 A 的小模范畴 A-mod 或大模范畴 A-Mod 时, 将 $D_{sg}^b(\mathcal{A})$ 简记为 $D_{sg}^b(A)$. 则嵌入 $F: \underline{\mathcal{GP}(A)} \to D_{sg}^b(A)$ 是等价当且仅当 A 是 Gorenstein 代数. 于是, $\underline{\mathcal{GP}(A)}$ 可以视为奇点范畴 $D_{sg}^b(A)$ 的表示论模型.

一般地, 将 Verdier 商 $D_{sg}^b(\mathcal{A})/\operatorname{Im}F$ 称为 $\mathcal{A}$ 的 *Gorenstein 亏范畴*, 记为 $D_{\text{defect}}^b(\mathcal{A})$. 于是 $D_{\text{defect}}^b(\mathcal{A}) = 0$ 当且仅当 $\mathcal{A}$ 中任意对象的 Gorenstein 投射维数均有限. 当 $\mathcal{A}$ 取为 Artin 代数 A 的小模范畴 A-mod 或大模范畴 A-Mod 时, 将 $D_{\text{defect}}^b(\mathcal{A})$ 简记为 $D_{\text{defect}}^b(A)$. 则 $D_{\text{defect}}^b(A) = 0$ 当且仅当 A 是 Gorenstein 代数. 于是, $D_{\text{defect}}^b(A)$ 可以视为对代数 A 的 Gorenstein 性的度量.

8.1 奇 点 范 畴

设 $\mathcal{P} = \mathcal{P}(\mathcal{A})$ 是 $\mathcal{A}$ 的所有投射对象作成的全子范畴, $K^{-, b}(\mathcal{P})$ 是 $\mathcal{P}$ 中对象的所有上有界复形 P 作成的同伦范畴, 其中 P 仅有有限多个上同调对象非零, $K^b(\mathcal{P})$

8.1 奇点范畴

是 $\mathcal{P}$ 中对象的所有有界复形作成的同伦范畴. 令 $D^b(\mathcal{A})$ 是 $\mathcal{A}$ 的有界导出范畴, 其中的对象是 $\mathcal{A}$ 上的所有有界复形; $D^-(\mathcal{A})$ 和 $D(\mathcal{A})$ 分别为 $\mathcal{A}$ 的上有界导出范畴和导出范畴. 由引理 5.1.10 可知 $K^b(\mathcal{P})$ 是 $D^b(\mathcal{A})$ 的三角子范畴.

因为三角子范畴总是同构闭的, 因此, 当我们将 $D^b(\mathcal{A})$ 视为 $D^-(\mathcal{A})$ 的三角子范畴时, $D^b(\mathcal{A})$ 的对象恰是所有上有界且仅有有限多个非零上同调对象的复形 (也就是说, 此时 $D^b(\mathcal{A})$ 中对象未必要有界, 但在 $D^-(\mathcal{A})$ 中同构于有界复形). 同样, 当我们将 $D^b(\mathcal{A})$ 视为 $D(\mathcal{A})$ 的全子范畴, $D^b(\mathcal{A})$ 的对象恰是所有仅有有限多个非零上同调对象的复形.

由定理 5.2.1 我们有三角等价 $D^b(\mathcal{A}) \cong K^{-,b}(\mathcal{P})$. 这个同构函子是三角函子 $K^{-,b}(\mathcal{P}) \hookrightarrow K^-(\mathcal{A}) \xrightarrow{Q} D^-(\mathcal{A})$ 的合成, 其中 Q 是局部化函子, 合成函子的像落入 $D^b(\mathcal{A})$, 它在 $K^b(\mathcal{P})$ 上的限制可视为恒等. 所以我们有三角等价

$$D^b(\mathcal{A})/K^b(\mathcal{P}) \cong K^{-,b}(\mathcal{P})/K^b(\mathcal{P}).$$

定义 8.1.1 定义 $\mathcal{A}$ 的奇点范畴 $D_{sg}^b(\mathcal{A})$ 为 Verdier 商三角范畴

$$D_{sg}^b(\mathcal{A}) := D^b(\mathcal{A})/K^b(\mathcal{P}) \cong K^{-,b}(\mathcal{P})/K^b(\mathcal{P}).$$

设 R 是左 Noether 环. 取 $\mathcal{A}$ 为 $R\text{-mod}$, 则

$$D_{sg}^b(R\text{-mod}) := D^b(R\text{-mod})/K^b(\mathcal{P}(R)) \cong K^{-,b}(\mathcal{P}(R))/K^b(\mathcal{P}(R)).$$

设 R 是环. 取 $\mathcal{A}$ 为 $R\text{-Mod}$, 则

$$D_{sg}^b(R\text{-Mod}) := D^b(R\text{-Mod})/K^b(\mathrm{P}(R)) \cong K^{-,b}(\mathrm{P}(R))/K^b(\mathrm{P}(R)).$$

将 $D_{sg}^b(R\text{-mod})$ 和 $D_{sg}^b(R\text{-Mod})$ 统称为环 R 的奇点范畴. 如果在上下文中小模范畴或大模范畴是清楚的, 两者均简记为 $D_{sg}^b(R)$.

因此, $D_{sg}^b(R) = 0$ 当且仅当任意 R- 模的投射维数有限; 当 A 是 Artin 代数时, $D_{sg}^b(A\text{-mod}) = 0$ 也当且仅当 A 的整体维数有限. 对于一个代数簇 X, 有商三角范畴 $D_{sg}^b(X) := D^b(\mathrm{coh}(X))/\mathrm{perf}(X)$, 其中 $D^b(\mathrm{coh}(X))$ 是 X 上凝聚层的有界导出范畴, $\mathrm{perf}(X)$ 是其完备复形构成的厚子范畴. "奇点范畴" 这个术语取自 D. Orlov [O1, O2], 缘于如下事实: $D_{sg}^b(X) = 0$ 当且仅当 X 是光滑的. 在 R. O. Buchweitz [Buch] 中奇点范畴被称为稳定导出范畴.

根据定义, $D_{sg}^b(\mathcal{A}) = D^b(\mathcal{A})/K^b(\mathcal{P})$ 的对象是 $\mathcal{A}$ 上的有界复形, X 到 Y 的态射表达为右分式 $X \xLeftarrow{s} Z \xrightarrow{a} Y$, 其中 s, a 均为 $D^b(\mathcal{A})$ 中的态射, 并且包含 s 的好三角的第三项, 通常记为 $\mathrm{Cone}(s)$, 属于 $K^b(\mathcal{P})$.

如果将 $D_{sg}^b(\mathcal{A})$ 视为 $K^{-,b}(\mathcal{P})/K^b(\mathcal{P})$, 则 $D_{sg}^b(\mathcal{A})$ 的对象是 $\mathcal{P}$ 上的仅有有限多非零上同调对象的上有界复形, P 到 Q 的态射表达为右分式 $P \xLeftarrow{s} Z \xrightarrow{a} Q$, 其中 s, a 均为 $K^{-,b}(\mathcal{P})$ 中的态射, 使得 $\mathrm{Cone}(s) \in K^b(\mathcal{P})$.

对于 $\mathcal{A}$ 上的 Gorenstein 投射对象 G, 定义 $F(G) = G \in D^b(\mathcal{A})/K^b(\mathcal{P})$, 其中第二个 G 是 G 的 0 次的轴复形. 则 F 诱导了自然函子

$$F : \underline{\mathcal{GP}(\mathcal{A})} \longrightarrow D^b(\mathcal{A})/K^b(\mathcal{P}) = D_{sg}^b(\mathcal{A}).$$

如果将 $D_{sg}^b(\mathcal{A})$ 理解为 Verdier 商 $K^{-,b}(\mathcal{P})/K^b(\mathcal{P})$, 则函子

$$F : \underline{\mathcal{GP}(\mathcal{A})} \longrightarrow K^{-,b}(\mathcal{P})/K^b(\mathcal{P}) = D_{sg}^b(\mathcal{A})$$

的表现形式如下. 令 (P, d) 是 G 的完全投射分解, 使得 $\mathrm{Im}\, d^0 \cong G$. 则 $F(G) = P_{\leqslant 0} \in K^{-,b}(\mathcal{P})/K^b(\mathcal{P})$, 其中 $P_{\leqslant 0}$ 是 P 的左强制截断

$$\cdots \longrightarrow P^{-1} \xrightarrow{d^{-1}} P^0 \longrightarrow 0.$$

本章的主要目的是证明如下 Buchweitz-Happel 定理及其逆.

定理 8.1.2 设 $\mathcal{A}$ 是有足够多投射对象的 Abel 范畴. 则自然函子

$$F : \underline{\mathcal{GP}(\mathcal{A})} \longrightarrow D^b(\mathcal{A})/K^b(\mathcal{P}) = D_{sg}^b(\mathcal{A})$$

是满忠实的三角函子; 而且, F 是三角等价当且仅当 $\mathcal{A}$ 中任意对象的Gorenstein投射维数均是有限的.

定理 8.1.2 的证明将在 8.4 节和 8.5 节中展开: 它由 8.4 节的定理 8.4.1 和 8.5 节的命题 8.5.1 直接推出.

将定理 8.1.2 应用到模范畴我们有如下两个推论.

推论 8.1.3 设 R 是左Noether环. 则自然函子

$$F : \underline{\mathcal{GP}(R)} \longrightarrow D^b(R\text{-mod})/K^b(\mathcal{P}(R)) = D_{sg}^b(R\text{-mod})$$

是满忠实的三角函子. 而且

(i) 如果 R 是Gorenstein环, 则 F 是三角等价;

(ii) 如果 F 是三角等价并且 R 是Artin代数, 则 R 是Gorenstein环, 从而 R 是Gorenstein代数.

推论 8.1.3 由 8.4 节的推论 8.4.2 和 8.5 节的推论 8.5.2(i) 直接推出.

推论 8.1.4 设 R 是环. 则自然函子

$$F: \underline{\mathrm{GP}(R)} \longrightarrow D^b(R\text{-Mod})/K^b(\mathrm{P}(R)) = D_{sg}^b(R\text{-Mod})$$

是满忠实的三角函子. 而且

(i) 如果 R 是Gorenstein环, 则 F 是三角等价;

(ii) 如果 F 是三角等价并且 R 是Artin代数, 则 R 是Gorenstein环, 从而 R 是Gorenstein代数.

推论 8.1.4 由 8.4 节的推论 8.4.3 和 8.5 节的推论 8.5.2(ii) 直接推出.

注记 8.1.5 文[C3] 研究了根方为零的Artin 代数的奇点范畴, 特别地, 它三角等价于某个von Neumann 正则代数上的有限生成投射模范畴. 关于Artin 代数的奇点范畴三角等价的例子参见[C2, C3, CY, PSS]. 例如, 单点扩张和单点余扩张均能诱导奇点范畴的三角等价. 文[ZZ] 中引入Morita型的奇点等价, 这是一类能保持较多不变量的奇点范畴的三角等价. 关于Dynkin 型丛倾斜代数的奇点范畴的讨论参见[CGL]. 关于Gorenstein 奇点范畴参见[BDZ]. 文[CYang]证明了根方为零代数的奇点范畴的紧致完备化与Leavitt路代数的导出范畴三角等价.

8.2 三角范畴的完备对象和紧对象

在开始证明定理 8.1.2 之前, 我们先稍微偏离一下主题, 讨论一下三角范畴的完备对象和紧对象. 这是两个不同而又有联系的重要概念.

前面的奇点范畴是对有足够多投射对象的Abel范畴来定义的. 这个定义当然不能适用于代数簇 X 的凝聚层范畴 $\mathrm{coh}(X)$, 因为 $\mathrm{coh}(X)$ 无足够多投射对象. P. Berthelot, A. Grothendieck, L. Illusie [BGI] 将 $D^b(\mathrm{coh}(X))$ 中那些局部拟同构于有限秩的局部自由层的有界复形的对象称为完备复形 (perfect complex). 在文 [O1, Proposition 1.11] 中 D.Orlov 证明了 $D^b(\mathrm{coh}(X))$ 中对象 P 是完备复形当且仅当对于 $D^b(\mathrm{coh}(X))$ 中任意对象 Y, 使得 $\mathrm{Hom}_{\mathcal{D}}(P, Y[i]) \neq 0$ 的整数 i 只有有限多个. 因

此对一般的三角范畴, D. Orlov 引进了如下定义 ([O1, Definition 1.6]; A. Kuznetsov [Kuz, Definition 3.1]).

定义 8.2.1 三角范畴 $\mathcal{D}$ 的对象 P 称为完备(perfect)对象, 如果对于 $\mathcal{D}$ 中每个对象 Y, 使得 $\operatorname{Hom}_{\mathcal{D}}(P, Y[i]) \neq 0$ 的整数 i 只有有限多个.

(事实上, D. Orlov 称上述完备对象为同调有限对象. 完备对象是 A. Kuznetsov 的称谓.) 令 $\mathcal{D}_{\text{perf}}$ 是 $\mathcal{D}$ 中所有完备对象组成的全子范畴, 称之为 $\mathcal{D}$ 的完备子范畴. 显然 $\mathcal{D}_{\text{perf}}$ 是 $\mathcal{D}$ 的厚子范畴, 且 $\mathcal{D}_{\text{perf}}$ 是三角等价的不变量, 即若 $F: \mathcal{D} \longrightarrow \mathcal{D}'$ 是三角等价, 则 F 诱导出三角等价 $\mathcal{D}_{\text{perf}} \longrightarrow \mathcal{D}'_{\text{perf}}$, 从而有三角等价 $\mathcal{D}/\mathcal{D}_{\text{perf}} \cong \mathcal{D}'/\mathcal{D}'_{\text{perf}}$.

通常将 $D^b(\operatorname{coh}(X))_{\text{perf}}$ 记为 $\operatorname{perf}(X)$. 则代数簇 X 是光滑的当且仅当 Verdier 商 $D^b(\operatorname{coh}(X))/\operatorname{perf}(X)$ 为零, 即 $D^b(\operatorname{coh}(X)) = \operatorname{perf}(X)$. 参见 [O1, O2].

因此, 对于一般的三角范畴 $\mathcal{D}$, 可以定义 $\mathcal{D}$ 的奇点范畴为 Verdier 商 $\mathcal{D}/\mathcal{D}_{\text{perf}}$ (参见 [O1]). 当然, 这就产生新问题: 当 $\mathcal{A}$ 有足够多投射对象时, $D^b(\mathcal{A})/D^b(\mathcal{A})_{\text{perf}}$ 与 8.1 节定义的奇点范畴 $D^b(\mathcal{A})/K^b(\mathcal{P})$ 是否典范地等价? 换言之, 是否有 $D^b_{\text{perf}}(\mathcal{A}) = K^b(\mathcal{P})$ (以后我们将 $D^b(\mathcal{A})_{\text{perf}}$ 记为 $D^b_{\text{perf}}(\mathcal{A})$)? Orlov 分别讨论过这两种商 ([O1, O2]), 但却未谈到这个问题.

我们总有 $D^b_{\text{perf}}(\mathcal{A}) \supseteq K^b(\mathcal{P})$, 而且在许多情形下等号成立. 下面我们将给出两类 $\mathcal{A}$, 满足 $D^b_{\text{perf}}(\mathcal{A}) = K^b(\mathcal{P})$. 但一般地, 我们不知道等号是否成立.

设 $\mathcal{A}$ 是有足够多投射对象的Abel范畴, $\mathcal{P} = \mathcal{P}(\mathcal{A})$ 是所有投射对象构成的 $\mathcal{A}$ 的全子范畴. 首先我们有下述事实. 特别地, 它说明 $K^b(\mathcal{P})$ 是 $D^b(\mathcal{A})$ 的厚子范畴.

引理 8.2.2 ([Buch, Lemma 1.2.1]) 设 $\mathcal{A}$ 是有足够多投射对象的Abel范畴, $P \in D^b(\mathcal{A})$. 则下述等价

(i) $P \in K^b(\mathcal{P})$;

(ii) 存在整数 $i(P)$ 使得 $\operatorname{Hom}_{D^b(\mathcal{A})}(P, M[i]) = 0, \ \forall\, i \geqslant i(P), \ \forall\, M \in \mathcal{A}$;

(iii) 存在有限集 $I(P) \subseteq \mathbb{Z}$, 使得 $\operatorname{Hom}_{D^b(\mathcal{A})}(P, M[j]) = 0, \ \forall\, j \notin I(P), \ \forall\, M \in \mathcal{A}$.

证 首先我们强调上述条件与完备对象的定义不尽相同.

只证 (iii) $\Longrightarrow$ (i). 设 $Q \longrightarrow P$ 是拟同构, 其中 $Q \in K^{-,b}(\mathcal{P})$. 则存在整数 N 使得 $H^n Q = 0, \ \forall\, n \leqslant N$. 我们断言存在整数 $n \leqslant N$ 使得 $\operatorname{Im} d_Q^n \in \mathcal{P}$. 若此断言真, 则

有拟同构

$$
\begin{array}{ccccccccc}
Q: & \cdots & \longrightarrow & Q^{n-1} & \longrightarrow & Q^n & \longrightarrow & Q^{n+1} & \longrightarrow \cdots \\
& & & \downarrow f & & \downarrow & & \downarrow & & \\
\tau_{\geqslant n+1}Q: & \cdots & \longrightarrow & 0 & \longrightarrow & \operatorname{Im} d_Q^n & \longrightarrow & Q^{n+1} & \longrightarrow \cdots
\end{array}
$$

从而有 $D^-(\mathcal{A})$ 中的同构 $P \cong Q \cong \tau_{\geqslant n+1}Q \in K^b(\mathcal{P})$, 进而有 $D^b(\mathcal{A})$ 中的同构 $P \cong \tau_{\geqslant n+1}Q \in K^b(\mathcal{P})$.

(反证) 假设断言不真. 则存在 $-n \notin I(P)$ 使得 $M := \operatorname{Im} d_Q^n \notin \mathcal{P}$. 用 $\widetilde{d^n} : Q^n \longrightarrow M = \operatorname{Im} d_Q^n$ 记由 d_Q^n 诱导的满态射. 则

$$\widetilde{d^n} \in \operatorname{Ker}(\operatorname{Hom}_\mathcal{A}(Q^n, M) \xrightarrow{\operatorname{Hom}_\mathcal{A}(d^{n-1}, M)} \operatorname{Hom}_\mathcal{A}(Q^{n-1}, M));$$

但是

$$\widetilde{d^n} \notin \operatorname{Im}(\operatorname{Hom}_\mathcal{A}(Q^{n+1}, M) \xrightarrow{\operatorname{Hom}_\mathcal{A}(d^n, M)} \operatorname{Hom}_\mathcal{A}(Q^n, M))$$

(否则 $\operatorname{Im} d^n \hookrightarrow Q^{n+1}$ 可裂, 与假设 $M \notin \mathcal{P}$ 不合). 于是 $\operatorname{H}^{-n}\operatorname{Hom}_\mathcal{A}(Q, M) \neq 0$. 因此

$$
\begin{aligned}
\operatorname{Hom}_{D^b(\mathcal{A})}(P, M[-n]) &\cong \operatorname{Hom}_{D^-(\mathcal{A})}(Q, M[-n]) \\
&\cong \operatorname{Hom}_{K^-(\mathcal{A})}(Q, M[-n]) \\
&= \operatorname{H}^{-n}\operatorname{Hom}_\mathcal{A}(Q, M) \neq 0,
\end{aligned}
$$

其中等号用到关键公式 (命题 2.7.1). 这与假设 (iii) 矛盾. ∎

回顾Abel范畴 $\mathcal{A}$ 是有限滤过范畴, 如果存在有限多个对象 $S_1, \cdots, S_m$, 使得任意非零对象 $X \in \mathcal{A}$ 由 $S_1, \cdots, S_m$ 滤过, 即存在单态射的链

$$0 = X_0 \xrightarrow{f_0} \cdots \longrightarrow X_{n-1} \xrightarrow{f_{n-1}} X_n = X$$

满足 $\operatorname{Coker} f_i \in \{S_1, \cdots, S_m\}$, $0 \leqslant i \leqslant n-1$. 此时称 $\mathcal{A}$ 由 $S_1, \cdots, S_m$ 滤过.

命题 8.2.3 ([Z3]) 设 $\mathcal{A}$ 是有足够多投射对象的有限滤过范畴. 则 $D_{\operatorname{perf}}^b(\mathcal{A}) = K^b(\mathcal{P})$.

证 设 X 在 $D^b(\mathcal{A})$ 中同构于 $P \in K^b(\mathcal{P})$, $Y \in D^b(\mathcal{A})$. 因 P 和 Y 均是有界复形, 故使得 $\operatorname{Hom}_{K^b(\mathcal{A})}(P, Y[i]) \neq 0$ 的整数 i 只有有限多个. 于是使得 $\operatorname{Hom}_{D^b(\mathcal{A})}(X, Y[i]) \cong \operatorname{Hom}_{D^b(\mathcal{A})}(P, Y[i]) \cong \operatorname{Hom}_{K^b(\mathcal{A})}(P, Y[i]) \neq 0$ 的整数 i 只有有限多个, 其中第 2 个同构由引理 5.1.10 得到.

反之, 设 $P \in D_{\operatorname{perf}}^b(\mathcal{A})$. 由假设 $\mathcal{A}$ 由 $S_1, \cdots, S_m$ 滤过. 令 $S := S_1 \oplus \cdots \oplus S_m$. 因 $P \in D_{\operatorname{perf}}^b(\mathcal{A})$, 故只有有限多个整数 $i \in \mathbb{Z}$ 使得 $\operatorname{Hom}_{D^b(\mathcal{A})}(P, S[i]) \neq 0$. 记 $I(P)$

是这有限多个整数 i 的集合. 则 $\mathrm{Hom}_{D^b(\mathcal{A})}(P, S[j]) = 0$, $\forall j \notin I(P)$. 因为任意对象 $M \in \mathcal{A}$ 均由 $S_1, \cdots, S_m$ 滤过, 又因为 $\mathcal{A}$ 中短正合列给出 $D^b(\mathcal{A})$ 中的好三角 (参见命题 5.1.2), 故 $\mathrm{Hom}_{D^b(\mathcal{A})}(P, M[j]) = 0$, $\forall j \notin I(P)$, $\forall M \in \mathcal{A}$. 再由引理 8.2.2 即知 $P \in K^b(\mathcal{P})$. ∎

设 R 是环. 我们重申下述记号:

用 R-Mod 表示 R- 模构成的范畴.

用 R-mod 表示有限生成 R- 模构成的范畴.

用 $\mathrm{P}(R)$ 表示投射左 R- 模构成的 R-Mod 的全子范畴.

用 $\mathcal{P}(R)$ 表示有限生成投射左 R- 模构成的 R-mod 的全子范畴.

用 $\mathrm{I}(R)$ 表示内射左 R- 模构成的 R-Mod 的全子范畴.

推论 8.2.4 设 A 是 Artin 代数. 记 $D^b(A) := D^b(A\text{-mod})$. 则 $D^b_{\mathrm{perf}}(A) = K^b(\mathcal{P}(A))$. 即: $D^b(A)$ 中对象 X 同构于 $P \in K^b(\mathcal{P}(A))$ 当且仅当对于每个 $Y \in D^b(A)$, 存在整数 $m(Y)$ 使得 $\mathrm{Hom}_{D^b(A)}(X, Y[i]) = 0$, $\forall i \geqslant m(Y)$.

命题 8.2.5 设 $\mathcal{A}$ 是有足够多投射对象的余完备的 Abel 范畴. 则 $D^b_{\mathrm{perf}}(\mathcal{A}) = K^b(\mathcal{P})$.

证 我们仅证 $D^b_{\mathrm{perf}}(\mathcal{A}) \subseteq K^b(\mathcal{P})$. 想法如同 [Ric1, Proposition 6.2]. 设 $P \in D^b_{\mathrm{perf}}(\mathcal{A})$. 取拟同构 $Q \longrightarrow P$, 其中 $Q \in K^{-,b}(\mathcal{P})$. 则存在 $N \in \mathbb{Z}$ 使得 $\mathrm{H}^n P = 0$, $\forall n \leqslant N$. 如同引理 8.2.2 的证明, 只要证存在整数 $n \leqslant N$ 使得 $\mathrm{Im} d_Q^n \in \mathcal{P}$.

(反证) 假设 $\mathrm{Im} d_Q^n \notin \mathcal{P}$, $\forall n \leqslant N$. 因 $\mathcal{A}$ 有无限直和, 可令 $M := \bigoplus_{n \leqslant N} \mathrm{Im} d_Q^n \in \mathcal{A}$. 因 $\mathrm{Im} d_Q^n \neq 0$, 故有非零满态 $\widetilde{d^n}: Q^n \longrightarrow \mathrm{Im} d_Q^n$, 它诱导出非零态射

$$f: Q^n \longrightarrow M = \bigoplus_{j \leqslant N} \mathrm{Im} d_Q^j = \mathrm{Im} d_Q^n \oplus \left(\bigoplus_{j \leqslant N, j \neq n} \mathrm{Im} d_Q^j \right).$$

显然 f 给出链映射 $Q \longrightarrow M[-n]$. 因 $\mathrm{Im} d_Q^n \notin \mathcal{P}$, 故此链映射不可能是零伦的. 这表明 $\mathrm{Hom}_{K^-(\mathcal{A})}(Q, M[-n]) \neq 0$, $\forall n \leqslant N$, 从而

$$\mathrm{Hom}_{D^b(\mathcal{A})}(P, M[-n]) \cong \mathrm{Hom}_{D^-(\mathcal{A})}(Q, M[-n])$$
$$\cong \mathrm{Hom}_{K^-(\mathcal{A})}(Q, M[-n]) \neq 0.$$

换言之, 我们得到无穷多个整数 i 使得 $\mathrm{Hom}_{D^b(\mathcal{A})}(P, M[i]) \neq 0$. 这与假设 $P \in D^b_{\mathrm{perf}}(\mathcal{A})$ 矛盾. ∎

推论 8.2.6([Ric1, Proposition 6.2]) 设 R 是环. 则 $D^b_{\mathrm{perf}}(R\text{-Mod}) = K^b(\mathrm{P}(R))$.

8.2 三角范畴的完备对象和紧对象

由推论 8.2.4 我们得知 Artin 代数的导出等价诱导出奇点范畴的等价 (反之未必).

推论 8.2.7 设 A 和 B 均是 Artin 代数. 如果有三角等价 $F: D^b(A) \longrightarrow D^b(B)$, 则 F 诱导出三角等价 $K^b(\mathcal{P}(A)) \longrightarrow K^b(\mathcal{P}(B))$ 和 $D^b_{sg}(A) \longrightarrow D^b_{sg}(B)$.

证 由推论 8.2.4 知, F 在 $K^b(\mathcal{P}(A))$ 上的限制给出三角等价 $K^b(\mathcal{P}(A)) \longrightarrow K^b(\mathcal{P}(B))$. 从而有三角等价

$$D^b_{sg}(A) = D^b(A)/K^b(\mathcal{P}(A)) \longrightarrow D^b_{sg}(B) = D^b(B)/K^b(\mathcal{P}(B)).$$ ∎

上述推论对于大模范畴也是对的并且证明类似.

下面我们再讨论另一概念.

定义 8.2.8 余完备加法范畴 $\mathcal{C}$ 的对象 X 称为紧对象, 如果 $\text{Hom}_\mathcal{C}(X, -)$ 保持无限直和. 即对于任意指标集 I 和 $\mathcal{C}$ 中任意一簇对象 $Y_i, \forall i \in I$, 典范态射

$$\bigoplus_{i \in I} \text{Hom}_\mathcal{C}(X, Y_i) \longrightarrow \text{Hom}_\mathcal{C}(X, \bigoplus_{i \in I} Y_i)$$

是 Abel 群的同构. 这等价于说, 任意态射 $f: X \longrightarrow \bigoplus_{i \in I} Y_i$ 均可通过有限直和分解 $f = \sigma g$:

$$X \xrightarrow{g} \bigoplus_{i \in J(f)} Y_i \xrightarrow{\sigma} \bigoplus_{i \in I} Y_i,$$

其中 $J(f)$ 是 I 的有限子集.

例如, 环 R 上有限生成模是 R-Mod 的紧对象; 而无限生成投射 R- 模显然不是 R-Mod 的紧对象.

余完备三角范畴的紧对象具有特别的意义. 在余完备三角范畴中, 其平移函子与无限直和可交换 (命题 12.8.3); 进而其紧对象的平移仍是紧对象. 用 $\mathcal{T}^c$ 表示余完备三角范畴 $\mathcal{T}$ 中所有紧对象构成的全子范畴. 则易知 $\mathcal{T}^c$ 是 $\mathcal{T}$ 的三角子范畴, 并且 $\mathcal{T}^c$ 是 $\mathcal{T}$ 的厚子范畴 ([N, p.130]).

确定 $\mathcal{T}^c$ 是件困难的事. 目前我们知道的几类情形如下.

$$D(R\text{-Mod})^c = K^b(\mathcal{P}(R)).$$

参见 B. Keller [Ke3], 或更明确地, A. Neeman [N1, Theorem 2.1, 2.1.3].

当 R 是左 Noether 环时, 有

$$K(\mathrm{I}(R))^c \cong D^b(R\text{-mod}).$$

参见 H. Krause [Kr1].

当 A 是域 k 上双边凝聚 (coherent) k- 代数, 而且存在对偶复形 (dualizing complex, [YZ]) 时, P. Jørgensen [Jor1] 确定了 $K(\mathrm{P}(R))^c$; A. Neeman [N2, Proposition 7.12] 进一步证明: 对于任意环有

$$K(\mathrm{P}(R))^c = \{X \in K(\mathcal{P}^+(R)) \mid \mathrm{H}^n \mathrm{Hom}_R(X, R) = 0, \ n << 0\},$$

这里 $X \in K(\mathcal{P}^+(R))$ 是指 X 同构于有限生成投射左 R- 模的下有界复形.

定义 8.2.9 余完备三角范畴 $\mathcal{T}$ 称为紧生成的, 如果 $\mathcal{T}^c$ 是本质小的(skeletally small, 即 $\mathcal{T}^c$ 中互不同构的对象的全体是集合而非类), 并且存在紧对象 $T_i, i \in I$, 其中 I 是指标集, 使得若 $\mathrm{Hom}(T_i, X) = 0, \forall i \in I$, 则 $X = 0$.

等价的描述: 余完备三角范畴 $\mathcal{T}$ 是紧生成的当且仅当 $\mathcal{T}^c$ 是本质小的并且 $\mathcal{T}$ 是包含 $\mathcal{T}^c$ 的对直和封闭的最小的三角范畴. 参见 [N1, Theorem 2.1, 2.1.2] (或 [N2, Definition 2.5]). 设 R 是环. 则 $D(R\text{-Mod})$ 是紧生成的: 事实上, 由注记 4.5.8 知 $D(R\text{-Mod}) = \mathrm{Tri}(_RR)$, 这里 $\mathrm{Tri}(_RR)$ 是 $D(R\text{-Mod})$ 的包含 $_RR$ 并且对直和封闭的最小的三角子范畴, 当然也是同伦范畴 $K(R\text{-Mod})$ 的包含 $_RR$ 并且对直和封闭的最小的三角子范畴.

许多重要的余完备三角范畴是紧生成的. 例如, 当 R 是左 Noether 环时, $K(\mathrm{I}(R))^c = D^b(R\text{-mod})$ 是紧生成的 ([Kr1]). 当 R 是右凝聚环时, $K(\mathrm{P}(R))$ 是紧生成的 ([N2, Proposition 7.14]).

虽然 $K^b(\mathrm{P}(R))$ 中不存在无限直和, 但我们却有如下有用的事实. 其证明是由 J. Rickard 给出的.

命题 8.2.10([Ric1, p.450]) 设 R 是环, $X \in K^b(\mathrm{P}(R))$. 则 $X \in K^b(\mathcal{P}(R))$ (指 X 同构于 $K^b(\mathcal{P}(R))$ 中对象)当且仅当 $\mathrm{Hom}_{K^b(\mathrm{P}(R))}(X, -)$ 保持无限直和. 即对于任意指标集 I 和 $K^b(\mathrm{P}(R))$ 中任意一簇对象 $Y_i, \forall i \in I$, 如果 $\bigoplus_{i \in I} Y_i \in K^b(\mathrm{P}(R))$, 则典范态射

$$\bigoplus_{i \in I} \mathrm{Hom}_{K^b(\mathrm{P}(R))}(X, Y_i) \longrightarrow \mathrm{Hom}_{K^b(\mathrm{P}(R))}(X, \bigoplus_{i \in I} Y_i)$$

是Abel群的同构.

证 必要性是容易的：对于 X 的宽度用归纳法，从而归结为有限生成模的情形.

反之，设 $\mathrm{Hom}_{K^b(\mathrm{P}(R))}(X,-)$ 保持无限直和.(反证) 设 $X \notin K^b(\mathcal{P}(R))$. 则令 $X = 0 \longrightarrow X^0 \longrightarrow \cdots \longrightarrow X^n \longrightarrow 0$ 是这样的宽度最小的复形. 易知 $n > 0$. 我们断言：X^0 不是有限生成的. 否则令 $X' = 0 \longrightarrow X^1 \longrightarrow \cdots \longrightarrow X^n \longrightarrow 0$，并将上同调函子之间的态射 $\bigoplus_{i \in I} \mathrm{Hom}_{K^b(\mathrm{P}(R))}(-, Y_i) \longrightarrow \mathrm{Hom}_{K^b(\mathrm{P}(R))}(-, \bigoplus_{i \in I} Y_i)$ 作用在好三角 $X' \longrightarrow X \longrightarrow X^0 \longrightarrow X'[1]$ 上即可得到矛盾.

将 X 与 $K^b(\mathrm{P}(R))$ 中零对象 $0 \longrightarrow P \longrightarrow P \longrightarrow 0$ 作直和，我们不妨设 X^0 是无限秩自由模 $\bigoplus_{i \in I} {}_R R$. 由 $\mathrm{Hom}_{K^b(\mathrm{P}(R))}(X,-)$ 保持无限直和知由恒等态射 $X^0 \longrightarrow X^0$ 诱导的链映射 $X \longrightarrow X^0$ 通过有限直和分解，从而同伦于某个链映射，其像落入有限生成模 Y, $X^0 = Y \oplus Y'$. 设同伦 $s : X^1 \longrightarrow X^0 = Y \oplus Y'$ 为 $\binom{s_1}{s_2}$. 则合成

$$Y' \hookrightarrow X^0 \xrightarrow{d^0} X^1 \xrightarrow{s_2} Y'$$

为恒等. 从而复形 X 形如

$$0 \longrightarrow Y \oplus Y' \xrightarrow{\left(\begin{smallmatrix} a & 0 \\ b & \mathrm{Id} \end{smallmatrix}\right)} X_1^1 \oplus Y' \xrightarrow{(c,0)} X^2 \longrightarrow \cdots \longrightarrow X^n \longrightarrow 0,$$

它同构于复形

$$0 \longrightarrow Y \xrightarrow{a} X_1^1 \xrightarrow{c} X^2 \longrightarrow \cdots \longrightarrow X^n \longrightarrow 0$$

与同伦范畴中的零复形

$$0 \longrightarrow Y' \xrightarrow{\mathrm{Id}} Y' \longrightarrow 0$$

的直和. 这又回到 X^0 是有限生成的情形. ∎

8.3 Rickard 型限制性引理

为以后的应用，我们沿着 8.2 节的思路发展一些技术. 这些引理是 J. Rickard 在建立导出范畴的 Morita 理论时使用的 (或类似). 它们本身也有独立的兴趣.

仅考虑环 R 的左模范畴 R-Mod 和有限生成左模范畴 R-mod. 回顾记号：

用 $\mathrm{P}(R)$ 表示投射左 R- 模构成的 R-Mod 的全子范畴.

用 $\mathcal{P}(R)$ 表示有限生成投射左 R- 模构成的 R-mod 的全子范畴.

用 $K^-(\mathrm{P}(R))$ 表示投射左 R- 模的上有界复形作成的同伦范畴.

用 $K^-(\mathcal{P}(R))$ 表示有限生成投射左 R- 模的上有界复形作成的同伦范畴.

用 $K^{-,b}(\mathrm{P}(R))$ 表示 $K^-(\mathrm{P}(R))$ 中那些只有有限多个非零上同调群的对象作成的全子范畴.

用 $K^{-,b}(\mathcal{P}(R))$ 表示 $K^-(\mathcal{P}(R))$ 中那些只有有限多个非零上同调群的对象作成的全子范畴.

用 $K^b(\mathrm{P}(R))$ 表示 $K^-(\mathrm{P}(R))$ 中那些同构于投射左 R-模的有界复形的对象作成的全子范畴.

用 $K^b(\mathcal{P}(R))$ 表示 $K^-(\mathcal{P}(R))$ 中那些同构于有限生成投射左 R-模的有界复形的对象作成的全子范畴.

用 $K^-(R\text{-Mod})$ 表示 R-Mod 的上有界同伦范畴.

用 $K^b(R\text{-Mod})$ 表示 R-Mod 的有界同伦范畴.

用 $D^-(R\text{-Mod})$ 表示 R-Mod 的上有界导出范畴.

用 $D^b(R\text{-Mod})$ 表示 R-Mod 的有界导出范畴.

用 $D^-(R) := D^-(R\text{-mod})$ 表示 R-mod 的上有界导出范畴, 其中 R 为 Noether 环. 左 Noether 性是保证 R-mod 是 Abel 范畴.

用 $D^b(R) := D^b(R\text{-mod})$ 表示 R-mod 的有界导出范畴, 其中 R 为 Noether 环.

我们知道有典范的三角等价

$$D^-(R\text{-Mod}) \cong K^-(\mathrm{P}(R)); \quad D^-(R) \cong K^-(\mathcal{P}(R));$$

$$D^b(R\text{-Mod}) \cong K^{-,b}(\mathrm{P}(R)); \quad D^b(R) \cong K^{-,b}(\mathcal{P}(R)).$$

我们要回答如下系列问题 1-6.

问题 1 给定对象 $X \in K^-(\mathrm{P}(R))$, 或等价地, $X \in D^-(R\text{-Mod})$, 何时 $X \in K^{-,b}(\mathrm{P}(R))$? 或等价地, 何时 $X \in D^b(R\text{-Mod})$?

以及

问题 2 给定对象 $X \in K^-(\mathcal{P}(R))$, 何时 $X \in K^{-,b}(\mathcal{P}(R))$?

当 R 是左 Noether 环时, 这等价于说: 给定对象 $X \in D^-(R\text{-mod})$, 何时 $X \in D^b(R\text{-mod})$?

命题 8.3.1 ([Ric1, Proposition 6.1]) 设 R 是环.

(i) 设 $X \in K^-(\mathrm{P}(R))$. 则 $X \in K^{-,b}(\mathrm{P}(R))$ 当且仅当对于任意对象 $Y \in K^-(\mathrm{P}(R))$, 存在整数 $m(Y)$ 使得 $\mathrm{Hom}_{K^-(\mathrm{P}(R))}(Y, X[i]) = 0$, $\forall\, i < m(Y)$.

特别地, 设 R 和 S 是环. 则三角范畴的等价 $D^-(R\text{-Mod}) \cong D^-(S\text{-Mod})$ 诱导出三角范畴的等价 $D^b(R\text{-Mod}) \cong D^b(S\text{-Mod})$.

(ii) 设 $X \in K^-(\mathcal{P}(R))$. 则 $X \in K^{-,b}(\mathcal{P}(R))$ 当且仅当对于任意对象 $Y \in K^-(\mathcal{P}(R))$, 存在整数 $m(Y)$ 使得 $\operatorname{Hom}_{K^-(\mathcal{P}(R))}(Y, X[i]) = 0, \ \forall \, i < m(Y)$.

特别地, 设 R 和 S 是左Noether 环. 则三角范畴的等价 $D^-(R\text{-mod}) \cong D^-(S\text{-mod})$ 诱导出三角范畴的等价 $D^b(R\text{-mod}) \cong D^b(S\text{-mod})$.

证 (i) 设 $X \in K^{-,b}(\mathrm{P}(R))$. 则 X 拟同构于一个有界复形 $Z \in K^b(R\text{-Mod})$ (通过作适当的右温和截断). 对于 $Y \in K^-(\mathrm{P}(R))$, 因为复形 Y 上有界, 故存在整数 $m(Y)$ 使得当 $i < m(Y)$ 时复形 Y 的非零分支所在的位置与复形 $Z[i]$ 的非零分支所在的位置无交, 从而

$$\operatorname{Hom}_{K^-(R\text{-Mod})}(Y, Z[i]) = 0, \quad \forall \, i < m(Y).$$

于是

$$\begin{aligned}
\operatorname{Hom}_{K^-(\mathrm{P}(R))}(Y, X[i]) &\cong \operatorname{Hom}_{D^-(R\text{-Mod})}(Y, X[i]) \\
&\cong \operatorname{Hom}_{D^-(R\text{-Mod})}(Y, Z[i]) \\
&\cong \operatorname{Hom}_{K^-(R\text{-Mod})}(Y, Z[i]) \\
&= 0, \quad \forall \, i < m(Y).
\end{aligned}$$

反之, 若 $X \notin K^{-,b}(\mathrm{P}(R))$, 即存在任意小的 i 使得上同调群 $\mathrm{H}^i X \neq 0$, 也就是说存在任意小的整数 i 使得

$$\operatorname{Hom}_{K^-(\mathrm{P}(R))}(R, X[i]) = \mathrm{H}^i \operatorname{Hom}_R(R, X) = \mathrm{H}^i X \neq 0$$

(其中第一个等号用到关键公式; 第二个等号用到正合函子 $\operatorname{Hom}_R(R, -)$ 保持上同调群). 这与题设矛盾!

(ii) 上述证明完全适用于有限生成模的情形. ∎

问题 3 给定对象 $X \in D^b(R\text{-Mod})$, 或等价地, $X \in K^{-,b}(\mathrm{P}(R))$, 何时 $X \in K^b(\mathrm{P}(R))$?

答案参见推论 8.2.6. 即 $X \in K^b(\mathrm{P}(R))$ 当且仅当对于每个 $Y \in D^b(R\text{-Mod})$, 存在整数 $m(Y)$ 使得 $\operatorname{Hom}_{D^b(R\text{-Mod})}(X, Y[i]) = 0, \ \forall \, i \geqslant m(Y)$.

一个直接的推论是

引理 8.3.2 设 R 和 S 是环, $F: D^b(R\text{-Mod}) \cong D^b(S\text{-Mod})$ 是三角范畴的等价. 则 F 诱导出三角范畴的等价 $K^b(\mathrm{P}(R)) \cong K^b(\mathrm{P}(S))$. 从而 $\mathrm{gl.dim}R < \infty$ 当且仅当 $\mathrm{gl.dim}S < \infty$.

问题 4 给定对象 $X \in D^b(A\text{-mod})$, 或等价地, $X \in K^{-,b}(\mathcal{P}(A))$, 何时 $X \in K^b(\mathcal{P}(A))$? 此处 A 是 Artin 代数. Artin 代数是保证 A-mod 是有限滤过 Abel 范畴.

答案参见推论 8.2.4. 即 $X \in K^b(\mathcal{P}(A))$ 当且仅当对于每个 $Y \in D^b(A)$, 存在整数 $m(Y)$ 使得 $\mathrm{Hom}_{D^b(A)}(X, Y[i]) = 0$, $\forall\, i \geqslant m(Y)$.

一个直接的推论是

引理 8.3.3 设 A 和 B 是 Artin 代数. 则三角范畴的等价 $D^b(A\text{-mod}) \cong D^b(B\text{-mod})$ 诱导出三角范畴的等价 $K^b(\mathcal{P}(A)) \cong K^b(\mathcal{P}(B))$.

问题 5 给定对象 $X \in K^b(\mathrm{P}(R))$, 何时 $X \in K^b(\mathcal{P}(R))$?

答案参见命题 8.2.10. 即 $X \in K^b(\mathcal{P}(R))$ 当且仅当 $\mathrm{Hom}_{K^b(\mathrm{P}(R))}(X, -)$ 保持无限直和. (注意此处 $K^b(\mathrm{P}(R))$ 中不存在无限直和, 具体的含义参见命题 8.2.10.)

一个直接的推论是

引理 8.3.4 设 R 和 S 是环. 则三角范畴的等价 $K^b(\mathrm{P}(R)) \cong K^b(\mathrm{P}(S))$ 诱导出三角范畴的等价 $K^b(\mathcal{P}(R)) \cong K^b(\mathcal{P}(S))$.

问题 6 给定对象 $X \in K^-(\mathrm{P}(R))$, 或等价地, $X \in D^-(R\text{-Mod})$, 何时 $X \in K^b(\mathrm{P}(R))$?

命题 8.3.5 ([Kö, p.217]) 设 R 是环, $X \in K^-(\mathrm{P}(R))$. 则 $X \in K^b(\mathrm{P}(R))$ 当且仅当对于任意对象 $Y \in K^-(\mathrm{P}(R))$, 存在整数 $m(Y)$ 使得 $\mathrm{Hom}_{K^-(\mathrm{P}(R))}(X, Y[i]) = 0$, $\forall\, i \geqslant m(Y)$.

证 仅证充分性. 证法与 [Kö, p.217] 不同. 设 $X \in K^-(\mathrm{P}(R))$, 且对于任意对象 $Y \in K^-(\mathrm{P}(R))$, 存在整数 $m(Y)$ 使得 $\mathrm{Hom}_{K^-(\mathrm{P}(R))}(X, Y[i]) = 0$, $\forall\, i \geqslant m(Y)$.

令 $M := \bigoplus\limits_{n \in \mathbb{Z}} \mathrm{Im} d_X^n \in R\text{-Mod}$. 则有拟同构 $Y \longrightarrow M$, 其中 $Y \in K^-(\mathrm{P}(R))$. 由题设存在整数 $m = m(Y)$ 使得 $\mathrm{Hom}_{K^-(\mathrm{P}(R))}(X, Y[i]) = 0$, $\forall\, i \geqslant m$.

对于任意满足 $-n \geqslant m$ 的整数 n, 满同态 $\widetilde{d^n}: X^n \longrightarrow \mathrm{Im} d_X^n$ 给出同态

$$X^n \longrightarrow M = \bigoplus_{j \in \mathbb{Z}} \mathrm{Im} d_X^j = \mathrm{Im} d_X^n \oplus \Big(\bigoplus_{j \in \mathbb{Z}, j \neq n} \mathrm{Im} d_X^j \Big).$$

这个同态诱导出链映射 $f: X \longrightarrow M[-n]$. 因

$$\begin{aligned}
\mathrm{Hom}_{K^-(R\text{-Mod})}(X, M[-n]) &\cong \mathrm{Hom}_{D^-(R\text{-Mod})}(X, M[-n]) \\
&\cong \mathrm{Hom}_{D^-(R\text{-Mod})}(X, Y[-n]) \\
&\cong \mathrm{Hom}_{K^-(\mathrm{P}(R))}(X, Y[-n]) \\
&= 0,
\end{aligned}$$

于是 f 是零伦的. 这意味着嵌入 $\mathrm{Im}\, d_X^n \hookrightarrow X^{n+1}$ 可裂单, 从而对于任意满足 $-n \geqslant m$ 的整数 n 而言 $\mathrm{Im}\, d_X^n$ 都是投射模. 于是 X 分裂成有界复形

$$0 \longrightarrow \mathrm{Im}\, d_X^m \longrightarrow X^{m+1} \longrightarrow X^{m+2} \longrightarrow \cdots$$

和一些形如 $0 \longrightarrow \mathrm{Im}\, d_X^n \xrightarrow{\mathrm{Id}} \mathrm{Im}\, d_X^n \longrightarrow 0$ 的零复形的直和, 从而 $X \in K^b(\mathrm{P}(R))$. ∎

引理 8.3.6 设 A 和 B 是环.

(i) 如果三角函子 $F: D^-(A\text{-Mod}) \longrightarrow D^-(B\text{-Mod})$ 有左伴随, 则 F 的限制给出函子 $D^b(A\text{-Mod}) \longrightarrow D^b(B\text{-Mod})$.

(ii) 如果三角函子 $F: D^-(A\text{-Mod}) \longrightarrow D^-(B\text{-Mod})$ 有右伴随, 则 F 的限制给出函子 $K^b(\mathrm{P}(A)) \longrightarrow K^b(\mathrm{P}(B))$.

(iii) 如果三角函子 $F: D^b(A\text{-Mod}) \longrightarrow D^b(B\text{-Mod})$ 有右伴随, 则 F 的限制给出函子 $K^b(\mathrm{P}(A)) \longrightarrow K^b(\mathrm{P}(B))$.

证 (i) 由命题 8.3.1(i) 推出.

(ii) 由命题 8.3.5 推出.

(iii) 由推论 8.2.6 推出. ∎

注记 8.3.7 设 R 和 S 是环. 由上所述我们有

$$\begin{aligned}
D^-(R\text{-Mod}) \cong D^-(S\text{-Mod}) &\Longrightarrow D^b(R\text{-Mod}) \cong D^b(S\text{-Mod}) \\
&\Longrightarrow K^b(\mathrm{P}(R)) \cong K^b(\mathrm{P}(S)) \\
&\Longrightarrow K^b(\mathcal{P}(R)) \cong K^b(\mathcal{P}(S)).
\end{aligned}$$

Rickard [Ric1, Theorem 6.4] 通过引进倾斜复形证明了所有这些三角等价都是互推的, 并称之为 R 和 S 导出等价. 环 R 和 S 导出等价亦可推出 $D^b(R\text{-mod}) \cong D^b(S\text{-mod})$; 如果 R 还是左凝聚环, 则 R 和 S 导出等价与 $D^b(R\text{-mod}) \cong D^b(S\text{-mod})$ 也是等价的 ([Ric1, Proposition 8.1, Proposition 8.2]).

Rickard 定理是一条重要的定理. 它起源于Dieter Happel 关于倾斜等价的著名工作([Hap1, Theorem 1.6; Hap2, p. 109]): 如果 A 和 B 是有限维代数, A 的整体维数有限, $_AT$ 是倾斜模, $B = (\text{End}_A T)^{op}$, 则 $D^b(A) \cong D^b(B)$. Happel 的这个结果立即被E. Cline, B. Parshall, L. L. Scott [CPS1] 推广到一般的环上. 限于篇幅本书不涉及倾斜理论, 也不证明Rickard 定理. 利用微分分次范畴Rickard 定理亦被B.Keller [Ke3, 8.1] 推广到无界导出范畴.

8.4 Buchweitz-Happel 定理

现在我们要回到定理 8.1.2 的证明上来. 本节的目的是证明如下 Buchweitz-Happel 定理.

定理 8.4.1 (R. O. Buchweitz [Buch], D. Happel [Hap5])　设 $\mathcal{A}$ 是有足够多投射对象的Abel 范畴. 则自然函子

$$F: \underline{\mathcal{GP}(\mathcal{A})} \longrightarrow D^b(\mathcal{A})/K^b(\mathcal{P}) = D^b_{sg}(\mathcal{A})$$

是满忠实的三角函子. 而且, 如果 $\mathcal{A}$ 中任意对象的Gorenstein投射维数均是有限的, 则 F 是三角等价.

定理 8.4.1 由以下引理 8.4.5—8.4.7 推出.

推论 8.4.2　设 R 是左Noether 环. 则自然函子

$$F: \underline{\mathcal{GP}(R)} \longrightarrow D^b(R\text{-mod})/K^b(\mathcal{P}(R)) = D^b_{sg}(R\text{-mod})$$

是满忠实的三角函子. 而且, 如果 R 是Gorenstein环, 则 F 是三角等价.

证　在定理 8.4.1 中取 $\mathcal{A}$ 为 R-mod 即得第一个结论. 第二个结论由推论 7.7.5(iii) 和定理 8.4.1 即得. ∎

推论 8.4.3　设 R 是环. 则自然函子

$$F: \underline{\mathcal{GP}(R)} \longrightarrow D^b(R\text{-Mod})/K^b(\mathcal{P}(R)) = D^b_{sg}(R\text{-Mod})$$

是满忠实的三角函子. 而且, 如果 R 是Gorenstein环, 则 F 是三角等价.

证　在定理 8.4.1 中取 $\mathcal{A}$ 为 R-Mod 即得第一个结论. 第二个结论由推论 7.7.5(ii) 和定理 8.4.1 即得. ∎

下述事实在本章中经常用到.

8.4 Buchweitz-Happel 定理

引理 8.4.4 对于投射复形 $(P,d) \in K^{-,b}(\mathcal{P})$, 存在 $K^{-,b}(\mathcal{P})/K^b(\mathcal{P})$ 中的同构 $P \cong P_{\leqslant n}, \forall n \in \mathbb{Z}$, 其中 $P_{\leqslant n}$ 是 P 的左强制截断 $\cdots \longrightarrow P^{n-1} \xrightarrow{d^{n-1}} P^n \longrightarrow 0$.

证 因为 $P_{\geqslant n+1} \in K^b(\mathcal{P}(\mathcal{A}))$, 故在 $K^{-,b}(\mathcal{P})/K^b(\mathcal{P})$ 中有 $P_{\geqslant n+1} = 0$. 由 $K^{-,b}(\mathcal{P})$ 中的好三角

$$P_{\geqslant n+1} \longrightarrow P \longrightarrow P_{\leqslant n} \longrightarrow P_{\geqslant n+1}[1]$$

知在 $K^{-,b}(\mathcal{P})/K^b(\mathcal{P})$ 中有 $P \cong P_{\leqslant n}$. ∎

上述事实可形象地称为 "右边甩". 下面证明中我们还要类似地用到 "左边甩".

引理 8.4.5 自然函子 $F: \underline{\mathcal{GP}(\mathcal{A})} \longrightarrow K^{-,b}(\mathcal{P})/K^b(\mathcal{P}) \cong D^b_{sg}(\mathcal{A})$ 是三角范畴之间的三角函子.

证 设 $f: X \longrightarrow Y$ 是 $\mathcal{GP}(\mathcal{A})$ 中的态射, (P,d) 和 (Q,∂) 分别为 X 和 Y 的完全投射分解, 且 $X \xrightarrow{i_X} P^1$. 由于投射对象是 $\mathcal{GP}(\mathcal{A})$ 中的内射对象, f 诱导了链映射 $u: P \longrightarrow Q$. 令 $(I(P), d)$ 为复形, 其中 $I^i(P) = P^i \bigoplus P^{i+1}$ 且 $d^i_{I(P)} = \begin{pmatrix} 0 & 1 \\ 0 & 0 \end{pmatrix}$. 则有复形正合列

$$0 \longrightarrow P \xrightarrow{\alpha} I(P) \xrightarrow{\beta} P[1] \longrightarrow 0,$$

其中 $\alpha^i = \begin{pmatrix} 1 \\ d^i \end{pmatrix}: P^i \longrightarrow P^i \bigoplus P^{i+1}$, $\beta^i = (-d^i\ 1): P^i \bigoplus P^{i+1} \longrightarrow P^{i+1}$. 参见 6.4 节. 直接验证即知有如下交换图 (并且两列均是链可裂短正合列)

$$\begin{array}{ccc} 0 & & 0 \\ \downarrow & & \downarrow \\ P & \xrightarrow{u} & Q \\ \alpha \downarrow & & v \downarrow \\ I(P) & \xrightarrow{\rho} & \mathrm{Cone}(u) \\ \beta \downarrow & & w \downarrow \\ P[1] & = & P[1] \\ \downarrow & & \downarrow \\ 0 & & 0 \end{array}$$

其中 $\rho^i = \begin{pmatrix} -d^i & 1 \\ u^i & 0 \end{pmatrix}: P^i \bigoplus P^{i+1} \longrightarrow P^{i+1} \bigoplus Q^i$, $v^i = \begin{pmatrix} 0 \\ 1 \end{pmatrix}: Q^i \longrightarrow P^{i+1} \bigoplus Q^i$,

$w^i = (1\ 0): P^{i+1} \bigoplus Q^i \longrightarrow P^{i+1}$. 取第 0 次分支的像可得交换图

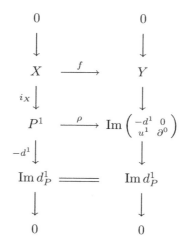

由于竖列是短正合列 (右列是短正合列也可由蛇引理看出), 故上面的方块是 i_X 和 f 的推出. 由 Frobenius 范畴的稳定范畴中好三角的构造方式 (参见 6.2 节中 (6.3) 式) 可知

$$X \xrightarrow{f} Y \longrightarrow \operatorname{Im}\begin{pmatrix} -d^1 & 0 \\ u^1 & \partial^0 \end{pmatrix} \longrightarrow \operatorname{Im} d_P^1$$

是 $\mathcal{GP}(\mathcal{A})$ 中由 f 诱导的好三角.

注意到 $F(\operatorname{Im} d_P^1) = F(X[1]) = P_{\leqslant 1}[1]$, $F(X)[1] = P_{\leqslant 0}[1]$. 由引理 8.4.4 知 $P_{\leqslant 1}[1] \cong P_{\leqslant 0}[1]$. 由此可见, $D_{sg}^b(\mathcal{A})$ 中有自然同构 $F[1] \cong [1]F$. 不难看出, $\operatorname{Cone}(u)$ 也是完全投射分解, 故 $F(\operatorname{Im}\begin{pmatrix} -d^1 & 0 \\ u^1 & \partial^0 \end{pmatrix}) = \operatorname{Cone}(u)_{\leqslant 0}$, 我们需要证明

$$P_{\leqslant 0} \xrightarrow{u_{\leqslant 0}} Q_{\leqslant 0} \longrightarrow \operatorname{Cone}(u)_{\leqslant 0} \longrightarrow P_{\leqslant 0}[1] \tag{8.1}$$

是 $D_{sg}^b(\mathcal{A})$ 中的好三角. 考虑复形态射

$$\begin{array}{ccccccc}
\operatorname{Cone}(u)_{\leqslant 0}: & \cdots & \longrightarrow & P^0 \oplus Q^{-1} & \longrightarrow & P^1 \oplus Q^0 & \longrightarrow & 0 \\
\downarrow & & & \parallel & & \downarrow (0,1) & & \\
\operatorname{Cone}(u_{\leqslant 0}): & \cdots & \longrightarrow & P^0 \oplus Q^{-1} & \longrightarrow & Q^0 & \longrightarrow & 0
\end{array}$$

作一个左强制截断后这是恒等态射, 因此由引理 8.4.4 知它在 $D_{sg}^b(\mathcal{A})$ 中是同构, 并且这个同构使得三角 (8.1) 同构于 $D_{sg}^b(\mathcal{A})$ 中的标准三角

$$P_{\leqslant 0} \xrightarrow{u_{\leqslant 0}} Q_{\leqslant 0} \longrightarrow \operatorname{Con}(u_{\leqslant 0}) \longrightarrow P_{\leqslant 0}[1].$$

这就证明了 F 是三角函子. ■

8.4 Buchweitz-Happel 定理

引理 8.4.6 如果 $\mathcal{A}$ 中每个对象 M 的Gorenstein投射维数 $\mathrm{Gpd}M < \infty$, 则自然函子 $F: \mathcal{GP}(\mathcal{A}) \longrightarrow K^{-,\, b}(\mathcal{P})/K^b(\mathcal{P})$ 是稠密的.

证 以下证明的思想可总结为 "左右两边甩".

设 $(P,d) \in D_{sg}^b(\mathcal{A}) = K^{-,\, b}(\mathcal{P})/K^b(\mathcal{P})$, 其中 $\mathrm{H}^m P = 0$, $\forall\, m \leqslant n+1$. 不妨设 $n \leqslant 0$. 令 $M = \mathrm{Ker}d^{n+1} = \mathrm{Im}d^n$ 并且 $\mathrm{Gpd}M = t$. 则有正合列

$$0 \longrightarrow N \longrightarrow P^{n-t+1} \longrightarrow \cdots \longrightarrow P^n \longrightarrow M \longrightarrow 0,$$

其中 $N := \mathrm{Ker}d^{n-t+1} = \mathrm{Im}d^{n-t}$. 由 Auslander-Bridger 引理知 $N \in \mathcal{GP}(\mathcal{A})$. 由引理 8.4.4 知有 $D_{sg}^b(\mathcal{A})$ 中的同构

$$P \cong P_{\leqslant (n-t)} \cong N[t-n].$$

因 N 是 Gorenstein 投射对象, 故存在完全投射分解 (Q, ∂)

$$\cdots \longrightarrow Q^{n-t} \xrightarrow{\partial^{n-t}} Q^{n-t+1} \longrightarrow \cdots \longrightarrow Q^0 \xrightarrow{\partial^0} Q^1 \longrightarrow \cdots,$$

使得 $N = \mathrm{Im}\partial^{n-t}$. 考虑截断复形 $Q_{\leqslant 0}$. 由引理 8.4.4 知有

$$\mathrm{Im}\partial^0 \cong Q_{\leqslant 0} \cong Q_{\leqslant (n-t)} \cong N[t-n].$$

根据定义 $F(\mathrm{Im}\partial^0) = \mathrm{Im}\partial^0 \cong P$. 这就证明了 F 是稠密的. ∎

引理 8.4.7 ([CZ]) 设 $\mathcal{A}$ 是有足够多投射对象的Abel 范畴. 则自然函子 $F: \mathcal{GP}(\mathcal{A}) \longrightarrow D^b(\mathcal{A})/K^b(\mathcal{P}) = D_{sg}^b(\mathcal{A})$ 是满忠实的.

证 设 $M, N \in \mathcal{GP}(\mathcal{A})$. 先证映射 $F: \mathrm{Hom}_{\mathcal{A}}(M,N) \longrightarrow \mathrm{Hom}_{D_{sg}^b(\mathcal{A})}(M,N)$ 是满射, 其中 $F(f) = f/\mathrm{Id}_M$, $\forall\, f \in \mathrm{Hom}_{\mathcal{A}}(M,N)$.

设 $a/s \in \mathrm{Hom}_{D_{sg}^b(\mathcal{A})}(M,N)$, 其中 $M \xleftarrow{s} Z \xrightarrow{a} N$, s, a 是 $D^b(\mathcal{A})$ 中态射. 故有 $D^b(\mathcal{A})$ 中的好三角

$$Z \xRightarrow{s} M \longrightarrow \mathrm{Cone}(s) \longrightarrow Z[1] \tag{8.2}$$

使得 $\mathrm{Cone}(s) \in K^b(\mathcal{P})$. 令 $\mathrm{Cone}(s)$ 形如 $0 \longrightarrow W^{-t'} \longrightarrow \cdots \longrightarrow W^t \longrightarrow 0$ 其中 $t', t \geqslant 0$, 每个 W^i 都是投射对象. 由于 $M \in \mathcal{GP}(\mathcal{A})$, 故有投射对象的正合列

$$0 \longrightarrow M \xrightarrow{\varepsilon} P^0 \xrightarrow{d^0} P^1 \xrightarrow{d^1} \cdots \longrightarrow P^n \xrightarrow{d^n} \cdots,$$

其中 $\mathrm{Ker}d^i \in \mathcal{GP}(\mathcal{A})$, $\forall\, i \geqslant 0$. 我们断言: 对 $l \geqslant t+1$, 有

$$\mathrm{Hom}_{D^b(\mathcal{A})}(\mathrm{Ker}d^i[-l], \mathrm{Cone}(s)) = 0, \quad \forall\, i \geqslant 0.$$

事实上, 考虑由左强制截断产生的 $D^b(\mathcal{A})$ 中的好三角

$$W^t[-t] \longrightarrow \operatorname{Cone}(s) \longrightarrow \operatorname{Cone}(s)_{<t} \longrightarrow W^t[1-t].$$

将上同调函子 $\operatorname{Hom}_{D^b(\mathcal{A})}(\operatorname{Ker} d^i[-l], -)$ 作用于这个好三角. 由于 $\operatorname{Ker} d^i \in {}^\perp\mathcal{P}(\mathcal{A})$ 以及

$$\operatorname{Hom}_{D^b(\mathcal{A})}(\operatorname{Ker} d^i[-l], W^t[-t]) \cong \operatorname{Ext}_{\mathcal{A}}^{l-t}(\operatorname{Ker} d^i, W) = 0,$$

由归纳法可见断言成立.

令 $E = \operatorname{Ker} d^{t+2}[-(t+2)]$. 考虑正合列

$$0 \longrightarrow M \xrightarrow{\varepsilon} P^0 \cdots \longrightarrow P^{t+1} \longrightarrow \operatorname{Ker} d^{t+2} \longrightarrow 0.$$

则在 $D^b(\mathcal{A})$ 中 $M \cong P$, 其中 P 是复形 $0 \longrightarrow P^0 \cdots \longrightarrow P^{t+1} \longrightarrow \operatorname{Ker} d^{t+2} \longrightarrow 0$. 从而有 $D^b(\mathcal{A})$ 中的好三角

$$E \xrightarrow{s'} M \xrightarrow{\varepsilon} P_{<t+2} \longrightarrow E[1], \tag{8.3}$$

其中 $P_{<t+2} \in K^b(\mathcal{P})$.

将 $\operatorname{Hom}_{D^b(\mathcal{A})}(E, -)$ 作用于 (8.2). 由上述断言知

$$\operatorname{Hom}_{D^b(\mathcal{A})}(E, \operatorname{Cone}(s)[-1]) = \operatorname{Hom}_{D^b(\mathcal{A})}(\operatorname{Ker} d^{t+2}[-(t+1)], \quad \operatorname{Cone}(s)) = 0$$

以及

$$\operatorname{Hom}_{D^b(\mathcal{A})}(E, \operatorname{Cone}(s)) = \operatorname{Hom}_{D^b(\mathcal{A})}(\operatorname{Ker} d^{t+2}[-(t+2)], \quad \operatorname{Cone}(s)) = 0,$$

从而 $\operatorname{Hom}_{D^b(\mathcal{A})}(E, Z) \cong \operatorname{Hom}_{D^b(\mathcal{A})}(E, M)$, 故存在 $h: E \longrightarrow Z$ 使得 $s' = sh$. 因此 $a/s = ah/s'$.

将 $\operatorname{Hom}_{D^b(\mathcal{A})}(-, N)$ 作用于 (8.3) 得到正合列

$$\operatorname{Hom}_{D^b(\mathcal{A})}(M, N) \longrightarrow \operatorname{Hom}_{D^b(\mathcal{A})}(E, N) \longrightarrow \operatorname{Hom}_{D^b(\mathcal{A})}(P_{<t+2}[-1], N).$$

我们断言 $\operatorname{Hom}_{D^b(\mathcal{A})}(P_{<t+2}[-1], N) = 0$.

事实上, 将 $\operatorname{Hom}_{D^b(\mathcal{A})}(-, N[1])$ 作用于 $D^b(\mathcal{A})$ 中的好三角

$$P_{<t+1}[-1] \longrightarrow P^{t+1}[-(t+1)] \longrightarrow P_{<t+2} \longrightarrow P_{<t+1}.$$

由归纳法即可看出断言成立.

这样就存在 $D^b(\mathcal{A})$ 中的态射 $f: M \longrightarrow N$ 使得 $fs' = ah$. 因此, 我们有 $a/s = ah/s' = fs'/s' = f/\mathrm{Id}_M$. 再注意到 $\mathcal{A}$ 是 $D^b(\mathcal{A})$ 的满子范畴 (参见命题 5.1.5), 故有同构 $\mathrm{Hom}_{\mathcal{A}}(M, N) \cong \mathrm{Hom}_{D^b(\mathcal{A})}(M, N)$, 这就表明了 F 是满的.

下证 $\mathrm{Ker} F$ 恰是通过投射对象分解的 M 到 N 的态射的集合. 设有 $\mathcal{A}$ 中态射 $f: M \longrightarrow N$ 使得在 $D^b_{sg}(\mathcal{A})$ 中 $F(f) = f/\mathrm{Id}_M = 0$. 则存在 $s: Z \Longrightarrow M$ 使得 $\mathrm{Cone}(s) \in K^b(\mathcal{P})$ 以及在 $D^b(\mathcal{A})$ 中有 $(f/\mathrm{Id}_M)s = 0$. 使用与 (8.2) 和 (8.3) 相同的记号. 由上述论断可得 $s' = sh$, 从而在 $D^b(\mathcal{A})$ 中有 $(f/\mathrm{Id}_M)s' = 0$. 将 $\mathrm{Hom}_{D^b(\mathcal{A})}(-, N)$ 作用于 (8.3) 可见存在 $f': P_{<t+2} \longrightarrow N$ 使得在 $D^b(\mathcal{A})$ 中有 $f'\varepsilon = f/\mathrm{Id}_M$.

考虑 $D^b(\mathcal{A})$ 中的好三角

$$P^0[-1] \longrightarrow Q \longrightarrow P_{<t+2} \xrightarrow{\pi} P^0,$$

其中 Q 是复形 $0 \longrightarrow P^1 \longrightarrow P^2 \longrightarrow \cdots \longrightarrow P^{t+1} \longrightarrow 0$, 且 π 是自然态射. 同理可得 $\mathrm{Hom}_{D^b(\mathcal{A})}(Q, N) = 0$. 于是有满射

$$\mathrm{Hom}_{D^b(\mathcal{A})}(P^0, N) \longrightarrow \mathrm{Hom}_{D^b(\mathcal{A})}(P_{<t+2}, N) \longrightarrow 0.$$

从而存在 $g: P^0 \longrightarrow N$ 使得 $g\pi = f'$. 因此在 $D^b(\mathcal{A})$ 中有 $f/\mathrm{Id}_M = g(\pi\varepsilon)$. 由于 $\mathcal{A}$ 是 $D^b(\mathcal{A})$ 的满子范畴 (参见命题 5.1.5), 故有同构

$$\mathrm{Hom}_{\mathcal{A}}(M, P^0) \cong \mathrm{Hom}_{D^b(\mathcal{A})}(M, P^0), \quad \mathrm{Hom}_{\mathcal{A}}(P^0, N) \cong \mathrm{Hom}_{D^b(\mathcal{A})}(P^0, N),$$

从而存在 $\alpha \in \mathrm{Hom}_{\mathcal{A}}(M, P^0)$, $\beta \in \mathrm{Hom}_{\mathcal{A}}(P^0, N)$ 使得 $\pi\varepsilon = \alpha/\mathrm{Id}_M$ 和 $g = \beta/\mathrm{Id}_{P_0}$. 由 $D^b(\mathcal{A})$ 中的等式 $f/\mathrm{Id}_M = g(\pi\varepsilon)$ 知在 $D^b(\mathcal{A})$ 中有 $f/\mathrm{Id}_M = \beta\alpha/\mathrm{Id}_M$, 再由同构 $\mathrm{Hom}_{\mathcal{A}}(M, N) \cong \mathrm{Hom}_{D^b(\mathcal{A})}(M, N)$ 知在 $\mathcal{A}$ 中有 $f = \beta\alpha$, 即 $\mathcal{A}$ 中态射 f 通过投射对象 P^0 分解. 这就完成了证明. ∎

设 Q 是有限无圈箭图, A 是域 k 上的有限维代数, $\Lambda := A \otimes_k kQ$. 则 Gorenstein 投射 Λ-模范畴 $\mathcal{GP}(\Lambda)$ 已在定理 7.12.1 中得到描述. 由 [AR3, Proposition 2.2] 知当 A 是 Gorenstein 代数时, Λ 也是 Gorenstein 代数. 因此由推论 8.4.2 和推论 7.12.11 我们立即得到

推论 8.4.8 设 Q 是有限无圈箭图, A 是域 k 上的有限维 Gorenstein 代数, $\Lambda := A \otimes_k kQ$. 则有三角等价 $D^b_{sg}(\Lambda) \cong \underline{\mathcal{GP}(\Lambda)}$.

特别地, 若 A 是自入射代数, 则有三角等价 $D^b_{sg}(\Lambda) \cong \underline{\mathrm{mon}(Q, A)}$.

后记 Buchweitz-Happel 定理最早出现在 [Buch, Theorem 4.4.1]. 这篇 155 页的论文并未发表. D.Happel [Hap5, Theorem 4.6] 重新发现了这一定理.

8.5 Buchweitz-Happel 定理的逆

多年以来 Buchweitz-Happel 定理的逆未知是否成立, 直到 2011 年朱士杰 [Zhu] 和 2012 年 Bergh-Jorgensen-Oppermann [BJO] 中才有肯定的结论 (这方面更早的结果也可见 A. Beligiannis [B1], 不过证明不直接且难懂). 本节目的是证明如下 Buchweitz-Happel 定理的逆.

命题 8.5.1 (Bergh-Jorgensen-Oppermann [BJO], S.J. Zhu [Z]) 设 $\mathcal{A}$ 是有足够多投射对象的Abel 范畴. 如果自然函子

$$F: \underline{\mathcal{GP}(\mathcal{A})} \longrightarrow D^b(\mathcal{A})/K^b(\mathcal{P}) = D^b_{sg}(\mathcal{A})$$

是稠密的, 则 $\mathcal{A}$ 中任意对象的Gorenstein投射维数均是有限的.

在讨论命题 8.5.1 的证明之前我们先看一个推论.

推论 8.5.2 设 A 是Artin代数.

(i) 如果自然函子

$$F: \underline{\mathcal{GP}(A)} \longrightarrow D^b(A\text{-mod})/K^b(\mathcal{P}(A)) = D^b_{sg}(A\text{-mod})$$

是稠密的, 则 A 是Gorenstein代数.

(ii) 如果自然函子

$$F: \underline{\text{GP}(A)} \longrightarrow D^b(A\text{-Mod})/K^b(\text{P}(A)) = D^b_{sg}(A\text{-Mod})$$

是稠密的, 则 A 是Gorenstein代数.

证 在命题 8.5.1 中分别取 $\mathcal{A}$ 为 A-mod 和 A-Mod, 并利用定理 7.7.7 即得. ∎

我们已经研究过 Frobenius 范畴的稳定范畴. 类似地, 对于有足够多投射对象的 Abel 范畴 $\mathcal{A}$, $\mathcal{A}$ 关于投射对象的稳定范畴 $\underline{\mathcal{A}}$ 定义为: 其对象恰是 $\mathcal{A}$ 中对象, 而态射集 $\underline{\text{Hom}}_{\mathcal{A}}(X,Y)$ 定义为商群 $\text{Hom}_{\mathcal{A}}(X,Y)/\mathcal{P}(X,Y)$, 其中

$$\mathcal{P}(X,Y) = \{f \in \text{Hom}_{\mathcal{A}}(X,Y) \mid f \text{ 通过投射对象分解}\}.$$

不难看出 $\underline{\mathcal{A}}$ 是加法范畴.

引理 8.5.3 设 $\mathcal{A}$ 是有足够多投射对象的Abel范畴. 则

8.5 Buchweitz-Happel 定理的逆

(i) $\underline{\mathcal{A}}$ 中的零对象恰是 $\mathcal{A}$ 中的投射对象.

(ii) 设 $X, Y \in \mathcal{A}$. 则在 $\underline{\mathcal{A}}$ 中 $X \simeq Y$ 当且仅当存在投射对象 P 和投射对象 Q, 使得在 $\mathcal{A}$ 中同构 $X \oplus P \simeq Y \oplus Q$.

证 (i) 留作习题.

(ii) 设 $f: X \longrightarrow Y$ 是 $\underline{\mathcal{A}}$ 中的同构. 则存在 $\underline{\mathcal{A}}$ 中态射 $g: Y \longrightarrow X$ 使得 $gf - \mathrm{Id}_X$ 通过某一投射对象 Q 分解, 即存在 $\mathcal{A}$ 中态射 $a: X \longrightarrow Q$ 和 $b: Q \longrightarrow X$ 使得 $(g, -b)\binom{f}{a} = \mathrm{Id}_X$. 从而有 $\mathcal{A}$ 中对象 P 使得在 $\mathcal{A}$ 中有同构 $h: X \oplus P \simeq Y \oplus Q$ 且 $\binom{f}{a} = h\binom{1}{0}$. 于是 $\binom{1}{0}: X \longrightarrow X \oplus P$ 是 $\underline{\mathcal{A}}$ 中同构. 由简单的矩阵运算即知在 $\underline{\mathcal{A}}$ 中有 $\mathrm{Id}_P = 0$, 即 P 是 $\underline{\mathcal{A}}$ 中的零对象, 由 (i) 知 P 是 $\mathcal{A}$ 中的投射对象. ∎

证明命题 8.5.1 的关键是要描述奇点范畴中的同构. 为此, 方便的表述是所谓的"左同伦"的语言. 以下部分内容取自 [Zhu].

便于对照, 我们先回顾同伦论中的若干熟知结果.

对于 $\mathcal{A}$ 上复形 (C, d), 如果存在 $\mathcal{A}$ 中态射 $s^{n+1}: C^{n+1} \longrightarrow C^n$, $\forall n \in \mathbb{Z}$, 使得对每个 n 有 $d^n s^{n+1} d^n = d^n$, 则称 (C, d) 为可裂复形. 见下图

$$\cdots \longrightarrow C^n \underset{s^{n+1}}{\overset{d^n}{\rightleftarrows}} C^{n+1} \longrightarrow \cdots$$

下面是同伦范畴中熟知的结果.

引理 8.5.4 (i) 设 P 和 Q 是 $\mathcal{A}$ 中投射对象上的无环复形, $f: P \longrightarrow Q$ 是零伦链映射. 则对每个 i, 诱导同态 $\mathrm{Ker} d_P^i \longrightarrow \mathrm{Ker} d_Q^i$ 通过投射对象分解.

(ii) 设 P 和 Q 是 $\mathcal{A}$ 中投射对象上的无环复形, $f: P \longrightarrow Q$ 是同伦等价. 则对每个 i, 诱导同态 $\mathrm{Ker} d_P^i \longrightarrow \mathrm{Ker} d_Q^i$ 在 $\underline{\mathcal{A}}$ 中是同构.

(iii) 设 X 是 $\mathcal{A}$ 上无环复形. 则 X 是可裂的当且仅当 X 同伦等价于零复形, 即 X 是同伦范畴中的零对象.

(iv) 设 X 和 Y 是 $\mathcal{A}$ 上无环复形, $f: X \longrightarrow Y$ 是链映射. 则 f 是同伦等价当且仅当映射锥 $\mathrm{Cone}(f)$ 同伦等价于零复形, 又当且仅当 $\mathrm{Cone}(f)$ 是可裂的.

证明留作习题. 本节要给出引理 8.5.4 的左同伦版本. 因为同伦是左同伦的特殊情形, 所以引理 8.5.4 亦可从下面结论及其证明中看出.

下面是左同伦的主要定义.

定义 8.5.5 (i) 设 C 与 D 为 $\mathcal{A}$ 上复形，$f = (f^i)_{i \in \mathbb{Z}}$ 是一族 $\mathcal{A}$ 中态射，其中 $f^i : C^i \longrightarrow D^i$. 如果存在整数 n_0 使得 $f_{\leqslant n_0} : C_{\leqslant n_0} \longrightarrow D_{\leqslant n_0}$ 是链映射，其中 $C_{\leqslant n_0}$ 是 C 在 n_0 处的左强制截断，$f_{\leqslant n_0} = (f^i)_{i \leqslant n_0}$，则称 f 是从 n_0 起的左链映射.

(ii) 如果存在整数 n_0 使得 $C_{\leqslant n_0+1}$ 是可裂的，即存在 $\mathcal{A}$ 中态射 $s^{n+1} : C^{n+1} \longrightarrow C^n$，$\forall\, n \leqslant n_0$，使得 $d^n s^{n+1} d^n = d^n$，$\forall\, n \leqslant n_0$，则称 (C, d) 是从 n_0 起左可裂的.

(iii) 从 n_0 起的左链映射 $f : C \longrightarrow D$ 称为从 n_0 起左零伦的，如果存在 $\mathcal{A}$ 中态射 $s^n : C^n \longrightarrow D^{n-1}$，$\forall\, n \leqslant n_0 + 1$，使得对于 $n \leqslant n_0$ 有 $f^n = s^{n+1} d^n + \partial^{n-1} s^n$. 在这种情况下 $s = \{s^n\}_{n \leqslant n_0+1}$ 称为左同伦.

两个左链映射 $f, g : C \longrightarrow D$ 称为左同伦的，如果 $f - g$ 是左零伦的.

(iv) 从 n_0 起的左链映射 $f : C \longrightarrow D$ 是从 n_0 起的左同伦等价，如果存在从 n_0 起的左链映射 $g : D \longrightarrow C$，使得 $gf - \mathrm{id}_C$ 和 $fg - \mathrm{id}_D$ 均是从 n_0 起左零伦的.

注记 8.5.6 (i) 如果不需要具体指出"从 n_0 起"，我们就说"f 是左链映射""f 左可裂""f 是左零伦的"，以及"f 是左同伦等价".

(ii) 显然，如果"f 是从 n_0 起的左链映射"，则"f 也是从 n 起的左链映射，其中 $n \leqslant n_0$". 类似的结论对于"f 是从 n_0 起左可裂""f 是从 n_0 起左零伦的"，和"f 是从 n_0 起左同伦等价"也成立.

(iii) 设 $f : C \longrightarrow D$ 是链映射. 则"$f_{\leqslant n_0+1} : C_{\leqslant n_0+1} \longrightarrow D_{\leqslant n_0+1}$ 是零伦的"可推出"f 从 n_0 起是零伦的"；"$f_{\leqslant n_0+1} : C_{\leqslant n_0+1} \longrightarrow D_{\leqslant n_0+1}$ 是同伦等价"可推出"f 是从 n_0 起的左同伦等价".

(iv) 考虑复形 C 的左温和截断 $\tau_{\leqslant m} C$，即

$$\tau_{\leqslant m} C = \cdots \longrightarrow C^{m-1} \longrightarrow \mathrm{Ker}\, d^m \longrightarrow 0.$$

对于链映射 $f : C \longrightarrow D$，记 $\tau_{\leqslant m} f$ 为链映射 $\tau_{\leqslant m} f = (f^i, \widetilde{f_m})_{i \leqslant m-1} : \tau_{\leqslant m} C \longrightarrow \tau_{\leqslant m} D$，其中 $\widetilde{f_m} : \mathrm{Ker}\, d_C^m \longrightarrow \mathrm{Ker}\, d_D^m$ 是由 f^m 诱导的态射. 则"f 是从 n_0 起的左同伦等价"可推出"$\tau_{\leqslant n_0} f : \tau_{\leqslant n_0} C \longrightarrow \tau_{\leqslant n_0} D$ 是同伦等价"；"$\tau_{\leqslant n_0+2} f : \tau_{\leqslant n_0+2} C \longrightarrow \tau_{\leqslant n_0+2} D$ 是同伦等价"可推出"f 是从 n_0 起的左同伦等价".

下面的事实是引理 8.5.4(i) 的左版本.

引理 8.5.7 设 $P, Q \in K^{-, b}(\mathcal{P})$，$f : P \longrightarrow Q$ 是左零伦的链映射. 则对于 $n \ll 0$，诱导态射 $\widetilde{f^n} : \mathrm{Ker}\, d_P^n \longrightarrow \mathrm{Ker}\, d_Q^n$ 可通过投射对象分解.

证 记 $K^n = \mathrm{Ker}\, d_P^n$，$L^n = \mathrm{Ker}\, d_Q^n$. 存在整数 n_0 使得对 $n \leqslant n_0$ 时，$\mathrm{H}^n P =$

8.5 Buchweitz-Happel 定理的逆

$0 = \mathrm{H}^n Q$, 且 f 是从 n_0 起左零伦的.

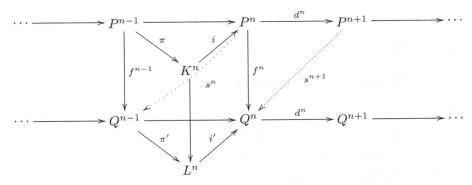

令 $\widetilde{f^n}: K^n \longrightarrow L^n$ 为诱导的态射, 满足 $f^n i = i'\widetilde{f^n}$ 和 $\widetilde{f^n}\pi = \pi' f^{n-1}$. 由于
$$i'\widetilde{f^n}\pi = d^{n-1}f^{n-1} = d^{n-1}(s^n d^{n-1} + d^{n-2}s^{n-1}) = d^{n-1}s^n d^{n-1} = i'\pi' s^n i\pi,$$
可知 $\widetilde{f^n} = \pi' s^n i$. ∎

下面的事实是引理 8.5.4(ii) 的左版本.

推论 8.5.8 设 $P, Q \in K^{-,b}(\mathcal{P})$, $f: P \longrightarrow Q$ 是左同伦等价. 则对于 $n \ll 0$, 诱导态射 $\widetilde{f^n}: \mathrm{Ker} d_P^n \longrightarrow \mathrm{Ker} d_Q^n$ 在 $\underline{\mathcal{A}}$ 中是同构.

证 根据定义存在左链映射 $g: Q \longrightarrow P$, 使得 $gf - \mathrm{Id}_P$ 和 $fg - \mathrm{Id}_Q$ 均是左零伦的. 由引理 8.5.7 知: 对于 $n \ll 0$, 诱导态射 $\widetilde{g^n}\widetilde{f^n} - \mathrm{Id}_{\mathrm{Ker} d_P^n}$ 和 $\widetilde{f^n}\widetilde{g^n} - \mathrm{Id}_{\mathrm{Ker} d_Q^n}$ 均可通过投射对象分解, 这就意味着 $\widetilde{f^n}: \mathrm{Ker} d_P^n \longrightarrow \mathrm{Ker} d_Q^n$ 在 $\underline{\mathcal{A}}$ 中是同构. ∎

下述事实是引理 8.5.4(iii) 的左版本.

引理 8.5.9 设 $P \in K^{-,b}(\mathcal{P})$. 则 $P \in K^b(\mathcal{P})$ 当且仅当 P 是左可裂的.

证 设 $P \in K^b(\mathcal{P})$. 则存在同伦等价 $f: P \longrightarrow Y$, 其中 Y 仅有有限多个非零齐次分支 Y^i. 设对于 $i \leqslant n_0 + 1$ 有 $Y^i = 0$. 由同伦等价的定义立即看出从 n_0 起 P 是左可裂的.

反之, 设从 n_0 起 P 是左可裂的, 并且对于 $n \leqslant n_0$ 有 $\mathrm{H}^n P = 0$. 于是存在态射 $s^{n+1}: P^{n+1} \longrightarrow P^n$ 使得 $d^n s^{n+1} d^n = d^n$, $\forall n \leqslant n_0$. 将 d^n 看成满态射 $P^n \longrightarrow \mathrm{Im} d^n$, 则有 $(d^n s^{n+1})|_{\mathrm{Im} d^n} = \mathrm{Id}_{\mathrm{Im} d^n}$, $\forall n \leqslant n_0$. 于是对 $n \leqslant n_0$, $d^{n-1}: P^{n-1} \longrightarrow P^n$ 形如
$$d^{n-1} = \begin{pmatrix} 0 & 0 \\ 1 & 0 \end{pmatrix}: P^{n-1} = \mathrm{Im} d^{n-1} \oplus \mathrm{Ker} d^{n-1} \longrightarrow P^n = \mathrm{Im} d^n \oplus \mathrm{Ker} d^n.$$

由于复形
$$0 \longrightarrow \mathrm{Im} d^{n-1} \xrightarrow{=} \mathrm{Ker} d^n \longrightarrow 0$$

在 $K^{-,b}(\mathcal{P})$ 中是零, 故 P 在 $K^{-,b}(\mathcal{P}(\mathcal{A}))$ 中同构于如下复形

$$0 \longrightarrow \mathrm{Im}\, d^{n_0} \longrightarrow P^{n_0+1} \longrightarrow P^{n_0+2} \longrightarrow \cdots.$$

因此 $P \in K^b(\mathcal{P})$. ∎

下面的事实是引理 8.5.4(iv) 的左版本.

命题 8.5.10 设 $P, Q \in K^{-,b}(\mathcal{P})$, 且 $f:(P,d) \longrightarrow (Q,\partial)$ 是链映射. 则 $\mathrm{Cone}(f) \in K^b(\mathcal{P})$ 当且仅当 f 是左同伦等价.

证 由引理 8.5.9 知 $\mathrm{Cone}(f) \in K^b(\mathcal{P})$ 当且仅当 $\mathrm{Cone}(f)$ 左可裂. 因此只要证 $\mathrm{Cone}(f)$ 左可裂当且仅当 f 是左同伦等价.

设 $\mathrm{Cone}(f)$ 是从 $n_0 - 1$ 起左可裂的, 并且 $\mathrm{H}^n P = 0 = \mathrm{H}^n Q$, $\forall\, n \leqslant n_0$. 则对 $n \leqslant n_0$ 存在 $\begin{pmatrix} \alpha & \beta \\ \gamma & \delta \end{pmatrix}$ (参见下图)

$$\cdots \longrightarrow P^n \oplus Q^{n-1} \xrightleftharpoons[\begin{pmatrix}\alpha & \beta \\ \gamma & \delta\end{pmatrix}]{\begin{pmatrix}-d & 0 \\ f & \partial\end{pmatrix}} P^{n+1} \oplus Q^n \longrightarrow \cdots$$

使得

$$\begin{pmatrix} -d & 0 \\ f & \partial \end{pmatrix} \begin{pmatrix} \alpha & \beta \\ \gamma & \delta \end{pmatrix} \begin{pmatrix} -d & 0 \\ f & \partial \end{pmatrix} = \begin{pmatrix} -d & 0 \\ f & \partial \end{pmatrix},$$

即有等式

$$\begin{pmatrix} d\alpha d - d\beta f & -d\beta\partial \\ * & f\beta\partial + \partial\delta\partial \end{pmatrix} = \begin{pmatrix} -d & 0 \\ f & \partial \end{pmatrix}. \tag{8.4}$$

由等式 $d\beta\partial = 0$ 知对 $n \leqslant n_0$ 存在态射 $g^{n-1}: Q^{n-1} \longrightarrow P^{n-1}$ (这里我们需要用到 Q^{n-1} 是投射对象), 使得下面交换图中的后两行的方块交换.

$$\begin{array}{ccccccccc}
\cdots & \longrightarrow & P^{n_0-1} & \longrightarrow & P^{n_0} & \longrightarrow & P^{n_0+1} & \longrightarrow & \cdots \\
& & {\scriptstyle f^{n_0-1}}\downarrow & \swarrow{\scriptstyle s^{n_0}} & \downarrow & \swarrow{\scriptstyle \alpha} & \downarrow & & \\
\cdots & \longrightarrow & Q^{n_0-1} & \longrightarrow & Q^{n_0} & \longrightarrow & Q^{n_0+1} & \longrightarrow & \cdots \\
& & {\scriptstyle g^{n_0-1}}\downarrow & & {\scriptstyle \beta}\downarrow & & \downarrow & & \\
\cdots & \longrightarrow & P^{n_0-1} & \longrightarrow & P^{n_0} & \longrightarrow & P^{n_0+1} & \longrightarrow & \cdots
\end{array}$$

由等式 $d\alpha d - d\beta f = -d$ 可得 $d(\beta f - \mathrm{Id}_{P^n} - \alpha d) = 0$. 由此可知存在态射 $s^{n_0}:$

8.5 Buchweitz-Happel 定理的逆

$P^{n_0} \longrightarrow P^{n_0-1}$, 使得 $d^{n_0-1}s^{n_0} = \beta f - \mathrm{Id}_{P^n} - \alpha d$, 即

$$\beta f^{n_0} - \mathrm{Id}_{P^{n_0}} = \alpha d^{n_0} + d^{n_0-1}s^{n_0},$$

因此 $dsd = \beta fd - d$. 故

$$d^{n_0-1}(g^{n_0-1}f^{n_0-1} - \mathrm{Id}_{P^{n_0-1}} - s^{n_0}d^{n_0-1}) = dgf - dsd - d = dgf - \beta fd = 0.$$

重复这一过程, 我们得到态射 $s^n : P^n \longrightarrow P^{n-1}, \forall\, n \leqslant n_0$, 使得 $gf - \mathrm{Id}_P$ 是从 n_0 起左零伦的, 其中左同伦是 $\{\alpha, s^n\}_{n \leqslant n_0}$.

最后, 由等式 (8.4) 可得

$$\partial(f^{n_0-1}g^{n_0-1} - \mathrm{Id}_{Q^{n_0-1}} + \delta\partial) = \partial fg - \partial + \partial\delta\partial = \partial fg - \partial + \partial - f\beta\partial = \partial fg - f\beta\partial = 0.$$

从而存在态射 $t^{n_0-1} : Q^{n_0-1} \longrightarrow Q^{n_0-2}$ 使得

$$\partial t^{n_0-1} - \delta\partial = f^{n_0-1}g^{n_0-1} - \mathrm{Id}_{Q^{n_0-1}}.$$

参见下图.

$$\begin{array}{ccccccccc}
\cdots & \longrightarrow & Q^{n_0-2} & \longrightarrow & Q^{n_0-1} & \longrightarrow & Q^{n_0} & \longrightarrow & \cdots \\
& & \downarrow{\scriptstyle g^{n_0-2}} & \swarrow{\scriptstyle t^{n_0-1}} & \downarrow & \swarrow{\scriptstyle -\delta} & \downarrow{\scriptstyle \beta} & & \\
\cdots & \longrightarrow & P^{n_0-2} & \longrightarrow & P^{n_0-1} & \longrightarrow & P^{n_0} & \longrightarrow & \cdots \\
& & \downarrow{\scriptstyle f^{n_0-2}} & \swarrow & \downarrow & \swarrow & \downarrow & & \\
\cdots & \longrightarrow & Q^{n_0-2} & \longrightarrow & Q^{n_0-1} & \longrightarrow & Q^{n_0} & \longrightarrow & \cdots
\end{array}$$

重复这一过程, 对于 $n \leqslant n_0 - 1$, 我们得到态射 $t^n : Q^n \longrightarrow Q^{n-1}$, 使得 $fg - \mathrm{Id}_Q$ 是从 $n_0 - 1$ 起左零伦的, 其中左同伦是 $\{-\delta, t^n\}_{n \leqslant n_0-1}$.

综上所述 f 是从 $n_0 - 1$ 起的左同伦等价.

反之, 设 f 是从 n_0 起的左同伦等价. 因 $P, Q \in K^{-, b}(\mathcal{P})$, 不妨设 $\mathrm{H}^n P = 0 = \mathrm{H}^n Q, \forall\, n \leqslant n_0$. 考虑左温和截断

$$\tau_{\leqslant n_0} P = \cdots \longrightarrow P^{n_0-2} \longrightarrow P^{n_0-1} \longrightarrow M \longrightarrow 0,$$

$$\tau_{\leqslant n_0} Q = \cdots \longrightarrow Q^{n_0-2} \longrightarrow Q^{n_0-1} \longrightarrow N \longrightarrow 0,$$

其中 $M = \mathrm{Ker} d^{n_0}$，$N = \mathrm{Ker} \partial^{n_0}$. 则 $\tau_{\leqslant n_0} f : \tau_{\leqslant n_0} P \longrightarrow \tau_{\leqslant n_0} Q$ 是同伦等价 (见下图)

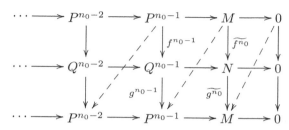

其中 $\widetilde{f^{n_0}}$ 与 $\widetilde{g^{n_0}}$ 分别是 f^{n_0} 和 g^{n_0} 诱导的态射. 由同伦范畴中的好三角

$$\tau_{\leqslant n_0} P \xrightarrow{\tau_{\leqslant n_0} f} \tau_{\leqslant n_0} Q \longrightarrow \mathrm{Cone}(\tau_{\leqslant n_0} f) \longrightarrow (\tau_{\leqslant n_0} P)[1]$$

知 $\mathrm{Cone}(\tau_{\leqslant n_0} f)$ 是同伦范畴中的零对象，即 $\mathrm{Cone}(\tau_{\leqslant n_0} f)$ 同伦等价于零复形，从而 $\mathrm{Cone}(\tau_{\leqslant n_0} f)$ 是可裂的，从而 $\mathrm{Cone}(f)$ 是从 $n_0 - 3$ 起左可裂的. ∎

命题 8.5.1 的证明 假设存在 $M \in \mathcal{A}$ 使得 $\mathrm{Gpd}.M = \infty$. 因 F 稠密, 故存在 Gorenstein 投射对象 G 使得在 $D^b_{sg}(\mathcal{A})$ 中 $M \cong F(G) = G$. 令 P 和 Q 分别为 M 和 G 的投射分解. 因为 $\mathrm{Gpd}.M = \infty$, 所以每个 $\mathrm{Im} d^i_P$ 都不会是 Gorenstin 投射对象; 而每个 $\mathrm{Im} d^i_Q$ 都是 Gorenstin 投射对象: 因为可以取 Q 为 G 的完全投射分解的一个截断. 则在奇点范畴 $D^b_{sg}(\mathcal{A})$ 中 $P \cong Q$, 将此同构表达成导出范畴 $D^b(\mathcal{A})$ 中的右分式, 此处将 $D^b(\mathcal{A})$ 等同于 $K^{-,b}(\mathcal{P})$:

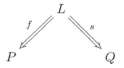

其中 $L \in K^{-,b}(\mathcal{P})$, $\mathrm{Cone}(f) \in K^b(\mathcal{P})$, $\mathrm{Cone}(s) \in K^b(\mathcal{P})$. 由命题 8.5.10 知 f 和 s 是左同伦等价. 由推论 8.5.8 知对 $i << 0$, 在 $\mathcal{A}$ 中有同构 $\mathrm{Im} d^i_P \cong \mathrm{Im} d^i_L$. 从而对 $i << 0$, 在 $\mathcal{A}$ 中有同构 $\mathrm{Im} d^i_P \cong \mathrm{Im} d^i_Q$. 由引理 8.5.3 知在 $\mathcal{A}$ 中, 对 $i << 0$, 存在投射对象 U 和 V 使得 $\mathrm{Im} d^i_P \oplus U \cong \mathrm{Im} d^i_Q \oplus V$. 这就产生了矛盾: 因为 $\mathrm{Im} d^i_P$ 不是 Gorenstin 投射对象, 而 $\mathrm{Im} d^i_Q$ 是 Gorenstin 投射对象. ∎

8.6 有界导出范畴的 Gorenstein 投射描述

设 $\mathcal{A}$ 是有足够多投射对象的 Abel 范畴, $\mathcal{P}(\mathcal{A})$ 是 $\mathcal{A}$ 中所有投射对象作成的加法全子范畴. 则有界导出范畴 $D^b(\mathcal{A})$ 可用投射对象来描述. 即有三角等价 $D^b(\mathcal{A}) \cong K^{-,b}(\mathcal{P}(\mathcal{A}))$ (参见定理 5.2.1). 本节的目的是要说明有界导出范畴 $D^b(\mathcal{A})$ 亦可用 Gorenstein 投射对象来描述. 这样的描述现在看上去似乎没有必要, 但以后会有用处.

设 $\mathcal{A}$ 是有足够多投射对象的 Abel 范畴. 称 $\mathcal{A}$ 是 CM反变有限的Abel范畴, 如果 $\mathcal{GP}(\mathcal{A})$ 是 $\mathcal{A}$ 的反变有限子范畴 (关于反变有限子范畴的定义参见 7.3 节). 下面是 CM 反变有限的 Abel 范畴的一些例子.

例 8.6.1 (i) 如果 $\mathcal{A}$ 的任意对象均有有限的Gorenstein- 投射维数, 则 $\mathcal{A}$ 是CM反变有限的Abel 范畴. 参见定理7.3.8.

(ii) 设 A 是Artin 代数. 由文A. Beligiannis [B2] Theorem 3.5 知 GP(A) 是 A-Mod的反变有限子范畴. 即 A-Mod 是CM反变有限的Abel范畴.

(iii) 如果 A 是Gorenstein 环, 则 A-Mod 和 A-mod 均是CM反变有限的Abel 范畴. 参见推论7.7.5.

(iv) Gorenstein代数 A 是几乎Gorenstein 代数. 事实上, 此时
$$\text{GP}(A)^\perp = \text{P}^{<\infty} = \text{I}^{<\infty} = {}^\perp\text{GI}(A),$$
其中 $\text{P}^{<\infty}$ 和 $\text{I}^{<\infty}$ 分别代表投射维数有限和内射维数有限的 A- 模作成的 A-Mod的全子范畴. 这关键只要说明 $\text{GP}(A)^\perp \subseteq \text{P}^{<\infty}$. 这可由推论7.7.6看出.

对于几乎Gorenstein 代数 A, 由[B2, Theorem 8.2(ix)] 知 A-Mod 和 A-mod 均是CM反变有限的Abel 范畴.

(v) 对于CM有限代数 A, A-Mod 和 A-mod 均是CM反变有限的Abel 范畴.

为了表述本节的主要结论, 首先固定一些记号. 令 $K^-(\mathcal{GP}(\mathcal{A}))$ 和 $K^b(\mathcal{GP}(\mathcal{A}))$ 分别是加法范畴 $\mathcal{GP}(\mathcal{A})$ 上的所有上有界复形的同伦范畴和所有有界复形的同伦范

畴; $K^{b,ac}(\mathcal{GP}(\mathcal{A}))$ 是 $\mathcal{GP}(\mathcal{A})$ 上的有界无环复形的同伦范畴. 它们均是三角范畴.

定义 $K^-(\mathcal{GP}(\mathcal{A}))$ 的全子范畴 $K^{-,gpb}(\mathcal{GP}(\mathcal{A}))$ 为 (参见 [GZ], 3.3)

$$K^{-,gpb}(\mathcal{GP}(\mathcal{A})) = \{\, G \in K^-(\mathcal{GP}(\mathcal{A})) \mid 存在整数 N 使得$$
$$\mathrm{H}^n \mathrm{Hom}_{\mathcal{A}}(E, G) = 0,\ \forall\, n \leqslant N,\ \forall\, E \in \mathcal{GP}(\mathcal{A})\}.$$

易知 $K^{-,gpb}(\mathcal{GP}(\mathcal{A}))$ 是 $K^-(\mathcal{GP}(\mathcal{A}))$ 的三角子范畴 (参见 [GZ], 3.3). 显然, $K^{-,gpb}$ $(\mathcal{GP}(\mathcal{A}))$ 是 $K^{-,b}(\mathcal{P}(\mathcal{A}))$ 的 Gorenstein 版本. 因为 $\mathcal{A}$ 有足够多的投射对象, 且投射对象均为 Gorenstein 投射对象, 故对每个 $X \in K^{-,gpb}(\mathcal{GP}(\mathcal{A}))$, 当 n 充分小时有 $\mathrm{H}^n(X) = 0$.

显然 $K^{b,ac}(\mathcal{GP}(\mathcal{A}))$ 是 $K^b(\mathcal{GP}(\mathcal{A}))$ 的三角子范畴. 注意到 $K^{b,ac}(\mathcal{GP}(\mathcal{A}))$ 也是 $K^{-,gpb}(\mathcal{GP}(\mathcal{A}))$ 的三角子范畴: 即指 $K^{b,ac}(\mathcal{GP}(\mathcal{A}))$ 在 $K^{-,gpb}(\mathcal{GP}(\mathcal{A}))$ 中的同构闭包也是 $K^{-,gpb}(\mathcal{GP}(\mathcal{A}))$ 的三角子范畴. 从而有 Verdier 商 $K^{-,gpb}(\mathcal{GP}(\mathcal{A}))/K^{b,ac}$ $(\mathcal{GP}(\mathcal{A}))$ 和 $K^b(\mathcal{GP}(\mathcal{A}))/K^{b,ac}(\mathcal{GP}(\mathcal{A}))$.

记 $\langle \mathcal{GP}(\mathcal{A}) \rangle$ 为 $D^b(\mathcal{A})$ 中由 $\mathcal{GP}(\mathcal{A})$ 生成的三角子范畴, 即 $D^b(\mathcal{A})$ 的包含 $\mathcal{GP}(\mathcal{A})$ 的最小的三角子范畴.

本节的目的是证明下述定理, 它是定理 5.2.1 的 Gorenstein 版本.

定理 8.6.2 ([KZ]) 设 $\mathcal{A}$ 是CM反变有限的Abel 范畴. 则有自然的三角等价

$$D^b(\mathcal{A}) \cong K^{-,gpb}(\mathcal{GP}(\mathcal{A}))/K^{b,ac}(\mathcal{GP}(\mathcal{A})),$$

并且这个三角等价诱导出三角等价

$$\langle \mathcal{GP}(\mathcal{A}) \rangle \cong K^b(\mathcal{GP}(\mathcal{A}))/K^{b,ac}(\mathcal{GP}(\mathcal{A})).$$

为了证明定理 8.6.2, 我们需要作些准备.

引理 8.6.3 设 (X, d) 为 $K^{-,gpb}(\mathcal{GP}(\mathcal{A}))$ 中的无环复形, 则 $X \in K^{b,ac}(\mathcal{GP}(\mathcal{A}))$ (这是指 X 属于 $K^{b,ac}(\mathcal{GP}(\mathcal{A}))$ 在 $K^{-,gpb}(\mathcal{GP}(\mathcal{A}))$ 中的同构闭包).

证 因为 $\mathcal{GP}(\mathcal{A})$ 对满态射的核封闭, 故对任意 $i \in \mathbb{Z}$, $\operatorname{Im} d^i \in \mathcal{GP}(\mathcal{A})$. 由定义存在整数 N 使得 $\operatorname{H}^n\operatorname{Hom}_{\mathcal{A}}(G, X) = 0$, $\forall\, n \leqslant N$, $\forall\, G \in \mathcal{GP}(\mathcal{A})$. 特别地, 对于任意满足 $n \leqslant N$ 的整数 n 有 $\operatorname{H}^n\operatorname{Hom}_{\mathcal{A}}(\operatorname{Im} d^n, X) = 0$. 这意味着对于任意满足 $n \leqslant N$ 的整数 n, 典范满态 $\widetilde{d^n}: X^n \longrightarrow \operatorname{Im} d^n$ 可裂. 从而 X 同伦等价于复形 $X' \in K^{b,ac}(\mathcal{GP}(\mathcal{A}))$, 其中 X' 是复形 $\cdots \longrightarrow 0 \longrightarrow \operatorname{Im} d^N \hookrightarrow X^{N+1} \longrightarrow X^{N+2} \longrightarrow \cdots$. ∎

引理 8.6.4 设 $\mathcal{A}$ 是CM反变有限的Abel 范畴. 设 $(P, d) \in K^{-,b}(\mathcal{P}(\mathcal{A}))$. 则

(i) 存在拟同构 $g: P \longrightarrow G$, 其中 $G \in K^{-,gpb}(\mathcal{GP}(\mathcal{A}))$.

(ii) 上述拟同构 g 具有如下性质: 若还有链映射 $f: P \longrightarrow G'$, 其中 $G' \in K^{-,gpb}(\mathcal{GP}(\mathcal{A}))$, 则 f 通过 g 分解, 即存在链映射 $h: G \longrightarrow G'$ 使得在同伦范畴中有 $f = hg$.

证 (i) 设 $\operatorname{H}^n P = 0$, $\forall\, n \leqslant N$. 因为由假设 $\mathcal{GP}(\mathcal{A})$ 是 $\mathcal{A}$ 的反变有限子范畴, 故可取到 $\operatorname{Ker} d^N$ 的满的右 $\mathcal{GP}(\mathcal{A})$ 逼近 $G^{N-1} \longrightarrow \operatorname{Ker} d^N$. 然后反复取满的右 $\mathcal{GP}(\mathcal{A})$ 逼近

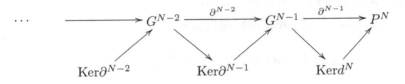

我们得到正合列 $\cdots \longrightarrow G^{N-2} \longrightarrow G^{N-1} \longrightarrow \operatorname{Ker} d^N \longrightarrow 0$. 将它与 $0 \longrightarrow \operatorname{Ker} d^N \longrightarrow P^N \longrightarrow P^{N+1} \longrightarrow \cdots$ 拼在一起就得到 $K^{-,gpb}(\mathcal{GP}(\mathcal{A}))$ 中的复形

$$G: \cdots \longrightarrow G^{N-2} \longrightarrow G^{N-1} \longrightarrow P^N \longrightarrow P^{N+1} \longrightarrow \cdots.$$

由右 $\mathcal{GP}(\mathcal{A})$ 逼近的定义即知 $\operatorname{H}^n\operatorname{Hom}_{\mathcal{A}}(E, G) = 0$, $\forall\, n \leqslant N$, $\forall\, E \in \mathcal{GP}(\mathcal{A})$. 分别取 $E = P^{N-1}, P^{N-2}, \cdots$, 由 G^n ($n \leqslant N-1$) 的构造不难得到链映射

$$\begin{array}{ccccccccccc}
P: & \cdots & \longrightarrow & P^{N-2} & \longrightarrow & P^{N-1} & \longrightarrow & P^N & \longrightarrow & P^{N+1} & \longrightarrow & \cdots \\
& & & \downarrow & & \downarrow & & \| & & \| & & \\
& \downarrow g & & & & & & & & & & \\
& \downarrow & & \downarrow & & \downarrow & & & & & & \\
G: & \cdots & \longrightarrow & G^{N-2} & \longrightarrow & G^{N-1} & \longrightarrow & P^N & \longrightarrow & P^{N+1} & \longrightarrow & \cdots.
\end{array} \quad (8.5)$$

因为 $\operatorname{H}^n P = 0 = \operatorname{H}^n G$, $\forall\, n \leqslant N$, 故 g 是拟同构.

(ii) 取正整数 N 满足 $\mathrm{H}^n\mathrm{Hom}_{\mathcal{A}}(E, G') = 0 = \mathrm{H}^n P$, $\forall\, n \leqslant N$, $\forall\, E \in \mathcal{GP}(\mathcal{A})$. 我们已有 (8.5) 中的拟同构 g. 因为 $\mathrm{H}^n\mathrm{Hom}_{\mathcal{A}}(E, G') = 0, \forall\, n \leqslant N, \forall\, E \in \mathcal{GP}(\mathcal{A})$, 分别将 $\mathrm{Hom}_{\mathcal{A}}(G^{N-1}, -), \mathrm{Hom}_{\mathcal{A}}(G^{N-2}, -), \cdots$ 作用到 G' 上即可得链映射 h:

$$\begin{array}{ccccccccc}
G = & \cdots \longrightarrow & G^{N-2} & \longrightarrow & G^{N-1} & \longrightarrow & P^N & \longrightarrow & P^{N+1} & \longrightarrow \cdots \\
\downarrow h & & \downarrow h^{N-2} & & \downarrow h^{N-1} & & \downarrow f^N & & \downarrow f^{N+1} & \\
G' = & \cdots \longrightarrow & G'^{N-2} & \longrightarrow & G'^{N-1} & \longrightarrow & G'^N & \longrightarrow & G'^{N+1} & \longrightarrow \cdots
\end{array}$$

如果 $l \geqslant N$, 则 $f^l - h^l g^l = 0$. 如果 $l = N - 1$, 则由 $\mathrm{H}^{N-1} G' = 0$ 可知 $f^{N-1} - h^{N-1}g^{N-1}$ 通过 $G'^{N-2} \longrightarrow G'^{N-1}$ 分解. 归纳地我们看到链映射 $f - hg$ 是零伦的.

$$\begin{array}{ccccccccc}
P = & \cdots \longrightarrow & P^{N-2} & \longrightarrow & P^{N-1} & \longrightarrow & P^N & \longrightarrow & P^{N+1} & \longrightarrow \cdots \\
\downarrow f-hg & & \downarrow & & \downarrow & {\scriptstyle 0} & \downarrow {\scriptstyle 0} & {\scriptstyle 0} & \downarrow & \\
G' = & \cdots \longrightarrow & G'^{N-2} & \longrightarrow & G'^{N-1} & \longrightarrow & G'^N & \longrightarrow & G'^{N+1} & \longrightarrow \cdots
\end{array}$$

从而在同伦范畴中有 $f = hg$. ∎

定理 8.6.2 的证明 考虑函子 $\rho : K^{-, gpb}(\mathcal{GP}(\mathcal{A})) \longrightarrow D^-(\mathcal{A})$, 它是自然嵌入 $K^{-, gpb}(\mathcal{GP}(\mathcal{A})) \hookrightarrow K^-(\mathcal{A})$ 和标准局部化函子

$$Q : K^-(\mathcal{A}) \longrightarrow D^-(\mathcal{A}) = K^-(\mathcal{A})/K^{-, ac}(\mathcal{A})$$

的合成, 这里 $K^{-, ac}(\mathcal{A})$ 是 $\mathcal{A}$ 的上有界无环复形的同伦范畴. 由于 $K^{-, gpb}(\mathcal{GP}(\mathcal{A}))$ 中的复形只有有限多个非零的上同调群, 故 $\mathrm{Im}\rho$ 包含在 $D^b(\mathcal{A})$ 中.

因为 $\rho(K^{b, ac}(\mathcal{GP}(\mathcal{A}))) = 0$, 故 ρ 诱导出三角函子

$$\bar{\rho} : K^{-, gpb}(\mathcal{GP}(\mathcal{A}))/K^{b, ac}(\mathcal{GP}(\mathcal{A})) \longrightarrow D^b(\mathcal{A}).$$

因 $\mathcal{A}$ 是CM反变有限的Abel 范畴, 故由引理 8.6.4(i) 得 $\mathrm{Im}\bar{\rho} = D^b(\mathcal{A}) \cong K^{-, b}(\mathcal{P}(\mathcal{A}))$, 即 $\bar{\rho}$ 是稠密的. 下证 $\bar{\rho}$ 是既满且忠实的. 为此只要证下面的函子 (仍记为 $\bar{\rho}$)

$$\bar{\rho} : K^{-, gpb}(\mathcal{GP}(\mathcal{A}))/K^{b, ac}(\mathcal{GP}(\mathcal{A})) \longrightarrow D^-(\mathcal{A})$$

既满且忠实. 设 $G \in K^{-, gpb}(\mathcal{GP}(\mathcal{A}))$ 且 $\bar{\rho}(G) = 0$. 则 G 是无环复形. 由引理 8.6.3 知 $G \in K^{b, ac}(\mathcal{GP}(\mathcal{A}))$. 即 $\bar{\rho}$ 将非零对象映为非零对象. 由命题 1.5.2 知仅需证明 $\bar{\rho}$ 是满的.

设 $G_1, G_2 \in K^{-,gpb}(\mathcal{GP}(\mathcal{A}))$, $\alpha/s \in \text{Hom}_{D^-(\mathcal{A})}(\bar\rho(G_1), \bar\rho(G_2)) = \text{Hom}_{D^-(\mathcal{A})}(G_1, G_2)$, 这里 $s: X \Longrightarrow G_1$ 是拟同构且 $X \in K^-(\mathcal{A})$, 而 $\alpha: X \longrightarrow G_2$ 是 $K^-(\mathcal{A})$ 中的态射. 则存在拟同构 $t: P \longrightarrow X$ 使得 $P \in K^-(\mathcal{P}(\mathcal{A}))$. 因为 s 和 t 是拟同构且 $G_1 \in K^{-,gpb}(\mathcal{GP}(\mathcal{A}))$, 故 $P \in K^{-,b}(\mathcal{P}(\mathcal{A}))$. 所以存在下面的交换图

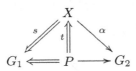

由引理 8.6.4(ii) 得下面的交换图

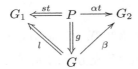

这里 $G \in K^{-,gpb}(\mathcal{GP}(\mathcal{A}))$, $g: P \longrightarrow G$ 是拟同构. 注意 l 也是拟同构, 故映射锥 $\text{Cone}(l)$ 是无环复形. 因为 $K^{-,gpb}(\mathcal{GP}(\mathcal{A}))$ 是 $K^-(\mathcal{A})$ 的三角子范畴, 所以 $\text{Cone}(l) \in K^{-,gpb}(\mathcal{GP}(\mathcal{A}))$. 由引理 8.6.3 有 $\text{Cone}(l) \in K^{b,ac}(\mathcal{GP}(\mathcal{A}))$. 这证明了

$$\beta/l \in \text{Hom}_{K^{-,gpb}(\mathcal{GP}(\mathcal{A}))/K^{b,ac}(\mathcal{GP}(\mathcal{A}))}(G_1, G_2)$$

和 $\alpha/s = \beta/l = \bar\rho(\beta/l)$. 这就证明了 $\bar\rho$ 是满的, 从而得到定理 8.6.2 中的第一个三角等价.

由第 3 章习题 3.14 知 $K^b(\mathcal{GP}(\mathcal{A}))/K^{b,ac}(\mathcal{GP}(\mathcal{A}))$ 是 $K^{-,gpb}(\mathcal{GP}(\mathcal{A}))/K^{b,ac}(\mathcal{GP}(\mathcal{A}))$ 的三角子范畴. 故 $\bar\rho(K^b(\mathcal{GP}(\mathcal{A}))/K^{b,ac}(\mathcal{GP}(\mathcal{A})))$ 是 $D^b(\mathcal{A})$ 的三角子范畴, 且包含 $\mathcal{GP}(\mathcal{A})$. 于是 $\text{Im}\bar\rho \supseteq \langle \mathcal{GP}(\mathcal{A}) \rangle$. 另一方面显然有 $\text{Im}\bar\rho \subseteq \langle \mathcal{GP}(\mathcal{A}) \rangle$. 从而得到定理 8.6.2 中的第二个三角等价. ∎

8.7 Gorenstein 亏范畴

由引理 8.4.7 和 8.4.5 有三角嵌入 $F: \underline{\mathcal{GP}(\mathcal{A})} \longrightarrow D^b_{sg}(\mathcal{A})$. 在定义 Gorenstein 亏范畴之前, 我们说明 $\text{Im}F$ 是 $D^b_{sg}(\mathcal{A})$ 的厚子范畴, 即 $\text{Im}F$ 是 $K^{-,b}(\mathcal{P})/K^b(\mathcal{P})$ 的厚子范畴.

引理 8.7.1 (i) 设 $(P, d) \in K^{-,b}(\mathcal{P})$. 则在奇点范畴 $K^{-,b}(\mathcal{P})/K^b(\mathcal{P})$ 中 $P \in \mathrm{Im} F$ 当且仅当对于充分小的 n, $\mathrm{Ker} d^n$ 都是 Gorenstein 投射对象.

(ii) $\mathrm{Im} F$ 对 $D^b_{sg}(\mathcal{A})$ 中的直和项是封闭的. 从而 $\mathrm{Im} F$ 是 $D^b_{sg}(\mathcal{A})$ 的厚子范畴.

证 (i) 设在 $K^{-,b}(\mathcal{P})/K^b(\mathcal{P})$ 中 $P \in \mathrm{Im} F$, 即存在 Gorenstein 投射对象 G 的完全投射分解 Q, 其中 $\mathrm{Im} d^0_Q \cong G$, 使得有 $K^{-,b}(\mathcal{P})/K^b(\mathcal{P})$ 中的同构 $P \cong Q_{\leqslant 0}$. 将此同构表达成 $K^{-,b}(\mathcal{P})$ 中的右分式:

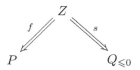

其中 $Z \in K^{-,b}(\mathcal{P})$, $\mathrm{Cone}(f) \in K^b(\mathcal{P})$, $\mathrm{Cone}(s) \in K^b(\mathcal{P})$. 由命题 8.5.10 知 f 和 s 是左同伦等价. 由推论 8.5.8 知对于充分小的 n, 有 $\mathcal{A}$ 中的同构

$$\mathrm{Ker} d^n \cong \mathrm{Ker} d^n_Q.$$

从而由引理 8.5.3 知存在投射对象 U 和 V 使得有 $\mathcal{A}$ 中的同构

$$\mathrm{Ker} d^n \oplus U \cong \mathrm{Ker} d^n_Q \oplus V.$$

因 $\mathrm{Ker} d^n_Q$ 是 Gorenstein 投射对象, 故 $\mathrm{Ker} d^n$ 是 Gorenstein 投射对象.

反之, 设对于充分小的 n, $\mathrm{Ker} d^n$ 都是 Gorenstein 投射对象. 因 $(P, d) \in K^{-,b}(\mathcal{P})$, 故存在 n 使得 P 的左温和截断

$$\tau_{\leqslant n} P: \quad \cdots \longrightarrow P^{n-2} \longrightarrow P^{n-1} \longrightarrow \mathrm{Ker} d^n \longrightarrow 0$$

是正合列, 且 $\mathrm{Ker} d^m$, $\forall\, m \leqslant n$, 均是 Gorenstein 投射对象. 这个正合列 $\tau_{\leqslant n} P$ 可延拓成 $\mathrm{Ker} d^n$ 的完全投射分解 Q:

$$Q: \quad \cdots \longrightarrow P^{n-2} \longrightarrow P^{n-1} \longrightarrow Q^n \longrightarrow \cdots \longrightarrow Q^0 \longrightarrow \cdots.$$

特别地, $\mathrm{Im} d^0_Q$ 是 Gorenstein 投射对象. 由引理 8.4.4 知有 $K^{-,b}(\mathcal{P})/K^b(\mathcal{P})$ 中的同构

$$P \cong P_{\leqslant n} \cong Q_{\leqslant 0}.$$

根据 F 的定义知 $P \cong F(\mathrm{Im} d_Q^0) \in \mathrm{Im} F$.

(ii) 设 G 是 Gorenstein 投射对象, (P,d) 是其完全投射分解, $\mathrm{Im} d^0 = G$. 则 $F(G) = P_{\leqslant 0}$. 设在奇点范畴 $K^{-,b}(\mathcal{P})/K^b(\mathcal{P})$ 中有同构 $P_{\leqslant 0} \cong Q \oplus L$, 其中 $Q, L \in K^{-,b}(\mathcal{P})$. 类似于上述证明知对于充分小的 n, 有 $\mathcal{A}$ 中的同构

$$\mathrm{Ker} d^n \cong \mathrm{Ker} d_{Q \oplus L}^n.$$

注意商范畴 $K^{-,b}(\mathcal{P})/K^b(\mathcal{P})$ 中的直和就是通常复形的直和在局部化函子下的像, 故

$$\mathrm{Ker} d_{Q \oplus L}^n \cong \mathrm{Ker} d_Q^n \oplus \mathrm{Ker} d_L^n.$$

从而有 $\mathcal{A}$ 中的同构

$$\mathrm{Ker} d^n \cong \mathrm{Ker} d_Q^n \oplus \mathrm{Ker} d_L^n.$$

由引理 8.5.3 知存在投射对象 U 和 V 使得有 $\mathcal{A}$ 中的同构

$$\mathrm{Ker} d^n \oplus U \cong \mathrm{Ker} d_Q^n \oplus \mathrm{Ker} d_L^n \oplus V.$$

由于 $\mathrm{Ker} d^n$ 是 Gorenstein 投射对象, 由定理 7.1.7 知 $\mathrm{Ker} d_Q^n$ 和 $\mathrm{Ker} d_L^n$ 均为 Gorenstein 投射对象. 再由 (i) 知 Q 和 L 均属于 $\mathrm{Im} F$. 这就证明了 $\mathrm{Im} F$ 对于 $D_{sg}^b(\mathcal{A})$ 中的直和项是封闭的. ∎

定义 8.7.2 ([BJO]) 设 $\mathcal{A}$ 是有足够多投射对象的 Abel 范畴. $\mathcal{A}$ 的 Gorenstein 亏范畴 $D_{\mathrm{defect}}^b(\mathcal{A})$ 定义为 Verdier 商三角范畴 $D_{\mathrm{defect}}^b(\mathcal{A}) := D_{sg}^b(\mathcal{A})/\mathrm{Im} F$.

设 A 是 Artin 代数. 称 $D_{\mathrm{defect}}^b(A\text{-mod})$ 为 A 的 Gorenstein 亏范畴, 简记为 $D_{\mathrm{defect}}^b(A)$.

由定理 8.1.2 知 $D_{\mathrm{defect}}^b(\mathcal{A}) = 0$ 当且仅当 $\mathcal{A}$ 的任意对象均有有限的 Gorenstein 投射维数. 由推论 8.1.3 知 $D_{\mathrm{defect}}^b(A) = 0$ 当且仅当 A 是 Gorenstein 代数.

下面给出 Gorenstein 亏范畴的一个刻画. 未加解释的相关记号可参阅 8.6 节.

引理 8.7.3 设 $F : \underline{\mathcal{GP}(\mathcal{A})} \longrightarrow D_{sg}^b(\mathcal{A}) := D^b(\mathcal{A})/K^b(\mathcal{P}(\mathcal{A}))$ 是 8.1 节定义的典范三角嵌入. 则 $\mathrm{Im} F = \langle \mathcal{GP}(\mathcal{A}) \rangle / K^b(\mathcal{P}(\mathcal{A}))$, 从而有三角等价

$$D_{\mathrm{defect}}^b(\mathcal{A}) \cong D^b(\mathcal{A})/\langle \mathcal{GP}(\mathcal{A}) \rangle.$$

证 因为 $\langle \mathcal{GP}(\mathcal{A})\rangle$ 是 $D^b(\mathcal{A})$ 的由 $\mathcal{GP}(\mathcal{A})$ 生成的三角子范畴, 因此 $\langle \mathcal{GP}(\mathcal{A})\rangle/K^b(\mathcal{P}(\mathcal{A}))$ 是 $D^b(\mathcal{A})/K^b(\mathcal{P}(\mathcal{A}))$ 的由 $\mathcal{GP}(\mathcal{A})$ 生成的三角子范畴. 因 $F: \mathcal{GP}(\mathcal{A}) \longrightarrow D^b(\mathcal{A})/K^b(\mathcal{P}(\mathcal{A}))$ 是满的函子, 故 $\mathrm{Im} F$ 是 $D^b(\mathcal{A})/K^b(\mathcal{P}(\mathcal{A}))$ 的三角子范畴, 显然它包含 $\mathcal{GP}(\mathcal{A})$. 因此 $\mathrm{Im} F \supseteq \langle \mathcal{GP}(\mathcal{A})\rangle/K^b(\mathcal{P}(\mathcal{A}))$.

另一方面, 由定义 $\mathrm{Im} F \subseteq \langle \mathcal{GP}(\mathcal{A})\rangle/K^b(\mathcal{P}(\mathcal{A}))$. 从而 $\mathrm{Im} F = \langle \mathcal{GP}(\mathcal{A})\rangle/K^b(\mathcal{P}(\mathcal{A}))$. 于是由 Verdier 引理 (第 3 章习题 3.14) 我们得到三角等价

$$D^b_{\mathrm{defect}}(\mathcal{A}) = (D^b(\mathcal{A})/K^b(\mathcal{P}(\mathcal{A})))/(\langle \mathcal{GP}(\mathcal{A})\rangle/K^b(\mathcal{P}(\mathcal{A}))) \cong D^b(\mathcal{A})/\langle \mathcal{GP}(\mathcal{A})\rangle. \quad \blacksquare$$

命题 8.7.4([KZ]) 设 $\mathcal{A}$ 是 CM 反变有限的 Abel 范畴. 则有三角等价

$$D^b_{\mathrm{defect}}(\mathcal{A}) \cong K^{-,gpb}(\mathcal{GP}(\mathcal{A}))/K^b(\mathcal{GP}(\mathcal{A})).$$

证 由定理 8.6.2 和 Verdier 引理 (第 3 章习题 3.14) 我们得到三角等价

$$D^b(\mathcal{A})/\langle \mathcal{GP}(\mathcal{A})\rangle \cong (K^{-,gpb}(\mathcal{GP}(\mathcal{A}))/K^{b,ac}(\mathcal{GP}(\mathcal{A})))/(K^b(\mathcal{GP}(\mathcal{A}))/K^{b,ac}(\mathcal{GP}(\mathcal{A})))$$
$$\cong K^{-,gpb}(\mathcal{GP}(\mathcal{A}))/K^b(\mathcal{GP}(\mathcal{A})).$$

再由引理 8.7.3 即得所要证明的三角等价. $\blacksquare$

8.8 CM 有限代数的 Gorenstein 亏范畴

设 A 是 CM 有限 Artin 代数, $E_1, \cdots, E_n$ 是所有两两互不同构的有限生成的不可分解 Gorenstein 投射 A-模. 考虑 A 的相对 Auslander 代数 $\mathrm{Aus}(A) = (\mathrm{End}_A(E_1 \oplus \cdots \oplus E_n))^{op}$. 下述结果将 CM 有限 Artin 代数的 Gorenstein 亏范畴归结为其相对 Auslander 代数的奇点范畴. 当 A 是 Gorenstein 代数时, 它表现为 "$0=0$".

命题 8.8.1 ([KZ]) 设 A 是 CM 有限 Artin 代数. 则 A 的 Gorenstein 亏范畴三角等价于 A 的相对 Auslander 代数的奇点范畴, 即有三角等价 $D^b_{\mathrm{defect}}(A) \cong D^b_{sg}(\mathrm{Aus}(A))$.

证 加法范畴的等价 $\mathrm{Hom}_A(E_1 \oplus \cdots \oplus E_n, -): \mathcal{GP}(A) \cong \mathcal{P}(\mathrm{Aus}(A))$ 可以延拓为三角等价 $K^{-,gpb}(\mathcal{GP}(A)) \cong K^{-,b}(\mathcal{P}(\mathrm{Aus}(A)))$, 进而诱导出三角等价

$$K^{-,gpb}(\mathcal{GP}(A))/K^b(\mathcal{GP}(A)) \cong K^{-,b}(\mathcal{P}(\mathrm{Aus}(A)))/K^b(\mathcal{P}(\mathrm{Aus}(A))).$$

从而我们有三角等价

$$D_{sg}^b(\mathrm{Aus}(A)) = D^b(\mathrm{Aus}(A))/K^b(\mathcal{P}(\mathrm{Aus}(A)))$$
$$\cong K^{-,b}(\mathcal{P}(\mathrm{Aus}(A)))/K^b(\mathcal{P}(\mathrm{Aus}(A)))$$
$$\cong K^{-,gpb}(\mathcal{GP}(A))/K^b(\mathcal{GP}(A))$$
$$\cong D_{\mathrm{defect}}^b(A),$$

其中最后一个三角等价由命题 8.7.4 给出 (取 $\mathcal{A} = A\text{-mod}$). ∎

习 题

以下 $\mathcal{A}$ 均是有足够多投射对象的Abel范畴.

8.1 对于环 R 的模范畴 A-Mod证明引理8.2.4.

8.2 证明 $D^b(\mathcal{A})$ 是 $D^-(\mathcal{A})$, $D^+(\mathcal{A})$, 和 $D(\mathcal{A})$ 的厚子范畴.

8.3 证明 $D^-(\mathcal{A})$ 和 $D^+(\mathcal{A})$ 均是 $D(\mathcal{A})$ 的厚子范畴.

8.4 设 X 为 $\mathcal{A}$ 上的有界复形 $0 \longrightarrow P^{-n} \longrightarrow \cdots \longrightarrow P^{-1} \longrightarrow M \longrightarrow 0$, 其中 P^i 均为投射对象. 则在奇点范畴 $D_{sg}^b(\mathcal{A})$ 中有同构 $X \cong M$.

8.5 设 P 和 Q 是 $\mathcal{A}$ 中投射对象上的无环复形, $f: P \longrightarrow Q$ 是零伦链映射. 则对每个 i, 诱导同态 $\mathrm{Ker}\, d_P^i \longrightarrow \mathrm{Ker}\, d_Q^i$ 通过投射对象分解.

8.6 设 P 和 Q 是 $\mathcal{A}$ 中投射对象上的无环复形, $f: P \longrightarrow Q$ 是同伦等价. 则对每个 i, 诱导同态 $\mathrm{Ker}\, d_P^i \longrightarrow \mathrm{Ker}\, d_Q^i$ 在 $\mathcal{A}$ 中是同构.

8.7 如果 "f 是从 n_0 起的左链映射", 则 "f 也是从 n 起的左链映射, 其中 $n \leqslant n_0$". 类似的结论对于 "f 是从 n_0 起左可裂" "f 是从 n_0 起左零伦的", 和 "f 是从 n_0 起左同伦等价" 也成立.

8.8 设 $f: C \longrightarrow D$ 是链映射. 则 "$f_{\leqslant n_0+1}: C_{\leqslant n_0+1} \longrightarrow D_{\leqslant n_0+1}$ 是零伦的" 可推出 "f 从 n_0 起是零伦的"; "$f_{\leqslant n_0+1}: C_{\leqslant n_0+1} \longrightarrow D_{\leqslant n_0+1}$ 是同伦等价" 可推出 "f 是从 n_0 起的左同伦等价".

8.9 设 $f: C \longrightarrow D$ 是链映射. 则 "f 从 n_0 起是零伦的" 可推出 "$\tau_{\leqslant n_0} f:$

$\tau_{\leqslant n_0}C \longrightarrow \tau_{\leqslant n_0}D$ 是零伦的"; "$\tau_{\leqslant n_0+2}f: \tau_{\leqslant n_0+2}C \longrightarrow \tau_{\leqslant n_0+2}D$ 是零伦的" 可推出 "f 从 n_0 起是零伦的".

8.10 设 $f: C \longrightarrow D$ 是链映射. 则 "f 是从 n_0 起的左同伦等价" 可推出 "$\tau_{\leqslant n_0}f: \tau_{\leqslant n_0}C \longrightarrow \tau_{\leqslant n_0}D$ 是同伦等价"; "$\tau_{\leqslant n_0+2}f: \tau_{\leqslant n_0+2}C \longrightarrow \tau_{\leqslant n_0+2}D$ 是同伦等价" 可推出 "f 是从 n_0 起的左同伦等价".

8.11 (i) 对每个 $X \in K^{-,gpb}(\mathcal{GP}(A))$, 当 n 充分小时有 $\mathrm{H}^n(X) = 0$.

(ii) $K^{-,gpb}(\mathcal{GP}(A))$ 是 $K^-(A\text{-mod})$ 和 $K^-(\mathcal{GP}(A))$ 的三角子范畴.

(iii) $K^b(\mathcal{GP}(A))$ 是 $K^{-,gpb}(\mathcal{GP}(A))$ 的厚子范畴.

8.12 对于任意Artin代数 A 存在三角等价

$$K^{-,b}(\mathcal{GP}(A))/K^{-,ac}(\mathcal{GP}(A)) \cong D^b(A),$$

这里 $K^{-,b}(\mathcal{GP}(A))$ 是Gorenstein 投射 A 模上的只有有限个非零上同调群的上有界复形作成的同伦范畴.

8.13 设 A 是Artin代数. 则

(i) $\mathrm{pd}D(A_A) < \infty$ 当且仅当在 $D^b(A)$ 中有 $K^b(\mathcal{I}(A)) \subseteq K^b(\mathcal{P}(A))$.

(ii) $\mathrm{id}\,_A A < \infty$ 当且仅当在 $D^b(A)$ 中有 $K^b(\mathcal{P}(A)) \subseteq K^b(\mathcal{I}(A))$.

(iii) A 是Gorenstein代数当且仅当在 $D^b(A)$ 中有 $K^b(\mathcal{P}(A)) = K^b(\mathcal{I}(A))$.

8.14 设 A 和 A' 是Artin代数且作为加法范畴有等价 $\mathcal{GP}(A) \cong \mathcal{GP}(A')$. 若 $\mathcal{GP}(A)$ 是 A-mod的反变有限子范畴, 则有三角等价

$$K^{-,gpb}(\mathcal{GP}(A'))/K^{b,ac}(\mathcal{GP}(A')) \longrightarrow D^b(A').$$

进而有三角等价

$$D^b_{defect}(A) \cong K^{-,gpb}(\mathcal{GP}(A))/K^b(\mathcal{GP}(A)) \cong D^b_{defect}(A').$$

特别地, A 是Gorenstein代数当且仅当 A' 是Gorenstein代数.

8.15 令 $K_{\mathcal{G}}^{-,b}(\mathcal{P})$ 为 $K^{-,b}(\mathcal{P})$ 的满子范畴, 定义为

$K_{\mathcal{G}}^{-,b}(\mathcal{P}) = \{(P,d) \in K^{-,b}(\mathcal{P}) \,|\, \exists\, n_0 \in \mathbb{Z} \text{ 使得 } \mathrm{H}^m(P) = 0,\, m \leqslant n_0,\, \mathrm{Im}\,d^{n_0} \in \mathcal{GP}(A)\}.$

证明 $K_{\mathcal{G}}^{-,\,b}(\mathcal{P})$ 是 $K^{-,\,b}(\mathcal{P})$ 的厚子范畴.

8.16 考虑自然函子 $F: \underline{\mathcal{GP}(\mathcal{A})} \longrightarrow K^{-,b}(\mathcal{P})/K^b(\mathcal{P}) = D_{sg}^b(A)$. 证明:
$$\operatorname{Im} F = K_{\mathcal{G}}^{-,\,b}(\mathcal{P})/K^b(\mathcal{P});$$

并且 F 诱导出三角等价 $F: \underline{\mathcal{GP}(\mathcal{A})} \longrightarrow K_{\mathcal{G}}^{-,\,b}(\mathcal{P})/K^b(\mathcal{P})$. 从而存在三角等价
$$D_{\operatorname{defect}}^b(A) \cong K^{-,\,b}(\mathcal{P})/K_{\mathcal{G}}^{-,\,b}(\mathcal{P}).$$

8.17 证明Gorenstein代数是几乎Gorenstein代数. 即对于Gorenstein代数 A 有
$$\operatorname{GP}(A)^{\perp} = \mathrm{P}^{<\infty} = \mathrm{I}^{<\infty} = {}^{\perp}\operatorname{GI}(A),$$

其中 $\mathrm{P}^{<\infty}$ 和 $\mathrm{I}^{<\infty}$ 分别代表投射维数有限和内射维数有限的 A- 模作成的 A-Mod的全子范畴.

第 9 章 Auslander-Reiten 理论简介

本章我们简要回顾 Artin 代数上有限生成模范畴的 Auslander-Reiten 理论. 它是代数表示论中最重要的理论和方法之一. 这里只对最基本的内容给出一个叙述性的概要并且不加证明: 这一理论详尽的论述及其证明需要数百页. 省略的证明均可在 M. Auslander, I. Reiten, S. O. Smalø 的经典专著 [ARS] 中找到. 读者也可参阅 C. M. Ringel 的著作 [Rin1] 和 I. Assem, D. Simson, A. Skowroński 的教材 [ASS].

我们强调, 本章的目的只是为下章中将要讨论的 Hom 有限 Krull-Schmidt 三角范畴的 Auslander-Reiten 三角的理论, 提供一个可快速比较的版本. 系统地学习 Artin 代数上有限生成模范畴的 Auslander-Reiten 理论, 当然应当读 [ARS], 或 [ASS] 和 [Rin1].

本章总设 A 是 Artin 代数. 我们考虑有限生成左 A- 模范畴 A-mod. 所以本章中 A- 模均指有限生成模.

9.1 Auslander-Reiten 平移

设 $Z \in A\text{-mod}$. 取极小投射表现 $P_1 \xrightarrow{f} P_0 \longrightarrow Z \longrightarrow 0$. 用 $\mathrm{Hom}_A(-, A)$ 作用, 我们有右 A- 模的正合列

$$0 \longrightarrow \mathrm{Hom}_A(Z, A) \longrightarrow \mathrm{Hom}_A(P_0, A) \xrightarrow{f^*} \mathrm{Hom}_A(P_1, A),$$

其中 $f^* = \mathrm{Hom}_A(f, A)$. 定义 Z 的转置为

$$\mathrm{Tr}(Z) := \mathrm{Coker} f^*.$$

从而有右 A- 模的正合列

$$0 \longrightarrow \mathrm{Hom}_A(Z, A) \longrightarrow \mathrm{Hom}_A(P_0, A) \xrightarrow{f^*} \mathrm{Hom}_A(P_1, A) \longrightarrow \mathrm{Tr}(Z) \longrightarrow 0,$$

其中

$$\mathrm{Hom}_A(P_0, A) \xrightarrow{f^*} \mathrm{Hom}_A(P_1, A) \longrightarrow \mathrm{Tr}(Z) \longrightarrow 0$$

是 $\mathrm{Tr}(Z)$ 的极小投射表现. 根据构造即知 $\mathrm{Tr}(Z) = 0$ 当且仅当 Z 是投射模. 如果 Z 不可分解, 则 $\mathrm{Tr}(Z)$ 也不可分解; 并且有

$$\mathrm{Tr}(\bigoplus_{1\leqslant i\leqslant n} Z_i) \cong \bigoplus_{1\leqslant i\leqslant n} \mathrm{Tr}(Z_i).$$

Tr 给出了不可分解非投射左 A- 模的同构类的集合到不可分解非投射右 A- 模的同构类的集合之间的一一对应.

一般地, 转置 Tr 不是 A-mod 到 A^{op}-mod 的函子. 但是它是相应稳定范畴之间的函子. 用 A-$\underline{\mathrm{mod}}$ 表示 A-mod 关于投射模的稳定范畴, 即 A-$\underline{\mathrm{mod}}$ 的对象仍为左 A- 模, 对于 $X, Y \in A$-mod, 定义

$$\mathrm{Hom}_{A\text{-}\underline{\mathrm{mod}}}(X, Y) = \mathrm{Hom}_A(X, Y)/\mathcal{P}(X, Y),$$

其中 $\mathcal{P}(X, Y) = \{f \in \mathrm{Hom}_A(X, Y) \mid f \text{ 通过投射} A\text{- 模分解}\}$. 则有范畴对偶 Tr : A-$\underline{\mathrm{mod}} \longrightarrow A^{op}$-$\underline{\mathrm{mod}}$ 将 Z 映到 $\mathrm{Tr}(Z)$.

类似地, 定义 A-mod 关于内射模的稳定范畴 A-$\overline{\mathrm{mod}}$, 即 A-$\overline{\mathrm{mod}}$ 的对象仍为左 A- 模, 对于 $X, Y \in A$-mod, 定义

$$\mathrm{Hom}_{A\text{-}\overline{\mathrm{mod}}}(X, Y) = \mathrm{Hom}_A(X, Y)/\mathcal{I}(X, Y),$$

其中 $\mathcal{I}(X, Y) = \{f \in \mathrm{Hom}_A(X, Y) \mid f \text{ 通过内射} A\text{- 模分解}\}$.

Artin 代数 A 的对偶 $D : A$-mod $\longrightarrow A^{op}$-mod 诱导出对偶 $D : A$-$\underline{\mathrm{mod}} \longrightarrow A^{op}$-$\overline{\mathrm{mod}}$. 从而有

命题 9.1.1 合成函子

$$D\mathrm{Tr} : A\text{-}\underline{\mathrm{mod}} \longrightarrow A\text{-}\overline{\mathrm{mod}}$$

是范畴的等价, 它将 Z 映到 $D\mathrm{Tr}(Z)$, 其拟逆为 $\mathrm{Tr}D : A$-$\overline{\mathrm{mod}} \longrightarrow A$-$\underline{\mathrm{mod}}$.

通常将 $D\mathrm{Tr}$ 记为 τ, 将 $\mathrm{Tr}D$ 记为 τ^{-1}, 统称为 Auslander-Reiten 平移.

如果 A 是遗传代数, 即投射模的子模仍是投射模, 或等价地, $\operatorname{Ext}_A^n(-,-) = 0$, $\forall\, n \geqslant 2$, 则转置 Tr 是 A-mod 到 A^{op}-mod 的函子, 且有函子的自然同构

$$\tau \cong D\operatorname{Ext}_A^1(-, A), \quad \tau^{-1} \cong \operatorname{Ext}_A^1(D(-), A).$$

事实上, 只要 $\operatorname{pd} X \leqslant 1$, 就有

$$\tau X \cong D\operatorname{Ext}_A^1(X, A);$$

只要 $\operatorname{id} Y \leqslant 1$, 就有

$$\tau^{-1} Y \cong \operatorname{Ext}_A^1(D(Y), A).$$

设 A 是自入射代数, 即 $_AA$ 是内射模. 则 $A\text{-}\underline{\operatorname{mod}} = A\text{-}\overline{\operatorname{mod}}$; 并且合冲函子

$$\Omega: A\text{-}\underline{\operatorname{mod}} \longrightarrow A\text{-}\underline{\operatorname{mod}}$$

是范畴同构, 其拟逆为余合冲函子 Ω^{-1}. 此时 $\operatorname{Hom}_A(-, A): A\text{-}\underline{\operatorname{mod}} \longrightarrow A^{op}\text{-}\underline{\operatorname{mod}}$ 是范畴的对偶, 其拟逆为 $\operatorname{Hom}_{A^{op}}(-, A): A^{op}\text{-}\underline{\operatorname{mod}} \longrightarrow A\text{-}\underline{\operatorname{mod}}$; 从而 Nakayama 函子 $N^+ = D\operatorname{Hom}_A(-, A): A\text{-}\underline{\operatorname{mod}} \longrightarrow A\text{-}\underline{\operatorname{mod}}$ 是范畴等价, 其拟逆为 $N^- = D\operatorname{Hom}_A(D(A_A), -)$. 进一步, 我们有

$$\tau = D\operatorname{Tr}, \quad \Omega^2 N^+, \quad N^+ \Omega^2$$

是 A-$\underline{\operatorname{mod}}$ 到 A-$\underline{\operatorname{mod}}$ 的互相自然同构的函子,

$$\tau^{-1} = \operatorname{Tr} D, \quad \Omega^{-2} N^-, \quad N^- \Omega^{-2}$$

是 A-$\underline{\operatorname{mod}}$ 到 A-$\underline{\operatorname{mod}}$ 的互相自然同构的函子.

定理 9.1.2 (Auslander-Reiten 公式) 对于任意 $X, Y \in A$-mod, 有双自然的同构

$$\operatorname{Ext}_A^1(X, Y) \cong D\overline{\operatorname{Hom}}_A(Y, \tau X) \cong D\underline{\operatorname{Hom}}_A(\tau^{-1} Y, X).$$

如果 $\operatorname{pd} X \leqslant 1$, 则

$$\operatorname{Ext}_A^1(X, Y) \cong D\operatorname{Hom}_A(Y, \tau X);$$

如果 $\operatorname{id} Y \leqslant 1$, 则

$$\operatorname{Ext}_A^1(X, Y) \cong D\operatorname{Hom}_A(\tau^{-1} Y, X).$$

9.2 几乎可裂序列

定义 9.2.1 (i) 模同态 $g: Y \longrightarrow Z$ 称为右极小的, 如果任意满足 $g\beta = g$ 的自同态 $\beta: Y \longrightarrow Y$ 必是自同构.

(i′) 模同态 $f: X \longrightarrow Y$ 称为左极小的, 如果任意满足 $\alpha f = f$ 的自同态 $\alpha: Y \longrightarrow Y$ 必是自同构.

在 Artin 代数的有限生成模范畴中, 极小性的处理参见 [AS1, §1]), 要点是可以应用 Fitting 引理. 对于任意模同态 $g: Y \longrightarrow Z$, 存在分解 $Y = Y' \oplus Y''$ 使得 $g = (g', g'')$, 其中 $g': Y' \longrightarrow Z$ 是右极小的, 称为 g 的右极小化, 而 $g'': Y'' \longrightarrow Z$ 为零.

需要注意的是, 即便在同态 $(g', g''): Y' \oplus Y'' \longrightarrow Z$ 中 $g' \neq 0 \neq g''$, (g', g'') 也未必是右极小的. 例如, 设 $A = k[x]/\langle x^2 \rangle$. 则 A 有两个不可分解模 $k := kx$ 和 A. 则 $g = (\pi, \mathrm{Id}): A \oplus kx \longrightarrow kx$ 就不是右极小的, 其中 $\pi: A \longrightarrow kx$ 是由典范同构 $A/kx \cong kx$ 给出的. 令 $S := \{(ax, ax) \mid a \in k\}$. 则 S 是 $A \oplus kx$ 的子模且 $A \oplus S \cong A \oplus kx$. 我们有 $g = (\pi, 0): A \oplus S \longrightarrow kx$ 且 $\pi: A \longrightarrow kx$ 是 g 的右极小化.

对偶地, 对于任意模同态 $f: X \longrightarrow Y$, 存在分解 $Y = Y' \oplus Y''$ 使得 $f = \binom{f'}{f''}$, 其中 $f': X \longrightarrow Y'$ 是左极小的, 称为 f 的左极小化, 而 $f'': X \longrightarrow Y'$ 为零.

对左极小同态有同样的注记.

回顾模同态 $g: Y \longrightarrow Z$ 称为可裂满的, 如果存在 $h: Z \longrightarrow Y$ 使得 $gh = \mathrm{Id}_Z$. 模同态 $f: X \longrightarrow Y$ 称为可裂单的, 如果存在 $h: Y \longrightarrow X$ 使得 $hf = \mathrm{Id}_X$.

定义 9.2.2 (i) 模同态 $g: Y \longrightarrow Z$ 称为右几乎可裂的(right almost split), 如果 g 不是可裂满, 并且任意不是可裂满的模同态 $V \longrightarrow Z$ 均通过 g 分解.

(ii) 模同态 $g: Y \longrightarrow Z$ 称为极小右几乎可裂的, 如果 g 是右几乎可裂的并且 g 是右极小的.

(i′) 模同态 $f: X \longrightarrow Y$ 称为左几乎可裂的, 如果 f 不是可裂单, 并且任意不是可裂单的模同态 $X \longrightarrow W$ 均通过 f 分解.

(ii′) 模同态 $f: X \longrightarrow Y$ 称为极小左几乎可裂的, 如果 f 是左几乎可裂的并且 f 是左极小的.

例 9.2.3 (i) 设 P 是不可分解投射模. 则嵌入 $\mathrm{rad} P \hookrightarrow P$ 是极小右几乎可裂的.

(i′) 设 I 是不可分解内射模. 则自然满同态 $I \twoheadrightarrow I/\mathrm{soc} I$ 是极小左几乎可裂的.

容易证明: 如果 $g: Y \longrightarrow Z$ 是右几乎可裂的, 则 Z 是不可分解模, 且若 Z 不是投射模则 g 是满射; 如果 $f: X \longrightarrow Y$ 是左几乎可裂的, 则 X 是不可分解模, 且若 X 不是内射模则 f 是单射.

定义 9.2.4 正合列 $0 \longrightarrow X \xrightarrow{f} Y \xrightarrow{g} Z \longrightarrow 0$ 称为几乎可裂序列, 如果 f 是左几乎可裂的并且 g 是右几乎可裂的.

此时 X 和 Z 都是不可分解模. 几乎可裂序列又称为 Auslander-Reiten 序列.

命题 9.2.5 ([ARS]) 设 $0 \longrightarrow X \xrightarrow{f} Y \xrightarrow{g} Z \longrightarrow 0$ 是正合列. 则下述等价

(i) 它是几乎可裂序列.

(ii) g 是极小右几乎可裂的.

(iii) g 是右几乎可裂的且 X 不可分解.

(iv) g 是右几乎可裂的且 $X \cong D\mathrm{Tr} Z$.

(ii′) f 是极小左几乎可裂的.

(iii′) f 是左几乎可裂的且 Z 不可分解.

(iv′) f 是左几乎可裂的且 $Z \cong \mathrm{Tr} DX$.

下述结论表明在 Artin 代数的有限生成模范畴中, 几乎可裂序列是存在而且唯一的.

定理 9.2.6 ([ARS]) 设 A 是 Artin 代数. 则 A-mod 中存在几乎可裂序列, 即

(i) 若 Z 是不可分解的非投射模, 则存在几乎可裂序列 $0 \longrightarrow \tau Z \xrightarrow{f} Y \xrightarrow{g}$

$Z \longrightarrow 0$.

(ii) 若 X 是不可分解的非内射模, 则存在几乎可裂序列 $0 \longrightarrow X \xrightarrow{f} Y \xrightarrow{g} \tau^{-1}X \longrightarrow 0$.

(iii) 设 $0 \longrightarrow X \xrightarrow{f} Y \xrightarrow{g} Z \longrightarrow 0$ 和 $0 \longrightarrow X' \xrightarrow{f'} Y' \xrightarrow{g'} Z' \longrightarrow 0$ 均是几乎可裂序列. 则 $X \cong X'$ 当且仅当 $Z \cong Z'$, 当且仅当存在交换图

$$\begin{array}{ccccccccc} 0 & \longrightarrow & X & \xrightarrow{f} & Y & \xrightarrow{g} & Z & \longrightarrow & 0 \\ & & \downarrow & & \downarrow & & \downarrow & & \\ 0 & \longrightarrow & X' & \xrightarrow{f'} & Y' & \xrightarrow{g'} & Z' & \longrightarrow & 0 \end{array}$$

使得竖直同态均为同构.

9.3 不可约映射

定义 9.3.1 模同态 $f: X \longrightarrow Y$ 称为不可约映射, 如果 f 既不是可裂单, 也不是可裂满, 并且如果 $f = hg$, 则 g 可裂单或者 h 可裂满.

根据定义不难证明: 不可约映射或者是单射或者是满射; 不可约映射既是左极小的又是右极小的; 不可约映射的分支还是不可约映射.

不可约映射与几乎可裂序列的关系如下.

定理 9.3.2 ([ARS]) 设 A 是 Artin 代数.

(i) 设 Z 是不可分解模. 则模同态 $g: Y \longrightarrow Z$ 是不可约映射当且仅当它是极小右几乎可裂映射的一个分支, 即存在 $g': Y' \longrightarrow Z$ 使得

$$(g, g'): Y \oplus Y' \longrightarrow Z$$

是极小右几乎可裂映射.

(ii) 设 X 是不可分解模. 则模同态 $f: X \longrightarrow Y$ 是不可约映射当且仅当它是极小左几乎可裂映射的一个分支, 即存在 $f': X \longrightarrow Y'$ 使得

$$\begin{pmatrix} f \\ f' \end{pmatrix}: X \longrightarrow Y \oplus Y'$$

是极小左几乎可裂映射.

(iii) 设 $0 \longrightarrow \tau Z \stackrel{f}{\longrightarrow} Y \stackrel{g}{\longrightarrow} Z \longrightarrow 0$ 是正合列. 则它是几乎可裂序列当且仅当 f 和 g 均是不可约映射.

注记 9.3.3 设 A 是 Artin 代数. 不存在形如 $X \longrightarrow X$ 的不可约映射, 其中 X 是不可分解模.

9.4 Auslander-Reiten 箭图

定义 9.4.1 设 A 是 Artin 代数. 定义箭图 $\Gamma = \Gamma(A)$ 如下. Γ 的顶点是不可分解 A-模 M 的同构类 $[M]$; 存在箭向 $[M] \longrightarrow [N]$ 当且仅当存在不可约映射 $M \longrightarrow N$. 对 Γ 的每一箭向 $[M] \longrightarrow [N]$ 赋值 (a, b), 其中

$$M^a \oplus X \longrightarrow N$$

是极小右几乎可裂映射, 这里 M 不再是 X 的直和项;

$$M \longrightarrow N^b \oplus Y$$

是极小左几乎可裂映射, 这里 N 不再是 Y 的直和项.

称 Γ 为 A 的 Auslander-Reiten 箭图.

由定理 9.3.2 知: 如果 $\Gamma(A)$ 有箭向 $[M] \longrightarrow [N]$ 且 N 不是投射模, 则 $\Gamma(A)$ 有箭向 $[D\mathrm{Tr}N] \longrightarrow [M]$.

设 M 和 N 是不可分解 A-模. 定义

$$\mathrm{rad}(M, N) := \{f \in \mathrm{Hom}_A(M, N) \mid f \text{ 不是同构}\}.$$

则 $\mathrm{rad}(M, N)$ 是 $\mathrm{Hom}_A(M, N)$ 的子空间. 定义

$$\mathrm{rad}^2(M, N) := \Big\{ f \in \mathrm{rad}(M, N) \mid \exists\, g_i \in \mathrm{rad}(M, X_i),\ h_i \in \mathrm{rad}(X_i, N),$$
$$\text{使得 } f = \sum_{1 \leqslant i \leqslant n} h_i g_i \Big\}.$$

9.4 Auslander-Reiten 箭图

则 $\mathrm{rad}^2(M,N)$ 是 $\mathrm{rad}(M,N)$ 的子空间. 令 $T_M := \mathrm{End}_A(M)/\mathrm{rad}(M,M)$. 则 T_M 是除环. 定义

$$\mathrm{Irr}(M,N) := \mathrm{rad}(M,N)/\mathrm{rad}^2(M,N).$$

它是 T_N-T_M- 双模. 特别地, 它是 T_N-T_M- 向量空间. Auslander-Reiten 箭图的赋值是由这两个向量空间的维数决定的.

命题 9.4.2 Auslander-Reiten 箭图 $\Gamma(A)$ 中箭向 $[M] \longrightarrow [N]$ 的赋值 (a,b) 是

$$a = \dim \mathrm{Irr}(M,N)_{T_M}, \quad b = \dim_{T_N} \mathrm{Irr}(M,N).$$

Artin 代数的 Auslander-Reiten 箭图的另一重要性质是它具有半平移图 (semi-translation quiver) 的结构.

定义 9.4.3 ([ARS]) 设 Γ 是赋值图, 即每一箭向均有赋值 (a,b), 其中 a,b 均为正整数. 设 Γ 的顶点集 Γ_0 有分解

$$\Gamma_0 = \Gamma_0' \cup (\Gamma_0 - \Gamma_0'),$$

其中 $\Gamma_0 - \Gamma_0'$ 是有限集, 其中的元素称为投射点. 设 Γ 的箭向集 Γ_1 有分解

$$\Gamma_1 = \Gamma_1' \cup (\Gamma_1 - \Gamma_1'),$$

其中

$$\Gamma_1' = \{\alpha : x \longrightarrow y \text{ 属于 } \Gamma_1 \mid y \in \Gamma_0'\}.$$

称 Γ 为半平移图, 如果存在映射

$$\sigma : \Gamma_0' \longrightarrow \Gamma_0$$

和映射

$$\sigma : \Gamma_1' \longrightarrow \Gamma_1,$$

使得如果 $\alpha : x \longrightarrow y$ 属于 Γ_1', 则

$$\sigma(\alpha) : \sigma(y) \longrightarrow x;$$

并且如果 $\alpha : x \longrightarrow y$ 的赋值为 (a,b), 则 $\sigma(\alpha) : \sigma(y) \longrightarrow x$ 的赋值为 (b,a).

命题 9.4.4 Auslander-Reiten 箭图 $\Gamma(A)$ 是半平移图, 其中的投射点相应于不可分解投射模的同构类; 对于非投射点 $[N]$, $\sigma([N])$ 定义为 $\sigma([N]) := [D\mathrm{Tr}N]$; 对于箭向 $\alpha : [M] \longrightarrow [N]$, 其中 $[N]$ 是非投射点, $\sigma(\alpha)$ 定义为箭向 $\sigma(\alpha) : [D\mathrm{Tr}N] \longrightarrow [M]$.

也就是说, 如果 M, N 是不可分解 A-模, 其中 N 非投射模, 并且

$$a = \dim \mathrm{Irr}(M,N)_{T_M} \neq 0, \quad b = \dim{}_{T_N}\mathrm{Irr}(M,N) \neq 0,$$

则

$$\dim \mathrm{Irr}(D\mathrm{Tr}N, M)_{T_{D\mathrm{Tr}N}} = b, \quad \dim{}_{T_M}\mathrm{Irr}(D\mathrm{Tr}N, M) = a.$$

Artin 代数 A 是有限表示型, 如果仅有有限多个不可分解的 A-模的同构类.

定理 9.4.5 ([ARS]) Artin 代数 A 是有限表示型当且仅当其 Auslander-Reiten 箭图 $\Gamma(A)$ 是一个有限的连通图; 也当且仅当 $\Gamma(A)$ 有一个有限的连通分支.

现在设 A 是代数闭域 k 上的有限维代数. 则 A-mod 就是有限维 A-模范畴. 对于任意不可分解模 M, $T_M := \mathrm{End}_A(M)/\mathrm{rad}(M,M)$ 就是 k. 因此, 在 Auslander-Reiten 箭图 $\Gamma(A)$ 中, 箭向 $\alpha : [M] \longrightarrow [N]$ 的赋值 (a,b) 满足

$$a = \dim_k \mathrm{Irr}(M,N) = b.$$

所以此时没有必要对箭向赋值, 而是在 $\Gamma(A)$ 中直接画 $\dim_k\mathrm{Irr}(M,N)$ 条 $[M]$ 到 $[N]$ 的箭向. 因此, 此时 Auslander-Reiten 箭图 $\Gamma(A)$ 就是这样的图: Γ 的顶点是不可分解 A-模 M 的同构类 $[M]$; 如果 $\dim_k\mathrm{Irr}(M,N) \neq 0$, 则有 $\dim_k\mathrm{Irr}(M,N)$ 条 $[M]$ 到 $[N]$ 的箭向. 它是半平移图: 即如果 $[M]$ 到 $[N]$ 恰有 $n \neq 0$ 条箭向且 N 不是投射模, 则 $[\tau(N)]$ 到 $[M]$ 也恰有 n 条箭向, 此处 $\tau(N) = D\mathrm{Tr}N$.

例 9.4.6 箭图 $A_7 : \circ \longrightarrow \circ \longrightarrow \circ \longrightarrow \circ \longrightarrow \circ \longrightarrow \circ \longrightarrow \circ$ 的路代数的 Auslander-Reiten 箭图为

9.4 Auslander-Reiten 箭图

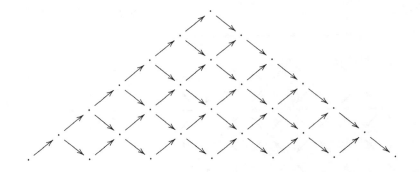

箭图 D_7:  的路代数的 AR 箭图为

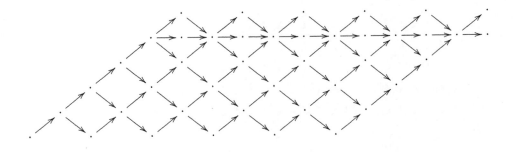

箭图 E_6: 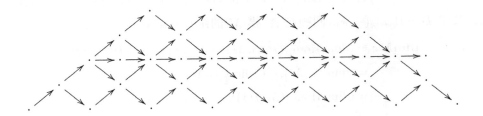 的路代数的 AR 箭图为

箭图 E_7: 的路代数的 AR 箭图为

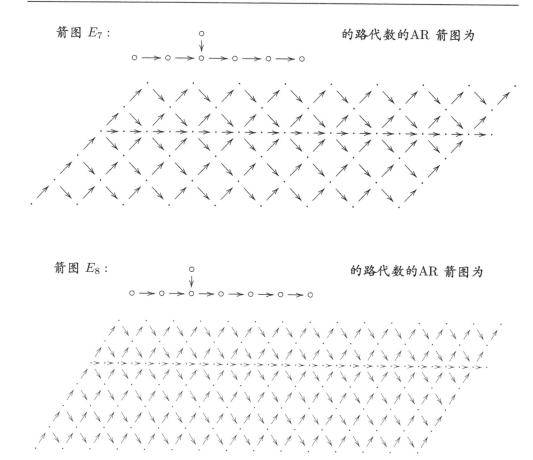

箭图 E_8: 的路代数的 AR 箭图为

9.5 有限维代数的 Cartan 矩阵

设 A 是域 k 上的有限维代数, $P(1) = Ae_1, \cdots, P(n) = Ae_n$, 是全部的两两互不同构的不可分解投射左 A-模, 其中 $e_i e_j = \delta_{ij} e_i$, δ_{ij} 是 Kronecker 符号. 则 $I(1) = D(e_1 A), \cdots, I(n) = D(e_n A)$, 是全部的两两互不同构的不可分解内射左 A-模, 其中 $D = \mathrm{Hom}_k(-, k)$. 回顾左 A-模 M 的维数向量 $\mathbf{dim} M \in \mathbb{Z}^n$ 定义为

$$\mathbf{dim} M := (\dim_k \mathrm{Hom}_A(P(1), M), \cdots, \dim_k \mathrm{Hom}_A(P(n), M))$$
$$= (\dim_k(e_1 M), \cdots, \dim_k(e_n M))$$
$$= (\dim_k \mathrm{Hom}_A(M, I(1)), \cdots, \dim_k \mathrm{Hom}_A(M, I(n))).$$

9.5 有限维代数的 Cartan 矩阵

定义 A 的 *Cartan* 矩阵为 $n \times n$ 整矩阵

$$C_A = ((\mathbf{dim}P(1))^{\mathrm{T}}, \cdots, (\mathbf{dim}P(n))^{\mathrm{T}}),$$

其中第 j 列 $(\mathbf{dim}P(j))^{\mathrm{T}}$ 是维数向量 $\mathbf{dim}P(j)$ 的转置. 因此 $C_A = (c_{ij})_{n \times n}$, 其中

$$c_{ij} = \dim_k e_i A e_j = \dim_k \mathrm{Hom}_A(P(i), P(j)) = \dim_k \mathrm{Hom}_A(I(i), I(j)).$$

故

$$C_A = \begin{pmatrix} \mathbf{dim}I(1) \\ \vdots \\ \mathbf{dim}I(n) \end{pmatrix}.$$

用 $e_1, \cdots, e_n$ 表示自由 Abel 群 $\mathbb{Z}^n$ 的标准 $\mathbb{Z}$-基. 则

$$e_i C_A^{\mathrm{T}} = \mathbf{dim}P(i), \quad e_i C_A = \mathbf{dim}I(i), \quad 1 \leqslant i \leqslant n.$$

易知: 若 A 的整体维数有限, 则 C_A 是 $\mathbb{Z}$ 上的可逆矩阵. 事实上, 此时取单模 $S(i) = P(i)/\mathrm{rad}P(i)$ 的投射分解可以看出每个 $e_i = \mathbf{dim}S(i)$ 都是 $\mathbf{dim}P(1), \cdots, \mathbf{dim}P(n)$ 的整线性组合.

设 C_A 是 $\mathbb{Z}$ 上的可逆矩阵. 定义 A 的双线性型 $\langle -, - \rangle_A : \mathbb{Z}^n \times \mathbb{Z}^n \longrightarrow \mathbb{Z}$ 为

$$\langle \alpha, \beta \rangle_A := \alpha C_A^{-\mathrm{T}} \beta^{\mathrm{T}}.$$

定义 A 的二次型为 $q_A(\boldsymbol{x}) = \langle \boldsymbol{x}, \boldsymbol{x} \rangle_A, \ \forall \ \boldsymbol{x} \in \mathbb{Z}^n$.

定义 A 的对称双线性型 $(-, -)_A : \mathbb{Z}^n \times \mathbb{Z}^n \longrightarrow \mathbb{Z}$ 为

$$(\alpha, \beta)_A := \langle \alpha, \beta \rangle_A + \langle \beta, \alpha \rangle_A = \alpha(C_A^{-1} + C_A^{-\mathrm{T}})\beta^{\mathrm{T}}.$$

则有 $(\alpha, \beta)_A = q_A(\alpha + \beta) - q_A(\alpha) - q_A(\beta)$.

定义 9.5.1 设 A 的整体维数有限. 称上述 A 的双线性型 $\langle -, - \rangle_A : \mathbb{Z}^n \times \mathbb{Z}^n \longrightarrow \mathbb{Z}$ 为 A 的Euler双线性型; 称上述 A 的二次型 q_A 为 A 的Tits型.

整体维数有限的有限维代数的Euler双线性型是在 [Rin1] 中引进的, 故它又被称为 Ringel 双线性型.

不难证明: A 的双线性型 $\langle -,- \rangle_A$ 有如下同调解释.

命题 9.5.2 (C. M. Ringel [Rin1, p.71])　设 A 是域 k 上的有限维代数且其Cartan矩阵 C_A 是 $\mathbb{Z}$ 上的可逆矩阵, M 和 N 是有限维左 A-模. 若投射维数 $\mathrm{pd} M < \infty$ 或内射维数 $\mathrm{id} M < \infty$, 则

$$\langle \mathbf{dim} M, \mathbf{dim} N \rangle_A = \sum_{t \geq 0} (-1)^t \dim_k \mathrm{Ext}_A^t(M,N).$$

特别地, 若 A 是遗传代数, 则对任意有限维左 A-模 M 和 N 有

$$\langle \mathbf{dim} M, \mathbf{dim} N \rangle_A = \dim_k \mathrm{Hom}_A(M,N) - \dim_k \mathrm{Ext}_A^1(M,N).$$

从而当 A 是路代数 kQ 时, 有

$$\langle e_i, e_j \rangle_{kQ} = \delta_{ij} - \dim_k \mathrm{Ext}_{kQ}^1(S(i),S(j));$$

$$(e_i, e_j)_{kQ} = 2\delta_{ij} - \dim_k \mathrm{Ext}_{kQ}^1(S(i),S(j)) - \dim_k \mathrm{Ext}_{kQ}^1(S(j),S(i)).$$

上述命题最后要求 $A = kQ$, 是为了保证单模的自同态代数为 k. 当然假设 k 是代数闭域也可以.

因此, 当 A 的整体维数有限时, 我们也将 A 的Euler双线性型 $\langle \alpha, \beta \rangle := \alpha C_A^{-\mathrm{T}} \beta^{\mathrm{T}}$ 称为 A 的同调双线性型.

令 $C_{kQ}^{-\mathrm{T}} = (d_{ij})_{n \times n}$. 则由命题 9.5.2 知

$$d_{ij} = \langle e_i, e_j \rangle_{kQ} = \delta_{ij} - \dim_k \mathrm{Ext}_{kQ}^1(S(i),S(j)).$$

注意到 $\dim_k \mathrm{Ext}_{kQ}^1(S(i),S(j))$ 就是 Q 中顶点 i 到顶点 j 的箭向的条数. 因此我们有

推论 9.5.3　设 A 是有限维路代数 kQ. 令 a_{ij} 是 Q 中顶点 i 到顶点 j 的箭向的条数. 则 $C_{kQ}^{-\mathrm{T}} = (\delta_{ij} - a_{ij})_{n \times n}$.

由此可见 $C_{kQ}^{-1} + C_{kQ}^{-T}$ 就是 Lie 代数中 Q 的底图 $\overline{Q}$ (underlying graph, 即指忘记 Q 的定向后得到的无向图) 的 Cartan 矩阵 (参见 V. Kac [Kac] 和 G. Lusztig [Lus]).

设 Cartan 矩阵 C_A 是 $\mathbb{Z}$ 上的可逆矩阵. 定义 A 的 Coxeter 矩阵 $\Phi_A := -C_A^{-T} C_A$. 它诱导 Coxeter 变换 (Abel 群同态)

$$\Phi_A : \mathbb{Z}^n \longrightarrow \mathbb{Z}^n, \quad \Phi_A(\boldsymbol{x}) = \boldsymbol{x}\Phi_A, \quad \forall\, \boldsymbol{x} \in \mathbb{Z}^n.$$

则 $\Phi_A(\mathbf{dim}P(i)) = -\mathbf{dim}I(i) = -\mathbf{dim}N^+P(i)$, $1 \leqslant i \leqslant n$, 其中 $N^+ = D\mathrm{Hom}_A(-, A)$ 是 Nakayama 函子; 且

$$\langle \boldsymbol{x}, \boldsymbol{y}\rangle_A = -\langle \boldsymbol{y}, \Phi_A(\boldsymbol{x})\rangle_A = \langle \Phi_A(\boldsymbol{x}), \Phi_A(\boldsymbol{y})\rangle_A.$$

Coxeter 变换与 Auslander-Reiten 平移 $\tau = D\mathrm{Tr}$ 和 $\tau^{-1} = \mathrm{Tr}D$ 有如下关系:

命题 9.5.4 ([Rin1, p.75])　设 A 是整体维数有限的有限维代数, M 是左 A-模.

(i) 若 $\mathrm{pd}M \leqslant 1$ 且 $\mathrm{Hom}_A(M, {}_AA) = 0$, 则 $\mathbf{dim}\,\tau M = \Phi_A(\mathbf{dim}M)$.

特别地, M 是遗传代数 A 上不可分解非投射模, 则 $\mathbf{dim}\,\tau M = \Phi_A(\mathbf{dim}M)$.

(ii) 若 $\mathrm{id}M \leqslant 1$ 且 $\mathrm{Hom}_A(D(A_A), M) = 0$, 则 $\mathbf{dim}\,\tau^{-1}M = \Phi_A^{-1}(\mathbf{dim}M)$.

特别地, M 是遗传代数 A 上不可分解非内射模, 则 $\mathbf{dim}\,\tau^{-1}M = \Phi_A^{-1}(\mathbf{dim}M)$.

证　(i) 设 $0 \longrightarrow P_1 \longrightarrow P_0 \longrightarrow M \longrightarrow 0$ 是 M 的一个极小投射分解. 则有

$$\mathbf{dim}M = \mathbf{dim}P_0 - \mathbf{dim}P_1,$$

从而

$$\Phi_A(\mathbf{dim}M) = \Phi_A(\mathbf{dim}P_0) - \Phi_A(\mathbf{dim}P_1) = \mathbf{dim}N^+P_1 - \mathbf{dim}N^+P_0.$$

将 $D\mathrm{Hom}_A(-, A)$ 作用在上述投射分解上, 由 τ 的定义和题设我们得到正合列

$$0 \longrightarrow \tau M \longrightarrow D\mathrm{Hom}_A(P_1, A) \longrightarrow D\mathrm{Hom}_A(P_0, A) \longrightarrow 0.$$

因此

$$\mathbf{dim}\,\tau M = \mathbf{dim}N^+P_1 - \mathbf{dim}N^+P_0 = \Phi_A(\mathbf{dim}M).$$

对偶地可证 (ii). ∎

9.6 有限箭图的整二次型

形如
$$q = q(x_1, \cdots, x_n) = \sum_{1 \leqslant i \leqslant n} x_i^2 - \sum_{1 \leqslant i < j \leqslant n} a_{ij} x_i x_j$$
的二次型称为**整二次型**, 如果每个系数 a_{ij} $(i < j)$ 均是整数.

定义 9.6.1 (i) 向量 $\alpha = (\alpha_1, \cdots, \alpha_n) \in \mathbb{Z}^n$ 称为整二次型 q 的 1- 根(root), 如果 $q(\alpha_1, \cdots, \alpha_n) = 1$.

(ii) 向量 $\alpha = (\alpha_1, \cdots, \alpha_n) \in \mathbb{Z}^n$ 称为正的, 记为 $\alpha > 0$, 如果 $\alpha \neq 0$ 且每个分量 $\alpha_i \geqslant 0$. 从而 $\mathbb{Z}^n$ 按此方式作成偏序集.

(iii) 整二次型 q 称为**正定的**, 如果对于任意非零向量 $\alpha \in \mathbb{Z}^n$ 均有 $q(\alpha) > 0$.

(iv) 整二次型 q 称为**弱正定的**, 如果对于任意正向量 $\alpha \in \mathbb{Z}^n$ 均有 $q(\alpha) > 0$.

(v) 整二次型 q 称为**半正定的**, 如果对于任意非零向量 $\alpha \in \mathbb{Z}^n$ 均有 $q(\alpha) \geqslant 0$.

(vi) 整二次型 q 称为**不定的**, 如果存在非零向量 $\alpha \in \mathbb{Z}^n$ 使得 $q(\alpha) < 0$.

(vii) 设 q 是半正定整二次型. 令 $\operatorname{rad} q := \{\alpha \in \mathbb{Z}^n \mid q(\alpha) = 0\}$. 称 $\operatorname{rad} q$ 为 q 的 0- 根集, 其中的向量称为 q 的 0- 根向量(radical vector). 易知 $\operatorname{rad} q$ 是 $\mathbb{Z}^n$ 的子群. 因此有秩 $\operatorname{rank}(\operatorname{rad} q)$ 的概念.

注意到上述概念均是对整向量定义. 但由后面的结论可知它们等价于 (通常的) 对实向量来定义.

命题 9.6.2 (Yu. Drozd [D], D. Happel [Hap7]) 设 q 是整二次型. 则 q 是弱正定的当且仅当 q 只有有限多个正 1- 根.

上述命题的"仅当"部分是在 Yu. Drozd [Dr] 中发现的, 其证明也可参见 [Rin1, p.3]; 而"当"部分是在 D. Happel [Hap7] 中证明的, 其证明也可参见 [ASS, p.264].

定义-引理 9.6.3 设 Q 是有限无圈箭图, $Q_0 = \{1, \cdots, n\}$.

(i) 定义箭图 Q 的Euler 型 $\langle -, - \rangle_Q$ 为上节中路代数 kQ 的Euler双线性型

9.6 有限箭图的整二次型

$\langle -, - \rangle_{kQ}$, 其中 k 是任意域. 则

$$\langle \boldsymbol{x}, \boldsymbol{y} \rangle_Q = \boldsymbol{x}(\delta_{ij} - a_{ij})_{n \times n} \boldsymbol{y}^{\mathrm{T}}$$
$$= \sum_{i \in Q_0} x_i y_i - \sum_{i,j \in Q_0} a_{ij} x_i y_j$$
$$= \sum_{i \in Q_0} x_i y_i - \sum_{\rho \in Q_1} x_{s(\rho)} y_{e(\rho)},$$

其中 $a_{ij} := \dim_k \mathrm{Ext}^1_{kQ}(S(i), S(j))$ 是顶点 i 到顶点 j 的箭向的条数.

(ii) 定义箭图 Q 的 Tits 型 q_Q 为上节中路代数 kQ 的 Tits 型 q_{kQ}, 其中 k 是任意域. 则

$$q_Q = q_Q(x_1, \cdots, x_n) = \boldsymbol{x}(\delta_{ij} - a_{ij})_{n \times n} \boldsymbol{x}^{\mathrm{T}}$$
$$= \sum_{i \in Q_0} x_i^2 - \sum_{i,j \in Q_0} a_{ij} x_i x_j$$
$$= \sum_{i \in Q_0} x_i^2 - \sum_{\alpha \in Q_1} x_{s(\alpha)} x_{e(\alpha)}$$
$$= \sum_{i \in Q_0} x_i^2 - \sum_{i,j \in Q_0,\ i<j} (a_{ij} + a_{ji}) x_i x_j.$$

注意 $a_{ij} + a_{ji}$ 就是顶点 i 与顶点 j 之间的边 (edge) 的条数.

(iii) 定义箭图 Q 的对称双线性型 $(-, -)_Q$ 为上节中路代数 kQ 的对称双线性型 $(-, -)_{kQ}$, 其中 k 是任意域. 则

$$(\boldsymbol{x}, \boldsymbol{y})_Q = \langle \boldsymbol{x}, \boldsymbol{y} \rangle + \langle \boldsymbol{y}, \boldsymbol{x} \rangle$$
$$= \boldsymbol{x}(2\delta_{ij} - a_{ij} - a_{ji})_{n \times n} \boldsymbol{y}^{\mathrm{T}}$$
$$= 2 \sum_{1 \leq i \leq n} x_i y_i - \sum_{i,j \in Q_0} a_{ij}(x_i y_j + x_j y_i)$$
$$= 2 \sum_{i \in Q_0} x_i y_i - \sum_{i,j \in Q_0} (a_{ij} + a_{ji}) x_i y_j.$$

证 (i) 第一个等号由推论 9.5.3 即得; 第二个等号是重写. 要说明第三个等号只要说明由 $\sum_{i \in Q_0} x_i y_i - \sum_{\rho \in Q_1} x_{s(\rho)} y_{e(\rho)}$ 定义的双线性型 $<-,->$ 也满足 $<e_i, e_j> = \delta_{ij} - a_{ij}$ 即可, 而这是明显的.

(ii) 由 (i) 知只要说明最后一个等号; 而这只是明显地重写成与定向无关的形式.

(iii) 第二个等号由 (i) 中第一个等号即得; 第三个等号由 (i) 中第二个等号即得; 最后一个等号只是指标的互换, 即 $\sum_{i,j\in Q_0} a_{ij}x_jy_i = \sum_{i,j\in Q_0} a_{ji}x_iy_j$, 从而明显地重写成与定向无关的形式. ∎

注意 Q 的 Tits 型 q_Q 和 Q 的对称双线性型 $(-,-)_Q$ 只与箭图 Q 的底图 $\overline{Q}$ 有关, 与 Q 的定向无关; 而 Q 的 Euler 型 $\langle -,-\rangle_Q$ 则与 Q 的定向有关. 例如, 若 $Q = 1 \longrightarrow 2$, 则

$$\langle \alpha,\beta\rangle_Q = \alpha_1\beta_1 + \alpha_2\beta_2 - \alpha_1\beta_2;$$

而若 $Q = 1 \longleftarrow 2$, 则

$$\langle \alpha,\beta\rangle_Q = \alpha_1\beta_1 + \alpha_2\beta_2 - \alpha_2\beta_1.$$

由命题 9.5.2 知 Q 的 Euler 双线性型有如下同调解释.

推论 9.6.4 设 Q 是有限无圈箭图, k 是任意域. 则对任意有限维左 kQ- 模 M 和 N, Q 的 Euler 双线性型满足

$$\langle \mathbf{dim}M, \mathbf{dim}N\rangle_Q = \dim_k \operatorname{Hom}_A(M,N) - \dim_k \operatorname{Ext}^1_A(M,N).$$

下面 5 种图 A_n ($n \geqslant 1$, n 是顶点个数) 和 D_n ($n \geqslant 4$, n 是顶点个数), E_6, E_7 和 E_8, 称为 Dynkin 图: 其中右边一列数是其正 1- 根 (root) 的个数 (例如, E_8 有 120 个正 1- 根. 参见 [ASS, p.299]); 每个顶点上标注的数是唯一的极大正 1- 根在此顶点上的分量 (参见 [Rin1, p.8]).

$$A_n \quad 1 \text{———} 1 \text{———} \cdots \text{———} 1 \text{———} 1 \qquad \frac{n(n+1)}{2}$$

$$D_n \quad \begin{array}{c} 1 \\ \\ 2 \text{———} \cdots \text{———} 2 \text{———} 1 \\ \\ 1 \end{array} \qquad n(n-1)$$

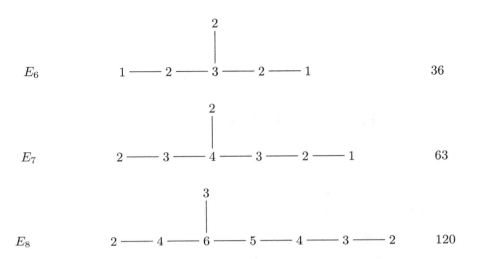

用初等配方法即知底图是Dynkin图的有限无圈箭图的Tits型是正定的. 例如, 底图是 D_n 的箭图 Q 的Tits型为

$$q_Q = \sum_{1 \leqslant i \leqslant n} x_i^2 - x_1 x_3 - x_2 x_3 - \sum_{3 \leqslant i \leqslant n-1} x_i x_{i+1}$$
$$= \left(x_1 - \frac{1}{2}x_3\right)^2 + \left(x_2 - \frac{1}{2}x_3\right)^2 + \frac{1}{2}\sum_{3 \leqslant i \leqslant n-1}(x_i - x_{i+1})^2 + \frac{1}{2}x_n^2.$$

下面 5 种图 $\tilde{A}_n$ $(n \geqslant 1,\ n+1$ 是顶点个数$)$ 和 $\tilde{D}_n$ $(n \geqslant 4,\ n+1$ 是顶点个数$)$, $\tilde{E}_6, \tilde{E}_7$ 和 $\tilde{E}_8$, 称为广义 Dynkin 图, 或 Euclid 图: 每个顶点上标注的数是唯一的极小正 0- 根向量 (radical vector) δ 在此顶点上的分量 (参见 [Rin1, p.8]).

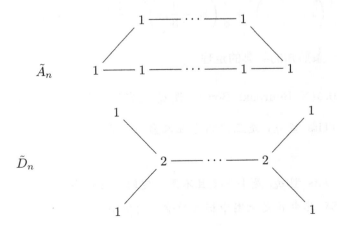

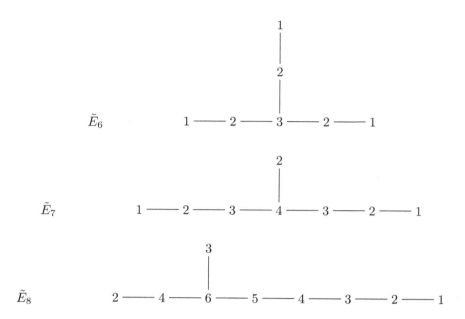

同样, 用初等配方法即知底图是 Euclid 图的有限无圈箭图的 Tits 型是半正定的且 $\mathrm{rad}\, q_Q = \mathbb{Z}\delta$, 其中 δ 是上图中标注的唯一的极小正 0- 根向量. 注意到 $(\delta, -) = 0$.

例如, 底图是 $\tilde{E}_8$ 的箭图 Q 的 Tits 型为

$$q_Q = \sum_{1 \leqslant i \leqslant 9} x_i^2 - x_1 x_2 - x_2 x_3 - x_3 x_4 - x_3 x_5 - x_5 x_6 - x_6 x_7 - x_7 x_8 - x_8 x_9$$

$$= \left(x_1 - \frac{1}{2}x_2\right)^2 + \frac{3}{4}\left(x_2 - \frac{2}{3}x_3\right)^2 + \frac{1}{4}(x_3 - 2x_4)^2 + \frac{5}{12}\left(x_3 - \frac{6}{5}x_5\right)^2$$

$$+ \frac{2}{5}\left(x_5 - \frac{5}{4}x_6\right)^2 + \frac{3}{8}\left(x_6 - \frac{4}{3}x_7\right)^2 + \frac{1}{3}\left(x_7 - \frac{3}{2}x_8\right)^2 + \frac{1}{4}(x_8 - 2x_9)^2.$$

下面是一条熟知的经典的定理.

定理 9.6.5(N. Bourbaki [Bou]) 设 Q 是有限无圈箭图, 且 Q 是连通的. 则

(i) Q 的 Tits 型 q_Q 是正定的当且仅当 q_Q 是弱正定的; 当且仅当 Q 的底图是 Dynkin 图.

(ii) Q 的 Tits 型 q_Q 是半正定且不是正定的当且仅当 Q 的底图是 Euclid 图. 此时 $\mathrm{rad}\, q_Q = \mathbb{Z}\delta$, 其中 δ 是上图中标注的唯一的极小正 0- 根向量, 且 $(\delta, -) = 0$.

(iii) Q 的Tits型 q_Q 是不定的当且仅当 Q 的底图既非Dynkin图, 也非Euclid图. 此时存在正向量 $z \in \mathbb{Z}^n$, 使得 $q_Q(z) < 0$ 且 $(z, \mathbf{e}_i) \leqslant 0$, $\forall\, 1 \leqslant i \leqslant n$.

证 我们已知: 底图是Dynkin图的有限无圈箭图的Tits型是正定的; 底图是Euclid 图的有限无圈箭图的Tits型是半正定的且 $\mathrm{rad}\, q_Q = \mathbb{Z}\delta$, 其中 δ 是上图中标注的唯一的极小正 0-根向量.

设 Q 的底图既非Dynkin图, 也非Euclid图. 则不难分析 Q 有子箭图 Q' (subquiver), 其中 Q' 的底图是 Euclid 图, δ 是其极小正 0-根向量. 如果 Q 与 Q' 的顶点集相同, 则 Q 有箭向不在 Q' 中, 因此 $q_Q(\delta) < 0$. 如果 Q 的顶点 i 不是 Q' 的顶点, 则 i 与 Q' 的顶点有箭向相连, 因此

$$q_Q(2\delta + \mathbf{e}_i) = (2\delta, \mathbf{e}_i) - q_Q(2\delta) - q(\mathbf{e}_i)$$
$$\leqslant 2(\delta, \mathbf{e}_i) - 1$$
$$= -2 \sum_{j \in Q_0} a_{ij}\alpha_j - 1 \leqslant 0.$$

同理 $(z, \mathbf{e}_i) \leqslant 0$, $\forall\, 1 \leqslant i \leqslant n$. 从而定理得证. ∎

定理 9.6.5 有不同的推广, 而且证明也是完全相同的, 但概念上 (因此写法上) 要作些许调整 (观察上也需更细致). 例如可以推广到一般的整二次型上 ([Rin1, p.7]); 也可以推广到带圈的有限箭图上 ([CB1, p.16]).

9.7 有限表示型路代数的 Gabriel 定理

定理 9.7.1 (P. Gabriel [Ga2]) 设 Q 是连通的有限无圈箭图, k 是代数闭域. 则路代数 kQ 是有限表示型当且仅当 Q 的底图是Dynkin图, 也当且仅当 Q 的Tits型 q_Q 是正定的, 也当且仅当 q_Q 仅有有限多个正 1-根. 此时

$$M \mapsto \mathbf{dim}\, M$$

给出了不可分解 kQ-模的同构类的集合与 q_Q 的正 1-根的集合之间的一一对应.

证明参见 P. Gabriel [Ga2, Ga3]. 此后有更易阅读的证明: 利用 Auslander-Reiten 理论的证明参见 [ASS, p.291]; 利用代数几何的证明参见 [CB1, p.19]. 定理

9.7.1 被 V. Dlab 和 C. M. Ringel 推广到赋值图上 (参见 [DR1, DR2]); 从而对一般的遗传 Artin 代数也有类似的结论 (参见 [ARS, p.288]).

9.8 相对 Auslander-Reiten 序列

设 A 是 Artin 代数, $\mathcal{B}$ 是 A-mod的全子加法范畴, 并且 $\mathcal{B}$ 对于同构、扩张和直和项封闭. $\mathcal{B}$ 中模 P 称为Ext 投射对象 ([AS2]), 如果形如

$$0 \longrightarrow X \longrightarrow Y \longrightarrow P \longrightarrow 0$$

的正合列均可裂, 其中 $X, Y \in \mathcal{B}$. $\mathcal{B}$ 中模 I 称为Ext 内射对象, 如果形如

$$0 \longrightarrow I \longrightarrow Y \longrightarrow Z \longrightarrow 0$$

的正合列均可裂, 其中 $Y, Z \in \mathcal{B}$.

由 $\operatorname{Ext}_A^1(X, Y)$ 的扩张刻画即知:

$\mathcal{B}$ 中模 P 是Ext 投射对象当且仅当 $\operatorname{Ext}_A^1(P, X) = 0, \forall\ X \in \mathcal{B}$;

$\mathcal{B}$ 中模 I 是Ext 投射对象当且仅当 $\operatorname{Ext}_A^1(X, I) = 0, \forall\ X \in \mathcal{B}$.

令 $\mathcal{S}$ 是三项均落在 $\mathcal{B}$ 中的 A-mod中短正合列的集合. 则 $(\mathcal{B}, \mathcal{S})$ 是正合范畴. 参见 6.1 节. 现在我们有 $\mathcal{B}$ 中的Ext 投射对象和 $\mathcal{B}$ 中的 $\mathcal{S}$- 投射对象这两个概念. 由定义易知 $\mathcal{S}$- 投射对象一定是 $\mathcal{B}$ 中Ext 投射对象. 反之, 设 P 是 $\mathcal{B}$ 中Ext 投射对象, $0 \longrightarrow U \longrightarrow V \xrightarrow{v} W \longrightarrow 0$ 是 $\mathcal{B}$ 中的短正合列. 则 $\operatorname{Ext}^1(P, U) = 0$. 从而 $\operatorname{Hom}(P, v): \operatorname{Hom}(P, V) \longrightarrow \operatorname{Hom}(P, W)$ 是满射, 由定义即知 P 是 $\mathcal{B}$ 中的 $\mathcal{S}$- 投射对象. 所以 $\mathcal{S}$- 投射对象与 $\mathcal{B}$ 中Ext 投射对象是相同的. 同理, $\mathcal{S}$- 内射对象与 $\mathcal{B}$ 中Ext 内射对象是相同的.

$\mathcal{B}$ 中模同态 $v: Y \longrightarrow Z$ 称为$\mathcal{B}$ 中右几乎可裂的, 如果 v 不是可裂满, 并且 $\mathcal{B}$ 中任意不是可裂满的模同态 $v': Y' \longrightarrow Z$ 通过 v 分解. $\mathcal{B}$ 中模同态 $u: X \longrightarrow Y$ 称为$\mathcal{B}$ 中左几乎可裂的, 如果 u 不是可裂单, 并且 $\mathcal{B}$ 中任意不是可裂单的模同态 $u': X \longrightarrow Y'$ 通过 u 分解. $\mathcal{B}$ 中的正合列

$$0 \longrightarrow X \xrightarrow{u} Y \xrightarrow{v} Z \longrightarrow 0$$

称为 $\mathcal{B}$ 中的相对几乎可裂序列, 或 $\mathcal{B}$ 中的相对 *Auslander-Reiten* 序列, 如果 u 是 $\mathcal{B}$ 中左几乎可裂映射, 并且 v 是 $\mathcal{B}$ 中右几乎可裂映射.

相对 Auslander-Reiten 序列

$$0 \longrightarrow X \xrightarrow{u} Y \xrightarrow{v} Z \longrightarrow 0$$

中 X 和 Z 均是不可分解模. 相对 Auslander-Reiten 序列也具有唯一性.

按照 M. Auslander 和 S. O. Smalø [AS2] 的定义, 称 $\mathcal{B}$ 有相对几乎可裂序列, 或有相对Auslander-Reiten序列, 如果满足下述条件:

(i) 如果 Z 是 $\mathcal{B}$ 中不可分解模, 则存在 $\mathcal{B}$ 中右几乎可裂映射 $Y \longrightarrow Z$;

(i′) 如果 X 是 $\mathcal{B}$ 中不可分解模, 则存在 $\mathcal{B}$ 中左几乎可裂映射 $X \longrightarrow Y$;

(ii) 如果 Z 是 $\mathcal{B}$ 中不可分解的非Ext 投射对象, 则存在 $\mathcal{B}$ 中的相对几乎可裂序列 $0 \longrightarrow X \xrightarrow{u} Y \xrightarrow{v} Z \longrightarrow 0$;

(ii′) 如果 X 是 $\mathcal{B}$ 中不可分解的非Ext 内射对象, 则存在 $\mathcal{B}$ 中的相对几乎可裂序列 $0 \longrightarrow X \xrightarrow{u} Y \xrightarrow{v} Z \longrightarrow 0$.

以下是经常使用的相对 Auslander-Reiten 序列存在的充分条件.

定理 9.8.1 (M. Auslander, S. O. Smalø [AS2, Theorem 2.4]) 设 A 是Artin 代数, $\mathcal{B}$ 是 A-mod 的对同构、扩张和直和项封闭的全子加法范畴. 如果 $\mathcal{B}$ 是 A-mod 的函子有限子范畴, 则 $\mathcal{B}$ 有相对Auslander-Reiten 序列.

9.9 单态射范畴的函子有限性

设 Q 是有限无圈箭图, A 是有限维代数, $\Lambda := A \otimes_k kQ$. 则单态射范畴 $\mathrm{mon}(Q, A)$ (参见 7.11 节) 是 $\mathrm{rep}(Q, A) \cong \Lambda\text{-mod}$ 的可解子范畴. 本节的主要目的是证明下述结论.

定理 9.9.1 ([LuoZ]) 设 Q 是有限无圈箭图, A 是有限维代数. 则单态射范畴 $\mathrm{mon}(Q, A)$ 是 $\mathrm{rep}(Q, A)$ 的函子有限的全子范畴, 并且 $\mathrm{mon}(Q, A)$ 有相对Auslander-

Reiten 序列.

这个结论在下一章会有重要应用 (参见 10.7 节). 当 $Q = \bullet \longrightarrow \bullet$ 时, 这个结论是由 C. M. Ringel 和 M. Schmidmeier [RS2] 给出的; 当 $Q = \underset{n}{\bullet} \longrightarrow \cdots \longrightarrow \underset{1}{\bullet}$ 时, 这个结论是在 [Z1] 中给出的.

设 Q 是有限无圈箭图. 我们将 Q 的顶点标记为 $1, \cdots, n$, 使得每个箭头的起点都大于终点. 因此, 顶点 1 是一个汇点 (sink). 将到顶点 i 的所有路长大于或等于 1 的路 p 的集合记为 $\mathcal{P}(\to i)$.

对于 $X \in \mathrm{rep}(Q, A)$ 和 $i \in Q_0$, 设 K_i 是 A- 模态射

$$(X_\alpha)_{\alpha \in Q_1, e(\alpha)=i} : \bigoplus_{\substack{\alpha \in Q_1 \\ e(\alpha)=i}} X_{s(\alpha)} \longrightarrow X_i$$

的核. 取定 K_i 的一个内射包 $\delta_i : K_i \hookrightarrow IK_i$. 则存在 A- 模态射

$$(\varphi_\alpha)_{\alpha \in Q_1, e(\alpha)=i} : \bigoplus_{\substack{\alpha \in Q_1 \\ e(\alpha)=i}} X_{s(\alpha)} \longrightarrow IK_i$$

使得下图交换

$$\begin{array}{ccc} K_i & \hookrightarrow & \bigoplus_{\substack{\alpha \in Q_1 \\ e(\alpha)=i}} X_{s(\alpha)} \\ {\scriptstyle \delta_i} \downarrow & \swarrow {\scriptstyle (\varphi_\alpha)_{\alpha \in Q_1, e(\alpha)=i}} & \\ IK_i & & \end{array} \qquad (9.1)$$

对于 $X \in \mathrm{rep}(Q, A)$, 下面我们构造 Q 在 A 上的一个表示:

$$\mathrm{rmon}(X) = (\mathrm{rmon}(X)_i, \mathrm{rmon}(X)_\alpha, \ i \in Q_0, \ \alpha \in Q_1) \in \mathrm{rep}(Q, A).$$

对每个 $i \in Q_0$, 定义

$$\mathrm{rmon}(X)_i = X_i \bigoplus IK_i \bigoplus \Big(\bigoplus_{p \in \mathcal{P}(\to i)} IK_{s(p)} \Big). \qquad (9.2)$$

(注意两点: 1. 如果 i 是源点 (source), 则 $\mathrm{rmon}(X)_i = X_i$.

9.9 单态射范畴的函子有限性

2. 如果 $p_1, \cdots, p_m$ 都在 $\mathcal{P}(\to i)$ 中, 并且有相同的起点 j, 那么, $\underbrace{IK_j \oplus \cdots \oplus IK_j}_{m}$ 是 $\bigoplus_{p \in \mathcal{P}(\to i)} IK_{s(p)}$ 的直和项.)

对任意箭向 $\alpha : j \longrightarrow i$ 定义 A- 模态射

$$\mathrm{rmon}(X)_\alpha : X_j \bigoplus IK_j \bigoplus (\bigoplus_{p \in \mathcal{P}(\to j)} IK_{s(p)}) \longrightarrow X_i \bigoplus IK_i \bigoplus (\bigoplus_{q \in \mathcal{P}(\to i)} IK_{s(q)})$$

为

$$x_j + k_j + (\sum_{p \in \mathcal{P}(\to j)} k_{s(p)}) \mapsto X_\alpha(x_j) + \varphi_\alpha(x_j) + k_j + (\sum_{p \in \mathcal{P}(\to j)} k_{s(\alpha p)}), \tag{9.3}$$

其中 $x_j \in X_j$, $k_j \in IK_j$, $k_{s(p)} \in IK_{s(p)}$. 注意: 因为 $s(p) = s(\alpha p)$, 我们有 $k_{s(\alpha p)} = k_{s(p)}$; 且 (9.3) 的右边 k_j 和 $\sum_{p \in \mathcal{P}(\to j)} k_{s(\alpha p)}$ 属于 $\bigoplus_{q \in \mathcal{P}(\to i)} IK_{s(q)}$ 的不同的直和项.

引理 9.9.2 对每个 $X \in \mathrm{rep}(Q, A)$, 我们有 $\mathrm{rmon}(X) \in \mathrm{mon}(Q, A)$.

证 对每个 $i \in Q_0$, 设 $\alpha_1, \cdots, \alpha_m$ 是以 i 为终点的全部的箭向. 由定义我们只要证明 A- 模态射

$$(\mathrm{rmon}(X)_{\alpha_1}, \cdots, \mathrm{rmon}(X)_{\alpha_m}) : \bigoplus_{1 \leqslant j \leqslant m} \mathrm{rmon}(X)_{s(\alpha_j)} \longrightarrow \mathrm{rmon}(X)_i$$

是单射. 由 (9.1) – (9.3) 可知这是较明显的. 方便读者起见, 我们包含如下说明.

对 $j = 1, \cdots, m$, 设 $z_j = x_{s(\alpha_j)} + k_{s(\alpha_j)} + (\sum_{p \in \mathcal{P}(\to s(\alpha_j))} k_{s(p)}) \in \mathrm{rmon}(X)_{s(\alpha_j)}$, 且 $\sum_{1 \leqslant j \leqslant m} \mathrm{rmon}(X)_{\alpha_j}(z_j) = 0$. 则由 (9.3) 知

$$0 = \sum_{1 \leqslant j \leqslant m} X_{\alpha_j}(x_{s(\alpha_j)}) + (\sum_{1 \leqslant j \leqslant m} \varphi_{\alpha_j}(x_{s(\alpha_j)})) + (\sum_{1 \leqslant j \leqslant m} k_{s(\alpha_j)})$$

$$+ \sum_{1 \leqslant j \leqslant m} (\sum_{p \in \mathcal{P}(\to s(\alpha_j))} k_{s(\alpha_j p)})$$

$$\in X_i \bigoplus IK_i \bigoplus (\bigoplus_{q \in \mathcal{P}(\to i)} IK_{s(q)}),$$

故有

$$\sum_{1 \leqslant j \leqslant m} X_{\alpha_j}(x_{s(\alpha_j)}) = 0, \quad \sum_{1 \leqslant j \leqslant m} \varphi_{\alpha_j}(x_{s(\alpha_j)}) = 0,$$

和
$$k_{s(\alpha_j)} = 0, \quad k_{s(\alpha_j p)} = 0, \quad \forall\, j = 1, \cdots, m, \quad \forall\, p \in \mathcal{P}(\to s(\alpha_j)).$$

注意到 $\sum_{1\leqslant j\leqslant m} X_{\alpha_j}(x_{s(\alpha_j)}) = 0$ 意味着 $\begin{pmatrix} x_{s(\alpha_1)} \\ \vdots \\ x_{s(\alpha_m)} \end{pmatrix} \in K_i$. 由 (9.1) 知

$\delta_i \begin{pmatrix} x_{s(\alpha_1)} \\ \vdots \\ x_{s(\alpha_m)} \end{pmatrix} = \sum_{1\leqslant j\leqslant m} \varphi_{\alpha_j}(x_{s(\alpha_j)}) = 0$. 因为 δ_i 是单态射, 故对任意的 $j = 1, \cdots, m$, 我们有 $x_{s(\alpha_j)} = 0$. 从而 $z_j = 0, \quad \forall\, j = 1, \cdots, m$. ∎

命题 9.9.3 设 Q 是有限无圈箭图, A 是有限维代数. 则 $\mathrm{mon}(Q, A)$ 是 $\mathrm{rep}(Q, A)$ 的反变有限子范畴.

更详细地说, 令 $X \in \mathrm{rep}(Q, A)$, $f = (f_i, i \in Q_0) : \mathrm{rmon}(X) \longrightarrow X$, 其中 $f_i : \mathrm{rmon}(X)_i \longrightarrow X_i$ 是典范投射. 则 f 是 X 的右 $\mathrm{mon}(Q, A)$ 逼近.

证 对 $|Q_0|$ 用归纳法. 若 $|Q_0| = 1$ 则结论是显然的. 假设结论对 $|Q_0| = n - 1$ 的有限无圈箭图 Q 成立. 设 $|Q_0| = n$, 其中 $n \geqslant 2$. 设 $Y \in \mathrm{mon}(Q, A)$, $g = \begin{pmatrix} g_1 \\ \vdots \\ g_n \end{pmatrix} : Y \longrightarrow X$ 是 $\mathrm{rep}(Q, A)$ 中的态射. 我们要证存在 $\mathrm{rep}(Q, A)$ 的态射 $h = \begin{pmatrix} h_1 \\ \vdots \\ h_n \end{pmatrix} : Y \longrightarrow \mathrm{rmon}(X)$ 使得 $g = fh$.

令 Q' 是从箭图 Q 中删去顶点 1 后得到的箭图, X' 是从 X 中删去分支 X_1 后得到的 $\mathrm{rep}(Q', A)$ 中的对象, Y' 是从 Y 中删去分支 Y_1 后得到的 $\mathrm{rep}(Q', A)$ 中的对象. 则由定义即知 $\mathrm{rmon}(X')$ 恰是从 $\mathrm{rmon}(X)$ 中删去分支 $\mathrm{rmon}(X)_1$ 后得到的 $\mathrm{mon}(Q', A)$ 中的对象, 且 $\begin{pmatrix} f_2 \\ \vdots \\ f_n \end{pmatrix} : \mathrm{rmon}(X') \longrightarrow X'$ 和 $\begin{pmatrix} g_2 \\ \vdots \\ g_n \end{pmatrix} : Y' \longrightarrow X'$ 都是 $\mathrm{rep}(Q', A)$ 中的态射. 由归纳假设知存在范畴 $\mathrm{rep}(Q', A)$ 中的态射 $\begin{pmatrix} h_2 \\ \vdots \\ h_n \end{pmatrix} : Y' \longrightarrow \mathrm{rmon}(X')$, 使得 $\begin{pmatrix} g_2 \\ \vdots \\ g_n \end{pmatrix} = \begin{pmatrix} f_2 \\ \vdots \\ f_n \end{pmatrix} \begin{pmatrix} h_2 \\ \vdots \\ h_n \end{pmatrix}$.

令 $\alpha_1, \cdots, \alpha_m$ 是以 1 为终点的全部箭向. 因为

$$(Y_{\alpha_1}, \cdots, Y_{\alpha_m}) : \bigoplus_{1\leqslant j\leqslant m} Y_{s(\alpha_j)} \longrightarrow Y_1$$

9.9 单态射范畴的函子有限性

是 A-模单射且 $IK_1\bigoplus(\bigoplus_{p\in\mathcal{P}(\to 1)} IK_{s(p)})$ 是内射 A-模,故存在

$$\eta: Y_1 \longrightarrow IK_1\bigoplus(\bigoplus_{p\in\mathcal{P}(\to 1)} IK_{s(p)})$$

使得对任意的 $j=1,\cdots,m$, 下图交换

$$\begin{array}{ccc}
\bigoplus_{1\leqslant j\leqslant m} Y_{s(\alpha_j)} & \xrightarrow{(Y_{\alpha_1},\cdots,Y_{\alpha_m})} & Y_1 \\
\tilde{h}\downarrow & & \downarrow\eta \\
\bigoplus_{1\leqslant j\leqslant m} \mathrm{rmon}(X)_{s(\alpha_j)} & \xrightarrow{(B_1,\cdots,B_m)} & IK_1\bigoplus(\bigoplus_{p\in\mathcal{P}(\to 1)} IK_{s(p)})
\end{array}$$

其中 $\tilde{h}=\mathrm{diag}(h_{s(\alpha_1)},\cdots,h_{s(\alpha_m)})$, 且 A-模态射

$$B_j: \mathrm{rmon}(X)_{s(\alpha_j)} \longrightarrow IK_1\bigoplus(\bigoplus_{p\in\mathcal{P}(\to 1)} IK_{s(p)})$$

是由

$$x_{s(\alpha_j)}+k_{s(\alpha_j)}+\Big(\sum_{p\in\mathcal{P}(\to s(\alpha_j))} k_{s(p)}\Big) \mapsto \varphi_{\alpha_j}(x_{s(\alpha_j)})+k_{s(\alpha_j)}+\Big(\sum_{p\in\mathcal{P}(\to s(\alpha_j))} k_{s(\alpha_j p)}\Big)$$

定义的,其中

$$x_{s(\alpha_j)}+k_{s(\alpha_j)}+\Big(\sum_{p\in\mathcal{P}(\to s(\alpha_j))} k_{s(p)}\Big) \in \mathrm{rmon}(X)_{s(\alpha_j)}.$$

对于 $y\in Y_{s(\alpha_j)}$, 设 $h_{s(\alpha_j)}(y)=x_{s(\alpha_j)}+k_{s(\alpha_j)}+\Big(\sum_{p\in\mathcal{P}(\to s(\alpha_j))} k_{s(p)}\Big)\in\mathrm{rmon}(X)_{s(\alpha_j)}.$
则有

$$\begin{aligned}
\mathrm{rmon}(X)_{\alpha_j}h_{s(\alpha_j)}(y) &= X_{\alpha_j}(x_{s(\alpha_j)})+\varphi_{\alpha_j}(x_{s(\alpha_j)})+k_{s(\alpha_j)}+\Big(\sum_{p\in\mathcal{P}(\to s(\alpha_j))} k_{s(p)}\Big) \\
&= X_{\alpha_j}(x_{s(\alpha_j)})+B_j h_{s(\alpha_j)}(y) \\
&= X_{\alpha_j}(f_{s(\alpha_j)}h_{s(\alpha_j)}(y))+B_j h_{s(\alpha_j)}(y) \\
&= X_{\alpha_j}g_{s(\alpha_j)}(y)+B_j h_{s(\alpha_j)}(y) \\
&= g_1 Y_{\alpha_j}(y)+\eta Y_{\alpha_j}(y),
\end{aligned}$$

其中最后一步根据 $g: Y \longrightarrow X$ 是 $\mathrm{rep}(Q, A)$ 中的态射而得.

现在, 对任意的 $y \in Y_1$, 我们定义 $h_1: Y_1 \longrightarrow \mathrm{rmon}(X)_1$ 是由

$$h_1(y) = g_1(y) + \eta(y)$$

给出的 A-模态射. 则由上述的运算可知

$$\mathrm{rmon}(X)_{\alpha_j} h_{s(\alpha_j)} = h_1 Y_{\alpha_j}, \quad \forall\, j = 1, \cdots, m.$$

从而 $h = \begin{pmatrix} h_1 \\ \vdots \\ h_n \end{pmatrix}: Y \longrightarrow \mathrm{rmon}(X)$ 是 $\mathrm{rep}(Q, A)$ 中的态射. 由于 $f_1: \mathrm{rmon}(X)_1 \longrightarrow X_1$ 是典范投射, 故 $f_1 \eta = 0$ 和 $f_1 g_1 = g_1$. 因此 $f_1 h_1 = g_1$, 从而 $fh = g$. ∎

定理 9.9.1 的证明 由推论 7.1.7 和命题 9.9.3 知 $\mathrm{mon}(Q, A)$ 是 $\mathrm{rep}(Q, A)$ 的可解的反变有限子范畴. 因此 $\mathrm{mon}(Q, A)$ 是 $\mathrm{rep}(Q, A)$ 的函子有限子范畴 ([KrS, Corollary 0.3]. 参见注记 7.3.3(ii)). 根据命题 9.8.1 即知 $\mathrm{mon}(Q, A)$ 有相对 Auslander-Reiten 序列. ∎

习　　题

以下 A 是 Artin 代数, A-模均指有限生成模.

9.1 若 $\mathrm{pd}\, X \leqslant 1$, 则

$$\tau X \cong D\,\mathrm{Ext}_A^1(X, A);$$

若 $\mathrm{id}\, Y \leqslant 1$, 则

$$\tau^{-1} Y \cong \mathrm{Ext}_A^1(D(Y), A).$$

9.2 模同态 $f: X \longrightarrow Y$ 是可裂满的当且仅当对于 Y 的所有非零直和项 Y', 嵌入 $Y' \longrightarrow Y$ 均通过 f 分解.

9.3 模同态 $g: Y \longrightarrow Z$ 是可裂单的当且仅当对于 Y 的所有非零直和项 Y', 自然满射 $Y \longrightarrow Y'$ 均通过 g 分解.

9.4 模同态 $f: X \longrightarrow Y$ 是左极小的当且仅当对于 Y 的任意非零直和项 Y', $\mathrm{Im} f \cap Y' \neq 0$.

对于任意模同态 $f: X \longrightarrow Y$, Y 总可以唯一地(在同构意义下) 分解成 $Y = Y' \oplus Y''$ 使得 $f = \binom{f'}{f''}$, 其中 $f': X \longrightarrow Y'$ 是左极小的, 称为 f 的左极小化, $f'': X \longrightarrow Y'$ 为零.

9.5 模同态 $g: Y \longrightarrow Z$ 是右极小的当且仅当对于 Y 的任意非零直和项 Y', $g|_{Y'} \neq 0$.

对于任意模同态 $g: Y \longrightarrow Z$, Y 总可以唯一地(在同构意义下) 分解成 $Y = Y' \oplus Y''$ 使得 $g = (g', g'')$, 其中 $g': Y' \longrightarrow Z$ 是右极小的, 称为 g 的右极小化, $g'': Y'' \longrightarrow Z$ 为零.

9.6 模同态 $g: Y \longrightarrow Z$ 是右几乎可裂的当且仅当 g 不是可裂满, 并且对于任意非同构 $f: X \longrightarrow Z$, 其中 X 不可分解, f 通过 g 分解.

9.7 模同态 $f: X \longrightarrow Y$ 是左几乎可裂的当且仅当 f 不是可裂单, 并且对于任意非同构 $g: X \longrightarrow Z$, 其中 Z 不可分解, g 通过 f 分解.

9.8 设 P 是不可分解投射模. 则嵌入 $\mathrm{rad} P \hookrightarrow P$ 是极小右几乎可裂的.

9.9 设 I 是不可分解内射模. 则自然满同态 $I \twoheadrightarrow I/\mathrm{soc} I$ 是极小左几乎可裂的.

9.10 如果 $g: Y \longrightarrow Z$ 是右几乎可裂的, 则 Z 是不可分解模, 且若 Z 不是投射模则 g 是满射.

9.11 如果 $f: X \longrightarrow Y$ 是左几乎可裂的, 则 X 是不可分解模, 且若 X 不是内射模则 f 是单射.

9.12 不可约映射或者是单射或者是满射.

9.13 不可约映射既是左极小的又是右极小的.

9.14 不可约映射的分支还是不可约映射.

9.15 设 Z 是不可分解模. 则模同态 $g: Y \longrightarrow Z$ 是不可约映射当且仅当它是

极小右几乎可裂映射的一个分支, 即存在 $g': Y' \longrightarrow Z$ 使得

$$(g, g'): Y \oplus Y' \longrightarrow Z$$

是极小右几乎可裂映射.

9.16 设 X 是不可分解模. 则模同态 $f: X \longrightarrow Y$ 是不可约映射当且仅当它是极小左几乎可裂映射的一个分支, 即存在 $f': X \longrightarrow Y'$ 使得

$$\begin{pmatrix} f \\ f' \end{pmatrix}: X \longrightarrow Y \oplus Y'$$

是极小左几乎可裂映射.

9.17 确定 $A = k[x]/\langle x^n \rangle$ 的所有互不同构的不可分解模和Auslander-Reiten箭图.

9.18 设 S 是内射维数为 1 的单投射 A-模. 证明 $\mathrm{Hom}(\tau^- S, A) = 0$ 且 $\tau^- S$ 的投射维数是 1.

第10章 Auslander-Reiten 三角与 Serre 对偶

在代数表示论发展初期, 著名的 Auslander-Reiten 公式 (定理 9.1.2) 就体现出模范畴的 Auslander-Reiten 理论与 Serre 对偶有紧密的联系. D. Happel ([Hap1], [Hap2], [Hap4]) 将模范畴的 Auslander-Reiten 理论发展到 Hom 有限 Krull-Schmidt 三角范畴中. 他关于整体维数有限的有限维代数的有界导出范畴存在 Auslander-Reiten 三角的证明, 隐含了 Auslander-Reiten 三角与 Serre 对偶的关系. 对这种关系的明确阐述, 是在 I. Reiten 和 M. Van den Bergh [RV] 中给出的. 而 Frobenius 范畴的稳定范畴如果存在 Auslander-Reiten 三角, 就可能提供大量 Calabi-Yau 范畴的例子 (参见 [Kon2], [ES], [BS], [Ke5], [CiZ], [YL], [IO], [AO] 等).

本章我们讨论 Hom 有限 Krull-Schmidt 三角范畴的性质; 建立它的 Auslander-Reiten 三角的理论; 给出 Hom 有限范畴中 Serre 函子的性质, 并证明 Bondal-Kapranov-Van den Bergh 关于 Hom 有限三角范畴的右 Serre 函子是三角函子的定理. 我们也要证明 Hom 有限 Krull-Schmidt 三角范畴中 Auslander-Reiten 三角的存在性等价于 Serre 函子的存在性. 最后给出三种 Auslander-Reiten 三角存在的情况. 此外, 本章还包含了一些基本结论和技术方法, 例如, 有限维代数的有界导出范畴是 Hom 有限 Krull-Schmidt 范畴, 幂等元关于幂零理想的提升等.

10.1 Hom 有限 Krull-Schmidt 范畴

设 k 是域. 记 k- 对偶 $\mathrm{Hom}_k(-, k) : k\text{-mod} \longrightarrow k\text{-mod}$ 为 D. 对于 k- 向量空间 U, 以后我们经常又将对偶空间 $DU = \mathrm{Hom}_k(U, k)$ 记为 U^*.

加法范畴 $\mathcal{A}$ 称为 k- 线性范畴, 或 k- 范畴, 如果对于 $\mathcal{A}$ 的任意对象 X 和 Y, $\mathrm{Hom}_{\mathcal{A}}(X, Y)$ 都是 k- 向量空间, 并且合成映射 $\mathrm{Hom}(Y, Z) \times \mathrm{Hom}(X, Y) \longrightarrow \mathrm{Hom}(X, Z)$ 是 k- 双线性的, 即

$$(\lambda g + \mu h)f = \lambda gf + \mu hf,$$

$$g(\lambda f + \mu f') = \lambda gf + \mu gf',$$

其中 $f, f' \in \mathrm{Hom}(X,Y)$; $g, h \in \mathrm{Hom}(Y,Z)$, $\lambda, \mu \in k$.

设 $\mathcal{A}$ 和 $\mathcal{B}$ 是 k-范畴. 函子 $F: \mathcal{A} \longrightarrow \mathcal{B}$ 称为 k-线性函子, 如果

$$F(\lambda f + \mu f') = \lambda Ff + \mu Ff'.$$

显然, k-线性函子是加法函子.

k-范畴称为 Hom 有限 k-范畴, 如果 $\mathrm{Hom}_{\mathcal{A}}(X,Y)$ 都是有限维 k-向量空间, $\forall X, Y \in \mathcal{A}$. 这等价于说 $\mathrm{End}(X) := \mathrm{Hom}_{\mathcal{A}}(X,X)$ 都是有限维 k-向量空间, $\forall X \in \mathcal{A}$.

回顾加法范畴中的对象 X 称为不可分解的, 如果 $X \neq 0$, 并且若 $X \cong X_1 \oplus X_2$, 则 $X_1 = 0$ 或 $X_2 = 0$.

环 R 称为局部环, 如果 R 中所有不可逆元作成的集合对于环 R 的加法是封闭的. 局部环是非常重要的环类. 下面关于局部环的刻画可以在 F. W. Anderson - K. R. Fuller 的著作 [AF, 15.15] 中找到完整的证明.

命题 10.1.1 设 R 是环. 则下述等价:

(i) R 是局部环;

(ii) R 中所有不可逆元作成的集合是 R 的理想;

(iii) R 有唯一的极大左理想;

(iii') R 有唯一的极大右理想;

(iv) R 中所有没有左逆元的元作成的集合对于环 R 的加法是封闭的;

(iv') R 中所有没有右逆元的元作成的集合对于环 R 的加法是封闭的;

(v) R 的 Jacobson 根 $\mathrm{rad} R = \{x \in R \mid Rx \neq R\}$;

(v') $\mathrm{rad} R = \{x \in R \mid xR \neq R\}$;

(vi) $R/\mathrm{rad}R$ 是除环;

(vii) $\mathrm{rad} R = \{x \in R \mid x \text{ 不可逆}\}$;

(viii) 若 $x \in R$, 则 x 可逆或 $1-x$ 可逆.

加法范畴 $\mathcal{A}$ 称为 Krull-Schmidt 范畴, 如果 $\mathcal{A}$ 中任意对象 X 均可分解为有限多个不可分解对象的直和, 并且对于 $\mathcal{A}$ 中任意不可分解对象 X, 自同态环 $\operatorname{End}(X)$ 均是局部环. 参见 [Rin1], p.52.

Hom 有限 k- 范畴 $\mathcal{A}$ 称为Hom 有限 *Krull-Schmidt* 范畴, 如果 $\mathcal{A}$ 又是 Krull-Schmidt 范畴. 此时对于 $\mathcal{A}$ 中任意不可分解对象 X, $\operatorname{rad}\operatorname{End}(X)$ 就是 $\operatorname{End}(X)$ 的唯一极大理想; 如果 k 还是代数闭域, 则 $\operatorname{End}(X)/\operatorname{rad}\operatorname{End}(X) \cong k$.

设 X 是加法范畴 $\mathcal{A}$ 中对象. 幂等元 $e = e^2 \in \operatorname{End}_{\mathcal{A}}(X)$ 称为可裂, 如果存在态射 $u: X \longrightarrow Y$ 和 $v: Y \longrightarrow X$ 使得 $e = vu$, $uv = \operatorname{Id}_Y$.

以下是关于幂等元可裂的一些事实.

引理 10.1.2 设 X 是加法范畴 $\mathcal{A}$ 中对象, $e = e^2 \in \operatorname{End}(X)$.

(i) e 可裂当且仅当 $\operatorname{Coker}(\operatorname{Id}_X - e)$ 存在. 此时, 若 $u: X \longrightarrow Y$ 和 $v: Y \longrightarrow X$ 满足 $e = vu$, $uv = \operatorname{Id}_Y$, 则 $u: X \longrightarrow Y$ 是 $\operatorname{Id}_X - e$ 的余核.

(i') e 可裂当且仅当 $\operatorname{Ker}(\operatorname{Id}_X - e)$ 存在. 此时, 若 $u: X \longrightarrow Y$ 和 $v: Y \longrightarrow X$ 满足 $e = vu$, $uv = \operatorname{Id}_Y$, 则 $v: Y \longrightarrow X$ 是 $\operatorname{Id}_X - e$ 的核.

(ii) 如果 $\mathcal{A}$ 是Abel范畴, 则 $\mathcal{A}$ 中任意幂等元可裂.

(iii) 设 $e = e^2 \in \operatorname{End}(X)$ 和 $\operatorname{Id}_X - e$ 均可裂, $u: X \longrightarrow Y$ 和 $v: Y \longrightarrow X$ 使得 $e = vu$, $uv = \operatorname{Id}_Y$; $u': X \longrightarrow Y'$ 和 $v': Y' \longrightarrow X$ 使得 $\operatorname{Id}_X - e = v'u'$, $u'v' = \operatorname{Id}_{Y'}$. 则 $\binom{u}{u'}: X \simeq Y \oplus Y'$, 其逆同构为 $(v, v'): Y \oplus Y' \simeq X$.

(iv) 设 $\mathcal{A}$ 的任意幂等元可裂, $\mathcal{B}$ 是 $\mathcal{A}$ 的对于同构封闭的全子加法范畴. 则 $\mathcal{B}$ 的任意幂等元可裂当且仅当 $\mathcal{B}$ 对直和项封闭.

证 (i) 设 e 可裂. 设 $u: X \longrightarrow Y$ 和 $v: Y \longrightarrow X$, 使得 $e = vu$, $uv = \operatorname{Id}_Y$. 则依定义不难验证 $u: X \longrightarrow Y$ 是 $\operatorname{Id}_X - e$ 的余核. 反之, 设 $u: X \longrightarrow Y$ 是 $\operatorname{Id}_X - e$ 的余核. 则 $u = ue$. 因为 $e(\operatorname{Id}_X - e) = 0$, 由余核的定义知存在 $v: Y \longrightarrow X$ 使得 $e = vu$. 因为

$$(\operatorname{Id}_Y - uv)u = u - ue = 0,$$

且 u 是满态射, 故 $\operatorname{Id}_Y - uv = 0$. 即 e 可裂.

对偶地可证 (i'). 此时若 e 可裂, 则 $v: Y \longrightarrow X$ 是 $\mathrm{Id}_X - e$ 的核. (ii) 由 (i) 即得.

(iii) 我们有 $(v, v')\begin{pmatrix} u \\ u' \end{pmatrix} = vu + v'u' = e + (\mathrm{Id}_X - e) = \mathrm{Id}_X$;

$$uv' = uv'\mathrm{Id}_{Y'} = uv'u'v' = u(\mathrm{Id}_X - e)v' = uv' - uev'$$
$$= uv' - uvuv' = uv' - \mathrm{Id}_Y uv' = 0;$$

类似可证 $u'v = 0$. 于是

$$\begin{pmatrix} u \\ u' \end{pmatrix}(v, v') = \begin{pmatrix} uv & uv' \\ u'v & u'v' \end{pmatrix} = \begin{pmatrix} \mathrm{Id}_Y & 0 \\ 0 & \mathrm{Id}_{Y'} \end{pmatrix} = \mathrm{Id}_{Y \oplus Y'}.$$

(iv) 设 $\mathcal{B}$ 的任意幂等元可裂. 设 $X = Y \oplus Y' \in \mathcal{B}$. 令 $e: X \longrightarrow X$ 是自然满态 $p: X \longrightarrow Y$ 和自然单态 $\sigma: Y \longrightarrow X$ 的复合. 由定义直接可验证 $p: X \longrightarrow Y$ 是 $\mathrm{Id}_X - e$ 在 $\mathcal{A}$ 中的余核, $\sigma: Y \longrightarrow X$ 是 $\mathrm{Id}_X - e$ 在 $\mathcal{A}$ 中的核. 因 e 是 $\mathcal{B}$ 的可裂幂等元, 由 (i) 和 (i') 知 $\mathrm{Id}_X - e$ 在 $\mathcal{B}$ 中有余核 $u: X \longrightarrow Z$, $\mathrm{Id}_X - e$ 在 $\mathcal{B}$ 中有核 $v: Z \longrightarrow X$, 其中 $e = vu$, $uv = \mathrm{Id}_Z$. 从而有余核和核的定义知存在 $f: Y \longrightarrow Z$ 和 $g: Z \longrightarrow Y$ 使得 $u = fp$, $v = \sigma g$. 于是

$$\sigma p = e = vu = \sigma gfp.$$

因为 σ 单, p 满, 故 $gf = \mathrm{Id}_Y$. 又

$$\mathrm{Id}_Z = uv = fp\sigma g = fg,$$

故 $Y \cong Z \in \mathcal{B}$, 从而 $Y \in \mathcal{B}$. 即 $\mathcal{B}$ 对直和项封闭.

反之, 设 $\mathcal{B}$ 对直和项封闭. 设 $X \in \mathcal{B}$, $e = e^2 \in \mathrm{End}_{\mathcal{B}}(X)$. 则 $e = e^2 \in \mathrm{End}_{\mathcal{A}}(X)$, $\mathrm{Id}_X - e = (\mathrm{Id}_X - e)^2 \in \mathrm{End}_{\mathcal{A}}(X)$. 由题设知 e 和 $\mathrm{Id}_X - e$ 均在 $\mathcal{A}$ 中可裂. 由 (iii) 知有同构

$$\begin{pmatrix} u \\ u' \end{pmatrix}: X \simeq Y \oplus Y',$$

其中 $u: X \longrightarrow Y$ 是 $\mathrm{Id}_X - e$ 在 $\mathcal{A}$ 中的余核, $u': X \longrightarrow Y'$ 是 e 在 $\mathcal{A}$ 中的余核. 因为 $X \in \mathcal{B}$ 且 $\mathcal{B}$ 对直和项封闭, 故 Y 和 Y' 均属于 $\mathcal{B}$. 从而 $u: X \longrightarrow Y$ 也是 $\mathrm{Id}_X - e$ 在 $\mathcal{B}$ 中的余核, $u': X \longrightarrow Y'$ 也是 e 在 $\mathcal{B}$ 中的余核. 再由 (i) 知 e 在 $\mathcal{B}$ 中可裂. ∎

10.1 Hom 有限 Krull-Schmidt 范畴

为了刻画Hom 有限 Krull-Schmidt 范畴, 我们需要下面非常有用的关于幂等元提升的结论. 参见 Yu. A. Drozd 和 V. Kirichenko [DK], 第 3 章 §2, 预理 2.1.

引理 10.1.3 设 I 是环 R 的幂零理想, $u \in R$. 设 $\bar{u}$ 是 R/I 的幂等元. 则存在 R 的幂等元 e 使得 $\bar{e} = \bar{u}$.

证 令 $r := u^2 - u \in I$, $v := u + r - 2ur = u^2 - 2ur \in R$. 则 $ur = ru$, $r^2 \in I^2$, 且
$$v^2 \in u^2 + 2ur - 4u^2r + I^2.$$
因为 $\bar{u}^2 = \bar{u}$, 故
$$v^2 - v \in I^2, \quad \bar{v} = \bar{u}.$$
用 v 代替 u 做同样的事, 可得 v_1 使得
$$v_1^2 - v_1 \in I^4, \quad \bar{v}_1 = \bar{v} = \bar{u}.$$
继续这一过程, 由 I 的幂零性, 我们便得到所要的 e. ∎

命题 10.1.4 设 $\mathcal{A}$ 是Hom 有限 k- 范畴.

(1) 下述等价:

(i) $\mathcal{A}$ 是Krull-Schmidt范畴.

(ii) 对于 $\mathcal{A}$ 中任意不可分解对象 X, $\mathrm{End}(X)$ 都是有限维局部 k- 代数.

(iii) $\mathcal{A}$ 的任意幂等元可裂.

(iv) 对于 $\mathcal{A}$ 中任意不可分解对象 X, $\mathrm{End}(X)$ 仅有两个平凡的幂等元 0 和 Id_X.

(2) 设 $\mathcal{A}$ 是Hom 有限Krull-Schmidt 范畴. 则 $\mathcal{A}$ 中任意对象 X 可唯一地分解成有限多个不可分解对象的直和. 即若
$$X \cong X_1 \oplus \cdots \oplus X_s \cong Y_1 \oplus \cdots \oplus Y_t,$$
其中 $X_1, \cdots, X_s, Y_1, \cdots, Y_t$ 均为不可分解对象, 则 $s = t$, 并且存在 $\{1, \cdots, s\}$ 的一个置换 π, 使得 $Y_i \cong X_{\pi(i)}$, $1 \leqslant i \leqslant s$.

证 先证 (1). (i) $\Longrightarrow$ (ii) 是显然的.

(ii) $\Longrightarrow$ (iii): 设 $X \in \mathcal{A}$. 用 $\mathrm{add} X$ 表示 X 与自身的所有有限直和的全部直和项作成 $\mathcal{A}$ 的全子范畴, 并令 $A := \mathrm{End}(X)^{op}$. 则函子

$$\mathrm{Hom}_{\mathcal{A}}(X, -): \mathrm{add} X \longrightarrow \mathcal{P}(A)$$

是范畴等价, 其中 $\mathcal{P}(A)$ 是有限维投射左 A-模作成的 A-mod 的全子范畴. 因为 A-mod 是 Abel 范畴, 由引理 10.1.2 (ii) 知 A-mod 的任意幂等元可裂. 因为 $\mathcal{P}(A)$ 是 A-mod 的对于同构和直和项封闭的全子范畴, 由引理 10.1.2 (iv) 知 $\mathcal{P}(A)$ 的任意幂等元可裂, 再由上述范畴等价即知 $\mathrm{add}(X)$ 的任意幂等元可裂. 这就证明了 $\mathcal{A}$ 的任意幂等元可裂.

(iii) $\Longrightarrow$ (iv): 设 $e = e^2 \in \mathrm{End}(X)$, 其中 X 是 $\mathcal{A}$ 中不可分解对象. 由题设 e 和 $\mathrm{Id}_X - e$ 均可裂. 设 $u: X \longrightarrow Y$ 是 $\mathrm{Id}_X - e$ 在 $\mathcal{A}$ 中的余核, $u': X \longrightarrow Y'$ 是 e 在 $\mathcal{A}$ 中的余核. 由引理 10.1.2 (iii) 和 (i) 知 $\binom{u}{u'}: X \simeq Y \oplus Y'$. 但 X 不可分解, 故 $u: X \cong Y$ 或 $u': X \cong Y'$. 前者推出 $e = \mathrm{Id}_X$, 后者推出 $e = 0$.

(iv) $\Longrightarrow$ (i): 设 X 是 $\mathcal{A}$ 中任意对象. 若 X 是可分解对象, 则 X 有非零直和项 X_1 且 $\dim_k \mathrm{End}(X_1) < \dim_k \mathrm{End}(X)$. 因为 $\dim_k \mathrm{End}(X) < \infty$, 故 X 必有不可分解直和项 Y_1. 设 $X \cong Y_1 \oplus Y_2$, 其中 Y_1 不可分解, $\dim_k \mathrm{End}(Y_2) < \dim_k \mathrm{End}(X)$. 对 Y_2 做类似的讨论. 因为 $\dim_k \mathrm{End}(X) < \infty$, 我们看到 X 可以分解成有限多个不可分解对象的直和.

剩下只要证: 对于 $\mathcal{A}$ 中任意不可分解对象 X, $\mathrm{End}(X)$ 都是局部环. 由 Wedderburn-Artin 定理有限维半单代数 $\mathrm{End}(X)/\mathrm{rad}\mathrm{End}(X)$ 是除环上的全矩阵代数的直和. 我们断言 $\mathrm{End}(X)/\mathrm{rad}\mathrm{End}(X)$ 必为除环. 否则 $\mathrm{End}(X)/\mathrm{rad}\mathrm{End}(X)$ 有幂等元 $\bar{e} \neq 0, \bar{e} \neq 1$. 因为 $\mathrm{End}(X)$ 是有限维代数, $\mathrm{rad}\mathrm{End}(X)$ 是幂零理想, 故由引理 10.1.3 知 $\mathrm{End}(X)/\mathrm{rad}\mathrm{End}(X)$ 的幂等元 $\bar{u}$ 可提升为 $\mathrm{End}(X)$ 的幂等元 e, 且 $e \neq 0, e \neq 1$. 这与题设相矛盾.

再由命题 10.1.1(vi) 知 $\mathrm{End}(X)$ 是局部环.

再证 (2). 因为任意有限维投射左 A-模可以唯一地分解成有限多个不可分解投射左 A-模的直和, 由上述范畴的等价即知任意对象 X 可唯一地分解成有限多个不可分解对象的直和. ∎

由命题 10.1.4(1)(iii) 和引理 10.1.2(ii) 立即知道

推论 10.1.5 Hom有限Abel k- 范畴是Krull-Schmidt 范畴.

由引理 10.1.2(iv) 和命题 10.1.4(1)(iii) 立即知道

推论 10.1.6 设 $\underline{\mathcal{A}}$ 是Hom有限Krull-Schmidt 范畴, $\mathcal{B}$ 是 $\underline{\mathcal{A}}$ 的全子加法范畴且对同构与直和项封闭. 则 $\mathcal{B}$ 也是Hom有限Krull-Schmidt 范畴.

设 $\mathcal{A}$ 是Hom有限Abel k- 范畴, Ω 是 $\mathcal{A}$ 的全子加法范畴. $\mathcal{A}$ 关于 Ω 的稳定范畴 $\underline{\mathcal{A}}_\Omega$ 是如下定义的加法范畴: $\underline{\mathcal{A}}_\Omega$ 中的对象就是 $\mathcal{A}$ 中的对象; 对 $X, Y \in \underline{\mathcal{A}}$, $\mathrm{Hom}_{\underline{\mathcal{A}}_\Omega}(X,Y)$ 是商群 $\mathrm{Hom}_{\mathcal{A}}(X,Y)/\Omega(X,Y)$, 其中 $\Omega(X,Y)$ 是由可通过 Ω 中对象分解的 $\mathcal{A}$ 中态射作成的集合. 易知 $\Omega(X,Y)$ 是 $\mathrm{Hom}_{\mathcal{A}}(X,Y)$ 的子群. 则有如下事实:

(i) 在 $\underline{\mathcal{A}}_\Omega$ 中 $X \cong 0$ 当且仅当 $X \in \overline{\Omega}$, 其中 $\overline{\Omega}$ 是 Ω 中所有直和项构成的 $\mathcal{A}$ 的全子范畴.

(ii) 在 $\underline{\mathcal{A}}_\Omega$ 中 $X \cong Y$ 当且仅当存在 $U, V \in \overline{\Omega}$, 使得在 $\mathcal{A}$ 中有同构 $X \oplus U \cong Y \oplus V$.

推论 10.1.7 设 $\mathcal{A}$ 是Hom有限Abel k- 范畴, $\mathcal{B}$ 是 $\mathcal{A}$ 的对于同构与直和项封闭的全子加法范畴, Ω 是 $\mathcal{B}$ 的全子加法范畴. 则

(i) $\mathcal{A}$ 关于 Ω 的稳定范畴 $\underline{\mathcal{A}}_\Omega$ 是Hom有限Krull-Schmidt范畴.

(ii) $\mathcal{B}$ 关于 Ω 的稳定范畴 $\underline{\mathcal{B}}_\Omega$ 也是Hom有限Krull-Schmidt范畴.

证 (i) 不妨设 $\underline{\mathcal{A}}_\Omega \neq 0$. 显然 $\underline{\mathcal{A}}_\Omega$ 是Hom有限 k- 范畴. 由推论 10.1.5 知 $\mathcal{A}$ 是Hom有限Krull-Schmidt范畴, 从而对 $\underline{\mathcal{A}}_\Omega$ 中不可分解对象 X, 删去 X 的在 $\overline{\Omega}$ 中的直和项, 不妨设 X 是 $\mathcal{A}$ 中不可分解对象, 故 $\mathrm{End}_{\mathcal{A}}(X)$ 是有限维局部代数. 由命题 10.1.1(vii) 知 $\mathrm{rad End}_{\mathcal{A}}(X)$ 是 $\mathrm{End}_{\mathcal{A}}(X)$ 的唯一极大左理想. 而 $\Omega(X,X)$ 是 $\mathrm{End}_{\mathcal{A}}(X)$ 的真理想, 故 $\Omega(X,X) \subseteq \mathrm{rad End}_{\mathcal{A}}(X)$. 于是 $\mathrm{End}_{\underline{\mathcal{A}}_\Omega}(X) = \mathrm{End}_{\mathcal{A}}(X)/\Omega(X,X)$ 有唯一极大左理想 $\mathrm{rad End}_{\mathcal{A}}(X)/\Omega(X,X)$. 再由命题 10.1.4 (ii) 知 $\underline{\mathcal{A}}_\Omega$ 是Krull-Schmidt 范畴.

(ii) $\underline{\mathcal{B}}_\Omega$ 是 $\underline{\mathcal{A}}_\Omega$ 的对同构与直和项封闭的全子加法范畴. 由推论 10.1.6 即得. ∎

10.2 有界导出范畴的 Hom 有限性

本节要证明有限维代数 A 的有界导出范畴 $D^b(A)$ 是Hom有限Krull-Schmidt范畴. 以下记 $K(A) = K(A\text{-mod})$, $K^b(A) = K^b(A\text{-mod})$, $D^b(A) = D^b(A\text{-mod})$. 下述结论是熟知的 (但似乎不易找到完整的证明).

命题 10.2.1 设 A 是有限维 k- 代数. 则 $D^b(A)$ 是Hom有限Krull-Schmidt范畴.

设 $(P,d) \in D^b(A) = K^{-,b}(\mathcal{P})$. 不妨设 $P^i = 0$, $\forall i > 0$, 并且 $H^i(P) = 0$, $\forall i \leqslant n$. 令 $M = \mathrm{Ker}\, d^n = \mathrm{Im}\, d^{n-1}$. 令 P' 是如下有界复形

$$P' = \tau_{\geqslant n} P : 0 \longrightarrow M \xrightarrow{\sigma} P^n \xrightarrow{d^n} P^{n+1} \longrightarrow \cdots \longrightarrow P^0 \longrightarrow 0.$$

设 $f = (f^i)_{i \in \mathbb{Z}} \in \mathrm{Hom}_{K^{-,b}(\mathcal{P})}(P,P) = \mathrm{Hom}_{K(A)}(P,P)$. 则 f^n 诱导模同态 $\widetilde{f^n} : M \longrightarrow M$. 定义映射

$$\mathrm{Hom}_{K(A)}(P,P) \longrightarrow \mathrm{Hom}_{K(A)}(P',P'), \quad f \mapsto f' \in \mathrm{Hom}_{K(A)}(P',P'),$$

其中 $f'^i = f^i$, $\forall i \geqslant n$, $f'^{n+1} = \widetilde{f^n} : M \longrightarrow M$.

引理 10.2.2 设 A 是有限维 k- 代数, 并沿用上述记号. 则

$$\mathrm{Hom}_{K(A)}(P,P) \longrightarrow \mathrm{Hom}_{K(A)}(P',P'), \quad f \mapsto f'$$

是 k- 线性单射(进而是同构). 特别地, $D^b(A)$ 是Hom有限 k- 范畴.

证 首先说明上述映射是定义合理的: 即如果 f 是零伦链映射, 则 f' 也是. 设 $u : f \sim 0$. 我们要构造同伦 $s : f' \sim 0$. 若 $i \geqslant n+1$, 定义 $s^i = u^i : P^i \longrightarrow P^{i-1}$. 考虑 $f^n - u^{n+1} d^n : P^n \longrightarrow P^n$. 因为 $d^n(f^n - u^{n+1}d^n) = d^n d^{n-1} u^n = 0$, 故 $f^n - u^{n+1}d^n$ 通过 M 分解: 即存在 $s^n : P^n \longrightarrow M$ 使得 $f^n - u^{n+1}d^n = \sigma s^n$. 因为

$$\sigma(\widetilde{f^n} - s^n \sigma) = f^n \sigma - (f^n - u^{n+1}d^n)\sigma = u^{n+1}d^n \sigma = 0,$$

并且 σ 是单射, 故 $\widetilde{f^n} = s^n \sigma$. 即 $s = (s^i) : f' \sim 0$.

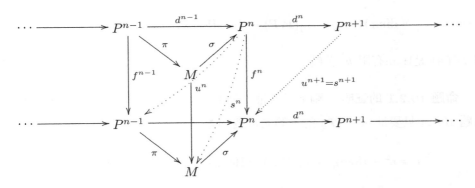

这就说明了上述映射是定义合理的. 而且这是 k- 线性映射. 下证它是单射 (它显然是满射). 只要证: 如果 $s : f' \sim 0$ 则 f 也是零伦的. 构造同伦 $u = (u^i)_{i \in \mathbb{Z}} : f \sim 0$ 如下. 若 $i \geqslant n+1$, 定义 $u^i = s^i : P^i \longrightarrow P^{i-1}$. 因 $\pi : P^{n-1} \longrightarrow M$ 是满射, $s^n : P^n \longrightarrow M$, 故存在 $u^n : P^n \longrightarrow P^{n-1}$ 使得 $\pi u^n = s^n$, 并且

$$f^n = s^{n+1} d^n + \sigma s^n$$
$$= s^{n+1} d^n + \sigma \pi u^n$$
$$= u^{n+1} d^n + d^{n-1} u^n.$$

考虑 $f^{n-1} - u^n d^{n-1} : P^{n-1} \longrightarrow P^{n-1}$. 因为

$$d^{n-1}(f^{n-1} - u^n d^{n-1}) = d^{n-1} f^{n-1} - \sigma \pi u^n d^{n-1}$$
$$= d^{n-1} f^{n-1} - \sigma s^n d^{n-1}$$
$$= d^{n-1} f^{n-1} - \sigma(s^n \sigma)\pi$$
$$= d^{n-1} f^{n-1} - \sigma \widetilde{f^n} \pi$$
$$= d^{n-1} f^{n-1} - \sigma \pi f^{n-1}$$
$$= 0,$$

故 $f^{n-1} - u^n d^{n-1}$ 通过 $\mathrm{Ker} d^{n-1} = \mathrm{Im} d^{n-2}$ 分解, 进而可知存在 $u^{n-1} : P^{n-1} \longrightarrow P^{n-2}$ 使得 $f^{n-1} - u^n d^{n-1} = d^{n-2} u^{n-1}$, 即

$$f^{n-1} = u^n d^{n-1} + d^{n-2} u^{n-1}.$$

如此归纳地构造出同伦 $u = (u^i)_{i \in \mathbb{Z}} : f \sim 0$.

因为 P' 是有界复形, 显然有 $\dim_k \mathrm{Hom}_{K(A)}(P', P') < \infty$. 从而

$$\dim_k \mathrm{Hom}_{K^{-,b}(\mathcal{P})}(P, P) = \dim_k \mathrm{Hom}_{K(A)}(P', P') < \infty.$$

即 $D^b(A)$ 是Hom有限 k- 范畴. ∎

命题 10.2.1 的证明 剩下只要证 $D^b(A) = K^{-,b}(\mathcal{P})$ 是Krull-Schmidt范畴. 由命题 10.1.4 只要证 $K^{-,b}(\mathcal{P})$ 的幂等元可裂. 设

$$e = e^2 \in \mathrm{Hom}_{K^{-,b}(\mathcal{P})}(P, P) = \mathrm{Hom}_{C(A\text{-mod})}(P, P)/\mathrm{Htp}(P, P).$$

不妨设每个 P^i 在微分 d^i 下的像都落入 P^{i+1} 的根中. 事实上, 投射复形 P 必同伦等价于这样的复形. 于是 $\mathrm{Htp}(P, P)$ 是 $\mathrm{Hom}_{C(A\text{-mod})}(P, P)$ 的幂零理想 (参见习题 2.17), 故由引理 10.1.3 知 e 可以提升为 $\mathrm{Hom}_{C(A\text{-mod})}(P, P)$ 的幂等元 f. 而复形范畴 $C(A\text{-mod})$ 是 Abel 范畴, 由引理 10.1.2(ii) 知 f 可裂, 从而 e 可裂. ∎

类似地可证明 Artin 代数的有界导出范畴是Krull-Schmidt范畴. 留作习题.

10.3　Auslander-Reiten 三角

设 $\mathcal{A}$ 是三角范畴, 并且 $\mathcal{A}$ 是 Hom 有限 Krull-Schmidt 范畴. 以下简称 $\mathcal{A}$ 是 Hom 有限 Krull-Schmidt 三角范畴. Hom 有限 Krull-Schmidt 三角范畴中 Auslander-Reiten 三角的理论是由 Dieter Happel 引入的 ([Hap1], [Hap2]). 这一理论是与 Artin 代数中 Auslander-Reiten 序列的理论相平行的, 但所涉及结论的证明是不同的, 而且 Auslander-Reiten 三角并不总是存在的.

注意到在加法范畴中可以类似地定义 "极小右几乎可裂态射" 和 "极小左几乎可裂态射" 的概念. 因此在三角范畴中这两个概念都是可定义的. 方便读者起见, 我们在加法范畴中将此复述如下.

定义 10.3.1　设 $\mathcal{A}$ 是加法范畴.

(i) $\mathcal{A}$ 中态射 $v: Y \longrightarrow Z$ 称为右几乎可裂的(right almost split), 如果 v 不是可裂满, 并且任意不是可裂满的态射 $W \longrightarrow Z$ 均通过 v 分解.

10.3 Auslander-Reiten 三角

(ii) $\mathcal{A}$ 中态射 $v: Y \longrightarrow Z$ 称为极小右几乎可裂的, 如果 v 是右几乎可裂的, 并且 v 是右极小的(即任意满足 $v\beta = v$ 的态射 $\beta: Y \longrightarrow Y$ 必是同构).

(i') $\mathcal{A}$ 中态射 $u: X \longrightarrow Y$ 称为左几乎可裂的, 如果 u 不是可裂单, 并且任意不是可裂单的态射 $X \longrightarrow W$ 均通过 u 分解.

(ii') $\mathcal{A}$ 中态射 $u: X \longrightarrow Y$ 称为极小左几乎可裂的, 如果 u 是左几乎可裂的, 并且 u 是左极小的(即任意满足 $\alpha u = u$ 的态射 $\alpha: Y \longrightarrow Y$ 必是同构).

在一些文献中 (例如 [Hap2], [Rin1]) 极小左几乎可裂态射又称为源射 (source morphism); 极小右几乎可裂态射又称为汇射 (sink morphism).

引理 10.3.2 设 $\mathcal{A}$ 是加法范畴.

(i) 如果 $v: Y \longrightarrow Z$ 是 $\mathcal{A}$ 中右几乎可裂态射, 则 Z 是不可分解对象.

(i') 如果 $u: X \longrightarrow Y$ 是 $\mathcal{A}$ 中左几乎可裂的, 则 X 是不可分解对象.

证 (i) 因 v 非可裂满, 故 $Z \neq 0$. 设 $Z = Z_1 \oplus Z_2$ 且 $Z_1 \neq 0 \neq Z_2$. 则嵌入 $\sigma_i: Z_i \hookrightarrow Z$ 均非可裂满, 于是存在 $f_i: Z_i \longrightarrow Y$ 使得 $\sigma_i = v f_i$. 从而存在 $(f_1, f_2): Z = Z_1 \oplus Z_2 \longrightarrow Y$ 使得 $v(f_1, f_2) = (\sigma_1, \sigma_2) = \mathrm{Id}_Z$. 这与 v 非可裂满相矛盾.

对偶地可证 (i'). ∎

定义 10.3.3 设 $(\mathcal{A}, [1])$ 是Hom有限Krull-Schmidt 三角范畴. $\mathcal{A}$ 中好三角 $X \xrightarrow{u} Y \xrightarrow{v} Z \xrightarrow{w} X[1]$ 称为Auslander-Reiten三角, 如果 u 是左几乎可裂的并且 v 是右几乎可裂的.

我们经常将下述刻画中的 (ii) 作为 Auslander-Reiten 三角的定义.

定理 10.3.4 (D. Happel [Hap2, Chapter 1, 4]) 设 $(\mathcal{A}, [1])$ 是Hom有限Krull-Schmidt 三角范畴, $X \xrightarrow{u} Y \xrightarrow{v} Z \xrightarrow{w} X[1]$ 是 $\mathcal{A}$ 中好三角. 则下述等价

(i) 它是Auslander-Reiten三角.

(ii) $X \xrightarrow{u} Y \xrightarrow{v} Z \xrightarrow{w} X[1]$ 满足如下 3 个条件:

(AR1) X 和 Z 是不可分解对象;

(AR2) $w \neq 0$;

(AR3) 任意不是可裂满的态射 $W \longrightarrow Z$ 均通过 v 分解.

(iii) v 是极小右几乎可裂的.

(iv) v 是右几乎可裂的且 X 不可分解.

(ii') $X \xrightarrow{u} Y \xrightarrow{v} Z \xrightarrow{w} X[1]$ 满足如下 3 个条件:

(AR1) X 和 Z 是不可分解对象;

(AR2) $w \neq 0$;

(AR3') 任意不是可裂单的态射 $X \longrightarrow W$ 均通过 u 分解.

(iii') u 是极小左几乎可裂的.

(iv') u 是左几乎可裂的且 Z 不可分解.

证 我们只证 (i), (ii), (iii), (iv) 之间的等价性. 其余的对偶地可证.

(i) $\Longrightarrow$ (ii): (AR1)由引理 10.3.2 即得; (AR2)由引理 1.3.5 即得; 此时(AR3) 是显然的.

(ii) $\Longrightarrow$ (iii): 由引理 1.3.5 知 v 非可裂满, 从而由(AR3)知 v 是右几乎可裂的. 要证 v 是右极小的. 设有态射 $\beta: Y \longrightarrow Y$ 满足 $v\beta = v$. 则存在 f 使得下图交换

$$\begin{array}{ccccccc} X & \xrightarrow{u} & Y & \xrightarrow{v} & Z & \xrightarrow{w} & X[1] \\ f\downarrow & & \beta\downarrow & & \| & & f[1]\downarrow \\ X & \xrightarrow{u} & Y & \xrightarrow{v} & Z & \xrightarrow{w} & X[1] \end{array}$$

(反证) 如果 β 不是同构, 则 f 也非同构 (参见推论 1.2.3). 因 $\mathcal{A}$ 是Hom有限的且 X 不可分解, 故 $\mathrm{End}_{\mathcal{A}}(X)$ 是有限维局部代数, f 属于幂零理想 $\mathrm{rad End}_{\mathcal{A}}(X)$. 于是存在正整数 n 使得 $f^n = 0$, 从而得到矛盾 $0 = f^n[1]w = (f[1])^n w = w$.

(iii) $\Longrightarrow$ (iv): 只要证 X 不可分解. 因为 v 非可裂满, 故 $w \neq 0$. 从而存在 X 的不可分解直和项 X_1 使得 $w: Z \longrightarrow X[1]$ 的相应分支 $w_1: Z \longrightarrow X_1[1]$ 非零. 将 w_1 嵌入好三角 $X_1 \xrightarrow{u'} Y' \xrightarrow{v'} Z \xrightarrow{w_1} X_1[1]$. 令 $p[1]: X[1] \longrightarrow X_1[1]$ 是相应的自然

满射. 则 $w_1 = p[1]w$. 由 (TR3) 知存在 f 使得下图中的前两行交换

$$\begin{array}{ccccccc}
X & \xrightarrow{u} & Y & \xrightarrow{v} & Z & \xrightarrow{w} & X[1] \\
{\scriptstyle p}\downarrow & & {\scriptstyle f}\downarrow & & \| & & {\scriptstyle p[1]}\downarrow \\
X_1 & \xrightarrow{u'} & Y' & \xrightarrow{v'} & Z & \xrightarrow{w_1} & X[1] \\
{\scriptstyle g}\downarrow & & {\scriptstyle f'}\downarrow & & \| & & {\scriptstyle g[1]}\downarrow \\
X & \xrightarrow{u} & Y & \xrightarrow{v} & Z & \xrightarrow{w} & X[1]
\end{array}$$

又因 $w_1 \neq 0$, v' 非裂满, 由右几乎可裂态射的定义性质知存在 f' 和 g 使得上图中的后两行交换. 因为 v 是右极小的, 故 $f'f$ 是同构. 因为 $(gp, f'f, \mathrm{Id}_Z)$ 是好三角之间的三角射, 故 gp 也是同构. 于是 $p: X \longrightarrow X_1$ 是可裂单, 而 p 是可裂满的, 故 p 是同构, 即 X 不可分解.

(iv) $\Longrightarrow$ (i): 要证 u 是左几乎可裂的. 由引理 1.3.5 知 u 非裂单且 $w \neq 0$. 设 $f: X \longrightarrow W$ 非可裂单. 将 f 嵌入好三角 $W'[-1] \xrightarrow{h} X \xrightarrow{f} W \xrightarrow{g} W'$. 应用八面体公理我们得到下面的交换图

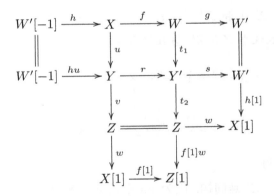

我们断言: t_2 可裂满. 假设此断言成立. 则 t_1 可裂单. 故存在 $t_1': Y' \longrightarrow W$ 使得 $t_1't_1 = \mathrm{Id}_W$. 于是有态射 $t_1'r: Y \longrightarrow W$ 满足 $t_1'ru = t_1't_1f = f$. 即 f 通过 u 分解. 从而 u 是左几乎可裂的.

下证 t_2 可裂满. (反证) 否则 t_2 非可裂满. 因为 v 是右几乎可裂的, 故存在 $t_2': Y' \longrightarrow Y$ 使得 $t_2 = vt_2'$. 于是有如下好三角的三角射

$$\begin{array}{ccccccc}
X & \xrightarrow{u} & Y & \xrightarrow{v} & Z & \xrightarrow{w} & X[1] \\
{\scriptstyle f}\downarrow & & {\scriptstyle r}\downarrow & & \| & & {\scriptstyle f[1]}\downarrow \\
W & \xrightarrow{t_1} & Y' & \xrightarrow{t_2} & Z & \xrightarrow{f[1]w} & W[1] \\
{\scriptstyle \bar{f}}\downarrow & & {\scriptstyle t'_2}\downarrow & & \| & & {\scriptstyle \bar{f}[1]}\downarrow \\
X & \xrightarrow{u} & Y & \xrightarrow{v} & Z & \xrightarrow{w} & X[1]
\end{array}$$

因为 f 非可裂单且 X 不可分解, 故 $\bar{f}f$ 幂零. 设 $(\bar{f}f)^n = 0$. 则有三角射

$$\begin{array}{ccccccc}
X & \xrightarrow{u} & Y & \xrightarrow{v} & Z & \xrightarrow{w} & X[1] \\
{\scriptstyle 0}\downarrow & & {\scriptstyle (rt'_2)^n}\downarrow & & \| & & {\scriptstyle 0}\downarrow \\
X & \xrightarrow{u} & Y & \xrightarrow{v} & Z & \xrightarrow{w} & X[1]
\end{array}$$

这与 $w \neq 0$ 相矛盾. ■

与 Artin 代数的有限生成模范畴中 Auslander-Reiten 序列一样, Hom有限 Krull-Schmidt 三角范畴中的 Auslander-Reiten 三角也具有唯一性.

命题 10.3.5 ([Hap2]) 设 $(\mathcal{A}, [1])$ 是Hom有限Krull-Schmidt 三角范畴, 设 $X \xrightarrow{u} Y \xrightarrow{v} Z \longrightarrow X[1]$ 和 $X' \xrightarrow{u'} Y' \xrightarrow{v'} Z' \longrightarrow X'[1]$ 均是Auslander-Reiten 三角. 则 $X \cong X'$ 当且仅当 $Z \cong Z'$, 当且仅当存在交换图

$$\begin{array}{ccccccc}
X & \xrightarrow{u} & Y & \xrightarrow{v} & Z & \xrightarrow{w} & X[1] \\
\downarrow & & \downarrow & & \downarrow & & \downarrow \\
X' & \xrightarrow{u'} & Y' & \xrightarrow{v'} & Z' & \xrightarrow{w'} & X'[1]
\end{array}$$

使得竖直态射均为同构.

证 设 $h: Z \longrightarrow Z'$ 是同构. 因为 hv 不是可裂满, 故存在 g 使得 $v'g = hv$. 从而存在 f 使得上图交换. 若 f 非同构, 则由定理 10.3.4 中(AR3)知存在 f' 使得 $f'u = f$. 于是 $w'h = f[1]w = f'[1]u[1]w = 0$, 从而得到矛盾 $w' = 0$. ■

注意到不可约映射的概念同样可以在加法范畴中定义. 所以我们当然也有三角范畴中不可约态射的概念. 此处不再重述定义. 下面的事实给出了 Auslander-Reiten 三角与不可约态射之间的关系.

10.3 Auslander-Reiten 三角

命题 10.3.6 ([Hap2]) 设 $(\mathcal{A}, [1])$ 是Hom有限Krull-Schmidt 三角范畴, $X \xrightarrow{u} Y \xrightarrow{v} Z \xrightarrow{w} X[1]$ 是 $\mathcal{A}$ 中的Auslander-Reiten三角.

(i) 设 Z 是不可分解对象. 则态射 $v': Y' \longrightarrow Z$ 是不可约态射当且仅当它是极小右几乎可裂态射的一个分支, 即存在 $v'': Y'' \longrightarrow Z$ 使得

$$(v', v''): Y' \oplus Y'' \longrightarrow Z$$

是极小右几乎可裂态射.

(ii) 设 X 是不可分解对象. 则态射 $u': X \longrightarrow Y'$ 是不可约态射当且仅当它是极小左几乎可裂态射的一个分支, 即存在 $u'': X \longrightarrow Y''$ 使得

$$\begin{pmatrix} u' \\ u'' \end{pmatrix}: X \longrightarrow Y' \oplus Y''$$

是极小左几乎可裂态射.

证 (i) 设 v' 是不可约态射. 则 v' 非可裂满. 因 v 是右几乎可裂态射, 故存在 $f: Y' \longrightarrow Y$ 使得 $v' = vf$. 因为 v 不是可裂满, 故 f 是可裂单. 从而存在 $f': Y \longrightarrow Y'$ 使得 $f'f = \mathrm{Id}_{Y'}$. 将 f 嵌入好三角 $Y' \xrightarrow{f} Y \xrightarrow{s} Y'' \xrightarrow{0} X[1]$. 则 s 是可裂满. 从而存在 $\bar{v}'': Y'' \longrightarrow Y$ 使得 $s\bar{v}'' = \mathrm{Id}_{Y''}$, $ff' + \bar{v}''s = \mathrm{Id}_Y$. 于是有三角的同构

$$\begin{array}{ccccccc}
X & \xrightarrow{u} & Y & \xrightarrow{v} & Z & \xrightarrow{w} & X[1] \\
\| & & \downarrow{\binom{f'}{s}} & & \| & & \| \\
X & \xrightarrow{\binom{f'}{s}u} & Y' \oplus Y'' & \xrightarrow{(vf, v\bar{v}'')} & Z & \xrightarrow{w} & X[1]
\end{array}$$

令 $v'' = v\bar{v}'': Y'' \longrightarrow Z$. 因 v 是极小右几乎可裂态射, 故 $(vf, v'') = (v', v''): Y' \oplus Y'' \longrightarrow Z$ 是极小右几乎可裂态射.

反之, 设态射 $v': Y' \longrightarrow Z$ 是极小右几乎可裂态射的一个分支, 即存在 $v'': Y'' \longrightarrow Z$ 使得 $(v', v''): Y' \oplus Y'' \longrightarrow Z$ 是极小右几乎可裂态射. 则 v' 非裂满. 设存在 $f: Y' \longrightarrow W$ 和 $g: W \longrightarrow Z$, 并且 g 不是可裂满, 使得 $gf = v'$. 则存在 $\binom{h'}{h''}: W \longrightarrow Y' \oplus Y''$ 使得

$$g = (v', v'') \binom{h'}{h''} = v'h' + v''h''.$$

于是
$$v' = gf = v'h'f + v''h''f.$$

从而
$$(v', v'') = (v', v'') \begin{pmatrix} h'f & 0 \\ h''f & \mathrm{Id}_{Y''} \end{pmatrix}.$$

因为 (v', v'') 是右极小的, 故 $\begin{pmatrix} h'f & 0 \\ h''f & \mathrm{Id}_{Y''} \end{pmatrix}$ 是同构, 从而 $h'f: Y' \longrightarrow Y'$ 是同构, f 是可裂单. 这就证明了 v' 是不可约态射.

对偶地可证 (ii). ∎

定义 10.3.7 ([Hap2]) 设 $(\mathcal{A}, [1])$ 是Hom有限Krull-Schmidt 三角范畴.

(i) 若对任意不可分解对象 $Z \in \mathcal{A}$, 均存在汇射 $v: Y \longrightarrow Z$, 则称 $\mathcal{A}$ 有汇射.

(ii) 若对任意不可分解对象 $X \in \mathcal{A}$ 均存在源射 $u: X \longrightarrow Y$, 则称 $\mathcal{A}$ 有源射.

(iii) 如果对于任意不可分解对象 $Z \in \mathcal{A}$, 均存在Auslander-Reiten 三角 $X \xrightarrow{u} Y \xrightarrow{v} Z \xrightarrow{w} X[1]$, 并且对于任意不可分解对象 $X \in \mathcal{A}$, 均存在Auslander-Reiten 三角 $X \xrightarrow{u} Y \xrightarrow{v} Z \xrightarrow{w} X[1]$, 则称 $\mathcal{A}$ 有Auslander-Reiten 三角.

由定理 10.3.4 即知

推论 10.3.8 设 $(\mathcal{A}, [1])$ 是Hom有限Krull-Schmidt 三角范畴. 则 $\mathcal{A}$ 有Auslander-Reiten 三角当且仅当 $\mathcal{A}$ 有汇射并且 $\mathcal{A}$ 有源射.

与 Artin 代数的有限生成模范畴必有 Auslander-Reiten 序列不同的是, Hom有限 Krull-Schmidt 三角范畴中一般未必有 Auslander-Reiten 三角. 在后面的几节中我们将会讨论 Auslander-Reiten 三角存在的充要条件和例子.

10.4 Serre 函子

定义 10.4.1 设 k 是域, $\mathcal{A}$ 是Hom 有限 k- 范畴.

(i) k- 线性函子 $F: \mathcal{A} \longrightarrow \mathcal{A}$ 称为右Serre 函子, 如果存在 k- 同构

$$\eta_{X,Y}: \mathrm{Hom}_{\mathcal{A}}(X, Y) \longrightarrow \mathrm{Hom}_{\mathcal{A}}(Y, FX)^*, \quad \forall \ X, Y \in \mathcal{A}, \tag{10.1}$$

10.4 Serre 函子

并且这一同构对于 X 和 Y 均是自然的, 即对于 $f: X \longrightarrow X'$ 有交换图

$$\begin{array}{ccc} \mathrm{Hom}(X',Y) & \xrightarrow{\eta_{X',Y}} & \mathrm{Hom}(Y, FX')^* \\ {\scriptstyle (f,Y)}\downarrow & & \downarrow{\scriptstyle (Y,Ff)^*} \\ \mathrm{Hom}(X,Y) & \xrightarrow{\eta_{X,Y}} & \mathrm{Hom}(Y, FX)^* \end{array} \tag{10.2}$$

并且对于 $g: Y \longrightarrow Y'$ 有交换图

$$\begin{array}{ccc} \mathrm{Hom}(X,Y) & \xrightarrow{\eta_{X,Y}} & \mathrm{Hom}(Y, FX)^* \\ {\scriptstyle (X,g)}\downarrow & & \downarrow{\scriptstyle (g,FX)^*} \\ \mathrm{Hom}(X,Y') & \xrightarrow{\eta_{X,Y'}} & \mathrm{Hom}(Y', FX)^* \end{array} \tag{10.3}$$

有时为了标明同构, 我们也称 $(F, \eta_{X,Y})$ 是 $\mathcal{A}$ 的右 Serre 函子.

(ii) k- 线性函子 $G: \mathcal{A} \longrightarrow \mathcal{A}$ 称为左 Serre 函子, 如果存在 k- 同构

$$\xi_{X,Y}: \ \mathrm{Hom}_{\mathcal{A}}(X,Y) \longrightarrow \mathrm{Hom}_{\mathcal{A}}(GY, X)^*, \quad \forall \ X, Y \in \mathcal{A},$$

并且这一同构对于 X 和 Y 均是自然的.

如无特别声明, 以下 $\mathcal{A}$ 均是 Hom 有限 k- 范畴. 下面仅讨论右 Serre 函子的性质. 左 Serre 函子有类似的性质.

回顾线性代数中的一个基本事实. 设 U, V 是 k- 向量空间. 双线性型 $(-,-): U \times V \longrightarrow k$ 称为非退化的, 如果由 $(u, V) = 0$ 可推出 $u = 0$, 并且由 $(U, v) = 0$ 可推出 $v = 0$. 设 U, V 是有限维 k- 向量空间. 则下述等价

(i) 存在 k- 同构 $U \cong V^*$;

(ii) 存在非退化双线性型 $(-,-): U \times V \longrightarrow k$;

(iii) 存在非退化双线性型 $(-,-): V \times U \longrightarrow k$;

(iv) 存在 k- 同构 $V \cong U^*$;

(v) 存在双线性型 $(-,-): U \times V \longrightarrow k$ 使得其 Gram 矩阵是 n 阶可逆矩阵;

(vi) 存在双线性型 $(-,-): V \times U \longrightarrow k$ 使得其 Gram 矩阵是 n 阶可逆矩阵.

设 $(F,\eta_{X,Y})$ 是 $\mathcal{A}$ 的右 Serre 函子. 由上面提及的线性代数中的事实知 k-同构 $\eta_{X,Y}$ 诱导非退化双线性型

$$(-,-): \mathrm{Hom}(X,Y) \times \mathrm{Hom}(Y,FX) \longrightarrow k,$$

其中 $(f,g) = \eta_{X,Y}(f)(g)$. 令

$$\eta_X := \eta_{X,X}(\mathrm{Id}_X) \in \mathrm{Hom}(X,FX)^*. \tag{10.4}$$

设 $f \in \mathrm{Hom}(X,Y),\ g \in \mathrm{Hom}(Y,FX)$. 由交换图

$$\begin{array}{ccc} \mathrm{Hom}(X,X) & \xrightarrow{\eta_{X,X}} & \mathrm{Hom}(X,FX)^* \\ {\scriptstyle (X,f)}\downarrow & & \downarrow{\scriptstyle (f,FX)^*} \\ \mathrm{Hom}(X,Y) & \xrightarrow{\eta_{X,Y}} & \mathrm{Hom}(Y,FX)^* \end{array}$$

知 $\eta_{X,Y}(f)(g) = \eta_X(gf)$. 再由交换图

$$\begin{array}{ccc} \mathrm{Hom}(Y,Y) & \xrightarrow{\eta_{Y,Y}} & \mathrm{Hom}(Y,FY)^* \\ {\scriptstyle (f,Y)}\downarrow & & \downarrow{\scriptstyle (Y,Ff)^*} \\ \mathrm{Hom}(X,Y) & \xrightarrow{\eta_{X,Y}} & \mathrm{Hom}(Y,FX)^* \end{array}$$

知 $\eta_{X,Y}(f)(g) = \eta_Y(F(f)g)$. 因此有

$$\eta_{X,Y}(f)(g) = \eta_X(gf) = \eta_Y(F(f)g),\quad \forall\ f \in \mathrm{Hom}(X,Y),\ g \in \mathrm{Hom}(Y,FX). \tag{10.5}$$

这就证明了下述引理中的必要条件部分. 这个引理给出了右 Serre 函子的线性代数刻画.

引理 10.4.2 设 $\mathcal{A}$ 是 Hom 有限 k-范畴. 则 $\mathcal{A}$ 有右 Serre 函子当且仅当对于 $\mathcal{A}$ 中任意对象 X 存在 $\eta_X \in \mathrm{Hom}(X,FX)^*$, 其中 F 是映射 $F:\mathcal{O} \longrightarrow \mathcal{O}$, $\mathcal{O}$ 是 $\mathcal{A}$ 中对象的同构类作成的类, 使得对于 $\mathcal{A}$ 中任意对象 Y, 由 $(f,g) = \eta_X(gf)$ 给出的双线性型 $(-,-): \mathrm{Hom}(X,Y) \times \mathrm{Hom}(Y,FX) \longrightarrow k$ 是非退化的.

证 只证充分性. 由上述线性代数中的事实知对于 $\mathcal{A}$ 的任意对象 X 和 Y, 存在 k-同构

$$\eta_{X,Y}:\ \mathrm{Hom}_{\mathcal{A}}(X,Y) \longrightarrow \mathrm{Hom}_{\mathcal{A}}(Y,FX)^*$$

满足 $\eta_{X,Y}(f)(g) = \eta_X(gf)$, $\forall\ f \in \mathrm{Hom}(X,Y)$, $g \in \mathrm{Hom}(Y,FX)$. 由题设知双线性型

$$(-,-): \mathrm{Hom}(Y,FX) \times \mathrm{Hom}(FX,FY) \longrightarrow k$$

是非退化的, 其中 $(g,?) = \eta_Y(?g)$, 故其 Gram 矩阵是可逆矩阵, 因此对于 $f \in \mathrm{Hom}(X,Y)$, 存在唯一的态射 $Ff \in \mathrm{Hom}(FY,FY)$, 使得

$$\eta_Y(F(f)g) = \eta_X(gf), \quad \forall\ f \in \mathrm{Hom}(X,Y), \quad g \in \mathrm{Hom}(Y,FX).$$

即有 (10.5).

下面证明 $X \mapsto FX$, $f \mapsto Ff$ 是 k- 线性函子. 由 F 的定义及相应双线性型的非退化性显然有 $F(\mathrm{Id}_X) = \mathrm{Id}_{FX}$. 设 $f \in \mathrm{Hom}(X,Y)$, $g \in \mathrm{Hom}(Y,Z)$. 则对于 $h \in \mathrm{Hom}(Z,FX)$, 由 (10.5) 知

$$\eta_X(hgf) = \eta_Z(F(gf)h)$$

以及

$$\eta_X(hgf) = \eta_Y(F(f)hg) = \eta_Z(F(g)F(f)h).$$

再由双线性型

$$(-,-): \mathrm{Hom}(Z,FX) \times \mathrm{Hom}(FX,FZ) \longrightarrow k$$

的非退化性知 $F(gf) = F(g)F(f)$. 即 F 是函子. F 的 k- 线性性类似可证.

容易验证 $\eta_{X,Y}$ 对于 Y 的自然性由性质

$$\eta_{X,Y}(f)(g) = \eta_X(gf), \quad \forall\ f \in \mathrm{Hom}(X,Y), \quad g \in \mathrm{Hom}(Y,FX)$$

保证. 下面说明 $\eta_{X,Y}$ 对于 X 的自然性, 即对于 $h: X' \longrightarrow X$, $f: X \longrightarrow Y$, $g': Y \longrightarrow FX'$ 要证

$$\eta_{X,Y}(f)(F(h)g') = \eta_{X',Y}(fh)(g').$$

由 (10.5) 知

$$\eta_{X,Y}(f)(F(h)g') = \eta_X(F(h)g'f)$$

以及

$$\eta_{X',Y}(fh)(g') = \eta_{X'}(g'fh).$$

再应用 (10.5) 即得
$$\eta_{X'}(g'fh) = \eta_X(F(h)g'f).$$
这就证明了 $\eta_{X,Y}$ 对于 X 的自然性. 即 F 是右 Serre 函子. ∎

如果 $\mathcal{A}$ 还是 Krull-Schmidt 范畴, 则上述引理中的充分条件可以进一步弱化到不可分解对象上, 这在以后会有应用.

引理 10.4.3 ([RV])   设 $\mathcal{A}$ 是 Hom 有限 Krull-Schmidt k- 范畴. 若 F 是 $\mathcal{L}$ 到自身的一个映射, 其中 $\mathcal{L}$ 是 $\mathcal{A}$ 的不可分解对象的同构类作成的类, 且对于 $\mathcal{A}$ 的任意不可分解对象 X, 存在 k- 线性映射 $\eta_X: \mathrm{Hom}(X, FX) \longrightarrow k$, 使得对于任意不可分解对象 Y, 由 $(f, g) = \eta_X(gf)$ 给出的双线性型
$$(-, -): \mathrm{Hom}(X, Y) \times \mathrm{Hom}(Y, FX) \longrightarrow k$$
都是非退化的, 则 F 可做成右 Serre 函子, 其中
$$\eta_{X,Y}: \mathrm{Hom}(X, Y) \longrightarrow \mathrm{Hom}(Y, FX)^*,$$
由 (10.5) 定义, 即
$$\eta_{X,Y}(f)(g) = \eta_X(gf), \quad \forall\, f \in \mathrm{Hom}(X, Y), \quad g \in \mathrm{Hom}(Y, FX),$$
$F: \mathrm{Hom}(X, Y) \longrightarrow \mathrm{Hom}(FY, FY)$ 由 (10.5) 确定: 即对于 $f \in \mathrm{Hom}(X, Y)$, Ff 是满足
$$\eta_X(gf) = \eta_Y(F(f)g), \quad \forall\, g \in \mathrm{Hom}(Y, FX)$$
的唯一态射; 而对于可分解对象 X 和 Y, 则对角地定义 $\eta_{X,Y}$.

证   因为 $\mathcal{A}$ 是 Krull-Schmidt 范畴, 任意对象 X 可唯一地分解成有限多个不可分解对象的直和: $X = \bigoplus_{1 \leqslant i \leqslant n} X_i$. 定义 $FX = \bigoplus_{1 \leqslant i \leqslant n} FX_i$. 定义 $\eta_X \in \mathrm{Hom}(X, FX)^*$ 如下: 对于 $h = (h_{ji}) \in \mathrm{Hom}(X, FX)$, 其中 $h_{ji} \in \mathrm{Hom}(X_i, FX_j)$,
$$\eta_X(h) := \sum_i \eta_{X_i}(h_{ii}).$$
则由 $(f, g) = \eta_X(gf)$ 给出的双线性型
$$(-, -): \mathrm{Hom}(X, Y) \times \mathrm{Hom}(Y, FX) \longrightarrow k$$

10.4 Serre 函子

恰为

$$(f,g) = \sum_{i,j} \eta_{X_i}(g_{ij}f_{ji}),$$

其中 $Y = \bigoplus_{1\leqslant j\leqslant m} Y_j$, 每个 Y_j 不可分解, $f = (f_{ji}) \in \mathrm{Hom}(X,Y)$, $g = (g_{st}) \in \mathrm{Hom}(Y,FX)$, 其中 $f_{ji} \in \mathrm{Hom}(X_i,Y_j)$, $g_{st} \in \mathrm{Hom}(Y_s,FX_t)$. 由题设易知这是非退化双线性型. 故由引理 10.4.2 知 F 可做成右 Serre 函子, 其中 k- 同构

$$\eta_{X,Y}: \quad \mathrm{Hom}(X,Y) \longrightarrow \mathrm{Hom}(Y,FX)^*$$

是对角的, 即 $\eta_{X,Y}((f_{ji}))((g_{st})) = \sum_{i,j} \eta_{X_i,Y_j}(f_{ji})(g_{ij}) = \sum_{i,j} \eta_{X_i}(g_{ij}f_{ji})$. ∎

引理 10.4.4 设 $\mathcal{A}$ 是 Hom 有限 k- 范畴. 则 $\mathcal{A}$ 的右 Serre 函子在自然同构的意义下是唯一的.

证 设 F 和 F' 均是右 Serre 函子. 则有 k- 同构 (10.1) 以及双自然 k- 同构

$$\tau_{X,Y}: \quad \mathrm{Hom}_{\mathcal{A}}(X,Y) \longrightarrow D\,\mathrm{Hom}_{\mathcal{A}}(Y,FX), \quad \forall\ X,Y \in \mathcal{A}.$$

令

$$f_X := (\tau^*_{X,FX})^{-1} \eta^*_{X,FX}(\mathrm{Id}_{FX}) : FX \longrightarrow F'X,$$

其中

$$\mathrm{Hom}(FX,FX) \xrightarrow{\eta^*_{X,FX}} \mathrm{Hom}(X,FX)^* \xrightarrow{(\tau^*_{X,FX})^{-1}} \mathrm{Hom}(FX,F'X).$$

令

$$g_X := (\eta^*_{X,F'X})^{-1} \tau^*_{X,F'X}(\mathrm{Id}_{F'X}) : F'X \longrightarrow FX,$$

其中

$$\mathrm{Hom}(F'X,F'X) \xrightarrow{\tau^*_{X,F'X}} \mathrm{Hom}(X,F'X)^* \xrightarrow{(\eta^*_{X,F'X})^{-1}} \mathrm{Hom}(F'X,FX).$$

由自然性得到如下交换图

$$\begin{array}{ccccc}
\mathrm{Hom}(FX,FX) & \xrightarrow{\eta^*_{X,FX}} & \mathrm{Hom}(X,FX)^* & \xrightarrow{(\tau^*_{X,FX})^{-1}} & \mathrm{Hom}(FX,F'X) \\
{\scriptstyle (g_X,FX)}\downarrow & & {\scriptstyle (X,g_X)^*}\downarrow & & {\scriptstyle (g_X,F'X)}\downarrow \\
\mathrm{Hom}(F'X,FX) & \xrightarrow{\eta^*_{X,F'X}} & \mathrm{Hom}(X,F'X)^* & \xrightarrow{(\tau^*_{X,F'X})^{-1}} & \mathrm{Hom}(F'X,F'X)
\end{array}$$

从 Id_{FX} 出发, 由 f_X 和 g_X 的定义即得 $f_X g_X = \mathrm{Id}_{F'X}$. 同理可得 $g_X f_X = \mathrm{Id}_{FX}$.

再证 g_X 的自然性. 设 $t: X \longrightarrow Y$. 欲证 g_X 是自然的, 只要证下图是交换的:

$$\begin{array}{ccc} F'X & \xrightarrow{g_X} & FX \\ F't \downarrow & & Ft \downarrow \\ F'Y & \xrightarrow{g_Y} & FY \end{array}$$

由 g_X 的定义即要证

$$Ft(\eta^*_{X,F'X})^{-1}\tau^*_{X,F'X}(\mathrm{Id}_{F'X}) = (\eta^*_{Y,F'Y})^{-1}\tau^*_{Y,F'Y}(\mathrm{Id}_{F'Y})F't.$$

这可从如下交换图看出

$$\begin{array}{ccccc}
\mathrm{Hom}(F'X, F'X) & \xrightarrow{\tau^*_{X,F'X}} & \mathrm{Hom}(X, F'X)^* & \xrightarrow{(\eta^*_{X,F'X})^{-1}} & \mathrm{Hom}(F'X, FX) \\
(F'X,F't)\downarrow & & (t,F'X)^*\downarrow & & (F'X,Ft)\downarrow \\
\mathrm{Hom}(F'X, F'Y) & \xrightarrow{\tau^*_{Y,F'X}} & \mathrm{Hom}(Y, F'X)^* & \xrightarrow{(\eta^*_{Y,F'X})^{-1}} & \mathrm{Hom}(F'X, FY) \\
(F't,F'Y)\uparrow & & (Y,F't)^*\uparrow & & (F't,FY)\uparrow \\
\mathrm{Hom}(F'Y, F'Y) & \xrightarrow{\tau^*_{Y,F'Y}} & \mathrm{Hom}(Y, F'Y)^* & \xrightarrow{(\eta^*_{Y,F'Y})^{-1}} & \mathrm{Hom}(F'Y, FY)
\end{array}$$

∎

引理 10.4.5 ([RV])　设 $\mathcal{A}$ 是 Hom 有限 k- 范畴, F 是 $\mathcal{A}$ 的右 Serre 函子. 则

(i) 下述合成与 F 相等

$$\mathrm{Hom}(X,Y) \xrightarrow{\eta_{X,Y}} \mathrm{Hom}(Y, FX)^* \xrightarrow{(\eta^*_{Y,FX})^{-1}} \mathrm{Hom}(FX, FY).$$

(ii) F 是满忠实的.

证　(i) 要证对于 $f \in \mathrm{Hom}(X,Y)$ 和 $g \in \mathrm{Hom}(Y, FX)$ 有

$$\eta_{X,Y}(f)(g) = \eta^*_{Y,FX}(Ff)(g).$$

由对偶的定义即知

$$\eta^*_{Y,FX}(Ff)(g) = \eta_{Y,FX}(g)(Ff),$$

10.4 Serre 函子

再由 (10.5) 即知

$$\eta^*_{Y,FX}(Ff)(g) = \eta_{Y,FX}(g)(Ff) = \eta_Y(F(f)g) = \eta_{X,Y}(f)(g).$$

(ii) 由 (i) 即得. ∎

引理 10.4.6 设 $\mathcal{A}$ 是Hom有限 k- 范畴. 则 $\mathcal{A}$ 有右 Serre 函子当且仅当 $\mathrm{Hom}(X,-)^*$ 是可表函子, $\forall\, X \in \mathcal{A}$, 即存在 $Y \in \mathcal{A}$ 使得 $\mathrm{Hom}(X,-)^*$ 自然同构于 $\mathrm{Hom}(-,Y)$.

证 若 $\mathcal{A}$ 有右Serre 函子 F, 则由定义即知 $\mathrm{Hom}(X,-)^*$ 自然同构于 $\mathrm{Hom}(-,FX)$.

反之, 设对于任意 $X \in \mathcal{A}$, 有函子的自然同构 $\eta_X : \mathrm{Hom}(X,-)^* \longrightarrow \mathrm{Hom}(-,FX)$. 设 $f: X' \longrightarrow X$. 首先不难验证

$$\mathrm{Hom}(f,-)^* : \mathrm{Hom}(X,-)^* \longrightarrow \mathrm{Hom}(X',-)^*$$

是函子的自然变换. 注意到自然变换的合成仍是自然变换. 于是得到自然变换的交换图

$$\begin{array}{ccc} \mathrm{Hom}(X,-)^* & \xrightarrow{\eta_X} & \mathrm{Hom}(-,FX) \\ {\scriptstyle (f,-)^*}\downarrow & & \downarrow{\scriptstyle \eta_{X'}(f,-)^*\eta_X^{-1}} \\ \mathrm{Hom}(X',-)^* & \xrightarrow{\eta_{X'}} & \mathrm{Hom}(-,FX') \end{array}$$

由 Yoneda 引理知存在唯一的 $Ff : FX \longrightarrow FX'$ 使得

$$\eta_{X'}(f,-)^*\eta_X^{-1} = \mathrm{Hom}(-,Ff).$$

从而 $X \mapsto FX, f \mapsto Ff$ 给出右 Serre 函子 F. ∎

引理 10.4.7 ([RV]) 设 $\mathcal{A}$ 是Hom有限 k- 范畴. 则 $\mathcal{A}$ 有右Serre 函子 F 且 F 是等价当且仅当 $\mathcal{A}$ 有右Serre函子且有左Serre函子.

证 如果 $\mathcal{A}$ 有右Serre 函子 F 且 F 是等价, 显然 F^{-1} 是左 Serre 函子.

设 $\mathcal{A}$ 有右Serre 函子 F 且有左 Serre 函子 G. 只要证 F 是稠密的. 只要证 $X \cong FGX, \forall\, X \in \mathcal{A}$. 由 Yoneda 引理只要证明函子 h_X 与函子 h_{FGX} 自然同构, $\forall\, X \in \mathcal{A}$. 即要证对于任意 $X \in \mathcal{A}$, 存在对 Y 自然的同构

$$\mathrm{Hom}(Y,X) \cong \mathrm{Hom}(Y,FGX).$$

而这是对的: $\mathrm{Hom}(Y,X) \cong \mathrm{Hom}(GX,Y)^* \cong \mathrm{Hom}(Y,FGX)$. ∎

我们说一个Hom有限 k- 范畴 $\mathcal{A}$ 有 Serre 函子 如果它既有右Serre 函子也有左Serre函子; 或等价地, $\mathcal{A}$ 有右 Serre 函子且这个右 Serre 函子是等价; 或等价地, $\mathcal{A}$ 有左 Serre 函子且这个左 Serre 函子是等价 (引理 10.4.7). 此时右Serre 函子的拟逆是左Serre函子, 左 Serre 函子的拟逆是右 Serre 函子. 因为右 (左) Serre 函子是满忠实的, 故Hom有限 k- 范畴 $\mathcal{A}$ 有Serre 函子当且仅当 $\mathcal{A}$ 有稠密的右Serre 函子; 当且仅当 $\mathcal{A}$ 有稠密的左Serre 函子.

设Hom有限 k- 范畴 $\mathcal{A}$ 既有右Serre 函子也有左Serre函子. 由右 (左)Serre 函子的唯一性即知左 Serre 函子一定是右 Serre 函子的拟逆, 右 Serre 函子也一定是左 Serre 函子的拟逆.

10.5 Bondal-Kapranov-Van den Bergh 定理

下述定理表明Hom 有限三角范畴的右 Serre 函子是三角函子. 这个结论首次出现在 A. Bondal 和 M. Kapranov [BK]. 下面证明是由 M. Van den Bergh 给出的.

定理 10.5.1 (Bondal-Kapranov-Van den Bergh) 设 $(\mathcal{A},[1])$ 是Hom 有限三角范畴, F 是 $\mathcal{A}$ 的右Serre 函子. 则存在自然同构 $\zeta: F[1] \longrightarrow [1]F$, 使得 $(F,\zeta): \mathcal{A} \longrightarrow \mathcal{A}$ 是三角函子.

证 设 $(F,\eta_{X,Y})$ 是右 Serre 函子. 令 $\eta_X := \eta_{X,X}(\mathrm{Id}_X) \in \mathrm{Hom}(X,FX)^*$, $\forall X \in \mathcal{A}$.

第 1 步: 我们断言: 存在自然同构 $\zeta: F[1] \longrightarrow [1]F$, 满足

$$\eta_X(\zeta_X[-1]f[-1]) = -\eta_{X[1]}(f), \quad \forall f \in \mathrm{Hom}(X[1], F(X[1])), \quad \forall X \in \mathcal{A}. \tag{10.6}$$

由同构

$$\mathrm{Hom}(X[1], F(X[1]))^* \xrightarrow{\sim} \mathrm{Hom}(X, F(X[1])[-1])^*$$

和同构

$$\eta^*_{X,F(X[1])[-1]}: \mathrm{Hom}(X, F(X[1])[-1])^* \xleftarrow{\sim} \mathrm{Hom}(F(X[1])[-1], FX)$$

10.5 Bondal-Kapranov-Van den Bergh 定理

以及 $-\eta_{X[1]} \in \operatorname{Hom}(X[1], F(X[1]))^*$, 知存在 $\zeta_X \in \operatorname{Hom}(F(X[1]), (FX)[1])$ 使得
$$\eta^*_{X, F(X[1])[-1]}(\zeta_X[-1])(g) = -\eta_{X[1]}(g[1]), \quad \forall\, g: X \longrightarrow F(X[1])[-1].$$

由对偶的定义知上式等价于
$$\eta_{X, F(X[1])[-1]}(g)(\zeta_X[-1]) = -\eta_{X[1]}(g[1]),$$

由 (10.5) 这又等价于
$$\eta_X(\zeta_X[-1]f[-1]) = -\eta_{X[1]}(f), \quad \forall\, f \in \operatorname{Hom}(X[1], F(X[1])).$$

即有 (10.6). 我们还要证明 η_X 均是同构并且对 X 是自然的.

又由同构
$$\eta^*_{X[1],(FX)[1]}: \operatorname{Hom}((FX)[1], F(X[1])) \xrightarrow{\sim} \operatorname{Hom}(X[1], (FX)[1])^*$$

和同构
$$\operatorname{Hom}(X[1], (FX)[1])^* \xleftarrow{\sim} \operatorname{Hom}(X, FX)^*$$

以及 $-\eta_X \in \operatorname{Hom}(X, FX)^*$ 知存在 $\theta_X \in \operatorname{Hom}((FX)[1], F(X[1]))$ 使得
$$\eta^*_{X[1],(FX)[1]}(\theta_X)(g) = -\eta_X(g[-1]), \quad \forall\, g: X[1] \longrightarrow (FX)[1].$$

由对偶的定义这等价于
$$\eta_{X[1],(FX)[1]}(g)(\theta_X) = -\eta_X(g[-1]),$$

再由 (10.5) 即得
$$\eta_{X[1]}(\theta_X g[1]) = -\eta_X(g), \quad \forall\, g \in \operatorname{Hom}(X, FX). \tag{$*$}$$

下证 ζ_X 是同构. 对于 $g: X \longrightarrow FX$ 有
$$\eta_X((\zeta_X \theta_X)[-1]g) \stackrel{(10.6)}{=} -\eta_{X[1]}(\theta_X g[1])$$
$$\stackrel{(*)}{=} \eta_X(g).$$

由双线性型

$$(-,-): \text{Hom}(X, FX) \times \text{Hom}(FX, FX) \longrightarrow k$$

的非退化性知 $(\zeta_X \theta_X)[-1] = \text{Id}_{FX}$. 即 $\zeta_X \theta_X = \text{Id}_{(FX)[1]}$.

又对于 $g: X[1] \longrightarrow F(X[1])$ 有

$$\eta_{X[1]}(\theta_X \zeta_X g) \stackrel{(*)}{=} -\eta_X((\zeta_X g)[-1])$$
$$\stackrel{(10.6)}{=} \eta_{X[1]}(g).$$

所以 $\theta_X \zeta_X = \text{Id}_{F(X[1])}$. 即 ζ_X 是同构.

再证 ζ 是自然变换. 即对于 $f: X \longrightarrow Y$ 要证下图交换

$$\begin{array}{ccc} F(X[1]) & \xrightarrow{\zeta_X} & (FX)[1] \\ {\scriptstyle F(f[1])}\downarrow & & \downarrow{\scriptstyle (Ff)[1]} \\ F(Y[1]) & \xrightarrow{\zeta_Y} & (FY)[1] \end{array}$$

注意到 $\zeta_X[-1] \in \text{Hom}(F(X[1])[-1], FX)$ 以及 $\zeta_Y[-1] \in \text{Hom}(F(Y[1])[-1], FY)$. 对任意 $h \in \text{Hom}(Y, F(X[1])[-1])$, 我们有

$$\text{Hom}(f, -)^*(\eta^*_{X, F(X[1])[-1]}(\zeta_X[-1]))(h)$$
$$\stackrel{对偶}{=} \eta^*_{X, F(X[1])[-1]}(\zeta_X[-1])(hf)$$
$$\stackrel{对偶}{=} \eta_{X, F(X[1])[-1]}(hf)(\zeta_X[-1])$$
$$\stackrel{(10.5)}{=} \eta_X(\zeta_X[-1]hf))$$
$$\stackrel{(10.6)}{=} -\eta_{X[1]}(h[1]f[1])$$
$$\stackrel{(10.5)}{=} -\eta_{Y[1]}(F(f[1])h[1])$$
$$\stackrel{(10.6)}{=} \eta_Y(\zeta_Y[-1]F(f[1])[-1]h)$$
$$\stackrel{(10.5)}{=} \eta_{Y, F(Y[1])[-1]}(F(f[1])[-1]h)(\zeta_Y[-1])$$
$$\stackrel{对偶}{=} \eta^*_{Y, F(Y[1])[-1]}(\zeta_Y[-1])(F(f[1])[-1]h)$$
$$\stackrel{对偶}{=} \text{Hom}(-, F(f[1])[-1])^*(\eta^*_{Y, F(Y[1])[-1]}(\zeta_Y[-1]))(h).$$

10.5 Bondal-Kapranov-Van den Bergh 定理

再由交换图

$$\begin{array}{ccc}
(F(X[1])[-1], FX) & \xrightarrow{\eta^*_{X,F(X[1])[-1]}} & (X, F(X[1])[-1])^* \\
{\scriptstyle (-,Ff)}\downarrow & & \downarrow{\scriptstyle (f,-)^*} \\
(F(X[1])[-1], FY) & \xrightarrow{\eta^*_{Y,F(X[1])[-1]}} & (Y, F(X[1])[-1])^* \\
{\scriptstyle (F(f[1])[-1],-)}\uparrow & & \uparrow{\scriptstyle (-,F(f[1])[-1])^*} \\
(F(Y[1])[-1], FY) & \xrightarrow{\eta^*_{Y,F(Y[1])[-1]}} & (Y, F(Y[1])[-1])^*
\end{array}$$

即得

$$\mathrm{Hom}(-, Ff)(\zeta_X[-1]) = \mathrm{Hom}(F(f[1])[-1], -)(\zeta_Y[-1]),$$

即

$$F(f)\zeta_X[-1] = \zeta_Y[-1]F(f[1])[-1],$$

即

$$(Ff)[1]\zeta_X = \zeta_Y F(f[1]).$$

这就证明了断言.

第 2 步: 对于 $\mathcal{A}$ 中任意好三角

$$X \xrightarrow{u} Y \xrightarrow{v} Z \xrightarrow{w} X[1],$$

将 Fu 嵌入 $\mathcal{A}$ 中好三角

$$FX \xrightarrow{Fu} FY \xrightarrow{\alpha} C \xrightarrow{\beta} (FX)[1].$$

要证明 $(F, \zeta): \mathcal{A} \longrightarrow \mathcal{A}$ 是三角函子只要证明: 存在 $\delta: C \longrightarrow FZ$ 使得下图交换

$$\begin{array}{ccccccc}
FX & \xrightarrow{Fu} & FY & \xrightarrow{Fv} & FZ & \xrightarrow{\zeta_X Fw} & (FX)[1] \\
\| & & \| & & {\scriptstyle \delta}\uparrow & & \| \\
FX & \xrightarrow{Fu} & FY & \xrightarrow{\alpha} & C & \xrightarrow{\beta} & (FX)[1]
\end{array} \qquad (10.7)$$

或等价地, **只要证明**存在 $\delta: C \longrightarrow FZ$, 使得

$$\zeta_X F(w)\delta = \beta, \qquad (10.8)$$

$$\delta\alpha = Fv. \tag{10.9}$$

事实上, 设上述 δ 存在. 对任意对象 $C' \in \mathcal{A}$, 因 $\mathrm{Hom}(-, C')$ 是上同调函子, 故下图第一行是正合列; 再由 F 是右 Serre 函子知下图交换且竖直映射均为同构

$$\begin{array}{ccccccccc}
(Y[1], C') & \xrightarrow{(u[1], C')} & (X[1], C') & \xrightarrow{(w, C')} & (Z, C') & \xrightarrow{(v, C')} & (Y, C') & \xrightarrow{(u, C')} & (X, C') \\
\downarrow & & \downarrow & & \downarrow & & \downarrow & & \downarrow \\
(C', F(Y[1]))^* & \to & (C', F(X[1]))^* & \to & (C', FZ)^* & \to & (C', FY)^* & \to & (C', FX)^*
\end{array}$$

从而上图第二行也正合, 再由对偶知下图第一行正合. 因为 $\mathrm{Hom}(C', -)$ 是上同调函子, 故下图第二行也是正合列并且下图交换

$$\begin{array}{ccccccccc}
(C', FX) & \longrightarrow & (C', FY) & \xrightarrow{(C', Fv)} & (C', FZ) & \xrightarrow{(C', Fw)} & (C', F(X[1])) & \xrightarrow{(C', F(u[1]))} & (C', F(Y[1])) \\
\| & & \| & & \uparrow (C', \delta) & & \uparrow (C', \zeta_X^{-1}) & & \uparrow (C', \zeta_Y^{-1}) \\
(C', FX) & \longrightarrow & (C', FY) & \xrightarrow{(C', \alpha)} & (C', C) & \xrightarrow{(C', \beta)} & (C', (FX)[1]) & \xrightarrow{(C', (Fu)[1])} & (C', (FY)[1])
\end{array}$$

由五引理知 $\mathrm{Hom}(C', \delta)$ 是同构, 从而自然变换

$$\mathrm{Hom}(-, \delta) : \mathrm{Hom}(-, C) \longrightarrow \mathrm{Hom}(-, FZ)$$

是自然同构, 由 Yoneda 引理即知 $\mathrm{Hom}(-, \delta)_C(\mathrm{Id}_C) = \mathrm{Hom}(C, \delta)(\mathrm{Id}_C) = \delta$ 是同构. 从而 (10.7) 的第一行也是好三角, 即 (F, ζ) 是三角函子.

第 3 步: 我们断言: (10.8) 等价于

$$\eta_Z(\delta x[1]w) = -\eta_X(\beta[-1]x), \quad \forall \, x \in \mathrm{Hom}(X, C[-1]); \tag{10.10}$$

(10.9) 等价于

$$\eta_Z(\delta \alpha y) = \eta_Y(yv), \quad \forall \, y \in \mathrm{Hom}(Z, FY). \tag{10.11}$$

先证 (10.8) 等价于 (10.10). 设 (10.8) 成立. 对于 $x \in \mathrm{Hom}(X, C[-1])$, 由 (10.8) 知

$$(\zeta_X F(w)\delta)[-1]x = \beta[-1]x : X \longrightarrow FX.$$

10.5 Bondal-Kapranov-Van den Bergh 定理

从而得到 (10.10):

$$-\eta_X(\beta[-1]x) = -\eta_X((\zeta_X F(w)\delta)[-1]x)$$
$$\stackrel{(10.6)}{=} \eta_{X[1]}(F(w)\delta x[1])$$
$$\stackrel{(10.5)}{=} \eta_Z(\delta x[1]w).$$

设 (10.10) 成立. 则对于 $x \in \mathrm{Hom}(X, C[-1])$, 将上式倒推, 由 (10.10), (10.5) 和 (10.6) 有

$$\eta_X(\beta[-1]x) = \eta_X((\zeta_X F(w)\delta)[-1]x).$$

由双线性型

$$\mathrm{Hom}(X, C[-1]) \times \mathrm{Hom}(C[-1], FX) \longrightarrow k, \quad (x,g) \mapsto \eta_X(gx)$$

的非退化性知 $\zeta_X F(w)\delta = \beta$, 即 (10.8) 成立.

再证 (10.9) 等价于 (10.11). 对于 $y \in \mathrm{Hom}(Z, FY)$, 由 (10.9) 知

$$\delta\alpha y = F(v)y : Z \longrightarrow FZ.$$

从而得到 (10.11):

$$\eta_Z(\delta\alpha y) = \eta_Z(F(v)y) \stackrel{(10.5)}{=} \eta_Y(yv).$$

设 (10.11) 成立. 则对于 $y \in \mathrm{Hom}(Z, FY)$ 有

$$\eta_Z(\delta\alpha y) = \eta_Y(yv) = \eta_Z(F(v)y).$$

由双线性型

$$\mathrm{Hom}(Z, FY) \times \mathrm{Hom}(FY, FZ) \longrightarrow k, \quad (y,t) \mapsto \eta_Z(ty)$$

的非退化性知 $\delta\alpha = Fv$, 即 (10.9) 成立.

第 4 步: 我们断言: 存在 $\delta : C \longrightarrow FZ$ 使得 (10.10) 和 (10.11) 成立当且仅当

若 $x : X \to C[-1]$, $y : Z \to FY$, $\alpha y = x[1]w$, 则 $\eta_Y(yv) = -\eta_X(\beta[-1]x)$. (10.12)

若存在 $\delta: C \longrightarrow FZ$ 使得 (10.10) 和 (10.11) 成立, 则显然 (10.12) 成立.
反之, 设 (10.12) 成立. 令

$$S_1 := \{x[1]w \mid x \in \mathrm{Hom}(X, C[-1])\} \subseteq \mathrm{Hom}(Z, C),$$

$$S_2 := \{\alpha y \mid y \in \mathrm{Hom}(Z, FY)\} \subseteq \mathrm{Hom}(Z, C).$$

取 $S_1 \cap S_2$ 的一组基 $a_1, \cdots, a_m$, 并将其扩充成 S_1 的一组基

$$a_1, \cdots, a_m, a_{m+1}, \cdots, a_{m+t},$$

同时将其扩充成 S_2 的一组基

$$b_1 = a_1, \cdots, b_m = a_m, \cdots, b_{m+s}.$$

再取 $\mathrm{Hom}(C, FZ)$ 的一组基 $c_1, \cdots, c_n$. 记

$$\eta_Z(c_j a_i) = a_{ij}, \ i = 1, \cdots, m+t, \ j = 1, \cdots, n,$$

$$\eta_Z(c_j b_i) = b_{ij}, \ i = 1, \cdots, m+s, \ j = 1, \cdots, n,$$

$$M = (a_{ij})_{(m+t) \times n}, \quad N = (b_{ij})_{(m+s) \times n}.$$

则矩阵 M 和 N 的前 m 行相同.

因为 $a_1, \cdots, a_m, a_{m+1}, \cdots, a_{m+t}$ 是 S_1 的一组基, 故有 $\mathrm{Hom}(X, C[-1])$ 中的态射 $x_1, \cdots, x_m, x_{m+1}, \cdots, x_{m+t}$ 使得

$$a_1 = x_1[1]w, \ \cdots, \ a_m = x_m[1]w, \ a_{m+1} = x_{m+1}[1]w, \ \cdots, \ a_{m+t} = x_{m+t}[1]w.$$

令

$$d_i = -\eta_X(\beta[-1]x_i), \quad 1 \leqslant i \leqslant m+t.$$

同理, 存在 $\mathrm{Hom}(Z, FY)$ 中的态射 $y_1, \cdots, y_m, x_{m+1}, \cdots, x_{m+t}$ 使得

$$b_1 = \alpha y_1, \ \cdots, \ b_m = \alpha y_m, \ b_{m+1} = \alpha y_{m+1}, \ \cdots, \ b_{m+s} = \alpha y_{m+s}.$$

令

$$e_i = \eta_Y(y_i v), \quad 1 \leqslant i \leqslant m+s.$$

因为
$$\alpha y_i = b_i = a_i = x_i[1]w, \quad 1 \leqslant i \leqslant m,$$
故由 (10.12) 知
$$e_i = \eta_Y(y_i v) = -\eta_X(\beta[-1]x_i) = d_i, \quad 1 \leqslant i \leqslant m.$$
于是, "存在 $\delta: C \longrightarrow FZ$ 使得 (10.10) 和 (10.11) 成立" 等价于说下面两个线性方程组有解
$$M \begin{pmatrix} x_1 \\ \vdots \\ x_n \end{pmatrix} = \begin{pmatrix} d_1 \\ \vdots \\ d_{m+t} \end{pmatrix},$$
$$N \begin{pmatrix} x_1 \\ \vdots \\ x_n \end{pmatrix} = \begin{pmatrix} e_1 \\ \vdots \\ e_{m+s} \end{pmatrix}.$$

注意矩阵 M 和 N 的前 m 行相同. 令 L 是 $(m+t+s) \times n$ 矩阵, $L = \begin{pmatrix} M \\ N' \end{pmatrix}$, 而 N' 是 N 的后 s 行. 于是上述两个线性方程组有解等价于下面的线性方程组有解
$$L \begin{pmatrix} x_1 \\ \vdots \\ x_n \end{pmatrix} = \begin{pmatrix} d_1 \\ \vdots \\ d_m \\ d_{m+1} \\ \vdots \\ d_{m+t} \\ e_{m+1} \\ \vdots \\ e_{m+s} \end{pmatrix}.$$

因为双线性型
$$\operatorname{Hom}(Z,C) \times \operatorname{Hom}(C, FZ) \longrightarrow k, \quad (a,c) \mapsto \eta_Z(ca)$$
是非退化的, 故 L 是行满秩的, 从而上述线性方程组的确有解. 断言得证.

第 5 步: 剩下只要证明 (10.12). 设 $x: X \longrightarrow C[-1]$, $y: Z \longrightarrow FY$, 满足 $\alpha y = x[1]w$. 考虑好三角的三角射

$$\begin{array}{ccccccc}
Y & \xrightarrow{v} & Z & \xrightarrow{w} & X[1] & \xrightarrow{-u[1]} & Y[1] \\
\psi \downarrow & & y \downarrow & & x[1] \downarrow & & \psi[1] \downarrow \\
FX & \xrightarrow{Fu} & FY & \xrightarrow{\alpha} & C & \xrightarrow{\beta} & (FX)[1]
\end{array}$$

其中 ψ 的存在性由 (TR3) 保证. 则

$$\eta_Y(yv) = \eta_Y(F(u)\psi) \stackrel{(10.5)}{=} \eta_X(\psi u)$$
$$= -\eta_X(\beta[-1]x).$$

至此定理得证. ∎

后记　这个定理首次出现在 A. Bondal 和 M. Kapranov [BK]. 这里采用的是 Michel Van den Bergh 的证明, 这个证明漂亮又困难 (原证仅 1 页: 包含在 R. Bocklandt 文 [Boc] 的附录 Theorem A. 4.4). 本书作者在一次会议的报告中说: "I can not understand Bondal and Kapranov's original proof." Van den Bergh 立即说: "I also can not understand their proof."

10.6　Auslander-Reiten 三角与Serre 函子

设 $\mathcal{A}$ 是Hom 有限 Krull-Schmidt 三角范畴, $X \stackrel{u}{\longrightarrow} Y \stackrel{v}{\longrightarrow} Z \stackrel{w}{\longrightarrow} X[1]$ 是 $\mathcal{A}$ 中 Auslander-Reiten 三角. 则在同构意义下 X 由 Z 唯一确定. 参见命题 10.3.5. 此时记 $X = \tau_{\mathcal{A}} Z$. 一般地, $\tau_{\mathcal{A}}$ 不是一个函子. 因为 $X[n] \stackrel{(-1)^n u[n]}{\longrightarrow} Y[n] \stackrel{(-1)^n v[n]}{\longrightarrow} Z[n] \stackrel{(-1)^n w[n]}{\longrightarrow} X[n+1]$ 也是 $\mathcal{A}$ 中 Auslander-Reiten 三角, 故 $\tau_{\mathcal{A}}(Z[n]) \cong (\tau_{\mathcal{A}} Z)[n]$, $\forall\, n \in \mathbb{Z}$.

同理, 在同构意义下 Z 由 X 唯一确定. 此时记 $Z = \tau_{\mathcal{A}}^{-1} X$. 一般地 $\tau_{\mathcal{A}}^{-}$ 不是一个函子. 我们有 $\tau_{\mathcal{A}}^{-1}(X[n]) \cong (\tau_{\mathcal{A}}^{-1} X)[n]$, $\forall\, n \in \mathbb{Z}$.

下述定理给出 Auslander-Reiten 三角与 Serre 对偶的关系.

定理 10.6.1 (I. Reiten, M. Van den Bergh [RV, Theorem I.2.4])　设 $\mathcal{A}$ 是代数闭域 k 上的Hom 有限Krull-Schmidt三角范畴. 则 $\mathcal{A}$ 有Auslander-Reiten 三角当且仅当 $\mathcal{A}$ 有Serre 函子. 此时 $\mathcal{A}$ 的右Serre 函子 F 在对象上与 $[1]\tau_{\mathcal{A}}$ 重合, 即 $FZ \cong \tau_{\mathcal{A}} Z[1]$; F 的拟逆 F^{-1} 在对象上与 $[-1]\tau_{\mathcal{A}}^{-1}$ 重合, 即 $F^{-1} X \cong \tau_{\mathcal{A}}^{-1} X[-1]$.

为了证明定理 10.6.1, 我们需要下述事实.

引理 10.6.2 ([RV])　设 $\mathcal{A}$ 是Hom 有限Krull-Schmidt三角范畴.

(1) 设 $\tau_{\mathcal{A}}Z \longrightarrow Y \longrightarrow Z \xrightarrow{w} \tau_{\mathcal{A}}Z[1]$ 是 $\mathcal{A}$ 中 Auslander-Reiten 三角, X 是 $\mathcal{A}$ 中不可分解对象. 则

(i) 若 $0 \neq g \in \mathrm{Hom}_{\mathcal{A}}(X, \tau_{\mathcal{A}}Z[1])$, 则存在 $f \in \mathrm{Hom}_{\mathcal{A}}(Z, X)$ 使得 $w = gf$.

(ii) 若 $0 \neq f \in \mathrm{Hom}_{\mathcal{A}}(Z, X)$, 则存在 $g \in \mathrm{Hom}_{\mathcal{A}}(X, \tau_{\mathcal{A}}Z[1])$ 使得 $w = gf$.

(2) 设 $X \longrightarrow Y \longrightarrow \tau_{\mathcal{A}}^{-1}X \xrightarrow{w} X[1]$ 是 $\mathcal{A}$ 中 Auslander-Reiten 三角, Z 是 $\mathcal{A}$ 中不可分解对象. 则

(i) 若 $0 \neq f \in \mathrm{Hom}_{\mathcal{A}}(\tau_{\mathcal{A}}^{-1}X[-1], Z)$, 则存在 $g \in \mathrm{Hom}_{\mathcal{A}}(Z, X)$ 使得 $w[-1] = gf$.

(ii) 若 $0 \neq g \in \mathrm{Hom}_{\mathcal{A}}(Z, X)$, 则存在 $f \in \mathrm{Hom}_{\mathcal{A}}(\tau_{\mathcal{A}}^{-1}X[-1], Z)$ 使得 $w[-1] = gf$.

证 只证 (1). 将对偶的结论 (2) 留作习题.

(1)(i) 将 g 嵌入 $\mathcal{A}$ 中好三角

$$\tau_{\mathcal{A}}Z \xrightarrow{u} Y' \longrightarrow X \xrightarrow{g} \tau_{\mathcal{A}}Z[1].$$

因为 $g \neq 0$, 故 u 非可裂单. 因此存在 s 和 f 使得下图交换

$$\begin{array}{ccccccc} \tau_{\mathcal{A}}Z & \longrightarrow & Y & \longrightarrow & Z & \xrightarrow{w} & \tau_{\mathcal{A}}Z[1] \\ \| & & \downarrow s & & \downarrow f & & \| \\ \tau_{\mathcal{A}}Z & \xrightarrow{u} & Y' & \longrightarrow & X & \xrightarrow{g} & \tau_{\mathcal{A}}Z[1] \end{array}$$

(1)(ii) 不妨设 f 非同构. 将 f 嵌入 $\mathcal{A}$ 中好三角 $V \xrightarrow{s} Z \xrightarrow{f} X \xrightarrow{t} V[1]$. 则 s 非可裂满. 从而由 (AR3) 知 $ws = 0$. 将 $\mathrm{Hom}(-, \tau_{\mathcal{A}}Z[1])$ 作用在好三角 $V \xrightarrow{s} Z \xrightarrow{f} X \xrightarrow{t} V[1]$ 上得到正合列

$$\mathrm{Hom}(X, \tau_{\mathcal{A}}Z[1]) \xrightarrow{(f, \tau_{\mathcal{A}}Z[1])} \mathrm{Hom}(Z, \tau_{\mathcal{A}}Z[1]) \xrightarrow{(s, \tau_{\mathcal{A}}Z[1])} \mathrm{Hom}(V, \tau_{\mathcal{A}}Z[1]).$$

由此即知存在 $g \in \mathrm{Hom}_{\mathcal{A}}(X, \tau_{\mathcal{A}}Z[1])$ 使得 $w = gf$. ∎

定理 10.6.1 的证明 设 $\mathcal{A}$ 有 Auslander-Reiten 三角. 对于 $\mathcal{A}$ 中任意不可分解对象 Z, 令 $FZ = \tau_{\mathcal{A}}Z[1]$. 设 $\tau_{\mathcal{A}}Z \longrightarrow Y \longrightarrow Z \xrightarrow{w} \tau_{\mathcal{A}}Z[1]$ 是 $\mathcal{A}$ 中 Auslander-Reiten 三角. 则 $w \neq 0$. 取 k- 线性映射 $\eta_Z: \mathrm{Hom}(Z, FZ) \longrightarrow k$ 使得 $\eta_Z(w) \neq 0$. 引理 10.6.2(1) 表明: 对于任意不可分解对象 Y', 由 $(f, g) = \eta_Z(gf)$ 给出的双线性型

$$(-, -): \mathrm{Hom}(Z, Y') \times \mathrm{Hom}(Y', FZ) \longrightarrow k$$

均是非退化双线性型. 从而由引理 10.4.3 即知 F 可做成右 Serre 函子.

对偶地, 我们知道 $\mathcal{A}$ 也有左 Serre 函子. 事实上, 对于 $\mathcal{A}$ 中任意不可分解对象 X, 令 $F^{-1}X = \tau_{\mathcal{A}}^{-1}X[-1]$. 设 $X \longrightarrow Y \longrightarrow \tau_{\mathcal{A}}^{-1}X \xrightarrow{w} X[1]$ 是 $\mathcal{A}$ 中Auslander-Reiten 三角. 取 k- 线性映射 $\eta_X : \mathrm{Hom}(F^{-1}X, X) \longrightarrow k$ 使得 $\eta_X(w[-1]) \neq 0$. 引理 10.6.2(2) 表明: 对于任意不可分解对象 Y', 由 $(f,g) = \eta_X(gf)$ 给出的双线性型

$$(-,-) : \mathrm{Hom}(F^{-1}X, Y') \times \mathrm{Hom}(Y', X) \longrightarrow k$$

均是非退化双线性型. 从而由引理 10.4.3 的对偶即知 F^{-1} 可做成左 Serre 函子.

反之, 设 $\mathcal{A}$ 有 Serre 函子. 设 F 是 $\mathcal{A}$ 的右 Serre 函子. 则对于 $\mathcal{A}$ 中任意不可分解对象 Z, 有 k- 同构

$$(\eta_{Z,Z}^*)^{-1} : \mathrm{End}(Z)^* \longrightarrow \mathrm{Hom}(Z, FZ).$$

因为 $\mathrm{End}(Z)$ 是局部代数, k 是代数闭域, 故 $\mathrm{End}(Z)/\mathrm{rad}\,\mathrm{End}(Z) \cong k$. 令 $\theta_Z : \mathrm{End}(Z) \longrightarrow k$ 是自然满射, $\mathrm{Ker}\,\theta_Z = \mathrm{rad}\,\mathrm{End}(Z)$. 则 $\theta_Z \in \mathrm{End}(Z)^*$. 令

$$w := (\eta_{Z,Z}^*)^{-1}(\theta_Z) \in \mathrm{Hom}(Z, FZ).$$

则 $w \neq 0$. 将 w 嵌入 $\mathcal{A}$ 中好三角

$$(FZ)[-1] \longrightarrow Y \longrightarrow Z \xrightarrow{w} FZ.$$

我们断言它是 $\mathcal{A}$ 中的 Auslander-Reiten 三角.

事实上, 对于任意非同构 $s : W \longrightarrow Z$, 其中 W 是 $\mathcal{A}$ 中不可分解对象, 合成

$$\mathrm{Hom}(Z, W) \xrightarrow{\mathrm{Hom}(Z,s)} \mathrm{End}(Z) \xrightarrow{\theta_Z} k$$

为 0. 由交换图

$$\begin{array}{ccc} \mathrm{Hom}(Z,Z)^* & \xrightarrow{(\eta_{Z,Z}^*)^{-1}} & \mathrm{Hom}(Z, FZ) \\ {\scriptstyle (Z,s)^*}\downarrow & & \downarrow{\scriptstyle (s,FZ)} \\ \mathrm{Hom}(Z,W)^* & \xrightarrow{(\eta_{Z,W}^*)^{-1}} & \mathrm{Hom}(W, FZ) \end{array}$$

知

$$ws = (\eta_{Z,Z}^*)^{-1}(\theta_Z)s = (\eta_{Z,W}^*)^{-1}(Z,s)^*(\theta_Z)$$
$$= (\eta_{Z,W}^*)^{-1}(\theta_Z \mathrm{Hom}(Z,s)) = 0.$$

于是定理 10.3.4 中 (AR3) 成立, 即 $(FZ)[-1] \longrightarrow Y \longrightarrow Z \xrightarrow{w} FZ$ 是 Auslander-Reiten 三角.

对偶地, 对于任意不可分解对象 X 也有 Auslander-Reiten 三角 $X \longrightarrow Y \longrightarrow (GX)[1] \xrightarrow{w} X[1]$, 这里 G 是 $\mathcal{A}$ 的左 Serre 函子. ∎

10.7 Auslander-Reiten 三角存在的例子 I

设 A 是 Artin 代数, $\mathcal{B}$ 是 A-mod 的全子加法范畴, 并且 $\mathcal{B}$ 对于同构、扩张和直和项封闭. 令 $\mathcal{S}$ 是三项均落在 $\mathcal{B}$ 中的 A-mod 中短正合列的集合. 在 §9.8 中我们已说明 $\mathcal{S}$-投射对象等同于 $\mathcal{B}$ 中 Ext 投射对象; $\mathcal{S}$-内射对象等同于 $\mathcal{B}$ 中 Ext 内射对象. 本节主要结果如下.

命题 10.7.1 设 A 是有限维代数, $\mathcal{B}$ 是 A-mod 的对于同构、扩张和直和项封闭的全子加法范畴. 令 $\mathcal{S}$ 是三项均落在 $\mathcal{B}$ 中的 A-mod 中短正合列的集合. 设 $(\mathcal{B}, \mathcal{S})$ 是 Frobenius 范畴, 并且 $\mathcal{B}$ 有相对 Auslander-Reiten 序列. 则稳定范畴 $\underline{\mathcal{B}}$ 有 Auslander-Reiten 三角.

证 由推论 10.1.7(ii) 知 $\underline{\mathcal{B}}$ 是 Hom 有限 Krull-Schmidt 范畴.

设 Z 是 $\underline{\mathcal{B}}$ 中不可分解对象. 则可取代表元 Z 是 $\mathcal{B}$ 中不可分解的非 Ext 投射对象. 于是有相对 Auslander-Reiten 序列 $0 \longrightarrow X \xrightarrow{u} Y \xrightarrow{v} Z \longrightarrow 0$. 由命题 6.3.1 知

$$X \xrightarrow{\bar{u}} Y \xrightarrow{\bar{v}} Z \xrightarrow{\bar{w}} X[1]$$

是 $\underline{\mathcal{B}}$ 中的好三角, 其中 w 是使得下图交换的模同态

$$\begin{array}{ccccccccc} 0 & \longrightarrow & X & \xrightarrow{u} & Y & \xrightarrow{v} & Z & \longrightarrow & 0 \\ & & \parallel & & \downarrow{\sigma} & & \downarrow{w} & & \\ 0 & \longrightarrow & X & \xrightarrow{m_X} & I(X) & \xrightarrow{p_X} & X[1] & \longrightarrow & 0 \end{array}$$

我们断言它是 Auslander-Reiten 三角.

首先, X 和 Z 都是 $\mathcal{B}$ 中不可分解的非 $\mathcal{S}$-内射对象, 故 X 和 Z 均是 $\underline{\mathcal{B}}$ 中不可分解对象.

其次, $\bar{w} \neq 0$. 否则由引理 1.3.5 知 $\bar{u}$ 可裂单, $\bar{v}$ 可裂满, 并且在 $\underline{\mathcal{B}}$ 中有 $Y \cong X \oplus Z$. 因此存在 $\mathcal{B}$ 中 $\mathcal{S}$-投射对象 P 和 Q 使得在 $\mathcal{B}$ 中有 $Y \oplus P \cong X \oplus Z \oplus Q$ (参见习题 6.1(ii)). 因为 A-mod 是 Krull-Schmidt 范畴, 并由 $\dim_k Y = \dim_k(X \oplus Z)$ 即知在 $\mathcal{B}$ 中有 $Y \cong X \oplus Z$ 并且 $v: Y \longrightarrow Z$ 是这个同构的分支, 从而 $v: X \longrightarrow Y$ 可裂满. 矛盾!

最后, 设 $\bar{u}': X \longrightarrow W$ 非可裂单, 其中 $u': X \longrightarrow W$ 是 $\mathcal{B}$ 中模同态. 显然 u' 非可裂单, 从而 u' 通过 u 分解, 故 $\bar{u}'$ 也通过 $\bar{u}$ 分解. 这就证明了断言.

对偶地可证: 对于 $\underline{\mathcal{B}}$ 中任意不可分解对象 X, 也存在 Auslander-Reiten 三角 $X \longrightarrow Y \longrightarrow Z \xrightarrow{w} X[1]$. 这就证明了 $\underline{\mathcal{B}}$ 有 Auslander-Reiten 三角. ∎

推论 10.7.2 设 A 是有限维 Gorenstein 代数. 则 Gorenstein 投射模的稳定范畴 $\underline{\mathcal{GP}(A)}$ 有 Auslander-Reiten 三角, 从而有 Serre 函子.

证 因 A 是 Gorenstein 代数, 故 $\mathcal{GP}(A)$ 是 A-mod 的反变有限子范畴 (参见推论 7.7.6), 并且是可解的 (参见定理 7.1.7(i)). 由 [KS] 的推论 0.3 (其内容为: 有限生成模范畴的可解反变有限子范畴也是共变有限的) 知 $\mathcal{GP}(A)$ 是函子有限的, 故由定理 9.8.1 知 $\mathcal{GP}(A)$ 有相对 Auslander-Reiten 序列. 又由定理 7.1.7(ii) 知 $\mathcal{GP}(A)$ 是 Frobenius 范畴. 从而由命题 10.7.1 知 $\underline{\mathcal{GP}(A)}$ 有 Auslander-Reiten 三角. 再由定理 10.6.1 知 $\underline{\mathcal{GP}(A)}$ 有 Serre 函子. ∎

后记 设 Q 是无圈有限箭图, A 是有限维 Gorenstein k-代数. 则 $A \otimes_k kQ$ 仍是 Gorenstein 代数 ([AR3]). 从而 $\underline{\mathcal{GP}(A \otimes_k kQ)}$ 有 Auslander-Reiten 三角. 当 A 是自入射代数时, 由推论 7.12.11 知 $\mathcal{GP}(A \otimes_k kQ) = \text{mon}(Q, A)$; 于是 $\underline{\text{mon}(Q, A)}$ 有 Auslander-Reiten 三角. 如果 $Q = A_2 = \bullet \longrightarrow \bullet$, 则 $\text{mon}(A_2, A) = \mathcal{GP}(T_2(A))$ 的 Auslander-Reiten 平移公式在 C. M. Ringel 和 M. Schmidmeier [RS2] 中给出. 而当 $n \geqslant 2$ 时问题要复杂的多, 需要新的考虑. 文 [XZZ] 用高维旋转的方法得到 $\text{mon}(A_n, A) = \mathcal{GP}(T_n(A))$ 的 Auslander-Reiten 平移公式.

10.8 Auslander-Reiten 三角存在的例子 II

设 A 是域 k 上的有限维代数. 我们问: 有界导出范畴 $D^b(A) = D^b(A\text{-mod})$ 何

时有 Auslander-Reiten 三角?

回顾 Nakayama 函子 $N^+ := D\mathrm{Hom}_A(-, {}_AA) : A\text{-mod} \longrightarrow A\text{-mod}$ 和 $N^- := \mathrm{Hom}_A(-, A_A)D : A\text{-mod} \longrightarrow A\text{-mod}$, 其中 $D := \mathrm{Hom}_k(-, k)$. 则有范畴同构 $N^+ : \mathcal{P} \longrightarrow \mathcal{I}$, 其逆为 N^-, 其中 $\mathcal{P} = \mathcal{P}(A)$ 和 $\mathcal{I} = \mathcal{I}(A)$ 分别是有限维投射 A- 模作成的 A-mod 的全子范畴和有限维内射 A- 模作成的 A-mod 的全子范畴.

引理 10.8.1 设 A 是有限维 k- 代数, $P \in \mathcal{P}$, $X \in A\text{-mod}$. 则

(i) 有 k- 同构
$$\alpha_{P,X} : \mathrm{Hom}_A(P, X) \cong \mathrm{Hom}_A(X, N^+P)^*, \tag{10.13}$$
并且 $\alpha_{P,X}$ 对于 P 和 X 都是自然的.

(ii) 由 $(f, g)_{P,X} = \alpha_{P,X}(f)(g)$ 给出的非退化双线性型
$$(-, -)_{P,X} : \mathrm{Hom}_A(P, X) \times \mathrm{Hom}_A(X, N^+P) \longrightarrow k \tag{10.14}$$
对于任意 $s : P' \longrightarrow P$, $f : P \longrightarrow X$, $g : X \longrightarrow N^+P'$, 满足
$$(f, (N^+s)g)_{P,X} = (fs, g)_{P',X}; \tag{10.15}$$
对于任意 $t : X \longrightarrow X'$, $f : P \longrightarrow X$, $h : X' \longrightarrow N^+P$, 满足
$$(f, ht)_{P,X} = (tf, h)_{P,X'}. \tag{10.16}$$

证 (i) 取 $P = {}_AA$ 可得同构 $\alpha_{A,X}$, 再将此同构延拓到 $\alpha_{P,X}$ 并看出其自然性.

(ii) 由 $\alpha_{P,X}$ 的自然性以及 $(-, -)_{P,X}$ 的定义即得. ∎

设 $P^\bullet, Q^\bullet \in K^b(\mathcal{P})$. 设 $f^\bullet : P^\bullet \longrightarrow Q^\bullet$ 是零伦链映射, 则 $N^+f^\bullet : NP^\bullet \longrightarrow NQ^\bullet$ 也是零伦的. 因此 N^+ 诱导出范畴同构 $N^+ : K^b(\mathcal{P}) \longrightarrow K^b(\mathcal{I})$. 当 A 的整体维数有限时有 $D^b(A) = K^b(\mathcal{P}) = K^b(\mathcal{I})$, 此时 N^+ 是 $D^b(A)$ 的自同构.

设 $P^\bullet \in K^b(\mathcal{P})$, $X^\bullet \in K^b(A\text{-mod})$. 我们指出, 非退化双线性型 (10.14) 可延拓为双线性型
$$(-, -)_{P^\bullet, X^\bullet} : \mathrm{Hom}_{K^b(A)}(P^\bullet, X^\bullet) \times \mathrm{Hom}_{K^b(A)}(X^\bullet, N^+P^\bullet) \longrightarrow k,$$

其中对于 $f^\bullet = (f^i)_{i\in\mathbb{Z}} \in \mathrm{Hom}_{K^b(A)}(P^\bullet, X^\bullet)$ 和 $g^\bullet = (g^i)_{i\in\mathbb{Z}} \in \mathrm{Hom}_{K^b(A)}(X^\bullet, N^+P^\bullet)$, $(f^\bullet, g^\bullet)_{P^\bullet, X^\bullet}$ 定义为

$$(f^\bullet, g^\bullet)_{P^\bullet, X^\bullet} = \sum_{i\in\mathbb{Z}} (-1)^i (f^i, g^i)_{P^i, X^i} \qquad (10.17)$$

($P^\bullet$ 和 $X^\bullet$ 是有界的, 故上述和是有限和). 不难验证 (10.17) 是定义合理的: 即若 $u : f^\bullet \sim 0$, 则

$$(f^\bullet, g^\bullet)_{P^\bullet, X^\bullet} = 0, \quad \forall\, g^\bullet \in \mathrm{Hom}_{K^b(A)}(X^\bullet, N^+P^\bullet),$$

并且若 $w : g^\bullet \sim 0$, 则

$$(f^\bullet, g^\bullet)_{P^\bullet, X^\bullet} = 0, \quad \forall\, f^\bullet \in \mathrm{Hom}_{K^b(A)}(P^\bullet, X^\bullet).$$

我们将这些验证留作习题.

引理 10.8.2 对于 $P^\bullet \in K^b(\mathcal{P})$ 和 $X^\bullet \in K^b(A\text{-mod})$, 有 k- 同构

$$\alpha_{P^\bullet, X^\bullet} : \mathrm{Hom}_{K^b(A)}(P^\bullet, X^\bullet) \cong \mathrm{Hom}_{K^b(A)}(X^\bullet, N^+P^\bullet)^*, \qquad (10.18)$$

并且这一同构对于 $P^\bullet$ 和 $X^\bullet$ 都是自然的.

证 我们已有双线性型 (10.17). 由线性代数知这意味着存在 k- 线性映射

$$\alpha_{P^\bullet, X^\bullet} : \mathrm{Hom}_{K^b(A)}(P^\bullet, X^\bullet) \longrightarrow \mathrm{Hom}_{K^b(A)}(X^\bullet, N^+P^\bullet)^*,$$

即对于 $f^\bullet \in \mathrm{Hom}_{K^b(A)}(P^\bullet, X^\bullet)$ 和 $g^\bullet \in \mathrm{Hom}_{K^b(A)}(X^\bullet, N^+P^\bullet)$ 有

$$\alpha_{P^\bullet, X^\bullet}(f^\bullet)(g^\bullet) = (f^\bullet, g^\bullet)_{P^\bullet, X^\bullet}.$$

$\alpha_{P^\bullet, X^\bullet}$ 的双自然性等价于如下 (10.19) 和 (10.20):

对于任意 $s^\bullet : P'^\bullet \longrightarrow P^\bullet$, $f^\bullet : P^\bullet \longrightarrow X^\bullet$, $g^\bullet : X^\bullet \longrightarrow N^+P'^\bullet$, 满足

$$(f^\bullet, (N^+s^\bullet)g^\bullet)_{P^\bullet, X^\bullet} = (f^\bullet s^\bullet, g^\bullet)_{P'^\bullet, X^\bullet}; \qquad (10.19)$$

对于任意 $t^\bullet : X^\bullet \longrightarrow X'^\bullet$, $f^\bullet : P^\bullet \longrightarrow X^\bullet$, $h^\bullet : X' \longrightarrow N^+P$, 满足

$$(f^\bullet, h^\bullet t^\bullet)_{P^\bullet, X^\bullet} = (t^\bullet f^\bullet, h^\bullet)_{P^\bullet, X'^\bullet}. \qquad (10.20)$$

10.8 Auslander-Reiten 三角存在的例子 II

注意到 (10.19) 由定义 (10.17) 和性质 (10.15) 推出; (10.20) 由定义 (10.17) 和性质 (10.16) 推出. 即 $\alpha_{P^\bullet, X^\bullet}$ 具有双自然性. 剩下只要证 $\alpha_{P^\bullet, X^\bullet}$ 是 k- 同构. 因为 $P^\bullet$ 是有界的, 我们对 $P^\bullet$ 的宽度 $w(P^\bullet)$ 用数学归纳法.

设 $w(P^\bullet) = 1$, 即 $P^\bullet$ 只有一个分支 P^i 不为 0. 则

$$\mathrm{Hom}_{K^b(A)}(P^\bullet, X^\bullet) = \{f^i \in \mathrm{Hom}_A(P^i, X^i) \mid d^i_{X^\bullet} f^i = 0\},$$

$$\mathrm{Hom}_{K^b(A)}(X^\bullet, N^+ P^\bullet) = \{g^i \in \mathrm{Hom}_A(X^i, N^+ P^i) \mid g^i d^{i-1}_{X^\bullet} = 0\}.$$

由线性代数只要证 (10.17) 是非退化的.

设 $g^\bullet \in \mathrm{Hom}_{K^b(A)}(X^\bullet, N^+ P^\bullet)$ 使得

$$(f^\bullet, g^\bullet)_{P^\bullet, X^\bullet} = 0, \quad \forall f^\bullet \in \mathrm{Hom}_{K^b(A)}(P^\bullet, X^\bullet).$$

令 $\sigma : \mathrm{Ker} d^i_{X^\bullet} \hookrightarrow X^i$ 是自然嵌入. 则对于任意 $f' \in \mathrm{Hom}_A(P^i, \mathrm{Ker} d^i_{X^\bullet})$, $f^\bullet := \sigma f' \in \mathrm{Hom}_{K^b(A)}(P^\bullet, X^\bullet)$. 于是由 (10.16) 知

$$(f', g^i \sigma)_{P^i, \mathrm{Ker} d^i_{X^\bullet}} = (\sigma f', g^i)_{P^i, X^i} = (f^\bullet, g^\bullet)_{P^\bullet, X^\bullet} = 0.$$

由 $(-, -)_{P^i, \mathrm{Ker} d^i_{X^\bullet}}$ 的非退化性知 $g^i \sigma = 0$. 于是 g^i 通过自然满态 $X^i \twoheadrightarrow \mathrm{Im} d^i_{X^\bullet}$ 分解; 而 $N^+ P^i$ 是内射模, $\mathrm{Im} d^i_{X^\bullet} \hookrightarrow X^{i+1}$ 是自然单射, 从而 g^i 通过 $d^i_{X^\bullet}$ 分解, 即 $g^\bullet$ 同伦于 0, 即 $g^\bullet = 0 \in \mathrm{Hom}_{K^b(A)}(X^\bullet, N^+ P^\bullet)$.

再设 $f^\bullet \in \mathrm{Hom}_{K^b(A)}(P^\bullet, X^\bullet)$ 使得

$$(f^\bullet, g^\bullet)_{P^\bullet, X^\bullet} = 0, \quad \forall g^\bullet \in \mathrm{Hom}_{K^b(A)}(X^\bullet, N^+ P^\bullet).$$

令 $\pi : X^i \twoheadrightarrow X^i / \mathrm{Im} d^{i-1}_{X^\bullet}$ 是自然满射. 则对于任意 $g' \in \mathrm{Hom}_A(X^i / \mathrm{Im} d^{i-1}_{X^\bullet}, N^+ P^i)$, $g^\bullet := g' \pi \in \mathrm{Hom}_{K^b(A)}(X^\bullet, N^+ P^\bullet)$. 于是由 (10.16) 知

$$(\pi f^i, g')_{P^i, X^i / \mathrm{Im} d^{i-1}_{X^\bullet}} = (f^i, g' \pi)_{P^i, X^i} = (f^\bullet, g^\bullet)_{P^\bullet, X^\bullet} = 0.$$

由 $(-, -)_{P^i, X^i / \mathrm{Im} d^{i-1}_{X^\bullet}}$ 的非退化性知 $\pi f^i = 0$. 于是 f^i 通过 $\mathrm{Im} d^{i-1}_{X^\bullet}$; 而 P^i 是投射模, 故 f^i 通过 $d^{i-1}_{X^\bullet}$ 分解, 即 $f^\bullet$ 同伦于 0, 即 $f^\bullet = 0 \in \mathrm{Hom}_{K^b(A)}(P^\bullet, X^\bullet)$.

至此我们证得当 $w(P^\bullet) = 1$ 时, $\alpha_{P^\bullet, X^\bullet}$ 是 k- 同构. 设 $w(P^\bullet) > 1$. 设 $P^n \ne 0$, $P^i = 0$, $\forall\, i > n$. 由引理 2.6.1 我们有 $K^b(A)$ 中的好三角

$$P^\bullet_{\geqslant n} \longrightarrow P^\bullet \longrightarrow P^\bullet_{< n} \longrightarrow P^\bullet_{\geqslant n}[1].$$

从而有如下交换图 (将 $P^\bullet$ 简写成 P, $P^\bullet_{\geqslant n}$ 简写成 U, $P^\bullet_{< n}$ 简写成 V)

$$\begin{array}{ccccccccc}
(U[1], X) & \longrightarrow & (V, X) & \longrightarrow & (P, X) & \longrightarrow & (U, X) & \longrightarrow & (V[-1], X) \\
\downarrow\alpha_{U[1],X} & & \downarrow\alpha_{V,X} & & \downarrow\alpha_{P,X} & & \downarrow\alpha_{U,X} & & \downarrow\alpha_{V[-1],X} \\
(X, N^+U[1])^* & \to & (X, N^+V)^* & \to & (X, N^+P)^* & \to & (X, N^+U)^* & \to & (X, N^+V[-1])^*
\end{array}$$

由归纳假设知 $\alpha_{U[1],X}$, $\alpha_{V,X}$, $\alpha_{U,X}$, $\alpha_{V[-1],X}$ 均为同构, 由五引理 $\alpha_{P,X}$ 是同构. ∎

定理 10.8.3 (D. Happel [Hap4]) 设 A 是有限维代数. 则 $D^b(A)$ 有 Auslander-Reiten 三角当且仅当 A 的整体维数有限. 此时 N^+ 是 $D^b(A)$ 的右 Serre 函子.

证 设 A 的整体维数有限. 则 $D^b(A)$ 三角等价于 $K^b(\mathcal{P})$ 和 $K^b(\mathcal{I})$. 于是 (10.18) 表明 N^+ 是 $D^b(A) = K^b(\mathcal{P}) = K^b(\mathcal{I})$ 的右 Serre 函子. 注意 $N^+ : K^b(\mathcal{P}) \longrightarrow K^b(\mathcal{I})$ 是同构, 故它是 Serre 函子. 由定理 10.6.1 即知 $D^b(A)$ 有 Auslander-Reiten 三角.

事实上, 设 $P^\bullet \in D^b(A) = K^b(\mathcal{P})$ 是不可分解对象. 取 $\varphi \in \mathrm{Hom}_{K^b(A)}(P^\bullet, P^\bullet)^*$, 满足

$$\varphi(\mathrm{Id}_{P^\bullet}) = 1, \quad \varphi(f^\bullet) = 0, \quad \forall\, f^\bullet \in \mathrm{rad}\,\mathrm{Hom}_{K^b(A)}(P^\bullet, P^\bullet).$$

则由引理 10.8.2 知 $0 \ne (\alpha^*_{P^\bullet, P^\bullet})^{-1}(\varphi) \in \mathrm{Hom}_{K^b(A)}(P^\bullet, N^+P^\bullet)$. 将 $(\alpha^*_{P^\bullet, P^\bullet})^{-1}(\varphi)$ 简记为 $\beta_{P^\bullet}(\varphi)$. 则 $D^b(A)$ 中好三角

$$(N^+P^\bullet)[-1] \longrightarrow \mathrm{Cone}(\beta_{P^\bullet}(\varphi)[-1]) \longrightarrow P^\bullet \xrightarrow{\beta_{P^\bullet}(\varphi)} N^+P^\bullet$$

是 Auslander-Reiten 三角.

反之, 设 $Z \in D^b(A)$ 是不可分解对象, $X \xrightarrow{u} Y \xrightarrow{v} Z \xrightarrow{w} X[1]$ 是 $D^b(A)$ 中的 Auslander-Reiten 三角. 只要证断言: $Z \in K^b(\mathcal{P})$ (参见命题 5.4.1). (反证) 假设断言不成立, 即存在不可分解对象 $Z \in D^b(A)$ 使得 Z 不同构于 $K^b(\mathcal{P})$ 中复形. 将 $D^b(A)$ 等同于 $K^{-,\,b}(\mathcal{P})$, 特别地上述 Auslander-Reiten 三角是在 $K^{-,\,b}(\mathcal{P})$ 中. 不妨设 $Z^i = 0$, $\forall\, i > 0$, 并且 $\mathrm{H}^m(X) = 0$, $\forall\, m \leqslant m_0$.

10.8 Auslander-Reiten 三角存在的例子 II

取 $n < 0$, $n \leqslant m_0$. 考虑复形态射 $\mu : Z_{\geqslant n} \longrightarrow Z$, 其中 $Z_{\geqslant n}$ 是 Z 的强制截断,

$$
\begin{array}{ccccccccc}
Z_{\geqslant n} = & \cdots \longrightarrow & 0 & \longrightarrow & Z^n & \xrightarrow{d_Z^n} & Z^{n+1} & \longrightarrow & \cdots \\
& & \downarrow & & \downarrow & & \parallel & & \parallel \\
\downarrow \mu & & & & & & & & \\
Z = & \cdots \longrightarrow & Z^{n-1} & \xrightarrow{d_Z^{n-1}} & Z^n & \xrightarrow{d_Z^n} & Z^{n+1} & \longrightarrow & \cdots
\end{array}
$$

参见引理 2.6.1. 则 μ 非可裂满. 否则由好三角

$$Z_{\geqslant n} \longrightarrow Z \longrightarrow Z_{<n} \longrightarrow Z_{\geqslant n}[1]$$

知 $Z_{\geqslant n} \cong Z_{<n}[-1] \oplus Z$. 比较上同调群即得到 Z 只有有限多个非零的上同调群, 因为已假设 $Z \in K^{-,b}(\mathcal{P})$, 从而得到矛盾 $Z \in K^b(\mathcal{P})$.

因此 μ 通过 v 分解, $w\mu = 0$, 即链映射 $w\mu : Z_{\geqslant n} \longrightarrow X[1]$ 是零伦的. 故有 $s^i : Z_{\geqslant n}^i \longrightarrow X^i$, $\forall i \in \mathbb{Z}$, 使得

$$w^i \mu^i = -d_X^i s^i + s^{i+1} d_{Z_{\geqslant n}}^i, \quad \forall i \in \mathbb{Z}.$$

特别地, 我们有

$$w^i = -d_X^i s^i + s^{i+1} d_Z^i, \quad \forall i \geqslant n.$$

下证 $w = 0$, 即 w 是零伦的, 从而得到矛盾. 为此构造同伦 $h = \{h^i\}_{i \in \mathbb{Z}} : w \sim 0$ 如下, 其中 $h^i : Z^i \longrightarrow X^i$.

若 $i \geqslant n$, 定义 $h^i = s^i$. 则 $w^i = -d_X^i h^i + h^{i+1} d_Z^i$, $\forall i \geqslant n$. 设对于整数 j, 其中 $j \leqslant n$, 已定义 $h^i : Z^i \longrightarrow X^i$, $\forall i \geqslant j$, 使得

$$w^i = -d_X^i h^i + h^{i+1} d_Z^i, \quad \forall i \geqslant j.$$

因为

$$
\begin{aligned}
-d_X^j(w^{j-1} - h^j d_Z^{j-1}) &= -d_X^j w^{j-1} - (-d_X^j h^j) d_Z^{j-1} = -d_X^j w^{j-1} - (w^j - h^{j+1} d_Z^j) d_Z^{j-1} \\
&= -d_X^j w^{j-1} - w^j d_Z^{j-1} = -d_X^j w^{j-1} - (-d_X^j w^{j-1}) = 0,
\end{aligned}
$$

故 $w^{j-1} - h^j d_Z^{j-1}$ 通过 $\mathrm{Ker}(-d_X^j) = \mathrm{Im}(-d_X^{j-1})$ 分解, 这是因为 $j \leqslant n \leqslant m_0$, $\mathrm{H}^j(X) = 0$. 因为 Z^{j-1} 是投射模, 故存在 $h^{j-1} : Z^{j-1} \longrightarrow X^{j-1}$ 使得 $w^{j-1} - h^j d_Z^{j-1} = -d_X^{j-1} h^{j-1}$, 即

$$w^{j-1} = -d_X^{j-1} h^{j-1} + h^j d_Z^{j-1}.$$

由归纳法即得同伦 $h = \{h^i\}_{i \in \mathbb{Z}} : w \sim 0$.

至此定理证完. ■

后记 虽然当 A 的整体维数无限时, $D^b(A)$ 无Auslander-Reiten 三角, 但仍可以讨论 $D^b(A)$ 的不可约态射. 参见 [HKR].

10.9 Auslander-Reiten 三角存在的例子III

Hom 有限范畴 $\mathcal{A}$ 称为局部有限的 (locally finite, [XiaoZhu2]), 如果对于任意不可分解对象 $X \in \mathcal{A}$, 在同构意义下, 只有有限多个不可分解对象 Y 使得 $\mathrm{Hom}_{\mathcal{A}}(X, Y) \neq 0$, 也只有有限多个不可分解对象 Z 使得 $\mathrm{Hom}_{\mathcal{A}}(Z, X) \neq 0$.

引理 10.9.1 ([XiaoZhu1])　设 $\mathcal{A}$ 是Hom 有限三角范畴. 则下述等价

(i) $\mathcal{A}$ 是局部有限的;

(ii) 对于任意不可分解对象 $X \in \mathcal{A}$, 在同构意义下只有有限多个不可分解对象 Y 使得 $\mathrm{Hom}_{\mathcal{A}}(X, Y) \neq 0$;

(iii) 对于任意不可分解对象 $Z \in \mathcal{A}$, 在同构意义下只有有限多个不可分解对象 Y 使得 $\mathrm{Hom}_{\mathcal{A}}(Y, Z) \neq 0$.

证　(ii) $\Longrightarrow$ (iii)：设有 (ii). 设 $Z \in \mathcal{A}$ 是不可分解对象. 设 $u : Y \longrightarrow Z$ 是非零态射, 其中 Y 不可分解且 Y 与 Z 不同构. 考虑好三角

$$Y \xrightarrow{u} Z \xrightarrow{\begin{pmatrix} v_1 \\ \vdots \\ v_n \end{pmatrix}} \bigoplus_{1 \leqslant i \leqslant n} W_i \xrightarrow{(w_1, \cdots, w_n)} Y[1],$$

其中 W_i 不可分解. 由推论 1.3.8 知每个 v_i 和每个 w_i 均非零. 从而由 (ii) 知无论 Y 如何选取, 这样的 W_i 只有有限多个, 进而由 (ii) 知这样的 Y 也只有有限多个.

类似地可证 (iii)$\Longrightarrow$(ii). ■

设 $\mathcal{A}$ 是Hom 有限 Krull-Schmidt k- 范畴, 其中 k 是代数闭域, $X \in \mathcal{A}$ 是不可分解对象. 则 $\mathrm{End}_{\mathcal{A}} X = k\mathrm{Id}_X \oplus \mathrm{rad} X$ (作为 k- 空间). 我们需要下述重要事实.

10.9 Auslander-Reiten 三角存在的例子III

命题 10.9.2 ([Rin1, p.57]) 设 $\mathcal{A}$ 是局部有限的Hom 有限Krull-Schmidt k- 范畴, k 是代数闭域. 则 $\mathcal{A}$ 有源射和汇射.

证 先证 $\mathcal{A}$ 有源射. 设 $X \in \mathcal{A}$ 是不可分解对象, $Y_1, \cdots, Y_n$ 是全部的两两互不同构的不可分解对象使得 $\mathrm{Hom}_{\mathcal{A}}(X, Y_i) \neq 0$. 设 $f_{i1}, \cdots, f_{id_i}$ 是 $\mathrm{rad}(X, Y_i)$ 的一组基, 这里 $\mathrm{rad}(X, Y_i)$ 是所有 X 到 Y_i 的非同构的态射作成的线性空间. 则可按定义直接验证

$$f = \begin{pmatrix} f_{11} \\ \vdots \\ f_{i1} \\ \vdots \\ f_{id_i} \\ \vdots \\ f_{nd_n} \end{pmatrix} : X \longrightarrow U := \bigoplus_{1 \leqslant i \leqslant n} \underbrace{Y_i \oplus \cdots \oplus Y_i}_{d_i}$$

是左几乎可裂态射.

我们还要证明存在极小的左几乎可裂态射. 原证 [Rin1, p.57] 此处过分省略. 要点是可以应用 Fitting 引理.

令

$$\Omega := \{ (\widetilde{Y}, f_{\widetilde{Y}}) \mid \widetilde{Y} \text{ 是 } U \text{ 的直和项, 且有可裂单射 } \sigma_{\widetilde{Y}} : \widetilde{Y} \longrightarrow U \text{ 使得 } f = \sigma_{\widetilde{Y}} f_{\widetilde{Y}} \}.$$

注意到对于 Ω 中任意对象 $(\widetilde{Y}, f_{\widetilde{Y}})$, $f_{\widetilde{Y}} : X \longrightarrow \widetilde{Y}$ 均是左几乎可裂态射. 取 $(V, f_V) \in \Omega$ 使得 V 的不可分解直和项的个数最小. 设有态射 $\delta : V \longrightarrow V$ 使得 $f_V = \delta f_V$. 我们要证 δ 是同构 (从而 $f_V : X \longrightarrow V$ 是源射).

(反证) 假设 δ 不是同构. 考虑等价函子 $\mathrm{Hom}_{\mathcal{A}}(Y, -) : \mathrm{add}\, Y \longrightarrow \mathcal{P}(B)$, 其中 $Y := \bigoplus_{1 \leqslant i \leqslant n} Y_i$, $B := (\mathrm{End}_{\mathcal{A}} Y)^{op}$ 是有限维 k- 代数. 注意 $\mathrm{Hom}_{\mathcal{A}}(Y, -)$ 保持不可分解直和项的个数. 由假设 $\alpha := \mathrm{Hom}_{\mathcal{A}}(Y, \delta) : P \longrightarrow P$ 不是同构, 其中 $P := \mathrm{Hom}_{\mathcal{A}}(Y, V)$. 因为 $_B P$ 是有限维模, 由 Fitting 引理知 $P = P_1 \oplus P_2$, 其中 $P_2 \neq 0$, 限制 $\alpha|_{P_1} : P_1 \longrightarrow P_1$ 是同构, 限制 $\alpha|_{P_2} : P_2 \longrightarrow P_2$ 是幂零的. 从而 $V = V_1 \oplus V_2$, 其中 $V_2 \neq 0$, 限制 $\delta_1 := \delta|_{V_1} : V_1 \longrightarrow V_1$ 是同构, 限制 $\delta_2 := \delta|_{V_2} : V_2 \longrightarrow V_2$ 是幂零的 (设 $\delta_2^n = 0$). 由 $f_V = \delta f_V$ 知 $f_V = \delta^n f_V$. 将 f_V 写成 $\begin{pmatrix} f_{V_1} \\ f_{V_2} \end{pmatrix}$, 将 δ 写成 $\begin{pmatrix} \delta_1 & 0 \\ 0 & \delta_2 \end{pmatrix}$. 则

$$\begin{pmatrix} f_{V_1} \\ f_{V_2} \end{pmatrix} = \begin{pmatrix} \delta_1^n & 0 \\ 0 & \delta_2^n \end{pmatrix} \begin{pmatrix} f_{V_1} \\ f_{V_2} \end{pmatrix} = \begin{pmatrix} \delta_1^n & 0 \\ 0 & 0 \end{pmatrix} \begin{pmatrix} f_{V_1} \\ f_{V_2} \end{pmatrix} = \begin{pmatrix} \delta_1^n f_{V_1} \\ f_{V_2} \end{pmatrix} = \begin{pmatrix} f_{V_1} \\ 0 \end{pmatrix},$$

即 $f_{V_2} = 0$. 将 $\sigma_V : V \longrightarrow U$ 写成 $(\sigma_{V_1}, \sigma_{V_2})$, 则

$$f = \sigma_V f_V = (\sigma_{V_1}, \sigma_{V_2}) \begin{pmatrix} f_{V_1} \\ f_{V_2} \end{pmatrix} = \sigma_{V_1} f_{V_1},$$

即 $(V_1, f_{V_1}) \in \Omega$. 与 V 的选取相矛盾!

对偶地可证 $\mathcal{A}$ 有汇射. ∎

注 命题 10.9.2 在 [Rin1, p.57] 是对有限表示型表述的; 文 [XiaoZhu1] 观察到对局部有限表示型也对.

由命题 10.9.2 和推论 10.3.8 即得

推论 10.9.3 (肖杰–朱彬 [XiaoZhu1]) 设 $\mathcal{A}$ 是局部有限的 Hom 有限 Krull-Schmidt k- 范畴, k 是代数闭域. 则 $\mathcal{A}$ 有 Auslander-Reiten 三角.

后记 文 [XiaoZhu2, Theorem 2.2.1, Theorem 2.3.5] 确定了代数闭域上局部有限的 Hom 有限 Krull-Schmidt 三角范畴的 Auslander-Reiten 箭图.

习 题

10.1 设 k 是域, $\mathcal{C}$ 是 k- 范畴. 则 $\mathcal{C}$ 是 Hom 有限 k- 范畴当且仅当 $\mathrm{End}_{\mathcal{C}}(X)$ 是有限维 k- 代数, $\forall X \in \mathcal{C}$.

10.2 Hom 有限 k- 范畴中任意对象均可分解为有限多个不可分解对象的直和.

10.3 环 R 称为半完全环, 如果 $R/\mathrm{rad}R$ 是半单环且 $R/\mathrm{rad}(R)$ 中的幂等元可以提升为 R 的幂等元.

证明加法范畴 $\mathcal{C}$ 是 Krull-Schmidt 范畴当且仅当 $\mathcal{C}$ 的幂等元均可裂且 $\mathrm{End}_{\mathcal{C}}(X)$ 是半完全环, $\forall X \in \mathcal{C}$.

10.4 设 A 是 Artin 代数. 则 $D^b(A)$ 是 Krull-Schmidt 范畴.

10.5 右几乎可裂态射的极小化是极小右几乎可裂态射; 左几乎可裂态射的极小化是极小左几乎可裂态射.

习　题

10.6　Hom有限Krull-Schmidt 范畴 $\mathcal{A}$ 的全子范畴 $\mathcal{B}$ 是Krull-Schmidt 范畴当且仅当 $\mathcal{B}$ 对于直和项封闭. (提示: 利用引理10.1.2 和命题10.1.4).

10.7　设 $\mathcal{A}$ 是Hom有限Krull-Schmidt 三角范畴. 则下述等价:

(i) $\mathcal{A}$ 有Auslander-Reiten 三角;

(ii) 对于任意不可分解对象 $X \in \mathcal{A}$, 均存在Auslander-Reiten 三角 $X \xrightarrow{u} Y \xrightarrow{v} Z \xrightarrow{w} X[1]$;

(iii) 对于任意不可分解对象 $Z \in \mathcal{A}$, 均存在汇射 $v: Y \longrightarrow Z$;

(iv) 对于任意不可分解对象 $X \in \mathcal{A}$, 均存在源射 $u: X \longrightarrow Y$.

10.8　设 $\mathcal{A}$ 是Hom有限Krull-Schmidt 三角范畴. 则 $X \xrightarrow{u} Y \xrightarrow{v} Z \xrightarrow{w} X[1]$ 是Auslander-Reiten 三角当且仅当 (AR1), (AR2) 和下述条件成立:

若 W 是不可分解对象, $f: W \longrightarrow Z$ 非同构, 则 $wf = 0$.

10.9　设 $\mathcal{A}$ 是Hom有限Krull-Schmidt 三角范畴. 则 $X \xrightarrow{u} Y \xrightarrow{v} Z \xrightarrow{w} X[1]$ 是Auslander-Reiten 三角当且仅当 (AR1), (AR2) 和下述条件成立:

若 V 是不可分解对象, $g: X \longrightarrow V$ 非同构, 则 $gw[-1] = 0$.

10.10　设 $\mathcal{A}$ 是Hom有限 k- 范畴. 则 $\mathcal{A}$ 的左Serre 函子在自然同构的意义下是唯一的.

10.11　设 $\mathcal{A}$ 是Hom有限 k- 范畴. 则 $\mathcal{A}$ 的左Serre 函子是满忠实的.

10.12　证明引理10.6.2(2).

10.13　设 $\mathcal{A}$ 是Hom有限 k- 范畴. 则 $\mathcal{A}$ 有左Serre 函子当且仅当 $\mathrm{Hom}(-, X)^*$ 是可表函子, $\forall\, X \in \mathcal{A}$, 即存在 $Y \in \mathcal{A}$ 使得 $\mathrm{Hom}(-, X)^*$ 自然同构于 $\mathrm{Hom}(Y, -)$.

10.14　验证 (10.17) 是定义合理的: 即若 $u: f^\bullet \sim 0$ 则

$$(f^\bullet, g^\bullet) = 0, \quad \forall\, g^\bullet \in \mathrm{Hom}_{K^b(A)}(X^\bullet, N^+P^\bullet),$$

并且若 $w: g^\bullet \sim 0$ 则 $(f^\bullet, g^\bullet) = 0, \ \forall\, f^\bullet \in \mathrm{Hom}_{K^b(A)}(P^\bullet, X^\bullet)$.

(提示: 这里要用到 (10.15), (10.16), 以及 (10.17) 中的符号 $(-1)^i$.)

10.15 设 A 的整体维数有限, $\alpha_{P^\bullet, X^\bullet}: \operatorname{Hom}_{K^b(A)}(P^\bullet, X^\bullet)^* \cong \operatorname{Hom}_{K^b(A)}(X^\bullet, N^+P^\bullet)$ 是双自然的 k-同构, $P^\bullet \in D^b(A) = K^b(\mathcal{P})$ 是不可分解对象. 取 $\varphi \in \operatorname{Hom}_{K^b(A)}(P^\bullet, P^\bullet)^*$, 满足 $\varphi(\operatorname{Id}_{P^\bullet}) = 1$, $\varphi(f^\bullet) = 0$, $\forall f^\bullet \in \operatorname{rad}\operatorname{Hom}_{K^b(A)}(P^\bullet, P^\bullet)$. 证明 $D^b(A)$ 中好三角

$$(N^+P^\bullet)[-1] \longrightarrow \operatorname{Cone}(\beta_{P^\bullet}(\varphi)[-1]) \longrightarrow P^\bullet \xrightarrow{\beta_{P^\bullet}(\varphi)} N^+P^\bullet$$

是 $D^b(A)$ 中的Auslander-Reiten三角, 其中 $\beta_{P^\bullet}(\varphi) = (\alpha^*_{P^\bullet, P^\bullet})^{-1}(\varphi)$.

(提示: 参阅定理10.6.1的证明.)

10.16 设 A 是有限维代数, $0 \longrightarrow X \xrightarrow{u} Y \xrightarrow{v} Z \longrightarrow 0$ 是Auslander-Reiten 序列, 其在 $\operatorname{Ext}^1(Z, X) = \operatorname{Hom}(Z, X[1])$ 中对应的元为 w. 则下述等价:

(i) $X \xrightarrow{u} Y \xrightarrow{v} Z \xrightarrow{w} X[1]$ 是 $D^b(A)$ 中的Auslander-Reiten 三角;

(ii) $\operatorname{id} X \leqslant 1$, $\operatorname{pd} Z \leqslant 1$;

(iii) $\operatorname{Hom}_A(I, X) = 0$, $\operatorname{Hom}_A(Z, P) = 0$, 其中 I 是任意内射模, P 是任意投射模. (提示: (ii) 与 (iii) 的等价性利用Auslander-Reiten 公式.)

第 11 章 三角范畴的 t- 结构与粘合

三角范畴的 t- 结构和三角范畴的粘合是 A. A. Beilinson, J. Bernstein 和 P. Deligne 在文献 [BBD] 中引入的. 现在它已成为代数、几何、拓扑、分析等学科中非常重要的概念和应用广泛的工具. 对于 [BBD] 的每一位作者而言, 此文都是他 (她) 引次数最高的论文.

历史上先有 Abel 范畴中挠对, 后有三角范畴中 t- 结构的概念; 而先有三角范畴粘合, 后有 Abel 范畴粘合的概念 (参见 [FP]).

我们重申本章中所有的子范畴均是指同构闭的全子范畴.

11.1 t- 结构的基本性质

三角范畴中的 t- 结构是 Abel 范畴中的挠对 (torsion pair) 在三角范畴中的类似物. 由于三角范畴中的 t- 结构可以自然地诱导出 Abel 全子范畴, 许多人认为其引入的动机之一是在三角范畴中寻找 Abel 全子范畴.

定义 11.1.1 (A. A. Beilinson, J. Bernstein, P. Deligne [BBD]) 三角范畴 $(\mathcal{D}, [1])$ 的一个 t- 结构是 $\mathcal{D}$ 的一对全子范畴 $(\mathcal{D}^{\leqslant 0}, \mathcal{D}^{\geqslant 0})$, 使得 $\mathcal{D}^{\leqslant n} := \mathcal{D}^{\leqslant 0}[-n]$, $\mathcal{D}^{\geqslant n} := \mathcal{D}^{\geqslant 0}[-n]$, $\forall n \in \mathbb{Z}$, 满足下述条件 (t1), (t2) 和 (t3):

(t1) $\mathrm{Hom}_{\mathcal{D}}(X, Y) = 0$, $\forall X \in \mathcal{D}^{\leqslant 0}$, $Y \in \mathcal{D}^{\geqslant 1}$;

(t2) $\mathcal{D}^{\leqslant 0} \subseteq \mathcal{D}^{\leqslant 1}$, 即 $\mathcal{D}^{\leqslant 0}$ 对于平移函子 $[1]$ 封闭;

$\mathcal{D}^{\geqslant 1} \subseteq \mathcal{D}^{\geqslant 0}$, 即 $\mathcal{D}^{\geqslant 0}$ 对于平移函子 $[-1]$ 封闭;

(t3) 对于任意 $X \in \mathcal{D}$, 存在 $\mathcal{D}$ 中的好三角

$$A \longrightarrow X \longrightarrow B \longrightarrow A[1],$$

使得 $A \in \mathcal{D}^{\leqslant 0}$, $B \in \mathcal{D}^{\geqslant 1}$.

如果 $(\mathcal{D}^{\leqslant 0}, \mathcal{D}^{\geqslant 0})$ 是 $\mathcal{D}$ 上的一个 t- 结构, 则 $\mathcal{H} := \mathcal{D}^{\leqslant 0} \cap \mathcal{D}^{\geqslant 0}$ 称为该 t- 结构的心 (heart).

给定三角范畴 $\mathcal{D}$ 的一个 t- 结构 $(\mathcal{D}^{\leqslant 0}, \mathcal{D}^{\geqslant 0})$, 对于任意 $X \in \mathcal{D}$, 下面我们将证明 (参见以下引理 11.1.4): (t3) 中的好三角

$$A \longrightarrow X \longrightarrow B \longrightarrow A[1]$$

其中 $A \in \mathcal{D}^{\leqslant 0}$, $B \in \mathcal{D}^{\geqslant 1}$, 在三角同构的意义下是**唯一的**. 方便起见, 以后我们将这个好三角称为 X 的 t- 分解, 将上面的 A 和 B 分别称为 X 关于此 t- 结构的 t- 部分和 t- 自由部分.

注 借用数轴模拟 t- 结构定义中的记号 $\mathcal{D}^{\leqslant n}$ 和 $\mathcal{D}^{\geqslant n}$, 对于记忆 t- 结构的基本性质会有帮助.

例 11.1.2 设 $\mathcal{A}$ 是 Abel 范畴, $D^b(\mathcal{A})$ 是 $\mathcal{A}$ 的有界导出范畴. 令 $D^{\leqslant 0}$ 是由所有满足 $\mathrm{H}^i(X) = 0$, $\forall i > 0$, 的有界复形 X 作成的 $D^b(\mathcal{A})$ 的全子范畴; 令 $D^{\geqslant 0}$ 是由所有满足 $\mathrm{H}^i(X) = 0$, $\forall i < 0$, 的有界复形 X 作成的 $D^b(\mathcal{A})$ 的全子范畴. 则 $(D^{\leqslant 0}, D^{\geqslant 0})$ 是 $D^b(\mathcal{A})$ 的一个 t- 结构, 其心就是 Abel 范畴 $\mathcal{A}$.

事实上, (t2) 由 $D^{\leqslant 0}$ 和 $D^{\geqslant 0}$ 的定义直接可见. 对于复形 $X \in D^b(\mathcal{A})$, 由习题 5.7 知存在 $D^b(\mathcal{A})$ 中的好三角

$$\tau_{\leqslant 0} X \longrightarrow X \longrightarrow \tau_{\geqslant 1} X \longrightarrow (\tau_{\leqslant 0} X)[1].$$

因此 (t3) 成立. 下面说明 (t1) 成立. 设 $X \in D^{\leqslant 0}$, $Y \in D^{\geqslant 1}$. 因为有拟同构 $\tau_{\leqslant 0} X \longrightarrow X$ 和拟同构 $Y \longrightarrow \tau_{\geqslant 1} Y$. 所以

$$\mathrm{Hom}_{D^b(\mathcal{A})}(X, Y) = \mathrm{Hom}_{D^b(\mathcal{A})}(\tau_{\leqslant 0} X, \tau_{\geqslant 1} Y).$$

因此不妨设

$$X^i = 0, \quad \forall i \geqslant 1; \quad Y^j = 0, \quad \forall j \leqslant -1$$

且 $d_Y^0 : Y^0 \hookrightarrow Y^1$ 是单射. 设 $a/s \in \mathrm{Hom}_{D^b(\mathcal{A})}(X, Y)$, 即有链映射序列 $X \xleftarrow{s} Z \xrightarrow{a}$

Y, 其中 s 是拟同构, Z 是有界复形. 考虑拟同构 $t: \tau_{\leqslant 0} Z \longrightarrow Z$ 和下面的链映射

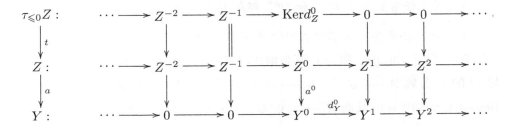

因为 d_Y^0 是单射, 故上述两个链映射的合成为 0. 即 $at = 0$. 因此有交换图

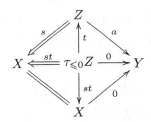

这表明 $a/s = 0$. 这就证明了 (t1).

我们有下述简单的事实.

引理 11.1.3 设 $(\mathcal{D}^{\leqslant 0}, \mathcal{D}^{\geqslant 0})$ 是三角范畴 $\mathcal{D}$ 的 t- 结构. 则

(i) 若 $m < n$, 则 $\mathcal{D}^{\leqslant m} \subseteq \mathcal{D}^{\leqslant n}$, $\mathcal{D}^{\geqslant m} \supseteq \mathcal{D}^{\geqslant n}$. 即

$$\cdots \subseteq \mathcal{D}^{\leqslant -2} \subseteq \mathcal{D}^{\leqslant -1} \subseteq \mathcal{D}^{\leqslant 0} \subseteq \mathcal{D}^{\leqslant 1} \subseteq \mathcal{D}^{\leqslant 2} \subseteq \cdots;$$

$$\cdots \supseteq \mathcal{D}^{\geqslant -2} \supseteq \mathcal{D}^{\geqslant -1} \supseteq \mathcal{D}^{\geqslant 0} \supseteq \mathcal{D}^{\geqslant 1} \supseteq \mathcal{D}^{\geqslant 2} \supseteq \cdots.$$

(ii) $\mathcal{D}^{\leqslant m}$ 对于 $[n]$ 封闭, $\mathcal{D}^{\geqslant m}$ 对于 $[-n]$ 封闭, 其中 $n \geqslant 0$.

(iii) 设 $G \in \mathcal{D}$ 且 $\mathrm{Hom}_{\mathcal{D}}(G, \mathcal{D}^{\geqslant 1}) = 0$. 则 $G \in \mathcal{D}^{\leqslant 0}$.

设 $F \in \mathcal{D}$ 且 $\mathrm{Hom}_{\mathcal{D}}(\mathcal{D}^{\leqslant 0}, F) = 0$. 则 $F \in \mathcal{D}^{\geqslant 1}$.

特别地, $\mathcal{D}^{\leqslant 0}$ 和 $\mathcal{D}^{\geqslant 1}$ 对于直和项封闭, 对于扩张封闭 (指若好三角 $X \longrightarrow Y \longrightarrow Z \longrightarrow X[1]$ 中 X, Z 在其中, 则 Y 也在其中).

(iv) 对于任意整数 n, $(\mathcal{D}^{\leq n}, \mathcal{D}^{\geq n})$ 也是三角范畴 $\mathcal{D}$ 上的 t- 结构.

(v) 对于任意整数 n, $\mathcal{D}^{\leq n}$ 和 $\mathcal{D}^{\geq n}$ 都是 $\mathcal{D}$ 的加法子范畴.

(vi) 对于任意整数 n, $\mathcal{D}^{\leq n} \cap \mathcal{D}^{\geq n}$ 都是 $\mathcal{D}$ 的加法子范畴.

证 只证 (iii),(iv) 和 (v), 其余留作习题. 设 $G \in \mathcal{D}$ 且 $\mathrm{Hom}_\mathcal{D}(G, \mathcal{D}^{\geq 1}) = 0$. 取 G 的 t- 分解 $A \longrightarrow G \stackrel{0}{\longrightarrow} B \longrightarrow A[1]$. 由引理 1.3.5(2) 知 $A \cong G \oplus B[-1]$. 但 $\mathrm{Hom}_\mathcal{D}(A, B[-1]) = 0$, 从而 $B[-1] = 0$, $G \cong A \in \mathcal{D}^{\leq 0}$. 同理可证另一结论.

(iv) 取 $X[n]$ 的 t- 分解并将 $[-n]$ 作用其上即可看出.

下证 (v). 由 (t3) 知存在 $\mathcal{D}$ 中的好三角 $A \longrightarrow 0 \longrightarrow B \longrightarrow A[1]$ 使得 $A \in \mathcal{D}^{\leq 0}$, $B \in \mathcal{D}^{\geq 1}$. 从而 $B[-1] \longrightarrow A \longrightarrow 0 \longrightarrow B$ 是好三角, 故 $B[-1] \cong A$. 但 $\mathrm{Hom}_\mathcal{D}(A, B[-1]) = 0$, 所以 $A \cong 0 \cong B$. 即零对象在 $\mathcal{D}^{\leq 0}$ 和 $\mathcal{D}^{\geq 1}$ 中. 再作用 $[-n]$ 即知零对象在 $\mathcal{D}^{\leq n}$ 和 $\mathcal{D}^{\geq n+1}$ 中.

设 $A, A' \in \mathcal{D}^{\leq 0}$. 在 $\mathcal{D}$ 中有直和 $A \oplus A'$. 由 (iii) 知 $A \oplus A' \in \mathcal{D}^{\leq 0}$. 即 $\mathcal{D}^{\leq 0}$ 有有限的直和. 从而 $\mathcal{D}^{\leq 0}$ 是 $\mathcal{D}$ 的加法子范畴. 因此 $\mathcal{D}^{\leq n} = \mathcal{D}^{\leq 0}[-n]$ 是 $\mathcal{D}$ 的加法子范畴. 同理可证 $\mathcal{D}^{\geq n+1}$ 都是 $\mathcal{D}$ 的加法子范畴. ∎

下述事实表明由 t- 分解诱导的函子是定义合理的.

引理 11.1.4 设 $(\mathcal{D}^{\leq 0}, \mathcal{D}^{\geq 0})$ 是三角范畴 $\mathcal{D}$ 的 t- 结构.

(i) 设 $A \stackrel{u}{\longrightarrow} X \stackrel{p}{\longrightarrow} B \stackrel{w}{\longrightarrow} A[1]$ 和 $A' \stackrel{u'}{\longrightarrow} X' \stackrel{p'}{\longrightarrow} B' \stackrel{w'}{\longrightarrow} A'[1]$ 分别是 X 和 X' 的 t- 分解, $\gamma : X \longrightarrow X'$ 是 $\mathcal{D}$ 中态射. 则存在唯一的态射 $\alpha : A \longrightarrow A'$ 和唯一的态射 $\beta : B \longrightarrow B'$ 使得下图交换

$$\begin{array}{ccccccc} A & \stackrel{u}{\longrightarrow} & X & \stackrel{p}{\longrightarrow} & B & \stackrel{w}{\longrightarrow} & A[1] \\ \downarrow \alpha & & \downarrow \gamma & & \downarrow \beta & & \downarrow \alpha[1] \\ A' & \stackrel{u'}{\longrightarrow} & X' & \stackrel{p'}{\longrightarrow} & B' & \stackrel{w'}{\longrightarrow} & A'[1] \end{array}$$

而且, 若 γ 是同构, 则 α 和 β 也是同构. 特别地, 每个对象 X 的 t- 分解在三角同构的意义下是唯一的; X 关于此 t- 结构的 t- 部分和 t- 自由部分在同构的意义下都是唯一的.

(ii) 对每个 $X \in \mathcal{D}$, 预先取定 X 的 t- 分解 $A \stackrel{u}{\longrightarrow} X \stackrel{p}{\longrightarrow} B \stackrel{w}{\longrightarrow} A[1]$ (由选择公

11.1 t-结构的基本性质

理这是办得到的). 则存在唯一的函子 $\tau_{\leqslant 0} : \mathcal{D} \longrightarrow \mathcal{D}^{\leqslant 0}$ 使得 $\tau_{\leqslant 0}(X) = A$, 和唯一的函子 $\tau_{\geqslant 1} : \mathcal{D} \longrightarrow \mathcal{D}^{\geqslant 1}$ 使得 $\tau_{\geqslant 1}(X) = B$. 令 $\sigma_{\leqslant 0} : \mathcal{D}^{\leqslant 0} \longrightarrow \mathcal{D}$ 和 $\sigma_{\geqslant 1} : \mathcal{D}^{\geqslant 1} \longrightarrow \mathcal{D}$ 是嵌入函子. 则 $(\sigma_{\leqslant 0}, \tau_{\leqslant 0})$ 和 $(\tau_{\geqslant 1}, \sigma_{\geqslant 1})$ 均是伴随对, 且 $\mathrm{Im}\sigma_{\leqslant 0} = \mathrm{Ker}\tau_{\geqslant 1}$, $\mathrm{Im}\sigma_{\geqslant 1} = \mathrm{Ker}\tau_{\leqslant 0}$, 这里 $\mathrm{Ker}\tau_{\geqslant 1}$ 是 $\mathcal{D}$ 的所有满足 $\tau_{\geqslant 1}(X) \cong 0$ 的对象 X 构成的全子范畴, $\mathrm{Im}\sigma_{\leqslant 0}$ 是 $\mathcal{D}$ 的所有同构于 $\sigma_{\leqslant 0}(X')$ 的对象构成的全子范畴, 其中 X' 取遍 $\mathcal{D}^{\leqslant 0}$ 中对象.

证 (i) 将 $\mathrm{Hom}_{\mathcal{D}}(A, -)$ 作用在 $A' \xrightarrow{u'} X' \xrightarrow{p'} B' \xrightarrow{w'} A'[1]$ 上得到正合列

$$\cdots \longrightarrow \mathrm{Hom}(A, B'[-1]) \longrightarrow \mathrm{Hom}(A, A') \xrightarrow{\mathrm{Hom}(A, u')} \mathrm{Hom}(A, X')$$
$$\longrightarrow \mathrm{Hom}(A, B') \longrightarrow \cdots.$$

因为 $\mathrm{Hom}_{\mathcal{D}}(A, B'[-1]) = 0 = \mathrm{Hom}_{\mathcal{D}}(A, B')$, 故存在唯一的态射 $\alpha \in \mathrm{Hom}_{\mathcal{D}}(A, A')$ 使得 $\gamma u = u'\alpha$.

将 $\mathrm{Hom}_{\mathcal{D}}(-, B')$ 作用在 $A \xrightarrow{u} X \xrightarrow{p} B \xrightarrow{w} A[1]$ 上得到唯一的态射 $\beta \in \mathrm{Hom}_{\mathcal{D}}(B, B')$ 使得 $p'\gamma = \beta p$.

由 (TR3) 知存在态射 $\beta' : B \longrightarrow B'$ 使得 (α, γ, β') 是三角射. 由 β 的唯一性我们知道 $\beta' = \beta$. 即 (α, γ, β) 是三角射.

若 γ 是同构, 则 $\gamma^{-1} : B' \longrightarrow B$. 由类似的证明我们知道存在 $\alpha' : A' \longrightarrow A$ 使得 $\gamma^{-1}u' = u\alpha'$. 因此 $u = \gamma^{-1}u'\alpha = u\alpha'\alpha$, $u' = \gamma u\alpha' = u'\alpha\alpha'$. 于是 $u(\mathrm{id}_A - \alpha'\alpha) = 0$, $u'(\mathrm{id}_{A'} - \alpha\alpha') = 0$. 将 $\mathrm{Hom}_{\mathcal{D}}(A, -)$ 作用在好三角 $A \xrightarrow{u} X \xrightarrow{p} B \xrightarrow{w} A[1]$ 上我们得到同构 $\mathrm{Hom}_{\mathcal{D}}(A, u) : \mathrm{Hom}_{\mathcal{D}}(A, A) \longrightarrow \mathrm{Hom}_{\mathcal{D}}(A, X)$, 由此即得 $\alpha'\alpha = \mathrm{Id}_A$. 同理 $\alpha\alpha' = \mathrm{Id}_A$. 再由推论 1.2.3(1) 知 β 也是同构.

(ii) 由 (i) 知函子 $\tau_{\leqslant 0}$ 和 $\tau_{\geqslant 1}$ 都是定义合理的. 由定义直接可验证 $(\sigma_{\leqslant 0}, \tau_{\leqslant 0})$ 和 $(\tau_{\geqslant 1}, \sigma_{\geqslant 1})$ 均是伴随对, 且 $\mathrm{Im}\sigma_{\leqslant 0} = \mathrm{Ker}\tau_{\geqslant 1}$, $\mathrm{Im}\sigma_{\geqslant 1} = \mathrm{Ker}\tau_{\leqslant 0}$. ∎

引理 11.1.5 (S. I. Gelfand, Yu. I. Manin [GM, p. 280]) 设 $(\mathcal{D}^{\leqslant 0}, \mathcal{D}^{\geqslant 0})$ 是三角范畴 $\mathcal{D}$ 的 t-结构. 则

(i) 对于任意整数 n, 存在函子 $\tau_{\leqslant n} : \mathcal{D} \longrightarrow \mathcal{D}^{\leqslant n}$ 和函子 $\tau_{\geqslant n+1} : \mathcal{D} \longrightarrow \mathcal{D}^{\geqslant n+1}$,

使得对于 $\mathcal{D}$ 中态射 $\gamma: X \longrightarrow X'$ 有好三角的交换图

$$\begin{array}{ccccccc}
\tau_{\leqslant n}(X) & \xrightarrow{u} & X & \xrightarrow{p} & \tau_{\geqslant n+1}(X) & \xrightarrow{w} & (\tau_{\leqslant n}(X))[1] \\
\downarrow{\tau_{\leqslant n}(\gamma)} & & \downarrow{\gamma} & & \downarrow{\tau_{\geqslant n+1}(\gamma)} & & \downarrow{(\tau_{\leqslant n}(\gamma))[1]} \\
\tau_{\leqslant n}(X') & \xrightarrow{u'} & X' & \xrightarrow{p'} & \tau_{\geqslant n+1}(X') & \xrightarrow{w'} & (\tau_{\leqslant n}(X'))[1]
\end{array}$$

(ii) $\tau_{\leqslant n}$ 在 $\mathcal{D}^{\leqslant n}$ 上的限制是恒等函子, $\tau_{\geqslant n+1}$ 在 $\mathcal{D}^{\geqslant n+1}$ 上的限制是恒等函子. 特别地 $\tau_{\leqslant n}^2 = \tau_{\leqslant n}$, $\tau_{\geqslant n+1}^2 = \tau_{\geqslant n+1}$.

(iii) $\tau_{\leqslant m+n}[-m] = [-m]\tau_{\leqslant n}$, $\tau_{\geqslant m+n+1}[-m] = [-m]\tau_{\geqslant n+1}$, $\forall\, m, n \in \mathbb{Z}$.

(iv) 所有的函子 τ 保持 $\mathcal{D}^{\leqslant m}$ 和 $\mathcal{D}^{\geqslant m}$. 即, 对任意 $m, n \in \mathbb{Z}$, 有

$$\tau_{\leqslant n}\mathcal{D}^{\leqslant m} \subseteq \mathcal{D}^{\leqslant m}, \quad \tau_{\geqslant n}\mathcal{D}^{\leqslant m} \subseteq \mathcal{D}^{\leqslant m},$$

$$\tau_{\geqslant n}\mathcal{D}^{\geqslant m} \subseteq \mathcal{D}^{\geqslant m}, \quad \tau_{\leqslant n}\mathcal{D}^{\geqslant m} \subseteq \mathcal{D}^{\geqslant m}.$$

(v) 令 $\sigma_{\leqslant n}: \mathcal{D}^{\leqslant n} \longrightarrow \mathcal{D}$ 和 $\sigma_{\geqslant n}: \mathcal{D}^{\geqslant n} \longrightarrow \mathcal{D}$ 是嵌入函子. 则 $(\sigma_{\leqslant n}, \tau_{\leqslant n})$ 和 $(\tau_{\geqslant n}, \sigma_{\geqslant n})$ 均是伴随对, 且 $\text{Im}\,\sigma_{\leqslant n} = \text{Ker}\,\tau_{\geqslant n+1}$, $\text{Im}\,\sigma_{\geqslant n+1} = \text{Ker}\,\tau_{\leqslant n}$.

证 只证 (iv). 若 $n \leqslant m$, 则 $\tau_{\leqslant n}\mathcal{D}^{\leqslant m} \subseteq \mathcal{D}^{\leqslant n} \subseteq \mathcal{D}^{\leqslant m}$.

若 $m \leqslant n$, 则 $\mathcal{D}^{\leqslant m} \subseteq \mathcal{D}^{\leqslant n}$. 设 $X \in \mathcal{D}^{\leqslant m}$. 则 $X \in \mathcal{D}^{\leqslant n}$, 从而 $\tau_{\leqslant n}(X) = X \in \mathcal{D}^{\leqslant m}$.

所以无论如何均有 $\tau_{\leqslant n}\mathcal{D}^{\leqslant m} \subseteq \mathcal{D}^{\leqslant m}$.

下证 $\tau_{\geqslant n}\mathcal{D}^{\leqslant m} \subseteq \mathcal{D}^{\leqslant m}$. 设 $X \in \mathcal{D}^{\leqslant m}$. 则有好三角

$$X \longrightarrow \tau_{\geqslant n}(X) \longrightarrow (\tau_{\leqslant n-1}(X))[1] \longrightarrow X[1].$$

因为 $\tau_{\leqslant n-1}\mathcal{D}^{\leqslant m} \subseteq \mathcal{D}^{\leqslant m}$, 故 $(\tau_{\leqslant n-1}(X))[1] \in \mathcal{D}^{\leqslant m}[1] \subseteq \mathcal{D}^{\leqslant m}$, 再由 $\mathcal{D}^{\leqslant m}$ 扩张闭即知 $\tau_{\geqslant n}(X) \in \mathcal{D}^{\leqslant m}$.

其他两式同理可证. ∎

后记 由于 t-结构有广泛的兴趣和应用, 有数种相关而不相同的概念. 诸如余 t-结构 (co-t-structure, 又称为 weight structure. 参见 [Bondar], [Pau], [KöY]), 挠对 (torsion pair. 参见 [IY]), 余挠对 (cotorsion pair. 参见 [Gil1], [BR], [Na]) 等 (不

同的作者使用同一术语可能定义不同). 文献 [Bondal] 和 [Br] 涉及 t-结构有趣而重要的应用.

11.2 t-结构的心: Beilinson-Bernstein-Deligne 定理

给定三角范畴的一个 t-结构, 它的心就自然地提供了一个 Abel 全子范畴. 本节的目的就是要证明这条著名的定理.

定理 11.2.1 (A. A. Beilinson, J. Bernstein, P. Deligne [BBD, Theorem 1.3.6]) *三角范畴的 t-结构的心是 Abel 范畴*.

证 设 $(\mathcal{D}^{\leqslant 0}, \mathcal{D}^{\geqslant 0})$ 是三角范畴的 t-结构, $\mathcal{H} = \mathcal{D}^{\leqslant 0} \cap \mathcal{D}^{\geqslant 0}$ 是其心. 由引理 11.1.3(vi) 知 $\mathcal{H}$ 是加法范畴. 设 $f: X \longrightarrow Y$ 是 $\mathcal{H}$ 中任意态射. 将 $f: X \longrightarrow Y$ 嵌入好三角 $X \xrightarrow{f} Y \xrightarrow{s} Z \xrightarrow{h} X[1]$.

第 1 步: f 在 $\mathcal{H}$ 中有核.

令 $K := \tau_{\leqslant -1}(Z) \in \mathcal{D}^{\leqslant -1}$. 令 $k = ht: K \longrightarrow X[1]$, 其中 $K = \tau_{\leqslant -1}(Z) \xrightarrow{t} Z \xrightarrow{p} \tau_{\geqslant 0}(Z) \longrightarrow K[1]$ 是 Z 关于 t-结构 $(\mathcal{D}^{\leqslant -1}, \mathcal{D}^{\geqslant -1})$ 的 t-分解. 则可断言 $K[-1] \in \mathcal{H}$ 且 $(K[-1], k[-1])$ 是 f 在 $\mathcal{H}$ 中的核.

事实上, 因为 $Y \in D^{\geqslant 0} \subseteq D^{\geqslant -1}$, $X[1] \in D^{\geqslant -1}$, 故 $Z \in D^{\geqslant -1}$, 从而由引理 11.1.5(iv) 知 $K = \tau_{\leqslant -1}(Z) \in \mathcal{D}^{\geqslant -1}$, 即 $K[-1] \in \mathcal{D}^{\geqslant 0}$. 又 $K \in \mathcal{D}^{\leqslant -1}$, $K[-1] \in \mathcal{D}^{\leqslant 0}$. 故 $K[-1] \in \mathcal{H}$.

再证断言的第 2 部分: $(K[-1], k[-1])$ 是 f 在 $\mathcal{H}$ 中的核. 首先, $fk[-1] = (fh[-1])t[-1] = 0$. 其次, 若 $\mathcal{H}$ 中态射序列 $W \xrightarrow{u} X \xrightarrow{f} Y$ 的合成 $fu = 0$, 将函子 $\mathrm{Hom}_{\mathcal{D}}(W, -)$ 作用在好三角 $X \xrightarrow{f} Y \xrightarrow{s} Z \xrightarrow{h} X[1]$ 上得到正合列

$$0 = \mathrm{Hom}(W, Y[-1]) \longrightarrow \mathrm{Hom}(W, Z[-1]) \xrightarrow{\mathrm{Hom}(W, h[-1])} \mathrm{Hom}(W, X)$$
$$\xrightarrow{\mathrm{Hom}(W, f)} \mathrm{Hom}(W, Y),$$

由此即知存在唯一的态射 $g \in \mathrm{Hom}(W, Z[-1])$ 使得 $u = h[-1]g$. 再将函子 $\mathrm{Hom}_{\mathcal{D}}(W, -)$ 作用在好三角 $K = \tau_{\leqslant -1}(Z) \xrightarrow{t} Z \xrightarrow{p} \tau_{\geqslant 0}(Z) \longrightarrow K[1]$ 上得到正合列

$$0 = (W, (\tau_{\geqslant 0}(Z))[-2]) \longrightarrow (W, K[-1]) \xrightarrow{(W, t[-1])} (W, Z[-1]) \longrightarrow (W, (\tau_{\geqslant 0}(Z))[-1]) = 0,$$

由此即知存在唯一的态射 $\sigma \in \mathrm{Hom}(W, K[-1])$ 使得 $g = t[-1]\sigma$. 由此即知存在唯一的态射 $\sigma \in \mathrm{Hom}(W, K[-1])$ 使得 $u = k[-1]\sigma$. 这就完成了证明.

第 2 步: f 在 $\mathcal{H}$ 中有余核.

令 $C := \tau_{\geqslant 0}(Z)$, $c = ps: Y \longrightarrow \tau_{\geqslant 0}(Z) = C$. 与第 1 步对偶地可证: $C \in \mathcal{H}$ 且 (C, c) 是 f 在 $\mathcal{H}$ 中的余核.

第 3 步: 若 $f: X \longrightarrow Y$ 是 $\mathcal{H}$ 中的单态射, 则在好三角 $X \xrightarrow{f} Y \xrightarrow{s} Z \xrightarrow{h} X[1]$ 中 (Z, s) 就是 f 在 $\mathcal{H}$ 中的余核.

事实上, 因为 f 单, $fk[-1] = 0$, 故 $k[-1] = 0$. 又 $k[-1] = 0$ 是单态射, 故 $K[-1] = 0$, $K = 0$. 于是在好三角 $K = \tau_{\leqslant -1}(Z) \xrightarrow{t} Z \xrightarrow{p} \tau_{\geqslant 0}(Z) \longrightarrow K[1]$ 中 p 是同构, 即 $\mathrm{Coker} f = C \cong Z$, 即好三角 $X \xrightarrow{f} Y \xrightarrow{s} Z \xrightarrow{h} X[1]$ 中 (Z, s) 就是 f 在 $\mathcal{H}$ 中的余核.

第 4 步: 若 $f: X \longrightarrow Y$ 是 $\mathcal{H}$ 中的满态射, 与第 3 步对偶地可证: 在好三角 $Z[-1] \xrightarrow{-h[-1]} X \xrightarrow{f} Y \xrightarrow{s} Z$ 中 $(Z[-1], -h[-1])$ 就是 f 在 $\mathcal{H}$ 中的核.

第 5 步: f 在 $\mathcal{H}$ 中的核 $K[-1] \xrightarrow{k[-1]} X$ 在 $\mathcal{H}$ 中的余核同构于 f 在 $\mathcal{H}$ 中的余核 $Y \xrightarrow{c} C$ 在 $\mathcal{H}$ 中的核.

现在对好三角 $X \xrightarrow{f} Y \xrightarrow{s} Z \xrightarrow{h} X[1]$ 和态射 $t: K \longrightarrow Z$ 应用基变换得到如下交换图

$$\begin{array}{ccccccc}
& & C[-1] & =\!=\!= & C[-1] & & \\
& & \alpha\downarrow & & \downarrow & & \\
X & \xrightarrow{\gamma} & I & \longrightarrow & K & \xrightarrow{ht} & X[1] \\
\| & & \beta\downarrow & & t\downarrow & & \| \\
X & \xrightarrow{f} & Y & \xrightarrow{s} & Z & \xrightarrow{h} & X[1] \\
& & c\downarrow & & p\downarrow & & \gamma[1]\downarrow \\
& & C & =\!=\!= & C & \xrightarrow{-\alpha[1]} & I[1]
\end{array}$$

其中中间两行和中间两列均为好三角. 因为 c 作为余核态射总是满态射, 故由第 4

步知 I 是 c 的核. 又因为 $k = ht$ 总是单态射, 故由第 3 步知 $\gamma[1]$ 是 k 的余核态射, 从而 I 是 $k[-1]$ 的余核. 至此定理证完. ∎

后记 这一定理的发现是令人鼓舞的. 这里的证明经过 S. I. Gelfand 和 Yu. I. Manin [GM] 整理.

在三角范畴中得到 Abel 范畴, 或从 Abel 范畴得到三角范畴, 均是富有意义的工作. 这方面有许多文献. 例如可参见 B. Keller, I. Reiten [KR], S. König, 朱彬 [KöZhu], H. Nakaoka [Na], C. M. Ringel 等 [RZ1].

11.3 稳定 t- 结构

三角范畴 $\mathcal{T}$ 的 t- 结构 $(\mathcal{U}, \mathcal{V})$ 称为稳定 t- 结构 ([IKM]), 如果 $\mathcal{U}$ 和 $\mathcal{V}$ 均是 $\mathcal{T}$ 的三角子范畴.

例 11.3.1 设 $\mathcal{A}$ 是有足够多投射对象的 Abel 范畴, $\mathcal{P}$ 是所有投射对象作成的 $\mathcal{A}$ 的全子范畴. 则

(i) 若 $\mathcal{A}$ 的任意对象均有有限的投射维数, 则 $(K^b(\mathcal{P}), K^b_{ac}(\mathcal{A}))$ 是 $K^b(\mathcal{A})$ 的稳定 t- 结构, 其中 $K^b_{ac}(\mathcal{A})$ 是所有有界无环复形作成的 $K^b(\mathcal{A})$ 的三角子范畴. 参见命题4.2.3和定理4.2.1.

(ii) $(K^-(\mathcal{P}), K^-_{ac}(\mathcal{A}))$ 是 $K^-(\mathcal{A})$ 的稳定 t- 结构, 其中 $K^-_{ac}(\mathcal{A})$ 是所有上有界无环复形作成的 $K^-(\mathcal{A})$ 的三角子范畴. 参见命题4.2.3和定理4.2.1.

(iii) $(K_{hproj}(\mathcal{A}), K_{ac}(\mathcal{A}))$ 是 $K(\mathcal{A})$ 的稳定 t- 结构, 其中 $K_{ac}(\mathcal{A})$ 是所有无环复形作成的 $K(\mathcal{A})$ 的厚子范畴, $K_{hproj}(\mathcal{A})$ 是所有同伦投射复形作成的 $K(\mathcal{A})$ 的厚子范畴. 参见定理4.5.4.

下述命题给出了稳定 t- 结构的基本性质.

命题 11.3.2 设 $(\mathcal{U}, \mathcal{V})$ 是三角范畴 $\mathcal{T}$ 的稳定 t- 结构, $\sigma_\mathcal{U} : \mathcal{U} \longrightarrow \mathcal{T}$ 和 $\sigma_\mathcal{V} : \mathcal{V} \longrightarrow \mathcal{T}$ 是嵌入函子. 则

(i) 存在唯一的函子 $F : \mathcal{T} \longrightarrow \mathcal{U}$ 和唯一的函子 $G : \mathcal{T} \longrightarrow \mathcal{V}$, 使得 F 将 X

映到其 t-部分, G 将 X 映到其 t-自由部分, $(\sigma_\mathcal{U}, F)$ 和 $(G, \sigma_\mathcal{V})$ 均是伴随对, 且 $\mathrm{Im}\sigma_\mathcal{U} = \mathrm{Ker}G$, $\mathrm{Im}\sigma_\mathcal{V} = \mathrm{Ker}F$.

(ii) 上述函子 $F: \mathcal{T} \longrightarrow \mathcal{U}$ 和 $G: \mathcal{T} \longrightarrow \mathcal{V}$ 均是三角函子.

(iii) 设 $X \xrightarrow{s} Y \longrightarrow Z \longrightarrow X[1]$ 是 $\mathcal{T}$ 中的好三角. 则 $Z \in \mathcal{V}$ 当且仅当 $F(s)$ 是同构; $Z \in \mathcal{U}$ 当且仅当 $G(s)$ 是同构.

(iv) 函子 $V_\mathcal{V} \circ \sigma_\mathcal{U}: \mathcal{U} \longrightarrow \mathcal{T}/\mathcal{V}$ 是三角等价, 其中 $V_\mathcal{V}$ 是Verdier函子.

(v) 上述函子 $F: \mathcal{T} \longrightarrow \mathcal{U}$ 诱导出三角等价 $\widetilde{F}: \mathcal{T}/\mathcal{V} \cong \mathcal{U}$, $\widetilde{F}(X) = F(X)$, $\widetilde{F}$ 将 $\mathcal{T}/\mathcal{V}$ 中态射 $r\backslash a: X \longrightarrow Y$ (左分式 $X \xrightarrow{a} Z \xLeftarrow{} Y$, 其中包含 r 的好三角的第三项属于 $\mathcal{V}$) 映到 $F(r)^{-1} \circ F(a): F(X) \longrightarrow F(Y)$. 即有交换图

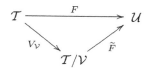

并且 $\widetilde{F}$ 是 $V_\mathcal{V} \circ \sigma_\mathcal{U}$ 的一个拟逆.

(vi) 函子 $V_\mathcal{U} \circ \sigma_\mathcal{V}: \mathcal{V} \longrightarrow \mathcal{T}/\mathcal{U}$ 是三角等价, 其中 $V_\mathcal{U}$ 是Verdier函子.

(vii) 上述函子 $G: \mathcal{T} \longrightarrow \mathcal{V}$ 诱导出三角等价 $\widetilde{G}: \mathcal{T}/\mathcal{U} \cong \mathcal{V}$, $\widetilde{G}(X) = G(X)$, $\widetilde{G}$ 将 $\mathcal{T}/\mathcal{U}$ 中态射 $a/r: X \longrightarrow Y$ (右分式 $X \xLeftarrow{r} Z \xrightarrow{a} Y$, 其中包含 r 的好三角的第三项属于 $\mathcal{U}$) 映到 $G(a) \circ G(r)^{-1}: G(X) \longrightarrow G(Y)$. 即有交换图

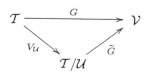

并且 $\widetilde{G}$ 是 $V_\mathcal{U} \circ \sigma_\mathcal{V}$ 的一个拟逆.

证 (i) 由引理 11.1.4(ii) 即知.

(ii) 因为 $(\sigma_\mathcal{U}, F)$ 和 $(G, \sigma_\mathcal{V})$ 均是伴随对且嵌入函子 $\sigma_\mathcal{U}$ 和 $\sigma_\mathcal{V}$ 均是三角函子, 故由定理 1.6.1 知 F 和 G 均是三角函子.

这个结论也可从 4×4 引理 (参见引理 1.8.1) 中分析出来.

(iii) 因为 F 和 G 均是三角函子, 将 F 作用在给定的好三角上即知.

(iv) 由 t-分解易知 $V_\mathcal{V} \circ \sigma_\mathcal{U} : \mathcal{U} \longrightarrow \mathcal{T}/\mathcal{V}$ 是稠密的, 并且 $V_\mathcal{V} \circ \sigma_\mathcal{U}$ 将非零对象映为非零对象. 根据命题 1.5.2 只要证明 $V_\mathcal{V} \circ \sigma_\mathcal{U}$ 是满的. 设 $r\backslash a : X \longrightarrow Y \in \mathrm{Hom}_{\mathcal{T}/\mathcal{V}}(X,Y)$, 其中 X 和 Y 均属于 $\mathcal{U}$, $X \xrightarrow{a} Z \xleftarrow{r} Y$ 且包含 r 的好三角的第三项属于 $\mathcal{V}$. 将 $\mathrm{Hom}_\mathcal{T}(X,-)$ 作用在包含 r 的好三角上, 我们即知存在 $f \in \mathrm{Hom}_\mathcal{U}(X,Y)$ 使得 $a = rf$. 再由左分式的等价类不难知道 $r\backslash a = \mathrm{Id}_Y \backslash f = V_\mathcal{V} \circ \sigma_\mathcal{U}(f)$. 即 $V_\mathcal{V} \circ \sigma_\mathcal{U}$ 是满的.

(v) 因为 $F(\mathcal{V}) = 0$, 由 Verdier 商 $\mathcal{T}/\mathcal{V}$ 的泛性质知 F 诱导出三角函子 $\widetilde{F} : \mathcal{T}/\mathcal{V} \longrightarrow \mathcal{U}$ 满足 $F = \widetilde{F} \circ V_\mathcal{V}$. 而已知有三角等价 $V_\mathcal{V} \circ \sigma_\mathcal{U} : \mathcal{U} \longrightarrow \mathcal{T}/\mathcal{V}$, 并且 $\widetilde{F} \circ V_\mathcal{V} \circ \sigma_\mathcal{U} = F \circ \sigma_\mathcal{U}$ 自然同构于恒等函子 $\mathrm{Id}_\mathcal{U}$, 故 $\widetilde{F}$ 是 $V_\mathcal{V} \circ \sigma_\mathcal{U}$ 的一个拟逆.

(vi) 与 (iv) 对偶地可证 (利用右分式).

(vii) 与 (v) 对偶地可证. ∎

设 $\mathcal{C}$ 和 $\mathcal{D}$ 是三角范畴 $\mathcal{T}$ 的三角子范畴. 定义积

$$\mathcal{C} * \mathcal{D} = \{X \in \mathcal{T} \mid \exists \text{ 好三角 } C \longrightarrow X \longrightarrow D \longrightarrow C[1] \text{ 使得 } C \in \mathcal{C}, D \in \mathcal{D}\}.$$

由八面体公理易知

引理 11.3.3 ([BBD, Lemma 1.3.10])   上述定义的三角子范畴的乘法 $*$ 具有结合律.

类似于群论我们有

引理 11.3.4 ([JK])   设 $\mathcal{C}$ 和 $\mathcal{D}$ 是三角范畴 $\mathcal{T}$ 的三角子范畴. 则 $\mathcal{C} * \mathcal{D}$ 是 $\mathcal{T}$ 的三角子范畴当且仅当 $\mathcal{D} * \mathcal{C} \subseteq \mathcal{C} * \mathcal{D}$.

证   设 $\mathcal{C} * \mathcal{D}$ 是三角子范畴. 因 $\mathcal{D} \subseteq \mathcal{C} * \mathcal{D}, \mathcal{C} \subseteq \mathcal{C} * \mathcal{D}$, 故 $\mathcal{D} * \mathcal{C} \subseteq \mathcal{C} * \mathcal{D}$. 反之, 设 $\mathcal{D} * \mathcal{C} \subseteq \mathcal{C} * \mathcal{D}$. 显然 $\mathcal{C} * \mathcal{D}$ 对于 [1] 封闭. 由 $*$ 的结合律知

$$(\mathcal{C} * \mathcal{D}) * (\mathcal{C} * \mathcal{D}) \subseteq \mathcal{C} * (\mathcal{D} * \mathcal{C}) * \mathcal{D} \subseteq \mathcal{C} * (\mathcal{C} * \mathcal{D}) * \mathcal{D} \subseteq \mathcal{C} * \mathcal{D}.$$

由三角子范畴的定义即知 $\mathcal{C} * \mathcal{D}$ 是三角子范畴. ∎

注记 11.3.5   不同于群论, $\mathcal{C} * \mathcal{D}$ 是 $\mathcal{T}$ 的三角子范畴推不出 $\mathcal{D} * \mathcal{C}$ 是 $\mathcal{T}$ 的三角子范畴. 例如, 设 $(\mathcal{U}, \mathcal{V})$ 是 $\mathcal{T}$ 的稳定 t-结构. 则 $\mathcal{U} * \mathcal{V} = \mathcal{T}$. 但 $\mathcal{V} * \mathcal{U} = \mathcal{U} \times \mathcal{V}$ 一

般来说却不是三角子范畴.

定理 11.3.6 (P. Jørgensen, K. Kato [JK]) 设 $\mathcal{X}$ 和 $\mathcal{Y}$ 是三角范畴 $\mathcal{T}$ 的三角子范畴, 并且 $\mathcal{X}*\mathcal{Y}$ 是 $\mathcal{T}$ 的三角子范畴. 则 $(\mathcal{X}/\mathcal{X}\cap\mathcal{Y}, \mathcal{Y}/\mathcal{X}\cap\mathcal{Y})$ 是三角范畴 $(\mathcal{X}*\mathcal{Y})/(\mathcal{X}\cap\mathcal{Y})$ 的稳定 t-结构.

证 首先, 按照定义易证 $\mathcal{X}/\mathcal{X}\cap\mathcal{Y}$ 和 $\mathcal{Y}/\mathcal{X}\cap\mathcal{Y}$ 均是三角范畴 $(\mathcal{X}*\mathcal{Y})/(\mathcal{X}\cap\mathcal{Y})$ 的三角子范畴. 下面我们证明 $\mathcal{X}/\mathcal{X}\cap\mathcal{Y}$ 和 $\mathcal{Y}/\mathcal{X}\cap\mathcal{Y}$ 满足定义 11.1.1 的 (t1) 和 (t3).

设 $a/s \in \mathrm{Hom}_{\mathcal{T}/\mathcal{X}\cap\mathcal{Y}}(X,Y)$, 其中 $X \xleftarrow{s} Z \xrightarrow{a} Y$, $X \in \mathcal{X}$, $Y \in \mathcal{Y}$, $Z \xrightarrow{s} X \longrightarrow C(s) \longrightarrow Z[1]$ 是好三角, $C(s) \in \mathcal{X}\cap\mathcal{Y}$. 要证 $a/s = 0$, 或等价地, a 通过 $\mathcal{X}\cap\mathcal{Y}$ 分解 (参见第 3 章习题 3.19). 因为 $X \in \mathcal{X}$, $C(s) \in \mathcal{X}$, 所以 $Z \in \mathcal{X}$. 因 $\mathcal{X}*\mathcal{Y}$ 是三角子范畴, 故 $C(a) \in \mathcal{X}*\mathcal{Y}$. 从而有好三角 $X' \longrightarrow C(a) \longrightarrow Y' \longrightarrow X'[1]$ 使得 $X' \in \mathcal{X}$, $Y' \in \mathcal{Y}$. 对于 $Y \longrightarrow C(a)$ 和 $C(a) \longrightarrow Y'$ 应用八面体公理, 得到下列交换图

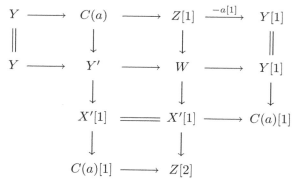

由此即可看出 a 通过 $\mathcal{X}\cap\mathcal{Y}$ 分解.

令 $Q: \mathcal{T} \longrightarrow \mathcal{T}/\mathcal{X}\cap\mathcal{Y}$ 是标准局部化函子. 显然

$$(\mathcal{X}*\mathcal{Y})/(\mathcal{X}\cap\mathcal{Y}) = Q(\mathcal{X}*\mathcal{Y}) \subseteq Q(\mathcal{X})*Q(\mathcal{Y}) = (\mathcal{X}/\mathcal{X}\cap\mathcal{Y})*(\mathcal{Y}/\mathcal{X}\cap\mathcal{Y}).$$

剩下只要证 $Q(\mathcal{X})*Q(\mathcal{Y}) \subseteq Q(\mathcal{X}*\mathcal{Y})$. 设 $Z \in Q(\mathcal{X})*Q(\mathcal{Y})$. 则有 $\mathcal{T}/\mathcal{X}\cap\mathcal{Y}$ 中的好三角 $X \longrightarrow Z \longrightarrow Y \longrightarrow X[1]$, 其中 $X \in \mathcal{X}/\mathcal{X}\cap\mathcal{Y}$, $Y \in \mathcal{Y}/\mathcal{X}\cap\mathcal{Y}$. 由 Verdier 商中好三角的定义知存在 $\mathcal{T}$ 中的好三角 $X' \longrightarrow Z' \longrightarrow Y' \longrightarrow X'[1]$, 使得它在 $Q: \mathcal{T} \longrightarrow \mathcal{T}/\mathcal{X}\cap\mathcal{Y}$ 下的像同构于 $X \longrightarrow Z \longrightarrow Y \longrightarrow X[1]$. 由于 $X \in \mathcal{X}$, 并且在 $\mathcal{T}/\mathcal{X}\cap\mathcal{Y}$ 中 $X \cong X'$, 不难看出 $X' \in \mathcal{X}$. 同理 $Y' \in \mathcal{Y}$. 从而 $Z' \in \mathcal{X}*\mathcal{Y}$. 而在 $\mathcal{T}/\mathcal{X}\cap\mathcal{Y}$ 中 $Z \cong Z'$. 故 $Z \in Q(\mathcal{X}*\mathcal{Y})$. 这就完成了证明. ∎

下述结论类似群论中相应的结果.

推论 11.3.7 ([JK]) 设 $\mathcal{X}$ 和 $\mathcal{Y}$ 是三角范畴 $\mathcal{T}$ 的三角子范畴, 并且 $\mathcal{X}*\mathcal{Y}$ 是 $\mathcal{T}$ 的三角子范畴. 则有三角等价 $(\mathcal{X}*\mathcal{Y})/\mathcal{X} \cong \mathcal{Y}/(\mathcal{X}\cap\mathcal{Y})$.

证 由定理 11.3.6 知 $(\mathcal{X}/\mathcal{X}\cap\mathcal{Y}, \mathcal{Y}/\mathcal{X}\cap\mathcal{Y})$ 是三角范畴 $\mathcal{X}*\mathcal{Y}/\mathcal{X}\cap\mathcal{Y}$ 的稳定 t- 结构. 由定理 11.3.2 知

$$(\mathcal{X}*\mathcal{Y}/\mathcal{X}\cap\mathcal{Y})/(\mathcal{X}/\mathcal{X}\cap\mathcal{Y}) \cong \mathcal{Y}/\mathcal{X}\cap\mathcal{Y}.$$

而由 Verdier 引理 (参见第 3 章习题 3.14) 上式左边即为 $(\mathcal{X}*\mathcal{Y})/\mathcal{X}$. ∎

因为 $D^-(\mathcal{A})*D^+(\mathcal{A}) = D(\mathcal{A}) = D^+(\mathcal{A})*D^-(\mathcal{A})$ 以及 $D^-(\mathcal{A})\cap D^+(\mathcal{A}) = D^b(\mathcal{A})$, 由推论 11.3.7 即可得到如下有趣的应用.

推论 11.3.8 设 $\mathcal{A}$ 是 Abel 范畴. 则有三角等价

$$D(\mathcal{A})/D^-(\mathcal{A}) \cong D^+(\mathcal{A})/D^b(\mathcal{A})$$

和

$$D(\mathcal{A})/D^+(\mathcal{A}) \cong D^-(\mathcal{A})/D^b(\mathcal{A}).$$

如图所示

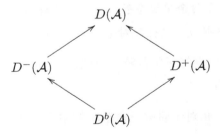

11.4 三角范畴的粘合

三角范畴的粘合起源于 A. Grothendieck 关于代数几何中层的一个 6 函子观察, 其公理化的定义由 A. A. Beilinson, J. Bernstein 和 P. Deligne [BBD] 引入. 可参见 A. Neeman 的评述 ([N, p.319]). 这个概念提供了将三角范畴分解为两个三角

子范畴, 又将两个三角子范畴粘合成一个三角范畴的构造方法. 它条件众多, 蕴含大量信息, 却又广泛存在. 粘合已成为研究三角范畴的有力工具.

定义 11.4.1 (A. A. Beilinson, J. Bernstein, P. Deligne [BBD]) 设 $\mathcal{C}'$, $\mathcal{C}$ 和 $\mathcal{C}''$ 是三角范畴. 三角函子的图

$$\mathcal{C}' \underset{i^!}{\overset{i^*}{\underset{\longleftarrow}{\overset{\longleftarrow}{\longrightarrow}}}} \mathcal{C} \underset{j_*}{\overset{j_!}{\underset{\longleftarrow}{\overset{\longleftarrow}{\longrightarrow}}}} \mathcal{C}'' \tag{11.1}$$

称为 $\mathcal{C}$ 相对于 $\mathcal{C}'$ 和 $\mathcal{C}''$ 的一个粘合(recollement), 如果满足以下条件:

(R1) $(i^*, i_*, i^!)$ 是伴随三元组, 即 (i^*, i_*) 和 $(i_*, i^!)$ 均是伴随对; $(j_!, j^*, j_*)$ 也是伴随三元组;

(R2) 指向 $\mathcal{C}$ 的三个函子 i_*, $j_!$ 和 j_* 均是满忠实的;

(R3) $j^* i_* = 0$;

(R4) 对于 $\mathcal{C}$ 中每一个对象 X, 有 $\mathcal{C}$ 中的好三角

$$j_! j^* X \overset{\epsilon_X}{\longrightarrow} X \overset{\eta_X}{\longrightarrow} i_* i^* X \longrightarrow (j_! j^* X)[1]$$

和 $\mathcal{C}$ 中的好三角

$$i_* i^! X \overset{\omega_X}{\longrightarrow} X \overset{\zeta_X}{\longrightarrow} j_* j^* X \longrightarrow (i_* i^! X)[1],$$

其中 ϵ_X 是伴随对 $(j_!, j^*)$ 的余单位态射, η_X 是伴随对 (i^*, i_*) 的单位态射, ω_X 是伴随对 $(i_*, i^!)$ 的余单位态射, ζ_X 是伴随对 (j^*, j_*) 的单位态射.

方便起见, 以后我们也将三角范畴 $\mathcal{C}$ 的粘合 (11.1) 记为 $(\mathcal{C}', \mathcal{C}, \mathcal{C}'', i^*, i_*, i^!, j_!, j^*, j_*)$, 或者简记为 $(\mathcal{C}', \mathcal{C}, \mathcal{C}'')$.

(R4) 中的两个好三角对于研究三角范畴的粘合非常重要. 我们也将它们称为粘合三角.

注记 11.4.2 以下有关伴随对的结论的证明可参阅附录 12.8 节.

(1) 设 $F: \mathcal{A} \longrightarrow \mathcal{B}$ 和 $G: \mathcal{B} \longrightarrow \mathcal{A}$ 是函子且 (F, G) 是伴随对. 则 F 是满忠实的当且仅当单位 $\eta: \mathrm{Id}_\mathcal{A} \to GF$ 是自然同构; 而 G 是满忠实的当且仅当余单位 $\epsilon: FG \longrightarrow \mathrm{Id}_\mathcal{B}$ 是自然同构. 证明参见附录命题 12.8.1.

11.4 三角范畴的粘合

(2) 设 (F,G) 是伴随对. 若 F 是满忠实的, 或者 G 是满忠实的, 则对于 $\mathcal{A}$ 中任意对象 X 和 $\mathcal{B}$ 中任意对象 Y, $F\eta_X$ 和 $G\epsilon_Y$ 均是同构. 证明参见附录命题12.8.1.

(3) 由 (1) 可知, 对于三角函子图 (11.1), 在条件 (R1) 下, 条件 (R2) 等价于条件 (R2′):

(R2′) 单位 $\mathrm{Id}_{\mathcal{C}'} \longrightarrow i^!i_*$ 和 $\mathrm{Id}_{\mathcal{C}''} \longrightarrow j^*j_!$, 余单位 $i^*i_* \longrightarrow \mathrm{Id}_{\mathcal{C}'}$ 和 $j^*j_* \longrightarrow \mathrm{Id}_{\mathcal{C}''}$, 都是自然同构.

特别地, 若图 (11.1) 是三角范畴的一个粘合, 则从 $\mathcal{C}$ 出发的函子 $i^*: \mathcal{C} \longrightarrow \mathcal{C}'$, $i^!: \mathcal{C} \longrightarrow \mathcal{C}'$, 和 $j^*: \mathcal{C} \longrightarrow \mathcal{C}''$ 均是稠密的.

(4) 对于三角函子图 (11.1), 在条件 (R1) 和 (R3) 下有 $i^*j_! = 0$, $i^!j_* = 0$.

(5) 对于三角函子图 (11.1), 在条件 (R1), (R3) 和 (R4) 下, 有

(R5) $\mathrm{Im}\, i_* = \mathrm{Ker}\, j^*$, 这里 $\mathrm{Im}\, i_*$ 表示 $\mathcal{C}$ 中所有与 $i_*(X')$ 同构的对象构成的全子范畴, 其中 X' 取遍 $\mathcal{C}'$ 中对象, $\mathrm{Ker}\, j^*$ 表示 $\mathcal{C}$ 中所有满足 $j^*(X) \cong 0$ 的对象 X 构成的全子范畴.

(R6) $\mathrm{Im}\, j_! = \mathrm{Ker}\, i^*$.

(R7) $\mathrm{Im}\, j_* = \mathrm{Ker}\, i^!$.

例如, 由

$$\begin{aligned} \mathrm{Hom}_{\mathcal{C}'}(i^*j_!C'', i^*j_!C'') &\cong \mathrm{Hom}_{\mathcal{C}}(j_!C'', i_*i^*j_!C'') \\ &\cong \mathrm{Hom}_{\mathcal{C}''}(C'', j^*i_*i^*j_!C'') \\ &= 0 \end{aligned}$$

知 $i^*j_! = 0$. 设 $X \in \mathrm{Ker}\, i^*$. 则由 (R4) 知 $X \in \mathrm{Im}\, j_!$, 即有 (R6).

为了更好地研究三角范畴的粘合, 我们考虑条件较弱的上粘合和下粘合. 参见 B. Parshall [P] 和 S. König [Kö]. 设 $\mathcal{C}'$, $\mathcal{C}$ 和 $\mathcal{C}''$ 是三角范畴. 三角函子的图

$$\mathcal{C}' \xleftarrow[i_*]{i^*} \mathcal{C} \xleftarrow[j^*]{j_!} \mathcal{C}'' \tag{11.2}$$

称为 $\mathcal{C}$ 相对于 $\mathcal{C}'$ 和 $\mathcal{C}''$ 的一个上粘合 (upper recollement), 如果定义 11.4.1 中与上面两行相关的条件成立, 即满足以下条件:

(UR1) (i^*, i_*) 和 $(j_!, j^*)$ 是伴随对;

(UR2) i_* 和 $j_!$ 是满忠实的;

(R3) $j^* i_* = 0$;

(UR4) 对于每一个对象 $X \in \mathcal{C}$, 余单位态射和单位态射给出好三角
$$j_! j^* X \xrightarrow{\epsilon_X} X \xrightarrow{\eta_X} i_* i^* X \longrightarrow (j_! j^* X)[1].$$

我们强调, 上粘合在文献中通常称为 **左粘合** (left recollement). 例如参见 [P], [Kö], [Z2]. 因为在下一节中我们要考虑粘合的左半边, 所以本书使用 "上粘合" 这个术语, 以免与 "粘合的左半边" 相混淆.

下述结果简化了三角范畴上粘合的定义.

引理 11.4.3 设 (11.2) 是三角范畴之间的三角函子图. 则下述等价:

(i) 图 (11.2) 是三角范畴的一个上粘合;

(ii) 图 (11.2) 满足条件 (UR1), (UR2) 和 (R5);

(iii) 图 (11.2) 满足条件 (UR1), (UR2) 和 (R6).

证 我们仅证明 (ii) $\Longrightarrow$ (i) 和 (iii) $\Longrightarrow$ (i), 因为 (i) $\Longrightarrow$ (ii) 和 (i) $\Longrightarrow$ (iii) 是容易的. 事实上前面我们已经证明了 (i) $\Longrightarrow$ (iii).

(ii) $\Longrightarrow$ (i): 将伴随对 $(j_!, j^*)$ 的余单位态射 ϵ_X 嵌入好三角 $j_! j^* X \xrightarrow{\epsilon_X} X \xrightarrow{h} Z \longrightarrow (j_! j^* X)[1]$. 作用 j^* 我们得到好三角 $j^* j_! j^* X \xrightarrow{j^* \epsilon_X} j^* X \xrightarrow{j^* h} j^* Z \longrightarrow (j^* j_! j^* X)[1]$. 因为 $(j_!, j^*)$ 是伴随对, $j_!$ 是满忠实函子, 由注记 11.4.2(2) 知 $j^* \epsilon_X$ 是同构, 故 $j^* Z = 0$. 由 $\operatorname{Im} i_* = \operatorname{Ker} j^*$ 我们有 $Z = i_* Z'$. 作用 i^* 于好三角 $j_! j^* X \xrightarrow{\epsilon_X} X \xrightarrow{h} i_* Z' \longrightarrow (j_! j^* X)[1]$, 由 $i^* j_! = 0$ 我们知 $i^* h : i^* X \longrightarrow i^* i_* Z'$ 是同构. 因为余单位态射 $i^* i_* Z' \xrightarrow{\varepsilon_{Z'}} Z'$ 是同构, 故有同构 $i_*((i^* h)^{-1}) i_*(\varepsilon_{Z'}^{-1}) : i_* Z' \longrightarrow i_* i^* X$, 于是有好三角 $j_! j^* X \xrightarrow{\epsilon_X} X \xrightarrow{f} i_* i^* X \xrightarrow{t} (j_! j^* X)[1]$, 其中 $f = i_*((i^* h)^{-1}) i_*(\varepsilon_{Z'}^{-1}) h$, 这也意味着 $\operatorname{Im} j_! = \operatorname{Ker} i^*$. 因为 $i^* h$ 是同构, 故 $i^* f$ 也是同构.

为了证明 (UR4),我们需证明 f 可以是伴随对 (i^*, i_*) 的单位态射. 将伴随对 (i^*, i_*) 的单位态射 η_X 嵌入好三角 $Y \longrightarrow X \xrightarrow{\eta_X} i_*i^*X \longrightarrow Y[1]$. 使用 $\mathrm{Im}j_! = \mathrm{Ker}i^*$ 并类似于上述讨论,我们得到好三角 $j_!j^*X \longrightarrow X \xrightarrow{\eta_X} i_*i^*X \longrightarrow (j_!j^*X)[1]$. 伴随对 (i^*, i_*) 给出下列交换图

$$\begin{array}{ccc} \mathrm{Hom}_{\mathcal{C}'}(i^*i_*i^*X, i^*X) & \xrightarrow{\sim} & \mathrm{Hom}_{\mathcal{C}}(i_*i^*X, i_*i^*X) \\ \wr \downarrow {\scriptstyle (i^*f, -)} & & \downarrow {\scriptstyle (f, -)} \\ \mathrm{Hom}_{\mathcal{C}'}(i^*X, i^*X) & \xrightarrow{\sim} & \mathrm{Hom}_{\mathcal{C}}(X, i_*i^*X) \end{array}$$

因 i^*f 是同构,我们知道 $\mathrm{Hom}_{\mathcal{C}}(f, i_*i^*X)$ 也是同构,故存在 $u \in \mathrm{Hom}_{\mathcal{C}}(i_*i^*X, i_*i^*X)$ 使得 $uf = \eta_X$. 因为 (i^*, i_*) 是伴随对, 且 i_* 是满忠实的, 故 $i^*\eta_X$ 是同构. 用 η_X 代替 f 我们得到 $v \in \mathrm{Hom}_{\mathcal{C}}(i_*i^*X, i_*i^*X)$ 使得 $v\eta_X = f$.

因 $\mathrm{Hom}_{\mathcal{C}}(f, i_*i^*X)$ 是同构,这个同构将 vu 送到 f, 而它将恒等也送到 f, 故 vu 必为恒等. 同理, $\mathrm{Hom}_{\mathcal{C}}(\eta_X, -)$ 也是同构,它将 uv 和恒等均送到 η_X, 故 uv 也是恒等. 从而 u, v 均为同构.

由三角的同构

$$\begin{array}{ccccccc} j_!j^*X & \xrightarrow{\epsilon_X} & X & \xrightarrow{\eta_X} & i_*i^*X & \xrightarrow{tv} & (j_!j^*X)[1] \\ \downarrow {\scriptstyle =} & & \downarrow {\scriptstyle =} & & {\scriptstyle v}\downarrow \wr & & \downarrow {\scriptstyle =} \\ j_!j^*X & \xrightarrow{\epsilon_X} & X & \xrightarrow{f} & i_*i^*X & \xrightarrow{t} & (j_!j^*X)[1] \end{array}$$

我们得到好三角 $j_!j^*X \xrightarrow{\epsilon_X} X \xrightarrow{\eta_X} i_*i^*X \longrightarrow (j_!j^*X)[1]$.

(iii) $\Longrightarrow$ (i): 将伴随对 (i^*, i_*) 的单位态射 η_X 嵌入好三角 $Y \longrightarrow X \xrightarrow{\eta_X} i_*i^*X \longrightarrow Y[1]$. 使用 $\mathrm{Im}j_! = \mathrm{Ker}i^*$ 并类似上述讨论, 我们得到好三角 $j_!j^*X \longrightarrow X \xrightarrow{\eta_X} i_*i^*X \longrightarrow (j_!j^*X)[1]$. 由此即可看出 $\mathrm{Im}i_* = \mathrm{Ker}j^*$. 这就得到 (ii). 再由 (ii) $\Longrightarrow$ (i) 即证得 (i). ∎

设 $\mathcal{C}', \mathcal{C}$ 和 $\mathcal{C}''$ 是三角范畴. 三角函子的图

$$\mathcal{C}' \underset{i^!}{\overset{i_*}{\rightleftarrows}} \mathcal{C} \underset{j_*}{\overset{j^*}{\rightleftarrows}} \mathcal{C}'' \tag{11.3}$$

称为 $\mathcal{C}$ 相对于 $\mathcal{C}'$ 和 $\mathcal{C}''$ 的一个下粘合 (lower recollement), 如果定义 11.4.1 中与下面两行相关的条件成立, 即

(LR1) $(i_*, i^!)$ 和 (j^*, j_*) 是伴随对;

(LR2) i_* 和 j_* 是满忠实的;

(R3) $j^* i_* = 0$;

(LR4) 对于每一个对象 $X \in \mathcal{C}$, 余单位态射和单位态射给出好三角

$$i_* i^! X \xrightarrow{\omega_X} X \xrightarrow{\zeta_X} j_* j^* X \longrightarrow (i_* i^! X)[1].$$

我们强调, 下粘合在文献中通常称为**右粘合** (right recollement). 例如参见 [P], [Kö], [CT]. 因为在 11.5 节中我们要考虑粘合的右半边, 所以本书使用 "下粘合" 这个术语.

下述结果简化了三角范畴下粘合的定义.

引理 11.4.4 设 (11.3) 是三角范畴之间的三角函子图. 则下述等价:

(i) 图 (11.3) 是三角范畴的一个下粘合;

(ii) 图 (11.3) 满足条件 (LR1), (LR2) 和 (R5);

(iii) 图 (11.3) 满足条件 (LR1), (LR2) 和 (R7).

证 虽然类似于引理 11.4.3 的证明, 方便读者起见我们仍然包含一个完全的证明.

仅证 (ii) $\Longrightarrow$ (i) 和 (iii) $\Longrightarrow$ (i).

(ii) $\Longrightarrow$ (i): 将伴随对 (j^*, j_*) 的单位态射 ζ_X 嵌入好三角 $W \xrightarrow{w} X \xrightarrow{\zeta_X} j_* j^* X \longrightarrow W[1]$. 作用 j^* 我们得到好三角 $j^* W \xrightarrow{j^* w} j^* X \xrightarrow{j^* \zeta_X} j^* j_* j^* X \longrightarrow (j^* W)[1]$. 由注记 11.4.2(2) 知 $j^* \zeta_X$ 是同构, 所以我们有 $j^* W = 0$. 由 $\mathrm{Im} i_* = \mathrm{Ker} j^*$ 我们有 $W = i_* X'$. 作用 $i^!$ 于好三角 $i_* X' \xrightarrow{w} X \xrightarrow{\zeta_X} j_* j^* X \longrightarrow (i_* X')[1]$, 由 $i^! j_* = 0$ 我们知道 $i^! w: i^! i_* X' \longrightarrow i^! X$ 是同构. 运用单位同构态射 $X' \longrightarrow i^! i_* X'$, 我们有同构

$$W = i_* X' \cong i_* i^! i_* X' \cong i_* i^! X,$$

11.4 三角范畴的粘合

从而我们得到好三角 $i_*i^!X \xrightarrow{a} X \xrightarrow{\zeta_X} j_*j^*X \xrightarrow{b} (i_*i^!X)[1]$, 其中 $i^!a$ 是一个同构. 由此即可看出 $\mathrm{Im}j_* = \mathrm{Ker}i^!$.

为了证明 (LR4), 我们需证明 a 可以是伴随对 $(i_*, i^!)$ 的余单位态射. 将伴随对 $(i_*, i^!)$ 的余单位态射 ω_X 嵌入好三角 $i_*i^!X \xrightarrow{\omega_X} X \longrightarrow U \longrightarrow (i_*i^!X)[1]$. 利用 $\mathrm{Im}j_* = \mathrm{Ker}i^!$ 并类似于上述讨论, 我们得到好三角 $i_*i^!X \xrightarrow{\omega_X} X \longrightarrow j_*j^*X \longrightarrow (i_*i^!X)[1]$. 伴随对 $(i_*, i^!)$ 给出下列交换图

$$\begin{array}{ccc} \mathrm{Hom}_{\mathcal{C}}(i_*i^!X, i_*i^!X) & \xrightarrow{\sim} & \mathrm{Hom}_{\mathcal{C}'}(i^!X, i^!i_*i^!X) \\ \downarrow{\scriptstyle (-,a)} & & \downarrow{\scriptstyle (-,i^!a)} \\ \mathrm{Hom}_{\mathcal{C}}(i_*i^!X, X) & \xrightarrow{\sim} & \mathrm{Hom}_{\mathcal{C}'}(i^!X, i^!X) \end{array}$$

因 $i^!a$ 是同构, 我们知道 $\mathrm{Hom}_{\mathcal{C}}(i_*i^!X, a)$ 也是同构, 故存在 $s \in \mathrm{Hom}_{\mathcal{C}}(i_*i^!X, i_*i^!X)$ 使得 $as = \omega_X$. 因为 $(i_*, i^!)$ 是伴随对, 且 i_* 是满忠实的, 故 $i^!\omega_X$ 是同构. 用 ω_X 代替 a 我们得到 $t \in \mathrm{Hom}_{\mathcal{C}}(i_*i^!X, i_*i^!X)$ 使得 $\omega_X t = a$.

因 $\mathrm{Hom}_{\mathcal{C}}(i_*i^!X, a)$ 是同构, 这个同构将 st 送到 a, 而它将恒等也送到 a, 故 st 必为恒等. 同理, $\mathrm{Hom}_{\mathcal{C}}(i_*i^!X, \omega_X)$ 也是同构, 它将 ts 和恒等均送到 ω_X, 故 ts 也是恒等. 从而 t, s 均为同构.

由三角的同构

$$\begin{array}{ccccccc} i_*i^!X & \xrightarrow{\omega_X} & X & \xrightarrow{\zeta_X} & j_*j^*X & \xrightarrow{t[1]b} & (i_*i^!X)[1] \\ \downarrow{\scriptstyle s} & & \downarrow{\scriptstyle =} & & \downarrow{\scriptstyle =} & & \downarrow{\scriptstyle s[1]} \\ i_*i^!X & \xrightarrow{a} & X & \xrightarrow{\zeta_X} & j_*j^*X & \xrightarrow{b} & (i_*i^!X)[1] \end{array}$$

我们得到好三角 $i_*i^!X \xrightarrow{\omega_X} X \xrightarrow{\zeta_X} j_*j^*X \longrightarrow (i_*i^!X)[1]$.

(iii) $\Longrightarrow$ (i): 类似引理 11.4.3 中的 (iii) $\Longrightarrow$ (i) 的证明. 细节留给读者. ∎

由引理 11.4.3 和 11.4.4 立即看出:

(i) 将 $\mathcal{C}$ 关于 $\mathcal{C}'$ 和 $\mathcal{C}''$ 的上粘合 (11.2) 中 $\mathcal{C}'$ 与 $\mathcal{C}''$ 换位, 就得到 $\mathcal{C}$ 关于 $\mathcal{C}''$ 和 $\mathcal{C}'$ 的下粘合;

(ii) 将 $\mathcal{C}$ 关于 $\mathcal{C}'$ 和 $\mathcal{C}''$ 的下粘合 (11.3) 中 $\mathcal{C}'$ 与 $\mathcal{C}''$ 换位, 就得到 $\mathcal{C}$ 关于 $\mathcal{C}''$ 和 $\mathcal{C}'$ 的上粘合.

由定义, 三角函子图 (11.1) 是三角范畴的粘合当且仅当其上两行是三角范畴的上粘合且其下两行是三角范畴的下粘合. 根据引理 11.4.3 和引理 11.4.4, 我们立即得到下述结果, 它简化了三角范畴粘合的定义.

定理 11.4.5 设 (11.1) 是三角范畴之间的三角函子图. 则下述等价:

(i) 图 (11.1) 是三角范畴的一个粘合;

(ii) 图 (11.1) 满足条件 (R1), (R2) 和 (R5);

(iii) 图 (11.1) 满足条件 (R1), (R2) 和 (R6);

(iv) 图 (11.1) 满足条件 (R1), (R2) 和 (R7).

后记 在图 (11.1) 中如果 $\mathcal{C}', \mathcal{C}, \mathcal{C}''$ 均是 Abel 范畴, 其中的 6 个函子均是加法函子, 并且 $(i^*, i_*, i^!)$ 和 $(j_!, j^*, j_*)$ 均是伴随三元组, $i_*, j_!$ 和 j_* 均是满忠实的, 并且 $\mathrm{Im}\, i_* = \mathrm{Ker}\, j^*$, 则称 $\mathcal{C}$ 是相对于 $\mathcal{C}'$ 和 $\mathcal{C}''$ 的一个 (Abel 范畴) 粘合. Abel 范畴粘合的概念是由 V. Franjou 和 T. Pirashvili [FP] 引入的. 它与三角范畴的粘合有许多不同之处: 例如, 其中的 6 个函子不要求是正合函子 (如果是正合函子, 则可证明 $\mathcal{C}$ 是 $\mathcal{C}'$ 和 $\mathcal{C}''$ 的直积); 而且等式 $\mathrm{Im}\, j_! = \mathrm{Ker}\, i^*$ 和 $\mathrm{Im}\, j_* = \mathrm{Ker}\, i^!$ 一般地也未必成立. 本书只讨论三角范畴的粘合. 关于 Abel 范畴的粘合例如参见 [PV], [LL], [LW] 等.

11.5 由粘合的一半到粘合

我们考虑这样的问题:

(1) 如果仅有三角函子图 (11.1) 中左边一半, 能否得到三角范畴的粘合?

(2) 如果仅有三角函子图 (11.1) 中右边一半, 能否得到三角范畴的粘合?

问题 (1) 在 E. Cline, B. Parshall, L. L. Scott [CPS2, Theorem 2.1] 有肯定的答案; 问题 (2) 在 [CPS3, Theorem 1.1] 有肯定的答案. 我们将这两个结论分别简称为 "由左到右" 和 "由右到左". 本节我们给出不同于 [CPS2, CPS3] (且稍简单) 的证

明, 从而可以将这两个结论推广. 即, 我们将证明:

(3) 如果仅有三角函子图 (11.2) 中左边一半, 也能得到三角范畴的上粘合. 简称为 "由左上到右上";

(4) 如果仅有三角函子图 (11.2) 中右边一半, 也能得到三角范畴的上粘合; 简称为 "由右上到左上";

(5) 如果仅有三角函子图 (11.3) 中左边一半, 也能得到三角范畴的下粘合. 简称为 "由左下到右下";

(6) 如果仅有三角函子图 (11.3) 中右边一半, 也能得到三角范畴的下粘合; 简称为 "由右下到左下".

根据引理 11.4.3 和 11.4.4 容易看出, 结论 (5) 与结论 (4) 是相同的, 结论 (6) 与结论 (3) 是相同的.

如果有粘合的左边一半, $\mathcal{C}'$ 经常又被称为 $\mathcal{C}$ 的容许三角子范畴 (admissible triangulated subcategory). 它在三角范畴的奇点消解中有意义. 参见 [O1, O2, Kuz, Z3]. 方便起见我们也使用以下术语.

(i) 设有三角函子图 $\mathcal{C}' \xrightleftharpoons[i_*]{i^*} \mathcal{C}$. 我们称 (i^*, i_*) 是右满忠实的伴随对, 如果 (i^*, i_*) 是伴随对且 i_* 是满忠实的.

(ii) 设有三角函子图 $\mathcal{C}' \xrightleftharpoons[i^!]{i_*} \mathcal{C}$. 我们称 $(i_*, i^!)$ 是左满忠实的伴随对, 如果 $(i_*, i^!)$ 是伴随对且 i_* 是满忠实的.

(iii) 设有三角函子图 $\mathcal{C}' \xleftrightarrows{i^*}_{i^!} \mathcal{C}$. 我们称 $(i^*, i_*, i^!)$ 是满忠实的伴随三元组, 如果 $(i^*, i_*, i^!)$ 是伴随三元组且 i_* 是满忠实的.

引理 11.5.1 设有三角函子图 $\mathcal{C}' \xrightleftharpoons[i_*]{i^*} \mathcal{C}$ 且 (i^*, i_*) 是右满忠实的伴随对. 则

(i) $\operatorname{Ker} i^* = {}^\perp \operatorname{Im} i_*$, 这里 $\operatorname{Ker} i^*$ 是 $\mathcal{C}$ 的所有满足 $i^*(X) \cong 0$ 的对象 X 构成的

全子范畴，$\mathrm{Im}i_*$ 是 $\mathcal{C}$ 的所有同构于 $i_*(X')$ 的对象构成的全子范畴，其中 X' 取遍 $\mathcal{C}'$ 中对象，$^\perp\mathrm{Im}i_*$ 是 $\mathcal{C}$ 的所有满足 $\mathrm{Hom}_\mathcal{C}(X_0, Y) = 0$，$\forall Y \in \mathrm{Im}i_*$ 的对象 X_0 构成的全子范畴.

(ii) $(\mathrm{Ker}i^* = {}^\perp\mathrm{Im}i_*,\ \mathrm{Im}i_*)$ 是 $\mathcal{C}$ 的稳定 t-结构.

(iii) $\mathrm{Im}i_*$ 是 $\mathcal{C}$ 的厚子范畴.

证 (i) 设 $X \in \mathrm{Ker}i^*$. 则对于任意 $i_*(X') \in \mathrm{Im}i_*$ 有 $\mathrm{Hom}_\mathcal{C}(X, i_*(X')) \cong \mathrm{Hom}_{\mathcal{C}'}(i^*(X), X') = 0$. 即 $X \in {}^\perp\mathrm{Im}i_*$. 反之，设 $X \in {}^\perp\mathrm{Im}i_*$. 则有 $\mathrm{Hom}_{\mathcal{C}'}(i^*(X), i^*(X)) \cong \mathrm{Hom}_\mathcal{C}(X, i_*i^*(X)) = 0$. 于是 $i^*(X) = 0$, 即 $X \in \mathrm{Ker}i^*$.

(ii) 因为 i_* 是满的, 不难知道 $\mathrm{Im}i_*$ 是 $\mathcal{C}$ 的三角子范畴. 而 ${}^\perp\mathrm{Im}i_* = \mathrm{Ker}i^*$ 也是 $\mathcal{C}$ 的三角子范畴. 设 $X \in \mathcal{C}$. 考虑好三角 $X_0 \longrightarrow X \xrightarrow{\eta_X} i_*i^*X \longrightarrow X_0[1]$, 其中 η_X 是伴随对 (i^*, i_*) 的单位态射. 因为 i_* 是满忠实的, 故 $i^*(\eta_X)$ 是同构 (参见附录命题 12.8.1), 从而 $i^*X_0 \cong 0$. 于是对于任意 $X' \in \mathcal{C}'$ 我们有 $\mathrm{Hom}_\mathcal{C}(X_0, i_*X') \cong \mathrm{Hom}_{\mathcal{C}'}(i^*X_0, X') = 0$. 即 $X_0 \in {}^\perp\mathrm{Im}i_*$. 由稳定 t-结构的定义即知 $({}^\perp\mathrm{Im}i_*, \mathrm{Im}i_*)$ 是 $\mathcal{C}$ 的稳定 t-结构.

(iii) 由引理 11.1.3(iii) 即知. ∎

类似引理 11.5.1 及其证明, 我们也有

引理 11.5.2 设有三角函子图 $\mathcal{C}' \underset{i^!}{\overset{i_*}{\rightleftarrows}} \mathcal{C}$ 且 $(i_*, i^!)$ 是左满忠实的伴随对. 则

(i) $\mathrm{Ker}i^! = (\mathrm{Im}i_*)^\perp$, 这里 $(\mathrm{Im}i_*)^\perp$ 是 $\mathcal{C}$ 的所有满足 $\mathrm{Hom}_\mathcal{C}(Y, X_1) = 0$, $\forall Y \in \mathrm{Im}i_*$ 的对象 X_1 构成的全子范畴.

(ii) $(\mathrm{Im}i_*,\ \mathrm{Ker}i^! = (\mathrm{Im}i_*)^\perp)$ 是 $\mathcal{C}$ 的稳定 t-结构.

(iii) $\mathrm{Im}i_*$ 是 $\mathcal{C}$ 的厚子范畴.

定理 11.5.3 (i) ("由左上到右上") 设有三角函子图 $\mathcal{C}' \underset{i_*}{\overset{i^*}{\rightleftarrows}} \mathcal{C}$ 且 (i^*, i_*) 是右满忠实的伴随对. 则有三角范畴的上粘合

11.5 由粘合的一半到粘合

$$\mathcal{C}' \underset{i_*}{\overset{i^*}{\leftarrows}} \mathcal{C} \underset{j^*}{\overset{j_!}{\leftarrows}} \mathcal{C}/\mathrm{Im}\,i_*, \tag{11.4}$$

其中 $j^*: \mathcal{C} \longrightarrow \mathcal{C}/\mathrm{Im}\,i_*$ 是 Verdier 函子. 或者等价地, 有三角范畴的上粘合

$$\mathcal{C}' \underset{i_*}{\overset{i^*}{\leftarrows}} \mathcal{C} \underset{j^*}{\overset{j_!}{\leftarrows}} \mathrm{Ker}\,i^*, \tag{11.5}$$

其中 $j_!: \mathrm{Ker}\,i^* \longrightarrow \mathcal{C}$ 是嵌入函子.

(ii) ("由左下到右下") 设有三角函子图 $\mathcal{C}' \underset{i^!}{\overset{i_*}{\rightleftarrows}} \mathcal{C}$ 且 $(i_*, i^!)$ 是左满忠实的伴随对. 则有三角范畴的下粘合

$$\mathcal{C}' \underset{i^!}{\overset{i_*}{\rightleftarrows}} \mathcal{C} \underset{j_*}{\overset{j^*}{\rightleftarrows}} \mathcal{C}/\mathrm{Im}\,i_*, \tag{11.6}$$

其中 $j^*: \mathcal{C} \longrightarrow \mathcal{C}/\mathrm{Im}\,i_*$ 是 Verdier 函子. 或者等价地, 有三角范畴的下粘合

$$\mathcal{C}' \underset{i^!}{\overset{i_*}{\rightleftarrows}} \mathcal{C} \underset{j_*}{\overset{j^*}{\rightleftarrows}} \mathrm{Ker}\,i^!, \tag{11.7}$$

其中 $j_*: \mathrm{Ker}\,i^! \longrightarrow \mathcal{C}$ 是嵌入函子.

(iii) ("由左到右") 设有三角函子图 $\mathcal{C}' \underset{i_*}{\overset{i^*}{\underset{i^!}{\rightleftarrows}}} \mathcal{C}$ 且 $(i^*, i_*, i^!)$ 是满忠实的伴随三元组. 则有三角范畴的粘合

$$\mathcal{C}' \underset{i_*}{\overset{i^*}{\underset{i^!}{\rightleftarrows}}} \mathcal{C} \underset{j_*}{\overset{j_!}{\underset{j^*}{\rightleftarrows}}} \mathcal{C}/\mathrm{Im}\,i_*,$$

其中 $j^*: \mathcal{C} \longrightarrow \mathcal{C}/\mathrm{Im}\,i_*$ 是 Verdier 函子.

证 (i) 由引理 11.5.1(iii) 知 $\mathrm{Im}\,i_*$ 是 $\mathcal{C}$ 的厚子范畴, 故 $\mathrm{Ker}\,j^* = \mathrm{Im}\,i_*$.

由引理 11.5.1(ii) 知 $(\mathrm{Ker}\,i^* = {}^\perp\mathrm{Im}\,i_*,\ \mathrm{Im}\,i_*)$ 是 $\mathcal{C}$ 的稳定 t- 结构. 应用命题

11.3.2(v) 得知有三角等价 $\widetilde{F}: \mathcal{C}/\mathrm{Im}i_* \longrightarrow {}^\perp\mathrm{Im}i_*$ 使得下图交换

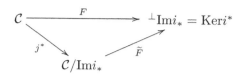

此处 F 是由稳定 t- 结构（${}^\perp\mathrm{Im}i_* = \mathrm{Ker}i^*$, $\mathrm{Im}i_*$）诱导的 $\mathcal{C}$ 到 $\mathrm{Ker}i^*$ 的函子. 从而有满忠实的三角函子 $j_!: \mathcal{C}/\mathrm{Im}i_* \longrightarrow \mathcal{C}$, $j_!$ 将 X 映为 X 关于 t- 结构 $({}^\perp\mathrm{Im}i_*, \mathrm{Im}i_*)$ 的 t- 部分 X_0.

不难看出 $(j_!, j^*)$ 是伴随对. 事实上, 对于 $X \in \mathcal{C}/\mathrm{Im}i_*$, $Y \in \mathcal{C}$, 我们有

$$\mathrm{Hom}_{\mathcal{C}/\mathrm{Im}i_*}(X, j^*(Y)) \cong \mathrm{Hom}_{\mathcal{C}/\mathrm{Im}i_*}(X, Y) \cong \mathrm{Hom}_{{}^\perp\mathrm{Im}i_*}(\widetilde{F}(X), \widetilde{F}(Y))$$
$$\cong \mathrm{Hom}_{\mathcal{C}}(X_0, Y_0) \cong \mathrm{Hom}_{\mathcal{C}}(j_!(X), Y).$$

最后一步由 $\mathrm{Hom}_{\mathcal{C}}(X_0, -)$ 在 t- 分解 $Y_0 \longrightarrow Y \xrightarrow{\eta_Y} i_*i^*(Y) \longrightarrow Y_0[1]$ 上的作用可见.

由引理 11.4.3 即得到三角范畴的上粘合 (11.4). 在 (11.4) 中将 $\mathcal{C}/\mathrm{Im}i_*$ 换成与其三角等价的 $\mathrm{Ker}i^*$, 我们就得到 (11.5), 其中 $j_!$ 就是嵌入函子.

(ii) 利用引理 11.5.2, 并类似 (i) 可证.

(iii) 由 (11.4) 和 (11.6) 即得: 因为 (11.4) 中的 j^* 和 (11.6) 中的 j^* 是相同的, 均是 Verdier 函子. ∎

现在假设给定三角函子图 (11.1) 的右半边. 将这个右半边放在左半边, 利用定理 11.5.3 我们就可以得到

注记 11.5.4 (i) ("由右上到左上") 设有三角函子图 $\mathcal{C} \underset{j^*}{\overset{j_!}{\rightleftarrows}} \mathcal{C}''$ 且 $(j_!, j^*)$ 是伴随对且 $j_!$ 是满忠实的. 也就是说我们有三角函子图 $\mathcal{C}'' \underset{j^*}{\overset{j_!}{\rightleftarrows}} \mathcal{C}$ 且 $(j_!, j^*)$ 是左满忠实的伴随对, 由定理 11.5.3(ii) 中 (11.7) 知有三角范畴的下粘合

$$\mathcal{C}'' \underset{j^*}{\overset{j_!}{\rightleftarrows}} \mathcal{C} \underset{i_*}{\overset{i^*}{\rightleftarrows}} \mathrm{Ker}j^*,$$

其中 $i_*: \mathrm{Ker}j^* \longrightarrow \mathcal{C}$ 是嵌入函子. 再将 $\mathcal{C}''$ 和 $\mathrm{Ker}j^*$ 换位, 我们就得到三角范畴的上粘合

11.5 由粘合的一半到粘合

$$\mathrm{Ker}j^* \underset{i_*}{\overset{i^*}{\longleftrightarrow}} \mathcal{C} \underset{j^*}{\overset{j_!}{\longleftrightarrow}} \mathcal{C}'', \tag{11.8}$$

其中 $i_*: \mathrm{Ker}j^* \longrightarrow \mathcal{C}$ 是嵌入函子.

(ii) ("由右下到左下") 设有三角函子图 $\mathcal{C} \underset{j_*}{\overset{j^*}{\longleftrightarrow}} \mathcal{C}''$ 且 (j^*, j_*) 是伴随对且 j_* 是满忠实. 也就是说我们有三角函子图 $\mathcal{C}'' \underset{j_*}{\overset{j^*}{\longleftrightarrow}} \mathcal{C}$ 且 (j^*, j_*) 是右满忠实的伴随对. 由定理11.5.3(i) 中 (11.5) 知有三角范畴的上粘合

$$\mathcal{C}'' \underset{j_*}{\overset{j^*}{\longleftrightarrow}} \mathcal{C} \underset{i^!}{\overset{i_*}{\longleftrightarrow}} \mathrm{Ker}j^*,$$

其中 $i_*: \mathrm{Ker}j^* \longrightarrow \mathcal{C}$ 是嵌入函子. 再将 $\mathcal{C}''$ 和 $\mathrm{Ker}j^*$ 换位, 我们就得到三角范畴的下粘合

$$\mathrm{Ker}j^* \underset{i^!}{\overset{i_*}{\longleftrightarrow}} \mathcal{C} \underset{j_*}{\overset{j^*}{\longleftrightarrow}} \mathcal{C}'', \tag{11.9}$$

其中 $i_*: \mathrm{Ker}j^* \longrightarrow \mathcal{C}$ 是嵌入函子.

(iii) ("由右到左") 设有三角函子图 $\mathcal{C} \underset{j_*}{\overset{j_!}{\underset{\longleftarrow}{\overset{\longrightarrow}{\underset{j^*}{\longleftarrow}}}}} \mathcal{C}''$ 且 $(j_!, j^*, j_*)$ 是伴随三元组且 $j_!$ 和 j_* 是满忠实的. 则由 (11.8) 和 (11.9) 我们得到三角范畴的粘合

$$\mathrm{Ker}j^* \underset{i^!}{\overset{i^*}{\underset{\longleftarrow}{\overset{\longrightarrow}{\underset{i_*}{\longleftarrow}}}}} \mathcal{C} \underset{j_*}{\overset{j_!}{\underset{\longleftarrow}{\overset{\longrightarrow}{\underset{j^*}{\longleftarrow}}}}} \mathcal{C}''.$$

这是因为 (11.8) 和 (11.9) 中的 $i_*: \mathrm{Ker}j^* \longrightarrow \mathcal{C}$ 是相同的, 均是嵌入函子. ∎

在 11.6 节中我们要指出上述 "由左到右" 和 "由右到左" 在粘合等价的意义下均是唯一的.

命题 11.5.5 设 $(\mathcal{C}', \mathcal{C}, \mathcal{C}'')$ 是三角范畴的粘合. 则

(i) 有三角同构 $\widetilde{j^*}: \mathcal{C}/\mathrm{Im}i_* \cong \mathcal{C}''$ 使得 $\widetilde{j^*}V_{\mathrm{Im}i_*} = j^*$, 其中 $V_{\mathrm{Im}i_*}: \mathcal{C} \longrightarrow \mathcal{C}/\mathrm{Im}i_*$ 是Verdier函子.

(ii) 有三角同构 $\widetilde{i^*}: \mathcal{C}/\mathrm{Im}j_! \cong \mathcal{C}'$ 使得 $\widetilde{i^*}V_{\mathrm{Im}j_!} = i^*$.

(iii) 有三角同构 $\widetilde{i^!}: \mathcal{C}/\mathrm{Im}j_* \cong \mathcal{C}'$ 使得 $\widetilde{i^!}V_{\mathrm{Im}j_*} = i^!$.

证 (i) 由引理 11.5.1(ii) 知 $({}^\perp\mathrm{Im}i_* = \mathrm{Ker}i^* = \mathrm{Im}j_!,\ \mathrm{Im}i_*)$ 是 $\mathcal{C}$ 的稳定 t-结构. 应用命题 11.3.2(v) 得知存在三角等价 $\widetilde{F}: \mathcal{C}/\mathrm{Im}i_* \longrightarrow {}^\perp\mathrm{Im}i_*$ 使得下图交换

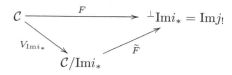

此处 F 是由稳定 t-结构 $({}^\perp\mathrm{Im}i_* = \mathrm{Im}j_!,\ \mathrm{Im}i_*)$ 诱导的 $\mathcal{C}$ 到 $\mathrm{Im}j_!$ 的函子. 因为粘合三角 $j_!j^*Y \xrightarrow{\epsilon_Y} Y \xrightarrow{\eta_Y} i_*i^*Y \xrightarrow{h_Y} (j_!j^*Y)[1]$ 就是 Y 关于稳定 t-结构 $({}^\perp\mathrm{Im}i_* = \mathrm{Im}j_!,\ \mathrm{Im}i_*)$ 的 t-分解且 $FY = j_!j^*Y$, 故 $F = j_!j^*$. 因为 $j_!$ 是满忠实的, 故 $j_!$ 诱导出范畴等价 $\widetilde{j_!}: \mathcal{C}'' \longrightarrow \mathrm{Im}j_!$ 且 $\widetilde{j_!}j^* = F$. 令 $\widetilde{j^*} := \widetilde{j_!}^{-1}\widetilde{F}: \mathcal{C}/\mathrm{Im}i_* \cong \mathcal{C}''$. 则

$$j^* = \widetilde{j_!}^{-1}F = \widetilde{j_!}^{-1}\widetilde{F}V_{\mathrm{Im}i_*} = \widetilde{j^*}V_{\mathrm{Im}i_*}.$$

(ii) 利用稳定 t-结构 $({}^\perp\mathrm{Im}i_* = \mathrm{Im}j_!,\ \mathrm{Im}i_*)$ 和由命题 11.3.2(vii) 得知的三角等价 $\widetilde{G}: \mathcal{C}/\mathrm{Im}j_! \longrightarrow \mathrm{Im}i_*$, 类似于 (i) 可证.

(iii) 利用由引理 11.5.2(ii) 得知的稳定 t-结构 $(\mathrm{Im}i_*,\ (\mathrm{Im}i_*)^\perp = \mathrm{Im}j_*)$ 和由命题 11.3.2(v) 得知的三角等价 $\mathcal{C}/\mathrm{Im}j_* \longrightarrow \mathrm{Im}i_*$, 类似于 (i) 可证. ∎

11.6 粘合间的比较函子组

为了比较两个粘合, 我们需要下述概念 (参见 [PS] 和 [FP]).

给定两个三角范畴的粘合 $(\mathcal{C}', \mathcal{C}, \mathcal{C}'')$ 和 $(\mathcal{D}', \mathcal{D}, \mathcal{D}'')$, 三角函子的三元组 (F', F, F''), 其中 $F': \mathcal{C}' \longrightarrow \mathcal{D}'$, $F: \mathcal{C} \longrightarrow \mathcal{D}$, $F'': \mathcal{C}'' \longrightarrow \mathcal{D}''$, 称为 $(\mathcal{C}', \mathcal{C}, \mathcal{C}'')$ 到 $(\mathcal{D}', \mathcal{D}, \mathcal{D}'')$ 的一个比较函子组, 如果存在函子间的自然同构

$$F'i^* \cong i_\mathcal{D}^*F,\quad Fi_* \cong i_*^\mathcal{D}F',\quad F'i^! \cong i_\mathcal{D}^!F,\quad Fj_! \cong j_!^\mathcal{D}F'',\quad F''j^* \cong j_\mathcal{D}^*F,\quad Fj_* \cong j_*^\mathcal{D}F''.$$

参见下图

11.6 粘合间的比较函子组

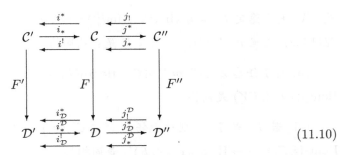

$$(11.10)$$

粘合 $(\mathcal{C}', \mathcal{C}, \mathcal{C}'')$ 和粘合 $(\mathcal{D}', \mathcal{D}, \mathcal{D}'')$ 称为等价的,如果存在比较函子组 (F', F, F'') 使得 F', F, F'' 均为等价. 此时称 (F', F, F'') 是粘合的等价.

定理 11.6.1 (B. Parshall, L. L. Scott [PS, Theorem 2.5]) 给定两个三角范畴的粘合 $(\mathcal{C}', \mathcal{C}, \mathcal{C}'')$ 和 $(\mathcal{D}', \mathcal{D}, \mathcal{D}'')$.

(i) 设有三角函子 $F' : \mathcal{C}' \longrightarrow \mathcal{D}'$ 和三角函子 $F : \mathcal{C} \longrightarrow \mathcal{D}$, 使得图 (11.10) 的左半边在自然同构的意义下交换, 即存在函子间的自然同构

$$F'i^* \cong i^*_{\mathcal{D}} F, \quad Fi_* \cong i^{\mathcal{D}}_* F', \quad F'i^! \cong i^!_{\mathcal{D}} F.$$

则存在唯一的函子(在自然同构意义下) $F'' : \mathcal{C}'' \longrightarrow \mathcal{D}''$, 使得 (F', F, F'') 是 $(\mathcal{C}', \mathcal{C}, \mathcal{C}'')$ 到 $(\mathcal{D}', \mathcal{D}, \mathcal{D}'')$ 的比较函子组.

(ii) 设有三角函子 $F : \mathcal{C} \longrightarrow \mathcal{D}$ 和三角函子 $F'' : \mathcal{C}'' \longrightarrow \mathcal{D}''$, 使得图 (11.10) 的右半边在自然同构的意义下交换. 则存在唯一的函子(在自然同构意义下) $F' : \mathcal{C}' \longrightarrow \mathcal{D}'$, 使得 (F', F, F'') 是 $(\mathcal{C}', \mathcal{C}, \mathcal{C}'')$ 到 $(\mathcal{D}', \mathcal{D}, \mathcal{D}'')$ 的比较函子组.

(iii) 如果比较函子组 (F', F, F'') 中有两个函子是等价, 则第 3 个也是等价.

为了证明定理 11.6.1 我们需要作些准备.

引理 11.6.2 设 (F', F, F'') 是两个三角范畴的粘合 $(\mathcal{C}', \mathcal{C}, \mathcal{C}'')$ 和 $(\mathcal{D}', \mathcal{D}, \mathcal{D}'')$ 之间的比较函子组.

(i) 对任意 $Y \in \mathcal{C}$, 设 $i_*i^!Y \xrightarrow{\omega_Y} Y \xrightarrow{\zeta_Y} j_*j^*Y \xrightarrow{k_Y} (i_*i^!Y)[1]$ 是 $\mathcal{C}$ 中的粘合三角, 其中 ω 是 $(i_*, i^!)$ 的余单位, ζ 是 (j^*, j_*) 的单位. 则

$$Fi_*i^!Y \xrightarrow{F\omega_Y} FY \xrightarrow{F\zeta_Y} Fj_*j^*Y \xrightarrow{u_{i_*i^!Y} \circ Fk_Y} (Fi_*i^!Y)[1]$$

是 FY 关于稳定 t-结构 $(\mathrm{Im}i_*^{\mathcal{D}}, (\mathrm{Im}i_*^{\mathcal{D}})^{\perp} = \mathrm{Im}j_*^{\mathcal{D}} = \mathrm{Ker}i_{\mathcal{D}}^!)$ 的 t-分解(参见引理11.5.2), 这里 $u: F \circ [1] \longrightarrow [1] \circ F$ 是自然同构.

(ii) 对于任意 $Z \in \mathcal{C}'$ 和 $Y \in \mathcal{C}$, $\mathrm{Hom}_{\mathcal{D}}(Fi_*Z, F\omega_Y): \mathrm{Hom}_{\mathcal{D}}(Fi_*Z, Fi_*i^!Y) \longrightarrow \mathrm{Hom}_{\mathcal{D}}(Fi_*Z, FY)$ 是同构.

(iii) 若 F' 是等价, 则对于任意 $Z \in \mathcal{C}'$ 和 $Y \in \mathcal{C}$, 函子 F 诱导的映射 $F: \mathrm{Hom}_{\mathcal{C}}(i_*Z, Y) \longrightarrow \mathrm{Hom}_{\mathcal{D}}(Fi_*Z, FY)$ 是同构.

证 (i) 因 F 是三角函子, 故

$$Fi_*i^!Y \xrightarrow{F\omega_Y} FY \xrightarrow{F\zeta_Y} Fj_*j^*Y \xrightarrow{u_{i_*i^!Y} \circ Fk_Y} (Fi_*i^!Y)[1]$$

是 $\mathcal{D}$ 中的好三角. 因为 $Fi_*i^!Y \cong i_*^{\mathcal{D}}F'i^!Y \in \mathrm{Im}i_*^{\mathcal{D}}$, 而 $Fj_*j^*Y \cong j_*^{\mathcal{D}}F''j^*Y \in \mathrm{Im}j_*^{\mathcal{D}}$, 故此好三角是 FY 关于稳定 t-结构 $(\mathrm{Im}i_*^{\mathcal{D}}, (\mathrm{Im}i_*^{\mathcal{D}})^{\perp} = \mathrm{Im}j_*^{\mathcal{D}} = \mathrm{Ker}i_{\mathcal{D}}^!)$ 的 t-分解.

(ii) 因为 $Fi_*Z \cong i_*^{\mathcal{D}}F'Z \in \mathrm{Im}i_*^{\mathcal{D}}$, 而

$$Fi_*i^!Y \xrightarrow{F\omega_Y} FY \xrightarrow{F\zeta_Y} Fj_*j^*Y \xrightarrow{u_{i_*i^!Y} \circ Fk_Y} (Fi_*i^!Y)[1]$$

是 FY 关于稳定 t-结构 $(\mathrm{Im}i_*^{\mathcal{D}}, (\mathrm{Im}i_*^{\mathcal{D}})^{\perp} = \mathrm{Im}j_*^{\mathcal{D}})$ 的 t-分解, 故

$$\mathrm{Hom}_{\mathcal{D}}(Fi_*Z, (Fj_*j^*Y)[-1]) = 0 = \mathrm{Hom}_{\mathcal{D}}(Fi_*Z, Fj_*j^*Y),$$

从而 $\mathrm{Hom}_{\mathcal{D}}(Fi_*Z, F\omega_Y): \mathrm{Hom}_{\mathcal{D}}(Fi_*Z, Fi_*i^!Y) \longrightarrow \mathrm{Hom}_{\mathcal{D}}(Fi_*Z, FY)$ 是同构.

(iii) 令 $a: Fi_* \longrightarrow i_*^{\mathcal{D}}F'$ 是自然同构. 令 λ 是 $(i_*, i^!)$ 的伴随同构, ω 是 $(i_*, i^!)$ 的余单位. 因为 $i_*^{\mathcal{D}}$ 和 F' 均是满忠实函子, 且 $\mathrm{Hom}_{\mathcal{D}}(Fi_*Z, F\omega_Y)$ 是同构, 故有同构

$$\mathrm{Hom}_{\mathcal{C}}(i_*Z, Y) \stackrel{\lambda_{Z,Y}}{\cong} \mathrm{Hom}_{\mathcal{C}'}(Z, i^!Y) \stackrel{i_*^{\mathcal{D}}F'}{\cong} \mathrm{Hom}_{\mathcal{D}}(i_*^{\mathcal{D}}F'Z, i_*^{\mathcal{D}}F'i^!Y)$$

$$\stackrel{(-, a_{i^!Y}^{-1})}{\cong} \mathrm{Hom}_{\mathcal{D}}(i_*^{\mathcal{D}}F'Z, Fi_*i^!Y) \stackrel{(a_Z, -)}{\cong} \mathrm{Hom}_{\mathcal{D}}(Fi_*Z, Fi_*i^!Y)$$

$$\stackrel{(-, F\omega_Y)}{\cong} \mathrm{Hom}_{\mathcal{D}}(Fi_*Z, FY).$$

要证 $F: \mathrm{Hom}_{\mathcal{C}}(i_*Z, Y) \longrightarrow \mathrm{Hom}_{\mathcal{D}}(Fi_*Z, FY)$ 是同构, 只要证上述 5 个同构的合成将 $f \in \mathrm{Hom}_{\mathcal{C}}(i_*Z, Y)$ 映为 $F(f)$ 即可. 即要证

$$F\omega_Y \circ a_{i^!Y}^{-1} \circ i_*^{\mathcal{D}}F'(\lambda_{Z,Y}(f)) \circ a_Z = F(f).$$

因为 $a: Fi_* \longrightarrow i_*^{\mathcal{D}} F'$ 是自然同构, 故有交换图

$$\begin{array}{ccc} Fi_*Z & \xrightarrow{a_Z} & i_*^{\mathcal{D}} F'Z \\ {\scriptstyle Fi_*(\lambda_{Z,Y}(f))}\downarrow & & \downarrow {\scriptstyle i_*^{\mathcal{D}} F'(\lambda_{Z,Y}(f))} \\ Fi_*i^!Y & \xrightarrow{a_{i^!Y}} & i_*^{\mathcal{D}} F'i^!Y \end{array}$$

于是

$$F\omega_Y \circ a_{i^!Y}^{-1} \circ i_*^{\mathcal{D}} F'(\lambda_{Z,Y}(f)) \circ a_Z = F\omega_Y \circ Fi_*(\lambda_{Z,Y}(f)) = F(\omega_Y \circ i_*(\lambda_{Z,Y}(f))) = F(f),$$

其中最后一步是由附录命题 12.8.2 得到的. ∎

类似可证

引理 11.6.3 设 (F', F, F'') 是两个三角范畴的粘合 $(\mathcal{C}', \mathcal{C}, \mathcal{C}'')$ 和 $(\mathcal{D}', \mathcal{D}, \mathcal{D}'')$ 之间的比较函子组.

(i) 对任意 $Y \in \mathcal{C}$, 设 $j_!j^*Y \xrightarrow{\epsilon_Y} Y \xrightarrow{\eta_Y} i_*i^*Y \xrightarrow{h_Y} (j_!j^*Y)[1]$ 是 $\mathcal{C}$ 中的粘合三角, 其中 ϵ 是 $(j_!, j^*)$ 的余单位, η 是 (i^*, i_*) 的单位. 则

$$Fj_!j^*Y \xrightarrow{F\epsilon_Y} FY \xrightarrow{F\eta_Y} Fi_*i^*Y \xrightarrow{u_{j_!j^*Y} Fh_Y} (Fj_!j^*Y)[1]$$

是 FY 关于稳定 t-结构 $({}^\perp \mathrm{Im} i_*^{\mathcal{D}} = \mathrm{Im} j_!^{\mathcal{D}} = \mathrm{Ker} i_{\mathcal{D}}^*,\ \mathrm{Im} i_*^{\mathcal{D}})$ 的 t-分解 (参见引理 11.5.1), 其中 $u: F \circ [1] \longrightarrow [1] \circ F$ 是自然同构.

(ii) 对于任意 $Z \in \mathcal{C}''$ 和 $Y \in \mathcal{C}$, $\mathrm{Hom}_{\mathcal{D}}(Fj_!Z, F\epsilon_Y) : \mathrm{Hom}_{\mathcal{D}}(Fj_!Z, Fj_!j^*Y) \longrightarrow \mathrm{Hom}_{\mathcal{D}}(Fj_!Z, FY)$ 是同构.

(iii) 若 F'' 是等价, 则对于任意 $Z \in \mathcal{C}''$ 和 $Y \in \mathcal{C}$, 函子 F 诱导的映射 $F : \mathrm{Hom}_{\mathcal{C}}(j_!Z, Y) \longrightarrow \mathrm{Hom}_{\mathcal{D}}(Fj_!Z, FY)$ 是同构.

定理 11.6.1 的证明 (i) 考虑三角函子 $j_{\mathcal{D}}^* F : \mathcal{C} \longrightarrow \mathcal{D}''$. 对于任意 $X' \in \mathcal{C}'$, 因为

$$j_{\mathcal{D}}^* F(i_*X') \cong j_{\mathcal{D}}^* i_*^{\mathcal{D}} F'X' = 0,$$

即 $j_{\mathcal{D}}^* F(\mathrm{Im} i_*) = 0$, 由 Verdier 商的泛性质 (参见推论 3.5.7(ii)) 知存在唯一的三角函子 $\widetilde{F''} : \mathcal{C}/\mathrm{Im} i_* \longrightarrow \mathcal{D}''$ 使得 $\widetilde{F''} V_{\mathrm{Im} i_*} = j_{\mathcal{D}}^* F$, 其中 $V_{\mathrm{Im} i_*} : \mathcal{C} \longrightarrow \mathcal{C}/\mathrm{Im} i_*$ 是 Verdier

函子. 由命题 11.5.5(i) 知有三角同构 $\widetilde{j}^* : \mathcal{C}/\mathrm{Im}\, i_* \cong \mathcal{C}''$ 使得 $\widetilde{j}^* V_{\mathrm{Im}\, i_*} = j^*$. 于是我们得到三角函子 $F'' := \widetilde{F''}\widetilde{j}^{*-1} : \mathcal{C}'' \longrightarrow \mathcal{D}''$ 使得

$$F''j^* = \widetilde{F''}\widetilde{j}^{*-1}j^* = \widetilde{F''}V_{\mathrm{Im}\, i_*} = j_{\mathcal{D}}^* F.$$

对于 $X \in \mathcal{C}$, 由引理 11.6.3 知

$$Fj_!j^*X \xrightarrow{F\epsilon_X} FX \xrightarrow{F\eta_X} Fi_*i^*X \longrightarrow (Fj_!j^*X)[1]$$

是 FX 关于稳定 t-结构 $(\mathrm{Ker}\, i_{\mathcal{D}}^* = {}^\perp \mathrm{Im}\, i_*^{\mathcal{D}},\ \mathrm{Im}\, i_*^{\mathcal{D}})$ 的 t-分解. 另一方面, $\mathcal{D}$ 中的粘合三角

$$j_!^{\mathcal{D}} j_{\mathcal{D}}^* FX \xrightarrow{\epsilon_{FX}^{\mathcal{D}}} FX \xrightarrow{\eta_{FX}^{\mathcal{D}}} i_*^{\mathcal{D}} i_{\mathcal{D}}^* FX \longrightarrow (j_!^{\mathcal{D}} j_{\mathcal{D}}^* FX)[1]$$

也是 FX 关于稳定 t-结构 $(\mathrm{Ker}\, i_{\mathcal{D}}^* = {}^\perp \mathrm{Im}\, i_*^{\mathcal{D}},\ \mathrm{Im}\, i_*^{\mathcal{D}})$ 的 t-分解. 由 t-分解的唯一性 (参见引理 11.1.4) 知存在三角的同构

$$\begin{array}{ccccccc}
Fj_!j^*X & \xrightarrow{F\epsilon_X} & FX & \xrightarrow{F\eta_X} & Fi_*i^*X & \longrightarrow & (Fj_!j^*X)[1] \\
\alpha_X \downarrow & & = \downarrow & & \beta_X \downarrow & & \alpha_X[1] \downarrow \\
j_!^{\mathcal{D}} j_{\mathcal{D}}^* FX & \xrightarrow{\epsilon_{FX}^{\mathcal{D}}} & FX & \xrightarrow{\eta_{FX}^{\mathcal{D}}} & i_*^{\mathcal{D}} i_{\mathcal{D}}^* FX & \longrightarrow & (j_!^{\mathcal{D}} j_{\mathcal{D}}^* FX)[1]
\end{array}$$

因为 $j_!^{\mathcal{D}} j_{\mathcal{D}}^* FX \cong j_!^{\mathcal{D}} F'' j^* X$, 我们有 $Fj_!j^*X \cong j_!^{\mathcal{D}} F'' j^* X$. 因为 j^* 是稠密的, 故有自然同构 $Fj_! \cong j_!^{\mathcal{D}} F''$.

因 F 是三角函子, 故对于任意 $X \in \mathcal{C}$ 有 $\mathcal{D}$ 中的好三角

$$Fi_*i^!X \xrightarrow{F\omega_X} FX \xrightarrow{F\zeta_X} Fj_*j^*X \longrightarrow (Fi_*i^!X)[1].$$

另一方面有粘合三角

$$i_*^{\mathcal{D}} i_{\mathcal{D}}^! FX \xrightarrow{\omega_{FX}^{\mathcal{D}}} FX \xrightarrow{\zeta_{FX}^{\mathcal{D}}} j_*^{\mathcal{D}} j_{\mathcal{D}}^* FX \longrightarrow (j_!^{\mathcal{D}} j_{\mathcal{D}}^* FX)[1].$$

这两个好三角均是 FX 关于稳定 t-结构 $(\mathrm{Im}\, i_*^{\mathcal{D}},\ \mathrm{Ker}\, i_{\mathcal{D}}^!)$ 的 t-分解 (参见引理 11.5.2). 类似地可证 $Fj_* \cong j_*^{D} F''$.

最后, F'' 在自然同构意义下的唯一性本质上是由泛性质决定的: 可追溯到 $\widetilde{F''}$ 的唯一性.

(ii) 对偶地可证. 留作习题.

(iii) 设 F' 和 F'' 是等价. 我们要证 F 也是等价. 首先说明 F 是满忠实的. 对 $X, Y \in \mathcal{C}$, 将 $\mathrm{Hom}_\mathcal{C}(-, Y)$ 作用在粘合三角 $j_!j^*X \xrightarrow{\epsilon_X} X \xrightarrow{\eta_X} i_*i^*X \xrightarrow{h_X} (j_!j^*X)[1]$, 并将 $\mathrm{Hom}_\mathcal{D}(-, FY)$ 作用在好三角 $Fj_!j^*X \xrightarrow{F\epsilon_X} FX \xrightarrow{F\eta_X} Fi_*i^*X \xrightarrow{u_X Fh_X} (Fj_!j^*X)[1]$, 这里 $u : F \circ [1] \longrightarrow [1] \circ F$ 是自然同构, 我们得到如下交换图, 上下两行均为 Abel 群的长正合列:

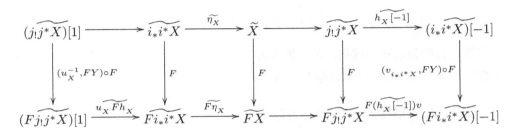

其中 $v : [-1] \circ F \longrightarrow F \circ [-1]$ 是自然同构, 上行中的 $\widetilde{X}$ 表示 $\mathrm{Hom}_\mathcal{C}(X, Y)$, 下行中的 $\widetilde{FX}$ 表示 $\mathrm{Hom}_\mathcal{D}(FX, FY)$, 其他记号相同. 由引理 11.6.2(iii) 知 $F : \mathrm{Hom}_\mathcal{C}(i_*i^*X, Y) \longrightarrow \mathrm{Hom}_\mathcal{D}(Fi_*i^*X, FY)$ 和

$$\mathrm{Hom}_\mathcal{D}(v_{i_*i^*X}, FY) \circ F : \mathrm{Hom}_\mathcal{C}((i_*i^*X)[-1], Y) \longrightarrow \mathrm{Hom}_\mathcal{D}((Fi_*i^*X)[-1], FY)$$

均是同构. 由引理 11.6.3(iii) 知 $F : \mathrm{Hom}_\mathcal{C}(j_!j^*X, Y) \longrightarrow \mathrm{Hom}_\mathcal{D}(Fj_!j^*X, FY)$ 和

$$\mathrm{Hom}_\mathcal{D}(u_X^{-1}, FY) \circ F : \mathrm{Hom}_\mathcal{C}((j_!j^*X)[1], Y) \longrightarrow \mathrm{Hom}_\mathcal{D}((Fj_!j^*X)[1], FY)$$

均是同构. 从而由五引理知 $F : \mathrm{Hom}_\mathcal{C}(X, Y) \longrightarrow \mathrm{Hom}_\mathcal{D}(FX, FY)$ 是同构.

再证 F 是稠密的. 对于任意 $Z \in \mathcal{D}$, 考虑粘合三角

$$(i_*^\mathcal{D} i_\mathcal{D}^* Z)[-1] \xrightarrow{h} j_!^\mathcal{D} j_\mathcal{D}^* Z \xrightarrow{\epsilon_Z} Z \xrightarrow{\eta_Z} i_*^\mathcal{D} i_\mathcal{D}^* Z.$$

因为 $i_\mathcal{D}^*(Z[-1]) \in \mathcal{D}'$, $F' : \mathcal{C}' \longrightarrow \mathcal{D}'$ 和 $i^* : \mathcal{C} \longrightarrow \mathcal{C}'$ 均稠密, 因此存在 $Y \in \mathcal{C}$ 使得 $i_\mathcal{D}^*(Z[-1]) \cong F'i^*Y$. 于是

$$(i_*^\mathcal{D} i_\mathcal{D}^* Z)[-1] \cong i_*^\mathcal{D}(i_\mathcal{D}^*(Z[-1])) \cong i_*^\mathcal{D} F'i^*Y \cong Fi_*i^*Y.$$

又 $j_\mathcal{D}^* Z \in \mathcal{D}''$, $F'' : \mathcal{C}'' \longrightarrow \mathcal{D}''$ 和 $j^* : \mathcal{C} \longrightarrow \mathcal{C}''$ 均稠密, 因此存在 $X \in \mathcal{C}$ 使得 $j_\mathcal{D}^* Z \cong F'' j^* X$. 于是

$$j_!^\mathcal{D} j_\mathcal{D}^* Z \cong j_!^\mathcal{D} F'' j^* X \cong F j_! j^* X.$$

因为 F 是满函子, 故存在 $f : i_* i^* Y \longrightarrow j_! j^* X$ 使得下图交换

$$\begin{array}{ccc} F i_* i^* Y & \xrightarrow{Ff} & F j_! j^* X \\ \downarrow & & \downarrow \\ (i_*^\mathcal{D} i_\mathcal{D}^* Z)[-1] & \xrightarrow{h} & j_!^\mathcal{D} j_\mathcal{D}^* Z \end{array}$$

其中竖直态射为已知的同构. 将 f 嵌入好三角 (第 3 项设为 W) 并将 F 作用在这个好三角上, 由三角公理即知存在同构 $FW \cong Z$.

其余两种情形类似可证. 留作习题. ∎

由定理 11.5.3(iii), 注记 11.5.4(iii) 和定理 11.6.1(iii) 我们立即得到

推论 11.6.4 (i) ("由左到右"的唯一性) 设有三角函子图 $\mathcal{C}' \xrightleftharpoons[i^!]{i^*,\, i_*} \mathcal{C}$ 且 $(i^*, i_*, i^!)$ 是满忠实的伴随三元组. 则在粘合等价的意义下存在唯一的三角范畴的粘合

$$\mathcal{C}' \xrightleftharpoons[i^!]{i^*,\, i_*} \mathcal{C} \xrightleftharpoons[j_*]{j_!,\, j^*} \mathcal{C}/\mathrm{Im}\, i_*.$$

(ii) ("由右到左"的唯一性) 设有三角函子图 $\mathcal{C} \xrightleftharpoons[j_*]{j_!,\, j^*} \mathcal{C}''$ 其中 $(j_!, j^*, j_*)$ 是伴随三元组且 $j_!$ 和 j_* 是满忠实的. 则存在唯一的三角范畴的粘合

$$\mathrm{Ker}\, j^* \xrightleftharpoons[i^!]{i^*,\, i_*} \mathcal{C} \xrightleftharpoons[j_*]{j_!,\, j^*} \mathcal{C}''.$$

注记 11.6.5 (i) 定理 11.6.1 是 [PS] 给出的, 其中 (iii) 的原证过于简单且顺序似乎有误: 没有引理 11.6.2 和 11.6.3; 并且在证明 "若 F' 和 F'' 是等价, 则 F 也是等价"的过程中, [PS] 先指出 F 是稠密的, 再说明 F 是满忠实的. 但 F 的稠密性似乎要用到 F 是满忠实的; 而 F 是满忠实的似乎要用引理 11.6.2(iii) 和引理 11.6.3(iii).

否则虽然有 $\mathrm{Hom}_{\mathcal{C}}(i_*Z,Y) \cong \mathrm{Hom}_{\mathcal{D}}(Fi_*Z,FY)$, 但并不知同构是由 F 诱导; 而不是由 F 诱导则无法利用五引理.

(ii) 类似地可以谈论两个上粘合之间的比较函子组, 和两个下粘合之间的比较函子组; 且对上粘合和下粘合, 定理11.6.1和推论11.6.4中的结论**部分地**成立.

11.7 稳定 t- 结构和粘合的关系

设图 (11.1) 是三角范畴 $\mathcal{C}$ 相对于三角子范畴 $\mathcal{C}'$ 和 $\mathcal{C}''$ 的一个粘合. 则从 (R4) 和 (R3) 直接可验证 $(\mathrm{Im} j_! j^*, \mathrm{Im} i_* i^*)$ 和 $(\mathrm{Im} i_* i^!, \mathrm{Im} j_* j^*)$ 均是三角范畴 $\mathcal{C}$ 的稳定 t- 结构. 由于 $i^*, i^!$ 和 j^* 均是稠密的 (参见 (R2′)), 也就是说 $(\mathrm{Im} j_!, \mathrm{Im} i_*)$ 和 $(\mathrm{Im} i_*, \mathrm{Im} j_*)$ 均是稳定 t- 结构. 因为 $i_*, j_!, j_*$ 均是满忠实的, 故 $\mathrm{Im} j_! \cong \mathcal{C}'' \cong \mathrm{Im} j_*$, $\mathrm{Im} i_* \cong \mathcal{C}'$. 因此我们得到三角范畴 $\mathcal{C}$ 的稳定 t- 结构 $(\mathcal{U}, \mathcal{V})$ 和 $(\mathcal{V}, \mathcal{W})$, 其中 $\mathcal{U} \cong \mathcal{C}'' \cong \mathcal{W}$ 和 $\mathcal{V} \cong \mathcal{C}'$. 需要强调的是 $\mathcal{U}$ 与 $\mathcal{W}$ 是三角等价的三角子范畴、但一般来说它们并不相同.

反之, 设有三角范畴 $\mathcal{C}$ 的稳定 t- 结构 $(\mathcal{U}, \mathcal{V})$ 和 $(\mathcal{V}, \mathcal{W})$. 因为 $(\mathcal{U}, \mathcal{V})$ 是 $\mathcal{C}$ 的稳定 t- 结构, 由命题 11.3.2(i) 知有嵌入函子 $i_* : \mathcal{V} \longrightarrow \mathcal{C}$ 和三角函子 $i^* : \mathcal{C} \longrightarrow \mathcal{V}$ 使得 (i^*, i_*) 是伴随对. 又因为 $(\mathcal{V}, \mathcal{W})$ 是 $\mathcal{C}$ 的稳定 t- 结构, 同理可知有嵌入函子 $i_* : \mathcal{V} \longrightarrow \mathcal{C}$ 和三角函子 $i^! : \mathcal{C} \longrightarrow \mathcal{V}$ 使得 $(i_*, i^!)$ 是伴随对; 又有嵌入函子 $j_* : \mathcal{W} \longrightarrow \mathcal{C}$ 和三角函子 $j^* : \mathcal{C} \longrightarrow \mathcal{W}$ 使得 (j^*, j_*) 是伴随对, 并且 $\mathrm{Im} i_* = \mathrm{Ker} j^*$.

现在, 由命题 11.3.2 知有三角等价 $\mathcal{U} \cong \mathcal{C}/\mathcal{V} \cong \mathcal{W}$, 从而又有满忠实函子 $j_! : \mathcal{W} \longrightarrow \mathcal{C}$, 其中 $j_!$ 是三角等价 $F : \mathcal{W} \cong \mathcal{U}$ 与嵌入函子 $\mathcal{U} \longrightarrow \mathcal{C}$ 的合成, 这里 F 是由 j^* 诱导的三角等价 $\mathcal{W} \cong \mathcal{C}/\mathcal{V}$ 和由 $G : \mathcal{C} \longrightarrow \mathcal{U}$ 诱导的三角等价 $\mathcal{C}/\mathcal{V} \cong \mathcal{U}$ 的合成, 故 $F^{-1}G = j^*$, 由此易知 $(j_!, j^*)$ 是伴随对. 由定理 11.4.5 知有三角范畴的粘合

$$\mathcal{V} \xrightarrow[\substack{i^* \\ i^!}]{i_*} \mathcal{C} \xrightarrow[\substack{j_! \\ j_*}]{j^*} \mathcal{W}. \tag{11.11}$$

综上所述, 我们得到稳定 t- 结构和粘合的关系如下.

命题 11.7.1 (J.-I. Miyachi [Mi]) 设图 (11.1) 是三角范畴 $\mathcal{C}$ 相对于三角子范畴

$\mathcal{C}'$ 和 $\mathcal{C}''$ 的一个粘合. 则 $(\mathcal{U},\mathcal{V})$ 和 $(\mathcal{V},\mathcal{W})$ 是稳定 t- 结构, 其中 $\mathcal{U}=\mathrm{Im}j_!$, $\mathcal{V}=\mathrm{Im}i_*$, $\mathcal{W}=\mathrm{Im}j_*$.

反之, 设有三角范畴 $\mathcal{C}$ 的稳定 t- 结构 $(\mathcal{U},\mathcal{V})$ 和 $(\mathcal{V},\mathcal{W})$. 则图 (11.11) 是 $\mathcal{C}$ 相对于 $\mathcal{V}$ 和 $\mathcal{W}$ 的一个粘合, 其中 i_* 和 j_* 是嵌入函子, $i^*, i^!, j^*$ 是由 t- 分解诱导的三角函子, $j_!$ 是三角等价 $F: \mathcal{W} \cong \mathcal{U}$ 与嵌入函子 $\mathcal{U} \longrightarrow \mathcal{C}$ 的合成, 这里 F 是由 j^* 诱导的三角等价 $\mathcal{W} \cong \mathcal{C}/\mathcal{V}$ 和由 $G: \mathcal{C} \longrightarrow \mathcal{U}$ 诱导的三角等价 $\mathcal{C}/\mathcal{V} \cong \mathcal{U}$ 的合成, 满足 $F^{-1}G = j^*$, $\mathcal{U}=\mathrm{Im}j_!$, $\mathcal{V}=\mathrm{Im}i_*$, $\mathcal{W}=\mathrm{Im}j_*$.

11.8 可裂粘合与 Calabi-Yau 范畴

粘合 $(\mathcal{C}', \mathcal{C}, \mathcal{C}'', i^*, i_*, i^!, j_!, j^*, j_*)$ 称为可裂粘合, 如果 $i^! \cong i^*$, $j_* \cong j_!$.

定义 $(\mathcal{C}', \mathcal{E}', T')$ 和 $(\mathcal{C}'', \mathcal{E}'', T'')$ 的积范畴 $\mathcal{C}' \times \mathcal{C}''$ 的平移为 $(T' \times T'')(C', C'') := (T'C', T''C'')$. 令 $\mathcal{E}' \times \mathcal{E}''$ 是 $\mathcal{C}' \times \mathcal{C}''$ 中如下形式的三角作成的类

$$(X', X'') \xrightarrow{(u', u'')} (Y', Y'') \xrightarrow{(v', v'')} (Z', Z'') \xrightarrow{(w', w'')} (T'X', T''X''),$$

其中 $X' \xrightarrow{u'} Y' \xrightarrow{v'} Z' \xrightarrow{w'} T'X'$ 属于 $\mathcal{E}'$, 且 $X'' \xrightarrow{u''} Y'' \xrightarrow{v''} Z'' \xrightarrow{w''} T''X''$ 属于 $\mathcal{E}''$. 直接按定义可验证 $(\mathcal{C}' \times \mathcal{C}'', \mathcal{E}' \times \mathcal{E}'', T' \times T'')$ 是三角范畴, 且有三角范畴的粘合

$$\mathcal{C}' \xrightarrow[p_1]{\overset{p_1}{\underset{\sigma_1}{\longleftarrow}}} \mathcal{C}' \times \mathcal{C}'' \xrightarrow[\sigma_2]{\overset{\sigma_2}{\underset{p_2}{\longleftarrow}}} \mathcal{C}'',$$

其中 p_1, p_2 是通常的投射函子, σ_1, σ_2 是通常的嵌入函子.

命题 11.8.1 设有粘合 $(\mathcal{C}', \mathcal{C}, \mathcal{C}'', i^*, i_*, i^!, j_!, j^*, j_*)$. 则下述等价

(i) $(\mathcal{C}', \mathcal{C}, \mathcal{C}'', i^*, i_*, i^!, j_!, j^*, j_*)$ 是 $\mathcal{C}$ 关于 $\mathcal{C}'$ 和 $\mathcal{C}''$ 的可裂粘合;

(ii) $i^! \cong i^*$;

(iii) $j_* \cong j_!$;

(iv) 存在三角等价 $F: \mathcal{C} \cong \mathcal{C}' \times \mathcal{C}''$, 使得下图是粘合的等价

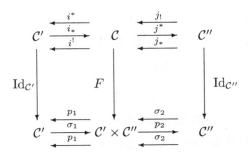

为了证明命题 11.8.1, 我们需要下述事实.

引理 11.8.2 设 $(\mathcal{Y}, \mathcal{Z})$ 是三角范畴 $\mathcal{C}$ 的稳定 t-结构且 $\mathrm{Hom}_{\mathcal{C}}(\mathcal{Z}, \mathcal{Y}) = 0$. 则有三角等价 $F: \mathcal{C} \longrightarrow \mathcal{Y} \times \mathcal{Z}$, 其中 $FX = (Y, Z)$, 其中 $Y \xrightarrow{u} X \longrightarrow Z \longrightarrow Y[1]$ 是 X 关于稳定 t-结构 $(\mathcal{Y}, \mathcal{Z})$ 的 t-分解.

证 由题设 $\mathrm{Hom}_{\mathcal{C}}(Z[-1], Y) = 0$. 由正合列

$$\mathrm{Hom}_{\mathcal{C}}(X, Y) \xrightarrow{\mathrm{Hom}(u, Y)} \mathrm{Hom}_{\mathcal{C}}(Y, Y) \longrightarrow \mathrm{Hom}_{\mathcal{C}}(Z[-1], Y) = 0$$

即知 u 可裂单. 从而由引理 1.3.5(2) 知 $X \cong Y \oplus Z$. 再由引理 11.1.4 和范畴的积的定义即知 $F: \mathcal{C} \longrightarrow \mathcal{Y} \times \mathcal{Z}$ 是三角等价. ■

命题 11.8.1 的证明 (i) $\Longrightarrow$ (ii) 是显然的.

(ii) $\Longrightarrow$ (iii): 设 $i^! \cong i^*$. 对于 $X \in \mathcal{C}, Y'' \in \mathcal{C}''$, 将 $\mathrm{Hom}_{\mathcal{C}}(-, j_!Y'')$ 作用在粘合三角 $j_!j^*X \longrightarrow X \longrightarrow i_*i^*X \longrightarrow (j_!j^*X)[1]$ 上我们得到正合列

$$\mathrm{Hom}(i_*i^*X, j_!Y'') \longrightarrow \mathrm{Hom}(X, j_!Y'') \longrightarrow \mathrm{Hom}(j_!j^*X, j_!Y'')$$
$$\longrightarrow \mathrm{Hom}((i_*i^*X)[-1], j_!Y'').$$

因为 $i^*j_! = 0$, 故

$$\mathrm{Hom}_{\mathcal{C}}(i_*i^*X, j_!Y'') \cong \mathrm{Hom}_{\mathcal{C}'}(i^*X, i^!j_!Y'') \cong \mathrm{Hom}_{\mathcal{C}'}(i^*X, i^*j_!Y'') = 0.$$

同理 $\mathrm{Hom}_{\mathcal{C}}((i_*i^*X)[-1], j_!Y'') = 0$. 因此

$$\mathrm{Hom}_{\mathcal{C}}(X, j_!Y'') \cong \mathrm{Hom}_{\mathcal{C}}(j_!j^*X, j_!Y'') \cong \mathrm{Hom}_{\mathcal{C}''}(j^*X, Y''),$$

其中第二个同构用到 $j_!$ 是满忠实的. 上述同构均是自然的, 于是 $(j^*, j_!)$ 是伴随对; 而由粘合的定义 (j^*, j_*) 是伴随对, 即 j^* 有两个右伴随, 因此 $j_* \cong j_!$.

(iii) $\Longrightarrow$ (ii)：设 $j_* \cong j_!$. 对于 $X' \in \mathcal{C}'$, $Y \in \mathcal{C}$, 将 $\mathrm{Hom}_\mathcal{C}(i_*X', -)$ 作用在粘合三角 $j_!j^*Y \longrightarrow Y \longrightarrow i_*i^*Y \longrightarrow (j_!j^*Y)[1]$ 上, 类似 (ii) $\Longrightarrow$ (iii) 中的分析即得 $i^! \cong i^*$. 至此我们已证明 (i) $\Longleftrightarrow$ (ii) $\Longleftrightarrow$ (iii).

(i) $\Longrightarrow$ (iv)：设 $i^! \cong i^*$, $j_* \cong j_!$. 由粘合的定义知 $(i_*, i^!)$ 是伴随对, 故 (i_*, i^*) 也是伴随对. 由引理 11.5.2(ii) 知 $(\mathrm{Im}i_*, \mathrm{Ker}i^* = (\mathrm{Im}i_*)^\perp)$ 是稳定 t- 结构. 又由粘合的定义 (i^*, i_*) 知是伴随对. 由引理 11.5.1(ii) 知 $(\mathrm{Ker}i^* = {}^\perp\mathrm{Im}i_*, \mathrm{Im}i_*)$ 是稳定 t- 结构. 也就是说 $(\mathrm{Im}i_*, \mathrm{Ker}i^*)$ 和 $(\mathrm{Ker}i^*, \mathrm{Im}i_*)$ 均是 $\mathcal{C}$ 的稳定 t- 结构. 对于 $X \in \mathcal{C}$, 粘合三角

$$i_*i^!X \longrightarrow X \longrightarrow j_*j^*X \longrightarrow (i_*i^!X)[1]$$

就是 X 关于稳定 t- 结构 $(\mathrm{Im}i_*, \mathrm{Ker}i^*)$ 的 t- 分解. 应用引理 11.8.2 即知 $\widetilde{F}: \mathcal{C} \longrightarrow \mathrm{Im}i_* \times \mathrm{Ker}i^*$ 是三角等价, 其中 $\widetilde{F}X = (i_*i^!X, j_*j^*X)$. 因为 i_* 诱导三角等价 $\mathrm{Im}i_* \cong \mathcal{C}'$ 且 j_* 诱导三角等价 $\mathrm{Ker}i^* = \mathrm{Im}j_! = \mathrm{Im}j_* \cong \mathcal{C}''$, 我们有三角等价 $F: \mathcal{C} \longrightarrow \mathcal{C}' \times \mathcal{C}''$ 是三角等价, 其中 $FX = (i^!X, j^*X)$.

现在, 容易验证 (iv) 中的图是粘合的等价, 即有函子的自然同构

$$i^* \cong p_1 F \cong i^!, \quad Fi_* \cong \sigma_1, \quad Fj_! \cong \sigma_2 \cong Fj_*, \quad j^* \cong p_2 F.$$

例如

$$p_1 FX = p_1(i^!X, j^*X) = i^!X \cong i^*X,$$
$$Fj_!X'' = (i^!j_!X'', j^*j_!X'') = (0, j^*j_!X'') \cong (0, X'') = \sigma_2 X''.$$

(iv) $\Longrightarrow$ (i) 是显然的. ∎

设 k 是域. 根据 M. Kontsevich [Kon2] (也参见 B. Keller [Ke5]), Hom 有限 k- 三角范畴 $(\mathcal{A}, [1])$ 称为 *Calabi-Yau* 范畴, 如果存在非负整数 n, 使得 n 次平移 $[n]$ 是 $\mathcal{A}$ 的右 Serre 函子. 此时也称 $\mathcal{A}$ 是 n-Calabi-Yau 范畴. 显然, n-Calabi-Yau 范畴的三角子范畴是 n-Calabi-Yau 范畴.

引理 11.8.3 设 $(\mathcal{C}, [1])$ 是 n-Calabi-Yau范畴.

(i) 设有三角函子图 $\mathcal{C}' \overset{i^*}{\underset{i_*}{\rightleftarrows}} \mathcal{C}$, 其中 (i^*, i_*) 是伴随对, i_* 是满忠实的. 则 (i_*, i^*) 也是伴随对.

(ii) 设有三角函子图 $\mathcal{C}' \xrightleftharpoons[i^!]{i_*} \mathcal{C}$, 其中 $(i_*, i^!)$ 是伴随对, i_* 是满忠实的. 则 $(i^!, i_*)$ 也是伴随对.

(iii) 设有三角函子图 $\mathcal{C} \xrightleftharpoons[j^*]{j_!} \mathcal{C}''$, 其中 $(j_!, j^*)$ 是伴随对, $j_!$ 是满忠实的. 则 $(j^*, j_!)$ 也是伴随对.

(iv) 设有三角函子图 $\mathcal{C} \xrightleftharpoons[j_*]{j^*} \mathcal{C}''$, 其中 (j^*, j_*) 是伴随对, j_* 是满忠实的. 则 (j_*, j^*) 也是伴随对.

证 (i) 因为 $(\mathcal{C}, [1])$ 是 n-Calabi-Yau 范畴, (i^*, i_*) 是伴随对, 以及 i_* 是满忠实的三角函子, 故有同构 (以下 $D = \mathrm{Hom}_k(-, k)$)

$$\begin{aligned}
\mathrm{Hom}_\mathcal{C}(i_* X', Y) &\cong D\mathrm{Hom}_\mathcal{C}(Y, (i_* X')[n]) \\
&\cong D\mathrm{Hom}_\mathcal{C}(Y, i_*(X'[n])) \\
&\cong D\mathrm{Hom}_{\mathcal{C}'}(i^* Y, X'[n]) \\
&\cong D\mathrm{Hom}_\mathcal{C}(i_* i^* Y, i_*(X'[n])) \\
&\cong D\mathrm{Hom}_\mathcal{C}(i_* i^* Y, (i_* X')[n]) \\
&\cong \mathrm{Hom}_\mathcal{C}(i_* X', i_* i^* Y) \\
&\cong \mathrm{Hom}_{\mathcal{C}'}(X', i^* Y).
\end{aligned}$$

即 (i_*, i^*) 是伴随对. 类似地可证 (ii)-(iv). ∎

命题 11.8.4 设 $\mathcal{C}$ 是 n-Calabi-Yau 范畴.

(1) 设 (11.2) 是 $\mathcal{C}$ 的上粘合. 则有 $\mathcal{C}$ 的可裂粘合 (11.1), 其中 $i^! = i^*$; $j_* = j_!$.

(2) 设 (11.3) 是 $\mathcal{C}$ 的下粘合. 则有 $\mathcal{C}$ 的可裂粘合 (11.1), 其中 $i^* = i^!$; $j_! = j_*$.

(3) $\mathcal{C}$ 的任意粘合 $(\mathcal{C}', \mathcal{C}, \mathcal{C}'')$ 是可裂粘合.

证 (1) 由引理 11.8.3(i) 和 (iii) 即知.

(2) 由引理 11.8.3(ii) 和 (iv) 即知.

(3) 由引理 11.8.3(i) 知 (i_*, i^*) 是伴随对; 而由题设知有伴随对 $(i_*, i^!)$. 即 i_* 有两个右伴随, 因此 $i^! \cong i^*$. 同理 $j_* \cong j_!$. 即 $(\mathcal{C}', \mathcal{C}, \mathcal{C}'')$ 是可裂粘合. ∎

注记 11.8.5 给定粘合 $(\mathcal{C}', \mathcal{C}, \mathcal{C}'')$, 若 $\mathcal{C}$ 是Calabi-Yau, 显然 $\mathcal{C}'$ 和 $\mathcal{C}''$ 是Calabi-Yau. 反之不对: 否则, 由命题11.8.4(3)知 $(\mathcal{C}', \mathcal{C}, \mathcal{C}'')$ 可裂; 但是有许多非可裂粘合 $(\mathcal{C}', \mathcal{C}, \mathcal{C}'')$ 的例子, 其中 $\mathcal{C}'$ 和 $\mathcal{C}''$ 是Calabi-Yau.

例如, 设 $A = kQ$ 是箭图 $1 \longrightarrow 2$ 在域 k 上的路代数, $C = e_2 A e_2$, $B = A/Ae_2 A$. 则有有界导出范畴的粘合 $(D^b(B\text{-mod}), D^b(A\text{-mod}), D^b(C\text{-mod}))$ (例如参见 [PS, Example 2.10]). 因 $B \cong k \cong C$, 故 $D^b(B\text{-mod})$ 和 $D^b(C\text{-mod})$ 是 0-Calabi-Yau; 而 $D^b(A\text{-mod})$ 非Calabi-Yau, 故 $(D^b(B\text{-mod}), D^b(A\text{-mod}), D^b(C\text{-mod}))$ 是非可裂粘合.

将粘合 $(\mathcal{C}, \mathcal{C}, 0)$ 和粘合 $(0, \mathcal{C}, \mathcal{C})$ 称为 $\mathcal{C}$ 的平凡粘合. 非零三角范畴 $\mathcal{C}$ 称为粘合单的, 如果 $\mathcal{C}$ 只有平凡粘合. 类似的概念有导出单代数, 例如参见 [Wied], [AHKL2].

非零范畴 $\mathcal{C}$ 称为不可分解的, 如果由 $\mathcal{C} \cong \mathcal{C}' \times \mathcal{C}''$ 可以推出 $\mathcal{C}' = 0$ 或 $\mathcal{C}'' = 0$. 由命题 11.8.4 和命题 11.8.1 知

推论 11.8.6 不可分解的Calabi-Yau范畴是粘合单三角范畴.

11.9 对称粘合

给定三角范畴 $\mathcal{C}$ 的粘合 (11.1), 对调 $\mathcal{C}'$ 和 $\mathcal{C}''$ 的位置, 通常**不能**指望仍得到粘合. 受 P. Jørgensen [Jor1] 的启发, 我们有下述概念 ([Z2]).

定义 11.9.1 三角范畴 $\mathcal{C}$ 的一个粘合 (11.1) 称为对称的, 如果存在三角函子 $j^?, i_\sharp, j^\sharp$ 和 $i_?$, 使得

$$\mathcal{C}'' \underset{j^*}{\overset{j^?}{\underset{j_!}{\longleftarrow \longrightarrow \longleftarrow}}} \mathcal{C} \underset{i_*}{\overset{i_\sharp}{\underset{i^*}{\longleftarrow \longrightarrow \longleftarrow}}} \mathcal{C}' \qquad (11.12)$$

和

$$\mathcal{C}'' \underset{j^\sharp}{\overset{j^*}{\underset{j_*}{\longleftarrow \longrightarrow \longleftarrow}}} \mathcal{C} \underset{i_?}{\overset{i_*}{\underset{i^!}{\longleftarrow \longrightarrow \longleftarrow}}} \mathcal{C}' \qquad (11.13)$$

都是三角范畴 $\mathcal{C}$ 的粘合.

命题 11.9.2 (P. Jørgensen [Jor1]) 设 k 是域, $\mathcal{C}$ 是 Hom 有限 k-线性三角范畴且有粘合 (11.1). 设 $\mathcal{C}$ 有等价的右 Serre 函子 S. 则

(i) $\mathcal{C}'$ 有等价的右 Serre 函子 $i^!Si_*$, 其拟逆为 $i^*S^{-1}i_*$.

(ii) $\mathcal{C}''$ 有等价的右 Serre 函子 $j^*Sj_!$, 其拟逆为 $j^*S^{-1}j_*$.

证 只证 (ii). 类似地可证 (i).

因 $j_!$ 是满忠实的, S 是右 Serre 函子且 $(j_!, j^*)$ 是伴随对, 故有同构

$$\begin{aligned}\operatorname{Hom}_{\mathcal{C}''}(X'', Y'') &\cong \operatorname{Hom}_{\mathcal{C}}(j_!X'', j_!Y'') \\ &\cong D\operatorname{Hom}_{\mathcal{C}}(j_!Y'', Sj_!X'') \\ &\cong D\operatorname{Hom}_{\mathcal{C}''}(Y'', j^*Sj_!X'').\end{aligned}$$

这些同构均是自然的. 即 $j^*Sj_!$ 是 $\mathcal{C}''$ 的右 Serre 函子.

同理, 因 j_* 是满忠实的, S^{-1} 是左 Serre 函子且 (j^*, j_*) 是伴随对, 故有同构

$$\begin{aligned}\operatorname{Hom}_{\mathcal{C}''}(X'', Y'') &\cong \operatorname{Hom}_{\mathcal{C}}(j_*X'', j_*Y'') \\ &\cong D\operatorname{Hom}_{\mathcal{C}}(S^{-1}j_*Y'', j_*X'') \\ &\cong D\operatorname{Hom}_{\mathcal{C}''}(j^*S^{-1}j_*Y'', X'').\end{aligned}$$

这些同构均是自然的. 即 $j^*S^{-1}j_*$ 是 $\mathcal{C}''$ 的左 Serre 函子.

由命题 10.4.7 知 $\mathcal{C}''$ 的右 Serre 函子 $j^*Sj_!$ 必是等价, 其拟逆是左 Serre 函子. 再由左 Serre 函子的唯一性 (参见引理 10.4.4 的对偶) 知 $j^*S^{-1}j_*$ 是 $j^*Sj_!$ 的拟逆. ∎

定理 11.9.3 (P. Jørgensen [Jor1]) 设 k 是一个域, $\mathcal{C}$ 是 Hom 有限 k-线性三角范畴. 若 $\mathcal{C}$ 有一个等价的右 Serre 函子 S, 则 $\mathcal{C}$ 的所有粘合 (11.1) 都是对称的, 其中

$$\begin{aligned}i_\sharp &= S^{-1}i_*i^!Si_*, & j^? &= j^*S^{-1}j_*j^*S, \\ i_? &= Si_*i^*S^{-1}i_*, & j^\sharp &= j^*Sj_!j^*S^{-1}.\end{aligned}$$

证 因为 Serre 函子 S 是三角函子 (参见定理 10.5.1), 由 $i_\sharp, j^?, i_?, j^\sharp$ 的构造知它们均是三角函子. 因为已知 $\operatorname{Im} j_! = \operatorname{Ker} i^*$ 和 $\operatorname{Im} j_* = \operatorname{Ker} i^!$, 由定理 11.4.5 只要证明:

$i_\sharp$ 和 $i_?$ 是满忠实的; 并且 $(j^?, j_!)$, $(i_\sharp, i^*)$, $(j_*, j^\sharp)$, 和 $(i^!, i_?)$ 均是伴随对.

事实上, 由 $i_\sharp, j^?, i_?, j^\sharp$ 的构造, 这些论断都是容易证明的.

例如, 利用 $i^! S i_*$ 是 $\mathcal{C}'$ 的右 Serre 函子 (参见命题 11.9.2(i)) 以及右 Serre 函子是满忠实的 (参见引理 10.4.5(ii)), 以及 i_* 和 S^{-1} 是满忠实的, 我们有同构

$$\begin{aligned}
\mathrm{Hom}_{\mathcal{C}'}(X', Y') &\stackrel{i^! S i_*}{\cong} \mathrm{Hom}_{\mathcal{C}'}(i^! S i_* X', i^! S i_* Y') \\
&\stackrel{i_*}{\cong} \mathrm{Hom}_{\mathcal{C}}(i_* i^! S i_* X', i_* i^! S i_* Y') \\
&\stackrel{S^{-1}}{\cong} \mathrm{Hom}_{\mathcal{C}}(S^{-1} i_* i^! S i_* X', S^{-1} i_* i^! S i_* Y') \\
&= \mathrm{Hom}_{\mathcal{C}}(i_\sharp X', i_\sharp Y').
\end{aligned}$$

上式中所有同构的合成就是 $i_\sharp$, 于是 $i_\sharp$ 是满忠实的.

又例如, 利用 $j^* S^{-1} j_*$ 是 $\mathcal{C}''$ 的左 Serre 函子, $(j_!, j^*)$ 是伴随对, 以及 S 是右 Serre 函子, 我们有

$$\begin{aligned}
\mathrm{Hom}_{\mathcal{C}''}(j^? C, C'') &\cong \mathrm{Hom}_{\mathcal{C}''}(j^* S^{-1} j_* j^* S C, C'') \\
&\cong D \mathrm{Hom}_{\mathcal{C}''}(C'', j^* S C) \\
&\cong D \mathrm{Hom}_{\mathcal{C}}(j_! C'', S C) \\
&\cong \mathrm{Hom}_{\mathcal{C}}(C, j_! C'').
\end{aligned}$$

即 $(j^?, j_!)$ 是伴随对. 其余断言类似可证. 留作习题. ∎

11.10 应用 1: 有限维数和整体维数

三角范畴的粘合 $(\mathcal{C}', \mathcal{C}, \mathcal{C}'')$ 为许多问题的研究提供了平台: 若 $\mathcal{C}'$ 和 $\mathcal{C}''$ 有某种性质, 则 $\mathcal{C}$ 的情况如何? 反之, 若 $\mathcal{C}$ 有某种性质, 则 $\mathcal{C}'$ 和 $\mathcal{C}''$ 情况如何?

本节我们讨论 Artin 代数 A 的有限维数 $\mathrm{fin.dim}(A)$, 其中

$$\mathrm{fin.dim}(A) := \sup\{\mathrm{pd}_A M \mid \mathrm{pd}_A M < \infty\}.$$

H. Bass [Bass] 提出著名的猜想: $\mathrm{fin.dim}(A) < \infty$. 这通常称为有限维数猜想 (Finitistic dimension conjecture). 关于有限维数猜想与其他同调猜想之间的关系以及

进展有大量的文献. 例如可参见 [AR1, AR2], [Bass], [GKK], [Hap5], [Hap6], [Z-H], [Xicc1, Xicc2] 和 [W1].

以下 $\mathcal{P} = \mathcal{P}(A)$ 表示所有有限生成投射 A- 模作成的 A-mod 的全子范畴, $K^b(A)$ 表示 A 的有界同伦范畴 $K^b(A$-mod$)$, $D^b(A)$ 表示 Artin 代数 A 的有界导出范畴 $D^b(A$-mod$)$. 将 A- 模 X 等同于 X 的 0 次轴复形.

引理 11.10.1 设 A 和 B 是 Artin 代数, $F : D^b(A) \longrightarrow D^b(B)$ 是三角函子. 则存在整数 r, 使得对于任意有限生成 A- 模 X, 上同调群 $\mathrm{H}^i(FX) = 0, \forall\, i \leqslant r$.

证 因 A 是 Artin 代数, 故有限生成 A- 模 X 有合成列, 从而 X 可通过一些单 A- 模的有限次扩张得到; 而 A-mod 中短正合列诱导出 $D^b(A)$ 中好三角 (参见命题 5.1.2), 因此在 $D^b(A)$ 中 X 可通过一些单 A- 模的有限次的好三角扩张得到. 又 F 是三角函子, 故 FX 可通过一些 FS 的有限次的好三角扩张得到, 其中 S 均是单 A- 模. 因 Artin 代数 A 只有有限多个单模 S (在同构意义下), 并且 FS 均是有界复形, 故存在整数 r, 使得对任意单 A-模 S 有 $\mathrm{H}^i FS = 0, \forall\, i \leqslant r$. 因为上同调群是导出范畴的同构不变量, 根据 $D^b(B)$ 中好三角诱导出上同调群之间的长正合列的事实 (参见定理 5.1.4) 即知: 对任意有限生成 A- 模 X 有 $\mathrm{H}^i FX = 0, \forall\, i \leqslant r$. ∎

引理 11.10.2 设 A, B 均是 Artin 代数, $F : D^b(A) \longrightarrow D^b(B)$ 和 $G : D^b(B) \longrightarrow D^b(A)$ 是三角函子且 (F, G) 是伴随对. 若有限生成 A- 模 X 的投射维数有限, 则 $FX \in K^b(\mathcal{P}(B))$.

证 任取 $Y^\bullet \in D^b(B)$. 因 $\mathrm{pd}X < \infty$, 故 $X \in K^b(\mathcal{P}(A))$. 由推论 8.2.4 知存在 $m = m(Y^\bullet)$ 使得 $\mathrm{Hom}_{D^b(A)}(X, GY^\bullet[i]) = 0, \forall\, i \geqslant m$. 从而 $\mathrm{Hom}_{D^b(B)}(FX, Y^\bullet[i]) = \mathrm{Hom}_{D^b(A)}(X, GY^\bullet[i]) = 0, \forall\, i \geqslant m$. 再由推论 8.2.4 即知 $FX \in K^b(\mathcal{P}(B))$. ∎

定理 11.10.3 (D. Happel [Hap6]) 设有 Artin 代数的有界导出范畴之间的粘合 $(D^b(A'), D^b(A), D^b(A''))$. 则 $\mathrm{fin.dim}\,A < \infty$ 当且仅当 $\mathrm{fin.dim}\,A' < \infty$ 且 $\mathrm{fin.dim}\,A'' < \infty$.

证 设 $\mathrm{fin.dim}\,A < \infty$. 先证 $\mathrm{fin.dim}\,A' < \infty$. 我们要找到正整数 m, 使得对任意投射维数有限的有限生成 A'- 模 X', 均有 $\mathrm{pd}X' < m$. 也就是说, 要找到正整

数 m, 使得对于任意投射维数有限的有限生成 A'-模 X' 和任意单 A' 模 S', 均有 $\mathrm{Ext}_{A'}^m(X', S') = \mathrm{Hom}_{D^b(A')}(X', S'[m]) = 0$, 或等价地, $\mathrm{Hom}_{D^b(A)}(i_*X', i_*S'[m]) = 0$ (这是因为 $i_* : D^b(A') \longrightarrow D^b(A)$ 是满且忠实的).

因 $\mathrm{pd} X' < \infty$, 由引理 11.10.2 知 $i_*X' \in K^b(\mathcal{P})$ (指 i_*X' 在 $D^b(A)$ 中同构于 $K^b(\mathcal{P})$ 中的对象). 于是由引理 5.1.10 知

$$\mathrm{Hom}_{D^b(A)}(i_*X', i_*S'[m]) \cong \mathrm{Hom}_{K^b(A)}(i_*X', i_*S'[m]),$$

从而要证的结论转化为: 存在正整数 m, 使得对任意投射维数有限的有限生成 A'-模 X' 和任意单 A'- 模 S', 均有 $\mathrm{Hom}_{K^b(A)}(i_*X', i_*S'[m]) = 0$, 此处 i_*X' 视为 $K^b(\mathcal{P})$ 中的对象. 为此只要说明: 存在正整数 m, 使得对任意投射维数有限的有限生成 A'-模 X' 和任意单 A'- 模 S', 复形 i_*X' 和复形 $i_*S'[m]$ 的非零分支所在的位置无交即可. 因为 i_*S' 均是有界复形, 且 A' 只有有限多个单模 S', 所以只要证明存在整数 r', 使得对任意投射维数有限的有限生成 A'- 模 X', 作为 $K^b(\mathcal{P})$ 中对象的复形 i_*X' 满足 $(i_*X')^i = 0, \forall\, i < r'$, 即可. 下面说明可以做到这一点.

因为上同调群是 $D^b(A)$ 中的同构不变量, 由引理 11.10.1 知存在整数 r, 使得对任意投射维数有限的有限生成 A'- 模 X' 有 $\mathrm{H}^j(i_*X') = 0, \forall\, j \leqslant r$ (此处 i_*X' 视为 $K^b(\mathcal{P})$ 中的对象). 于是复形 i_*X' 的第 r 次微分 d^r 的核 $\mathrm{Ker} d^r$ 的投射维数有限, 从而 $\mathrm{pd}\,\mathrm{Ker} d^r \leqslant \mathrm{fin.dim} A$. 由此即知对任意投射维数有限的有限生成 A'- 模 X', 将 i_*X' 视为 $K^b(\mathcal{P})$ 中的对象时, i_*X' 满足 $(i_*X')^i = 0, \forall\, i < r - 1 - \mathrm{fin.dim} A$. 现在取 $r' = r - 1 - \mathrm{fin.dim} A$ 即可. 至此我们已证明 $\mathrm{fin.dim} A' < \infty$.

类似于上面的方法可证 $\mathrm{fin.dim} A'' < \infty$. 为方便读者, 我们包含其证明. 对任意投射维数有限的有限生成 A''- 模 X'', 由引理 11.10.2 知 $j_!X'' \in K^b(\mathcal{P})$ (指 $j_!X''$ 在 $D^b(A)$ 中同构于 $K^b(\mathcal{P})$ 中的对象). 因为上同调群是 $D^b(A)$ 中的同构不变量, 由引理 11.10.1 知存在整数 s, 使得对任意投射维数有限的有限生成 A''- 模 X'' 有 $\mathrm{H}^i(j_!X'') = 0, \forall\, i \leqslant s$ (此处 $j_!X''$ 视为 $K^b(\mathcal{P})$ 中的对象). 于是复形 $j_!X''$ 的第 s 次微分 d^s 的核 $\mathrm{Ker} d^r$ 的投射维数有限, 从而 $\mathrm{pd}\,\mathrm{Ker} d^s \leqslant \mathrm{fin.dim} A$. 由此即知对任意投射维数有限的有限生成 A''- 模 X'', 将 $j_!X''$ 视为 $K^b(\mathcal{P})$ 中的对象时, $j_!X''$ 满足 $(j_!X'')^i = 0, \forall\, i < s - 1 - \mathrm{fin.dim} A$.

因为 A'' 只有有限多个单模 S'', 且 $j_!S''$ 均是有界复形, 所以存在正整数 m, 使

得对任意投射维数有限的有限生成 A''- 模 X'' 和任意单 A''- 模 S'', 复形 $j_!X''$ 和复形 $j_!S''[m]$ 的非零分支所在的位置无交. 从而 $\mathrm{Hom}_{K^b(A)}(j_!X'', j_!S''[m]) = 0$. 于是

$$\mathrm{Ext}^m_{A''}(X'', S'') = \mathrm{Hom}_{D^b(A'')}(X'', S''[m]) \cong \mathrm{Hom}_{D^b(A)}(j_!X'', j_!S''[m])$$
$$\cong \mathrm{Hom}_{K^b(A)}(j_!X'', j_!S''[m]) = 0,$$

故 $\mathrm{pd}\, X'' < m$, 从而 $\mathrm{fin.dim}\, A'' < \infty$.

反之, 设 $\mathrm{fin.dim}\, A' < \infty$ 且 $\mathrm{fin.dim}\, A'' < \infty$. 我们要证 $\mathrm{fin.dim}\, A < \infty$. 换言之, 要找到正整数 m, 使得对于任意投射维数有限的有限生成 A- 模 X 和任意单 A 模 S, 均有 $\mathrm{Ext}^m_A(X, S) = \mathrm{Hom}_{D^b(A)}(X, S[m]) = 0$.

将 $\mathrm{Hom}_{D^b(A)}(-, S[m])$ 作用在粘合三角 $j_!j^*X \longrightarrow X \longrightarrow i_*i^*X \longrightarrow (j_!j^*X)[1]$ 上我们看出只要证明: 存在正整数 m, 使得对于任意投射维数有限的有限生成 A- 模 X 和任意单 A- 模 S, 均有 $\mathrm{Hom}_{D^b(A)}(i_*i^*X, S[m]) = 0 = \mathrm{Hom}_{D^b(A)}(j_!j^*X, S[m])$. 利用伴随对 $(i_*, i^!)$ 和 $(j_!, j^*)$ 我们看出只要证明: 存在正整数 m, 使得对于任意投射维数有限的有限生成 A- 模 X 和任意单 A- 模 S, 均有 $\mathrm{Hom}_{D^b(A')}(i^*X, i^!S[m]) = 0 = \mathrm{Hom}_{D^b(A'')}(j^*X, j^*S[m])$.

由引理 11.10.2 知 $i^*X \in K^b(\mathcal{P}')$ 和 $j^*X \in K^b(\mathcal{P}'')$. 因此只要证: 存在正整数 m, 使得对于任意投射维数有限的有限生成 A- 模 X 和任意单 A- 模 S, 均有

$$\mathrm{Hom}_{K^b(A')}(i^*X, i^!S[m]) = 0 = \mathrm{Hom}_{K^b(A'')}(j^*X, j^*S[m]).$$

因为上同调群是 $D^b(A)$ 中的同构不变量, 由引理 11.10.1 知存在整数 t, 使得对于任意投射维数有限的有限生成 A- 模 X 有 $\mathrm{H}^j(i^*X) = 0$, $\forall\, j \leqslant t$ (此处 i^*X 视为 $K^b(\mathcal{P}')$ 中的对象). 于是复形 i^*X 的第 t 次微分 d^t 的核 $\mathrm{Ker}\, d^t$ 的投射维数有限, 从而 $\mathrm{pd}\, \mathrm{Ker}\, d^t \leqslant \mathrm{fin.dim}\, A'$. 由此即知对于任意投射维数有限的有限生成 A- 模 X, 将 i^*X 视为 $K^b(\mathcal{P}')$ 中的对象时, i^*X 满足 $(i^*X)^i = 0$, $\forall\, i < t - 1 - \mathrm{fin.dim}\, A'$. 因为 $i^!S$ 均是有界复形, 且 A 只有有限多个单模 S, 所以存在正整数 m_1, 使得对于任意投射维数有限的有限生成 A- 模 X 和任意单 A- 模 S, 只要 $j \geqslant m_1$, 复形 i^*X 和复形 $i^!S[j]$ 的非零分支所在的位置无交, 从而 $\mathrm{Hom}_{K^b(A')}(i^*X, i^!S[j]) = 0$, $\forall\, j \geqslant m_1$.

同理可证: 存在正整数 m_2, 使得对于任意投射维数有限的有限生成 A- 模 X 和任意单 A- 模 S, 只要 $j \geqslant m_2$ 均有 $\mathrm{Hom}_{K^b(A'')}(j^*X, j^*S[j]) = 0$, $\forall\, j \geqslant m_2$.

现在取 $m = \max\{m_1, m_2\}$, 则对任意投射维数有限的有限生成 A-模 X 和任意单 A-模 S, 均有

$$\mathrm{Hom}_{K^b(A')}(i^*X, i^!S[m]) = 0 = \mathrm{Hom}_{K^b(A'')}(j^*X, j^*S[m]).$$

从而我们已证明 $\mathrm{fin.dim}A < \infty$. ∎

注意到 $\mathrm{gl.dim}A < \infty$ 当且仅当 $D^b(A)$ 的三角子范畴 $K^b(\mathcal{P})$ 与 $D^b(A)$ 相等. 由定理 11.10.3 的证明过程 (而不是定理 11.10.3 本身) 我们就知道

推论 11.10.4 ([Wied]) 设 A', A 和 A'' 均是 Artin 代数且有三角范畴的粘合 $(D^b(A'), D^b(A), D^b(A''))$. 则 $\mathrm{gl.dim}A < \infty$ 当且仅当 $\mathrm{gl.dim}A' < \infty$ 且 $\mathrm{gl.dim}A'' < \infty$.

注记 11.10.5 定理 11.10.3 和推论 11.10.4 的原形式均是对有限维代数表述的, 这里对 Artin 代数的情形, 上述证明与原证是完全相同的: 其要点是 Artin 代数只有有限多个单模且有限生成模有合成列. 因此这个证明无法推广到 Noether 环上.

设 A 是域 k 上的代数. 令 $A^e := A \otimes_k A^{op}$, 称为 A 的包络代数 ([CE, Chapter 9]). 因为 A^e 代数同构于其反代数, 故 A^e 的左整体维数与 A^e 的右整体维数是相同的; 而且左 A^e-模范畴与右 A^e-模范畴是同构的. 特别地, 任意左 A^e-模 M 的投射维数与右 A^e-模 M 的投射维数是相同的. 从而 $\mathrm{pd}_{A^e}A = \mathrm{pd}A_{A^e}$; 这个维数又称为 A 的 Hochschild 维数: 这是因为 $\mathrm{pd}_{A^e}A = n$ 当且仅当对于任意双边 A-模 M (或等价地, 左 A^e-模 M, 或等价地, 右 A^e-模 M), Hochschild 上同调群 $\mathrm{H}^i(A, M) = \mathrm{Ext}^{n+1}_{A^e}(A, M) = 0$. 参见 G. Hochschild [Ho] 或 [CE, p.176].

S. Eilenberg, A. Rosenberg, D. Zelinsky [ERZ, Proposition 2(3)] 通过谱序列得到如下重要关系

$$\mathrm{l.gl.dim}(A \otimes_k B) \leqslant \mathrm{l.gl.dim}A + \mathrm{pd}_{B^e}B.$$

因此, 我们有如下关系 (参见 [CE, p.179])

$$\max\{\mathrm{l.gl.dim}A,\ \mathrm{r.gl.dim}A\} \leqslant \mathrm{pd}_{A^e}A \leqslant \mathrm{gl.dim}A^e \leqslant 2\mathrm{pd}_{A^e}A.$$

从而 $\mathrm{pd}_{A^e} A < \infty$ 当且仅当 $\mathrm{gl.dim} A^e < \infty$. 当 A 是有限维代数时 D. Happel [Hap3] 证明了 $\mathrm{pd}_{A^e} A = \mathrm{gl.dim} A^e$.

如果 A 和 B 导出等价, 则 A^e 和 B^e 也导出等价 (参见 [Ric1, Proposition 9.1, Theorem 6.4; Ric3, Theorem 2.1]); 从而 $\mathrm{gl.dim} A^e < \infty$ 当且仅当 $\mathrm{gl.dim} B^e < \infty$. 即代数的包络代数的整体维数的有限性是原代数的导出等价的不变量.

韩阳 [Han, Theorem 3] 证明了: 给定代数的导出范畴之间的粘合 $(D(B\text{-Mod}), D(A\text{-Mod}), D(C\text{-Mod}))$, 则 $\mathrm{gl.dim} A^e < \infty$ 当且仅当 $\mathrm{gl.dim} B^e < \infty$ 且 $\mathrm{gl.dim} C^e < \infty$. 即代数的包络代数的整体维数的有限性与原代数的导出范畴的粘合是相容的.

11.11 应用 2: 粘合诱导的 t- 结构

给定一个三角范畴的粘合 $(\mathcal{C}', \mathcal{C}, \mathcal{C}'')$, 我们说明 $\mathcal{C}'$ 的一个 t- 结构, 连同 $\mathcal{C}''$ 的一个 t- 结构, 可以诱导出 $\mathcal{C}$ 的一个 t- 结构.

定理 11.11.1 (A. A. Beilinson, J. Bernstein, P. Deligne [BBD, Theorem 4.10]) 设图 (11.1) 是三角范畴 $\mathcal{C}$ 相对于三角范畴 $\mathcal{C}'$ 和 $\mathcal{C}''$ 的一个粘合. 设 $(\mathcal{C}'^{\leqslant 0}, \mathcal{C}'^{\geqslant 0})$ 是 $\mathcal{C}'$ 的一个 t- 结构, $(\mathcal{C}''^{\leqslant 0}, \mathcal{C}''^{\geqslant 0})$ 是 $\mathcal{C}''$ 的一个 t- 结构. 则 $(\mathcal{C}^{\leqslant 0}, \mathcal{C}^{\geqslant 0})$ 是 $\mathcal{C}$ 的一个 t- 结构, 其中

$$\mathcal{C}^{\leqslant 0} := \{ A \in \mathcal{C} \mid j^* A \in \mathcal{C}''^{\leqslant 0}, \ i^* A \in \mathcal{C}'^{\leqslant 0} \},$$
$$\mathcal{C}^{\geqslant 0} := \{ B \in \mathcal{C} \mid j^* B \in \mathcal{C}''^{\geqslant 0}, \ i^! B \in \mathcal{C}'^{\geqslant 0} \}.$$

证   由 $\mathcal{C}^{\leqslant 0}$ 和 $\mathcal{C}^{\geqslant 0}$ 的定义不难证得 (t2).

设 $A \in \mathcal{C}^{\leqslant 0}$, $B \in \mathcal{C}^{\geqslant 1}$. 将 $\mathrm{Hom}_{\mathcal{C}}(-, B)$ 作用在好三角

$$j_! j^* A \xrightarrow{\epsilon_A} A \xrightarrow{\eta_A} i_* i^* A \longrightarrow (j_! j^* A)[1]$$

上不难证得 (t1).

设 $X \in \mathcal{C}$. 考虑 $j^* X$ 的 t- 分解 $\tau_{\leqslant 0} j^* X \longrightarrow j^* X \xrightarrow{p} \tau_{\geqslant 1} j^* X \longrightarrow \tau_{\leqslant 0} j^* X[1]$. 由伴随同构 $\mathrm{Hom}(j^* X, \tau_{\geqslant 1} j^* X) \stackrel{\eta}{\cong} \mathrm{Hom}(X, j_* \tau_{\geqslant 1} j^* X)$ 得 $\eta(p)$, 并将其嵌入好三角

$$j_* \tau_{\geqslant 1} j^* X[-1] \xrightarrow{a} Y \longrightarrow X \xrightarrow{\eta(p)} j_* \tau_{\geqslant 1} j^* X.$$

再考虑 i^*Y 的 t-分解 $\tau_{\leqslant 0}i^*Y \longrightarrow i^*Y \xrightarrow{p'} \tau_{\geqslant 1}i^*Y \longrightarrow \tau_{\leqslant 0}i^*Y[1]$. 由伴随同构 $\mathrm{Hom}_{\mathcal{C}'}(i^*Y, \tau_{\geqslant 1}i^*Y) \stackrel{\theta}{\cong} \mathrm{Hom}_{\mathcal{C}}(Y, i_*\tau_{\geqslant 1}i^*Y)$ 得 $\theta(p')$, 并将其嵌入好三角

$$A \longrightarrow Y \xrightarrow{\theta(p')} i_*\tau_{\geqslant 1}i^*Y \longrightarrow A[1].$$

将 $\theta(p')a$ 嵌入好三角

$$j_*\tau_{\geqslant 1}j^*X[-1] \xrightarrow{\theta(p')a} i_*\tau_{\geqslant 1}i^*Y \longrightarrow B \longrightarrow j_*\tau_{\geqslant 1}j^*X.$$

应用八面体公理 (TR4) 我们得到如下交换图

$$\begin{array}{ccccccc}
 & & A & =\!\!=\!\!= & A & & \\
 & & \downarrow & & \downarrow & & \\
j_*\tau_{\geqslant 1}j^*X[-1] & \xrightarrow{a} & Y & \longrightarrow & X & \xrightarrow{\eta(p)} & j_*\tau_{\geqslant 1}j^*X \\
\| & & \theta(p')\downarrow & & \downarrow & & \| \\
j_*\tau_{\geqslant 1}j^*X[-1] & \xrightarrow{\theta(p')a} & i_*\tau_{\geqslant 1}i^*Y & \longrightarrow & B & \longrightarrow & j_*\tau_{\geqslant 1}j^*X \\
 & & \gamma\downarrow & & \downarrow & & a[1]\downarrow \\
 & & A[1] & =\!\!=\!\!= & A[1] & \longrightarrow & Y[1]
\end{array}$$

使得上图第 3 列是好三角. 下证 $A \longrightarrow X \longrightarrow B \longrightarrow A[1]$ 就是 X 关于 t-结构 $(\mathcal{C}^{\leqslant 0}, \mathcal{C}^{\geqslant 0})$ 的 t-分解. 从而 (t3) 成立, 定理得证.

将三角函子 j^* 作用于上图第 3 行, 由 $j^*i_* = 0$ 可知 $j^*B \cong j^*j_*\tau_{\geqslant 1}j^*X$. 因伴随对 (j^*, j_*) 中 j_* 是满忠实的, 故余单位 $\epsilon: j^*j_* \longrightarrow \mathrm{Id}_{\mathcal{C}''}$ 是自然同构, 从而 $j^*j_*\tau_{\geqslant 1}j^*X \cong \tau_{\geqslant 1}j^*X \in \mathcal{C}''^{\geqslant 1}$. 即 $j^*B \in \mathcal{C}''^{\geqslant 1}$. 再将 $i^!$ 作用于上图第 3 行, 类似地可知 $i^!B \in \mathcal{C}'^{\geqslant 1}$. 从而 $B \in \mathcal{C}^{\geqslant 1}$.

将 j^* 作用于第 2 列易见 $j^*A \cong j^*Y$. 将 j^* 作用于第 2 行得到下图中第 1 行

$$\begin{array}{ccccccc}
j^*j_*\tau_{\geqslant 1}j^*X[-1] & \longrightarrow & j^*Y & \longrightarrow & j^*X & \xrightarrow{j^*\eta(p)} & j^*j_*\tau_{\geqslant 1}j^*X \\
\epsilon_{\tau_{\geqslant 1}j^*X}[1]\downarrow & & \cong\downarrow & & \| & & \downarrow\epsilon_{\tau_{\geqslant 1}j^*X} \\
\tau_{\geqslant 1}j^*X[-1] & \longrightarrow & \tau_{\leqslant 0}j^*X & \longrightarrow & j^*X & \xrightarrow{p} & \tau_{\geqslant 1}j^*X
\end{array}$$

由伴随同构的自然性知上图中右边方块可换: 事实上, 由交换图

$$\begin{array}{ccc} \mathrm{Hom}(j^*j_*\tau_{\geqslant 1}j^*X,\tau_{\geqslant 1}j^*X) & \xrightarrow{\eta} & \mathrm{Hom}(j_*\tau_{\geqslant 1}j^*X,j_*\tau_{\geqslant 1}j^*X) \\ {\scriptstyle (j^*\eta(p),-)}\downarrow & & \downarrow{\scriptstyle (\eta(p),-)} \\ \mathrm{Hom}(j^*X,\tau_{\geqslant 1}j^*X) & \xrightarrow{\eta} & \mathrm{Hom}(X,j_*\tau_{\geqslant 1}j^*X) \end{array}$$

知 $\eta(\epsilon_{\tau_{\geqslant 1}j^*X} \circ j^*\eta(p)) = \eta(p)$, 故 $\epsilon_{\tau_{\geqslant 1}j^*X}j^*\eta(p) = p$. 从而由三角公理知存在同构 $j^*Y \cong \tau_{\leqslant 0}j^*X \in \mathcal{C}''^{\leqslant 0}$. 于是 $j^*A \cong j^*Y \in \mathcal{C}''^{\leqslant 0}$.

将 i^* 作用在上述八面体公理图中的第 2 列可证 $i^*A \in \mathcal{C}'^{\leqslant 0}$. 从而 $A \in \mathcal{C}^{\leqslant 0}$. ∎

后记 利用 t-正合函子的概念, 由 $\mathcal{C}$ 的 t-结构, [BBD] 也讨论了 $\mathcal{C}'$ 的 t-结构和 $\mathcal{C}''$ 的 t-结构, 但没有很好的结果.

11.12 导出范畴的粘合

S. König [Kö, Theorem 1] 利用 J. Rickard [Ric1] 的工作得到了三个环的上有界导出范畴之间存在三角粘合的充要条件. 这是一个漂亮又有难度的结果.

定义 11.12.1 ([Kö]) 设 R 是环, $T \in K^b(\mathrm{P}(R))$. 称 T 是偏倾斜复形, 如果 T 满足以下条件:

(i) 对任意非零整数 i 有 $\mathrm{Hom}_{K^b(\mathrm{P}(R))}(T,T[i]) = 0$;

(ii) 对任意一簇对象 T_i, $i \in I$, 其中每个 T_i 均是 T 的直和, 有典范同构

$$\bigoplus_{i \in I} \mathrm{Hom}_{K^b(\mathrm{P}(R))}(T,T_i) \cong \mathrm{Hom}_{K^b(\mathrm{P}(R))}(T, \bigoplus_{i \in I} T_i).$$

定理 11.12.2 (S. König [Kö, Theorem 1]) 设 A, B 和 C 是环. 则有上有界导出范畴的粘合

$$D^-(B\text{-Mod}) \underset{\substack{\xrightarrow{i_*} \\ \xleftarrow{i^!}}}{\xleftarrow{i^*}} D^-(A\text{-Mod}) \underset{\substack{\xrightarrow{j^*} \\ \xleftarrow{j_*}}}{\xleftarrow{j_!}} D^-(C\text{-Mod})$$

当且仅当存在偏倾斜复形 $\mathcal{B} \in K^b(\mathrm{P}(A))$ 和偏倾斜复形 $\mathcal{C} \in K^b(\mathcal{P}(A))$ 满足:

(i) $\mathrm{End}_A(\mathcal{B}) \cong B^{op}$, 其中 B^{op} 是环 B 的反环,

(ii) $\mathrm{End}_A(\mathcal{C}) \cong C^{op}$,

(iii) $\mathrm{Hom}_{D^-(A\text{-Mod})}(\mathcal{C}, \mathcal{B}[n]) = 0, \ \forall\, n \in \mathbb{Z}$,

(iv) $\mathcal{B}^\perp \cap \mathcal{C}^\perp = 0$, 其中 $\mathcal{B}^\perp$ 是所有满足 $\mathrm{Hom}_{D^-(A\text{-Mod})}(\mathcal{B}, X[n]) = 0, \ \forall\, n \in \mathbb{Z}$, 的对象 X 构成的 $D^-(A\text{-Mod})$ 的全子范畴.

证 $\Longrightarrow$: 设存在上述粘合. 记 $\mathcal{B} = i_* B, \mathcal{C} = j_! C$.

利用命题 8.3.5 和伴随对 $(i_*, i^!)$ 和 $(j_!, j^*)$ 可知 $\mathcal{B} \in K^b(\mathrm{P}(A))$ 以及 $\mathcal{C} \in K^b(\mathrm{P}(A))$.

因 j^* 有右伴随, 故 j^* 与任意直和可交换 (参见命题 12.8.3). 对于一簇对象 $Y_i, i \in I$, 有如下同构

$$\mathrm{Hom}_{D^-(A\text{-Mod})}(\mathcal{C}, \bigoplus_{i \in I} Y_i) \cong \mathrm{Hom}_{D^-(C\text{-Mod})}(C, j^*(\bigoplus_{i \in I} Y_i))$$
$$\cong \mathrm{Hom}_{D^-(C\text{-Mod})}(C, \bigoplus_{i \in I} j^* Y_i)$$
$$\cong \bigoplus_{i \in I} \mathrm{Hom}_{D^-(C\text{-Mod})}(C, j^* Y_i)$$
$$\cong \bigoplus_{i \in I} \mathrm{Hom}_{D^-(A\text{-Mod})}(\mathcal{C}, Y_i).$$

再由命题 8.2.10 即知 $\mathcal{C} \in K^b(\mathcal{P}(A))$.

因 i_* 是满忠实函子, 故对任意整数 n 有

$$\mathrm{Hom}_{D^b(A\text{-Mod})}(\mathcal{B}, \mathcal{B}[n]) \cong \mathrm{Hom}_{D^b(B\text{-Mod})}(B, B[n]).$$

从而

$$\mathrm{Hom}_{D^b(A\text{-Mod})}(\mathcal{B}, \mathcal{B}[n]) = 0 \quad (n \neq 0); \quad \mathrm{Hom}_{D^b(A\text{-Mod})}(\mathcal{B}, \mathcal{B}) \cong B^{op}.$$

利用 i_* 与直和可交换以及 $i^* i_* \cong \mathrm{Id}_{D^b(B\text{-Mod})}$ 易知 $\mathcal{B}$ 是偏倾斜复形.

同理可证 $\mathcal{C}$ 也是偏倾斜复形且 $\mathrm{Hom}_{D^b(A\text{-Mod})}(\mathcal{C}, \mathcal{C}) \cong C^{op}$.

由 $j^* i_* = 0$ 易知 $\mathrm{Hom}_{D^-(A\text{-Mod})}(\mathcal{C}, \mathcal{B}[n]) = 0, \ \forall\, n \in \mathbb{Z}$.

设 $X \in \mathcal{B}^\perp \cap \mathcal{C}^\perp$. 将上同调函子 $\text{Hom}_{D^-(A\text{-Mod})}(\mathcal{B}, -)$ 作用在好三角 $i_*i^!X \longrightarrow X \longrightarrow j_*j^*X \longrightarrow i_*i^!X[1]$ 上, 由 $\text{Hom}(\mathcal{B}, j_*j^*X[n]) \cong \text{Hom}(B, i^!j_*j^*X[n]) = 0$ 可得

$$0 = \text{Hom}_{D^-(A\text{-Mod})}(\mathcal{B}, i_*i^!X[n]) \cong \text{Hom}_{D^-(B\text{-Mod})}(B, i^!i_*i^!X[n])$$
$$\cong \text{Hom}_{D^-(B\text{-Mod})}(B, i^!X[n]) \cong \text{Hom}_{K^-(B\text{-Mod})}(B, i^!X[n])$$
$$\cong \text{H}^n \text{Hom}_B(B, i^!X) \cong \text{H}^n i^!X, \quad \forall\, n \in \mathbb{Z}.$$

因此在 $D^-(B\text{-Mod})$ 中 $i^!X = 0$. 从而 $X \cong j_*j^*X$. 类似可证 $X \cong i_*i^*X$. 所以 $X = 0$.

$\Longleftarrow$: 反之, 设存在偏倾斜复形 $\mathcal{B} \in K^b(\text{P}(A))$ 和 $\mathcal{C} \in K^b(\mathcal{P}(A))$ 满足 (i)-(iv). 以下分 6 步来证明.

(1) 由 Rickard [Ric1, Theorem 2.12] 知:

存在满忠实的三角函子 $i_* : D^-(B\text{-Mod}) \longrightarrow D^-(A\text{-Mod})$ 将 B 映为 $\mathcal{B}$, 且 i_* 有右伴随 $i^! : D^-(A\text{-Mod}) \longrightarrow D^-(B\text{-Mod})$.

也存在满忠实的三角函子 $j_! : D^-(C\text{-Mod}) \longrightarrow D^-(A\text{-Mod})$ 将对象 C 映为 $\mathcal{C}$, 且 $j_!$ 有右伴随 $j^* : D^-(A\text{-Mod}) \longrightarrow D^-(C\text{-Mod})$.

(2) 有 $\mathcal{B}^\perp = \text{Ker} i^!$ 和 $\mathcal{C}^\perp = \text{Ker} j^*$.

事实上, 对 $X \in D^-(A\text{-Mod})$ 有

$$\text{Hom}_{D^-(A\text{-Mod})}(\mathcal{B}, X[n]) = \text{Hom}_{D^-(B\text{-Mod})}(B, i^!X[n]),$$

故 $i^!X = 0$ 当且仅当 $X \in \mathcal{B}^\perp$. 类似可证 $\mathcal{C}^\perp = \text{Ker} j^*$.

(3) 将余单位态射 $i_*i^!X \longrightarrow X$ 嵌入好三角 $i_*i^!X \longrightarrow X \longrightarrow Y \longrightarrow i_*i^!X[1]$. 则 $Y \in \mathcal{B}^\perp$.

将余单位态射 $j_!j^*X \longrightarrow X$ 嵌入好三角 $j_!j^*X \longrightarrow X \longrightarrow Z \longrightarrow j_!j^*X[1]$. 则 $Z \in \mathcal{C}^\perp$.

事实上, 由 i_* 是满忠实的知

$$\text{Hom}_{D^-(A\text{-Mod})}(\mathcal{B}, i_*i^!X[n]) \cong \text{Hom}_{D^-(B\text{-Mod})}(B, i^!X[n]) \cong \text{Hom}(\mathcal{B}, X[n])$$

(注意这个同构恰是余单位诱导的). 对上面好三角应用上同调函子 $\text{Hom}_{D^-(A\text{-Mod})}(\mathcal{B}, -)$ 即得 $Y \in \mathcal{B}^\perp$.

类似可证 $Z \in \mathcal{C}^\perp$.

(4) $\mathrm{Im}\, i_* = \mathcal{C}^\perp$. 从而由 (2) 知 $\mathrm{Ker}\, j^* = \mathrm{Im}\, i_*$.

易知 $\mathcal{C}^\perp$ 是三角子范畴. 因 $\mathcal{C} \in K^b(\mathcal{P}(A))$, 故 $\mathcal{C}^\perp$ 对任意直和封闭. 由 (iii) 知 $i_*(B) = \mathcal{B} \in \mathcal{C}^\perp$. 因 i_* 有右伴随, 故 i_* 与无限直和可换, 从而 $i_*(\mathrm{P}(B)) \subseteq \mathcal{C}^\perp$. 再由 i_* 是三角函子知 $i_*(K^b(\mathrm{P}(B))) \subseteq \mathcal{C}^\perp$.

设 $X = i_* Y$, 其中 $Y \in K^-(\mathrm{P}(B))$. 则 $X \in \mathcal{C}^\perp$. 否则, 不妨设有非零态射 $f: \mathcal{C} \longrightarrow X$. 由题设 $\mathcal{C}$ 是有界投射复形, 故对足够小的 n 有非零映射 $\mathcal{C} \longrightarrow X_{\geqslant n}$. 由 [Ric1] 中 i_* 的构造知 $(i_* Y)_{\geqslant n} = i_*(Y_{\geqslant n})$. 这与 $i_*(K^b(\mathrm{P}(B))) \subseteq \mathcal{C}^\perp$ 矛盾!

反之, 设 $X \in \mathcal{C}^\perp$. 由 (3) 知在好三角 $i_* i^! X \longrightarrow X \longrightarrow Y \longrightarrow i_* i^! X[1]$ 中 $Y \in \mathcal{B}^\perp$. 而已证 $i_* i^! X \in \mathcal{C}^\perp$, 故 $Y \in \mathcal{C}^\perp$. 由 (iv) 知 $Y = 0$, 从而 $X \cong i_* i^! X \in \mathrm{Im}\, i_*$.

(5) 构造三角函子 i^* 使得 (i^*, i_*) 是伴随对.

设 $X \in D^-(A\text{-Mod})$. 由 (3) 知好三角 $j_! j^* X \longrightarrow X \longrightarrow Z \longrightarrow j_! j^* X[1]$ 中 $Z \in \mathcal{C}^\perp$. 由 (4) 及 i_* 是满忠实的知存在唯一的复形 $U \in D^-(B\text{-Mod})$ 使得 $Z = i_* U$. 定义 $i^* : D^-(A\text{-Mod}) \longrightarrow D^-(B\text{-Mod})$ 使得 $i^* X = U$. 为说明 i^* 是函子, 考虑下图

$$\begin{array}{ccccccc}
j_! j^* X & \longrightarrow & X & \longrightarrow & i_*(i^* X) & \longrightarrow & (j_! j^* X)[1] \\
\downarrow {\scriptstyle j_! j^* f} & & \downarrow {\scriptstyle f} & & \downarrow & & \downarrow \\
j_! j^* Y & \longrightarrow & Y & \longrightarrow & i_*(i^* Y) & \longrightarrow & (j_! j^* Y)[1]
\end{array}$$

因为余单位是自然变换, 故左边方块交换. 因 $\mathrm{Hom}(j_! j^* X[1], i_*(i^* Y)) = 0$, 故存在唯一的态射 $g : i_*(i^* X) \longrightarrow i_*(i^* Y)$ 使得上图交换 (参见习题 1.8). 又 i_* 是满忠实的, 故存在唯一的态射, 记为 $i^* f : i^* X \longrightarrow i^* Y$, 使得 $i_*(i^* f) = g$. 即 i^* 是函子.

我们断言 (i^*, i_*) 是伴随对. 事实上, 设 $X \in D^-(A\text{-Mod})$ 和 $Y \in D^-(B\text{-Mod})$. 由

$$\mathrm{Hom}_{D^-(A\text{-Mod})}(j_! j^* X[n], i_* Y) = \mathrm{Hom}_{D^-(B\text{-Mod})}(j^* X[n], j^* i_* Y) = 0$$

知 $\mathrm{Hom}_{D^-(A\text{-Mod})}(X, i_* Y) \cong \mathrm{Hom}_{D^-(A\text{-Mod})}(i_* i^* X, i_* Y)$. 再由 i_* 是满忠实的即知

$$\mathrm{Hom}_{D^-(B\text{-Mod})}(i^* X, Y) \cong \mathrm{Hom}_{D^-(A\text{-Mod})}(i_* i^* X, i_* Y)$$
$$\cong \mathrm{Hom}_{D^-(A\text{-Mod})}(X, i_* Y).$$

因为 i_* 是三角函子, 由定理 1.6.1 即知 i^* 也是三角函子.

(6) 剩下只要构造满忠实的函子 $j_*: D^-(\mathcal{C}\text{-Mod}) \longrightarrow D^-(A\text{-Mod})$, 使得 (j^*, j_*) 是伴随对.

从 (3) 中构造的好三角 $i_*i^!X \longrightarrow X \longrightarrow Y \longrightarrow i_*i^!X[1]$ 着手. 对 $V \in \mathcal{B}^\perp$, 由 (2) 和伴随性知 $\mathrm{Hom}_{D^-(A\text{-Mod})}(i_*i^!X[n], V) = 0, \forall n \in \mathbb{Z}$. 类似 (5) 中的构造, 我们得到函子 $F: D^-(A\text{-Mod}) \longrightarrow D^-(A\text{-Mod})$ 使得 $F(X) = Y$.

不难看出 $\mathrm{Im}F = \mathcal{B}^\perp$: 由 (3) 知 $\mathrm{Im}F \subseteq \mathcal{B}^\perp$; 若 $X \in \mathcal{B}^\perp$, 则由 (2) 知 $\mathcal{B}^\perp = \mathrm{Ker}i^!$, 故 $i_*i^!X = 0$, 从而在上述好三角中 $X \cong Y \in \mathrm{Im}F$.

再证 $\mathrm{Ker}F = \mathrm{Ker}j^*$. 事实上, 若 $FX = 0$, 即 $Y = 0$, 则由上述好三角知 $X \in \mathrm{Im}i_* = \mathrm{Ker}j^*$. 反之, 若 $j^*X = 0$, 则 $X \in \mathrm{Ker}j^* = \mathrm{Im}i_*$. 设 $X = i_*W$. 由单位态射 $\eta_W: W \longrightarrow i^!i_*W$ 是同构知 $i_*(\eta_W): X \longrightarrow i_*i^!i_*W = i_*i^!X$ 是同构, 而由伴随对的理论知 $i_*(\eta_W)^{-1}$ 就是余单位态射 $i_*i^!X \longrightarrow X$ (参见附录中命题 12.8.1(v)), 因此 $Y = 0$, 即 $FX = 0$.

我们断言有自然的同构 $FX \cong Fj_!j^*X$. 考虑余单位给出的好三角的三角射:

$$
\begin{array}{ccccccc}
i_*i^!j_!j^*X & \longrightarrow & j_!j^*X & \longrightarrow & F(j_!j^*X) & \longrightarrow & (i_*i^!j_!j^*X)[1] \\
\downarrow & & \downarrow & & \downarrow & & \downarrow \\
i_*i^!X & \longrightarrow & X & \longrightarrow & F(X) & \longrightarrow & (i_*i^!X)[1] \\
& & \downarrow & & \downarrow & & \\
& & i_*i^*X & \longrightarrow & Q & &
\end{array}
$$

由 $\mathcal{B}^\perp$ 是三角子范畴知 $Q \in \mathcal{B}^\perp$. 将上同调函子 $\mathrm{Hom}_{D^-(A\text{-Mod})}(\mathcal{C}, -)$ 作用在上图第一行, 由 (4) 知

$$\mathrm{Hom}(\mathcal{C}[n], F(j_!j^*X)) \cong \mathrm{Hom}(\mathcal{C}[n], j_!j^*X) \cong \mathrm{Hom}(\mathcal{C}[n], X) \cong \mathrm{Hom}(\mathcal{C}[n], F(X)).$$

故 $Q \in \mathcal{C}^\perp$. 于是由 (iv) 知 $Q = 0$.

令 $j_* := Fj_!: D^-(\mathcal{C}\text{-Mod}) \longrightarrow D^-(A\text{-Mod})$. 则由上述断言 $FX \cong Fj_!j^*X$ 知 $F = j_*j^*$, 并且 $\mathrm{Im}j_* = \mathrm{Im}F = \mathcal{B}^\perp = \mathrm{Ker}i^!$ (最后一步由 (2)). 故 $i^!j_* = 0$.

再断言 $X \cong j^*j_*X$, $\forall X \in D^-(C\text{-Mod})$. 事实上, 因为

$$\text{Hom}_{D^-(B\text{-Mod})}(i^*j_!X, i^*j_!X) \cong \text{Hom}_{D^-(C\text{-Mod})}(X, j^*i_*i^*j_!X) = 0,$$

故 $i^*j_! = 0$. 对好三角 $i_*i^!j_!X \longrightarrow j_!X \longrightarrow j_*j^*j_!X \longrightarrow i_*i^!j_!X$ 应用三角函子 j^*, 由 $j^*i_* = 0$ 知 $j^*j_!X \cong j^*j_*j^*j_!X$; 再由 $X \cong j^*j_!X$ 知 $X \cong j^*j_!X \cong j^*j_*j^*j_!X \cong j^*j_*X$.

下证 j_* 是满忠实的. 设 $X, Y \in D^-(C\text{-Mod})$. 考虑好三角 $j_!j^*j_*X \longrightarrow j_*X \longrightarrow i_*i^*j_*X \longrightarrow j_!j^*j_*X[1]$, 由 $i^!j_* = 0$ 我们有

$$\text{Hom}_{D^-(A\text{-Mod})}(j_*X, j_*Y) \cong \text{Hom}_{D^-(A\text{-Mod})}(j_!j^*j_*X, j_*Y)$$
$$\cong \text{Hom}_{D^-(C\text{-Mod})}(j^*j_*X, j^*j_*Y)$$
$$\cong \text{Hom}_{D^-(C\text{-Mod})}(X, Y).$$

即 j_* 是满忠实的.

最后证 (j^*, j_*) 是伴随对. 设 $M \in D^-(A\text{-Mod})$ 和 $N \in D^-(C\text{-Mod})$. 由 j_* 是满忠实的以及 $FM \cong Fj_!j^*M = j_*j^*M$ 知

$$\text{Hom}_{D^-(C\text{-Mod})}(j^*M, N) \cong \text{Hom}_{D^-(A\text{-Mod})}(j_*j^*M, j_*N) \cong \text{Hom}(FM, j_*N)$$
$$\cong \text{Hom}(M, j_*N).$$

其中最后一个同构是将 $\text{Hom}(-, j_*N)$ 作用在好三角 $i_*i^!M \longrightarrow M \longrightarrow FM \longrightarrow i_*i^!M[1]$ 上得到的: 注意到 $\text{Hom}(i_*i^!M, j_*N) = 0 = \text{Hom}(i_*i^!M[1], j_*N)$. 至此定理得证. ∎

定理 11.12.2 可以推出其它类型的三角粘合.

命题 11.12.3 ([Kö, Proposition 4]) 设 A, B 和 C 是环且有上有界导出范畴的粘合

$$D^-(B\text{-Mod}) \underset{i^!}{\overset{i^*}{\underset{i_*}{\rightleftarrows}}} D^-(A\text{-Mod}) \underset{j_*}{\overset{j_!}{\underset{j^*}{\rightleftarrows}}} D^-(C\text{-Mod}),$$

则

(1) 这个粘合限制在有界导出范畴就给出下粘合

11.12 导出范畴的粘合

$$D^b(B\text{-Mod}) \underset{i^!}{\overset{i_*}{\rightleftarrows}} D^b(A\text{-Mod}) \underset{j_*}{\overset{j^*}{\leftleftarrows}} D^b(C\text{-Mod}),$$

(2) 这个粘合限制在投射模的有界同伦范畴就给出上粘合

$$K^b(\mathrm{P}(B)) \underset{i_*}{\overset{i^*}{\leftleftarrows}} K^b(\mathrm{P}(A)) \underset{j^*}{\overset{j_!}{\leftleftarrows}} K^b(\mathrm{P}(C)).$$

(3) 如果 gl.dim $C < \infty$, 则给定的粘合限制在有界导出范畴就给出粘合

$$D^b(B\text{-Mod}) \overset{i^*}{\underset{i_*}{\overset{i_*}{\rightleftarrows}}} D^b(A\text{-Mod}) \overset{j_!}{\underset{j_*}{\overset{j^*}{\rightleftarrows}}} D^b(C\text{-Mod}).$$

(4) 如果 gl.dim $A < \infty$, 则给定的粘合限制在有界导出范畴就给出粘合

$$D^b(B\text{-Mod}) \overset{i^*}{\underset{i^!}{\overset{i_*}{\rightleftarrows}}} D^b(A\text{-Mod}) \overset{j_!}{\underset{j_*}{\overset{j^*}{\rightleftarrows}}} D^b(C\text{-Mod}).$$

(5) 如果 gl.dim $A < \infty$, 则给定粘合限制在投射模的有界同伦范畴就给出粘合

$$K^b(\mathrm{P}(B)) \overset{i^*}{\underset{i^!}{\overset{i_*}{\rightleftarrows}}} K^b(\mathrm{P}(A)) \overset{j_!}{\underset{j_*}{\overset{j^*}{\rightleftarrows}}} K^b(\mathrm{P}(C)).$$

证 (1) 因为 $i_*, i^!, j^*$ 和 j_* 都有左伴随, 所以由引理 8.3.6(i) 知它们都可诱导 D^b 到 D^b 的函子.

(2) 因为 $i^*, i_*, j_!$ 和 j^* 都有右伴随, 所以由引理 8.3.6(ii) 知它们都可诱导 K^b 到 K^b 的函子.

(3) 设 C 的整体维数有限. 由 (2) 知

$$j_!(D^b(C\text{-Mod})) = j_!(K^b(\mathrm{P}(C))) \subseteq K^b(\mathrm{P}(A)) \subseteq D^b(A\text{-Mod}),$$

因此 $j_!$ 诱导出函子 $D^b(C\text{-Mod}) \longrightarrow D^b(A\text{-Mod})$.

设 $X \in D^b(A\text{-Mod})$. 则在好三角 $j_!j^*X \longrightarrow X \longrightarrow i_*i^*X \longrightarrow j_!j^*X[1]$ 中前两项属于 $D^b(A\text{-Mod})$, 故 $i_*i^*X \in D^b(A\text{-Mod})$. 因为 i_* 是满忠实的, 由命题

8.3.1(i) 即知 $i^*X \in D^b(C\text{-Mod})$. 于是 $i^* : D^-(A\text{-Mod}) \longrightarrow D^-(C\text{-Mod})$ 诱导出函子 $D^b(A\text{-Mod}) \longrightarrow D^b(C\text{-Mod})$. 从而结论得证.

(4) 设 A 的整体维数有限. 由 (2) 知

$$i^*(D^b(A\text{-Mod})) = i^*(K^b(\mathrm{P}(A))) \subseteq K^b(\mathrm{P}(B)) \subseteq D^b(B\text{-Mod}),$$

因此 i^* 诱导出函子 $D^b(A\text{-Mod}) \longrightarrow D^b(B\text{-Mod})$.

设 $X \in D^b(C\text{-Mod})$. 我们要证 $j_!X \in D^b(A\text{-Mod})$, 即要证 $j_!X \in K^b(\mathrm{P}(A))$. 事实上, 由 (1) 知 $j_*X \in D^b(A\text{-Mod}) = K^b(\mathrm{P}(A))$. 因此, 对于任意对象 $Y \in D^-(A\text{-Mod})$, 由命题 8.3.5 知存在整数 $m(Y)$ 使得当 $i \geq m(Y)$ 时有

$$\mathrm{Hom}_{D^b(A\text{-Mod})}(j_*X, j_*j^*Y[i]) = 0.$$

于是由 j_* 是满忠实的知

$$\begin{aligned}\mathrm{Hom}_{D^b(A\text{-Mod})}(j_!X, Y[i]) &= \mathrm{Hom}_{D^b(C\text{-Mod})}(X, j^*Y[i]) \\ &\cong \mathrm{Hom}_{D^b(A\text{-Mod})}(j_*X, j_*j^*Y[i]) \\ &= 0,\end{aligned}$$

再由命题 8.3.5 知 $j_!X \in K^b(\mathrm{P}(A))$. 即 $j_!$ 诱导出函子 $D^b(C\text{-Mod}) \longrightarrow D^b(A\text{-Mod})$.

(5) 设 A 的整体维数有限. 设 $X \in K^b(\mathrm{P}(A))$. 要证 $i^!X \in K^b(\mathrm{P}(B))$. 由 (2) 知 $i^!X \in D^b(B\text{-Mod})$, 从而由 (1) 知 $i_*i^!X \in D^b(A\text{-Mod}) = K^b(\mathrm{P}(A))$, 再由 (2) 知 $i^*i_*i^!X \in K^b(\mathrm{P}(B))$. 利用命题 8.3.5 中 $K^b(\mathrm{P}(B))$ 的刻画, 伴随对以及 i_* 是满忠实的即知 (与 (4) 中证法相类似) $i^!X \in K^b(\mathrm{P}(B))$.

设 $X \in K^b(\mathrm{P}(C))$. 由 (1) 即知 $j_*X \in D^b(A\text{-Mod}) = K^b(\mathrm{P}(A))$. ∎

命题 11.12.4 ([Kö, Theorem 7]) 设 A, B 和 C 是环. 设 A 和 C 的整体维数至少有一个有限. 则有有界导出范畴的粘合

$$D^b(B\text{-Mod}) \xrightarrow[\substack{\longleftarrow i^* \\ \longrightarrow i_* \\ \longleftarrow i^!}]{} D^b(A\text{-Mod}) \xrightarrow[\substack{\longleftarrow j_! \\ \longrightarrow j^* \\ \longleftarrow j_*}]{} D^b(C\text{-Mod})$$

当且仅当存在偏倾斜复形 $\mathcal{B} \in K^b(\mathrm{P}(A))$ 和偏倾斜复形 $\mathcal{C} \in K^b(\mathrm{P}(A))$ 满足:

(i) $\mathrm{End}_A(\mathcal{B}) \cong B^{op}$,

(ii) $\mathrm{End}_A(\mathcal{C}) \cong C^{op}$,

(iii) $\mathrm{Hom}_{D^-(A\text{-Mod})}(\mathcal{C}, \mathcal{B}[n]) = 0, \quad \forall\, n \in \mathbb{Z}$,

(iv) $\mathcal{B}^\perp \cap \mathcal{C}^\perp = 0$.

证 $\Longrightarrow$: 与定理 11.12.2 的必要性的证明完全相同.

$\Longleftarrow$: 由定理 11.12.2 的充分性知有三角范畴的粘合

$$(D^-(B\text{-Mod}), D^-(A\text{-Mod}), D^-(C\text{-Mod})).$$

再应用命题 11.12.3(iii) 和 (iv) 即得. ∎

推论 11.12.5 ([Kö, Corollary 5]) 设 A, B 和 C 是环且有三角范畴的粘合 $(D^-(B\text{-Mod}), D^-(A\text{-Mod}), D^-(C\text{-Mod}))$. 则 $\mathrm{gl.dim}\,A < \infty$ 当且仅当 $\mathrm{gl.dim}\,B < \infty$ 且 $\mathrm{gl.dim}\,C < \infty$.

证 设 $\mathrm{gl.dim}\,A < \infty$. 由命题 11.12.3(2) 和 (4) 知有上粘合之间的比较函子组, 其中两边竖直的函子均为嵌入, 中间竖直的函子是等价

$$\begin{array}{ccccc}
K^b(\mathrm{P}(B)) & \underset{i_*}{\overset{i^*}{\rightleftarrows}} & K^b(\mathrm{P}(A)) & \underset{j^*}{\overset{j_!}{\rightleftarrows}} & K^b(\mathrm{P}(C)) \\
\downarrow & & \downarrow & & \downarrow \\
D^b(B\text{-Mod}) & \underset{i_*}{\overset{i^*}{\rightleftarrows}} & D^b(A\text{-Mod}) & \underset{j^*}{\overset{j_!}{\rightleftarrows}} & D^b(C\text{-Mod})
\end{array}$$

因为 i^* 是稠密的, 故有

$$\mathrm{Ob}\,D^b(B\text{-Mod}) = i^*(\mathrm{Ob}\,D^b(A\text{-Mod})) = i^*(\mathrm{Ob}\,K^b(\mathrm{P}(A))) = \mathrm{Ob}\,K^b(\mathrm{P}(B)),$$

从而 $D^b(B\text{-Mod}) \cong K^b(\mathrm{P}(B))$. 于是 $\mathrm{gl.dim}\,B < \infty$ (命题 5.4.1). 同理 $\mathrm{gl.dim}\,C < \infty$.

反之, 设 $\mathrm{gl.dim}\,B < \infty$ 且 $\mathrm{gl.dim}\,C < \infty$. 由命题 11.12.3(2) 和 (3) 知也有上述上粘合之间的比较函子组, 其中两边竖直的函子均为等价, 中间竖直的函子是嵌入. 设 $X \in D^b(A\text{-Mod})$. 在粘合三角 $j_!j^*X \longrightarrow X \longrightarrow i_*i^*X \longrightarrow j_!j^*X[1]$ 中第一项和

第三项均在 $\mathrm{Ob}K^b(\mathrm{P}(A))$, 故 $X \in \mathrm{Ob}K^b(\mathrm{P}(A))$. 即 $D^b(A\text{-Mod}) \cong K^b(\mathrm{P}(A))$, 于是 $\mathrm{gl.dim}A < \infty$ (参见命题 5.4.1). ∎

推论 11.12.6 ([Kö]) 设 A, B 和 C 是环且有三角范畴的粘合 ($D^b(B\text{-Mod})$, $D^b(A\text{-Mod})$, $D^b(C\text{-Mod})$). 则 $\mathrm{gl.dim}A < \infty$ 当且仅当 $\mathrm{gl.dim}B < \infty$ 且 $\mathrm{gl.dim}C < \infty$.

证 因为 i^*, i_*, $j_!$ 和 j^* 都有右伴随, 所以由引理 8.3.6(iii) 知它们都可诱导 K^b 到 K^b 的函子. 从而给定的粘合限制在投射模的有界同伦范畴就给出上粘合

$$K^b(\mathrm{P}(B)) \xrightarrow[i_*]{i^*} K^b(\mathrm{P}(A)) \xrightarrow[j^*]{j_!} K^b(\mathrm{P}(C)).$$

剩下的证明与推论 11.12.5 完全相同. ∎

注记 11.12.7 (i) 推论 11.10.4 也可用上面的方法得证, 但是仍然无法推广到 Noether 环上 (参见注记 11.10.5): 这是因为对于 Noether 环我们没有命题 8.2.4 的相应版本, 从而有限生成模范畴的有界导出范畴之间的粘合无法限制到有限生成投射模的有界同伦范畴之间的上粘合.

(ii) 定理 11.12.2 和推论 11.12.5 均被推广到无界导出范畴. 分别参见 [Ni, 5.2.9] 和 [AHKLY, Theorem 1].

(iii) 关于粘合与倾斜以及导出单代数最近的工作参见 [AHKL1, AHKL2], [AHKLY], [BSi], [CX1], [KöY], [Li], [Yang] 等.

11.13 奇点范畴的粘合

利用定理 7.10.5 给出的上三角矩阵代数 Λ 上的 Gorenstein 投射模的构造, 我们可以得到 Λ 的奇点范畴 $D^b_{\mathrm{sg}}(\Lambda)$ 的一个 (对称) 粘合.

定理 11.13.1 ([Z2]) 设 $\Lambda = \begin{pmatrix} A & M \\ 0 & B \end{pmatrix}$ 是 Gorenstein 代数, $_AM$ 是投射模. 则有三角范畴的粘合:

$$\underline{\mathcal{GP}}(A) \xrightarrow[\substack{i_* \\ i^!}]{i^*} \underline{\mathcal{GP}}(\Lambda) \xrightarrow[\substack{j^* \\ j_*}]{j_!} \underline{\mathcal{GP}}(B) \ ;$$

或者等价地, 有 Λ 的奇点范畴的粘合:

$$D_{\mathrm{sg}}^b(A) \underset{i_*}{\overset{i^*}{\underset{i^!}{\rightleftarrows}}} D_{\mathrm{sg}}^b(\Lambda) \underset{j_*}{\overset{j_!}{\underset{j^*}{\rightleftarrows}}} D_{\mathrm{sg}}^b(B).$$

并且, 若 A 和 B 是有限维代数, 则它们是对称粘合.

证 由定理 7.10.9 知 M 是相容的 A-B 双模, 故可应用定理 7.10.5 构造所需的 6 个函子.

若 Λ- 同态 $\binom{X}{Y}_\phi \longrightarrow \binom{X'}{Y'}_{\phi'}$ 通过投射 Λ- 模 $\binom{P}{0} \oplus \binom{M\otimes_B Q}{Q}$ 分解, 则其诱导的 A- 同态 $\operatorname{Coker}\phi \longrightarrow \operatorname{Coker}\phi'$ 通过投射 A- 模 P 分解. 由定理 7.10.5 这意味着由 $\binom{X}{Y}_\phi \mapsto \operatorname{Coker}\phi$ 给出的函子 $\underline{\mathcal{GP}}(\Lambda) \longrightarrow \underline{\mathcal{GP}}(A)$ 诱导出函子 $i^*: \underline{\mathcal{GP}}(\Lambda) \longrightarrow \underline{\mathcal{GP}}(A)$.

由定理 7.10.5 知存在满忠实的函子 $i_*: \underline{\mathcal{GP}}(A) \longrightarrow \underline{\mathcal{GP}}(\Lambda)$ 使得 $X \mapsto \binom{X}{0}$.

由定理 7.10.5 知存在满忠实的函子 $j_!: \underline{\mathcal{GP}}(B) \longrightarrow \underline{\mathcal{GP}}(\Lambda)$ 使得 $Y \mapsto \binom{M\otimes_B Y}{Y}_{\mathrm{id}}$.

由定理 7.10.5 知存在函子 $j^*: \underline{\mathcal{GP}}(\Lambda) \longrightarrow \underline{\mathcal{GP}}(B)$ 使得 $\binom{X}{Y}_\phi \mapsto Y$.

由 Frobenius 范畴 $\mathcal{A}$ 的稳定范畴 $\underline{\mathcal{A}}$ 的好三角的形式 (参见命题 6.3.1) 知上述函子 i^*, i_*, $j_!$, j^* 都是三角函子.

由构造知 $\operatorname{Im}i_* \subseteq \operatorname{Ker}j^*$ 且 $\operatorname{Ker}j^* = \{\binom{X}{Q}_\phi \in \underline{\mathcal{GP}}(\Lambda) \mid {}_B Q \text{ 是投射模}\}$. 设 $\binom{X}{Q}_\phi \in \operatorname{Ker}j^*$. 由定理 7.10.5 知 $0 \longrightarrow M \otimes_B Q \overset{\phi}{\longrightarrow} X \longrightarrow \operatorname{Coker}\phi \longrightarrow 0$ 是正合列且 $\operatorname{Coker}\phi \in \mathcal{GP}(A)$. 因 M 相容, 由引理 7.10.3(ii) 知 $\operatorname{Ext}_A^1(\operatorname{Coker}\phi, M) = 0$, 故 $\operatorname{Ext}_A^1(\operatorname{Coker}\phi, M \otimes_B Q) = 0$. 这说明 $X \cong (M \otimes_B Q) \oplus \operatorname{Coker}\phi$, 所以在 $\underline{\mathcal{GP}}(\Lambda)$ 中有 $\binom{X}{Q}_\phi \cong \binom{M\otimes_B Q}{Q}_{\mathrm{id}} \oplus \binom{\operatorname{Coker}\phi}{0} = \binom{\operatorname{Coker}\phi}{0} = i_*(\operatorname{Coker}\phi)$. 从而 $\operatorname{Im}i_* = \operatorname{Ker}j^*$.

设 $\binom{X}{Y}_\phi \in \Lambda\text{-mod}$, $X' \in A\text{-mod}$, $Y' \in B\text{-mod}$. 显然存在两个位置上都是自然的、Abel 群的同构:

$$\operatorname{Hom}_A(\operatorname{Coker}\phi, X') \cong \operatorname{Hom}_\Lambda(\binom{X}{Y}_\phi, \binom{X'}{0})). \tag{11.14}$$

它由 $f \mapsto \binom{f\pi}{0}$ 给出, 这里 $\pi: X \longrightarrow \operatorname{Coker}\phi$ 是典范同态. 同样, 存在两个位置上都是自然的、Abel 群的同构:

$$\operatorname{Hom}_\Lambda(\binom{M\otimes Y'}{Y'}_{\mathrm{id}}, \binom{X}{Y}_\phi) \cong \operatorname{Hom}_B(Y', Y). \tag{11.15}$$

它由 $\left(\begin{smallmatrix}\phi(\mathrm{id}_M\otimes g)\\g\end{smallmatrix}\right) \mapsto g$ 给出.

下设 $\left(\begin{smallmatrix}X\\Y\end{smallmatrix}\right)_\phi \in \mathcal{GP}(\Lambda)$, $X' \in \mathcal{GP}(A)$, $Y' \in \mathcal{GP}(B)$. 显而易见 Λ- 同态 $\left(\begin{smallmatrix}f\\0\end{smallmatrix}\right)$：$\left(\begin{smallmatrix}X\\Y\end{smallmatrix}\right)_\phi \longrightarrow \left(\begin{smallmatrix}X'\\0\end{smallmatrix}\right)$ 通过投射 Λ- 模 $\left(\begin{smallmatrix}P\\0\end{smallmatrix}\right) \oplus \left(\begin{smallmatrix}M\otimes_B Q\\Q\end{smallmatrix}\right)$ 分解当且仅当其诱导的 A- 同态 $\mathrm{Coker}\phi \longrightarrow X'$ 通过投射 A- 模 P 分解. 这说明同构 (11.14) 诱导出同构：

$$\mathrm{Hom}_{\underline{\mathcal{GP}(A)}}(\mathrm{Coker}\,\phi, X') \cong \mathrm{Hom}_{\underline{\mathcal{GP}(\Lambda)}}(\left(\begin{smallmatrix}X\\Y\end{smallmatrix}\right)_\phi, \left(\begin{smallmatrix}X'\\0\end{smallmatrix}\right)),$$

即 (i^*, i_*) 是伴随对.

Λ- 同态 $\left(\begin{smallmatrix}\phi(\mathrm{id}_M\otimes_B g)\\g\end{smallmatrix}\right)$：$\left(\begin{smallmatrix}M\otimes_B Y'\\Y'\end{smallmatrix}\right)_{\mathrm{id}} \longrightarrow \left(\begin{smallmatrix}X\\Y\end{smallmatrix}\right)_\phi$ 通过投射 Λ- 模 $\left(\begin{smallmatrix}P\\0\end{smallmatrix}\right) \oplus \left(\begin{smallmatrix}M\otimes_B Q\\Q\end{smallmatrix}\right)$ 分解当且仅当 $g: Y' \longrightarrow Y$ 通过投射 B- 模 Q 分解. 这说明同构 (11.15) 诱导出同构：

$$\mathrm{Hom}_{\underline{\mathcal{GP}(\Lambda)}}(\left(\begin{smallmatrix}M\otimes_B Y'\\Y'\end{smallmatrix}\right)_{\mathrm{id}}, \left(\begin{smallmatrix}X\\Y\end{smallmatrix}\right)_\phi) \cong \mathrm{Hom}_{\underline{\mathcal{GP}(B)}}(Y', Y),$$

即 $(j_!, j^*)$ 是伴随对.

若 Λ- 同态 $\left(\begin{smallmatrix}f\\g\end{smallmatrix}\right): \left(\begin{smallmatrix}X\\Y\end{smallmatrix}\right)_\phi \longrightarrow \left(\begin{smallmatrix}X'\\Y'\end{smallmatrix}\right)_{\phi'}$ 通过投射 Λ- 模 $\left(\begin{smallmatrix}P\\0\end{smallmatrix}\right) \oplus \left(\begin{smallmatrix}M\otimes_B Q\\Q\end{smallmatrix}\right)$ 分解, 则 $f: X \longrightarrow X'$ 通过投射 A- 模 $P \oplus (M \otimes_B Q)$ 分解 (这里因 $_A M$ 投射, 故 $M \otimes_B Q$ 是投射模). 由命题 7.10.10 知存在函子 $i^!: \mathcal{GP}(\Lambda) \longrightarrow \mathcal{GP}(A)$ 使得 $\left(\begin{smallmatrix}X\\Y\end{smallmatrix}\right)_\phi \mapsto X$.

我们断言存在满忠实的函子 $j_*: \mathcal{GP}(B) \longrightarrow \mathcal{GP}(\Lambda)$ 使得 $Y \mapsto \left(\begin{smallmatrix}P\\Y\end{smallmatrix}\right)_\sigma$, 这里 $P \in \mathcal{P}(A)$, 使得存在正合列 $0 \longrightarrow M \otimes_B Y \xrightarrow{\sigma} P \longrightarrow \mathrm{Coker}\sigma \longrightarrow 0$ 满足 $\mathrm{Coker}\sigma \in \mathcal{GP}(A)$. 事实上, 设 $_B Y \in \mathcal{GP}(B)$. 由命题 7.10.10 知 $M \otimes_B Y \in \mathcal{GP}(A)$, 故存在正合列 $0 \longrightarrow M \otimes_B Y \xrightarrow{\sigma} P \longrightarrow \mathrm{Coker}\sigma \longrightarrow 0$ 使得 $P \in \mathcal{P}(A)$, $\mathrm{Coker}\sigma \in \mathcal{GP}(A)$. 设 $g: Y \longrightarrow Y'$ 是 $\mathcal{GP}(B)$ 中的同态, $P' \in \mathcal{P}(A)$ 使得 $0 \longrightarrow M \otimes_B Y' \xrightarrow{\sigma'} P' \longrightarrow \mathrm{Coker}\sigma' \longrightarrow 0$ 是正合列, $\mathrm{Coker}\sigma' \in \mathcal{GP}(A)$. 因 $\mathrm{Ext}^1_A(\mathrm{Coker}\,\sigma, P') = 0$, 故有交换图

$$\begin{array}{ccccccccc}
0 & \longrightarrow & M \otimes_B Y & \xrightarrow{\sigma} & P & \xrightarrow{\pi} & \mathrm{Coker}\sigma & \longrightarrow & 0 \\
& & {\scriptstyle 1\otimes_B g}\downarrow & & {\scriptstyle f}\downarrow & & \downarrow & & \\
0 & \longrightarrow & M \otimes_B Y' & \xrightarrow{\sigma'} & P' & \longrightarrow & \mathrm{Coker}\sigma' & \longrightarrow & 0
\end{array}$$

注意可以取 $g = \mathrm{id}_Y$. 如果我们有另外一个同态 $f': P \longrightarrow P'$ 使得 $f'\sigma = \sigma'(1 \otimes_B g)$, 则 $f - f'$ 通过 $\mathrm{Coker}\,\sigma$ 分解. 因为 $\mathrm{Coker}\sigma \in \mathcal{GP}(A)$, 我们有单同态 $\tilde{\sigma}: \mathrm{Coker}\sigma \longrightarrow \tilde{P}$, 其中 $\tilde{P}$ 是投射模. 显而易见 $\left(\begin{smallmatrix}f\\g\end{smallmatrix}\right) - \left(\begin{smallmatrix}f'\\g\end{smallmatrix}\right)$ 通过投射 Λ- 模 $\left(\begin{smallmatrix}\tilde{P}\\0\end{smallmatrix}\right)$ 分解, 所以在 $\underline{\mathcal{GP}(\Lambda)}$

中 $\begin{pmatrix}f\\g\end{pmatrix} = \begin{pmatrix}f'\\g\end{pmatrix}$. 这也证明了对象 $\begin{pmatrix}P\\Y\end{pmatrix}_\sigma \in \underline{\mathcal{GP}}(\Lambda)$ 不依赖于 P 的选取. 所以我们得到函子 $j_* : \underline{\mathcal{GP}}(B) \longrightarrow \underline{\mathcal{GP}}(\Lambda)$, 它由 $Y \mapsto \begin{pmatrix}P\\Y\end{pmatrix}_\sigma$ 以及 $g \mapsto \begin{pmatrix}f\\g\end{pmatrix}$ 给出. 假设 $g : Y \longrightarrow Y'$ 通过投射 B-模 Q 分解, 其中 $g = g_2 g_1$. 因为 $M \otimes_B Q \in \mathcal{P}(A)$, 所以它是 $\mathcal{GP}(A)$ 中的内射对象, 故存在同态 $\alpha : P \longrightarrow M \otimes_B Q$ 使得 $1 \otimes_B g_1 = \alpha \sigma$. 因为 $(f - \sigma'(1 \otimes_B g_2)\alpha)\sigma = 0$, 故存在 $\tilde{f} : \text{Coker}\sigma \longrightarrow P'$ 使得 $\tilde{f}\pi = f - \sigma'(1 \otimes_B g_2)\alpha$. 设 $\tilde{\sigma} : \text{Coker}\sigma \longrightarrow \tilde{P}$ 是单同态使得 $\tilde{P} \in \mathcal{P}(A)$. 则我们得到 $\beta : \tilde{P} \longrightarrow P'$ 使得 $\tilde{f} = \beta\tilde{\sigma}$. 所以 $\begin{pmatrix}f\\g\end{pmatrix}$ 通过投射 Λ-模 $\begin{pmatrix}M \otimes_B Q\\Q\end{pmatrix} \oplus \begin{pmatrix}\tilde{P}\\0\end{pmatrix}$ 分解: $\begin{pmatrix}f\\g\end{pmatrix} = \begin{pmatrix}(\sigma'(1 \otimes_B g_2), \beta)\\g_2\end{pmatrix} \begin{pmatrix}\begin{pmatrix}\alpha\\\tilde{\sigma}\pi\end{pmatrix}\\g_1\end{pmatrix}$. 故 $j_* : \underline{\mathcal{GP}}(B) \longrightarrow \underline{\mathcal{GP}}(\Lambda)$ 诱导出函子 $\underline{\mathcal{GP}}(B) \longrightarrow \underline{\mathcal{GP}}(\Lambda)$, 仍记为 j_*, 它由 $Y \mapsto \begin{pmatrix}P\\Y\end{pmatrix}_\sigma$ 和 $g \mapsto \begin{pmatrix}f\\g\end{pmatrix}$ 给出. 若 $\begin{pmatrix}f\\g\end{pmatrix}$ 通过投射 Λ-模 $\begin{pmatrix}M \otimes_B Q\\Q\end{pmatrix} \oplus \begin{pmatrix}\tilde{P}\\0\end{pmatrix}$ 分解, 则 g 通过投射 B-模 Q 分解. 所以 j_* 是满忠实的.

如同以上说明可知 $i_!$ 和 j_* 也是三角函子.

显然我们有两个位置上都是自然的 Abel 群的同构

$$\text{Hom}_\Lambda(\begin{pmatrix}X'\\0\end{pmatrix}, \begin{pmatrix}X\\Y\end{pmatrix}_\phi) \cong \text{Hom}_A(X', X), \tag{11.16}$$

显然 Λ-同态 $\begin{pmatrix}f\\0\end{pmatrix} : \begin{pmatrix}X'\\0\end{pmatrix} \longrightarrow \begin{pmatrix}X\\Y\end{pmatrix}_\phi$ 通过投射 Λ-模 $\begin{pmatrix}P\\0\end{pmatrix} \oplus \begin{pmatrix}M \otimes_B Q\\Q\end{pmatrix}$ 分解当且仅当 $f : X' \longrightarrow X$ 通过投射 A-模 $P \oplus M \otimes_B Q$ 分解 (这里 $M \otimes_B Q$ 是投射 A-模). 这意味着同构 (11.16) 诱导出同构

$$\text{Hom}_{\underline{\mathcal{GP}}(\Lambda)}(\begin{pmatrix}X'\\0\end{pmatrix}, \begin{pmatrix}X\\Y\end{pmatrix}_\phi) \cong \text{Hom}_{\underline{\mathcal{GP}}(A)}(X', X),$$

即 $(i_*, i^!)$ 是伴随对.

设 $\begin{pmatrix}f\\g\end{pmatrix} : \begin{pmatrix}X\\Y\end{pmatrix}_\phi \longrightarrow \begin{pmatrix}P'\\Y'\end{pmatrix}_{\sigma'}$ 是 Λ-同态, $0 \longrightarrow M \otimes_B Y' \xrightarrow{\sigma'} P' \longrightarrow \text{Coker}\sigma \longrightarrow 0$ 是正合列, 其中 P' 是投射模且 $\text{Coker}\sigma \in \mathcal{GP}(A)$. 则 $\begin{pmatrix}f\\g\end{pmatrix}$ 通过投射 Λ-模 $\begin{pmatrix}P\\0\end{pmatrix} \oplus \begin{pmatrix}M \otimes_B Q\\Q\end{pmatrix}$ 分解当且仅当 $g : Y \longrightarrow Y'$ 通过投射 B-模 Q 分解. 这意味着 $g \mapsto \begin{pmatrix}f\\g\end{pmatrix} = j_*(g)$ 诱导出以下同构且在两个位置上都是自然的,

$$\text{Hom}_{\underline{\mathcal{GP}}(B)}(Y, Y') \cong \text{Hom}_{\underline{\mathcal{GP}}(\Lambda)}(\begin{pmatrix}X\\Y\end{pmatrix}_\phi, \begin{pmatrix}P'\\Y'\end{pmatrix}),$$

即 (j^*, j_*) 是伴随对.

由定理 11.4.5 我们得到定理 11.13.1 中 $\underline{\mathcal{GP}}(\Lambda)$ 相对于 $\underline{\mathcal{GP}}(A)$ 和 $\underline{\mathcal{GP}}(B)$ 的粘合. 因 Λ 是 Gorenstein 的且 $_AM$ 投射, 由引理 7.10.8(ii) 知 A 和 B 也是 Gorenstein

的. 所以由推论 8.1.3 知这个粘合诱导出 $D_{\text{sg}}^b(\Lambda)$ 相对于 $D_{\text{sg}}^b(A)$ 和 $D_{\text{sg}}^b(B)$ 的粘合.

最后, 若 A 和 B 是域 k 上的有限维代数, 由推论 10.7.2 知 $\underline{\mathcal{GP}}(\Lambda)$ 有 Serre 函子. 从而由定理 11.9.3 知这个粘合是对称的. 至此定理证完. ∎

后记 (i) 由定理 11.13.1 证明可以看出如下结果.

设 M 是相容 A-B- 双模. 令 $\Lambda = \begin{pmatrix} A & M \\ 0 & B \end{pmatrix}$. 则有三角范畴的上粘合

$$\underline{\mathcal{GP}}(A) \xrightleftharpoons[i_*]{i^*} \underline{\mathcal{GP}}(\Lambda) \xrightleftharpoons[j^*]{j_!} \underline{\mathcal{GP}}(B).$$

(ii) 更多与 Gorenstein 投射对象有关的粘合和 t- 结构参见 [EJX], [IKM], [Gao1, Gao2], [Lu], [Gil1, Gil2] 等.

习 题

11.1 补全引理11.1.3和引理11.1.5的证明.

11.2 设三角范畴 $(\mathcal{D}, [1])$ 的一对全子范畴 $(\mathcal{D}^{\leqslant 0}, \mathcal{D}^{\geqslant 0})$ 满足 (t1) 和 (t3). 如果 $\mathcal{D}^{\leqslant 0}$ 对于平移函子 $[1]$ 封闭, 则 $\mathcal{D}^{\geqslant 0}$ 对于平移函子 $[-1]$ 封闭. 反之亦然.
(提示: 设 $Y \in \mathcal{D}^{\geqslant 0}$. 对 $Y[-2]$ 用 (t3).)

11.3 补足定理11.2.1证明中的对偶部分, 即第 2 步和第 4 步的证明.

11.4 证明三角子范畴的乘法具有结合律.

11.5 给出注记11.4.2中结论的证明.

11.6 给出命题11.5.5(ii) 和 (iii) 的证明细节.

11.7 证明引理11.6.3.

11.8 给定三角范畴的粘合 $(\mathcal{C}', \mathcal{C}, \mathcal{C}'')$ 和 $(\mathcal{D}', \mathcal{D}, \mathcal{D}'')$. 设有三角函子 $F: \mathcal{C} \longrightarrow \mathcal{D}$ 和 $F'': \mathcal{C}'' \longrightarrow \mathcal{D}''$, 使得图 (11.10) 的右半边在自然同构的意义下交换. 则在自然同构意义下存在唯一的函子 $F': \mathcal{C}' \longrightarrow \mathcal{D}'$ 使得 (F', F, F'') 是比较函子组.

11.9 给定两个三角范畴的粘合 $(\mathcal{C}', \mathcal{C}, \mathcal{C}'')$ 和 $(\mathcal{D}', \mathcal{D}, \mathcal{D}'')$ 之间的比较函子组, 若 F' 和 F 是等价, 则 F'' 也是等价; 若 F 和 F'' 是等价, 则 F' 也是等价.

11.10 表述并证明定理11.6.1和推论11.6.4的上粘合版本.

11.11 表述并证明定理11.6.1和推论11.6.4的下粘合版本.

11.12 (i) 参阅命题11.7.1, 给出稳定 t- 结构与三角范畴的上粘合的关系.

(ii) 参阅命题11.7.1, 给出稳定 t- 结构与三角范畴的下粘合的关系.

11.13 补全命题11.9.3的证明细节.

11.14 证明对称粘合和稳定 t- 结构的下述关系.

设图 (11.1) 是三角范畴 $\mathcal{C}$ 相对于三角子范畴 $\mathcal{C}'$ 和 $\mathcal{C}''$ 的一个对称粘合. 则 $(\widetilde{\mathcal{V}}, \mathcal{U})$, $(\mathcal{U}, \mathcal{V})$, $(\mathcal{V}, \mathcal{W})$ 和 $(\mathcal{W}, \widetilde{\widetilde{\mathcal{V}}})$ 是稳定 t- 结构, 其中 $\widetilde{\mathcal{V}} = \mathrm{Im} i_\sharp$, $\mathcal{U} = \mathrm{Im} j_!$, $\mathcal{V} = \mathrm{Im} i_*$, $\mathcal{W} = \mathrm{Im} j_*$, $\widetilde{\widetilde{\mathcal{V}}} = \mathrm{Im} i_?$.

反之, 设有三角范畴 $\mathcal{C}$ 的稳定 t- 结构 $(\widetilde{\mathcal{V}}, \mathcal{U})$, $(\mathcal{U}, \mathcal{V})$, $(\mathcal{V}, \mathcal{W})$ 和 $(\mathcal{W}, \widetilde{\widetilde{\mathcal{V}}})$. 则图 (11.1) 是 $\mathcal{C}$ 相对于 $\mathcal{V}$ 和 $\mathcal{W}$ 的一个对称粘合, 满足 $\widetilde{\mathcal{V}} = \mathrm{Im} i_\sharp$, $\mathcal{U} = \mathrm{Im} j_!$, $\mathcal{V} = \mathrm{Im} i_*$, $\mathcal{W} = \mathrm{Im} j_*$, $\widetilde{\widetilde{\mathcal{V}}} = \mathrm{Im} i_?$, 并给出所有函子的构造.

11.15 称 $(\mathcal{U}, \mathcal{V}, \mathcal{W})$ 是稳定 t- 结构的三角, 如果 $(\mathcal{U}, \mathcal{V})$, $(\mathcal{V}, \mathcal{W})$ 和 $(\mathcal{W}, \mathcal{U})$ 均是三角范畴 $\mathcal{C}$ 的稳定 t- 结构. 用3个粘合刻画稳定 t- 结构的三角.

11.16 表述并证明引理11.10.2的对偶.

11.17 举例说明存在Artin代数 A 使得 $\mathrm{fin.dim} A < \infty$ 但 $\mathrm{gl.dim} A = \infty$.

11.18 设 A', A 和 A'' 均是Artin代数且有三角范畴的**上粘合** $(D^b(A'), D^b(A), D^b(A''))$. 设 $\mathrm{fin.dim} A < \infty$. 则 $\mathrm{fin.dim} A'' < \infty$.

11.19 设 A', A 和 A'' 均是Artin代数且有三角范畴的**下粘合** $(D^b(A'), D^b(A), D^b(A''))$. 设 $\mathrm{fin.dim} A < \infty$. 则 $\mathrm{fin.dim} A' < \infty$.

11.20 设 A', A 和 A'' 均是Artin代数且有三角范畴的上粘合 $(D^b(A'), D^b(A), D^b(A''))$. 设 $\mathrm{gl.dim} A < \infty$. 则 $\mathrm{gl.dim} A' < \infty$ 且 $\mathrm{gl.dim} A'' < \infty$.

11.21 设 A', A 和 A'' 均是 Artin 代数且有三角范畴的下粘合 $(D^b(A'), D^b(A), D^b(A''))$. 设 $\mathrm{gl.dim} A < \infty$. 则 $\mathrm{gl.dim} A' < \infty$ 且 $\mathrm{gl.dim} A'' < \infty$.

11.22 下述习题有趣且重要. 设 $(\mathcal{D}^{\leqslant 0}, \mathcal{D}^{\geqslant 0})$ 是三角范畴 $\mathcal{D}$ 的一个 t-结构. 则

(i) 对于 $m \leqslant n$, 存在自然同构 $\tau_{\leqslant m}\tau_{\leqslant n} \longrightarrow \tau_{\leqslant m}$ 和自然同构 $\tau_{\geqslant n} \longrightarrow \tau_{\geqslant n}\tau_{\leqslant m}$.
(提示: 利用 4×4 引理.)

(ii) 对于 $m \leqslant n$, 存在自然同构 $\tau_{\geqslant m}\tau_{\leqslant n} \longrightarrow \tau_{\leqslant n}\tau_{\geqslant m}$.
(提示: 对于 $\tau_{\leqslant m-1}X \longrightarrow \tau_{\leqslant n}X$ 和 $\tau_{\leqslant n}X \longrightarrow X$ 利用八面体公理.)

(iii) 设 $\mathcal{A} = \mathcal{D}^{\leqslant 0} \cap \mathcal{D}^{\geqslant 0}$. 定义函子 $\mathrm{H}^0 : \mathcal{D} \longrightarrow \mathcal{A}$ 为 $\mathrm{H}^0 = \tau_{\geqslant 0}\tau_{\leqslant 0} \cong \tau_{\leqslant 0}\tau_{\geqslant 0}$. 定义 $\mathrm{H}^i(X) = \mathrm{H}^0(X[i])$. 证明 $\mathrm{H}^i = [i]\tau_{\geqslant i}\tau_{\leqslant i} = [i]\tau_{\leqslant i}\tau_{\geqslant i}$.

11.23 对于例 11.1.2 给出的 t-结构, 上面定义的函子 H^i 就是通常的上同调.

11.24 下述习题是重要的且较难. 参见 ([BBD, Theorem 1.3.6]) 和 [GM], p.283.

设 $(\mathcal{D}^{\leqslant 0}, \mathcal{D}^{\geqslant 0})$ 是三角范畴 $\mathcal{D}$ 的一个 t-结构. 则上面定义的 H^0 是上同调函子.

(提示: 设 $X \longrightarrow Y \longrightarrow Z \longrightarrow X[1]$ 是好三角. 要证 $\mathrm{H}^0(X) \longrightarrow \mathrm{H}^0(Y) \longrightarrow \mathrm{H}^0(Z)$ 正合. 第 1 步证三者均在 $\mathcal{D}^{\leqslant 0}$ 的情形; 第 2 步证当 $X \in \mathcal{D}^{\leqslant 0}$ 时的情形, 这要用八面体公理; 第 3 步对偶地证当 $Z \in \mathcal{D}^{\geqslant 0}$ 的情形; 最后证一般情形: 对 X 的 t-分解和 $X \longrightarrow Y$ 用八面体公理.)

11.25 假设 t-结构 $(\mathcal{D}^{\leqslant 0}, \mathcal{D}^{\geqslant 0})$ 是弱有界的, 即满足 $\bigcap\limits_{n}\mathcal{D}^{\leqslant n} = \{0\} = \bigcap\limits_{n}\mathcal{D}^{\geqslant n}$.

(i) 设 $X \in \mathcal{D}$. 若 $\mathrm{H}^i(X) = 0$, $\forall i$, 则 $X = 0$.

(ii) 假设 t-结构 $(\mathcal{D}^{\leqslant 0}, \mathcal{D}^{\geqslant 0})$ 是弱有界的. 证明 $\mathcal{D}$ 中态射 $f : X \longrightarrow Y$ 是同构当且仅当对于每个 i, $\mathrm{H}^i(f)$ 均是 $\mathcal{A}$ 中的同构. (提示: 利用上题和 (i).)

(iii) 假设 t-结构 $(\mathcal{D}^{\leqslant 0}, \mathcal{D}^{\geqslant 0})$ 是弱有界的. 利用 t-分解证明

$$\mathcal{D}^{\leqslant n} = \{X \in \mathcal{D} \mid \mathrm{H}^i(X) = 0, \ \forall \, i > n\},$$
$$\mathcal{D}^{\geqslant n} = \{X \in \mathcal{D} \mid \mathrm{H}^i(X) = 0, \ \forall \, i < n\}.$$

11.26 称三角范畴 $\mathcal{D}$ 的一个 t- 结构 $(\mathcal{D}^{\leq 0}, \mathcal{D}^{\geq 0})$ 是有界的, 如果它是弱有界的, 且对于任意 $X \in \mathcal{D}$, 仅有有限多个整数 i 使得 $\mathrm{H}^i(X) \neq 0$.

例11.1.2给出的有界导出范畴的标准 t- 结构是有界的; 而无界导出范畴 $D(\mathcal{A})$ 的标准 t- 结构不是有界的.

第 12 章 附录：范畴论中若干基本概念和结论

范畴论强调所要研究的对象之间的相互联系. 它已成为数学中最常用的语言和工具之一. 为方便查阅, 这个附录提示本书用到的范畴论中基本概念和结论. 读者可以在标准的同调代数或范畴论书中找到相应的证明 (例如 [CE], [Fa], [Fr], [GM], [HS], [J], [林], [Mit], [Rot], [St], [佟], [W], [周]). 只对那些一般教科书中难以找到的结论, 或者我们需要证明中的细节, 我们才包含其证明.

12.1 范　　畴

定义 12.1.1　一个范畴 $\mathcal{C}$ 由如下三个要素组成:

(1) 一些对象, 通常用大写的英文字母表示. 对象的全体是个类, 记为 Ob$\mathcal{C}$. 用 $X \in \mathrm{Obj}\mathcal{C}$, 或简单地 $X \in \mathcal{C}$, 表示 X 是 $\mathcal{C}$ 的对象;

(2) 对于任意对象的有序对 (X, Y), 定义了一个集合 $\mathrm{Hom}_{\mathcal{C}}(X, Y)$, 或简记为 $\mathrm{Hom}(X, Y)$, 其中的元素 f 称为 X 到 Y 的态射, 也记为 $f: X \longrightarrow Y$. 它满足条件: 若 $X \neq X'$ 或者 $Y \neq Y'$, 则态射集 $\mathrm{Hom}(X, Y)$ 与 $\mathrm{Hom}(X', Y')$ 的交是空集.

(3) 对于任意对象的有序三元组 (X, Y, Z), 定义了集合之间的映射

$$\mathrm{Hom}(X, Y) \times \mathrm{Hom}(Y, Z) \longrightarrow \mathrm{Hom}(X, Z),$$
$$(f, g) \longmapsto gf.$$

这个映射称为态射的合成, 满足下述条件:

(i) (结合律) 若 $f \in \mathrm{Hom}(X, Y)$, $g \in \mathrm{Hom}(Y, Z)$, $h \in \mathrm{Hom}(Z, W)$, 则 $(hg)f = h(gf)$;

(ii) 对任意对象 X, 存在态射 $\mathrm{Id}_X \in \mathrm{Hom}(X, X)$, 使得 $f\mathrm{Id}_X = f$, $\mathrm{Id}_X g = g$, $\forall f \in \mathrm{Hom}(X, Y)$, $\forall g \in \mathrm{Hom}(Y, X)$. 称 Id_X 为 X 的恒等态射. 它是唯一的.

12.1 范　畴

注　范畴 $\mathcal{C}$ 的对象的全体 $\mathrm{Ob}\mathcal{C}$ 是个类. 如果 $\mathrm{Ob}\mathcal{C}$ 是集合, 则称 $\mathcal{C}$ 是小范畴.

对于任意对象 X 和 Y, 我们要求 $\mathrm{Hom}_{\mathcal{C}}(X,Y)$ 是个集合. 由于局部化等原因, 有时去掉这一要求似更方便. 因此, 在最近的文献中, 有作者在范畴的定义中去掉了 $\mathrm{Hom}_{\mathcal{C}}(X,Y)$ 是集合的要求 (即 $\mathrm{Hom}_{\mathcal{C}}(X,Y)$ 也是个类). 这些作者将定义 12.1.1 中的范畴改称为小 Hom- 范畴 (例如 [N], [JK]). 本书中仍然使用定义 12.1.1.

本书常用的范畴有环 R 的左模范畴 R-Mod, 环 R 的有限生成左模范畴 R-mod, 和集范畴 Set. 特别地我们有范畴 $\mathbb{Z}$-Mod, 即 Abel 群范畴, 通常记为 Ab.

范畴 $\mathcal{C}$ 中的态射 $f \in \mathrm{Hom}(X,Y)$ 称为同构, 若存在 $g \in \mathrm{Hom}(Y,X)$ 使得 $gf = \mathrm{Id}_X$, $fg = \mathrm{Id}_Y$. 对象 X 和 Y 称为同构的, 记为 $X \cong Y$, 如果存在同构 $f \in \mathrm{Hom}(X,Y)$.

范畴 $\mathcal{C}$ 中的对象 O 称为零对象, 如果对于任意对象 X, $\mathrm{Hom}(O,X)$ 和 $\mathrm{Hom}(X,O)$ 都只有一个元素. 易证如果范畴 $\mathcal{C}$ 有零对象, 则零对象在同构意义下是唯一的. 如果 $\mathcal{C}$ 有零对象, 我们将零对象记为 0. 此时我们将 $\mathrm{Hom}(0,X)$ 中唯一的元素记为 $0_{0,X}$, 也简记为 0; 将 $\mathrm{Hom}(X,0)$ 中唯一的元素记为 $0_{X,0}$, 也简记为 0. 对于任意对象 X 和 Y, 我们将通过零对象分解的 X 到 Y 的那个唯一的态射称为 X 到 Y 的零态射, 记为 $0_{X,Y}$, 也简记为 0. 显然, 对象 X 同构于 0 当且仅当 $\mathrm{Id}_X = 0$.

范畴 $\mathcal{C}$ 的反范畴 $\mathcal{C}^{op}$ 的对象与 $\mathcal{C}$ 的对象相同, 而 $\mathrm{Hom}_{\mathcal{C}^{op}}(X,Y)$ 定义为 $\mathrm{Hom}_{\mathcal{C}}(Y,X)$, 并且 $\mathcal{C}^{op}$ 中态射的合成法则由 $\mathcal{C}$ 中态射的合成法则给出.

范畴 $\mathcal{D}$ 称为范畴 $\mathcal{C}$ 的子范畴, 如果 $\mathrm{Ob}\mathcal{D}$ 是 $\mathrm{Ob}\mathcal{C}$ 的子类, 并且对于 $\mathcal{D}$ 的任意对象 X 和 Y, $\mathrm{Hom}_{\mathcal{D}}(X,Y)$ 是 $\mathrm{Hom}_{\mathcal{C}}(X,Y)$ 的子集; 同时, 对于 $\mathcal{D}$ 中对象 X, X 在 $\mathcal{D}$ 中的恒等态射与 X 在 $\mathcal{C}$ 中的恒等态射是相同的; 而且, $\mathcal{D}$ 中的态射的合成法则与 $\mathcal{C}$ 中的态射的合成法则是相同的.

范畴 $\mathcal{C}$ 的子范畴 $\mathcal{D}$ 称为 $\mathcal{C}$ 的全子范畴, 如果对于 $\mathcal{D}$ 的任意对象 X 和 Y 有 $\mathrm{Hom}_{\mathcal{D}}(X,Y) = \mathrm{Hom}_{\mathcal{C}}(X,Y)$. 本书中讨论的子范畴均指全子范畴.

设 $\mathcal{C}$ 和 $\mathcal{D}$ 是范畴. 定义 $\mathcal{C}$ 和 $\mathcal{D}$ 的范畴的积 $\mathcal{C} \times \mathcal{D}$ 是如下范畴: 其对象为有序对 (C, D), 其中 $C \in \mathcal{C}$, $D \in \mathcal{D}$. 对于 $\mathcal{C} \times \mathcal{D}$ 的对象 (C, D) 和 (C', D'),

$$\mathrm{Hom}_{\mathcal{C} \times \mathcal{D}}((C, D), (C', D')) := \mathrm{Hom}_{\mathcal{C}}(C, C') \times \mathrm{Hom}_{\mathcal{D}}(D, D'),$$

而且对于 $(f, g) : (C, D) \longrightarrow (C', D')$ 和 $(f', g') : (C', D') \longrightarrow (C'', D'')$, 态射的合成为 $(f', g')(f, g) := (f'f, g'g)$.

12.2 核与余核

范畴 $\mathcal{C}$ 中态射 $f : X \longrightarrow Y$ 称为单态射, 如果对满足 $fg = fh$ 的任意态射 $g \in \mathrm{Hom}_{\mathcal{C}}(Z, X)$ 和 $h \in \mathrm{Hom}_{\mathcal{C}}(Z, X)$, 必有 $g = h$. 若 $f : X \longrightarrow Y$ 是单态射, 则称 X 为 Y 的子对象. 对偶地, 态射 $f : X \longrightarrow Y$ 称为满态射, 如果对于满足 $gf = hf$ 的任意态射 $g \in \mathrm{Hom}_{\mathcal{C}}(Y, Z)$ 和 $h \in \mathrm{Hom}_{\mathcal{C}}(Y, Z)$, 必有 $g = h$. 若 $f : X \longrightarrow Y$ 是满态射, 则称 Y 为 X 的商对象.

设 $\mathcal{C}$ 是有零对象的范畴, $f : X \longrightarrow Y$ 是 $\mathcal{C}$ 中态射. 态射 $k : K \longrightarrow X$ 称为 f 的核, 或者说二元组 (K, k) 是 f 的核, 如果 k 是单态射, $fk = 0$, 并且任意满足 $fu = 0$ 的态射 $u : L \longrightarrow X$ 均通过 k 分解, 即存在 $g : L \longrightarrow K$ 使得 $kg = u$. 注意此定义中 k 的单性可由 "通过 K 分解的唯一性", 即 "g 的唯一性" 来代替. 此时我们也说 K 是 f 的核, 记为 $K = \mathrm{Ker}\, f$. 态射的核如果存在必定唯一.

对偶地, 态射 $c : Y \longrightarrow C$ 称为 f 的余核, 或者说二元组 (C, c) 是 f 的余核, 如果 c 是满态射, $cf = 0$, 并且任意满足 $vf = 0$ 的态射 $v : Y \longrightarrow D$ 均通过 c 分解, 即存在 $h : C \longrightarrow D$ 使得 $hc = v$. 注意 c 的满性可由 "h 的唯一性" 代替. 此时我们也说 C 是 f 的余核, 记为 $C = \mathrm{Coker}\, f$. 态射的余核如果存在必定唯一.

12.3 函子范畴

比较两个范畴所用的工具是函子.

定义 12.3.1 (1) 范畴 $\mathcal{C}$ 到范畴 $\mathcal{D}$ 的一个共变函子 $F : \mathcal{C} \longrightarrow \mathcal{D}$ 由下列要素组成:

12.3 函子范畴

(i) F 是 $\mathrm{Ob}\mathcal{C}$ 到 $\mathrm{Ob}\mathcal{D}$ 的映射;

(ii) 对于任意对象的有序对 (X, Y), 定义了集合之间的映射
$$\mathrm{Hom}_{\mathcal{C}}(X, Y) \longrightarrow \mathrm{Hom}_{\mathcal{D}}(FX, FY), \quad f \longmapsto Ff,$$

满足 $F(\mathrm{Id}_X) = \mathrm{Id}_{FX}, \forall X \in \mathrm{Ob}\mathcal{C}$; 并且若 gf 有定义, 则 $F(gf) = (Fg)(Ff)$.

(2) 范畴 $\mathcal{C}$ 到范畴 $\mathcal{D}$ 的一个反变函子是指 $\mathcal{C}$ 到 $\mathcal{D}^{op}$ 的一个共变函子. 即 F 给出 $\mathrm{Ob}\mathcal{C}$ 到 $\mathrm{Ob}\mathcal{D}$ 的映射, 以及对任意对象 X, Y, 给出了映射 $F: \mathrm{Hom}_{\mathcal{C}}(X, Y) \longrightarrow \mathrm{Hom}_{\mathcal{D}}(FY, FX)$ 满足 $F(\mathrm{Id}_X) = \mathrm{Id}_{FX}$; 并且若 gf 有定义, 则 $F(gf) = (Ff)(Fg)$.

常用的函子如范畴 $\mathcal{C}$ 到集范畴 Set 的 Hom 函子 $\mathrm{Hom}_{\mathcal{C}}(X, -)$ 以及反变函子 $\mathrm{Hom}_{\mathcal{C}}(-, X)$, 其中 $X \in \mathcal{C}$. 比较两个函子所用的工具是自然变换.

定义 12.3.2 (1) 设有函子 $F: \mathcal{C} \longrightarrow \mathcal{D}$ 和函子 $G: \mathcal{C} \longrightarrow \mathcal{D}$. 则 F 到 G 的一个自然变换 $\eta: F \longrightarrow G$ 是指对于 $\mathcal{C}$ 中的任意对象 X, 定义了 $\mathcal{D}$ 中的态射 $\eta_X: FX \longrightarrow GX$, 使得对于 $\mathcal{C}$ 中的任意态射 $f: X \longrightarrow Y$, 有交换图

$$\begin{array}{ccc} FX & \xrightarrow{\eta_X} & GX \\ {\scriptstyle Ff}\downarrow & & \downarrow{\scriptstyle Gf} \\ FY & \xrightarrow{\eta_Y} & GY \end{array}$$

用 $\mathrm{Nat}(F, G)$ 表示 F 到 G 的所有自然变换作成的类.

(2) F 到 G 的一个自然变换 $\eta: F \longrightarrow G$ 称为自然同构, 如果每个 $\eta_X: FX \longrightarrow GX$ 均为同构. 此时称函子 F 与函子 G 自然同构, 记为 $F \cong G$.

(3) 设 $\mathcal{I}$ 是小范畴, $\mathcal{C}$ 是任意范畴. 函子范畴 $\mathrm{Fun}(\mathcal{I}, \mathcal{C})$ 的对象是函子 $F: \mathcal{I} \longrightarrow \mathcal{C}$, 而 $\mathrm{Hom}_{\mathrm{Fun}(\mathcal{I}, \mathcal{C})}(F, G)$ 定义为 $\mathrm{Nat}(F, G)$. 注意 $\mathcal{I}$ 是小范畴保证 $\mathrm{Nat}(F, G)$ 是集合.

自然变换 $\eta: F \longrightarrow G$ 是函子范畴 $\mathrm{Fun}(\mathcal{I}, \mathcal{C})$ 中的同构当且仅当 η 是自然同构.

12.4 范畴的等价

定义 12.4.1 (1) 函子 $F: \mathcal{A} \longrightarrow \mathcal{B}$ 称为等价函子,如果存在函子 $G: \mathcal{B} \longrightarrow \mathcal{A}$ 使得 $GF \cong \mathrm{Id}_{\mathcal{A}}$, $FG \cong \mathrm{Id}_{\mathcal{B}}$, 其中 $\mathrm{Id}_{\mathcal{A}}$ 是恒等函子. 此时称 G 为 F 的一个拟逆.

(2) 函子 $F: \mathcal{A} \longrightarrow \mathcal{B}$ 称为同构函子,如果存在函子 $G: \mathcal{B} \longrightarrow \mathcal{A}$ 使得 $GF = \mathrm{Id}_{\mathcal{A}}$, $FG = \mathrm{Id}_{\mathcal{B}}$. 此时称 G 为 F 的逆.

(3) 范畴 $\mathcal{A}$ 与范畴 $\mathcal{B}$ 称为等价的, 如果存在等价函子 $F: \mathcal{A} \longrightarrow \mathcal{B}$.

(4) 范畴 $\mathcal{A}$ 与范畴 $\mathcal{B}$ 称为同构的, 如果存在同构函子 $F: \mathcal{A} \longrightarrow \mathcal{B}$.

我们看到, 等价与同构有细微的差别.

定义 12.4.2 (1) 函子 $F: \mathcal{A} \longrightarrow \mathcal{B}$ 称为满的(full), 如果对于任意对象 X 和 Y, 函子 F 诱导的映射 $F: \mathrm{Hom}_{\mathcal{A}}(X, Y) \longrightarrow \mathrm{Hom}_{\mathcal{B}}(FX, FY)$, $f \mapsto Ff$, 是满射.

(2) 函子 $F: \mathcal{A} \longrightarrow \mathcal{B}$ 称为忠实的(faithful), 如果对于任意对象 X 和 Y, 函子 F 诱导的映射 $F: \mathrm{Hom}_{\mathcal{A}}(X, Y) \longrightarrow \mathrm{Hom}_{\mathcal{B}}(FX, FY)$, $f \mapsto Ff$, 是单射.

(3) 函子 $F: \mathcal{A} \longrightarrow \mathcal{B}$ 称为满忠实的(fully faithful), 如果 F 既是满的, 又是忠实的. 满忠实函子又经常称为嵌入(embedding).

(4) 函子 $F: \mathcal{A} \longrightarrow \mathcal{B}$ 称为稠密的(dense), 如果对于任意对象 $Z \in \mathcal{B}$, 均存在 $X \in \mathcal{A}$, 使得在 $\mathcal{B}$ 中有同构 $Z \cong FX$.

(5) 函子 $F: \mathcal{A} \longrightarrow \mathcal{B}$ 称为目标函子(objective functor), 如果对于任意满足 $Ff = 0$ 的态射 $f: X \longrightarrow Y$, f 一定通过某一对象 K 分解, 其中 $F(K) \cong 0$, 即存在态射 $g: X \longrightarrow K$ 和 $h: K \longrightarrow Y$ 使得 $f = hg$.

满、忠实, 以及稠密性是关于函子的最重要的概念; 而目标函子也是关于函子的基本概念, 尤其对三角函子而言 (参见 [RZ1] 和 [RZ2]).

我们有范畴等价的如下刻画.

命题 12.4.3 范畴 $\mathcal{A}$ 与范畴 $\mathcal{B}$ 是等价的当且仅当存在函子 $F: \mathcal{A} \longrightarrow \mathcal{B}$, 使

得 F 是满忠实且稠密的.

范畴 $\mathcal{A}$ 与范畴 $\mathcal{B}$ 称为对偶的, 如果 $\mathcal{A}$ 与 $\mathcal{B}^{op}$ 等价.

12.5 直和、直积、加法范畴

定义 12.5.1 范畴 $\mathcal{A}$ 中以集合 I 为指标集的一簇对象 $X_i, i \in I$, 的直和(或称为余积), 是 $\mathcal{A}$ 中对象 X 连同态射簇 $e_i : X_i \longrightarrow X, i \in I$, 并具有如下泛性质: 如果另有一簇态射 $f_i : X_i \longrightarrow Y, i \in I$, 则存在唯一的态射 $f : X \longrightarrow Y$ 使得 $fe_i = f_i, \forall i \in I$. 此时我们将 X 记为 $\bigoplus_{i \in I} X_i$, 也称 $(\bigoplus_{i \in I} X_i, e_i)$ 是 X_i $(i \in I)$ 的直和.

在直和的定义中, 不仅要强调对象 $\bigoplus_{i \in I} X_i$, 而且也要强调态射 $e_i : X_i \longrightarrow X, i \in I$. 由泛性质易知一簇对象的直和如果存在必定唯一. 对偶地, 我们有如下概念.

定义 12.5.2 范畴 $\mathcal{A}$ 中以集合 I 为指标集的一簇对象 $X_i, i \in I$, 的直积, 是 $\mathcal{A}$ 中对象 X 连同态射簇 $p_i : X \longrightarrow X_i, i \in I$, 并具有如下泛性质: 如果另有一簇态射 $g_i : Y \longrightarrow X_i, i \in I$, 则存在唯一的态射 $g : Y \longrightarrow X$ 使得 $p_i g = g_i, \forall i \in I$. 此时我们将 X 记为 $\prod_{i \in I} X_i$, 也称 $(\prod_{i \in I} X_i, p_i)$ 是 X_i $(i \in I)$ 的直积.

一簇对象的直积如果存在必定唯一. 上述两个定义中的 e_i, p_i 称为典范态射.

定义 12.5.3 范畴 $\mathcal{A}$ 称为加法范畴, 如果下述三条满足:

(i) $\mathcal{A}$ 有零对象;

(ii) $\mathrm{Hom}_{\mathcal{A}}(X,Y)$ 具有 Abel 群的结构, 使得态射的合成对此加法有左右分配律, 即对于 $f \in \mathrm{Hom}(X,Y)$, $g, h \in \mathrm{Hom}(Y,Z)$, $f' \in \mathrm{Hom}(Z,W)$ 有 $(g+h)f = gf + hf$, $f'(g+h) = f'g + f'h$;

(iii) 对于任意对象 X 和 Y, $\mathcal{A}$ 中存在直和 $X \oplus Y$.

对于加法范畴中的任意两个对象 X, Y, Abel 群 $\mathrm{Hom}_{\mathcal{A}}(X,Y)$ 的单位元 $0'_{X,Y}$ 就是 $0_{X,Y}$. 事实上, 对于任意 $f \in \mathrm{Hom}_{\mathcal{A}}(X,X)$, 由 $0'_{X,Y} f = (0'_{X,Y} + 0'_{X,Y})f = 0'_{X,Y} f + 0'_{X,Y} f$ 知 $0'_{X,Y} f = 0'_{X,Y}$. 故 $0_{X,Y} = 0'_{X,Y} 0_{X,X} = 0'_{X,Y}$.

下述结论对无限直和与无限直积不成立.

命题 12.5.4 设范畴 $\mathcal{A}$ 满足定义12.5.3中前两条. 给定 $\mathcal{A}$ 中有限个对象 $X_i, 1 \leqslant i \leqslant n$, 下述等价:

(i) $\mathcal{A}$ 中存在直和 $\bigoplus_{1 \leqslant i \leqslant n} X_i$;

(ii) 存在 $\mathcal{A}$ 中态射 $e_i: X_i \longrightarrow X$, $p_i: X \longrightarrow X_i$, $1 \leqslant i \leqslant n$, 使得

$$p_i e_i = \mathrm{Id}_{X_i}; \quad p_j e_i = 0, \quad \forall\, j \neq i; \quad \sum_{1 \leqslant i \leqslant n} e_i p_i = \mathrm{Id}_X.$$

(iii) $\mathcal{A}$ 中存在直积 $\prod_{1 \leqslant i \leqslant n} X_i$.

事实上, 当 (ii) 成立时, (X, e_i) 就是 X_i $(1 \leqslant i \leqslant n)$ 的直和, (X, p_i) 就是 X_i $(1 \leqslant i \leqslant n)$ 的直积, 即 $\bigoplus_{1 \leqslant i \leqslant n} X_i \cong \prod_{1 \leqslant i \leqslant n} X_i$.

经常要用加法范畴中态射的矩阵表达. 设有态射 $f: U \longrightarrow X$ 和 $g: V \longrightarrow X$. 由直和的泛性质知存在唯一的态射 $U \oplus V \longrightarrow X$, 记作 $(f, g): U \oplus V \longrightarrow X$, 使得 $(f, g)e_1 = f$, $(f, g)e_2 = g$, 这里 $e_1: U \longrightarrow U \oplus V$ 和 $e_2: V \longrightarrow U \oplus V$ 是典范态射. 以后将 e_1 写成 $\binom{\mathrm{Id}_U}{0}$ 或 $\binom{1}{0}$, 将 e_2 写成 $\binom{0}{\mathrm{Id}_V}$ 或 $\binom{0}{1}$. 这样写与矩阵运算就一致了. 同理可证任意态射 $h: U \oplus V \longrightarrow X$ 均可唯一地写成 (f, g) 这种形式, 其中 $f = he_1$, $g = he_2$.

设有态射 $f: X \longrightarrow U$ 和 $g: X \longrightarrow V$. 记 $\binom{f}{g}: X \longrightarrow U \oplus V$ 是态射 $e_1 f + e_2 g$. 任意态射 $h: X \longrightarrow U \oplus V$ 均可唯一地写成 $\binom{f}{g}$ 这种形式, 其中 $f = p_1 h$, $g = p_2 h$, 这里 $p_1: U \oplus V \longrightarrow U$ 和 $p_2: U \oplus V \longrightarrow V$ 是典范态射.

设有态射 $\binom{f}{g}: X \longrightarrow U \oplus V$ 和 $(a, b): U \oplus V \longrightarrow Y$. 则其合成恰为 $(a, b)\binom{f}{g} = af + bg$.

设有态射 $a: X \longrightarrow U$, $b: X \longrightarrow V$, $c: Y \longrightarrow U$, $d: Y \longrightarrow V$. 则由直和的泛性质知存在唯一的态射 $X \oplus Y \longrightarrow U \oplus V$, 记作 $\begin{pmatrix} a & c \\ b & d \end{pmatrix}: X \oplus Y \longrightarrow U \oplus V$, 使得 $\begin{pmatrix} a & c \\ b & d \end{pmatrix} e_1 = \binom{a}{b}$, $\begin{pmatrix} a & c \\ b & d \end{pmatrix} e_2 = \binom{c}{d}$.

设有态射 $\begin{pmatrix} a & c \\ b & d \end{pmatrix}: X \oplus Y \longrightarrow U \oplus V$ 和 $\begin{pmatrix} a' & c' \\ b' & d' \end{pmatrix}: U \oplus V \longrightarrow W \oplus Z$. 则其合成恰为

$$\begin{pmatrix} a' & c' \\ b' & d' \end{pmatrix}\begin{pmatrix} a & c \\ b & d \end{pmatrix} = \begin{pmatrix} a'a+c'b & a'c+c'd \\ b'a+d'b & b'c+d'd \end{pmatrix}: X \oplus Y \longrightarrow W \oplus Z.$$

设有态射 $\begin{pmatrix} a & c \\ b & d \end{pmatrix}: X \oplus Y \longrightarrow U \oplus V$ 和 $\begin{pmatrix} a' & c' \\ b' & d' \end{pmatrix}: X \oplus Y \longrightarrow U \oplus V$. 则

$$\begin{pmatrix} a & c \\ b & d \end{pmatrix} + \begin{pmatrix} a' & c' \\ b' & d' \end{pmatrix} = \begin{pmatrix} a+a' & c+c' \\ b+b' & d+d' \end{pmatrix}: X \oplus Y \longrightarrow U \oplus V.$$

验证均留作习题. 于是态射的合成与矩阵的运算法则完全一致.

在加法范畴中, 态射 f 是单态射当且仅当由 $ft = 0$ 可推出 $t = 0$; f 是满态射当且仅当由 $sf = 0$ 可推出 $s = 0$.

设 $\mathcal{A}$ 是有无限直和与直积的加法范畴. 则

$$\mathrm{Hom}(X, \prod_{i \in I} Y_i) \cong \prod_{i \in I} \mathrm{Hom}(X, Y_i);$$

$$\mathrm{Hom}(\bigoplus_{i \in I} X_i, Y) \cong \prod_{i \in I} \mathrm{Hom}(X_i, Y).$$

12.6 加法函子

命题 12.6.1 设 $F: \mathcal{A} \longrightarrow \mathcal{B}$ 是加法范畴之间的函子. 则下述等价

(i) 对于 $\mathcal{A}$ 中任意对象 X 和 Y, F 诱导的映射 $F: \mathrm{Hom}_{\mathcal{A}}(X,Y) \longrightarrow \mathrm{Hom}_{\mathcal{A}}(FX, FY)$ 是加群同态, 即 $F(f+g) = Ff + Fg$, $\forall f, g \in \mathrm{Hom}_{\mathcal{A}}(X,Y)$.

(ii) F 保持有限直和, 即对于 $\mathcal{A}$ 中任意两个对象 X, Y, 如果 $(X \oplus Y, e_i)$ 是 X 与 Y 的直和, 则 $(F(X \oplus Y), Fe_i)$ 是 FX 与 FY 的直和. 或者, 等价地说, 有同构 $\begin{pmatrix} Fp_1 \\ Fp_2 \end{pmatrix}: F(X \oplus Y) \cong FX \oplus FY$. 其逆同构为 (Fe_1, Fe_2).

满足上述等价条件之一的加法范畴之间的函子 F 称为加法函子. 显然加法函子将零对象变为零对象. 需要注意: 仅仅说有同构 $F(X \oplus Y) \cong FX \oplus FY$ 并不能推出 F 保持有限直和, 这是因为直和不仅对对象而言, 还要考虑到态射.

利用直和的泛性质可以证明: 加法范畴之间的等价是加法函子. 对于反变函子有对偶的概念和结论. 本书用到的函子均是加法函子.

对于加法函子 F 而言, F 是忠实的当且仅当如果 f 是非零态射则 Ff 也是非零态射. 下述结论表明加法函子之间的自然变换保持有限直和.

命题 12.6.2 设 $F: \mathcal{A} \longrightarrow \mathcal{B}$ 和 $G: \mathcal{A} \longrightarrow \mathcal{B}$ 均是加法范畴之间的函子, $\eta: F \longrightarrow G$ 是自然变换. 则对于 $\mathcal{A}$ 中任意对象 Y 和 Z 均有交换图

$$\begin{array}{ccc} F(Y \oplus Z) & \xrightarrow{\eta_{Y \oplus Z}} & G(Y \oplus Z) \\ {\scriptsize\begin{pmatrix} Fp_1 \\ Fp_2 \end{pmatrix}}\Big\downarrow\cong & & \cong\Big\downarrow{\scriptsize\begin{pmatrix} Gp_1 \\ Gp_2 \end{pmatrix}} \\ FY \oplus FZ & \xrightarrow{\eta_Y \oplus \eta_Z} & GY \oplus GZ \end{array}$$

此处 $\eta_Y \oplus \eta_Z$ 指 $\begin{pmatrix} \eta_Y & 0 \\ 0 & \eta_Z \end{pmatrix}$. 特别地, 若 $\mathcal{B} = \mathcal{A}$ 且 $F = \mathrm{Id}_\mathcal{A}$, 则

$$\eta_Y \oplus \eta_Z = \begin{pmatrix} Gp_1 \\ Gp_2 \end{pmatrix} \eta_{Y \oplus Z}, \quad \eta_{Y \oplus Z} = (Ge_1, Ge_2) \circ (\eta_Y \oplus \eta_Z).$$

证 $\eta: F \longrightarrow G$ 是自然变换, 故有交换图

$$\begin{array}{ccc} F(Y \oplus Z) & \xrightarrow{\eta_{Y \oplus Z}} & G(Y \oplus Z) \\ Fp_1 \Big\downarrow & & \Big\downarrow Gp_1 \\ FY & \xrightarrow{\eta_Y} & GY \end{array}$$

和

$$\begin{array}{ccc} F(Y \oplus Z) & \xrightarrow{\eta_{Y \oplus Z}} & G(Y \oplus Z) \\ Fp_2 \Big\downarrow & & \Big\downarrow Gp_2 \\ FZ & \xrightarrow{\eta_Z} & GZ \end{array}.$$

由此即得所证. ∎

12.7 可表函子和 Yoneda 引理

函子 $F: \mathcal{C} \longrightarrow \mathrm{Set}$ 称为可表函子, 如果存在对象 $X \in \mathcal{C}$, 使得 F 与 $\mathrm{Hom}_\mathcal{C}(X, -)$ 自然同构. 此时 X 亦称为函子 F 的一个代表. 对偶地, 反变函子 $G: \mathcal{C} \longrightarrow \mathrm{Set}$ 称为可表函子, 如果存在对象 $Y \in \mathcal{C}$, 使得 G 与 $\mathrm{Hom}_\mathcal{C}(-, Y)$ 自然同构. 此时 Y 亦称为 G 的一个代表.

12.7 可表函子和 Yoneda 引理

设 X 是范畴 $\mathcal{C}$ 中的对象. 记
$$h^X := \mathrm{Hom}_{\mathcal{C}}(X, -), \quad h_X := \mathrm{Hom}_{\mathcal{C}}(-, X).$$

设 $T : \mathcal{C} \longrightarrow \mathrm{Set}$ 是共变函子, $S : \mathcal{C} \longrightarrow \mathrm{Set}$ 是反变函子. 用 $[h^X, T]$ 表示 h^X 到 T 的所有自然变换的全体, 即 $[h^X, T] = \mathrm{Nat}(h^X, T)$. 类似地, 有记号 $[h_X, S] = \mathrm{Nat}(h_X, S)$.

下述 Yoneda 引理是常用的. 特别地, 它表明**可表函子的代表在同构意义下是唯一的**.

引理 12.7.1 (Yoneda 引理) (1) 设有函子 $T : \mathcal{C} \longrightarrow \mathrm{Set}$. 则

(i) 有双射 $[h^X, T] \longrightarrow TX, \quad \eta \mapsto \eta_X(\mathrm{Id}_X)$. 特别地, 有双射
$$[h^X, h^Y] \longrightarrow \mathrm{Hom}_{\mathcal{C}}(Y, X);$$
并且 η 是自然同构当且仅当 $\eta_X(\mathrm{Id}_X)$ 是 $\mathrm{Hom}_{\mathcal{C}}(Y, X)$ 中的同构, 也当且仅当在 $\mathcal{C}$ 中有同构 $X \cong Y$.

(ii) 若 $T : \mathcal{C} \longrightarrow \mathrm{Ab}$ 还是加法范畴之间的加法函子, 则 (i) 中的双射还是加群的同构.

(2) 设有反变函子 $S : \mathcal{C} \longrightarrow \mathrm{Set}$. 则

(i) 有双射 $[h_X, S] \longrightarrow SX, \quad \eta \mapsto \eta_X(\mathrm{Id}_X)$. 特别地, 有双射
$$[h_X, h_Y] \longrightarrow \mathrm{Hom}_{\mathcal{C}}(X, Y),$$
并且 η 是自然同构当且仅当 $\eta_X(\mathrm{Id}_X)$ 是 $\mathrm{Hom}_{\mathcal{C}}(X, Y)$ 中的同构, 也当且仅当在 $\mathcal{C}$ 中有同构 $X \cong Y$.

(ii) 若 $S : \mathcal{C} \longrightarrow \mathrm{Ab}$ 还是加法范畴之间的反变加法函子, 则 (i) 中的双射还是加群的同构.

证 我们证明 (2). (1) 对偶地可证. 只要证明 (2)(i). (2)(ii) 从 (2)(i) 的证明中可以看出. 令
$$\psi : [h_X, S] \longrightarrow SX, \quad \eta \mapsto \eta_X(\mathrm{Id}_X),$$

$$\varphi: SX \longrightarrow [h_X, S], \quad x \mapsto \tau = \{\tau_C\},$$

其中

$$\tau_C: h_X(C) = \mathrm{Hom}(C, X) \longrightarrow SC, \quad \tau_C(f) = Sf(x), \quad \forall\, f \in \mathrm{Hom}(C, X).$$

直接依定义可验证 ψ 和 φ 互为逆映射.

设 $\eta \in [h_X, h_Y]$ 是自然同构. 则有双射 $\eta_Y : \mathrm{Hom}(Y,X) \longrightarrow \mathrm{Hom}(Y,Y)$. 令 $g = \eta_Y^{-1}(\mathrm{Id}_Y) \in \mathrm{Hom}(Y,X)$. 则由交换图

$$\begin{array}{ccc}
\mathrm{Hom}(X,X) & \xrightarrow{\eta_X} & \mathrm{Hom}(X,Y) \\
{\scriptstyle (g,X)}\downarrow & & \downarrow{\scriptstyle (g,Y)} \\
\mathrm{Hom}(Y,X) & \xrightarrow{\eta_Y} & \mathrm{Hom}(Y,Y)
\end{array}$$

知 $fg = \mathrm{Id}_Y$, 其中 $f = \eta_X(\mathrm{Id}_X)$. 同理可证 $gf = \mathrm{Id}_X$.

反之, 设 $f := \eta_X(\mathrm{Id}_X) \in \mathrm{Hom}(X,Y)$ 是同构. 要证对于任意 $C \in \mathcal{C}$, $\eta_C : \mathrm{Hom}(C,X) \longrightarrow \mathrm{Hom}(C,Y)$ 均是双射. 对于任意 $h: C \longrightarrow X$ 有交换图

$$\begin{array}{ccc}
\mathrm{Hom}(X,X) & \xrightarrow{\eta_X} & \mathrm{Hom}(X,Y) \\
{\scriptstyle (h,X)}\downarrow & & \downarrow{\scriptstyle (h,Y)} \\
\mathrm{Hom}(C,X) & \xrightarrow{\eta_C} & \mathrm{Hom}(C,Y)
\end{array}$$

由此即知

$$\eta_C(h) = \mathrm{Hom}(h,Y)\eta_X(\mathrm{Id}_X) = fh = \mathrm{Hom}(C,f)(h).$$

故 $\eta_C = \mathrm{Hom}(C,f)$. 因 f 是同构, 故 $\eta_C = \mathrm{Hom}(C,f)$ 是双射. ∎

注记 12.7.2 设 $\mathcal{C}$ 是加法范畴. Yoneda 引理经常这样被应用:

(i) 如果对于任意对象 $Z \in \mathcal{C}$ 有加群同态 $\eta_Z : \mathrm{Hom}_{\mathcal{C}}(Y,Z) \longrightarrow \mathrm{Hom}_{\mathcal{C}}(X,Z)$, 且 η_Z 对于 Z 是函子的, 则存在 $f: X \longrightarrow Y$ 使得 $\eta_Z = \mathrm{Hom}_{\mathcal{C}}(f,Z)$; 并且如果所有 η_Z 都是同构, 则 f 是 $\mathcal{C}$ 中的同构.

(ii) 如果对于任意对象 $Z \in \mathcal{C}$ 有加群同态 $\delta_Z : \mathrm{Hom}_{\mathcal{C}}(Z,X) \longrightarrow \mathrm{Hom}_{\mathcal{C}}(Z,Y)$, 且 δ_Z 对于 Z 是函子的, 则存在 $g: X \longrightarrow Y$ 使得 $\delta_Z = \mathrm{Hom}_{\mathcal{C}}(Z,g)$; 并且如果所有 δ_Z 都是同构, 则 g 是 $\mathcal{C}$ 中的同构.

12.8 伴 随 对

设有函子 $F: \mathcal{A} \longrightarrow \mathcal{B}$ 和函子 $G: \mathcal{B} \longrightarrow \mathcal{A}$. 称 (F, G) 是伴随对, 如果对于任意对象 $X \in \mathcal{A}$ 和 $Y \in \mathcal{B}$, 均存在同构

$$\eta_{X,Y}: \operatorname{Hom}_{\mathcal{B}}(FX, Y) \cong \operatorname{Hom}_{\mathcal{A}}(X, GY),$$

并且这个同构对于 X 和 Y 均是自然的, 也就是说, 对于 $\mathcal{A}$ 中任意态射 $f: X' \longrightarrow X$ 和 $Y \in \mathcal{B}$, 有交换图

$$\begin{array}{ccc} \operatorname{Hom}_{\mathcal{B}}(FX, Y) & \xrightarrow{\eta_{X,Y}} & \operatorname{Hom}_{\mathcal{A}}(X, GY) \\ {\scriptstyle (Ff, Y)} \downarrow & & \downarrow {\scriptstyle (f, GY)} \\ \operatorname{Hom}_{\mathcal{B}}(FX', Y) & \xrightarrow{\eta_{X',Y}} & \operatorname{Hom}_{\mathcal{A}}(X', GY) \end{array}$$

并且, 对于 $\mathcal{B}$ 中任意态射 $g: Y \longrightarrow Y'$ 和 $X \in \mathcal{A}$, 有交换图

$$\begin{array}{ccc} \operatorname{Hom}_{\mathcal{B}}(FX, Y) & \xrightarrow{\eta_{X,Y}} & \operatorname{Hom}_{\mathcal{A}}(X, GY) \\ {\scriptstyle (FX, g)} \downarrow & & \downarrow {\scriptstyle (X, Gg)} \\ \operatorname{Hom}_{\mathcal{B}}(FX, Y') & \xrightarrow{\eta_{X,Y'}} & \operatorname{Hom}_{\mathcal{A}}(X, GY') \end{array}$$

此时我们称 $\eta_{X,Y}$ 及其逆为伴随同构, 也将伴随对 (F, G) 记为 (F, G, η); 称 F 左伴随于 G, 或 G 是 F 的右伴随函子; 也称 G 右伴随于 F, 或 F 是 G 的左伴随函子. 由 Yoneda 引理知: 伴随对中的一个函子由另一个唯一确定. 即若 (F, G) 和 (F, G') 均是伴随对, 则 G 与 G' 自然同构; 若 (F, G) 和 (F', G) 均是伴随对, 则 F 与 F' 自然同构.

设 (F, G) 是伴随对. 对于任意 $X \in \mathcal{A}$ 有同构 $\eta_{X,FX}: \operatorname{Hom}_{\mathcal{B}}(FX, FX) \cong \operatorname{Hom}_{\mathcal{A}}(X, GFX)$. 记

$$\eta_X := \eta_{X,FX}(\operatorname{Id}_{FX}): X \longrightarrow GFX.$$

对于 $\mathcal{A}$ 中任意态射 $f: X' \longrightarrow X$, 在上面第一个交换图中令 $Y = FX$, 我们得到

$$\eta_X f = \eta_{X',FX}(Ff). \tag{12.1}$$

在上面第二个交换图中令 $X = X'$, $Y = FX'$, $Y' = FX$, $g = Ff: FX' \longrightarrow FX$, 我们得到

$$GFf\eta_{X'} = \eta_{X',FX}(Ff).$$

于是有

$$GFf\eta_{X'} = \eta_X f.$$

即有交换图

$$\begin{array}{ccc} X' & \xrightarrow{\eta_{X'}} & GFX' \\ f\downarrow & & \downarrow GFf \\ X & \xrightarrow{\eta_X} & GFX \end{array}$$

故 $\eta = (\eta_X): \mathrm{Id}_{\mathcal{A}} \longrightarrow GF$ 是自然变换. 称 η 为伴随对 (F, G) 的单位.

同理, 对任意 $Y \in \mathcal{B}$ 有同构 $\eta_{GY,Y}: \mathrm{Hom}_{\mathcal{B}}(FGY, Y) \cong \mathrm{Hom}_{\mathcal{A}}(GY, GY)$. 记

$$\epsilon_Y := \eta_{GY,Y}^{-1}(\mathrm{Id}_{GY}): FGY \longrightarrow Y.$$

对 $\mathcal{B}$ 中任意态射 $g: Y \longrightarrow Y'$, 在上面第二个交换图中令 $X = GY$, 我们得到

$$Gg = \eta_{GY,Y'}(g\epsilon_Y), \quad 即 \quad g\epsilon_Y = \eta_{GY,Y'}^{-1}(Gg).$$

在上面第一个交换图中令 $Y = Y'$, $X' = GY$, $X = GY'$, $f = Gg: GY \longrightarrow GY'$, 我们得到

$$\eta_{GY',Y'}(\epsilon_{Y'}Gg) = \eta_{GY,Y'}(\epsilon_{Y'}FGg), \quad 即 \quad Gg = \eta_{GY,Y'}(\epsilon_{Y'}FGg).$$

于是有

$$g\epsilon_Y = \epsilon_{Y'}FGg.$$

即有交换图

$$\begin{array}{ccc} FGY & \xrightarrow{\epsilon_Y} & Y \\ FGg\downarrow & & \downarrow g \\ FGY' & \xrightarrow{\epsilon_{Y'}} & Y' \end{array}$$

故 $\epsilon = (\epsilon_Y): FG \longrightarrow \mathrm{Id}_{\mathcal{B}}$ 是自然变换. 称 ϵ 为伴随对 (F, G) 的余单位.

12.8 伴 随 对

命题 12.8.1 设 (F, G, η) 是伴随对，其中 $F: \mathcal{A} \longrightarrow \mathcal{B}$, $G: \mathcal{B} \longrightarrow \mathcal{A}$.

(i) 对于任意 $X \in \mathcal{A}$ 有 $\mathrm{Id}_{FX} = \epsilon_{FX} F\eta_X$. 即，有函子间自然变换的恒等式 $\epsilon F \circ F\eta = \mathrm{Id}_F : F \longrightarrow F$, 此处 $F\eta$ 表示自然变换 $(F\eta_X) : F \longrightarrow FGF$, 同理 ϵF 表示自然变换 $(\epsilon_{FX}) : FGF \longrightarrow F$.

(ii) 对于任意 $Y \in \mathcal{B}$ 有 $\mathrm{Id}_{GY} = G\epsilon_Y \eta_{GY}$. 即有等式 $\mathrm{Id}_G = G\epsilon \circ \eta G : G \longrightarrow G$.

(iii) F 是满忠实的函子当且仅当单位 $\eta : \mathrm{Id} \to GF$ 是自然同构.

(iv) G 是满忠实的当且仅当余单位 $\epsilon : FG \longrightarrow \mathrm{Id}$ 是自然同构.

(v) 若 F 是满忠实的，则 $F\eta_X = \epsilon_{FX}^{-1}$, $G\epsilon_Y = \eta_{GY}^{-1}$, $\forall\, X \in \mathcal{A}$, $\forall\, Y \in \mathcal{B}$.

(vi) 若 G 是满忠实的，则 $F\eta_X = \epsilon_{FX}^{-1}$, $G\epsilon_Y = \eta_{GY}^{-1}$, $\forall\, X \in \mathcal{A}$, $\forall\, Y \in \mathcal{B}$.

(vii) 设

$$\begin{array}{ccc} FU & \xrightarrow{F\alpha} & FV \\ f\downarrow & & \downarrow g \\ U' & \xrightarrow{\beta} & V' \end{array}$$

是 $\mathcal{B}$ 中态射的交换图. 则

$$\begin{array}{ccc} U & \xrightarrow{\alpha} & V \\ \eta_{U,U'}(f)\downarrow & & \downarrow \eta_{V,V'}(g) \\ GU' & \xrightarrow{G\beta} & GV' \end{array}$$

是 $\mathcal{A}$ 中态射的交换图. 反之亦然.

证 (i) 由交换图

$$\begin{array}{ccc} \mathrm{Hom}_{\mathcal{B}}(FGFX, FX) & \xrightarrow{\eta_{GFX,FX}} & \mathrm{Hom}_{\mathcal{A}}(GFX, GFX) \\ (F\eta_X, FX)\downarrow & & (\eta_X, GFX)\downarrow \\ \mathrm{Hom}_{\mathcal{B}}(FX, FX) & \xrightarrow{\eta_{X,FX}} & \mathrm{Hom}_{\mathcal{A}}(X, GFX) \end{array}$$

我们得到

$$\epsilon_{FX} F\eta_X = \mathrm{Id}_{FX}.$$

(ii) 由交换图

$$\begin{array}{ccc}
\mathrm{Hom}_{\mathcal{B}}(FGY,FGY) & \xrightarrow{\eta_{GY,FGY}} & \mathrm{Hom}_{\mathcal{A}}(GY,GFGY) \\
{\scriptstyle (FGY,\epsilon_Y)}\downarrow & & {\scriptstyle (GY,G\epsilon_Y)}\downarrow \\
\mathrm{Hom}_{\mathcal{B}}(FGY,Y) & \xrightarrow{\eta_{GY,Y}} & \mathrm{Hom}_{\mathcal{A}}(GY,GY).
\end{array}$$

我们得到

$$G\epsilon_Y \eta_{GY} = \mathrm{Id}_{GY}.$$

(iii) 设 F 是既满且忠实. 下证 η_X 是同构, $\forall\, X \in \mathcal{A}$. 由同构

$$\mathrm{Hom}(GFX,X) \xrightarrow{F} \mathrm{Hom}(FGFX,FX)$$

知存在 $g_X : GFX \longrightarrow X$ 使得 $F(g_X) = \epsilon_{FX} \in \mathrm{Hom}(FGFX,FX)$. 从而由 (i) 知 $F\mathrm{Id}_X = \mathrm{Id}_{FX} = \epsilon_{FX} F\eta_X = F(g_X \eta_X)$. 因 F 是忠实的, 故 $g_X \eta_X = \mathrm{Id}_X$. 再由交换图

$$\begin{array}{ccccc}
\mathrm{Hom}(X,X) & \xrightarrow{F} & \mathrm{Hom}(FX,FX) & \xrightarrow{\eta_{X,FX}} & \mathrm{Hom}(X,GFX) \\
{\scriptstyle (g_X,X)}\downarrow & & {\scriptstyle (Fg_X,FX)}\downarrow & & {\scriptstyle (g_X,GFX)}\downarrow \\
\mathrm{Hom}(GFX,X) & \xrightarrow{F} & \mathrm{Hom}(FGFX,FX) & \xrightarrow{\eta_{GFX,FX}} & \mathrm{Hom}(GFX,GFX)
\end{array}$$

即知

$$\eta_X g_X = \eta_{GFX,FX}(F(g_X)) = \eta_{GFX,FX}(\epsilon_{FX}) = \mathrm{Id}_{GFX}.$$

反之, 设 $\eta : \mathrm{Id}_{\mathcal{A}} \longrightarrow GF$ 是自然同构. 则由交换图

$$\begin{array}{ccc}
X & \xrightarrow{\eta_X} & GFX \\
{\scriptstyle f}\downarrow & & {\scriptstyle GFf}\downarrow \\
Y & \xrightarrow{\eta_Y} & GFY
\end{array}$$

即知映射 $\mathrm{Hom}_{\mathcal{A}}(X,Y) \longrightarrow \mathrm{Hom}_{\mathcal{B}}(FX,FY)$, $f \mapsto Ff$, 是单射, 即 F 是忠实的. 设 $g : FX \longrightarrow FY$. 由同构

$$\mathrm{Hom}(X,Y) \xrightarrow{(X,\eta_Y)} \mathrm{Hom}(X,GFY) \xrightarrow{\eta_{X,FY}^{-1}} \mathrm{Hom}(FX,FY)$$

知存在 $f: X \longrightarrow Y$ 使得 $\eta_Y f = \eta_{X,FY}(g)$. 再利用 (12.1) 式知 $\eta_Y f = \eta_{X,FY}(Ff)$. 故有 $g = Ff$, 即 F 是满的.

(iv) 类似于 (iii) 可证.

(v) 由 (i), (ii) 和 (iii) 即得.

(vi) 由 (i), (ii) 和 (iv) 即得.

(vii) 由交换图

$$\begin{array}{ccc} \mathrm{Hom}_{\mathcal{B}}(FU,U') & \xrightarrow{\eta_{U,U'}} & \mathrm{Hom}_{\mathcal{A}}(U,GU') \\ {\scriptstyle (FU,\beta)}\downarrow & & {\scriptstyle (U,G\beta)}\downarrow \\ \mathrm{Hom}_{\mathcal{B}}(FU,V') & \xrightarrow{\eta_{U,V'}} & \mathrm{Hom}_{\mathcal{A}}(U,GV') \end{array}$$

我们得到 $G\beta \eta_{U,U'}(f) = \eta_{U,V'}(\beta f)$.

由交换图

$$\begin{array}{ccc} \mathrm{Hom}_{\mathcal{B}}(FV,V') & \xrightarrow{\eta_{V,V'}} & \mathrm{Hom}_{\mathcal{A}}(V,GV') \\ {\scriptstyle (F\alpha,-)}\downarrow & & {\scriptstyle (\alpha,-)}\downarrow \\ \mathrm{Hom}_{\mathcal{B}}(FU,V') & \xrightarrow{\eta_{U,V'}} & \mathrm{Hom}_{\mathcal{A}}(U,GV') \end{array}$$

我们得到 $\eta_{V,V'}(g)\alpha = \eta_{U,V'}(gF\alpha)$.

由上述两式即可看出 $gF\alpha = \beta f$ 当且仅当 $\eta_{V,V'}(g)\alpha = G\beta \eta_{U,U'}(f)$. ∎

命题 12.8.2 设 (F, G, η) 是伴随对, 其中 $F: \mathcal{A} \longrightarrow \mathcal{B}$, $G: \mathcal{B} \longrightarrow \mathcal{A}$. 则对于任意态射 $f \in \mathrm{Hom}_{\mathcal{B}}(FZ, Y)$, 其中 $Z \in \mathcal{A}$, $Y \in \mathcal{B}$, 有 $\omega_Y \circ F(\eta_{Z,Y}(f)) = f$, 其中 $\omega: FG \longrightarrow \mathrm{Id}_{\mathcal{B}}$ 是余单位, 即 $\omega_Y = \eta_{GY,Y}^{-1}(\mathrm{Id}_{GY}) \in \mathrm{Hom}_{\mathcal{B}}(FGY, Y)$.

证 (i) 由交换图

$$\begin{array}{ccc} \mathrm{Hom}_{\mathcal{B}}(FGY,Y) & \xrightarrow{\eta_{GY,Y}} & \mathrm{Hom}_{\mathcal{A}}(GY,GY) \\ {\scriptstyle (F(\eta_{Z,Y}(f)),Y)}\downarrow & & {\scriptstyle (\eta_{Z,Y}(f),GY)}\downarrow \\ \mathrm{Hom}_{\mathcal{B}}(FZ,Y) & \xrightarrow{\eta_{Z,Y}} & \mathrm{Hom}_{\mathcal{A}}(Z,GY) \end{array}$$

我们得到

$$\eta_{Z,Y}(\omega_Y \circ F(\eta_{Z,Y}(f))) = \eta_{GY,Y}(\omega_Y) \circ \eta_{Z,Y}(f) = \mathrm{Id}_{GY} \circ \eta_{Z,Y}(f) = \eta_{Z,Y}(f).$$

从而 $\omega_Y \circ F(\eta_{Z,Y}(f)) = f$. ∎

设 ${}_RM_S$ 是环 R 和环 S 上的双模. 则有张量函子 $M \otimes_S -: S\text{-Mod} \longrightarrow R\text{-Mod}$ 和有 Hom 函子 $\text{Hom}_R(M, -): R\text{-Mod} \longrightarrow S\text{-Mod}$. 则有伴随对 $(M \otimes_S -, \text{Hom}_R(M, -))$ 和伴随对 $(-{}_R \otimes M, \text{Hom}_S(M, -))$.

不难看出, 函子 $F: \mathcal{A} \longrightarrow \mathcal{B}$ 有右伴随函子当且仅当对于任意对象 $Y \in \mathcal{B}$, 反变函子 $\text{Hom}_{\mathcal{B}}(F(-), Y)$ 是可表函子; 函子 $G: \mathcal{B} \longrightarrow \mathcal{A}$ 有左伴随函子当且仅当对于任意对象 $X \in \mathcal{A}$, 函子 $\text{Hom}_{\mathcal{A}}(X, G(-))$ 是可表函子.

命题 12.8.3 设 (F, G) 是伴随对. 则 F 保持直和、余核和推出; G 保持直积、核和拉回. 特别地, 等价函子保持直和、直积、核和余核、推出和拉回.

证明可参见文献 [HS], p.68.

12.9 Abel 范畴

设范畴 $\mathcal{A}$ 有核和余核, $f: X \longrightarrow Y$ 是 $\mathcal{A}$ 中态射, $k: \text{Ker} f \longrightarrow X$ 是 f 的核, $c: Y \longrightarrow \text{Coker} f$ 是 f 的余核. 因为 $fk = 0$, 由 k 的余核的定义知存在唯一的态射 $m: \text{Coker} k \longrightarrow Y$ 使得 $f = me$, 其中 $e: X \longrightarrow \text{Coker} k$ 是 k 的余核. 因 $cme = cf = 0$, 利用 e 是满态射知 $cm = 0$. 再由 c 的核的定义知存在唯一的态射

$$\text{con}: \text{Coker} k \longrightarrow \text{Ker} c$$

使得 $m'\text{con} = m$, 其中 $m': \text{Ker} c \longrightarrow Y$ 是 c 的核. 于是得到分解

$$f = me,$$

其中 e 是满态射.

现在我们有态射序列

$$\text{Ker} f \overset{k}{\hookrightarrow} X \overset{e}{\twoheadrightarrow} \text{Coker} k, \quad \text{Ker} c \overset{m'}{\hookrightarrow} Y \overset{c}{\twoheadrightarrow} \text{Coker} f,$$

其中 e 是 k 的余核, m' 是 c 的核. 将 $m': \text{Ker} c \longrightarrow Y$, 或者 $\text{Ker} c$, 定义为 f 的像, 记为 $\text{Im} f$. 即为 f 的像 $\text{Im} f$ 定义为 f 的余核的核. 将 $e: X \longrightarrow \text{Coker} k$, 或者

12.9 Abel 范畴

$\mathrm{Coker}\,k$, 定义为 f 的余像, 记为 $\mathrm{Coim}\,f$. 即为 f 的余像 $\mathrm{Coim}\,f$ 定义为 f 的核的余核. 于是有典范态射 $\mathrm{con}: \mathrm{Coim}\,f \longrightarrow \mathrm{Im}\,f$.

定义 12.9.1 加法范畴 $\mathcal{A}$ 称为Abel 范畴, 如果满足下述条件:

Ab1 $\mathcal{A}$ 中的每个态射均有核; $\mathcal{A}$ 中的每个态射也有余核;

Ab2 $\mathcal{A}$ 中的每个态射 $f: X \longrightarrow Y$ 的核 $k: \mathrm{Ker}\,f \longrightarrow X$ 的余核典范地同构于 f 的余核 $c: Y \longrightarrow \mathrm{Coker}\,f$ 的核, 即

$$\mathrm{con}: \mathrm{Coker}(\mathrm{Ker}\,f \xrightarrow{k} X) \longrightarrow \mathrm{Ker}(Y \xrightarrow{c} \mathrm{Coker}\,f)$$

是同构, 或者说典范态射 $\mathrm{con}: \mathrm{Coim}\,f \longrightarrow \mathrm{Im}\,f$ 是同构.

于是, Abel 范畴中任意态射 $f: X \longrightarrow Y$ 有分解

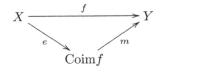 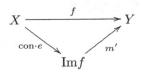

不难证明如下事实.

引理 12.9.2 加法范畴 $\mathcal{A}$ 是Abel 范畴当且仅当下述条件满足:

(i) $\mathcal{A}$ 中的每个态射均有核和余核;

(ii) $\mathcal{A}$ 中的每个态射 f 均有分解 $f = me$, 其中 e 是满态射, m 是单态射;

(iii) 每个单态射是其余核的核; 每个满态射是其核的余核.

将Abel 范畴中的单态射 $f: X \longrightarrow Y$ 的余核记为 Y/X.

引理 12.9.3 设 $\mathcal{A}$ 是Abel范畴. 则

(i) 态射 f 是同构当且仅当它既是单态射又是满态射.

(ii) 若 f 是满态射, 则有典范同构 $\mathrm{Im}(gf) \cong \mathrm{Im}\,g$; 若 g 是单态射, 则有典范同构 $\mathrm{Ker}(gf) \cong \mathrm{Ker}\,f$.

引理 12.9.4 设 $\mathcal{A}$ 是Abel范畴. 则

(i) $\mathrm{Ker}(\prod\limits_{1\leqslant i\leqslant n}\varphi_i)\cong\prod\limits_{1\leqslant i\leqslant n}\mathrm{Ker}\varphi_i$. 若 $\mathcal{A}$ 有直积, 则此式对任意直积均成立.

(i′) $\mathrm{Coker}(\bigoplus\limits_{1\leqslant i\leqslant n}\varphi_i)\cong\bigoplus\limits_{1\leqslant i\leqslant n}\mathrm{Coker}\varphi_i$. 若 $\mathcal{A}$ 有无限直和, 则此式对任意直和均成立.

(ii) $\mathrm{Im}(\bigoplus\limits_{1\leqslant i\leqslant n}\varphi_i)\cong\bigoplus\limits_{1\leqslant i\leqslant n}\mathrm{Im}\varphi_i$.

12.10 Abel 范畴中有关正合性的若干引理

设 $\mathcal{A}$ 是Abel范畴, $X\xrightarrow{f}Y\xrightarrow{g}Z$ 是 $\mathcal{A}$ 中的态射序列. 如果 $gf=0$, 则存在唯一的单态射 $\mathrm{Im}f\hookrightarrow\mathrm{Ker}g$. 称 $\mathcal{A}$ 中的态射序列 $X\xrightarrow{f}Y\xrightarrow{g}Z$在 Y 处正合, 如果 $gf=0$ 并且典范单态射 $\mathrm{Im}f\hookrightarrow\mathrm{Ker}g$ 是同构. 此时我们习惯性地说 $\mathrm{Im}f=\mathrm{Ker}g$. 称 $\mathcal{A}$ 中的态射序列

$$\cdots\longrightarrow X^{i-1}\longrightarrow X^i\longrightarrow X^{i+1}\longrightarrow\cdots$$

是正合列, 如果它在每一 X^i 处都正合. 态射序列

$$0\longrightarrow X\xrightarrow{f}Y\xrightarrow{g}Z\longrightarrow 0$$

称为短正合列, 如果它是正合列, 即 f 是单态射, g 是满态射, 且 $\mathrm{Im}f=\mathrm{Ker}g$.

回顾同调代数中有关正合性的若干重要引理.

引理 12.10.1 设 $\mathcal{A}$ 是Abel范畴.

(1) 设有 $\mathcal{A}$ 中态射的交换图

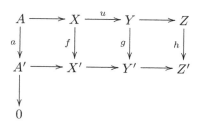

其中上下两行均为正合列, a 为满态射. 则有正合列

$$\text{Ker} f \longrightarrow \text{Ker} g \longrightarrow \text{Ker} h,$$

并且, 若 u 是单态射, 则上面的态射 $\text{Ker} f \longrightarrow \text{Ker} g$ 也是单态射.

(1′) 设有 $\mathcal{A}$ 中态射的交换图

$$\begin{array}{ccccccc} X & \longrightarrow & Y & \longrightarrow & Z & \longrightarrow & D \\ {\scriptstyle f}\downarrow & & {\scriptstyle g}\downarrow & & {\scriptstyle h}\downarrow & & {\scriptstyle d}\downarrow \\ X' & \longrightarrow & Y' & \xrightarrow{v'} & Z' & \longrightarrow & D' \end{array}$$

其中上下两行均为正合列, d 为单态射. 则有正合列

$$\text{Coker} f \longrightarrow \text{Coker} g \longrightarrow \text{Coker} h,$$

并且, 若 v' 是满态射, 则上面的态射 $\text{Coker} g \longrightarrow \text{Coker} h$ 也是满态射.

作为引理 12.10.1 的特例我们有

推论 12.10.2 (五引理) 设有Abel范畴 $\mathcal{A}$ 中态射的交换图

$$\begin{array}{ccccccccc} X_1 & \xrightarrow{u_1} & X_2 & \xrightarrow{u_2} & X_3 & \xrightarrow{u_3} & X_4 & \xrightarrow{u_4} & X_5 \\ {\scriptstyle f_1}\downarrow & & {\scriptstyle f_2}\downarrow & & {\scriptstyle f_3}\downarrow & & {\scriptstyle f_4}\downarrow & & {\scriptstyle f_5}\downarrow \\ Y_1 & \xrightarrow{v_1} & Y_2 & \xrightarrow{v_2} & Y_3 & \xrightarrow{v_3} & Y_4 & \xrightarrow{v_4} & Y_5 \end{array}$$

其中上下两行均为正合列. 则有

(1) 若 f_1 是满态射, f_2, f_4 均为单态射, 则 f_3 是单态射.

(2) 若 f_5 是单态射, f_2, f_4 均为满态射, 则 f_3 是满态射.

(3) 特别地, 若 f_1, f_2, f_4, f_5 均为同构, 则 f_3 是同构.

如果在五引理中 $X_1 = X_5 = Y_1 = Y_5 = 0$, 则相应的结果称为短五引理.

引理 12.10.3 (蛇引理) 设有Abel范畴 $\mathcal{A}$ 中态射的交换图

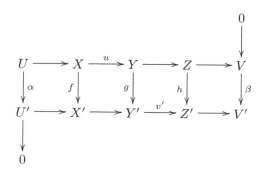

其中上下两行均为正合列，α 为满态射，β 为单态射. 则有正合列

$$\mathrm{Ker} f \longrightarrow \mathrm{Ker} g \longrightarrow \mathrm{Ker} h \longrightarrow \mathrm{Coker} f \longrightarrow \mathrm{Coker} g \longrightarrow \mathrm{Coker} h.$$

并且，若 u 是单态射，则上面的态射 $\mathrm{Ker} f \longrightarrow \mathrm{Ker} g$ 也是单态射；若 v' 是满态射，则上面的态射 $\mathrm{Coker} g \longrightarrow \mathrm{Coker} h$ 也是满态射.

特别地，若有交换图

$$\begin{array}{ccccccc}
X & \xrightarrow{u} & Y & \longrightarrow & Z & \longrightarrow & 0 \\
\downarrow f & & \downarrow g & & \downarrow h & & \\
0 \longrightarrow & X' & \longrightarrow & Y' & \xrightarrow{v'} & Z' &
\end{array}$$

其中上下两行均为正合列. 则有正合列

$$\mathrm{Ker} f \longrightarrow \mathrm{Ker} g \longrightarrow \mathrm{Ker} h \longrightarrow \mathrm{Coker} f \longrightarrow \mathrm{Coker} g \longrightarrow \mathrm{Coker} h.$$

并且，若 u 是单态射，则上面的态射 $\mathrm{Ker} f \longrightarrow \mathrm{Ker} g$ 也是单态射；若 v' 是满态射，则上面的态射 $\mathrm{Coker} g \longrightarrow \mathrm{Coker} h$ 也是满态射.

在模范畴中引理 12.10.1 和蛇引理的证明可用追图法；在一般的 Abel 范畴中的证明则颇费笔墨. 可参见 B. Iversen [I], p.4.

12.11 正合函子

定义 12.11.1 设 $\mathcal{A}$ 和 $\mathcal{B}$ 是Abel 范畴.

(1) 设 $F: \mathcal{A} \longrightarrow \mathcal{B}$ 是共变函子.

(i) 称 F 为半正合函子, 如果对于 $\mathcal{A}$ 中任意短正合列 $0 \longrightarrow X \xrightarrow{f} Y \xrightarrow{g} Z \longrightarrow 0$, $FX \xrightarrow{Ff} FY \xrightarrow{Fg} FZ$ 均是 $\mathcal{B}$ 中的正合列.

(ii) 称 F 为左正合函子, 如果对于 $\mathcal{A}$ 中任意短正合列 $0 \longrightarrow X \xrightarrow{f} Y \xrightarrow{g} Z \longrightarrow 0$, $0 \longrightarrow FX \xrightarrow{Ff} FY \xrightarrow{Fg} FZ$ 均是 $\mathcal{B}$ 中的正合列.

(iii) 称 F 为右正合函子, 如果对于 $\mathcal{A}$ 中任意短正合列 $0 \longrightarrow X \xrightarrow{f} Y \xrightarrow{g} Z \longrightarrow 0$, $FX \xrightarrow{Ff} FY \xrightarrow{Fg} FZ \longrightarrow 0$ 均是 $\mathcal{B}$ 中的正合列.

(iv) 称 F 为正合函子, 如果 F 既是左正合的又是右正合的.

(2) 设 $F: \mathcal{A} \longrightarrow \mathcal{B}$ 是反变函子.

(i) 称 F 为半正合函子, 如果对于 $\mathcal{A}$ 中任意短正合列 $0 \longrightarrow X \xrightarrow{f} Y \xrightarrow{g} Z \longrightarrow 0$, $FZ \xrightarrow{Fg} FY \xrightarrow{Ff} FX$ 均是 $\mathcal{B}$ 中的正合列.

(ii) 称 F 为左正合函子, 如果对于 $\mathcal{A}$ 中任意短正合列 $0 \longrightarrow X \xrightarrow{f} Y \xrightarrow{g} Z \longrightarrow 0$, $0 \longrightarrow FZ \xrightarrow{Fg} FY \xrightarrow{Ff} FX$ 均是 $\mathcal{B}$ 中的正合列.

(iii) 称 F 为右正合函子, 如果对于 $\mathcal{A}$ 中任意短正合列 $0 \longrightarrow X \xrightarrow{f} Y \xrightarrow{g} Z \longrightarrow 0$, $FZ \xrightarrow{Fg} FY \xrightarrow{Ff} FX \longrightarrow 0$ 均是 $\mathcal{B}$ 中的正合列.

(iv) 称 F 为正合函子, 如果 F 既是左正合的又是右正合的.

对 Abel 范畴 $\mathcal{A}$ 中任意对象 C, $\mathrm{Hom}_{\mathcal{A}}(C,-)$ 和 $\mathrm{Hom}_{\mathcal{A}}(-,C)$ 均是左正合函子.

设 M 和 N 分别是环 R 上的左模和右模. 则张量函子 $-\otimes_R M: \mathrm{Mod}\text{-}R \longrightarrow \mathrm{Ab}$ 和 $N\otimes_R -: R\text{-}\mathrm{Mod} \longrightarrow \mathrm{Ab}$ 均是右正合函子, 这里 $\mathrm{Mod}\text{-}R$ 是右 R- 模范畴.

命题 12.11.2 (1) 设 $F: \mathcal{A} \longrightarrow \mathcal{B}$ 是Abel 范畴之间的函子. 则

(i) F 是左正合函子当且仅当对于 $\mathcal{A}$ 中任意正合列 $0 \longrightarrow X \xrightarrow{f} Y \xrightarrow{g} Z$, $0 \longrightarrow FX \xrightarrow{Ff} FY \xrightarrow{Fg} FZ$ 也是正合列.

(ii) F 是右正合函子当且仅当对于 $\mathcal{A}$ 中任意正合列 $X \xrightarrow{f} Y \xrightarrow{g} Z \longrightarrow 0$, $FX \xrightarrow{Ff} FY \xrightarrow{Fg} FZ \longrightarrow 0$ 也是正合列.

(iii) F 是正合函子当且仅当对于 $\mathcal{A}$ 中任意正合列 $X \xrightarrow{f} Y \xrightarrow{g} Z$, $FX \xrightarrow{Ff} FY \xrightarrow{Fg} FZ$ 也是正合列.

(2) 设 $F: \mathcal{A} \longrightarrow \mathcal{B}$ 是Abel 范畴之间的反变函子. 则

(i) F 是左正合函子当且仅当对于 $\mathcal{A}$ 中任意正合列 $X \xrightarrow{f} Y \xrightarrow{g} Z \longrightarrow 0$, $0 \longrightarrow FZ \xrightarrow{Fg} FY \xrightarrow{Ff} FX$ 也是正合列.

(ii) F 是右正合函子当且仅当对于 $\mathcal{A}$ 中任意正合列 $0 \longrightarrow X \xrightarrow{f} Y \xrightarrow{g} Z$, $FZ \xrightarrow{Fg} FY \xrightarrow{Ff} FX \longrightarrow 0$ 也是正合列.

(iii) F 是正合函子当且仅当对于 $\mathcal{A}$ 中任意正合列 $X \xrightarrow{f} Y \xrightarrow{g} Z$, $FZ \xrightarrow{Fg} FY \xrightarrow{Ff} FX$ 也是正合列.

容易知道正合函子 F 保持核、余核、像和上同调群. 即有典范同构 $F(\mathrm{Ker} f) \cong \mathrm{Ker} Ff$, $F(\mathrm{Coker} f) \cong \mathrm{Coker} Ff$, $F(\mathrm{Im} f) \cong \mathrm{Im} Ff$; 并且若 $gf = 0$ 则 $F(\mathrm{Ker} f / \mathrm{Im} g) \cong \mathrm{Ker} Ff / \mathrm{Im} Fg$.

命题 12.11.3 设 $F: \mathcal{A} \longrightarrow \mathcal{B}$ 是Abel 范畴之间的加法函子. 则

(i) F 是左正合的当且仅当 F 保持核;

(ii) F 是右正合的当且仅当 F 保持余核.

命题 12.11.4 半正合(共变或逆变) 函子 $F: \mathcal{A} \longrightarrow \mathcal{B}$ 必是加法函子. 特别地, 左(或右)正合(共变或逆变) 函子必是加法函子.

证 设 X 和 Y 是 $\mathcal{A}$ 中任意对象. 则有可裂短正合列 $0 \longrightarrow X \xrightarrow{e_1} X \oplus Y \xrightarrow{p_2} Y \longrightarrow 0$, 其中 e_1, p_1 是前面提到过的典范态射. 因为 F 半正合, 故 $FX \xrightarrow{Fe_1} F(X \oplus Y) \xrightarrow{Fp_2} FY$ 是正合列. 又因任意函子均保持可裂单和可裂满, 故 $0 \longrightarrow FX \xrightarrow{Fe_1} F(X \oplus Y) \xrightarrow{Fp_2} FY \longrightarrow 0$ 是正合列. 由此易证 $\binom{Fp_1}{Fp_2}: F(X \oplus Y) \longrightarrow FX \oplus FY$ 既是单态射又是满态射, 从而是同构. 即 F 是加法函子. ∎

命题 12.11.5 正合函子 $F: \mathcal{A} \longrightarrow \mathcal{B}$ 是忠实的当且仅当 F 将非零对象映为非零对象.

12.12 投射对象与内射对象

可以在任意范畴中谈论投射对象与内射对象.

范畴 $\mathcal{C}$ 中对象 P 称为投射对象, 如果对于态射图

其中 π 是任意满态射, f 是任意态射, 均存在 g 使得 $\pi g = f$.

Abel 范畴 $\mathcal{A}$ 中对象 P 是投射对象当且仅当 $\mathrm{Hom}_{\mathcal{A}}(P,-)$ 是正合函子. 投射对象的有限直和是投射对象; 投射对象的直和项是投射对象. 对于有无限直和的范畴, $\bigoplus_{i \in I} P_i$ 是投射对象当且仅当每个 P_i 均是投射对象.

对偶地定义内射对象. 范畴 $\mathcal{C}$ 中对象 I 称为内射对象, 如果对于态射图

其中 σ 是任意单态射, f 是任意态射, 均存在 g 使得 $g\sigma = f$.

Abel 范畴 $\mathcal{A}$ 中对象 I 是内射对象当且仅当 $\mathrm{Hom}_{\mathcal{A}}(-,I)$ 是正合函子. 内射对象的有限直和是内射对象; 内射对象的直和项是内射对象. 对于有直积的范畴, $\prod_{i \in I} I_i$ 是内射对象当且仅当每个 I_i 均是内射对象.

命题 12.12.1 正合函子的左伴随函子将投射对象变为投射对象; 正合函子的右伴随函子将内射对象变为内射对象.

12.13 生成子和余生成子

加法范畴中的对象 U 称为生成子, 如果 $\mathrm{Hom}(U,-)$ 是忠实函子. 换言之, 对于

任意非零态射 $f: X \longrightarrow Y$, 均存在态射 $g: U \longrightarrow X$ 使得 $fg \neq 0$.

U 称为余生成子, 如果 $\mathrm{Hom}(-, U)$ 是忠实函子. 换言之, 对于任意非零态射 $f: X \longrightarrow Y$, 均存在态射 $g: Y \longrightarrow U$ 使得 $gf \neq 0$.

命题 12.13.1 (i) 设 $\mathcal{A}$ 是有无限直和的范畴. 则 U 是生成子当且仅当对于任意对象 C, 存在指标集 I 使得直和 $U^{(I)}$ 到 C 有满态射.

(i′) 设 $\mathcal{A}$ 是有直积的范畴. 则 U 是余生成子当且仅当对于任意对象 C, 存在指标集 I 使得 C 到直积 U^I 有单态射.

命题 12.13.2 设 $\mathcal{A}$ 是 Abel 范畴.

(i) 投射对象 P 是生成子当且仅当对任意非零对象 C, 存在非零态射 $P \longrightarrow C$.

(i′) 内射对象 I 是余生成子当且仅当对任意对象 $C \neq 0$, 存在非零态射 $C \longrightarrow I$.

例 12.13.3 (i) 设 R 是环. 则 $_RR$ 是 A-Mod 的生成子.

(ii) 设 A 是 Artin 代数. 则 $D(A_A)$ 是 A-Mod 的余生成子.

有时用生成子簇更方便. 加法范畴 $\mathcal{A}$ 的一簇对象 $(U_i)_{i \in I}$ 称为 $\mathcal{A}$ 的生成子簇, 如果对于任意非零态射 $f: X \longrightarrow Y$, 均存在 $i \in I$ 和态射 $g: U_i \longrightarrow X$ 使得 $fg \neq 0$. 显然, 如果 $\mathcal{A}$ 有无限直和且 $(U_i)_{i \in I}$ 是 $\mathcal{A}$ 的生成子簇, 则 $\bigoplus_{i \in I} U_i$ 是 $\mathcal{A}$ 的生成子.

12.14 正向极限与逆向极限

极限是处理无限问题的有力工具. 范畴论中的极限有 "极限" 和 "余极限" 两种, 属于对偶的构造. 我们只讨论余极限的一种特殊情况 —— 正向极限, 和极限一种特殊情况 —— 逆向极限. 这对我们已够用.

回顾偏序集 I 是带有二元关系 $\leqslant$ 的非空集合, 具有自反性: $a \leqslant a, \forall a \in I$; 反对称性: 若 $a \leqslant b$, $b \leqslant a$, 则 $a = b$; 以及传递性: 若 $a \leqslant b$, $b \leqslant c$, 则 $a \leqslant c$.

偏序集 $(I, \leqslant)$ 称为正向集, 如果对于 I 中任意两个元 u, v, 均存在 $w \in I$ 使得 $u \leqslant w$, $v \leqslant w$.

定义 12.14.1 给定范畴 $\mathcal{C}$ 和正向集 I, I 上 $\mathcal{C}$ 的一个正向系统 (X_i, f_{ji}) 是指:

(i) X_i 均是 $\mathcal{C}$ 中对象, $\forall\, i \in I$;

(ii) f_{ji} 只对有序对 (i,j) 有定义, 其中 $i \leqslant j$, 它是 X_i 到 X_j 的一个态射, 满足

$$f_{ii} = \mathrm{Id}_{X_i}, \quad \forall\, i \in I; \quad f_{kj}f_{ji} = f_{ki}, \quad \forall\, i \leqslant j \leqslant k.$$

定义 12.14.2 设 (X_i, f_{ji}) 是 I 上 $\mathcal{C}$ 的一个正向系统. 对象 X 称为 (X_i, f_{ji}) 的正向极限, 如果

(i) 存在态射 $f_i : X_i \longrightarrow X$, $\forall\, i \in I$, 满足 $f_j f_{ji} = f_i$, $\forall\, i \leqslant j$;

(ii) (X, f_i) 具有如下泛性质: 如果还有 (Y, g_i), 其中 Y 是 $\mathcal{C}$ 中对象, $g_i : X_i \longrightarrow Y$, $\forall\, i \in I$, 也满足 $g_j f_{ji} = g_i$, $\forall\, i \leqslant j$, 则存在唯一的态射 $g : X \longrightarrow Y$ 使得 $g f_i = g_i$, $\forall\, i \in I$.

此时记 $\varinjlim X_i = X$, 或者 $\varinjlim X_i = (X, f_i)$.

由泛性质易知正向系统的正向极限如果存在必定唯一.

例 12.14.3 (i) 对正向集 I 和范畴 $\mathcal{C}$ 的对象 X, 正向系统 (X, Id_X), 即 $X_i = X$, $f_{ji} = \mathrm{Id}_X$, $\forall\, i \leqslant j$, 的正向极限就是 X. 称此正向系统 (X, Id_X) 为常正向系统.

(ii) 如果正向集 I 是离散的, 即 $i \leqslant j$ 当且仅当 $i = j$, 则正向系统 (X_i, f_{ji}) 的正向极限就是 $\bigoplus_{i \in I} X_i$.

(iii) 对集 Λ, 令 $\Lambda' = \{I \subseteq \Lambda \mid I \text{ 为有限子集}\}$. 则对包含关系 Λ' 成为正向集. 若 $I \subseteq J$ 均是 Λ 的有限子集, 则有典范嵌入 $f_{J,I} : \bigoplus_{i \in I} X_i \hookrightarrow \bigoplus_{i \in J} X_i$; 我们也有典范嵌入 $f_I : \bigoplus_{i \in I} X_i \hookrightarrow \bigoplus_{i \in \Lambda} X_i$. 则正向系统 $(\bigoplus_{i \in I} X_i, f_{J,I})$ 的正向极限就是 $\bigoplus_{i \in \Lambda} X_i$.

(iv) 环 R 上的任意模 M 均是其有限生成子模作成的正向系统的正向极限; 而任意有限生成模 M 均是其有限表现子模作成的正向系统的正向极限.

设 (X_i, f_{ji}) 是正向集 I 上加法范畴 $\mathcal{C}$ 的一个正向系统. 如果 $\mathcal{C}$ 有余核和无限直和, 我们下面构造性地说明 $\varinjlim X_i$ 的存在性. 令 $\sigma_s : X_s \longrightarrow \bigoplus_{i \in I} X_i$ 是典范嵌入, $\forall\, s \in I$. 令 $\Omega := \{(a,b) \in I \times I \mid a \leqslant b\}$. 对于 $\lambda = (a,b) \in \Omega$, 记 $s(\lambda) = a$, $t(\lambda) = b$.

于是对于每一个 $\lambda \in \Omega$ 我们有态射

$$\iota_\lambda := \sigma_{t(\lambda)} f_{t(\lambda)\ s(\lambda)} - \sigma_{s(\lambda)} : X_{s(\lambda)} \longrightarrow \bigoplus_{i \in I} X_i,$$

由直和的定义这诱导出唯一的态射 $\iota : \bigoplus_{\lambda \in \Omega} X_{s(\lambda)} \longrightarrow \bigoplus_{i \in I} X_i$ 使得

$$\iota \sigma_\lambda = \iota_\lambda = \sigma_{t(\lambda)} f_{t(\lambda)\ s(\lambda)} - \sigma_{s(\lambda)}, \quad \forall\, \lambda \in \Omega,$$

其中 $\sigma_\lambda : X_{s(\lambda)} \longrightarrow \bigoplus_{\lambda \in \Omega} X_{s(\lambda)}$ 是典范嵌入. 需要注意这样的可能性: 即 $\Omega \ni \lambda \neq \lambda' \in \Omega$, 而 $s(\lambda) = s(\lambda')$. 令

$$\pi : \bigoplus_{i \in I} X_i \longrightarrow \mathrm{Coker}\,\iota$$

是典范满态射, 令 $f_i := \pi \sigma_i : X_i \longrightarrow \mathrm{Coker}\,\iota, \forall\, i \in I$. 我们断言 $\varinjlim X_i = (\mathrm{Coker}\,\iota, f_i)$. 即有下述

命题 12.14.4 设 $\mathcal{C}$ 是有余核和无限直和的加法范畴, I 是任意正向集. 则 I 上 $\mathcal{C}$ 的每个正向系统 (X_i, f_{ji}) 均有正向极限 $\varinjlim X_i = \mathrm{Coker}(\bigoplus_{\lambda \in \Omega} X_{s(\lambda)} \overset{\iota}{\longrightarrow} \bigoplus_{i \in I} X_i)$.

证 设 $i \leqslant j$. 令 $\lambda = (i, j) \in \Omega$. 则

$$\sigma_j f_{j\ i} - \sigma_i = \sigma_{t(\lambda)} f_{t(\lambda)\ s(\lambda)} - \sigma_{s(\lambda)} = \iota \sigma_\lambda.$$

从而 $f_j f_{j\ i} - f_i = \pi(\sigma_j f_{j\ i} - \sigma_i) = \pi \iota \sigma_\lambda = 0$.

再说明 $(\mathrm{Coker}\,\iota, f_i)$ 的泛性质. 设有 (Y, g_i), 其中 $g_i : X_i \longrightarrow Y, \forall\, i \in I$, 满足 $g_j f_{ji} = g_i, \forall\, i \leqslant j$. 由直和的定义知存在唯一的态射 $h : \bigoplus_{i \in I} X_i \longrightarrow Y$ 使得 $h\sigma_i = g_i, \forall\, i \in I$. 下证 $h\iota = 0$. 由直和的定义只要证对所有的典范嵌入 $e_i : X_i \longrightarrow \bigoplus_{\lambda \in \Omega} X_{s(\lambda)}$ 有 $h\iota e_i = 0, \forall\, i \in I$. 注意此处记号 e_i 与记号 σ_λ 的细微差别. 注意到对每个 $i \in I$ 和每个典范嵌入 $e_i : X_i \longrightarrow \bigoplus_{\lambda \in \Omega} X_{s(\lambda)}$, 由典范嵌入的含义知存在唯一的 $\lambda \in \Omega$ 使得 $e_i = \sigma_\lambda$. 于是

$$h\iota e_i = h\iota \sigma_\lambda = h(\sigma_{t(\lambda)} f_{t(\lambda)\ s(\lambda)} - \sigma_{s(\lambda)}) = g_{t(\lambda)} f_{t(\lambda)\ s(\lambda)} - g_{s(\lambda)} = 0.$$

这就证明了 $h\iota = 0$.

由余核的定义知存在唯一的态射 $g : \operatorname{Coker}\iota \longrightarrow Y$ 使得 $h = g\pi$, 进而

$$gf_i = g\pi\sigma_i = h\sigma_i = g_i, \quad \forall\ i \in I.$$

最后还要证明 g 的唯一性. 设有 $g' : \operatorname{Coker}\iota \longrightarrow Y$ 也使得 $g'f_i = g_i, \ \forall\ i \in I$. 故

$$g'\pi\sigma_i = g'f_i = g_i = h\sigma_i = g\pi\sigma_i, \quad \forall\ i \in I,$$

于是 $g'\pi = g\pi$, 从而 $g' = g$. ∎

我们指出, 对于特殊的 I, 上述态射 ι 可能选取得更简单也能使得 $\operatorname{Coker}\iota$ 就是 $\varinjlim X_i$.

定义范畴 $\mathcal{C}$ 在正向集 I 上的正向系统的范畴 $\operatorname{Dir}(\mathcal{C}, I)$ 如下. 其对象是 $\mathcal{C}$ 在 I 上的正向系统. 对于两个正向系统 (X_i, f_{ji}) 和 (Y_i, g_{ji}), 它们之间的态射为 (α_i), 其中 $\alpha_i : X_i \longrightarrow Y_i, \ \forall i \in I$, 并且对于任意 $i \leqslant j$ 有态射交换图

$$\begin{array}{ccc} X_i & \xrightarrow{\alpha_i} & Y_i \\ {\scriptstyle f_{ji}}\downarrow & & \downarrow{\scriptstyle g_{ji}} \\ X_j & \xrightarrow{\alpha_j} & Y_j \end{array}$$

设 $\mathcal{C}$ 是加法范畴. 按分量定义 (pointwise) 正向系统的直和. 不难验证 $\operatorname{Dir}(\mathcal{C}, I)$ 也是加法范畴.

若 $\mathcal{C}$ 是 Abel 范畴, 则 $\operatorname{Dir}(\mathcal{C}, I)$ 也是 Abel 范畴, 且正向系统的态射的核、余核和像均是按分量定义的. $\operatorname{Dir}(\mathcal{C}, I)$ 中的态射序列

$$0 \longrightarrow (L_i, f_{ji}) \xrightarrow{\{\sigma_i\}} (M_i, g_{ji}) \xrightarrow{\{\pi_i\}} (N_i, h_{ji}) \longrightarrow 0$$

是正合列当且仅当对每个 $i \in I$,

$$0 \longrightarrow L_i \xrightarrow{\sigma_i} M_i \xrightarrow{\pi_i} N_i \longrightarrow 0$$

均是 $\mathcal{C}$ 中正合列.

设 $\mathcal{C}$ 是有无限直和的加法范畴. 对于正向系统的态射 $(\alpha_i) : (X_i, f_{ji}) \longrightarrow (Y_i, g_{ji})$, 由正向极限的定义不难知道存在唯一的态射 $\varinjlim(\alpha_i) : (\varinjlim X_i, f_i) \longrightarrow (\varinjlim Y_i, g_i)$,

使得
$$\varinjlim(\alpha_i)f_i = g_i\alpha_i, \quad \forall\ i \in I.$$

由此可得函子 $\varinjlim : \mathrm{Dir}(\mathcal{C}, I) \longrightarrow \mathcal{C}$. 这是一个加法函子. 由于正向极限是某种无限直和之间的余核, 而态射的无限直和的余核同构于态射的余核的无限直和, 由此不难知道正向极限保持余核. 再由命题 12.11.3 知

命题 12.14.5 设 $\mathcal{A}$ 是有无限直和的Abel 范畴, I 是任意正向集. 则 $\varinjlim : \mathrm{Dir}(\mathcal{C}, I) \longrightarrow \mathcal{C}$ 是右正合函子.

对偶地有逆向极限的理论.

定义 12.14.6 给定范畴 $\mathcal{C}$ 和正向集 I, I 上 $\mathcal{C}$ 的一个逆向系统 (X_i, f_{ij}) 是指:

(i) X_i 均是 $\mathcal{C}$ 中对象, $\forall\ i \in I$;

(ii) f_{ij} 只对有序对 (i,j) 有定义, 其中 $i \leqslant j$, 它是 X_j 到 X_i 的一个态射, 满足 $f_{ii} = \mathrm{Id}_{X_i}$, $\forall\ i \in I$, 以及 $f_{ij} f_{jk} = f_{ik}$, $\forall\ i \leqslant j \leqslant k$.

定义 12.14.7 设 (X_i, f_{ij}) 是 I 上 $\mathcal{C}$ 的一个逆向系统. 对象 X 称为 (X_i, f_{ij}) 的逆向极限, 如果

(i) 存在态射 $f_i : X \longrightarrow X_i$, $\forall\ i \in I$, 满足 $f_{ij} f_j = f_i$, $\forall\ i \leqslant j$;

(ii) (X, f_i) 具有如下泛性质: 如果还有 (Y, g_i), 其中 Y 是 $\mathcal{C}$ 中对象, $g_i : Y \longrightarrow X_i$, $\forall\ i \in I$, 也满足 $f_{ij} g_j = g_i$, $\forall\ i \leqslant j$, 则存在唯一的态射 $g : Y \longrightarrow X$ 使得 $f_i g = g_i$, $\forall\ i \in I$.

此时记 $\varprojlim X_i = X$, 或者 $\varprojlim X_i = (X, f_i)$.

逆向系统的逆向极限如果存在必定唯一.

设 (X_i, f_{ij}) 是正向集 I 上加法范畴 $\mathcal{C}$ 的一个逆向系统. 如果 $\mathcal{C}$ 有核和直积, 构造性地说明 $\varprojlim X_i$ 的存在性如下. 令 $p_s : \prod_{i \in I} X_i \longrightarrow X_s$ 是典范满态射, $\forall\ s \in I$. 令 $\Omega := \{(a, b) \in I \times I \mid a \leqslant b\}$. 对于 $\lambda = (a, b) \in \Omega$, 记 $s(\lambda) = a$, $t(\lambda) = b$. 于是对于

每一个 $\lambda \in \Omega$ 我们有态射

$$\kappa_\lambda := f_{s(\lambda)\ t(\lambda)} p_{t(\lambda)} - p_{s(\lambda)} : \prod_{i \in I} X_i \longrightarrow X_{s(\lambda)},$$

由直积的定义这诱导出唯一的态射 $\kappa : \prod_{i \in I} X_i \longrightarrow \prod_{\lambda \in \Omega} X_{s(\lambda)}$ 使得

$$p_\lambda \kappa = \kappa_\lambda = f_{s(\lambda)\ t(\lambda)} p_{t(\lambda)} - p_{s(\lambda)}, \quad \forall\ \lambda \in \Omega,$$

其中 $p_\lambda : \bigoplus_{\lambda \in \Omega} X_{s(\lambda)} \longrightarrow X_{s(\lambda)}$ 是典范满态射. 令

$$\sigma : \quad \mathrm{Ker}\kappa \longrightarrow \prod_{i \in I} X_i$$

是典范嵌入,令 $f_i := p_i \sigma : \mathrm{Ker}\kappa \longrightarrow X_i,\ \forall\ i \in I$. 则 $\varprojlim X_i = (\mathrm{Ker}\kappa, f_i)$. 即有下述

命题 12.14.8 设 $\mathcal{C}$ 是有核和直积的加法范畴,I 是任意正向集. 则 I 上 $\mathcal{C}$ 的每个逆向系统 (X_i, f_{ij}) 均有逆向极限 $\varprojlim X_i = \mathrm{Ker}(\prod_{i \in I} X_i \xrightarrow{\kappa} \prod_{\lambda \in \Omega} X_{s(\lambda)})$.

定义范畴 $\mathcal{C}$ 在正向集 I 上的逆向系统的范畴 $\mathrm{Inver}(\mathcal{C}, I)$ 如下. 其对象是 $\mathcal{C}$ 在 I 上的逆向系统. 对于两个逆向系统 (X_i, f_{ij}) 和 (Y_i, g_{ij}),它们之间的态射为 (α_i),其中 $\alpha_i : X_i \longrightarrow Y_i,\ \forall\ i \in I$,并且对于任意 $i \leqslant j$ 有态射交换图

$$\begin{array}{ccc} X_j & \xrightarrow{\alpha_j} & Y_j \\ {\scriptstyle f_{ij}}\downarrow & & \downarrow{\scriptstyle g_{ij}} \\ X_i & \xrightarrow{\alpha_i} & Y_i \end{array}$$

设 $\mathcal{C}$ 是加法范畴. 按分量定义 (pointwise) 逆向系统的直和. 不难验证 $\mathrm{Inver}(\mathcal{C}, I)$ 也是加法范畴.

若 $\mathcal{C}$ 是 Abel 范畴,则 $\mathrm{Inver}(\mathcal{C}, I)$ 也是 Abel 范畴,且逆向系统的态射的核、余核和像均是按分量定义的. $\mathrm{Inver}(\mathcal{C}, I)$ 中的态射序列

$$0 \longrightarrow (L_i, f_{ij}) \xrightarrow{\{\sigma_i\}} (M_i, g_{ij}) \xrightarrow{\{\pi_i\}} (N_i, h_{ij}) \longrightarrow 0$$

是正合列当且仅当对每个 $i \in I$,

$$0 \longrightarrow L_i \xrightarrow{\sigma_i} M_i \xrightarrow{\pi_i} N_i \longrightarrow 0$$

均是 $\mathcal{C}$ 中正合列.

设 $\mathcal{C}$ 是有直积的加法范畴. 对于逆向系统的态射 $(\alpha_i): (X_i, f_{ij}) \longleftarrow (Y_i, g_{ij})$, 存在唯一的态射 $\varprojlim(\alpha_i): (\varprojlim X_i, f_i) \longrightarrow (\varprojlim Y_i, g_i)$, 使得

$$g_i \varprojlim(\alpha_i) = \alpha_i f_i, \quad \forall\, i \in I.$$

由此可得函子 $\varprojlim: \mathrm{Inver}(\mathcal{C}, I) \longrightarrow \mathcal{C}$. 这是一个加法函子. 由于逆向极限是某种直积之间的核, 而态射的直积的核同构于态射的核的直积, 由此不难知道逆向极限保持核. 再由命题 12.11.3 知

命题 12.14.9 设 $\mathcal{A}$ 是有直积的Abel 范畴, I 是任意正向集. 则 $\varprojlim: \mathrm{Inver}(\mathcal{A}, I) \longrightarrow \mathcal{A}$ 是左正合函子.

命题 12.14.10 在伴随对 (F, G) 中, 左伴随函子保持极限; 右伴随函子保持余极限.

12.15 Abel 范畴中的 Grothendieck 条件

1957 年, A. Grothendieck [Gro1] 对于 Abel 范畴引入了条件 Ab3, Ab4, 和 Ab5, 以及它们的对偶 Ab3*, Ab4*, 和 Ab5*. 这些条件的引入对同调代数的发展产生了重大影响.

定义 12.15.1 设 $\mathcal{A}$ 是Abel 范畴.

(i) 称 $\mathcal{A}$ 满足 Ab3, 又称 $\mathcal{A}$ 是余完备的, 如果 $\mathcal{A}$ 有无限直和. 即对于 $\mathcal{A}$ 中任意一簇对象 X_i, $\forall\, i \in I$, 其中 I 是任意指标集, 直和 $\bigoplus_{i \in I} X_i$ 存在.

(ii) 称 $\mathcal{A}$ 满足 Ab4, 又称 $\mathcal{A}$ 有正合直和, 如果 $\mathcal{A}$ 有无限直和, 并且若 $0 \longrightarrow L_i \xrightarrow{f_i} M_i \xrightarrow{g_i} N_i \longrightarrow 0$ 是 $\mathcal{A}$ 中短正合列, $\forall\, i \in I$, 其中 I 是任意指标集, 则诱导态射序列 $0 \longrightarrow \bigoplus_{i \in I} L_i \xrightarrow{\oplus f_i} \bigoplus_{i \in I} M_i \xrightarrow{\oplus g_i} \bigoplus_{i \in I} N_i \longrightarrow 0$ 也是短正合列.

(iii) 称 $\mathcal{A}$ 满足 Ab5, 又称 $\mathcal{A}$ 有正合的正向极限, 如果 $\mathcal{A}$ 有无限直和, 并且 $\varinjlim: \mathrm{Dir}(\mathcal{A}, I) \longrightarrow \mathcal{A}$ 是正合函子.

(i′) 称 $\mathcal{A}$ 满足Ab3*, 又称 $\mathcal{A}$ 是完备的, 如果 $\mathcal{A}$ 有直积. 即对于 $\mathcal{A}$ 中任意一簇对象 X_i, $\forall i \in I$, 其中 I 是任意指标集, 直积 $\prod_{i \in I} X_i$ 存在.

(ii′) 称 $\mathcal{A}$ 满足Ab4*, 又称 $\mathcal{A}$ 有正合直积, 如果 $\mathcal{A}$ 有直积, 并且若 $0 \longrightarrow L_i \xrightarrow{f_i} M_i \xrightarrow{g_i} N_i \longrightarrow 0$ 是 $\mathcal{A}$ 中短正合列, $\forall i \in I$, 其中 I 是任意指标集, 则诱导态射序列 $0 \longrightarrow \prod_{i \in I} L_i \xrightarrow{\prod_{i \in I} f_i} \prod_{i \in I} M_i \xrightarrow{\prod_{i \in I} g_i} \prod_{i \in I} N_i \longrightarrow 0$ 也是短正合列.

(iii′) 称 $\mathcal{A}$ 满足Ab5*, 又称 $\mathcal{A}$ 有正合的逆向极限, 如果 $\mathcal{A}$ 有直积, 并且 $\varprojlim: \mathrm{Inver}(\mathcal{A}, I) \longrightarrow \mathcal{A}$ 是正合函子.

注意到 $\mathcal{A}$ 满足 Ab4 等价于说 $\mathcal{A}$ 有无限直和, 并且无限直和保持单态射. 这是因为一簇短正合列的无限直和总是保满的.

$\mathcal{A}$ 满足 Ab5 等价于说 $\mathcal{A}$ 有无限直和, 并且正向极限保持单态射. 这是因为正向极限函子总是保满的.

$\mathcal{A}$ 满足Ab4* 等价于说 $\mathcal{A}$ 有直积, 并且直积保持满态射. 这是因为一簇短正合列的直积总是保单的.

$\mathcal{A}$ 满足Ab5* 等价于说 $\mathcal{A}$ 有直积, 并且逆向极限保持满态射. 这是因为逆向极限函子总是保单的.

命题 12.15.2 设 $\mathcal{A}$ 是有无限直和并且有直积的Abel范畴. 则有Abel群的同构

$$\mathrm{Hom}_{\mathcal{A}}(\varinjlim X_i, Y) \cong \varprojlim \mathrm{Hom}_{\mathcal{A}}(X_i, Y),$$

$$\mathrm{Hom}_{\mathcal{A}}(X, \varprojlim Y_i) \cong \varprojlim \mathrm{Hom}_{\mathcal{A}}(X, Y_i).$$

12.16 Grothendieck 范畴

定义 12.16.1 Abel 范畴 $\mathcal{A}$ 称为Grothendieck 范畴, 如果 $\mathcal{A}$ 满足Ab5 并且有生成子.

环的模范畴是 Grothendieck 范畴.

引理 12.16.2 设 $\mathcal{A}$ 是 Grothendieck 范畴. 则复形范畴 $C(\mathcal{A})$ 也是 Grothendieck 范畴.

证 由 $\mathcal{A}$ 是有无限直和的 Abel 范畴, 不难看出 $C(\mathcal{A})$ 也是有无限直和的 Abel 范畴. 注意到一个复形的正向系统的极限恰是各奇次分支的正向极限作成的复形. 因此, 由 $\mathcal{A}$ 中正向极限保持单态射可知 $C(\mathcal{A})$ 中正向极限也保持单态射.

设 U 是 $\mathcal{A}$ 的生成子. 令 $P^i(U)$ 是除 i 和 $i+1$ 外的齐次分支均为零的复形, 即

$$P^i(U) = \cdots \longrightarrow 0 \longrightarrow 0 \longrightarrow U \xrightarrow{\mathrm{Id}_U} U \longrightarrow 0 \longrightarrow \cdots.$$

则不难验证 $(P^i(U))_{i\in\mathbb{Z}}$ 是 $\mathcal{A}$ 的生成子簇, 从而 $\bigoplus_{i\in\mathbb{Z}} P^i(U)$ 是 $C(\mathcal{A})$ 的生成子. ∎

下述命题是 Grothendieck 范畴的基本性质. 证明可参见 [Fr], [Mit], [MurAC].

命题 12.16.3 设 $\mathcal{A}$ 是 Grothendieck 范畴. 则

(i) $\mathcal{A}$ 有直积.

(ii) $\mathcal{A}$ 有正合直积.

(iii) $\mathcal{A}$ 有足够多的内射对象.

引理 12.16.4 设 $\mathcal{A}$ 是 Grothendieck 范畴. 则典范态射 $f: \bigoplus_{i\in\Lambda} X_i \longrightarrow \prod_{i\in\Lambda} X_i$ 是单态射.

证 令 $\Lambda' = \{I \subseteq \Lambda \mid I \text{ 为有限子集}\}$. 则对包含关系 Λ' 成为正向集. 则典范态射 $f_I: \bigoplus_{i\in I} X_i \longrightarrow \prod_{i\in\Lambda} X_i$ 均为可裂单态射. 考虑典范嵌入 $\bigoplus_{i\in I} X_i \longrightarrow \bigoplus_{i\in\Lambda} X_i$, 其诱导了同构 $\varinjlim_{I\in\Lambda'} \bigoplus_{i\in I} X_i \simeq \bigoplus_{i\in\Lambda} X_i$. 因此态射 f 可视为态射 f_I 的正向极限. 由于 $\mathcal{A}$ 为 Grothendieck 范畴, 特别地, 正向极限保持单态射. 故 f 为单态射. ∎

习 题

12.1 在加法范畴中态射 f 是单态射当且仅当 $\mathrm{Ker}f$ 存在且 $\mathrm{Ker}f = 0$; f 是满态射当且仅当 $\mathrm{Coker}f$ 存在且 $\mathrm{Coker}f = 0$.

12.2 在加法范畴中单态射 $0: 0 \longrightarrow X$ 的余核是 $\mathrm{Id}: X \longrightarrow X$; 满态射 $0: Y \longrightarrow 0$ 的核是 $\mathrm{Id}: Y \longrightarrow Y$.

习　题

12.3　设有态射的合成 $f = gh$. 若 f 单则 h 单；若 f 满则 g 满.

12.4　加法范畴 $\mathcal{A}$ 是 Abel 范畴当且仅当下述条件满足:

(i) $\mathcal{A}$ 中的每个态射均有核和余核;

(ii) $\mathcal{A}$ 中的每个态射 f 均有分解 $f = me$, 其中 e 是满态射, m 是单态射;

(iii) 每个单态射是其余核的核; 每个满态射是其核的余核.

12.5　证明引理12.10.1.

12.6　证明五引理.

12.7　证明蛇引理.

12.8　试证本章中提到的全部结论.

主要参考文献

[AF] Anderson F W, Fuller K R. Rings and caregories of modules. Graduate Texts in Math. 13. New York, Heidelberg, Berlin: Springer-Verlag, 1974.

[ASS] Assem I, Simson D, Skowroński A. Elements of the representation theory of associative algebras, Vol.1. Techniques of representation theory. Lond. Math. Soc. Students Texts 65. Cambridge University Press, 2006.

[AR2] Auslander M, Reiten I. Applications of contravariantly finite subcategories. Adv. Math, 1991, 86: 111-152.

[ARS] Auslander M, Reiten I, Smalø S O. Representation theory of Artin algebras. Cambridge Studies in Adv. Math. 36.. Cambridge University Press, 1995.

[AS2] Auslander M, Smalø S O. Almost split sequences in subcategories. J. Algebra, 1981, 69: 426-454.

[BBD] Beilinson A A, Bernstein J, Deligne P. Faisceaux pervers. Astérisgue 100. Soc. Math. France, Paris, 1982.

[B2] Beligiannis A. Cohen-Macaulay modules, (co)torsion pairs and virtually Gorenstein algebras. J. Algebra, 2005, 288(1): 137-211.

[Boc] Bocklandt R. Graded Calabi Yau algebras of dimension 3, with an appendix "The signs of Serre functor" by M. Van den Bergh. J. Pure Appl. Algebra, 2008, 212(1): 14-32.

[BN] Bökstedt M, Neeman A. Homotopy limits in triangulated categories. Compositio Math., 1993, 86: 209-234.

[Buch] Buchweitz R O. Maximal Cohen-Macaulay modules and Tate cohomology over Gorenstein rings. Unpublished manuscript, 155 pages. Hamburg, 1987.

[CE] Cartan H, Eilenberg S. Homological algebra. Princeton N. J.: Princeton University Press, 1956.

[CZ] Chen X W, Zhang P. Quotient triangulated categories. Manuscripta Math., 2007, 123: 167-183.

[CPS2] Cline E, Parshall B, Scott L L. Algebraic stratification in representation categories. J. Algebra, 1988, 117(2): 504-521.

[CB1] Crawley-Boevey W. Lectures on representations of quivers. A graduate course at Oxford Univ., available at http://www1.maths.leeds.ac.uk/pmtwc/

[DK] Drozd Yu A, Kirichenko V. 有限维代数. 刘绍学, 张英伯译. 北京: 北京师范大学出版社, 1984.

[EJ2] Enochs E E, Jenda O M G. Relative homological algebra. de Gruyter Exposit. Math. 30. Berlin, New York: Walter De Gruyter, 2000.

[GM]   Gelfand S I, Manin Yu I. Methods of homological algebra. Second Edition. Berlin, Heidelberg, New York: Springer-Verlag, 2003.

[Hap2]   Happel D. Triangulated categories in the representation theory of finite dimensional algebras. Lond. Math. Soc. Lecture Note Ser. 119. Cambridge, New York, New Rochelle, Melbourne, Sydney: Cambridge University Press, 1988.

[Hap4]   Happel D. Auslander-Reiten triangles in derived categories of finite-dimensional algebras. Proc. Amer. Math. Soc., 1991, 112(3): 641-648.

[Hap6]   Happel D. Reduction techniques for homological conjectures. Tsukuba J. Math., 1993, 17(1): 115-130.

[Har]   Hartshorne R. Residue and duality. Lecture Notes in Math. 20. Berlin, Heidelberg, New York: Springer-Verlag, 1966.

[Hol1]   Holm H. Gorenstein homological dimensions. J. Pure Appl. Algebra, 2004, 189(1-3): 167-193.

[I]   Iversen B. Cohomology of sheaves. Berlin, Heidelberg, New York, Tokyo: Springer-Verlag, 1986.

[Jor2]   Jørgensen P. Reflecting recollements. Osaka J. Math., 2010, 47(1): 209-213.

[JK]   Jørgensen P, Kato K. Triangulated subcategories of extensions and triangles of recollements. Preprint, 2012.

[Ke4]   Keller B. Derived categories and their uses//Handbook of algebra, vol. 1: 671-701. Amsterdam: North-Holland, 1996.

[KZ]   Kong F, Zhang P. From CM finite to CM free. arXiv:1212.6184v2.

[Kö]   König S. Tilting complexes, perpendicular categories and recollements of derived module categories of rings. J. Pure Appl. Algebra, 1991, 73: 211-232.

[KrS]   Krause H, Solberg Ø. Applications of cotorsion pairs. J. London Math. Soc., 2003, 68(2): 631-650.

[LuoZ]   Luo X H, Zhang P. Monic representations and Gorenstein-projective modules. Pacific J. Math., 2013, 264(1): 163-194.

[MurAC] Murfet D. Abelian categories. Preprint.

[MurDC] Murfet D. Derived categories, Part I. Preprint.

[N]   Neeman A. Triangulated categories. Ann. Math. Studies 148. Princeton, NJ: Princeton University Press, 2001.

[PS]   Parshall B, Scott L L. Derived categories, quasi-hereditary algebras and algebraic groups. Carleton University Math. Notes, 1988, 3: 1-104.

[RV]   Reiten I, Van den Bergh M. Noether hereditary abelian categories satisfying Serre functor. J. Amer. Math. Soc., 2002, 15(2): 295-366.

[Ric1]   Rickard J. Morita theory for derived categories. J. London Math. Soc., 1989, 39: 436-456.

[Rin1] Ringel C M. Tame Algebras and integral quadratic forms. Lecture Notes in Math. 1099. Berlin, Heidelberg, New York, Tokyo: Springer-Verlag, 1984.

[Rin3] Ringel C M. Hereditary triangulated categories. Compositio Math. (to appear).

[Sp] Spaltenstein N. Resolutions of unbounded complexes. Compositio Math., 1988, 65: 121-154.

[St] Stenström B. Rings of quotients, An introduction to methods of ring theory. Die Grundlehren de Math. Wissen. 217. Berlin: Springer-Verlag, 1975.

[V1] Verdier J L. Catégories dérivées. état 0 in SGA $4\frac{1}{2}$//Lectures Notes in Math., 569: 262-311. Berlin: Springer-Verlag, 1977 (邓邦明译成中文: 手抄本).

[XiaoZhu1] Xiao J, Zhu B. Relations for the Grothendieck groups of triangulated categories. J. Algebra, 2002, 257: 37-50.

[Z2] Zhang P. Gorenstein-projective modules and symmetric recollements. J. Algebra, 2013, 388: 65-80.

[ZZZ] Zhang P, Zhang Y H, Zhu L. Ladders of triangulated categories with Serre functors. Preprint 2015.

[Zhu] Zhu S J. Left homotopy theory and Buchweitz's theorem. Preprint 2011. 上海交通大学硕士论文, 2012.

其他参考文献

[ATJLSS] Alonso Tarrío L M, Jeremías López A, Souto Salorio M J. Localization in categories of complexes and unbounded resolutions. Canad. J. Math., 2000, 52(2): 225-247.

[AO] Amiot C, Oppermann S. Higher preprojective algebras and stably Calabi-Yau properties. Math. Res. Lett, 2014: 21(4): 617-647.

[AHKL1] Angeleri Hügel L, König S, Liu Q H. Recollements and tilting objects. J. Pure Appl. Algebra, 2011, 215(4): 420-438.

[AHKL2] Angeleri Hügel L, König S, Liu Q H. Jordan-Hölder theorems for derived module categories of piecewise hereditary algebras. J. Algebra, 2012, 352: 361-381.

[AHKLY] Angeleri Hügel L, König S, Liu Q H, Yang D. Derived simple algebras and restrictions of recollements of derived module categories. arXiv: 1310.3479.

[Ar] Arnold D M. Abelian groups and representations of finite partially ordered sets. Canad. Math. Soc. Books in Math. New York: Springer-Verlag, 2000.

[A1] Auslander M. On the dimension of modules and algebras (III). Global dimension, Nagoya Math. J. 1955, 9: 67-77.

[A2] Auslander M. Representation theory of artin algebras II. Comm. Algebra, 1974: 269-310.

[ABr] Auslander M, Bridger M. Stable module theory. Mem. Amer. Math. Soc. 94., Amer. Math. Soc., Providence, R.I., 1969.

[ABu] Auslander M, Buchweitz R O. The homological theory of maximal Cohen-Macaulay approximations. Mem. Soc. Math. France, 1989, 38: 5-37.

[AR1] Auslander M, Reiten I. On a generalized version of the Nakayama conjecture. Proc. Amer. Math. Soc., 1975, 52: 69-74.

[AR3] Auslander M, Reiten I. Cohen-Macaulay and Gorenstein artin algebras//Prog. Math. 95: 221-245. Birkhäuser, Basel, 1991.

[AS1] Auslander M, Smalø S O. Preprojective modules over Artin algebras. J. Algebra, 1980, 66(1): 61-122.

[Av] Avramov L L. Homological dimensions of unbounded complexes. J. Pure Appl. Algebra, 1991, 71: 129-155.

[AM] Avramov L L, Martsinkovsky A. Absolute, relative, and Tate cohomology of modules of finite Gorenstein dimension. Proc. Lond. Math. Soc., 2002, 85(3): 393-440.

[BDZ] Bao Y H, Du X N, Zhao Z B. Gorenstein singularity categories. J. Algebra, 2015, 428: 122-137.

[Bass] Bass H. Finitistic dimension and a homological generalization of semi-primary rings. Trans. Amer. Math. Soc., 1960, 95: 466-488.

[BSi] Bazzoni S, Silvana A. Recollements from partial tilting complexes. J. Algebra, 2013, 388: 338-363.

[Bei] Beilinson A A. Coherent sheaves on P^n and problems in linear algebra. Funkt. Anal. Appl., 1979, 12(3): 214-216.

[BeiB] Beilinson A A, Bernstein J. Localisation de g-modules. C. R. Acad. Sci. Paris Sér. I Math., 1981, 292(1): 15-18.

[B1] Beligiannis A. The homological theory of contravariantly finite subcategories: Auslander-Buchweitz contexts. Gorenstein categories ans (co-)stabilization, Comm. Algebra, 2000, 28(10): 4547-4596.

[B3] Beligiannis A. On rings and algebras of finite Cohen-Macaulay type. Adv. Math., 2011, 226(2): 1973-2019.

[BKr] Beligiannis A, Krause H. Thick subcategories and virtually Gorenstein algebras. Illinois J. Math., 2008, 52: 551-562.

[BR] Beligiannis A, Reiten I. Homological and homotopical aspects of tosion theories. Mem. Amer. Math. Soc. 188, Amer. Math. Soc., Providence, R.I., 2007.

[BeBaDu] Ben Y F, Bao Y H, Du X N. A new Frobenius exact structure on the category of complexes. J. Pure Appl. Algebra, 2015, 219(7): 2756-2770.

[BJO] Bergh P A, Jorgensen D A, Oppermann S. The Gorenstein defect category. arXiv [math. CT] 1202.287, 2012.

[BGG] Bernstein I N, Gelfand I M, Gelfand S I. Algebraic vector bundles on P^n and problems of linear algebra. Funkt. Anal. Appl., 1979, 12(3): 212-214.

[BGI] Berthelot P, Grothendieck A, Illusie L. Théorie des réductions et théoréme de Riemann-Roch, SGA 6. Lecture Notes in Math. 225. Heidelberg: Springer, 1971.

[BS] Bialkowski J, Skowroński A. Calabi-Yau stable module categories of finite types. Colloq. Math., 2007, 109(2): 257-269.

[BBE] Bican L, Bashir R El, Enochs E E. All modules have flat covers. Bull. London Math. Soc., 2001, 33(4): 385-390.

[Bir] Birkhoff G. Subgroups of abelian groups. Proc. LMS., 1934, 38(2): 385-401.

[Bj] Björk J E. Rings of differential operators. North-Holland Math. Library 21. Amsterdam: North-Holland, 1979.

[Bondal] Bondal A I. Operations on t-structures and perverse coherent sheaves. Izv. Math., 2013, 77(4): 651-674.

[BK] Bondal A I, Kapranov M. Representable functors, Serre functors, and reconstructions. Math. USSR Izv., 1990, 35: 519-541.

[BV] Bondal A I. Van den Bergh M. Generators and representability of functors in commutative and noncommutative geometry. Mosc. Math. J., 2003, 3(1): 1-36.

[Bondar] Bondarko M V. Weight structures vs. t-structures; weight filtrations, spectral sequences, and complexes. J. K-Theory, 2010, 6(3): 387-504.

[Bon] Bongartz K. Tilted algebras//Lecture Notes in Math. 903, 26-38. Berlin, New York: Springer, 1981.

[Bor] Boreleds A. Algebraic D-Modules. Perspectives in Math. 2. Boston, MA: Academic Press, 1987.

[Bou] Bourbaki N. Groupes et algèbres de Lie. Paris: Herman & Co., 1960.

[BreBut] Brenner S, Butler M C R. Generalizations of the Bernstein-Gelfand-Ponomarev reflection functors//Lecture Notes in Math., 832: 103-169. Berlin, New York: Springer, 1980.

[Br] Bridgeland T. Stability conditions on triangulated categories. Ann. of Math., 2007, 166(2): 317-345.

[Bro] Broué M. Blocs, isométries parfaites, catégories dérivées. C. R. Acad. Sci. Paris Sér. I Math., 1988, 307(1): 13-18.

[Bru] Brüning K. Thick subcategories of the derived category of a hereditary algebra. Homology, Homotopy Appl., 2007, 9(2): 165-176.

[BKashi] Brylinski J L, Kashiwara M. Kazhdan-Lusztig conjecture and holonomic systems. Invent. Math., 1981, 64(3): 387-410.

[Buc] Buchsbaum D A. Exact categories and duality. Trans. AMS., 1955, 80(1): 1-34.

[BGS] Buchweitz R O, Greuel G M, Schreyer F O. Cohen-Macaulay modules on hypersurface singularities II. Invent. Math., 1987, 88(1): 165-182.

[C] Chen H X. Finite-dimensional representations of a quantum double. J. Algebra, 2002, 251(2): 751-789.

[CX1] Chen H X, Xi C C. Good tilting modules and recollements of derived module categories. Proc. Lond. Math. Soc., 2012, (3)104(5): 959-996.

[CX2] Chen H X, Xi C C. Recollements of derived categories III: finitistic dimensions. arXiv: 1405.5090.

[CLR] Chen J M, Lin Y N, Ruan, S Q. Tilting objects in the stable category of vector bundles on a weighted projective line of type $(2,2,2,2;\lambda)$. J. Algebra, 2014, 397: 570-588.

[CT] Chen Q H, Tang L D. Recollements, idempotent completions and t-structures of triangulated categories. J. Algebra, 2008, 319: 3053-3061.

[CGL] Chen X H, Geng S F, Lu M. The singularity categories of the cluster-tilted algebras of Dynkin type. to appear in: Algebr. Represent. Theory.

[C1]   Chen X W. An Auslander-type result for Gorenstein-projective modules. Adv. Math., 2008, 218: 2043-2050.

[C2]   Chen X W. Singularity categories, Schur functors and triangular matrix rings. Algebr. Represent. Theory, 2009, 12: 181-191.

[C3]   Chen X W. The singularity category of an algebra with radical square zero. Doc. Math., 2011, 16: 921-936.

[C4]   Chen X W. The stable monomorphism category of Frobenius category. Math. Res. Lett., 2011, 18(1): 141-150.

[C5]   Chen X W. Algebras with radical square zero are either self-injective or CM-free. Proc. Amer. Math. Soc., 2012, 140(1): 93-98.

[CYang]   Chen X W, Yang D. Homotopy categories, Leavitt path algebras and Gorenstein properties modules. Int. Math. Res. Notices (to appear).

[CY]   Chen X W, Ye Y. Retractions and Gorenstein homological properties. Algebr. Represent. Theory, 2014,(17): 713-733.

[Ch]   Christensen L W. Gorenstein Dimensions. Lecture Notes in Math. 1747. Berlin: Springer-Verlag, 2000.

[CFH]   Christensen L W, Foxby H B, Holm H. Derived category methods in commutative algebra, preprint.

[CPST]   Christensen L W, Piepmeyer G, Striuli J, Takahashi R. Finite Gorenstein representation type implies simple singularity. Adv. Math., 2008, 218: 1012-1026.

[CiZ]   Cibils C, Zhang P. Calabi-Yau objects in triangulated categories, Trans. Amer. Math. Soc., 2009, 361(12): 6501-6519.

[CPS1]   Cline E, Parshall B, Scott L L. Derived categories and Morita theory. J. Algebra, 1986, 104(2): 397-409.

[CPS3]   Cline E, Parshall B, Scott L L. Finite-dimensional algebras and highest weight categories. J. Reine Angew. Math., 1988, 391: 85-99.

[Cos]   Costello K. Topological conformal field theories and Calabi-Yau categories. Adv. Math., 2007, 210(1): 165-214.

[CB2]   Crawley-Boevey W. More lectures on representations of quivers. available at homepage: http://www1.maths.leeds.ac.uk/ pmtwc/

[Del1]   Deligne P. La conjecture de Weil I. Pub. Math. IHES, 1974, (43): 273-307.

[Del2]   Deligne P. La conjecture de Weil II. Pub. Math. IHES, 1980, (52): 137-252.

[DD]   Deng B M, Du J. Folding derived categories with Frobenius functors. J. Pure Appl. Algebra, 2007, 208(3): 1023-1050.

[DDPW]   Deng B M, Du J, Parshall B, Wang J P. Finite dimensional algebras and quantum groups. Math. Surveys and Monographs 150. AMS. Providence, RI, 2008.

[DC]   Ding N Q, Chen J L. Coherent rings with finite self-FP-injective dimension. Comm. Algebra, 1996, 24: 2963-2980.

[DR1]   Dlab V, Ringel C M. On algebras of finite representation type. J. Algebra, 1975, 33: 306-394.

[DR2]   Dlab V, Ringel C M. Indecomposable representations of graphs and algebras. Mem. Amer. Math. Soc. 173, Amer. Math. Soc., Providence, R.I., 1976.

[DP]   Dold A, Puppe D. Homologie nicht-additiver Funktoren. Ann. de l'Institut Fourier, 1961, (11): 201-312.

[Dr]   Yu A. Drozd. Coxeter transformations and representations of partially ordered sets. Funkc. Anal. i Prilozen., 1974, 8: 34-42.

[EM]   Eilenberg S, Moore J C. Foundations of relative homological algebra. Mem. Amer. Math. Soc. 55., Amer. Math. Soc., Providence, R.I., 1965.

[ERZ]   Eilenberg S, Rosenberg A, Zelinsky D. On the dimension of modules and algebras VIII. Dimension of tensor products, Nagoya Math. J., 1957, 12: 71-93.

[ECIT] Enochs E E, Cortés-Izurdiaga M, Torrecillas B. Gorenstein conditions over triangular matrix rings. J. Pure Appl. Algebra, 2014, 218: 1544-1554.

[EJ1]   Enochs E E, Jenda O M G. Gorenstein injective and projective modules. Math. Z., 1995 220(4): 611-633.

[EJX]   Enochs E E, Jenda O M G, Xu J Z. Orthogonality in the category of complexes. Math. J. Okayama Univ., 1996, 38: 25-46.

[ES]   Erdmann K, Skowroński A. The stable Calabi-Yau dimension of tame symmetric algebras. J. Math. Soc. Japan, 2006, 58(1): 97-128.

[Fa]   Faith C. Algebra I, II. Grundlehren de Math. Wissenschaften 190. Berlin, Heidelberg, New York: Springer-Verlag, 1981.

[FK1]   Fang M, König S. Gendo-symmetric algebras, canonical comultiplication, Hochschild cocomplex and dominant dimension. Trans. Amer Math. Soc. (to appear).

[FK2]   Fang M, König S. Schur functors and dominant dimension. Trans. Amer. Math. Soc., 2011, 363(3): 1555-1576.

[FP]   Franjou V, Pirashvili T. Comparison of abelian categories recollement. Doc. Math., 2004, 9: 41-56.

[Fr]   Freyd P. Abelian categories, An introduction to the theory of functors, Harper's Series in Modern Math. New York: Harper and Row Publishers, 1964.

[FY]   Fu C J, Keller B. On cluster algebras with coefficients and 2-Calabi-Yau categories. Trans. Amer. Math. Soc., 2010, 362(2): 859-895.

[Fu]   Fu L. Etale cohomology theory. Nankai Tracts in Math. 13. Hackensack, NJ: World Sci. Pub. Co., 2011.

[G1]   Gabriel P. Sur les catégories abéliennes. Bull. Math. France, 1962, 90: 323-448.

[G2]   Gabriel P. Unzerlegbare Darstellungen I. Manuscripta Math., 1972, 6: 71-103.

[G3]   Gabriel P. Auslander-Reiten sequences and representation-finite algebras. Lecture Notes in Math. 831, 1-71. Berlin, Heidelberg, New York: Springer-Verlag, 1980.

[Gao1] Gao N. Stable t-structures and homotopy category of Gorenstein-projective modules. J. Algebra, 2010, 324(9): 2503-2511.

[Gao2] Gao N. Recollements of Gorenstein derived categories. Proc. Amer. Math. Soc., 2012, 140(1): 147-152.

[GZ]   Gao N, Zhang P. Gorenstein derived categories. J. Algebra, 2010, 323: 2041-2057.

[GD]   Geng Y X, Ding N Q. $\mathcal{W}$-Gorenstein modules. J. Algebra, 2011, 325: 132-146.

[Gil1] Gillespie J. The flat model structure on $\mathrm{Ch}(R)$. Trans. Amer. Math. Soc., 2004, 356(8): 3369-3390.

[Gil2] Gillespie J. Gorenstein complexes and recollements from cotorsion pairs. arXiv: 1210.0916.

[Go]   Govorov V E. On flat modules. Sib. Math. J. VI, 1965: 300-304.

[GKK]   Green E L, Kirkman E, Kuzmanovich J. Finitistic dimensions of finite-dimensional monomial algebras. J. Algebra, 1991, 136(1): 37-50.

[GP]   Green E L, Psaroudakis C. On Artin algebras arising from Morita contexts. Algebr. Represent. Theory, 2014, 17: 1485-1525.

[Gro1] Grothendieck A. Sur quelques points d'algébre homologique. Tohoku Math. J. 9(2) and 1957(3): 119-221.

[Gro2] Grothendieck A. The cohomology theory of abstract algebraic varieties. Proc. ICM (Edinburgh, 1958): 103-118.

[Gro3] Grothendieck A. Residus et dualite. manuscript, 1963.

[Guo]   Guo J Y. Translation algebras and their applications. J. Algebra, 2002, 255(1): 1-21.

[Han]   Han Y. Recollement and Hochschild theory. J. Algebra, 2014, 197: 535-547.

[HQ]   Han Y, Qin Y Y. Reducing homological conjectures by n-recollements. arviv: 1410.3223.

[Hap1] Happel D. On the derived categories of finite-dimensional algebras. Comment. Math. Helv., 1987, 62: 339-389.

[Hap3] Happel D. Hochschild cohomology of finite-dimensional algebras//Lecture Notes in Math., 1404: 108-126. Berlin: Springer, 1989.

[Hap5] Happel D. On Gorenstein algebras//Prog. Math. 95:389-404. Basel: Birkhaüser, 1991.

[Hap7] Happel D. The converse of Drozd's theorem on quadratic forms. Comm. Algebra, 1995, 23: 737-738.

[HKR]   Happel D, Keller B, Reiten I. Bounded derived categories and repetitive algebras. J. Algebra, 2008, 319(4): 1611-1635.

[HR]   Happel D, Ringel C M. Tilted algebras. Trans. Amer. Math. Soc., 1982, 274(2): 399-443.

[HW]   He J W, Wu Q S. Koszul differential graded algebras and BGG correspondence. J. Algebra, 2008, 320(7): 2934-2962.

[HS]   Hilton P J, Stammbach U. A course in homological algebra. Graduate Texts in Math. 4. New York, Heidelberg, Berlin: Springer-Verlag, 1971.

[Ho]   Hochschild G. On the cohomology groups of an associative algebra. Ann. of Math., 1945, 46(2): 58-67.

[Hol2]   Holm H. Rings with finite Gorenstein injective dimension. Proc. Amer. Math. Soc., 2004, 132(5): 1279-1983.

[Hos]   Hoshino M. Algebras of finite self-injective dimension. Proc. Amer. Math. Soc., 1991, 112(3): 619-622.

[HX]   Hu W, Xi C C. D-split sequences and derived equivalences. Adv. Math., 2011, 227(1): 292-318.

[HLY]   Huang H L, Liu G X, Ye Y. Quivers, quasi-quantum groups and finite tensor categories. Comm. Math. Phys., 2011, 303(3): 595-612.

[HH]   Huang C H, Huang Z Y. Torsionfree dimension of modules and self-injective dimension of rings. Osaka J. Math., 2012, 49: 21-35.

[Huang]   Huang Z Y. Proper resolutions and Gorenstein categories. J. Algebra, 2013, 393(1): 142-169.

[Ill]   Illusie L. Catégories dérivées et dualité: travaux de J.-L. Verdier (Derived categories and duality: the work of J.-L. Verdier). Enseign. Math., 1990, (2)36(3-4): 369-391.

[Iw]   Iwanaga Y. On rings with finite self-injective dimension II. Tsukuba J. Math., 1980, 4(1): 107-113.

[IKM]   Iyama O, Kato K, Miyachi J I. Recollement on homotopy categories and Cohen-Macaulay modules. J.K-Theory, 2011, 8(3): 507-542.

[IO]   Iyama O, Oppermann S. Stable categories of higher preprojective algebras. Adv. Math., 2013, 244: 23-68.

[IY]   Iyama O, Yoshino Y. Mutation in triangulated categories and rigid Cohen-Macaulay modules. Invent. Math., 2008, 172(1): 117-168.

[J]   Jacobson N. Basic algebra II. San Francisco: W. H. Freeman and Company, 1980.

[Jor1]   Jørgensen P. The homotopy category of complexes of projective modules. Adv. Math., 2005, 193(1): 223-232.

[Kac]   Kac V G. Infinite dimensional Lie algebras. Progr. Math. 44. Boston: Birkhäuse, 1983.

[KO] Kapustin A N, Orlov D O. Lectures on mirror symmetry, derived categories, and D-branes. Russian Math. Surveys, 2004, 59(5): 907-940.

[Kashi] Kashiwara M. Index theorem for a maximally overdetermined system of linear differential equations. Proc. Japan Acad., 1973, 49: 803-804.

[KS] Kashiwara M, Schapira P. Categories and Sheaves. Grundlehren der Math. Wissenschaften 332. Berlin, Heidelberg, New York: Springer-Verlag, 2006.

[KL] Kazhdan D, Lusztig G. Representations of Coxeter groups and Hecke algebras. Invent. Math. 53(2), 165-184.

[Ke1] Keller B. Chain complexes and stable categories. Manuscripta Math., 1990, 67: 379-417.

[Ke2] Keller B. Derived categories and universal problems. Comm. Algebra, 1991, 19: 699-747.

[Ke3] Keller B. Deriving DG categories. Ann. Sci. Eécole Norm. Sup., 1994, (4) 27(1): 63-102.

[Ke5] Keller B. Calabi-Yau triangulated categories. Trends in Representation Theory of Algebras and Related Topics, 467-489, EMS Ser. Cong. Rep., Zürich, 2008.

[KR] Keller B, Reiten I. Cluster-tilted algebras are Gorenstein and stably Calabi-Yau. Adv. Math., 2007, 211(1): 123-151.

[Kn] Knörrer H. Cohen-Macaulay modules on hypersurface singularities I. Invent. Math., 1987, 88(1): 153-164.

[KöY] König S, Yang D. Silting objects, simple-minded collections, t-structures and co-t-structures for finite-dimensional algebras. Doc. Math., 2014, 19: 403-438.

[KöZhu] König S, Zhu B. From triangulated categories to abelian categories: cluster tilting in a general framework. Math. Z., 2008, 258: 143-160.

[Kon1] Kontsevich M. Homological algebra of mirror symmetry. Proc. ICM, Zürich 1994, Basel, Birkhäuser, 1995: 120-139.

[Kon2] Kontsevich M. Triangulated categories and geometry. Course at the École Normale Supérieure, Paris, Notes taken by J. Bellaïche, J. F. Dat, I. Marin, G. Racinet, and H. Randriambololona, 1998.

[Kr1] Krause H. The stable derived category of a Noetherian scheme. Compositio Math., 2005, 141(5): 1128-1162.

[Kr2] Krause H. Derived categories, resolutions, and Brown representability. Contemp. Math. 436: 101-139, Amer. Math. Soc., Providence, RI, 2007.

[Kr3] Krause H. Localization theory for triangulated categories//Lond. Math. Soc. Lecture Note Ser. 375: 161-235. Cambridge: Cambridge University Press, 2010.

[KL] Krause H, Le J. The Auslander-Reiten formula for complexes of modules. Adv. Math., 2006, 207(1): 133-148.

[KY] Krause H, Ye Y. On the centre of a triangulated category. Proc. Edinb. Math. Soc., 2011, (2)54(2): 443-466.

[KLM1] Kussin D, Lenzing H, Meltzer H. Triangle singularities, ADE-chains, and weighted projective lines. Adv. Math., 2013, 237: 194-251.

[KLM2] Kussin D, Lenzing H, Meltzer H. Nilpotent operators and weighted projective lines. J. Reine Angew. Math., 2013, 685: 33-71.

[Kuz] Kuznetsov A. Lefschetz decompositions and categorical resolutions of singularities. Selecta Math. New Ser., 2008, 13: 661-696.

[Lan] Langlands R P. Problems in the theory of automorphic forms//Lecture Notes in Math 170: 18-61. Berlin, New York: Springer-Verlag, 1970.

[Laz] Lazard D. Autour de la Platitude. Bull. Soc. Math. France, 1969, 97: 81-128.

[Le] Le J. Auslander-Reiten theory on the homotopy category of projective modules. J. Pure Appl. Algebra, 2009, 213(7): 1430-1437.

[LC] Le J, Chen X W. Karoubianness of a triangulated category. J. Algebra, 2007, 310(1): 452-457.

[Les] Leszczyński Z. On the representation type of tensor product of algebras. Fundamenta Math., 1994, 144: 143-161.

[LY] Li F, Ye C. Gorenstein projective modules over a class of generalized matrix algebras and their applications. Algebr. Represent. Theory, online.

[LZ] Li L B, Zhang Y H. The Green rings of the generalized Taft Hopf algebras. Hopf algebras and tensor categories, 275-288, Contemp. Math., 585, Amer. Math. Soc., Providence, RI, 2013.

[Li] Li L P. Triangular matrix algebras: recollements, torsion theories, and derived equivalences. arXiv: 1311.1258.

[LZ1] Li Z W, Zhang P. A construction of Gorenstein-projective modules. J. Algebra, 2010, 323: 1802-1812.

[LZ2] Li Z W, Zhang P. Gorenstein algebras of finite Cohen-Macaulay type. Adv. Math., 2010, 223: 728-734.

[LL] Lin Y N, Lin Z Q. One-point extension and recollement. Sci. China Ser. A, 2008, 51(3): 376-382.

[LW] Lin Y N, Wang M X. From recollement of triangulated categories to recollement of abelian categories. Sci. China Math., 2010, 53(4): 1111-1116.

[林] 林子炳. 同调代数. 长春：东北师范大学出版社, 1991.

[Liu] 刘绍学. 有向图的几何性质和其路代数的代数性质, 数学学报, 1988, 31(4): 483-487.

[LGZH] 刘绍学. 环与代数. 北京：科学出版社, 1983. 刘绍学, 郭晋云, 朱彬, 韩阳. 环与代数. 第二版. 现代数学基础丛书 127. 北京：科学出版社, 2009.

[LX] Liu Y M, Xi C C. Construction of stable equivalences of Morita type for finite-dimensional algebras I. Trans. Amer. Math. Soc., 2006, 358(6): 2537-2560.

[LWZ] Lu D M, Wu Q S, Zhang J J. Homological integral of Hopf algebras. Trans. Amer. Math. Soc., 2007, 359(10): 4945-4975.

[Lu] Lu M. Some applications of recollements to Gorenstein projective modules. arXiv: 1412.0910.

[LH] Luo R, Huang Z Y. When are torsionless modules projective? J. Algebra, 2008, 320(5): 2156-2164.

[Lus] Lusztig G. Introduction to quantum groups. Boston: Birkhäuse, 1993.

[Mac] MacLane S. Categories for the working mathematician. Graduate Texts in Math. 5. Springer-Verlag, 1998.

[Mat] Matlis E. Injective modules over Noetherian rings. Pacific J. Math., 1958, 8: 511-528.

[Mit] Mitchell B. Theories of categories. Pure and Applied Math. Vol. XVII. New York: Academic Press, 1965.

[Mi] Miyachi J I. Localization of triangulated categories and derived categories. J. Algebra, 1991, 141: 463-483.

[Mon] Montgomery S. Hopf algebras and their actions on rings. CBMS Regional Conf. Ser. Math. 82, Amer. Math. Soc., Providence, RI, 1993.

[Mo] Moore A. The Auslander and Ringel-Tachikawa theorem for submodule embeddings. Comm. Algebra, 2010, 38: 3805-3820.

[MSS] Muro F, Schwede S, Strickland N. Triangulated categories without models. Invent. Math., 2007, 170(2): 231-241.

[Na] Nakaoka H. General heart construction on a triangulated category (I): Unifying t-structures and cluster tilting subcategories. Appl. Categ. Structures, 2011, 19(6): 879-899.

[N1] Neeman A. The Grothendieck duality theorem via Bousfield's techniques and Brown representability. J. Amer. Math. Soc., 1996, 9(1): 205-236.

[N2] Neeman A. The homotopy category of flat modules, and Grothendieck duality. Invent. Math., 2008, 174(2): 255-308.

[Ni] Nicolás P. On torsion torsionfree triples. arXiv: 0801.0507.

[NS] Nicolás P, Saorń M. Parametrizing recollement data for triangulated categories. J. Algebra, 2009, 322(4): 1220-1250.

[O1] Orlov D. Triangulated categories of singularities, and equivalences between Landau-Ginzburg models. English translation in Sb. Math., 2006, 197: 1827-1840.

[O2] Orlov B. Derived categories of coherent sheaves and triangulated categories of singularities//Algebra, arithmetic, and geometry, Vol. II, 503-531, Progress Math. 270.

Birkhäuser Boston, Inc., Boston, MA, 2009.

[Os] Osborne M S. Basic homological algebra. Graduate Texts in Math. 196. New York: Springer-Verlag, 2000.

[Pan] Pan S Y. Derived equivalences for Cohen-Macaulay Auslander algebras. J. Pure Appl. Algebra, 2012, 216(2): 355-363.

[P] Parshall B. Finite dimensional algebras and algebraic groups. Contemp. Math., 1989, 82: 97-114.

[Pau] Pauksztello D. Compact corigid objects in triangulated categories and co-t-structures. Cent. Eur. J. Math., 2008, 6(1): 25-42.

[PT] Peng L G, Tan Y. Derived categories, tilted algebras, and Drinfeld doubles. J. Algebra, 2003, 266(2): 723-748.

[PX] Peng L G, Xiao J. Triangulated categories and Kac-Moody algebras. Invent. Math., 2000, 140: 563-603.

[PSS] Psaroudakis C, Skartsæterhagen Ø, Solberg Ø. Gorenstein categories, singular equivalences and finite generation of cohomology rings in recollements. Trans. Amer. Math. Soc. Ser., 2014, B1: 45-95.

[PV] Psaroudakis C, Vitoria J. Recollements of module categories. Appl. Categ. Structures, 2014, 22: 579-593.

[Q] Quillen D. Higher algebraic K-theory I, Lecture Notes in Math., Vol. 341, Berlin: Springer, 1973.

[RL] Ren W, Liu Z K. Gorenstein homological dimensions for triangulated categories. J. Algebra, 2014, 410: 258-276.

[RW] Richman F, Walker E A. Subgroups of p^5-bounded groups//Abelian groups and modules. Trends Math., Basel: Birkhäuser, 1999: 55-73.

[Ric2] Rickard J. Derived categories and stable equivalence. J. Pure Appl. Algebra, 1989, 61: 303-317.

[Ric3] Rickard J. Derived equivalences as derived functors. J. London Math. Soc., 1991, (2)43(1): 37-48.

[Rin2] Ringel C M. The Gorenstein-projective modules for the Nakayama algebras I. J. Algebra, 2013, 385: 241-261.

[RS1] Ringel C M, Schmidmeier M. Submodules categories of wild representation type. J. Pure Appl. Algebra, 2006, 205(2): 412-422.

[RS2] Ringel C M, Schmidmeier M. The Auslander-Reiten translation in submodule categories. Trans. Amer. Math. Soc., 2008, 360(2): 691-716.

[RS3] Ringel C M, Schmidmeier M. Invariant subspaces of nilpotent operators I. J. Rein Angew. Math., 2008, 614: 1-52.

[RZ1] Ringel C M, Zhang P. From submodule categories to preprojective algebras. Math. Z., 2014, 278: 55-73.

[RZ2] Ringel C M, Zhang P. Objective triangle functors. Sci. China Math., 2015, 58(2): 221-232.

[RZ3] Ringel C M, Zhang P. Representations of quivers over the algebras of dual numbers. arxiv math. RT 1112.1924.

[Rot] Rotman J J. An introduction to homological algebra. 2nd edition. Springer, 2008.

[Ro] Rouquier R. Dimensions of triangulated categories. J.K-Theory, 2008, 1: 193-256.

[SWSW] Sather-Wagstaff S, Sharif T, White D. Stability of Gorenstein categories. J. London Math. Soc., 2008, 77(2): 481-502.

[Sa] Sato M. Regularity of hyperfunctions solutions of partial differential equations. Proc. ICM (Nice, 1970), 785-794. Gauthier-Villars, Paris, 1971.

[Ser] Serpé C. Resolution of unbounded complexes in Grothendieck categories. J. Pure Appl. Algebra, 2003, 177: 103-112.

[Serre] Serre J P. Faisceaux algébriques cohérents. Ann. of Math., 1955, (2)61: 197-278.

[SX] Shen B L, Xiong B L. On the representations of weak crossed products. J. Algebra Appl., 2012, 11(4): 1250169.

[Shi] Shi J Y. The Kazhdan-Lusztig cells in certain affine Weyl groups. Lecture Notes in Math. 1179. Berlin: Springer-Verlag, 1986.

[S1] Simson D. Linear representations of partially ordered sets and vector space categories. Gordon and Breach Sci. Pub., 1992.

[S2] Simson D. Representation types of the category of subprojective representations of a finite poset over $K[t]/(t^m)$ and a solution of a Birkhoff type problem. J. Algebra, 2007, 311: 1-30.

[S3] Simson D. Tame-wild dichotomy of Birkhoff type problems for nilpotent linear operators. J. Algebra, 2015, 424: 254-293.

[SW] Simson D, Wojewodzki M. An algorithmic solution of a Birkhoff type problem. Fund. Inform., 2008, 83: 389-410.

[T] Takahashi R. On the category of modules of Gorenstein dimension zero. Math. Z., 2005, 251(2): 249-256.

[TLS] Tarrío L A, López A J, Salorio M J S. Localization in categories of complexes and unbounded resolutions. Canad. J. Math., 2000, 52: 225-247.

[佟] 佟文廷. 同调代数引论. 北京: 高等教育出版社, 1998.

[Van1] Van den Bergh M. Three-dimensional flops and non-commutative rings. Duke Math. J., 2004, 122: 423-455.

[Van2]　Van den Bergh M. Non-commutative crepant resolutions//The legacy of Niels Henrik Abel. Berlin: Springer-Verlag, 2004: 749-770.

[V2]　Verdier J L. Des catégories dérivées abéliennes. Asterisque 239(1996), xii+253 pp. (1997). With a preface by L. Illusie. Edited and with a note by G. Maltsiniotis.

[W1]　Wei J Q. Finitistic dimension and Igusa-Todorov algebras. Adv. Math., 2009, 222(6): 2215-2226.

[W2]　Wei J Q. Gorenstein homological theory for differential modules. arXiv: 1202.4157.

[Weil]　Weil A. Numbers of solutions of equations in finite fields. Bull. Amer. Math. Soc., 1949, 55(5): 497-508.

[W]　Weibel C A. Introduction to homological algebra. Cambridge Studies in Adv. Math. 38. Cambridge Univ. Press, 1994.

[Wied]　Wiedemann A. On stratifications of derived module categories. Canad. Math. Bull., 1991, 34(2): 275-280.

[WZ]　Wu Q S, Zhang J J. Noetherian PI Hopf algebras are Gorenstein. Trans. Amer. Math. Soc., 2003, 355(3): 1043-1066.

[Xicc1]　Xi C C. On the finitistic dimension conjecture II. Related to finite global dimension. Adv. Math., 2006, 201(1): 116-142.

[Xicc2]　惠昌常. 关于有限维数猜想的一些进展. 数学进展, 2007, 36(1): 13-17.

[Xinh]　Xi N H. The based ring of two-sided cells of affine Weyl groups of type $\widetilde{A_{n-1}}$. Mem. Amer. Math. Soc. 157(749). Amer. Math. Soc. Providence, RI, 2002.

[XiaoZhu2]　Xiao J, Zhu B. Locally finite triangulated categories. J. Algebra, 2005, 290(2): 473-490.

[XX]　Xiao J, Xu F. Hall algebras associated to triangulated categories. Duke Math. J., 2008, 143(2): 357-373.

[XZ]　Xiong B L, Zhang P. Gorenstein-projective modules over triangular matrix Artin algebras. J. Algebra Appl., 2012, 11(4): 1250066.

[XZZ]　Xiong B L, Zhang P, Zhang Y H. Auslander-Reiten translations in monomorphism categories. Forum Math., 2014, 26: 863-912.

[XYY]　Xu H B, Yang S L, Yao H L. Gorenstein theory for n-th differential modules. preprint.

[YZ]　Yekutieli A, Zhang James J. Rings with Auslander dualizing complexes. J. Algebra, 1999, 213(1): 1-51.

[Yang]　Yang D. Recollements from generalized tilting. Proc. AMS., 2012, 140(1): 83-91.

[Y]　Yoshino Y. Approximations by modules of G-dimension zero. Algebraic Structures and Their Representations, 119-125, Contemp. Math. 376, 2005.

[YL]   Yu X L, Lu D M. Stably Calabi-Yau algebras and skew group algebras. Sci. China Math., 2011, 54(7): 1343-1356.

[ZZs]   Zhang A P, Zhang S H. On the finitistic dimension conjecture of Artin algebras. J. Algebra, 2008, 320: 253-258.

[Zjp]   张继平. Broué 交换亏群猜想//10000 个科学难题 (数学卷): 35-36. 科学出版社, 2009.

[ZjpZ] Zhang J P, Zhang Z K. Broué's conjecture for finite groups with abelian Sylow p-subgroups. Adv. Lect. Math. 8, 263-278. Int. Press, Somerville, MA, 2009.

[Z1]   Zhang P. Monomorphism categories, cotilting theory, and Gorenstein-projective modules. J. Algebra, 2011, 339: 180-202.

[Z3]   Zhang P. Categorical resolutions of a class of derived categories. arxiv 1410.2414.

[周]   周伯壎. 同调代数. 北京: 科学出版社, 1988.

[Zhou] Zhou Y Y. Extensions of nilpotent blocks over arbitrary fields. Math. Z., 2009, 261(2): 351-371.

[Zhuxs] Zhu X S. Resolving resolution dimensions. Algebr. Represent. Theory, 2013, 16(4): 1165-1191.

[ZZ]   Zimmermann A, Zhou G D. On singular equivalences of Morita type. J. Algebra, 2013, 385(1): 64-79.

[Z-H]   Zimmermann-Huisgen B. Homological domino effects and the first finitistic dimension conjecture. Invent. Math., 1992, 108(2): 369-383.

中英文名词索引

A

Ab3　　Ab4　　Ab5		§12.15
Ab3*　　Ab4*　　Ab5*		§12.15
Abel 范畴　*abelian category*		§12.9
Abel 范畴的粘合　*recollement of abelian categories*		§11.4
Artin 代数　*Artin algebra*		§7.2
Auslander-Bridger 引理　*Auslander-Bridger Lemma*		§7.3
Auslander-Reiten 箭图　*Auslander-Reiten quiver*		§9.4
Auslander-Reiten 平移　*Auslander-Reiten translation*		§9.1
Auslander-Reiten 三角　*Auslander-Reiten triangle*		§10.3
Auslander-Reiten 序列　*Auslander-Reiten sequence*		§9.2

B

八面体公理　*the octahedral axiom*	§1.4
半单环　*semi-simple ring*	§5.5
半平移图　*semi-translation quiver*	§9.4
半投射复形　*semi-projective complex*	§4.4
半正定二次型　*positive semi-definite quadratic form*	§9.6
半正合函子　*semi-exact functor*	§12.11
伴随对　*adjoint pair*	§12.8
伴随三元组　*adjoint triple*	§11.4
饱和　*saturated*	§3.1
包络代数　*enveloping algebra*	§11.10
表示的维数向量　*dimension vector of a representation*	§7.5
比较函子组　*comparison of recollement*	§11.6
不定二次型　*indefinite quadratic form*	§9.6
不可分解对象　*indecomposable object*	§10.1
不可分解范畴　*indecomposable category*	§11.8
不可约态射　*irreducible morphism*	§10.3

不可约映射　*irreducible homomorphism*	§9.3
Beilinson-Bernstein-Deligne 定理	
Beilinson-Bernstein-Deligne Theorem	§11.2
Bondal-Kapranov-Van den Bergh 定理	
Bondal-Kapranov-Van den Bergh Theorem	§10.5
Buchweitz-Happel 定理　*Buchweitz-Happel Theorem*	§8.4

C

乘法系　*multiplicative system*	§3.1
初等代数　*elementary algebra*	§7.5
稠密函子　*dense functor*	§12.4
纯子模　*pure submodule*	§7.5
Calabi-Yau 范畴　*Calabi-Yau category*	§11.8
Cartan 矩阵　*Cartan matrix*	§9.5
CM 反变有限的Abel范畴	
CM-contravariantly finite abelian category	§8.6
CM 有限　*CM-finite*	§7.9
CM 自由　*CM-free*	§7.9
Coxeter 变换　*Coxeter transformation*	§9.5
Coxeter 矩阵　*Coxeter matrix*	§9.5

D

带关系的箭图的表示　*representation of quiver with relations*	§7.5
单态射　*monomorphism*	§12.2
单态射表示　*monic representation*	§7.11
单态射范畴　*monomorphism category*	§7.11
单位　*unit*	§12.8
单项式关系　*monomial relation*	§7.5
道路　*path*	§7.5
导出等价　*derived equivalence*	§8.3
导出范畴　*derived category*	§5.1
等价的范畴　*equivalent categories*	§12.4
等价函子　*equivalence*	§12.4
等价的粘合　*equivalent recollement*	§11.6
底图　*underlying graph*	§9.5
短五引理　*Short 5-Lemma*	§12.10
对称粘合　*symmetric recollement*	§11.9
对偶数代数　*algebra of dual numbers*	§5.7

dg- 投射复形	*dg-projective complex*	§4.5
Dynkin 图	*Dynkin diagram*	§9.6

E

Euclid 图	*Euclidean diagram*	§9.6
Euler 双线性型	*Euler bilinear form*	§9.5
Ext 内射对象	*Ext-injective object*	§9.8
Ext 投射对象	*Ext-projective object*	§9.8

F

反变函子	*contravariant functor*	§12.3
反变有限子范畴	*contravariantly finite subcategory*	§7.3
范畴	*category*	§12.1
范畴的积	*product of category*	§12.1
反范畴	*opposite category*	§12.1
复形	*complex*	§2.1
赋值图	*valued quiver*	§9.4
Frobenius 范畴	*Frobenius category*	§6.1

G

共变函子	*covariant functor*	§12.3
共变有限子范畴	*covariantly finite subcategory*	§7.3
关键公式	*the Key Formula*	§2.7
关系	*relation*	§7.5
广义马蹄引理	*generalized Horseshoe Lemma*	§7.10
Gabriel 箭图	*Gabriel quiver*	§7.5
Gorenstein 代数	*Gorenstein algebra*	§7.7
Gorenstein 环	*Gorenstein ring*	§7.6
Gorenstein 亏范畴	*Gorenstein defect category*	§8.7
Gorenstein 内射对象	*Gorenstein-injective object*	§7.1
Gorenstein 投射对象	*Gorenstein-projective object*	§7.1
Gorenstein 投射模	*Gorenstein-projective module*	§7.1
Gorenstein 投射维数	*Gorenstein-projective dimension*	§7.3
Grothendieck 范畴	*Grothendieck category*	§12.16

H

函子	*functor*	§12.3
函子范畴	*functor category*	§12.3

函子有限子范畴	functorially finite subcategory	§7.3
好三角	distinguished triangle	§1.1
核	kernel	§12.2
厚子范畴	thick subcategory	§3.5
环圈	loop	§7.5
汇点	sink	§7.5
汇射	sink morphism	§10.3
Happel 定理	Happel Theorem	§6.2
Hochschild 维数	Hochschild dimension	§11.10
Hom 有限	Hom-finite	§10.1

J

基变换 I	base change I	§1.7
基变换 II	base change II	§1.7
基代数	basic algebra	§7.5
几乎可裂序列	almost split sequence	§9.2
几乎 Gorenstein 代数	virtually Gorenstein algebra	§8.6
极小右几乎可裂态射	minimal right almost split morphism	§10.3
极小右几乎可裂同态	minimal right almost split homomorphism	§9.2
极小左几乎可裂态射	minimal left almost split morphism	§10.3
极小左几乎可裂同态	minimal left almost split homomorphism	§9.2
加法范畴	additive category	§12.5
加法函子	additive functor	§12.6
箭图	quiver	§7.5
箭图的 Euler 双线性型	Euler bilinear form of quiver	§9.6
箭图的 Tits 型	Tits form of quiver	§9.6
箭图在代数上的表示	representation of quiver over algebra	§7.11
箭图在代数上的路代数	path algebra of quiver over algebra	§7.11
箭图在域上的表示	representation of quiver over field	§7.5
交换关系	commutative relation	§7.5
界定箭图	bounded quiver	§7.5
界定箭图代数	bounded quiver algebra	§7.5
界定箭图的表示	representation of bounded quiver	§7.5
紧对象	compact object	§8.2
紧生成三角范畴	compactly generated triangulated category	§8.2
局部化函子	localization functor	§3.2
局部化子范畴	localization subcategory	§5.8
局部环	local ring	§10.1
局部有限范畴	locally finite category	§10.9

圈　　cycle		§7.5

K

可表函子　　representable functor		§12.7
可解子范畴　　resolving subcategory		§7.1
可裂单态射　　splitting monomorphism		§1.3
可裂满态射　　splitting epimorphism		§1.3
可裂粘合　　splitting recollement		§11.8
可缩复形　　contractible complex		§2.1
k- 范畴　　k-category		§10.1
K- 投射复形　　K-projective complex		§4.4
Krull-Schmidt 范畴　　Krull-Schmidt category		§10.1

L

拉回　　pullback		§4.1
链可裂短正合列　　chain split short exact sequence		§2.5
链映射　　chain map		§2.1
零对象　　zero object		§12.1
零关系　　zero relation		§7.5
零伦的　　null-homotopy		§2.1
零态射　　zero morphism		§12.1
路代数　　path algebra		§7.5

M

满函子　　full functor		§12.4
满忠实函子　　fully faithful functor		§11.5
满态射　　epimorphism		§12.2
满忠实伴随三元组　　fully faithful adjoint triple		§11.5
幂等元可裂　　idempotent splits		§10.1
目标函子　　objective functor		§12.4

N

内射对象　　injective object		§12.12
内射分解　　injective resolution		§4.3
内射复形　　injective complex		§4.3

拟同构	quasi-isomorphism	§2.1
逆向极限	inverse limit	§12.14
逆向系统	inverse system	§12.14
Nakayama 函子	Nakayama functor	§7.2
n-Gorenstein 环	n-Gorenstein ring	§7.6

P

偏倾斜复形	partial tilting complex	§11.12
偏序集	partial ordered set	§12.14
平移函子	shift functor	§1.1
平凡粘合	trivial recollement	§11.11

Q

奇点范畴	singularity category	§8.1
嵌入	embedding	§12.4
全子范畴	full subcategory	§12.1

R

容许理想	admissible ideal	§7.5
容许三角子范畴	admissible triangulated subcategory	§11.5
弱正定二次型	weakly positive quadratic from	§9.6
Ringel 双线性型	Ringel bilinear form	§9.5

S

三角	triangle	§1.1
三角等价	triangle-equivalence	§1.5
三角的同构	isomorphism of triangles	§1.1
三角对偶	triangle-duality	§1.5
三角范畴	triangulated category	§1.4
三角范畴的粘合	recollement of triangulated categories	§11.4
三角函子	triangle functor	§1.5
三角核	triangle kernel	§1.2
三角射	morphism of triangles	§1.1
三角同构	triangle-isomorphism	§1.5
三角余核	triangle cokernel	§1.2
三角子范畴	triangulated subcategory	§1.4
Serre 函子	Serre functor	§10.4
$\mathcal{S}$- 内射对象	$\mathcal{S}$-injective object	§6.1
$\mathcal{S}$- 投射对象	$\mathcal{S}$-projective object	§6.1

中文	英文	章节
上同调函子	cohomological functor	§1.2
上有界导出范畴	upper-bounded derived category	§5.1
上有界复形	upper-bounded complex	§2.1
上有界同伦范畴	upper-bounded homotopy category	§2.1
上粘合	upper recollement	§11.4
商对象	quotient object	§12.2
商范畴	quotient category	§3.2
蛇引理	Snake Lemma	§12.10
生成子	generator	§12.13
生成子簇	a family of generators	§12.13
双截断	bi-truncation	§2.6

T

通常箭图	ordinary quiver	§7.5
同调代数基本定理	Fundamental Theorem of Homological Algebra	§2.1
同调有限对象	homologically finite object	§8.2
同调双线性型	homological bilinear form	§9.5
同构的范畴	isomorphic categories	§12.4
同构的对象	isomorphic objects	§12.1
同构的三角	isomorphic triangles	§1.1
同构态射	isomorphism	§12.1
同伦	homotopy	§2.1
同伦不变量	homotopy invariant	§2.5
同伦的	homotopic	§2.1
同伦等价	homotopy equivalence	§2.1
同伦范畴	homotopy category	§2.1
同伦核	homotopy kernel	§2.3
同伦极限	homotopy limit	§4.5
同伦内射复形	hoinjective complex	§4.6
同伦投射复形	hoprojective complex	§4.4
同伦像	homotopy image	§2.3
同伦余核	homotopy cokernel	§2.3
同伦余极限	homotopy colimit	§4.6
投射对象	projective object	§12.12
投射分解	projective resolution	§4.2
投射复形	projective complex	§4.2

推出	pushout	§4.1
t- 部分	t-part	§11.1
t- 自由部分	t-free part	§11.1
t- 分解	t-decomposition	§11.1
t- 结构	t-structure	§11.1
t- 结构的心	heart of t-structure	§11.1
Tits 型	Tits form	§9.5

V

| Verdier 商 | Verdier quotient | §3.4 |
| Verdier 函子 | Verdier functor | §3.4 |

W

完备 Abel 范畴	complete abelian category	§12.15
完备对象	perfect object	§8.2
完备复形	perfect complex	§8.2
完备子范畴	perfect subcategory	§8.2
完全 C 分解	complete C resolution	§7.8
完全内射分解	complete injective resolution	§7.1
完全投射分解	complete projective resolution	§7.1
微分	differential	§2.1
维数向量	dimension vector	§9.5
稳定范畴	stable category	§6.3
稳定 t- 结构	stable t-structure	§11.3
无环复形	acyclic complex	§2.1
五引理	Five Lemma	§12.10

X

下有界导出范畴	lower-bounded derived category	§5.1
下有界复形	lower-bounded complex	§2.1
下有界同伦范畴	lower-bounded homotopy category	§2.1
下粘合	lower recollement	§11.4
相对 Auslander 代数	relative Auslander algebra	§7.9
相对 Auslander-Reiten 序列	relative Auslander-Reiten sequence	§9.8
相对几乎可裂序列	relative almost split sequence	§9.8
相容乘法系	compatible multipicative system	§3.4
相容双模	compatible bimodule	§7.10
小范畴	small category	§12.1

小 Hom 范畴　　*small-Hom category*　　　　　　　　　　　§12.1

Y

遗传环　　*hereditary ring*　　　　　　　　　　　　　　§5.6
映射筒　　*mapping cylinder*　　　　　　　　　　　　　§2.3
映射锥　　*mapping cone*　　　　　　　　　　　　　　§2.2
有 Auslander-Reiten 三角　　*has Auslander-Reiten triangle*　　§10.3
有相对 Auslander-Reiten 序列
　　has relative Auslander-Reiten sequence　　　　　　§9.8
有相对几乎可裂序列　　*has relative almost split sequence*　　§9.8
有正合直和　　*has exact direct sum*　　　　　　　　　§12.15
有正合直积　　*has exact direct product*　　　　　　　　§12.15
有界导出范畴　　*bounded derived category*　　　　　　　§5.1
有界复形　　*bounded complex*　　　　　　　　　　　§2.1
有界同伦范畴　　*bounded homotopy category*　　　　　　§2.1
有 Serre 函子　　*has Serre functor*　　　　　　　　　　§10.4
有限表示型　　*finite representation type*　　　　　　　　§9.4
有限箭图　　*finite quiver*　　　　　　　　　　　　　§7.5
有限箭图的张量积　　*tensor product of finite quivers*　　　§7.12
有限滤过 Abel 范畴　　*finitely filtrated abelian category*　　§5.4
有限生成 Gorenstein 投射模
　　finitely generated Gorenstein-projective module　　　§7.1
有限维数　　*finitistic dimension*　　　　　　　　　　§11.10
右逼近　　*right approximation*　　　　　　　　　　　§7.3
右导出函子　　*right derived functor*　　　　　　　　　§5.8
右分式　　*right fraction*　　　　　　　　　　　　　§3.2
右几乎可裂同态　　*right almost split homomorphism*　　　§9.2
右几乎可裂态射　　*right almost split morphism*　　　　　§10.3
右极小化　　*right minimalization*　　　　　　　　　　§9.2
右极小态射　　*right minimal morphism*　　　　　　　　§10.3
右极小同态　　*right minimal homomorphism*　　　　　　§9.2
右满忠实伴随对　　*right fully faithful adjoint pair*　　　　§11.5
右强制截断　　*right brutal truncation*　　　　　　　　§2.6
右 Serre 函子　　*right Serre functor*　　　　　　　　　§10.4
右温和截断　　*right truncation*　　　　　　　　　　§2.6
右粘合　　*right recollement*　　　　　　　　　　　§11.4
右正合函子　　*right exact functor*　　　　　　　　　§12.11

余生成子	cogenerator	§12.13
余单位	counit	§12.8
余核	cokernel	§12.2
余完备 Abel 范畴	cocomplete abelian category	§4.5
余完备加法范畴	cocomplete additive category	§8.2
余基变换 I	cobase change I	§1.7
余基变换 II	cobase change II	§1.7
预包络	pre-envelope	§7.3
预覆盖	pre-cover	§7.3
预三角范畴	pre-triangulated category	§1.1
源点	source	§7.5
源射	source morphism	§10.3
Yoneda 引理	Yoneda Lemma	§12.7

Z

粘合 ("粘" 为多音字. "zhan" 或 "nian")	recollement	§11.4
粘合单三角范畴	recollement-simple triangulated category	§11.8
粘合的等价	equivalence of recollements	§11.6
粘合三角	recollement triangle	§11.4
直和	coproduct 或 direct sum	§12.5
直积	product 或 direct product	§12.5
转置	transpose	§9.1
子范畴	subcategory	§12.1
子对象	subobject	§12.2
子模范畴	submodule category	§7.11
自反模	reflexive module	习题7.5
自入射代数	selfinjective algebra	§7.7
自然变换	natural transformation	§12.3
自然同构	natural isomorphism	§12.3
真 Gorenstein 投射分解	proper Gorenstein-projective resolution	§7.3
整二次型	integral quadratic form	§9.6
整体维数	global dimension	§5.4
正定二次型	positve definite quadratic from	§9.6
正合范畴	exact category	§6.1
正合函子	exact functor	§12.11
正合列	exact sequence	§2.1
正向集	directed set	§12.14
正向极限	direct limit	§12.14

正向系统	directed system	§12.14
忠实函子	faithful functor	§12.4
轴复形	stalk complex	§2.1
左逼近	left approximation	§7.3
左导出函子	left derived functor	§5.8
左分式	left fraction	§3.3
左几乎可裂态射	left almost split morphism	§10.3
左几乎可裂同态	left almost split homomorphism	§9.2
左极小化	left minimalization	§9.2
左极小态射	left minimal morphism	§10.3
左极小同态	left minimal homomorphism	§9.2
左链映射	left-chain map	§8.5
左零伦	left null-homotopy	§8.5
左满忠实伴随对	left fully faithful adjoint pair	§11.5
左强制截断	left brutal truncation	§2.6
左 Serre 函子	left Serre functor	§10.4
左同伦	left-homotopy	§8.5
左同伦等价	left homotopy equivalence	§8.5
左温和截断	left truncation	§2.6
左粘合	left recollement	§11.4
左正合函子	left exact functor	§12.11

其他

0- 根向量	radical vector	§9.6
4×4 引理	4×4 Lemma	§1.8
1- 根	root	§9.6

常 用 记 号

$\mathbb{Z}$ 　　　　　整数环
$\mathbb{R}$ 　　　　　实数域
$\mathbb{C}$ 　　　　　复数域
$A := B$ 　　　　　A 定义为 B

对于 (加法) 范畴 $\mathcal{A}$

$\mathrm{Ob}\mathcal{A}$ 　　　　　$\mathcal{A}$ 的对象的全体
$\mathcal{P} = \mathcal{P}(\mathcal{A})$ 　　　　　$\mathcal{A}$ 的投射对象作成的全子 (加法) 范畴
$\mathcal{I} = \mathcal{I}(\mathcal{A})$ 　　　　　$\mathcal{A}$ 的内射对象作成的全子 (加法) 范畴
$\mathrm{add} X$ 　　　　　$\mathcal{A}$ 中对象 X 的有限直和的直和项构成的全子范畴
$\mathrm{Add} X$ 　　　　　$\mathcal{A}$ 中对象 X 的直和的直和项构成的全子范畴
$C^b(\mathcal{A})$ 　　　　　$\mathcal{A}$ 的有界复形范畴
$C^-(\mathcal{A})$ 　　　　　$\mathcal{A}$ 的上有界复形范畴
$C^+(\mathcal{A})$ 　　　　　$\mathcal{A}$ 的下有界复形范畴
$C(\mathcal{A})$ 　　　　　$\mathcal{A}$ 的复形范畴
$K^b(\mathcal{A})$ 　　　　　$\mathcal{A}$ 的有界同伦范畴
$K^-(\mathcal{A})$ 　　　　　$\mathcal{A}$ 的上有界同伦范畴
$K^+(\mathcal{A})$ 　　　　　$\mathcal{A}$ 的下有界同伦范畴
$K(\mathcal{A})$ 　　　　　$\mathcal{A}$ 的 (无界) 同伦范畴

对于函子 F

$\mathrm{Im} F$ 　　　　　F 的像
$\mathrm{Ker} F$ 　　　　　F 的核

对于 Abel 范畴 $\mathcal{A}$

Ab 　　　　　Abel 群作成的范畴
$K^{-,b}(\mathcal{P})$ 　　　　　$K^-(\mathcal{P})$ 中只有有限多个非零上同调的对象作成的全子范畴
$K^{+,b}(\mathcal{I})$ 　　　　　$K^+(\mathcal{I})$ 中只有有限多个非零上同调的对象作成的全子范畴
$K_{hproj}(\mathcal{A})$ 　　　　　同伦投射复形作成的 $K(\mathcal{A})$ 的全子范畴

$K_{hinj}(\mathcal{A})$	同伦内射复形作成的 $K(\mathcal{A})$ 的全子范畴
$C_{hproj}(\mathcal{A})$	同伦投射复形作成的 $C(\mathcal{A})$ 的全子范畴
$C_{hinj}(\mathcal{A})$	同伦内射复形作成的 $C(\mathcal{A})$ 的全子范畴
$C_{dgproj}(\mathcal{A})$	dg 投射复形作成的 $C(\mathcal{A})$ 的全子范畴
$C_{dginj}(\mathcal{A})$	dg 内射复形作成的 $C(\mathcal{A})$ 的全子范畴
$D^b(\mathcal{A})$	$\mathcal{A}$ 的有界导出范畴
$D^-(\mathcal{A})$	$\mathcal{A}$ 的上有界导出范畴
$D^+(\mathcal{A})$	$\mathcal{A}$ 的下有界导出范畴
$D(\mathcal{A})$	$\mathcal{A}$ 的 (无界) 导出范畴
$\mathcal{GP}(\mathcal{A})$	$\mathcal{A}$ 中 Gorenstein 投射对象构成的全子范畴
$K^{-,gpb}(\mathcal{GP}(\mathcal{A}))$	存在整数 $n = n(X)$ 使得 $\mathrm{H}^i\mathrm{Hom}_{\mathcal{A}}(E, X) = 0$, $\forall i \leqslant n$, $\forall E \in \mathcal{GP}(\mathcal{A})$, 的 $K^-(\mathcal{GP}(\mathcal{A}))$ 中的对象 X 构成的全子范畴
$K^{b,ac}(\mathcal{GP}(\mathcal{A}))$	$\mathcal{GP}(\mathcal{A})$ 上的有界无环复形的同伦范畴
$\mathcal{GI}(\mathcal{A})$	$\mathcal{A}$ 中 Gorenstein 内射对象构成的全子范畴
$\underline{\mathcal{GP}(\mathcal{A})}$	$\mathcal{GP}(\mathcal{A})$ 的稳定范畴
$D^b_{sg}(\mathcal{A})$	$\mathcal{A}$ 的奇点范畴
$D^b_{\mathrm{defect}}(\mathcal{A})$	$\mathcal{A}$ 的亏范畴
$^\perp\chi$	满足 $\mathrm{Ext}^i_{\mathcal{A}}(X, M) = 0$, $\forall i \geqslant 1$, $\forall M \in \chi$, 的对象 X 作成的 $\mathcal{A}$ 的全子范畴, 其中 χ 是 $\mathcal{A}$ 的子范畴
$\chi^\perp$	满足 $\mathrm{Ext}^i_{\mathcal{A}}(M, X) = 0$, $\forall i \geqslant 1$, $\forall M \in \chi$, 的对象 X 作成的 $\mathcal{A}$ 的全子范畴, 其中 χ 是 $\mathcal{A}$ 的子范畴

对于环 R

R^{op}	R 的反环
R-Mod	环 R 的左模范畴
Mod$R$	环 R 的右模范畴
R-mod	环 R 的有限生成左模范畴
mod$R$	环 R 的有限生成右模范畴
P(R)	投射左 R-模构成的 R-Mod 的全子范畴
$\mathcal{P}(R)$	有限生成投射左 R- 模构成的 R-mod 的全子范畴
I(R)	内射左 R- 模构成的 R-Mod 的全子范畴
$\mathcal{I}(R)$	有限生成内射左 R- 模构成的 R-mod 的全子范畴
$D^b(R)$	R-mod 的有界导出范畴, 其中 R 为 Noether 环
$D^-(R)$	R-mod 的上有界导出范畴, 其中 R 为 Noether 环
$\mathcal{GP}(R)$	有限生成的 Gorenstein 投射左 R- 模构成的 R-mod 的全子范畴
GP(R)	Gorenstein 投射左 R- 模构成的 R-Mod 的全子范畴

	$GI(R)$	Gorenstein 内射左 R-模构成的 R-Mod 的全子范畴
	$\text{fin.dim}(R)$	R 的有限维数
	$\text{gl.dim}(R)$	R 的整体维数
	$\text{rad}\,R$	R 的 Jacobson 根

对于态射 f

	$\text{Im}\,f$	f 的像
	$\text{Ker}\,f$	f 的核
	$\text{Coker}\,f$	f 的余核
	$f \sim g$	链映射 f 同伦于链映射 g
	$\text{Cone}(f)$	链映射 f 的映射锥
	$\text{Cyl}(f)$	链映射 f 的映射筒
	$\text{Him}(f)$	链映射 f 的同伦像

对于代数 A

	A^e	A 的包络代数
	C_A	A 的 Cartan 矩阵
	D	Artin 代数的有限生成模范畴的对偶
	Φ_A	A 的 Coxeter 矩阵
	$\langle -,- \rangle_A$	A 的 Ringel 双线性型. 又称为 A 的同调双线性型
	q_A	A 的 Tits 型
	$(-,-)_A$	A 的对称双线性型
	$A\text{-}\overline{\text{mod}}$	A-mod 关于内射模的稳定范畴
	$A\text{-}\underline{\text{mod}}$	A-mod 关于投射模的稳定范畴
	$M_n(A)$	A 上的 n 阶全矩阵代数
	$T_n(A)$	A 上的 n 阶上三角矩阵代数

对于模 M

	$\text{add}\,M$	M 的有限直和的直和项构成的范畴
	$\text{Add}\,M$	M 的直和的直和项构成的范畴
	$\text{rad}\,M$	M 的 Jocobson 根
	$\text{End}\,M$	M 的自同态代数
	$\text{fd}\,M$	M 的平坦维数
	$\text{id}\,M$	M 的内射维数
	$\text{pd}\,M$	M 的投射维数
	$\text{Gpd}\,M$	M 的 Gorenstein 投射维数
	$\mathbf{dim}\,M$	M 的维数向量
	$\tau M = D\text{Tr}\,M$	M 的 Auslander-Reiten 平移

常用记号

$\tau^{-1}M = \mathrm{Tr}DM$	M 的 Auslander-Reiten 平移
$[M]$	M 的同构类
$^\perp M$	满足 $\mathrm{Ext}^i(X,M)=0,\ \forall\, i\geqslant 1$, 的模 X 作成的范畴
$M^\perp$	满足 $\mathrm{Ext}^i(M,X)=0,\ \forall\, i\geqslant 1$, 的模 X 作成的范畴
(M,N)	$\mathrm{Hom}(M,N)$ 的简写

对于复形 X

$X_{\leqslant n}$	X 的左强制截断
$X_{\geqslant n}$	X 的右强制截断
$\tau_{\leqslant n}X$	X 的左温和截断
$\tau_{\geqslant n}X$	X 的右温和截断
$X_{[m,n]}$	X 的双截断
$\mathrm{Hom}^\bullet(X,Y)$	Hom 复形
$[X,Y]$	同伦范畴中的 $\mathrm{Hom}(X,Y)$ 的简写
H^iX	复形 X 的第 n 次上同调群
$\mathrm{Htp}(X,Y)$	复形 X 到复形 Y 的所有零伦链映射作成的 Abel 群

对于箭图 Q

kQ	Q 在域 k 上的路代数
$s(p)$	道路 p 的起点
$e(p)$	道路 p 的终点
$\mathrm{rep}(Q,k)$	Q 在 k 上的有限维表示范畴
$\mathrm{Rep}(Q,k)$	Q 在 k 上的表示范畴
$\mathrm{rep}(Q,I,k)$	Q 在 k 上的有限维 I-界定表示构成的范畴
$\mathrm{Rep}(Q,I,k)$	Q 在 k 上的 I-界定表示构成的范畴
$\mathrm{rep}(Q,A)$	Q 在代数 A 上的有限维表示范畴
$\mathrm{Rep}(Q,A)$	Q 在代数 A 上的表示范畴
$\mathrm{mon}(Q,A)$	Q 在代数 A 上的单态射范畴
$Q\otimes Q'$	箭图 Q 与箭图 Q' 的张量积
q_Q	Q 的 Tits 型
$\langle -,-\rangle_Q$	Q 的 Ringel 双线性型
$(-,-)_Q$	Q 的对称双线性型

其他符号

$[1]$	三角范畴的平移函子

$[n]$	三角范畴的 n 次平移函子
N^+	Nakayama 函子
N^-	Nakayama 函子的拟逆
$\prod$	范畴中的直积
$\oplus = \coprod$	范畴中的直和 (又称余积)
a/s	右分式的等价类, 其中 $s: Z \Longrightarrow X$ 和 $a: Z \longrightarrow Y$ 是态射且双箭向 s 表示该态射属于相应的乘法系
$t \backslash b$	左分式的等价类, 其中 $b: X \longrightarrow W$ 和 $t: Y \Longrightarrow W$ 是态射且双箭向 t 表示该态射属于相应的乘法系
$S^{-1}\mathcal{K}$	加法范畴 $\mathcal{K}$ 关于乘法集 S 的商范畴 (其中态射用右分式的等价类表达)
$LS^{-1}\mathcal{K}$	加法范畴 $\mathcal{K}$ 关于乘法集 S 的商范畴 (其中态射用左分式的等价类表达)
$\underline{\mathcal{B}}$	Frobenius 范畴 $\mathcal{B}$ 的稳定范畴
$\mathcal{C}/\mathcal{D}$	三角范畴 $\mathcal{C}$ 关于其三角子范畴 $\mathcal{D}$ 的 Verdier 商
$\varinjlim$	正向系统的正向极限
$\varprojlim$	逆向系统的逆向极限
holim	同伦极限
holim	同伦余极限
$\operatorname{rad} q$	二次型 q 的 0- 根集
$R\operatorname{Hom}^\bullet(X, -)$	$\operatorname{Hom}^\bullet(X, -)$ 的右导出函子
$R\operatorname{Hom}^\bullet(-, X)$	$\operatorname{Hom}^\bullet(-, X)$ 的右导出函子

《现代数学基础丛书》已出版书目

（按出版时间排序）

1. 数理逻辑基础（上册） 1981.1 胡世华 陆钟万 著
2. 紧黎曼曲面引论 1981.3 伍鸿熙 吕以辇 陈志华 著
3. 组合论（上册） 1981.10 柯 召 魏万迪 著
4. 数理统计引论 1981.11 陈希孺 著
5. 多元统计分析引论 1982.6 张尧庭 方开泰 著
6. 概率论基础 1982.8 严士健 王隽骧 刘秀芳 著
7. 数理逻辑基础（下册） 1982.8 胡世华 陆钟万 著
8. 有限群构造（上册） 1982.11 张远达 著
9. 有限群构造（下册） 1982.12 张远达 著
10. 环与代数 1983.3 刘绍学 著
11. 测度论基础 1983.9 朱成熹 著
12. 分析概率论 1984.4 胡迪鹤 著
13. 巴拿赫空间引论 1984.8 定光桂 著
14. 微分方程定性理论 1985.5 张芷芬 丁同仁 黄文灶 董镇喜 著
15. 傅里叶积分算子理论及其应用 1985.9 仇庆久等 编
16. 辛几何引论 1986.3 J.柯歇尔 邹异明 著
17. 概率论基础和随机过程 1986.6 王寿仁 著
18. 算子代数 1986.6 李炳仁 著
19. 线性偏微分算子引论（上册） 1986.8 齐民友 著
20. 实用微分几何引论 1986.11 苏步青等 著
21. 微分动力系统原理 1987.2 张筑生 著
22. 线性代数群表示导论（上册） 1987.2 曹锡华等 著
23. 模型论基础 1987.8 王世强 著
24. 递归论 1987.11 莫绍揆 著
25. 有限群导引（上册） 1987.12 徐明曜 著
26. 组合论（下册） 1987.12 柯 召 魏万迪 著
27. 拟共形映射及其在黎曼曲面论中的应用 1988.1 李 忠 著
28. 代数体函数与常微分方程 1988.2 何育赞 著
29. 同调代数 1988.2 周伯壎 著

30	近代调和分析方法及其应用 1988.6	韩永生 著
31	带有时滞的动力系统的稳定性 1989.10	秦元勋等 编著
32	代数拓扑与示性类 1989.11	马德森著 吴英青 段海鲍译
33	非线性发展方程 1989.12	李大潜 陈韵梅 著
34	反应扩散方程引论 1990.2	叶其孝等 著
35	仿微分算子引论 1990.2	陈恕行等 编
36	公理集合论导引 1991.1	张锦文 著
37	解析数论基础 1991.2	潘承洞等 著
38	拓扑群引论 1991.3	黎景辉 冯绪宁 著
39	二阶椭圆型方程与椭圆型方程组 1991.4	陈亚浙 吴兰成 著
40	黎曼曲面 1991.4	吕以辇 张学莲 著
41	线性偏微分算子引论(下册) 1992.1	齐民友 著
42	复变函数逼近论 1992.3	沈燮昌 著
43	Banach 代数 1992.11	李炳仁 著
44	随机点过程及其应用 1992.12	邓永录等 著
45	丢番图逼近引论 1993.4	朱尧辰等 著
46	线性微分方程的非线性扰动 1994.2	徐登洲 马如云 著
47	广义哈密顿系统理论及其应用 1994.12	李继彬 赵晓华 刘正荣 著
48	线性整数规划的数学基础 1995.2	马仲蕃 著
49	单复变函数论中的几个论题 1995.8	庄圻泰 著
50	复解析动力系统 1995.10	吕以辇 著
51	组合矩阵论 1996.3	柳柏濂 著
52	Banach 空间中的非线性逼近理论 1997.5	徐士英 李 冲 杨文善 著
53	有限典型群子空间轨道生成的格 1997.6	万哲先 霍元极 著
54	实分析导论 1998.2	丁传松等 著
55	对称性分岔理论基础 1998.3	唐 云 著
56	Gel'fond-Baker 方法在丢番图方程中的应用 1998.10	乐茂华 著
57	半群的 S-系理论 1999.2	刘仲奎 著
58	有限群导引(下册) 1999.5	徐明曜等 著
59	随机模型的密度演化方法 1999.6	史定华 著
60	非线性偏微分复方程 1999.6	闻国椿 著
61	复合算子理论 1999.8	徐宪民 著
62	离散鞅及其应用 1999.9	史及民 编著
63	调和分析及其在偏微分方程中的应用 1999.10	苗长兴 著

64	惯性流形与近似惯性流形 2000.1 戴正德 郭柏灵 著
65	数学规划导论 2000.6 徐增堃 著
66	拓扑空间中的反例 2000.6 汪 林 杨富春 编著
67	拓扑空间论 2000.7 高国士 著
68	非经典数理逻辑与近似推理 2000.9 王国俊 著
69	序半群引论 2001.1 谢祥云 著
70	动力系统的定性与分支理论 2001.2 罗定军 张 祥 董梅芳 编著
71	随机分析学基础(第二版) 2001.3 黄志远 著
72	非线性动力系统分析引论 2001.9 盛昭瀚 马军海 著
73	高斯过程的样本轨道性质 2001.11 林正炎 陆传荣 张立新 著
74	数组合地图论 2001.11 刘彦佩 著
75	光滑映射的奇点理论 2002.1 李养成 著
76	动力系统的周期解与分支理论 2002.4 韩茂安 著
77	神经动力学模型方法和应用 2002.4 阮炯 顾凡及 蔡志杰 编著
78	同调论——代数拓扑之一 2002.7 沈信耀 著
79	金兹堡-朗道方程 2002.8 郭柏灵等 著
80	排队论基础 2002.10 孙荣恒 李建平 著
81	算子代数上线性映射引论 2002.12 侯晋川 崔建莲 著
82	微分方法中的变分方法 2003.2 陆文端 著
83	周期小波及其应用 2003.3 彭思龙 李登峰 谌秋辉 著
84	集值分析 2003.8 李 雷 吴从炘 著
85	数理逻辑引论与归结原理 2003.8 王国俊 著
86	强偏差定理与分析方法 2003.8 刘 文 著
87	椭圆与抛物型方程引论 2003.9 伍卓群 尹景学 王春朋 著
88	有限典型群子空间轨道生成的格(第二版) 2003.10 万哲先 霍元极 著
89	调和分析及其在偏微分方程中的应用(第二版) 2004.3 苗长兴 著
90	稳定性和单纯性理论 2004.6 史念东 著
91	发展方程数值计算方法 2004.6 黄明游 编著
92	传染病动力学的数学建模与研究 2004.8 马知恩 周义仓 王稳地 靳 祯 著
93	模李超代数 2004.9 张永正 刘文德 著
94	巴拿赫空间中算子广义逆理论及其应用 2005.1 王玉文 著
95	巴拿赫空间结构和算子理想 2005.3 钟怀杰 著
96	脉冲微分系统引论 2005.3 傅希林 闫宝强 刘衍胜 著
97	代数学中的 Frobenius 结构 2005.7 汪明义 著

98	生存数据统计分析 2005.12 王启华 著

98　生存数据统计分析　2005.12　王启华　著
99　数理逻辑引论与归结原理(第二版)　2006.3　王国俊　著
100　数据包络分析　2006.3　魏权龄　著
101　代数群引论　2006.9　黎景辉　陈志杰　赵春来　著
102　矩阵结合方案　2006.9　王仰贤　霍元极　麻常利　著
103　椭圆曲线公钥密码导引　2006.10　祝跃飞　张亚娟　著
104　椭圆与超椭圆曲线公钥密码的理论与实现　2006.12　王学理　裴定一　著
105　散乱数据拟合的模型方法和理论　2007.1　吴宗敏　著
106　非线性演化方程的稳定性与分歧　2007.4　马　天　汪宁宏　著
107　正规族理论及其应用　2007.4　顾永兴　庞学诚　方明亮　著
108　组合网络理论　2007.5　徐俊明　著
109　矩阵的半张量积:理论与应用　2007.5　程代展　齐洪胜　著
110　鞅与 Banach 空间几何学　2007.5　刘培德　著
111　非线性常微分方程边值问题　2007.6　葛渭高　著
112　戴维-斯特瓦尔松方程　2007.5　戴正德　蒋慕蓉　李栋龙　著
113　广义哈密顿系统理论及其应用　2007.7　李继彬　赵晓华　刘正荣　著
114　Adams 谱序列和球面稳定同伦群　2007.7　林金坤　著
115　矩阵理论及其应用　2007.8　陈公宁　著
116　集值随机过程引论　2007.8　张文修　李寿梅　汪振鹏　高　勇　著
117　偏微分方程的调和分析方法　2008.1　苗长兴　张　波　著
118　拓扑动力系统概论　2008.1　叶向东　黄　文　邵　松　著
119　线性微分方程的非线性扰动(第二版)　2008.3　徐登洲　马如云　著
120　数组合地图论(第二版)　2008.3　刘彦佩　著
121　半群的 S-系理论(第二版)　2008.3　刘仲奎　乔虎生　著
122　巴拿赫空间引论(第二版)　2008.4　定光桂　著
123　拓扑空间论(第二版)　2008.4　高国士　著
124　非经典数理逻辑与近似推理(第二版)　2008.5　王国俊　著
125　非参数蒙特卡罗检验及其应用　2008.8　朱力行　许王莉　著
126　Camassa-Holm 方程　2008.8　郭柏灵　田立新　杨灵娥　殷朝阳　著
127　环与代数(第二版)　2009.1　刘绍学　郭晋云　朱　彬　韩　阳　著
128　泛函微分方程的相空间理论及应用　2009.4　王　克　范　猛　著
129　概率论基础(第二版)　2009.8　严士健　王隽骧　刘秀芳　著
130　自相似集的结构　2010.1　周作领　瞿成勤　朱智伟　著
131　现代统计研究基础　2010.3　王启华　史宁中　耿　直　主编

132	图的可嵌入性理论(第二版)	2010.3	刘彦佩	著
133	非线性波动方程的现代方法(第二版)	2010.4	苗长兴	著
134	算子代数与非交换 L_p 空间引论	2010.5	许全华、吐尔德别克、陈泽乾	著
135	非线性椭圆型方程	2010.7	王明新	著
136	流形拓扑学	2010.8	马天	著
137	局部域上的调和分析与分形分析及其应用	2011.6	苏维宜	著
138	Zakharov 方程及其孤立波解	2011.6	郭柏灵 甘在会 张景军	著
139	反应扩散方程引论(第二版)	2011.9	叶其孝 李正元 王明新 吴雅萍	著
140	代数模型论引论	2011.10	史念东	著
141	拓扑动力系统——从拓扑方法到遍历理论方法	2011.12	周作领 尹建东 许绍元	著
142	Littlewood-Paley 理论及其在流体动力学方程中的应用	2012.3	苗长兴 吴家宏 章志飞	著
143	有约束条件的统计推断及其应用	2012.3	王金德	著
144	混沌、Mel'nikov 方法及新发展	2012.6	李继彬 陈凤娟	著
145	现代统计模型	2012.6	薛留根	著
146	金融数学引论	2012.7	严加安	著
147	零过多数据的统计分析及其应用	2013.1	解锋昌 韦博成 林金官	编著
148	分形分析引论	2013.6	胡家信	著
149	索伯列夫空间导论	2013.8	陈国旺	编著
150	广义估计方程估计方程	2013.8	周勇	著
151	统计质量控制图理论与方法	2013.8	王兆军 邹长亮 李忠华	著
152	有限群初步	2014.1	徐明曜	著
153	拓扑群引论(第二版)	2014.3	黎景辉 冯绪宁	著
154	现代非参数统计	2015.1	薛留根	著
155	三角范畴与导出范畴	2015.5	章璞	著